目次

第一部分 企業概論

Lesson 01 企業的基本概念

Lesson 02 企業環境與管理

Lesson 03 企業全球化

Lesson 04 企業倫理與社會責任

第二部分 管理概論

Lesson 05 管理的基本概念

Lesson 06 管理思想的演進

第三部分 管理功能

Lesson 07 規劃

Lesson 08 管理決策

Lesson 14 領導理論

Lesson 15 人際與組織溝通

Lesson 16 控制的基本概念

第四部分 企業功能

Lesson 17 生產與作業管理

Lesson 18 行銷概論

本書特色

本書適合所有要考企業管理（企業概論）、管理學的同學，共有22堂課，包括國營聯招、油水電酒雇員、菸酒公司職員、中華電信職員、鐵路、郵局、農會、捷運、機場、漢翔等考試內容一網打盡。

從大的方向來說，內容涵蓋了「企業概論」、「管理概論」、「管理功能」、「企業功能」四大主題以及申論與解釋名詞的寫作要領。實則包括以下幾個部分：首先是「企業概論」的部分，包括企業概論、企業功能；「管理概論」的部分，包括管理概論與學派演進；「管理功能」的生產、行銷、人力資源、研發與資訊、財務等單元；「企業功能」包括規劃、組織、領導、決策等單元；整本書籍以大量圖表方式呈現，搭配例子、口訣等，每課內容含有最新考題的完整解析、趨勢脈絡。透過作者精心的整理與歸納，讓讀者可以輕鬆掌握企業管理這多且雜的內容，在考試中輕鬆駕馭得高分。

書中特色如下：

1. **內容涵蓋廣、圖表豐富**

   列出最精華的內容及觀念，以大量主題式表格呈現重點，方便掌握重點。

2. **申論題寫法編寫內容**

   本書以申論題作答法撰寫課本內容，研讀過程就能學會寫作技巧。

3. **口訣記憶**

   以各種小口訣增加記憶點，方便記憶複雜的企業管理內容。

4. **跨章節比較**

   將管理內容跨章節比較、統整，方便記憶各種複雜的跨章節考題觀念。

5. **新管理知識補充**

   補充新興的管理知識，方便掌握最新命題趨勢。

6. 大量案例說明

以各種生活情境例子進行說明，方便理解艱澀、抽象的企業管理內容。

7. 時事延伸思考

每一課都有一則時事應用，方便活用企業管理知識，同時掌握更進階的理論。

8. 試題完整分類

將國營聯招、油水電酒雇員、菸酒公司職員、中華電信職員、鐵路、郵局、農會、捷運、機場、漢翔等考題，每個重點對應的考題完整呈現，方便了解命題趨勢。

9. 選擇、填充與申論題型一網打盡

完整解析選擇題概念，並詳細說明申論與解釋名詞的寫作要領，方便掌握考試趨勢、快速上手。

答題攻略

關於企業管理（管理學）考試的考題模式，不外乎四種形式。選擇題、填充題、解釋名詞、問答與申論題。本處將教你針對不同題型，如何練習與拿下高分。

(一) 選擇題、填充題

1. 選擇題與填充題需要將內容熟記，運用本書的架構、圖表與口訣，將整體觀念融會貫通，理解企業管理（管理學）的全貌，也有助於問答與申論題的寫作。
2. 加強題目練習，利用本書每個焦點的題目練習，將相同觀念、不同考法的試題反覆練習，檢視自己還不足的部分。
3. 針對容易混淆、常考重點，利用本書已經整理的小比較、小補充，反覆記憶與練習，將能奪取高分。

(二) 解釋名詞

1. 解釋名詞相當於小型問答題，作答時呈現主要的概念結構，不需作太多鋪陳論述。基本內容或定義、或背景、或概要。
2. 每題配分雖然不高，但是得分的關鍵，題目不會刁鑽，只需要花心思熟讀。因此請儘量在研讀時，碰到專有名詞最好都可以理解後，用自己的想法熟記。務必最少寫2～3行，這些名詞「相關」的內容有什麼，只要合理都可以寫進去。

(三) 問答與申論

1. 申論是為了檢視考生對於企業管理或管理學結構理解的熟悉度，意思就是用合理的推論過程去產出某個問題的答案，因此需要理論與實務來支持產出的結論。最重要的得分關鍵在於「答題內容是否一貫緊扣主題重點」。問答題或申論題答題技巧，總結來說：

   (1) 結構力求條理清晰，脈胳分明。

   (2) 配前言作開頭引出正文，並加上結論延伸。

   (3)論述時切記引經據典來增加說服力。

2. 掌握申論三種模式，輕鬆得分：

模式	類型	寫作法則
模式一	當題目要你說明 / 解釋某個觀點或事情	(1) 先詳述觀點的定義、內容、功能、優缺點、重要性、適用性等（看配分決定） (2) 透過大量的實例舉證來支持答題內容 (3) 延伸其後續影響作為結論。
模式二	當題目要你比較某二者的差異	(1) 詳述二者大觀念下的定義、內容、功能、優缺點、重要性、適用性等（看配分決定） (2) 舉出二者中間的差異 (3) 所引發之影響或實例。
模式三	當題目要你做分析（通常是舉一實例，要求你用理論套用）	(1) 將問題依相關性拆分為數個部分，再分別說明（將實例中的相關理論拆解出來） (2) 釐清或連結每個部分之間的關係 (3) 延伸其後續影響作為結論

3. 當掌握三種模式後，以下的小技巧，將協助考生將答案修飾得更美好。

(1) 配分決定長短：寫申論是非常燒腦的考試模式，目標在如何於有限時間中拿最多分，而非只把其中某題答得最完整。運用三種模式架構法，並搭配每題配分，決定答案的內容多寡。

(2) 寫作推演法：熟記書中每一章節的架構圖。將每一個章節的架構圖濃縮成寫申論題目的架構圖。例如：企業功能－產銷人發財，就還需要分項解釋說，生產、行銷、人力資源、研發、財務各代表什麼意思。若是配分較多，就要多撰寫其功能、優缺點、重要性、適用性等。

(3) 寫作方式：申論內容最好分點敘述，掌握井然有序層次分明的原則，內容多寡按(一)(二)(三)(四)，接著再用1. 2. 3. 4.以及(1)(2)(3)(4)等層次來鋪陳，以利閱卷老師掌握給分重點。
盡量以圖＞表格＞文字來做論述，將相關的類型都寫在一起（例如團隊可能考特色/形成順序/有何特徵等等）。

4. 念書時的準備方法：每一章節利用架構圖來回想內容與細節，並由架構圖衍伸更細緻的內容，將整個章節以圖像方式記憶，就能將架構圖中的節點運用自如。

例子

模式一

管理是指一個或一個以上的人，為達到特定目標，透過他人以有效率及效能的方式來完成活動的一個過程。管理者為了完成企業的目標，必須將各種資源加以整合，運用管理的功能來完成許多活動。請問：
(一)此管理的功能為何？
(二)管理者必須對未來的行動要先有想法及準備，也就是所謂的規劃。請說明管理者作規劃的目的為何？
(三)規劃是未來的行動準備、分析和選擇的過程，所以基本上是一個理性的程序。請說明此理性規劃的程序。【101港務】

解：(一)管理功能：管理者以利管理工作順利進行所執行的各項功能。依序分別為規劃、組織、領導、控制。

功能	內容
規劃（Planning）	定義組織的目標和達成目標的整體策略及計劃。
組織（Organizing）	組織的任務職權責，予以適當分派及協調，以利組織運作。
領導（Leading）	影響他人達成組織目標的人際關係程序。
控制（Controlling）	適時將實際計畫執行情形與預定計畫目標做比較，並將偏差適時修正。

(二)規劃的目的

1. 指出未來組織發展方向：有規劃就可以讓管理者及員工知道未來組織該往哪個方向走，以及該如何讓組織可以在該條路上走的更穩，讓組織成員能夠產生一致且明確的目標。
2. 降低資源浪費：有規劃就會有方向，可以降低時間及成本的浪費，提昇組織運作的效率。
3. 降低變革帶來的衝擊 ：規劃並不能夠完全消除變革，但是卻因為有作規劃，所以可以預先知道大概未來會有什麼變革產生，降低對組織造成的影響。
4. 提供控制的標準：規劃與控制是一體兩面的管理功能，規劃是設定目標及計畫，而控制是考核目標及計畫是否確實如期完成，以及分析跟預期的差距，作為再規劃的基礎。

(三)規劃的程序

在正式規劃之前必須先完成規劃前的準備。規劃之初，我們必須先對組織有基本認識，蒐集基本資料，瞭解組織的優缺點及未來的目標，這樣才能訂出實用的計劃。

步驟	內容	小例子
確定宗旨及目標	每個企業都應先確立其宗旨，決定要以什麼方式提供服務，藉以達到組織的目標。依據宗旨確立企業所追求的目標，進而引導公司計劃的訂定、人員的任用等。	台積電新製程五奈米晶圓的建廠、量產。
內在與外在環境分析	對於企業環境的認識，是規劃中重要的一環。外在環境包含一般企業環境（政治狀態、社會風氣、政府政策）、產品市場、因素市場（工廠位置、資金籌措）和技術環境；內在環境包括資本投資、人力才幹、物資資源等。規劃時這些都是得事先考慮的前提，未來市場如何？價格如何？稅率是否改變，都該在規劃時做適當的預測。	土地成本取得、建造時的各種成本、法規阻礙或協助、人才取得、供應商的服務網絡等，都是台積電需要考慮的問題。

步驟	內容	小例子
擬定可行方案	並不能只建立「一種」方案，然後討論施行，而是應該要擬定數種可行的方案，確定方案的執行與目標一致，並對各方案的成本及效果加以評估。	設廠地點選擇：台灣、美國。
評估可行之策略	針對先前提出的各方案之優、缺點加以檢討分析，進行評價。	● 美國：生產成本高、響應美國政府本土製造的號召、可服務台積電的美國客戶、分散供應鏈。 ● 台灣：生產成本低、人力素質高、供應鏈太過集中。
選定最適合的方案	此步驟即為決策。管理者必須選擇出一個最適當的方案，再針對此方案進行更進一步的計劃。只是當有數個方案可以通用時，可以多採取幾個方案備用，不用拘泥於單一選擇。	台積電斥資120億美元，在美國亞利桑那州興建5奈米晶圓廠。
執行	決策制定後，還需要擬定一些衍生計劃來支持計劃的實施。例如人員的訓練方式、作業的流程等後續動作，也都是規劃的步驟。	台積電以中華航空包機，把設廠所需的設備、元件及人員，分批送往美國。預計2023年試產、2024年量產。

模式二

Max Weber認為組織中存在著那三種職權關係類型？請說明其內涵。

【104台鐵】

解：馬克斯韋伯（Max Weber）在十九世紀初發展出一套權威結構與關係的理論，並以「官僚體制」（Bureaucracy）來描述他理想中的組織型式。這是一種專業分工、層級明確、具有詳細規範，而不講私人關係的組織，認為理想的官僚體制應建立在法規之上，強調以制度代替人治。

「官僚體制」在許多大型組織中可以看到，制度取代人治，組織越接近此種型態，會越有效率。認為在組織內存在三種職權關係，分別說明於下：

(一)傳統型職權：認為管理者的職權是上天所賦予的，神聖而且不可違背，例如：中國皇帝，日本天皇等等。

(二)魅力型職權：魅力型管理者的職權來自領導者特有的魅力。例如：蘋果公司的賈伯斯。

(三)理想合法型職權：領導者的職權是透過人民所賦予的，因為人民相信領導者能帶領國家進步，因此藉由投票等方式將管理的權力賦予領導者，例如：民選總統。

模式三

請以經濟部某一國營事業單位為例， 明社會義務（Social Obiligation）、社會回應（Social Responsiveness）及社會責任（Social Responsibility）之間的差異？ 【106經濟部】

解：(一)企業行為到社會需求的三種模式

學者塞西（S.P.Sethi）利用三層架構提出企業行為到社會需求的三種模式，將企業對社會需求的反應行為分成三類：

1. 社會義務（social obligation）：企業在法律規範下，滿足其經濟責任的行為。換言之，企業在某些情況下，應該以社會規範為考量，必要時應該放棄企業的利益以達到社會目的。
2. 社會回應（social responsiveness）：企業適應變化的社會狀況的能力，是企業重視實際的中短期目標，消極地順應外在社會要求所作的一種調適。

3. 社會責任（social responsibility）：在法律與經濟規範之外，企業所負追求有益於社會長期目標之義務。社會責任是一種要求企業判定是非，積極努力追求基本的道德真理，指企業符合社會規範、價值和期望相合的企業行為，是企業在社會環境中發揮了良好的作用。

(二)模式的差異

項目	社會責任	社會回應	社會義務
主要考慮	道德真理	社會偏好	法律經濟要求
關注點	企業與社會	企業與社會	企業
時間幅度	長期	中短期	短期
社會領先性	領先社會需求	和社會需求同步	落後於社會需求

(三)以台電公司為例

1. 社會責任：台電公司不僅提供安全穩定充足的電力，也關懷地區弱勢，培養優秀的體育選手。
2. 社會回應：會因應社會大眾對台電公司及電力相關服務之瞭解，舉辦「開放台電」，創立台電與社會的溝通平台。
3. 社會義務：只遵守相關法規，提供國人基本電力服務。

第一部分 企業概論

Lesson 01 企業的基本概念

課前指引

Lesson 1 分為四個焦點，近三年來，第一章出題頻率並不高。過去考古題中，以焦點三「企業的類型」的考點為最多，題型變化也很豐富。焦點一、焦點二出現頻率較少，但是其為整本書的架構，尤其是焦點一的圖形，基本上企業管理就是繞著這個圖形而談，值得大家先把基礎架構好，未來會更容易記憶。

重點引導

焦點	範圍	準備方向
焦點一	企業的定義與效用	企業的定義與五種效用需熟記。
焦點二	企業的生產要素	生產要素中，以企業家精神為最重要的重點。
焦點三	企業的類型	企業的類型為近期考試重點，尤其是不同企業的清償責任歸屬。
焦點四	企業的功能	企業概論基本概念，是未來延伸內容的基礎。

焦點一 企業的定義與效用

一、企業的定義【台菸酒、郵政】

企業是由個人或是一群人形成的組織，透過生產要素（人、原物料、設備……等用於生產的資源）的運用，提供社會大眾（消費者）需要的產品或服務，並由這個過程獲得利潤。

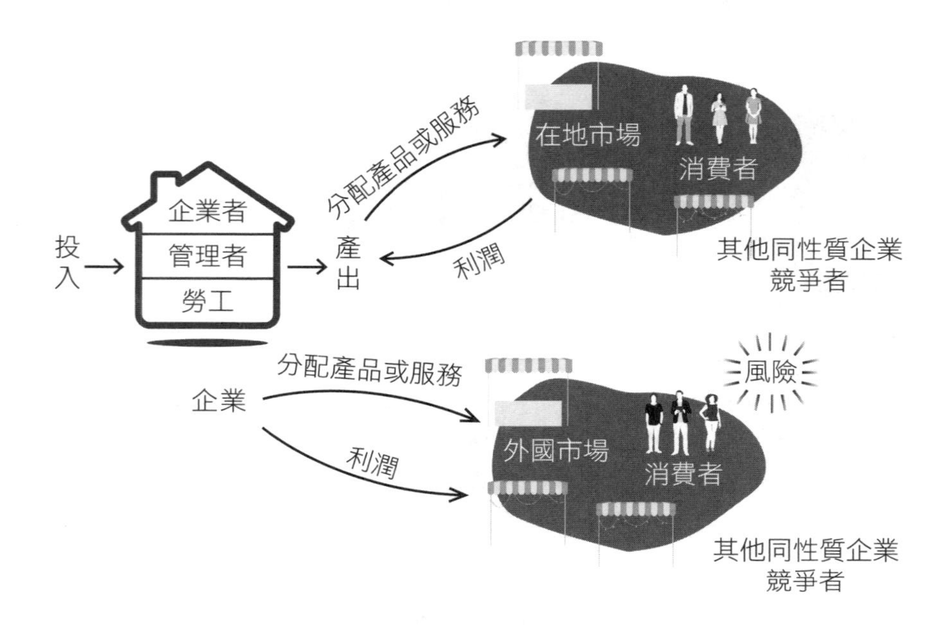

(一) 最基本之經濟單位

早期農業社會的基本經濟單位為「個人」或「家庭」，進入工業化社會後，因為專業分工，基本經濟單位則為「企業」。

(二) 具有「生產」與「分配」二種功能

企業的經濟任務：「生產」消費者所需要的「商品」及「服務」並「分配」給消費者。

(三) 企業面對的環境

1. 企業經營一定會面臨「風險」與「競爭」。
2. 風險與競爭→提升「經營績效」→獲取「利潤」→企業生存。

(四) 基本目標與終極目標

1. 企業的基本目標：創造利潤以維持生存。
2. 企業的終極目標：滿足消費者需要並對社會提出貢獻。

(五) 經營過程中需要提升效率

「經營效率」=〔最少的投入〕+〔最大的產出〕

二、企業的效用

企業對社會有很大的貢獻與價值，企業的終極目標是滿足社會大眾的需求，也提供了以下的幾種效用（utility）。

種類	內容	生活小案例	大白話
形式效用 【台鐵】	由原物料的形式變成產品或是服務，提高了資源的使用價值。	農產加工品、廖老大飲料店將茶葉製成紅茶。 食品工廠將魚製成罐頭。	原物料變成產品或服務。
地點效用	透過市場的交易，讓商品的使用空間與範圍變大。	台南製作的醬油，透過市場交易，讓全台灣都可以買到醬油。 長榮海運將廠商把貨品運到海外。	在想要的地方就買得到。
時間效用 【台菸酒、郵政】	縮短時間上的距離，使人的可用時間增加，使物的獲得時間減少。	鰻魚使用空運送往日本，以免長時間運送造成腐壞損失提供分期貸款。 倉儲業者提供倉庫讓廠商儲存商品。	想要的時候就買得到。
所有權效用	獲得產品或服務的使用、處理或消費等權利的效用。	購買房子後，對房子擁有處理、裝潢、租賃等權利。 統一超商賣商品給顧客。	所有權由賣方轉給買方。
資訊效用	行銷活動將產品資訊傳達給消費者。	小農商品包裝介紹無毒農產品。	傳達有用的資訊給消費者。

小補充，大進擊

現代化的商業環境非常的競爭，許多行業會同時從事很多生產，並滿足多種效用。

1.物流公司提供倉庫（時間效用）與運送（空間效用）。

2.製作寶寶食品公司（形式效用）同時會於食品包裝提供幼兒食物相關資訊（資訊效用）。

即刻戰場

一、企業的定義

(　　) **1** 企業思考如何運用資源創造出有價值的產品或服務，並在市場取得難以模仿的競爭優勢，為下列何種模式？ (A)成本模式 (B)商業模式 (C)網絡模式 (D)資源模式。【109台菸酒】

(　　) **2** 企業在社會中扮演的主要角色為：
(A)照顧員工 (B)支持政治活動 (C)滿足社會人們的各種需求 (D)配合政府產業政策。【108郵政】

(　　) **3** 一家企業創業成功之後，若想躍升為市場上的領導者，並為股東帶來財富，下列哪一個作法是無效的？ (A)重新定義市場 (B)堅守原來的成功方程式 (C)更深入了解顧客的潛在需求 (D)提供高度差異化的產品。【105郵政】

解 1 **(B)**。商業模式是一種涵蓋產品、服務及資訊的架構，是說明企業如何創造、傳遞及獲取利潤的手段與方法。

2 **(C)**。企業的定義。

3 **(B)**。環境變化，企業必須調整經營方針，才能不被淘汰。例如過去影片出租店興盛，隨著線上串流平台（Netflix）的興起，影片出租店幾乎都已倒閉。

二、企業的效用

(　　) **1**「消費者可以在特定的時間購買到所需的產品」是行銷中間商（Marketing Intermediaries）所能提供的哪一類效用？ (A)地點的效用 (B)形式的效用 (C)擁有的效用 (D)時間的效用。【108郵政】

(　　) **2** 年底汽車公司提供36期分期付款的優惠，請問此創造何種效用？(A)所有權效用 (B)地域效用 (C)形式效用 (D)時間效用。【107台菸酒】

(　　) **3** 廠商將原物料轉化成最終產品、服務的價值，可謂創造： (A)時間效用 (B)形式效用 (C)地點效用 (D)所有權效用。【105鐵路】

解 1 **(D)**。縮短時間上的距離，使人的可用時間增加，使物的獲得時間減少，為時間效用。

2 (D)。使人先使用汽車，可使用的時間增加，為時間效用。

3 (B)。由原物料的形式變成產品或是服務，提高了資源的使用價值。

焦點二 企業的生產要素

企業用來製造或提供產品與服務需要運用到的資源。

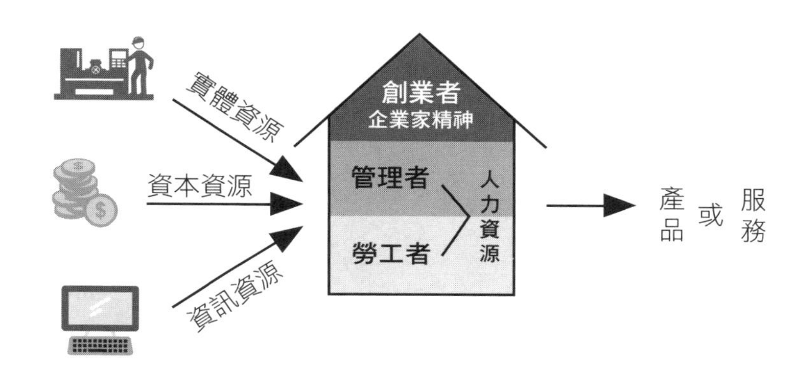

生產要素	內容	生活小案例
人力資源 【鐵路】	勞動力，包括人類心智與體力的活動即各種勞心與勞力。不單只是人類體力上付出，還包括智力及創意。	作業員是勞工、設計師是勞工、老師也是勞工，都是人力資源。
資本資源	為使企業營運順利的財務資源	資金。
實體資源	用來幫助生產其他財貨的硬體設施。	一般的機器設備、原物料、廠房、運輸設備。
資訊資源	企業經營活動，必須有許多資訊來源，才能幫助決策。	法規的資訊、競爭者的資訊。
企業家精神 【台菸酒、郵政、鐵路】	對於創業願意承擔風險與把握機會的一種態度。	跟勞工不同，企業家大多是公司的老板。公司所賺的錢，是他們的；公司虧損了，負責的也是他們，因此，企業家是負責承擔生產所面對的風險。

小口訣，大記憶

企業家的特質-自創及前鋒
▲自己創新又當先鋒
自：自主性，創：創新性，及：積極性，前：前瞻性，鋒：風險承擔性。

小補充，大進擊

延伸的企業生產要素M字口訣

企業 5 生產要素 5M	人力（man-power）、物料（material）、金錢（money）、機器設備（machine）、技術方法（method）
企業 6 生產要素 6M	人力（man-power）、物料（material）、金錢（money）、機器設備（machine）、技術方法（method）、管理（management）
企業 7 生產要素 7M	人力（man-power）、物料（material）、金錢（money）、機器設備（machine）、技術方法（method）、工作精神（morale）、市場（market）

即刻戰場

一、企業的生產要素

(　　) **1** 下列何者不是企業從事生產活動的要素資源？ (A)勞工 (B)商品 (C)原物料 (D)資金。【107郵政】

(　　) **2** 公司最重要而且無可取代的資源為： (A)資金 (B)科技 (C)人力資源 (D)設備。【107鐵路】

解 **1 (B)**。

2 (C)。每個人的創意與想法都是無可取代的，因此人力資源是公司一項重要的寶貴資產。

二、企業家精神

(　　) **1** 在創立和經營一項新產品或新事業時，對於伴隨創業所帶來的諸多決策選擇及風險承擔的意願，稱為下列何者？ (A)顧客價值 (B)商業模式 (C)創業精神 (D)生產資源。【109台菸酒】

(　　) 2 下列何者最不屬於重要的創業家人格特質？ (A)堅強的毅力 (B)技術導向 (C)學習與創新意願 (D)顧客導向。 【108鐵路】

解 1 (C)。

2 (B)。技術導向指企業業務範圍限定為經營以現有設備或技術為基礎生產出的產品。拘泥於現有的設備與技術，面對環境變動，會容易被市場淘汰。

三、企業家特質

(　　) 1 許多微型創業的出現，造就新型態的創業家，而下列何者非新型態創業家所應具備的特質？ (A)自我引導 (B)容忍不確定性 (C)行動導向 (D)傳統保守主義。 【105郵政】

(　　) 2 下列何者不是常見的企業家精神（entrepreneurship）特質？ (A)只承擔低度風險的責任 (B)相信命運可以由自己掌控 (C)高度的成就需求 (D)自信樂觀具決斷力。 【105自來水】

解 1 (D) 2 (A)

焦點三 企業的類型

企業分類的方法有很多種，如下表所示，其中最常考的分類，就是以組織型態（或投資人組成）為分類方式的獨資、合夥、有限合夥、公司的類型。

分類方式	類型
組織型態（或投資人組成）	獨資、合夥、有限合夥、公司
經營主體	公營事業、民營事業
市場競爭性	獨占、寡占、獨占性競爭、完全競爭
利潤型態	營利企業、非營利企業
中華民國行業標準	零售業、批發業
規模	微型企業、中小型企業、大型企業

依據法律的規定，我國企業類型依組織型態（或投資人組成）可以分為獨資、合夥、有限合夥、與公司。

類型	行號		有限合夥	公司【郵政、台電】
	獨資企業【台菸酒、郵政、經濟部】	合夥企業【台菸酒、自來水】		見下表分類
法規	商業登記法	商業登記法	有限合夥法	公司法
內容	一個人出資、獨立經營的一種企業	二個人以上互相出資，共同經營事業	二個人以上互相出資，共同經營事業	以營利為目的，依照公司法組織、登記、成立的社團法人
生活小案例	可以在各縣市看到OO商行或OO工作室、OO水果店、OO電器行、OO企業社等。		私募股權基金 投資人分為普通合夥人及有限合夥人	1. 麥當勞 2. 台積電 3. 中鋼
法人資格	非法人	非法人	法人	法人
出資人稱呼	業主	合夥人	合夥人	股東
出資人數	ONLY 1	2人以上	1人以上普通合夥人+1人以上有限合夥人	
出資方式	有形或無形財產	有形或無形財產	有限合夥→有形財產 普通合夥→無形財產 有限合夥人：現金、其他財產權 普通合夥人：現金、其他財產權、信用、勞務	見下表
虧損責任	無限責任	連帶無限責任	有限合夥→有限責任 普通合夥→無限責任	
發行股票	不可以	不可以	不可以	
股權移轉	老闆同意就可以	全體同意	全體同意	
表決方式	不須表決	一人一票	一人一票	

<table>
<tr><th rowspan="2">類型</th><th colspan="2">行號</th><th rowspan="2">有限合夥</th><th>公司
【郵政、台電】</th></tr>
<tr><th>獨資企業
【台菸酒、郵政、經濟部】</th><th>合夥企業
【台菸酒、自來水】</th><th>見下表分類</th></tr>
<tr><td>優點</td><td>1. 管理單純
2. 成立快速
3. 解散方便
4. 成果獨有</td><td>1. 較多的財務來源
2. 較多的人才
3. 企業壽命較長</td><td>1. 較多的財務來源
2. 較多的人才
3. 企業壽命較長
4. 風險分散</td><td>1. 股東風險分散
2. 較多的資金來源
3. 投資與結束投資容易
4. 企業壽命較長</td></tr>
<tr><td>缺點</td><td>1. 負責人須負無限清償責任
2. 規模較小
3. 籌資不容易
4. 事業發展有限</td><td>1. 合夥人須負連帶無限清償責任
2. 利潤共享
3. 合夥人容易產生意見不同的衝突
4. 結束營運困難</td><td>1. 利潤共享
2. 合夥人容易產生意見不同的衝突
3. 結束營運困難</td><td>1. 間接控制
2. 利潤共享
3. 決策較慢
4. 機動性較差</td></tr>
</table>

上表中的「公司」類型又可細分為無限公司、有限公司、兩合公司、股份有限公司四種型態，其特色如下表所示。

公司企業	無限公司	有限公司	兩合公司	股份有限公司
定義	二人以上股東組織的公司，股東負連帶無限清償責任。	一人以上股東所組成的公司，股東就其出資額為限負有限責任	一人以上無限責任股東，與一人以上有限責任股東所組成的公司。無限責任股東負連帶無限清償責任，有限責任股東限負有限責任。	二人以上股東、或政府、法人股東一人所組成的公司。股東就股份，對公司負責任。

公司企業	無限公司	有限公司	兩合公司	股份有限公司
組成人數	2 人以上	1 人以上	無限責任股東 1 人 有限責任股東 1 人	2 人以上
出資方式	有形財產或無形財產	有形財產	無限股東→無形財產 有限股東→有形財產	有形財產
虧損責任	連帶無限責任	有限責任（依照出資額）	無限股東→無限責任 有限股東→有限責任	所認股分（出資額）
發行股票	不可以	不可以	不可以	公開發行
股權移轉	全體同意	過半數同意	無限股東全體同意	自由轉讓
盈餘分配	一年一次	一年一次	一年一次	一年一次

小提醒，大考點

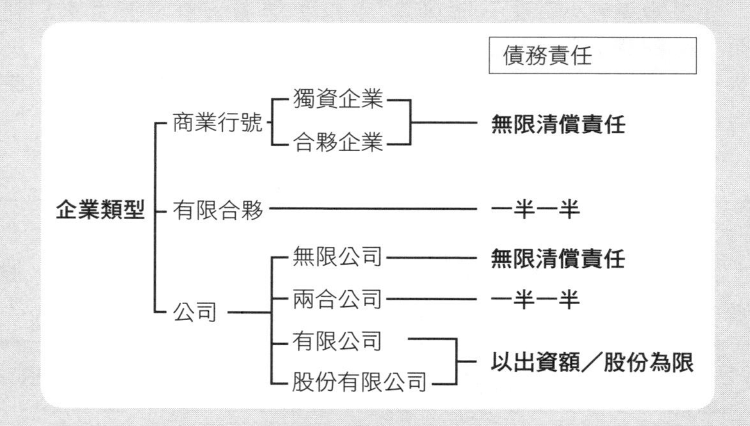

- 商業行號負連帶無限清償責任。
  有限合夥、兩合公司為一人以上無限責任股東，與一人以上有限責任股東所組織，無限股東負無限責任，有限股東負有限責任，因此寫成責任一半一半。
- 無限公司與兩合公司在實務上相當少，主要都是有限公司，或是股份有限公司。實務上，大部分的人會認為，既然都設立公司了，就讓債務責任在個人與企業之間設立防火牆，避免公司欠債追討到個人，有限公司或股份有限公司的清償責任以出資額或股份為限。

即刻戰場

選擇題

一、獨資

( ) 1 有關獨資企業的敘述，下列何者錯誤？ (A)設立手續簡便 (B)經營管理決策迅速 (C)資金受限 (D)有限清償責任。 【108台菸酒】

( ) 2 對有志創業的人士而言，成立獨資企業最主要的好處在於： (A)無機會取得額外的財務資源 (B)受法律保障的償債責任 (C)獨資企業較有機會永續經營 (D)自己當老闆。 【108郵政】

解 1 **(D)**。獨資企業為無限清償責任。

2 **(D)**。(A)為獨資的缺點，非優點。(B)無限清償責任。(C)經營時間較其他型態企業來得短。

二、合夥

( ) 關於「合夥企業」的敘述，下列何者正確？ (A)損益之分配成數，合夥人平均分攤 (B)每一合夥人對企業均須負完全之責任 (C)當有事務須行表決時，無論出資多寡，每人僅有一表決權 (D)各合夥人之出資及其他合夥財產為全體合夥人共有。（多選） 【107自來水】

解 **(BCD)**。(A)損失負無限清償責任。

三、公司

( ) 相對於其他企業型態，下列何者是「股份有限公司」的優點？ (A)業者要獨自承擔無限債務 (B)成立時複雜且費時 (C)所有權移轉方便 (D)不容易吸引資金。 【105郵政】

解 **(C)**。(A)股東負有限清償責任。(B)依據公司法，成立過程簡單。(D)發行股票在公開市場上容易吸引資金。

填充題

1 我國「公司法」規定，公司種類可分為以下4種：無限公司、有限公司、兩合公司及 ______ 公司經營型態。 【106台電】

2 我國「上市上櫃公司治理實務守則」規定，上市上櫃公司建立公司治理制度除應遵守法令及章程之規定等外，應依「保障股東權益、強化 ______ 職能、發揮監察人功能、尊重利害關係人權益及提昇資訊透明度」原則為之。【106台電】

解 **1 股份有限**。

2 董事會。董事會是依照法律，按公司或企業章程設立並由全體董事組成的業務執行機關。股份有限公司股東會中所推選之股東代表人稱為董事，對外代表公司，對內執行業務。

申論題

一、21世紀以來，全世界政治經濟動向與經營環境劇烈變化，市場需求亦更快速更多樣的改變，造成產品生命週期越來越短，促使企業營運模式的改變，企業改變在於企業核心運作（core business logistics）之差異。企業核心運作泛指從原料材質與供應商選擇、採購進貨、研發與製造、運送（物流）、上架、促銷、銷售、收款、客戶售後服務等作業，彼此環環相扣而形成的作業流程。請問：您認為21世紀決定企業成敗的關鍵因素為何？請舉例說明該關鍵因素導致企業核心運作（作業流程）可能產生的改變。【109台菸酒】

答：

(一) 關鍵因素

「速度」為決定成敗的關鍵因素。自企業營運的整體循環來看，企業投入資本、開辦企業/建廠、開發新產品、接單、採購、投產、出貨、收款此一循環速度愈快時間愈短，則企業投資回收快，風險愈小且營運成本愈低。

(二) 企業採取的策略方向有以下二項策略：

1.低成本策略、提升價值策略。

2.發生的改變：在降低成本與提升價值兩競爭策略並行過程中，企業必須整合人才、技術、資源、資金與資訊做最有效運作，讓企業成為服務顧客最經濟的製造或服務的價值鏈。

二、並非所有的企業最終都能發展為大型企業，許多創業者亦始之營運超小型企業，即是所謂的微型企業（micro-enterprises）。微型企業並無共通的定義，泛指資本額、營業額皆低於中、小企業，且員工低於20人以下

的企業。請問：微型企業的特性為何？分析構面包括但不限於：組織管理、人力資源管理、生產管理、行銷管理、財務金融支援、微型企業面臨的挑戰等等特性。【110台菸酒】

三、隨著行動網路及巨量資料等科技發展，強調虛實整合的新商務模式興起。何謂共享經濟（Sharing Economy）？其對未來的交通運輸經營有何影響？【110台鐵】

答：

(一) 共享經濟

共享經濟的核心理念，是「閒置資源」的再使用。擁有閒置資源的個人／企業，透過有償租賃的方式，讓無法負擔此一費用的個人／企業以相對便宜的價格獲得使用權。

(二) 對未來的交通運輸經營的影響

使用者用租賃取代購買：未來Uber，共享單車將會盛行，業者用閒置的資源，技術提供給消費者，而消費者用金錢換取服務以及資源。

四、題組

(一)何謂企業（Business）？

(二)政府單位是否應以企業營運思維進行管理？【110台鐵】

答：

(一) 政府應以企業營運思維進行管理

1. 提高行政效率。
2. 國家資源有效配置。
3. 確保既定政策落實執行並被監督。

(二)政府績效成果現代化之具體作法

1. 加強與國會協商溝通，提升資源配置或決策品質。
2. 強調各機關目標與整體目標連結，強化跨機關治理成效。
3. 增修訂績效管理作業規範，使資訊更具即時性和應用性。

五、企業為擴張所有權而進行的「企業購併」從企業策略與價值創造的角度而言，可分為哪四種購併類型？並解釋各種類型之內涵，另請各舉出一個案例。【中華電信】

答：併購類型：購併（Merger & Acquisition）即收購（Acquisitions）與合併（Mergers）兩種企業財務活動的合稱，其基本類型有股權收購、資產收購、吸收合併、設立合併等四種。

(一) 股權收購

1. 收購者購買目標公司全部或部分股權，使目標公司成為收購者的轉投資事業，而收購者必須承受目標公司全部的權利、義務、資產與負債。
2. 例如博客來網路書店與統一企業的關係便是如此

(二) 資產收購

1. 收購者依己方需求購買目標公司全部或部分資產，屬一般資產交易行為，因此不需接收目標公司的負債。
2. 2015年，AIG將在台子公司美亞產險的個人保險及中小企業保險業務，出售給南山。AIG在台灣繼續經營商業保險業務。

(三) 合併（Mergers）

1. 吸收合併與設立合併兩種。「吸收合併」是指當兩家公司進行合併後，被合併的公司必須申請消滅，而被併公司的所有產業經營責任與財務損益皆由主併公司承擔負責。
2. 富邦金控併購日盛金控，創下「金金併」歷史里程碑。

(四) 設立合併（又稱「新創合併」）

1. 兩家公司同時申請消滅以進行合併，並另外登記創立一家新公司。而新公司必須承接兩家已消滅公司的所有負債與資產。
2. 台灣的面板大廠達碁合併另一家面板製造商聯友，就是以達碁為存續公司，之後達碁改名為友達光電。

焦點四 企業的功能

企業的功能，也有人稱為企業的職能，或是企業的機能，透過投入，轉換產出產品或服務，以滿足顧客需求的功能，基本上可分為以下六種功能【台鐵、台水、台電、桃機】：

功能	內容
生產與作業管理【台糖、郵政、經濟部】	將投入的人力、物力、資源等，變成產出的產品或勞務的過程。
行銷管理	了解顧客需求透過行銷組合來滿足其需求的功能。
人力資源管理【郵政、台電】	以科學方法，使企業之人與事做最適切的配合，透過選人、訓人、用人、留人的活動來達成組織目標的功能。

功能	內容
研發管理 【台水、台菸酒】	或稱為科技管理，發展或創新技術以維持（及強化）與企業經營領域相關的市場地位及經營績效。
財務管理 【郵政】	將企業資金做最有效的規劃與使用，使企業達到績效最高、價值最大的效益。
資訊管理	企業內部的資訊系統，支援內部作業，輔助決策制定，企業有效的利用資訊科技來管理資訊，增強企業營運能力，提升經營效率。

企業功能的另一種分類方式，又可分為以下二種：【台菸酒、台水、中華電信】

分類	內容
直線功能	直接和企業的利潤有關，包括生產與作業、行銷。
幕僚功能	屬於後勤的功能，研發、財務、人力資源管理、資訊。

小口訣，大記憶

企業的功能-產銷人發資財
▲生產賣出人就發大資財

即刻戰場

選擇題

一、企業的功能

( ) 1 下列哪一個選項是指企業功能（Business Functions），簡稱「五管」？ (A)設計、製造、銷售、服務、維修 (B)規劃、組織、用人、領導、控制 (C)生產、行銷、財務、人事、資訊 (D)計畫、招募、甄選、訓練、發展。 【108台鐵】

( ) 2 生產作業管理、行銷管理、人力資源管理、研發、財務管理等功能，稱之為何？ (A)規劃功能 (B)執行功能 (C)企業功能 (D)考核功能。 【107台鐵】

解 1 (C)。企業功能：生產、行銷、人力資源、研究發展、財務
管理功能：規劃、組織、領導、控制
企業＋管理功能＝管理矩陣

2 (C)

二、生產與作業管理

( ) 1 企業內部負責設計並管理從原物料購買到轉換為最終產品或服務過程的部門是： (A)行銷部門 (B)財務部門 (C)作業部門 (D)董事會。 【106台糖】

( ) 2 生產系統是一個投入、轉換、產出的過程，例如：汽車裝配工廠的投入為人工、能源、裝配零件與機器，轉換為焊接、裝配與噴漆等，產出即為汽車。下列何者為正確描述醫院的生產系統？ (A)醫院的投入為手術與診療 (B)醫院的產出為健康的人與醫學研究成果 (C)醫院的轉換為病床與醫療設備 (D)醫院的投入為藥物管理。 【107經濟部】

( ) 3 「透過協調與管理土地、勞力、資本以及企業家精神等要素以確保產品或服務得以順利產出」，稱為： (A)資源整合 (B)供應鏈管理 (C)生產管理 (D)採購管理。 【108郵政】

解 1 (C)。生產與作業部門：將投入的人力、物力、資源等，變成產出的產品或勞務的過程。

2 (B)。投入=人力+設備
轉換=技術+加工
產出=最終產品
(A)醫院的投入為手術與診療轉換。
(B)醫院的產出為健康的人與醫學研究成果產出。
(C)醫院的轉換為病床與醫療設備投入。
(D)醫院的投入為藥物管理轉換。

3 (C)。供應鏈管理：將供應商、中間商、顧客連結起來，以強化效率與效能。

三、研發管理

( ) 1 研究發展可以維持與強化市場的競爭地位、持續企業的成長與生存。下列哪一個不屬於研究發展的特性？ (A)具高度的風險性 (B)是屬於高報酬的事業 (C)短期的投入通常就會有結果 (D)高度依賴專業人才。 【105台水】

( ) 2 下列何者是企業為提升競爭力，維持產品與製程技術在一定的水準上所做的管理活動？ (A)生產管理 (B)作業管理 (C)研究發展管理 (D)人力資源管理。 【110台菸酒】

( ) 3 下列何者不適合納入企業研究績效衡量項目？ (A)專利申請數量與取得數量 (B)新產品銷售量與市占率 (C)研發人力數量 (D)近五年新產品營業額占總營業額比率。 【108台菸酒】

解 1 (C)

2 (C)。研發管理：發展或創新技術以維持（及強化）與企業經營領域相關的市場地位及經營績效。
題目表示為維持產品與製程技術在一定的水準上，提升競爭力，故選(C)。

3 (C)。(A)的專利取得、(B)的新產品銷售量與市占率、(D)新產品營業額，都與績效有關。(C)人力數量與績效衡量較無關聯。

四、人力資源管理

( ) 企業組織所擁有最重要的資源為下列何者？ (A)營運計畫書 (B)行銷組合 (C)資本預算 (D)人力資源。 【108郵政】

解 (D)。人才是企業組織最重要的資源。

五、直線功能VS幕僚功能

( ) 下列何項職權是在專長領域中給予其他單位或個人的建議及諮詢的權力？ (A)個人職權 (B)直線職權 (C)員工職權 (D)幕僚職權。

解 (D)。直線職權：上對下的命令。
幕僚職權：給建議、策略，像特助、秘書→給建議。

填充題

有關企業功能中，______ 管理的主要職能包括：人員招募、培訓開發、薪酬福利、績效考核及員工關係等。 【108台電】

解 人力資源。人力資源管理：以科學方法，使企業之人與事做最適切的配合，透過選人、訓人、用人、留人的活動來達成組織目標的功能。

時事應用小學堂 2022.09.10

COVID-19 疫情重創全球中小企業的發展，經濟部次長陳正祺率團參加 APEC 中小企業部長會議，分享台灣協助中小企業數位轉型和扶助新創產業的經驗，不少國家對和台灣交流有高度興趣。亞太經濟合作會議（APEC）中小企業部長會議 9 日和 10 日在泰國普吉島（Phuket）登場，台灣由經濟部次長陳正祺率團與會，在會中分享台灣在疫情後如何幫助中小企業復甦的經驗。

陳正祺今天會議結束後接受中央社電話訪問表示，今年是 2019 冠狀病毒疾病（COVID-19）疫情後 APEC 首度恢復實體會議，主辦國泰國提出 4 大主軸和開放連結平衡的理念，相較之下大企業的數位轉型較為容易，今年因此強調利用包容性的數位轉型幫助中小企業同步復甦。

陳正祺說，各會員國在會中分享的主題包括數位基礎建設；融資和債務重組，有的中小企業在疫情中資金斷鏈，政府幫助貸款展延或還不出錢的貸款集中處理；還有政府推出高影響力政策幫助中小企業。

陳正祺在 2 天的會議中也報告了台灣的數位轉型經驗，陳正祺說疫情雖給了挑戰但也給了轉機，讓中小企業認知到數位轉型的重要性，政府全力協助中小企業數位轉型和減少碳排放量。

陳正祺說，除此之外，政府也幫助中小企業國際化和幫助女性創業，中小企業國際連結比較弱，因此政府提供新創園地、孵化器和加速器，歡迎新創企業和大企業的創業團隊進駐提供經驗或輔導，並透過駐外單位和駐在國的創投社群和新創產業連結，利用台灣的新創園區做基地，和國際企業團體和創投社群加強連結。

陳正祺表示，會議期間代表團和區域內會員國有正式的雙邊會談或是場邊交流，不少國家對台灣的中小企業和新創產業有興趣，希望建立連結，讓彼此的中小企業有互相訪問或進駐新創園區的機會，不排除建立制度性和機制性的合作關係。

（資料來源：中央社 https://www.cna.com.tw/news/aipl/202209100127.aspx）

延伸思考

1. 台灣中小企業家數約 159 萬家，占全體企業的 98.9%，營業額占全部企業比率約為 52%，就業人數占全國總就業人數的 80%，也就是台灣有八成的人都在中小企業內工作，請問中小企業有何優缺點？
2. 新創企業是近年來非常熱門的名詞，何謂新創企業？

解析

1. 中小企業是指在經營規模上較小的企業，雇用人數與營業額皆不大。依據中小企業認定標準，實收資本額在新臺幣一億元以下，或經常僱用員工數未滿二百人之事業稱為中小企業。

中小企業的優劣勢

優勢	(1)經營決策快。 (2)成本及風險相對較低。 (3)對市場反應敏銳。 (4)反應速度較快。 (5)台灣中小企業中私人家族經營者較多，內部命令單一，執行力強，能快速協調企業內部的資源，使效率、效益都達到最高。
劣勢	中小企業在技術、資金、人力資源、資訊取得等方面的能力都較為不易。如文中所述，「有的中小企業在疫情中資金斷鏈，政府幫助貸款展延或還不出錢的貸款集中處理」，就是因中小企業資金取得不易。

2. 新創與一般公司差異點：

類型	新創	一般公司
公司發展	草創成長期，公司處於高度發展階段，工作變動較大。	穩定發展，已經有固定模式，工作須遵循 SOP。
工作環境	彈性高、較自由、工作挑戰性高。	彈性低、工作須遵守固有規則，工作項目較固定。
組織層級	團隊合作，注重溝通協作。	上下階層關係較明確。

Lesson 02 企業環境與管理

課前指引

Lesson2 主要在說明企業生存所在的環境，企業環境是指與企業生產經營有關的所有因素的總和，可以分為外部環境和內部環境兩大類。任何企業的活動，都是在經營環境中進行的，如果企業對於環境的變化沒有敏銳的觀察力及判斷力，將很難長久永續的經營下去。

重點引導

焦點	範圍	準備方向
焦點一	企業的經營環境	分為外部、內部經營環境，主要考題都在外部環境，尤其是總體環境。
焦點二	環境評估	環境評估分為環境不確定下的評估、利害關係人二個評估方向，考題不多，考試方式也相對簡單，只要搞清楚定義，即可輕鬆拿分。

焦點一 企業的經營環境

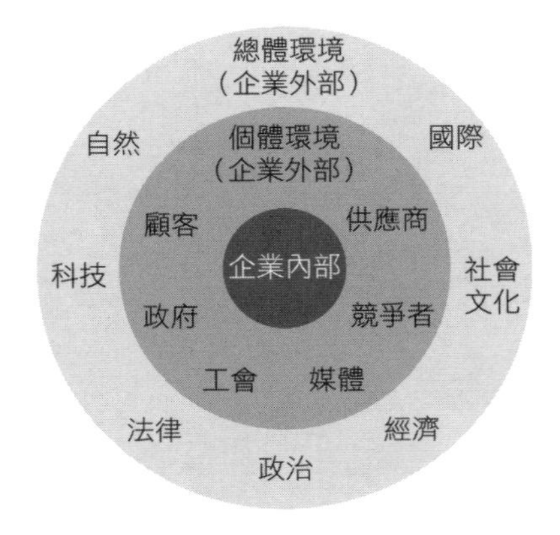

一、企業外部環境

企業外部環境是影響企業生存和發展各種外部原因。又可以分為一般環境、特定環境。

名稱	定義	類型
一般環境 【台水、台鐵、中華電信、郵政、經濟部】	總體環境、大環境、間接環境。 不會直接影響企業，但會間接影響到企業的運作。 對組織的影響通常不是短期間內顯現。	1. 政治與法律環境 2. 經濟環境 3. 社會與文化環境 4. 科技環境 5. 自然環境 6. 國際環境
特定環境 【台糖、台菸酒、台水】	個體環境、任務環境、直接環境、產業環境。 直接會對企業經營、管理者決策產生立即、直接的影響，並與組織的目標達成有直接關聯。	1. 顧客　2. 供應商 3. 競爭者　4. 政府部門 5. 地方社區　6. 工會 7. 壓力團體　8. 大眾媒體 9. 金融機構

(一) 一般環境

一般環境的類型以政治與法律環境、經濟環境、社會與文化環境、科技環境（PEST）為主，自然環境與國際環境為次要類型。

簡稱	類型	內容	因素	生活小案例 東南亞製造業
P	政治與法律環境 【台菸酒、中油】	與政府有關的各種因素，也就是會影響企業營運的政治和法律因素。	1. 國家政治制度 2. 政黨生態 3. 政治軍事形勢 4. 法律 5. 執法體系	近年來，許多製造業紛紛移往東南亞設廠，由於東南亞包含十多國，每個國家的政治體制皆不相同，法規與法律也不同，在印尼設廠與在越南設廠所要面臨的政治與法律環境就截然不同。

簡稱	類型	內容	因素	生活小案例 東南亞製造業
E	經濟環境 【台水、台菸酒、台鐵】	與整體經濟活動有關的因素，也就是影響企業生存和發展的經濟狀況及經濟政策。	1. 經濟成長率 2. 景氣循環 3. 物價 4. 國民所得 5. 失業率 6. 利率 7. 匯率 8. 通膨	東南亞各國的利率、匯率皆不相同，波動程度也不一樣。印尼在 1980 年代，曾在短時間內，印尼盾貶值 300%。台商設廠後，所需承擔的利息以及換匯損失都會影響到公司的經營。
S	社會與文化環境 【台菸酒、台鐵、桃機、農會、經濟部、郵政】	對企業的生產經營具有影響的社會文化環境。 社會已經長期累積的行為模式與觀念會影響企業的經營與運作。	1. 人口特徵 2. 人口規模 3. 人口分布 4. 社會的價值觀 5. 社會習俗 6. 宗教信仰 7. 生活方式	東南亞各國的人口年齡較低，平均年齡都在 30 多歲左右，但印尼大多數人的宗教信仰為回教，菲律賓大多數人的信仰為天主教，社會習俗、觀念不同，都會對企業營運造成影響。
T	科技環境 【台鐵】	各種人為技術的發展程度都會影響企業的生產與經營。	1. 科技發展趨勢 2. 科技發展速度 3. 科技體制 4. 電腦網路應用	科技的進步讓製造業的技術更成熟，能夠比過去節省更多的人力，也能夠讓管理階層更有效率的管理。
E	自然環境	一個國家的地理位置和自然環境。	1. 地形 2. 土壤 3. 氣候 4. 物產	2016 年數百名越南人上街抗議台灣企業台塑越南鋼鐵廠污染海洋，造成越南中部沿海魚群大量死亡，引發衝突事件。
I	國際環境	運輸與資訊科技的進步，世界變得更為密切，更加深了企業全球化的發展。	下一章專章說明	

小口訣，大記憶

PEST分析(**政**治、**經**濟、**社**會文化、科**技**)

▲震驚社稷

小補充，大進擊

政治法律環境：

法律名稱	法規內容
公平交易法	為維護自由競爭市場秩序所定之法律規範，規範廠商間獨佔、聯合行為，及不公平的競爭。
商標法	標章商品或服務之標識。
商品標示法	應於商品本體、內外包裝或說明書就名稱、用法標示。
商品檢驗法	主管機關指定公告應檢驗的商品。
消費者保護法	防止商品或服務損害消費者之生命、身體、健康、財產或其他權益。
勞動基準法	勞動者權益最低標準。

(二) 特定環境【台糖、台菸酒、台水】

類型	內容
供應商	供給所需的原物料、零組件等生產所需資源的廠商。
行銷中間機構	中間商、運銷配送機構、行銷服務機構等。
財政機構	銀行、貸款公司、保險公司等。
顧客	購買商品或服務的消費者。
競爭者	提供相類似產品或服務，且所服務的目標消費者也相似的企業。競爭者會以價格、服務的提供、新產品等競爭方式，來影響同業或類似產品的企業營運。
工會	爭取勞方權益的團體
特殊利益團體	為爭取某一特殊群體的利益的團體

二、企業內部環境

企業內部環境又稱企業內部條件，是企業內部各種要素的總和，它反映了企業所擁有的客觀物質條件、企業文化，以及企業的綜合能力，是企業系統運轉的內部基礎。例如：企業資源、組織文化、組織結構、內部利害關係人等。

(一) 企業資源

企業的任何活動都需要資源，企業資源的擁有和利用情況決定其活動的效率和規模。企業資源包括人力、財務、設備、技術、品牌、信譽等，可分為有形資源和無形資源兩大類。

(二) 企業文化

企業文化是指企業內部形成的共識，是由一個組織或一群人所共同擁有的價值觀和信念，以及企業本身獨特的處事方式，是企業的內部約束力量，是企業環境分析的重要內容。

(三) 企業能力

企業能力是指企業有效地利用資源的能力。擁有資源不一定能有效運用，因而企業有效地利用資源的能力就成為企業內部條件的重要因素。包括經營規模、組織結構、管理程序，以及企業的人事、財務、生產、行銷、研發等功能的運作。

即刻戰場

選擇題

(　) **1** 下列何者不是會影響企業經營的外部環境因素？ (A)政府管制機構 (B)社會文化 (C)股東 (D)經濟景況。 【110臺菸酒】

(　) **2** 企業所屬的國家社會中經濟、政治、科技、社會等因素，是屬於何類的外在環境？ (A)競爭環境 (B)總體環境 (C)國際環境 (D)任務環境。 【107台水】

(　) **3** 以總體環境的內涵而言，下列何者為非？ (A)人口統計環境 (B)競爭環境 (C)社會與文化環境 (D)經濟環境。 【106台鐵】

(　) **4** 下列何者不是企業組織進行環境掃瞄過程中所會關注的焦點？ (A)政治的穩定性 (B)經濟情勢與展望 (C)產品銷售的策略擬定 (D)網際網路的速度。 【107郵政】

( ) **5** 國家發展委員會所公布的景氣對策訊號為藍燈時，代表何種經濟狀況？政府應該採行何種政策？ (A)景氣穩定，應採穩定性經濟政策 (B)景氣活絡，應採擴張性經濟政策 (C)景氣衰退，應採擴張性經濟政策 (D)景氣趨緩，應採緊縮性經濟政策。 【107臺菸酒】

( ) **6** 關於資本主義的敘述，下列何者正確？ (A)大多數生產與分配的設備都是私人擁有，並以創造利潤為主要目的 (B)政府部門的主要任務是平均分配財富 (C)產品或服務的價格與可銷售的數量由政府部門決定 (D)經濟活動全由政府部門主導。 【107台水】

( ) **7** 有關計畫經濟(planned economies)的敘述，下列何者錯誤？ (A)基本信念是政府能提供社會大眾最佳的利益 (B)多以自由經濟為最大的代表 (C)社會主義也是計畫經濟形式之一 (D)大部分的資源是由政府所擁有。 【150台糖】

( ) **8** 近年來台灣社會逐漸面臨少子化與高齡化的壓力，也影響企業經營環境，請問此一分析，主要是企業一般環境中，哪部分分析會得到的結果？ (A)科技環境分析 (B)政治與法律環境分析 (C)人口統計變項環境分析 (D)自然生態環境分析。 【108臺菸酒】

( ) **9** 近年來消費者傾向避免油炸食物，這種改變對速食業而言，屬於下列何者之改變？ (A)經濟環境 (B)政治環境 (C)法律環境 (D)社會文化環境。 【109桃機】

( ) **10** 政府推動新南向政策時，幫助企業蒐集有關東南亞國家之宗教信仰、風俗習慣、價值觀體系等資訊，是屬於那一類的經營環境分析？ (A)人口統計環境 (B)社會文化環境 (C)經濟商業環境 (D)政治法律環境。 【107台鐵】

( ) **11** 國際知名牛仔褲品牌Levi's在進軍中東市場時，最主要考量下列何種因素而將牛仔褲重新設計成輕薄款式，且不販售短褲與短裙系列？ (A)政治角力 (B)匯率波動 (C)商業風險 (D)文化差異。 【107經濟部】

( ) **12** 中油95無鉛汽油出包賠償方案出爐，消費者到曾售出問題油的159座加油站加油，可持加油證明正本，自11月1日到明年6月底前，到指定地點辦理賠償，中油也會賠償加盟業者損失。請問這是基於何種法律之規範？ (A)商事法 (B)消費者保護法 (C)公平交易法 (D)營業秘密法。 【107中油】

( ) **13** 政府機關對國內食品公司販售的綠豆粉絲、冬粉進行稽查，發現部分公司涉嫌竄改商品有效期限，有欺騙消費者之虞。請問這些公司可能已違反下列哪一項法律規範？ (A)商品標示法 (B)定型化契約 (C)商標法 (D)勞動基準法。 【107台菸酒】

( ) **14** 現在生活十分方便，透過手機可以訂餐、可以付款；以前寄信，後來可以傳email，也可以經過通訊軟體直接連絡到對方；就算是想看書，也有許多的電子書可以直接在平板電腦上看。這樣的改變對於企業來說，最屬於那種環境條件： (A)人口統計變數環境 (B)變革環境 (C)科技環境 (D)管理環境。【108台鐵】

( ) **15** 下列何者非屬企業環境中的個體環境？ (A)競爭者 (B)經濟 (C)顧客 (D)供應商。【109臺菸酒】

( ) **16** 企業面臨潛在競爭者的挑戰是屬於哪一種環境因素？ (A)內在環境 (B)產業環境 (C)總體環境 (D)國際環境。【107台水】

解 **1 (C)**。(C)股東為企業內部關係人士。

2 (B)。組織所處的環境分為：外部環境與內部環境。
外部環境又可分為總體環境與個體環境：
(1)總體環境=一般環境＝間接環境：特色為A.疆域廣大，需長期廣泛監控；B.訊號有時微弱，須保持高度敏感性；C.因素多難以控制，須做好隨時因應之準備；D.內容複雜，需不同專家參與。包含：PESTL等。
(2)個體環境=特定環境=直接環境=任務環境：會對管理者決策和行為產生立即與直接影響。包含壓力團體、供應商、顧客、競爭者。

3 (B)。總體環境中的政治（Political）、經濟（Economic）、社會（Social）、科技（Technological）等四種因素的分析架構。

4 (C)。環境針對外部因素，產品銷售的策略擬定屬於內部因素。

5 (C)。景氣對策信號亦稱「景氣燈號」。
紅燈：熱絡。
黃紅燈：轉向。
綠燈：穩定。
黃藍燈：轉向。
藍燈：低迷。

6 (A)。(B)(C)(D)選項都是社會主義，由政府控制主導生產。

7 (B)。計畫經濟制度，主要強調政府對社會經濟的強制性，強調一切經濟活動的生產與分配全交由政府來主導。因此不是自由經濟。

8 (C)。面臨少子化與高齡化的壓力→可看出是人口影響企業經營環境。
所以選(C)人口統計變項。

9 (D)。社會文化環境包括：知識、價值觀、傳統信仰、習俗、語言。
社會大眾觀念改變→社會文化環境。

10 (B)。社會文化環境包括：知識、價值觀、傳統信仰、習俗、語言。

11 (D)。中東文化，穿著黑袍，不穿短褲短裙，此為伊斯蘭的價值，因文化上較為嚴謹，故進入要留意文化差異。

12 (B)。公平交易法主要是針對「公司與廠商」，為了防止企業影響交易秩序。
消費者保護法最主要是針對「消費者」，主要是負責控管廠商是否有違反消費者權益。

13 (A)。商標是以名稱及圖樣以表現商品，企業經過註冊者，可取得商標專用權。
商品標示，是依據法律規定，企業必須就商品之外觀及內容等事項予以指明。

14 (C)。科技環境-應用在商品或服務的生產、配銷過程中的技術與設備。

15 (B)。特定環境：顧客、供應商、競爭者、壓力團體。
一般環境：經濟、政治/法律、社會文化、人口統計、科技、全球化。

16 (B)。特定環境/產業環境/任務環境：顧客、供應商、競爭者、壓力團體。

填充題

1 本國景氣對策信號亦稱為景氣燈號，國民可據以瞭解目前總體經濟狀況，當綜合判斷分數為17至22，即燈號為 ______ 燈，代表景氣短期內可能轉穩或衰退，政府可適時採取擴張措施。 【111台電】

2 ______ 性失業係指當人們離職想轉換新工作時，可能因就業市場信息不流通等原因，需要花費一段時間才能找到新的工作，於是造成暫時性的失業現象。 【111台電】

解

1 黃藍。

2 摩擦性。

申論題

企業面臨快速變遷之外部環境，而外部環境又分為總體與產業環境。總體環境可分為PESTL，即政治面、經濟面、社會文化面、科技面、法規面等五個要素。試以您所知之事業說明這五個要素如何影響企業經營決策？ 【台鐵】

焦點二 環境評估

在環境變動下，企業管理者在討論企業要如何因應或管理時，主要常用的評估方式與流程如下。

一、環境不確定性評估【經濟部、台水】

主要觀看二個因素，環境的變化程度與環境的複雜程度。

環境變化程度：分為環境變化可預測，或是環境變化不可預測。

環境複雜程度：組成環境的因素多寡，其相似程度，以及是不是需要深入了解。

		環境變化程度	
		可預測	不可預測
環境複雜程度	單純	1. 穩定且可預測的環境 2. 組成環境的因素少 3. 組成因素相似，且不太會改變 4. 對組成因素不需要太深入了解	1. 變動且不可預測的環境 2. 組成環境的因素少 3. 組成因素相似，但會一直變化 4. 對組成因素不需要太深入了解
	複雜	1. 穩定且可預測的環境 2. 組成環境的因素多 3. 組成因素不相似，但不太會改變 4. 對組成因素需要太深入了解	1. 變動且不可預測的環境 2. 組成環境的因素多 3. 組成因素不相似，且會一直變化 4. 對組成因素需要太深入了解

二、利害關係人【郵政、台鐵、台菸酒、台電】

(一) 利害關係人指的是企業內、企業外，影響企業或會受到企業決策影響的個人或是團體。

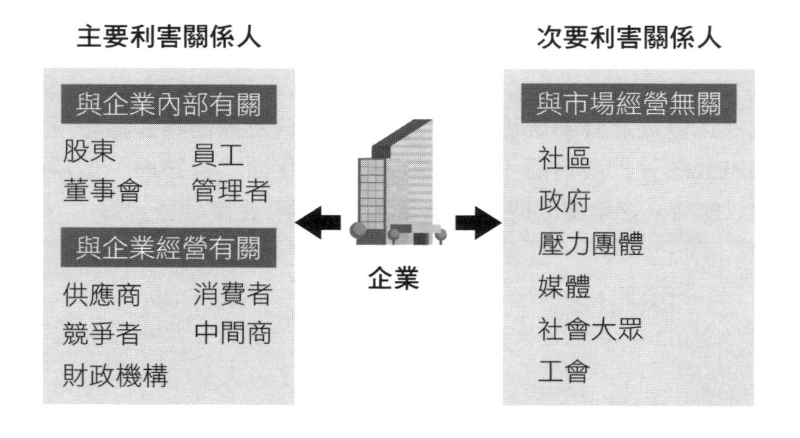

(二) 管理企業利害關係人評估步驟

1. Who：企業面對的利害關係人有哪些。
2. What：了解利害關係人在意的是什麼。
3. How：了解每一位利害關係人對企業的影響程度。
4. With：如何與每一位利害關係人溝通。

即刻戰場

選擇題

一、環境不確定性評估

( ) 在評估環境不確定下，研議組織要如何設計時，主要常用的分析構面是下列何者？ (A)區域與規模 (B)人數與變動 (C)變動性與複雜性 (D)技術與創新。 【107經濟部】

解 **(C)**。環境不確定下，常用的分析構面是，變動性與複雜性。

二、利害關係人評估

( ) **1** 一個組織或企業要生存發展，必須考量到不同利害關係人的權益。下列何者屬於企業的內部關係人？ (A)顧客 (B)員工 (C)政府 (D)供應商。 【106台鐵】

( ) **2** 消費者是企業的 ______。 (A)員工 (B)主要利害關係人 (C)內部人 (D)次要利害關係人。 【107台鐵】

解 **1 (B)**。內部利害關係人（internal stakeholders）：股東及員工，包括執行長、經理人、員工、董事會成員。
外部利害關係人（external stakeholders）：其他對公司有所利害關係的個人或團體。

2 (B)。主要利害關係人：所謂的主要利害關係人（primary stakeholders），指跟企業營運過程中直接相關的人，主要有投資者、消費者與員工等。
次要利害關係人：除了上述主要利害關係人之外，企業的活動也會影響到次要利害關係人（secondary stakeholders），同時也受工會、政府機構、社會大眾等三大次要利害關係人影響。

填充題

組織面對的環境中，會受組織決策和行動影響的人或團體，如政府、競爭者、員工、顧客或產業工會等，均稱為 ______ 。 【107台電】

解 **利害關係人**。

時事應用小學堂 2022.11.14

玉山金董事長黃男州赴聯合國 COP27 演說精彩談台灣氣候新金融

第 27 次聯合國氣候峰會（COP27）此刻正於埃及沙姆沙伊赫進行中，玉山金（2884）董事長黃男州受邀參加並在周邊會議 – 世界氣候峰會（World Climate Summit, WCS）發表「台灣氣候新金融」專題演說，他提到台灣由於地狹人稠、高科技產業密集及獨立電網等特性，零碳能源轉型已成為台灣邁向 2050 淨零排放的巨大挑戰，並分享台灣再生能源發展經驗及金融業如何支持企業淨零轉型，精彩的分享獲得許多現場來賓正面回饋。

世界氣候峰會自 2010 年開始舉辦，匯聚政府、產業、學術界及公民組織的領導人共同討論，是 COP27 規模最大的周邊會議。

玉山金身為台灣 5 家「永續金融先行者聯盟」一員，除積極支持風力發電、太陽光電、地熱及儲能產業發展，更發起「玉山 ESG 永續倡議行動」，目前已號召 133 家志同道合的企業共同倡議，希望發揮金融影響力讓更多企業重視氣候議題，一起朝 2050 淨零排放的目標努力。

在 COP27 主題「共同落實」（Together For Implementation）的議題上，玉山銀表示，從自身做起並持續接軌國際最高標準，包含與 SBTi、PCAF、The Climate Group、World Climate Foundation 等國際組織交流學習，透過深入理解國際思維，有效將標準導入內部。例如玉山已於 2022 年加入 RE100，並且是台灣第一家、全球第三家通過 SBTi 減碳目標審核的銀行業者，透過溫室氣體盤查、訂定減碳目標、導入內部碳定價及燃煤逐步撤資等管理機制，有系統地展開淨零轉型並已顯現初步成效。（資料來源：雅虎新聞 https://reurl.cc/rZVnzy）

延伸思考

1. 淨零排放已是全球企業都必須共同面對的外部環境問題，淨零減碳對台灣企業有甚麼影響？

2. 面對全球減碳趨勢，企業該可以進行的減碳行動為何？
3. 企業永續經營關鍵字，包括 ESG（環境、社會、公司治理，Environment, Social & Governance）代表甚麼意思？

解析

1. 為了因應日趨嚴重的全球暖化，減碳、淨零排放的目標變得比以往更加重要。其中一大關鍵就是要在 2050 年以前，將全球碳排放要降至 2005 年的水準。
   全球有超過 130 多個國家宣布要在 2050 年達成「淨零排放」。而台灣也在 2022 年 3 月底，宣布台灣 2050 淨零排放路徑及策略。已推動如風電、太陽能光電等能源項目的投資建設，並修訂《氣候變遷因應法》，針對水泥、石化、鋼鐵及半導體等企業碳排大戶收取碳費，並研擬課徵碳稅。國內多家知名企業，也成為 RE100 的會員，如：台積電、台達電、華碩、宏碁集團、聯華電子、友達光電……，共計 19 家企業，正為淨零排放的目標而推動轉型。
   企業響應減碳及永續發展並非單純付諸理念而行動，更重要的是面對全球減碳趨勢帶來的生存壓力，像是蘋果公司要求旗下的供應鏈 100% 使用綠能，便促使台積電著手推動能源轉型；歐盟最快將於 2023 年施行碳關稅，針對高碳排商品課徵碳排費用，對於出口導向的我國產業將帶來巨大衝擊。2050 淨零排放不只是一個很大的挑戰，更提供一個非常大的新興科技及產業發展的機會。
2. 面對全球減碳趨勢，企業該可以進行的減碳行動：
   (1) 落實碳盤查機制。
   (2) 規劃淨零排放路徑。
   (3) 進行碳排減量。
   (4) 遵守《氣候變遷因應法》。
3. ESG 是 3 個英文單字的縮寫，分別是環境保護（E，environment）、社會責任（S，social）和公司治理（G，governance），聯合國全球契約（UN Global Compact）於 2004 年首次提出 ESG 的概念，被視為評估一間企業經營的指標。
   （資料來源：https://www.managertoday.com.tw/articles/view/62727）

Lesson 03 企業全球化

課前指引

Lesson3 是由 Lesson2 企業面臨的經營環境裡，特別將國際環境挑出來描述，主要原因為目前已是全球化的時代，任何企業幾乎都無法避免的會受到國際環境的影響，主要分為四個焦點，焦點一主要介紹全球環境的現況，與目前國際上的重要組織。焦點二則是說明各國環境不同有一個很大的原因來自於各國的文化差異。焦點三則是說明企業為什麼需要全球化的動力。最後一個焦點則將重點放在企業如何進入國際市場。

重點引導

焦點	範圍	準備方向
焦點一	企業面對的全球環境	本焦點最主要需要了解企業面臨的國際環境種類外，國際組織、區域經濟組織的名稱與縮寫，組織成立的原因及作用也是重要的考點。
焦點二	國家文化	國家文化的類型雖然出現的頻率不高，但是題目較常出現應用類型，需要清楚了解各種文化的定義，才能分辨應用題型。
焦點三	企業全球化的驅動力	考題不多，能夠清楚區分不同的驅動力，就可以輕鬆得分。
焦點四	企業進入國際市場的模式與策略	本焦點有二個重點，第一為進入方式，另一個則為國際經營的策略，尤其四種經營策略比較容易搞混，要多加熟悉，並運用小口訣記憶。

焦點一 企業面對的全球環境

一、全球環境

企業面對的全球現況比面對單一國家內的情況要複雜許多，本焦點讓大家了解企業面臨了那些全球的現況。【台糖、台水、桃捷、漢翔】

全球環境	內容	對企業管理者的影響
政治法律環境	有些國家的政府常處於不穩定狀態，戰爭、政府更換頻繁，而在某些地區，政治干預企業更是司空見慣的事。	1. 國家不穩定，國家的企業管理者，可能會因政治的不穩定，面臨極大的不確定性。 2. 國家較穩定，管理者可以準確做出預測，有利於公司發展。
經濟環境	經濟環境的型態可以分為二種： 1. 「自由市場經濟」(Free Market Economy)：經濟活動主要是由私人部門所掌控。例如：美國、日本、歐洲。 2. 「計畫經濟」(Planned Economy)：由政府規劃所有經濟活動。例如：北韓、古巴。	不同的經濟型態會影響公司管理者的決策和作法。此外管理者還需瞭解市場上關於經濟因素，如「匯率變動」、「通貨膨脹率」、「稅制」等經濟議題。
文化環境	「國家文化」(National Cultural)是全體國民所共享的價值觀與態度，它塑造人民的行為與對重要事物的信念。	國家文化影響管理者對事情處理的態度與方式。
科技環境	科技的進步是促進企業全球化的一個重要原因，網路科技、通訊科技、運輸科技的進步更是縮短了國與國之間的距離。	科技環境越進步，提高企業管理者的經營效率。

二、全球環境管理【台鐵、台水、郵政、桃機】

除了全球環境的差異外，隨著全球化的影響，國與國之間的貿易越來越頻繁，如果一個國家的經濟有問題，就很可能造成骨牌效應，而影響到其他有貿易往來的國家，因此出現了如世界貿易組織（The World Trade Organization, WTO）及國際貨幣基金會（International Monetary Fund）等機構，可以幫助解決出現的貿易問題，並且發揮監督和促進全球貿易的功能。

此外，在過去全球競爭指的是「國與國之間的競爭」。但現在，因為「地區貿易結盟」（Regional Trading Alliances）與共同協約的簽訂，全球競爭有了新的意義。

(一) 國際重要組織

組織名稱	背景	宗旨	與台灣關係
世界貿易組織（The World Trade Organization, WTO）	世界貿易組織（WTO）是最重要的全球性貿易組織，成立於 1995 年，目前共 164 個會員國，佔全球 98% 貿易額。	WTO 透過談判制定貿易規則，並監督會員對規則的執行，使國際貿易有秩序可循，確保進出口貿易順利流通，減少經商的不確定性。	台灣於 2002 年 1 月 1 日正式加入 WTO，是 WTO 第 144 個正式會員。
國際貨幣基金會（International Monetary Fund, IMF）	聯合國在第二次世界大戰後為了加強國際經濟合作，重建國際貨幣秩序而建立，由 189 個國家組成。	1. IMF 致力促進全球貨幣合作，確保全球金融穩定，促進國際貿易。 2. IMF 只提供短期的借款，而且僅針對會員國發生國際收支不平衡的情形，為的還是世界國際金融的秩序，而不是救援單一國家的目的。	台灣為 WHO 創始會員，自 1980 年後被中國取代。
世界銀行（World Bank, WB）	1. 根據 1944 年的布里敦森林協定，於 1945 年底成立。 2. 總部設於美國華盛頓。	1. 提供永久性的放款。 2. 協助開發中國家進行各種生產設備及資源開發。	

組織名稱	背景	宗旨	與台灣關係
經濟合作暨發展組織（Organisation for Economic Cooperation and Development, OECD）	1. 經濟合作暨發展組織於 1961 年成立，總部在巴黎。 2. 目前有 38 個會員國及 5 個擴大參與的國家（key partners），包括巴西、印度、印尼、中國大陸、南非。	1. OECD 有 WTO 智庫之稱，主要工作為研究分析。 2. 協助會員國的經濟與就業成長，提高生活品質。 3. 維持會員金融穩定。 4. 提供會員國與其他國家經濟發展上的協助。	台灣非 OECD 會員，目前以「參與方」身分參與鋼鐵、競爭、漁業等3個委員會。
「世界衛生組織」（WHO）	1. 成立於 1948 年，目前有 194 個會員國與 2 個仲會員。 2. 「世界衛生大會」（WHA）每年在瑞士日內瓦舉行	「世界衛生組織」（WHO）為聯合國體系內負責衛生事務之專門機構。	1. 台灣為 WHO 創始會員，自 1972 年後即無法參與該組織。 2. WHO2009 年至 2016 年曾邀請我以觀察員身分出席 WHA。
亞太經濟合作會議（Asia-Pacific Economic Cooperation, APEC）	1. 希望藉由亞太地區各經濟體政府相關部門官員的對話與協商，成立時共有 12 個創始成員。 2. APEC 是亞太地區最重要的多邊官方經濟合作論壇之一，成員涵蓋的地理範圍包括東北亞、東亞、東南亞、大洋洲、北美及中南美地區共 21 個全球重要經濟體區域性的經濟論壇。 3. 以經貿為主軸，推動貿易自由化與便利，沒有簽屬任何貿易協定。	1. 提升亞太區域的人民生活品質。 2. 維持區域經濟成長。 3. 鼓勵技術的流通。 4. 減少貿易及投資壁壘。 5. 開放加強多邊貿易。	1. 台灣為了加強與亞太地區的經貿合作，而加入的國際組織。 2. 我國目前實際參與最重要國際多邊機制之一，APEC 所形成的共識對全球經貿政策及規範均具有影響力。

(二) 區域性經濟整合組織

區域經濟整合是指某一區域內，幾個國家彼此協調，促進彼此的經濟合作關係，形成一個特殊的經濟體。對於區域外的國家實施貿易障礙，對區域內的國家則減少或廢除彼此的貿易障礙。

1997年金融海嘯後，各國為追求自身最大利益，紛紛從多邊貿易談判轉進雙邊或區域貿易談判。而後WTO並有條件承諾允許雙邊自由貿易區（FTA）或多邊區域貿易協定（RTA）成立，此使各式各樣的區域貿易協定不斷出現，WTO體系中簽署生效的FTA已有三百七十七個。

名稱	內容
雙邊自由貿易區 FTA	雙邊自由貿易區核心精神，是藉由市場開放為雙方創造更大利益，且較易達成共識。
多邊區域貿易協定 RTA	1. RTA 區域經濟整合是指會員國間逐漸去除貿易障礙及生產要素移動限制，使商品、服務與生產資源市場逐漸合而為一的過程。 2. 「區域經濟整合」的種類形式，依會員國間之緊密度，大致可分四類：自由貿易區、關稅同盟、共同市場、經濟同盟。 3. 「自由貿易區」是最鬆散的「區域經濟整合」方式，例如一九九四年成立的北美貿易自由協定即是，雖然區域經濟內的會員國彼此間的關稅或貿易障礙都完全除去，但對外仍是各行其事。 4. 最緊密的「區域經濟整合」方式是「經濟同盟」，如現今歐盟各會員國對內或對外經濟政策幾乎一致，並擁有相同貨幣一歐元。

1. **「區域經濟整合」的種類形式：**

整合程度	名稱	內容	例子
低	自由貿易區	區域內的成員國會移除所有的貿易障礙，讓商品及服務可以在會員國中交易	北美自由貿易區 東南亞國家協會
	關稅同盟	移除會員國間的所有貿易障礙，並且對非會員國採取相同的貿易政策	過去荷蘭、比利時、盧森堡組成的關稅同盟
	共同市場	會員國間的貿易無障礙，會員國對外實施相同的貿易政策，生產因素（勞力、資本、科技等）在會員國之間自由移動。	歐洲共同體（歐盟前身）
高	經濟同盟	各會員國對內或對外經濟政策幾乎一致	歐洲聯盟，簡稱歐盟

2. **「自由貿易區」組織：**

組織名稱	背景	宗旨
北美自由貿易協定（North American Free Trade Agreement, NAFTA） 美墨加貿易協定（United States-Mexico-Canada Agreement, USMCA）	1. 美國、加拿大、墨西哥三國於 1994 年簽署之北美自由貿易協定（NAFTA）。 2. 美國川普總統上任後，為平衡美國與加墨的貿易，與二國重啟談判，於 2018 年達成新版美墨加協定（United States-Mexico-Canada Agreement, USMCA）。 3. USMCA 為高標準貿易協定新典範，相較於 NAFTA，USMCA 議題廣泛。	1. 消除彼此間貿易障礙。 2. 創造公平的競爭條件。 3. 增加投資機會。 4. 保護智慧財產權。 5. 促進多邊合作並解決爭端。
北美自由貿易區（Free Trade Area of the Americans, FTAA）	1. 北美自由貿易協定在 1994 年成立後，共有 34 個國家元首參加，於會議中達成共識，計畫於 2005 年以前成立美洲自由貿易區。 2. 最後一次高峰會於 2005 年在阿根廷舉行，但並未達成任何協議。	1. 消除或降低貨物貿易障礙。 2. 保護智慧財產權。 3. 擴大服務業交易。 4. 鞏固美洲國家主權及保護各國自然資源。
東南亞國家協會（The Association of Southeast Asian Nations, ASEAN）	1. 簡稱「東協」，1967 年在曼谷成立，五個創始會員國為印尼、馬來西亞、菲律賓、新加坡及泰國。 2. 該組織目前共有十個成員國，一個候選成員國和一個觀察員國（巴布亞紐幾內亞、東帝汶）。	東協的目標在於加速該地區的經濟成長、社會進步與文化發展，並持續尊重該地區各國家的法律規範，促進該區域的和平與穩定。

小補充、大進擊

東南亞國協（ASEAN）簡稱東協

- 1984-1999年間從創始五國陸續加入其他國家，共有10國稱為「東協10國」
- 新加坡、馬來西亞、泰國、印尼、菲律賓（原始會員國）+越南、緬甸、柬埔寨、寮國、汶萊
- 東協10+1指東協10國+中國
- 東協10+3指東協10國+中國、韓國、日本
- 東協10+6指東協10國+中國、韓國、日本、澳洲、紐西蘭、印度

小口訣，大記憶

東協十國順口溜：
星馬泰、印菲越、緬柬寮加汶萊

3. **一「經濟同盟」組織：**歐洲聯盟（european union, EU）
   (1) 背景：
      A. 歐洲聯盟（european union），簡稱「歐盟」，是由二次大戰後的「歐洲共同市場」，進化為「歐洲共同體」，再根據〈歐洲聯盟條約〉（也稱〈馬斯垂克條約〉）組成的國際組織。
      B. 歐盟是目前世界上最有力的國際組織，在某種程度上類似一個國家。發行單一貨幣，並醞釀走向政治統合的組織。
      C. 歐盟會員國逐漸增加，內部也在整合，2002年統一貨幣，發行「歐元」（EURO）。
   (2) 宗旨：
      A. 消除各國彼此間的貿易障礙。
      B. 促進和平並提高區內生活水準。
      C. 促進會員國之間商品與生產要素的自由移動。
      D. 維持區域內的經濟發展。
4. **發展中的「區域經濟」結盟組織：**

組織名稱	內容	與台灣關係
跨太平洋夥伴協定（Trans-Pacific Partnership, TPP）	1. 目標為促進自由化進程，達成自由開放貿易之目的。 2. 談判成員國包括美國、日本、加拿大、澳洲、紐西蘭、新加坡、馬來西亞、越南、汶萊、墨西哥、智利及秘魯等 12 國。 3. TPP 成員國於 2015 年宣布完成談判，並於 2016 年簽署協定。美國川普總統於 2017 年宣布退出 TPP。在日本的積極推動下，美國以外的其餘 11 國陸續商討 TPP 後續前進方向；2017 年 11 月 TPP 11 成員國宣布就核心議題達成共識，並將 TPP 改名為「跨太平洋夥伴全面進步協定」（Comprehensive and Progressive Agreement for Trans-Pacific Partnership, CPTPP）。	成員國大多為台灣主要的貿易夥伴，占台灣對外貿易額比例超過 3 成。

組織名稱	內容	與台灣關係
區域全面經濟夥伴協定（Regional Comprehensive Economic Partnership, RCEP）	1. 全球市場及人口規模最大的 FTA。 2. 2022 年正式生效，國家包括 6 個東協國家 - 泰國、新加坡、柬埔寨、汶萊、越南、寮國及 5 個非東協國家 - 中國大陸、日本、紐西蘭、澳洲、南韓。	
跨大西洋貿易及投資夥伴協議（Transatlantic Trade and Investment Partner-ship, TTIP）	1. 又稱跨大西洋自由貿易條約（Trans-Atlantic Free Trade Agreement, TAFTA），是歐盟與美國正在談判中的自由貿易條約。 2. 若簽訂完成將涵蓋目前世界 1／2 的 GDP，含括世界上約 8 億人口，成為世界上最大的自由貿易區。	

即刻戰場

一、全球環境

(　　) **1** 下列何者是屬於NIKE球鞋、可口可樂、麥當勞的發展？ (A)營運成本降低 (B)市場全球化趨勢 (C)投資障礙降低 (D)只遵守美國政府規章。 【106桃捷】

(　　) **2** 臺灣面臨全球化的情況，下列敘述何者正確？ (A)全球化的影響只會出現在少數產業 (B)全球化會提高本地勞工的就業機會 (C)資訊通訊技術的進步對全球化有正面的影響 (D)全球化不會造成不同國家間的資本流動。 【107台糖】

(　　) **3** 「企業將其生產製程分解為數個部分，並將其分置於全球不同地區」，是下列何項特色？ (A)全球化行銷 (B)全球化生產 (C)當地化行銷 (D)當地化生產。 【108漢翔】

解 **1 (B)**。NIKE、可口可樂、麥當勞都是將企業發展至全球的國際企業。

2 (C)。(A)全球化會影響大多數的產業。
(B)全球化會降低本地勞工的機會，因為人會移動。
(D)全球化會加入不同國家的資本流動，因為企業移動，資本就會跟著移動。

3 (B)。全球化生產，某一產品由不同國家的不同企業共同生產完成。

二、全球化環境管理

( ) 1 自由貿易與全球化組織中，常會聽到WTO，請問WTO指的是：(A)歐盟 (B)國際貨幣基金 (C)世界銀行 (D)世界貿易組織。【106台水】

( ) 2 下列那一個國家不是東南亞國協（ASEAN）的成員國？ (A)汶萊 (B)柬埔寨 (C)緬甸 (D)孟加拉。【107台鐵】

解 1 (D)。(A)歐盟EU（European Union）。
(B)國際貨幣基金IMF（International Monetary Fund）。
(C)世界銀行WB（World Bank）。
(D)世界貿易組織WTO（World Trade Organization）。

2 (D)。東南亞國協（ASEAN）的成員國：尼馬新泰寮，菲越汶柬緬，中日韓，印澳紐。

焦點二 國家文化

企業面臨的國際化環境中，其中有一項為國家文化，國家文化形成了一個國家人民的行為與信念，也是全體國民共同的價值觀與態度，國家文化對員工的影響力要比組織文化大得多。因此企業在進行全球化布局時，除了要考慮當地市場的經濟、政治、社會之外，也需要考量國家文化。【經濟部、台鐵、郵政、中油】

霍夫斯曼（Hofstede）等人認為國家文化與下面的五個基礎價值觀有關係：

價值觀	內容	國家行為
個人主義－集體主義（INDIVIDUALISM COLLECTIVISM）【台鐵、郵政】	「個人主義」強調的是以自我的利益為前提，「集體主義」則一切強調團體的重要性。	• 個人主義的社會中，允許個人有充分且大量的自由，如美國、英國、澳洲。 • 集體主義的社會中，人們強調團隊的重要，對團隊忠誠是重要的事情，也期望困難時團體中其他成員可以保護他們，如日本。

價值觀	內容	國家行為
權力距離（POWER DISTANCE）【漢翔】	• 對權力分配不均現象的容忍程度。 • 一個團體中如果很強調所謂的長幼有序，強調階級的分別，那麼就是一個權力距離較大的團體。 • 如果是一個不強調這些，較自由、平等且所有成員間的互動較平起平坐，那麼就是一個權力距離較小的團體。	• 高度權力距離的社會接受較大的權力差距，對掌權者表現高度尊敬。頭銜、階級、地位非常重要，如中國、北韓、越南。 • 低度權力距離將不平等的情況盡量壓低，上級仍有權，但下屬不會懼怕上司，如丹麥、芬蘭。
不確定性避免（UNCERTAINTY AVOIDANCE）【漢翔】	• 高度不確定性避免傾向的人，對於日常生活中不可避免的不確定性，容易造成其高度的焦慮，無法忍受不確定的存在。 • 不確定性避免傾向低的人，將不確定性當成是生活中的挑戰。 • 對於非結構性事務的接受程度：規避，不喜歡非結構 接受，喜歡非結構	• 對不確定避免較高的社會，人們會事先做好規劃，降低風險，追求穩定，如臺灣、日本。 • 對不確定規避較低的社會，容許出現突破性的想法和行為，如美國。
男性氣質與女性氣質【經濟部】	• 男性氣質的文化有益於權力、控制、獲取等社會行。 • 女性氣質文化則更有益於個人、情感以及生活質量。	• 男性氣質的社會重視競爭與結果，強調績效、效率，為達成目標不關心其他人，如美國。 • 女性氣質的社會重視生活品質，人際關係，並強調對弱勢族群的關懷，如瑞典、荷蘭、丹麥。
長期取向與短期取向	• 具有長期導向的文化和社會主要面向未來，較注重對未來的考慮，對待事物以動態的觀點去考察；注重節約、節儉和儲備。 • 短期導向性的文化與社會則著重眼前的利益。	• 長期傾向的社會對於達成目標有較高的堅持，並有儲蓄習慣，如臺灣。 • 短期取向的社會，重視個人當下的享受與生活，如法國、美國。

小口訣，大記憶

高度權力（低度權力）、個人主義（集體主義）、男性氣質（女性氣質）、不確定避免、長期取向（短期取向）

▲高個男不長（高個的男生就不再長高啦~~~~）

即刻戰場

選擇題

一、國家文化

(　　) Hofstede提出國家文化模式說明文化之間的差異，該模式不包含下列何者？ (A)權力的距離 (B)不確定性的規避 (C)風俗習慣 (D)個人主義與集體主義。 【108經濟部】

解 **(C)**。Hofstede國家文化模型：(1)個人主義&群體主義。(2)高度權力距離&低度權力距離。(3)不確定性規避。(4)男性化&女性化。(5)長期導向&短期導向。

二、個人主義與集體主義

(　　) 在個人傾向（individualism）高的社會中，具有什麼特色？ (A)強調年資 (B)團體和諧 (C)強調團體精神 (D)強調個人價值與報酬的對等。 【108台鐵】

解 **(D)**。「個人主義」強調的是以自我的利益為前提。

三、權力距離

(　　) Hofstede所強調國家文化構面中之權力距離越大，人們越會有下列何者表現？ (A)重視自身和親人的利益 (B)權威者受到非常的尊重 (C)著眼未來並重視節約與堅持 (D)容易感受到不確定性的威脅。 【108漢翔】

解 **(B)**。權力距離：指人們接受權力分配不均的程度。
權力距離越大代表人們接受度越高，人們越服從領導者。(B)權威者受尊重。

四、男性氣質與女性氣質

(　　) 學者Geert Hofstede所提的跨文化比較模型，主要是描繪國家文化特性的分析架構。其中強調重視自我目標與強調整體社會目標差異的構面為何？ (A)權力距離 (B)長期導向vs.短期導向 (C)不確定規避程度 (D)陽剛vs.陰柔。 【107經濟部】

解 **(D)**。(D)陽剛vs.陰柔。
男性主義（陽剛）：物質上的獲得（自我目標）。
女性主義（陰柔）：關心他人的需求，跟他人建立人際關係（整體社會目標）。

五、不確定性避免

(　　) 關於霍夫斯蒂（Hofstede）的「文化構面」，下列何項是用來衡量人們對於風險的容忍程度？ (A)不確定之規避（uncertainty avoidance） (B)個人主義（individualism） (C)權力距離（power distance） (D)男子氣概（masculinity）。 【108漢翔】

解 **(A)**。不確定性避免：指社會能在多大程度上容忍不確定性。

申論題

荷蘭心理學家霍夫斯泰德（Hofstede）等人所提出之國家文化價值觀構面，有助於管理者瞭解不同國家文化差異並應用於經營管理模式，除了2010年增加的放任與約束構面外，請分別說明其他5個構面及其內涵。 【111台電】

焦點三 企業全球化的驅動力

企業的全球化是由許多力量所驅動，大致可區分為兩大方向，一是營運上的需求，為了確保原物料的來源、確保可以充份利用設備、勞工、確保技術的持續發展、以及安排剩餘產出的出路；二是策略上的需求，為確保企業能夠因應外在環境變動的能力、促進持續成長、改善獲利能力。這些力量皆會使的企業開始進行國際化的行動，並且開始全球布局。【經濟部、台鐵、台水、台菸酒】

驅力	內容	種類
市場驅力	顧客的需求、通路類型與行銷方式所導致各市場需求愈趨一致之情況，而促使產業愈來愈全球化。	• 顧客需求趨向同質：因為科技發展、全球網路通訊進步，創造出了一群同質性高的消費者，企業可將全球視為單一市場來行銷，提供「高品質、低價格」的標準化產品。 • 全球顧客：出現了許多在全球市場中進行交易的顧客，企業為了與他們交易遂邁向國際化。 • 全球鏈結：企業在為了尋求最佳資源而向全球的產業鏈中進行合作。 • 可轉換的行銷：因為成功的行銷策略可以被複製、轉換至新的市場中繼續運用，助長的企業往新市場活動的驅動力。 • 領先的市場：在全球市場中有幾個具有領先指標的市場，企業為了獲得利益而紛紛投入領先的市場中。
競爭驅力	在多變的經營環境下，企業不僅面對本國企業的競爭，更將面對其他的外國企業瓜分市場，使得本國市場競爭壓力與日俱增，為維持公司在全球上相對等的競爭力量，而會使得企業逐步走向全球化。	• 在母國市場出現外國競爭者。 • 來自於全球各地的競爭者。 • 跨國競爭布局的連動性。 • 全球化的競爭者。
成本驅力	企業面臨降低生產成本的壓力愈來愈高，因此必須追求全球營運規模與尋求全球最具成本優勢之資源，而促使產業全球化。	• 為了獲得經濟規模，傾向於大量製造以節省成本。 • 為了取得較便宜的資源，例如便宜的 動成本而至他國投資設廠。 • 為了銷售這些產品，而將市場擴展至鄰近的國家。 • 企業為了節省因為在地化而增加的產銷成本而走向全球市場。

驅力	內容	種類
政府驅力	企業面臨政府的相關政策與措施，勢必會選擇最有利的國家經營。	• 有利的貿易政策（補貼、優惠稅率、輔導措施等）。 • 政府對企業跨國布局之規範。 • 相容的技術水準。 • 共同的行銷規範。 • 政府介入經濟活動。
科技驅力	科技進步使得企業得以跨越時間與空間的障礙，降低顧客接觸商品資訊的門檻。	• 線上下單、付款，降低企業的跨境交易成本。 • 國際媒體與網際網路加快訊息的傳播。 • 網路成為意見交流與整合的平台。

小口訣，大記憶

1.政府、2.競爭、3.科技、4.成本、5.市場→最重要驅力

▲【政府】支持【競技城市】

即刻戰場

選擇題

( ) **1** 全球化趨勢愈來愈明顯，企業不再僅侷限於母國進行營運，而是從全球觀點思考企業的布局。下列何者不是全球化背後的重要趨力？ (A)主要競爭者開始進行全球化布局 (B)尋求各地優勢的生產資源 (C)各國政府保護主義 (D)突破當地市場成長的限制。 【108臺菸酒】

( ) **2** 企業拓展國際多角化的主要動機為何？ (A)支援弱勢事業 (B)瞭解社會價值 (C)創造策略彈性 (D)創造範疇經濟。 【107台水】

( ) **3** 下列何者非全球化的驅力？ (A)不同國家消費者需求特質愈趨相似 (B)全球搜尋與外包策略提昇營運效率，企業可以找到比本國更具低成本優勢之供應商 (C)各國政府對貿易管制愈高，限制愈多 (D)企業協調在不同國家的價值鏈活動，以因應全球競爭者在各地之競爭。

【106經濟部】

(　　) **4** 如果全球消費者的偏好趨於一致，使得產品標準化程度提高，此趨勢為：　(A)生產全球化　(B)市場全球化　(C)貿易全球化　(D)技術全球化。【107台鐵】

解 **1 (C)**。(C)政府保護主義→以自己國家利益為重。
這會阻礙全球化的發展，所以(C)不是全球化的趨力，而是「阻力」。

2 (D)。範疇經濟（多樣化經濟）：單一廠商同時生產兩種以上產品或服務，成本會比分別由各廠商生產的成本來得低，成本驅動力。

3 (C)。(A)市場驅動力。
(B)成本驅動力。
(D)競爭驅動力。

4 (B)。全球消費者的偏好趨於一致，使得產品標準化，所以是市場全球化。

申論題

全球化為目前企業經營的重要趨勢，主要有哪5種驅力促使全球化步伐加快，請逐一列舉並說明之。【108台電】

焦點四 企業進入國際市場的模式與策略

一、企業進入國際市場的方式

當企業決定要進入國外市場時，遇到第一個課題即是選定進入目標海外市場的模式。關於進入策略的種類存在許多方式，主要分為下列幾種。從國際化風險角度來看，廠商在國際化初期可能對國際市場不熟悉，甚至海外市場充滿許多變數，因此廠商會採取穩紮穩打，逐步增加投入資源及規模，因此國際化應該是一個「漸進式」的過程。但觀察近來許多高科技產業卻也有迥然不同的國際化模式，也就是並不依循漸進模式，而出現「跳躍式」的狀況。【台水、郵政、中油】

模式與策略	風險程度	內容	時機	優點	缺點	案例
全球委外經營【台水、台糖】	低	也稱為全球性採購，利用全球的勞工、原物料等降低成本，目的是壓低成本提升競爭力。	1. 國際化初始階段 2. 不熟悉國外市場 3. 資源有限	1. 降低風險 2. 分擔成本	難以得知當地市場知識	西門子從供應體系中壓低成本，產品的價格每年皆可下降20%~25%
出口模式【台鐵】		企業以自行出口方式，將所製造的產品銷售至外國市場。	1. 國際化初始階段 2. 不熟悉國外市場 3. 資源有限	1. 降低風險 2. 分擔成本	1. 代理商較難控制 2. 難以獨享利潤 3. 難以得知當地市場知識	日本泡麵、綠茶等，都是直接由日本出口，再由台灣代理商販售
授權或特許權模式【經濟部、台水、台鐵、台菸酒】		1. 授權多應用於製造業，企業將技術、知識，甚至是商標、品牌授予地主國企業進行製造後銷售。 2. 特許權多用在服務業，特許權授與者將經營的整體知識授予特許權接受者。	1. 國際化初始階段 2. 不熟悉國外市場 3. 資源有限 4. 有適合的授權夥伴	1. 降低風險 2. 不用投入龐大資源，卻可以開始學習當地市場知識	1. 品質較難掌握 2. 難以獨享利潤	可口可樂公司授權台灣太古可口可樂股份有限公司在中華民國製造

模式與策略	風險程度	內容	時機	優點	缺點	案例
國際合資企業模式【台鐵、郵政】	↓	企業與其他企業（通常為地主國當地企業）共同投入資金與各項資源，一同經營地主國市場。	1. 不熟悉國外市場 2. 資源有限 3. 有適合的授權夥伴	1. 降低風險 2. 成本最低 3. 資源互補	管理複雜	臺灣統一集團與日本良品計畫株式會社合資成立「台灣無印良品股份有限公司」
獨資形態子公司模式【台糖、台鐵、漢翔】	高	企業獨自到海外市場設立子公司。	1. 熟悉國外市場 2. 擁有豐富的資源與能力 3. 跨國管理經驗豐富	1. 獨享經營利潤 2. 確保產品服務的品質	1. 風險大 2. 退出成本大	默德納在台灣設立子公司

二、企業國際經營的類型與策略

企業國際化可分為以下四種類型：

類型	多國企業（Multinational Company）【經濟部、農會】	全球化企業（Global Company）【經濟部、台鐵、農會】	跨國企業（Transnational Company）【台糖、郵政】	國際化企業（International Company）【經濟部】
圖形記憶				
內容	• 將管理權下放，讓當地分公司有決策權。 • 當地的員工較能發展出適當的工作方法及實務能力，管理者讓當地員工自行發展技能。	強調管理及決策都由母公司發動，控制權掌握在母公司，且只相信母國的工作方式及實務能力最好。	跨國企業的作法是將中央和各國分公司的資源放在一起考量，然後才發展出一套策略，供其分布各地的組織使用。	國際企業仰賴母公司的各種觀念，母公司運用正式制度與控制，來加強總部與分支機構間的聯繫。

類型	多國企業（Multinational Company）【經濟部、農會】	全球化企業（Global Company）【經濟部、台鐵、農會】	跨國企業（Transnational Company）【台糖、郵政】	國際化企業（International Company）【經濟部】
資源及權力的配置	地方分權及各國自給自足「分權的聯邦」	資產、資源和責任中央集權化	分散廣、互相依存	「協調的聯邦」，核心能力來自中央集權，其他則地方分權
海外據點角色	發現、利用當地機會	執行母公司策略	各國的差異化，組成全世界的運作	調整母公司能力再加以運用
知識的發展與推廣	每個據點自行發展，保有自己的知識	由中央發展並保有知識	世界各據點共同開發並分享知識	由中央發展知識，再移轉給據點
策略	各國獨立運作，彈性回應各國需求	透過集權與全球的運作，建立成本優勢	發展全球的效率、彈性與學習能力	透過全球的擴張與調整，善用母公司的知識與能力
面臨甚麼情況，企業會採此方式(Hill)	當地回應壓力高 成本壓縮壓力低	當地回應壓力低 成本壓縮壓力高	當地回應壓力高 成本壓縮壓力高	當地回應壓力低 成本壓縮壓力低
整合程度當地回應程度（Bartlett & Ghoshal）	當地回應程度高 整合程度低	當地回應程度低 整合程度高	當地回應程度高 整合程度高	當地回應程度低 整合程度低
案例	雀巢	Sony、Panasonic	IBM、GE	麥當勞公司

其中以Hill（1997）及Bartlett與Ghoshal（1989）的分類最具代表性。

(一) Hill提出的國際企業策略型態

依照企業在全球市場競爭面臨到的「成本遞減壓力」、「當地回應壓力」的強弱程度，建立企業在國際環境的四種基本策略。

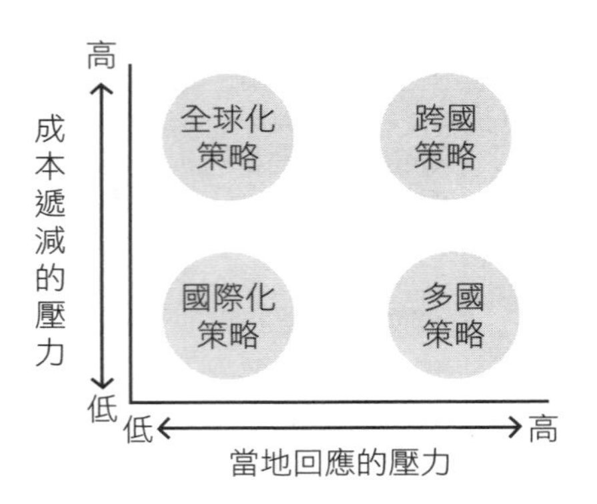

(二) Bartlett與Ghoshal**提出的國際企業策略型態**

提出「全球整合程度」、「當地回應程度」二大構面，分析企業在國際環境的策略型態、價值鏈活動與產業型態，簡稱整合-回應（I-R）。

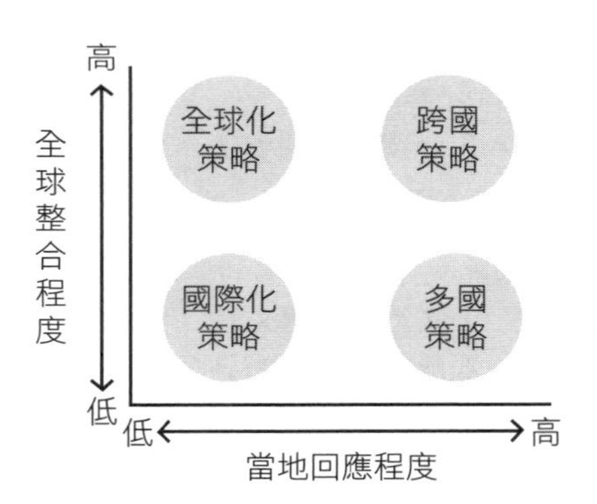

小口訣，大記憶

國多全跨

▲全球化策略，國家很多全部都要跨出去

順序：國際化策略（二軸都低）、多國策略（橫軸高+縱軸低）、全球化策略（橫軸低+縱軸高）、跨國策略（二軸都高）

即刻戰場

選擇題

一、企業進入國際市場的方式

( ) 1 企業透過委託代工（Contract Manufacturing）以涉足全球市場，可以獲得下列何種好處？ (A)招募專業又有經驗的員工 (B)降低營運風險 (C)提高財務的流動性 (D)穩定現金流。 【107台水】

( ) 2 有關「外包」的敘述，下列何者錯誤？ (A)外包可以降低企業組織的營運成本 (B)外包是全球性的趨勢 (C)企業不能同時將製造與行銷外包 (D)外包造成原企業組織僱用人員減少。 【107台糖】

( ) 3 企業進入海外市場的模式中，以下那一種模式比較不用擔心培養競爭者的風險？ (A)授權（licensing）模式 (B)直接出口（direct exporting） (C)合資（joint venture）模式 (D)加盟（franchising）模式。 【106台鐵】

( ) 4 授予外國企業製造自己企業之產品，或使用企業商標的權利以收取費用，此模式稱為？ (A)合資 (B)加盟 (C)授權 (D)委外。 【108經濟部】

( ) 5 2017年麥當勞出售臺灣子公司的全數股權，改由本土經營團隊接手，但仍須遵照麥當勞總部的要求標準來經營。這意味著麥當勞在臺灣的全球市場進入策略變更為： (A)合資 (B)特許加盟 (C)直接投資 (D)契約製造。 【107台鐵】

( ) 6 以下哪種市場進入模式需要注意智慧財產權複製的問題？ (A)授權 (B)出口模式 (C)合資 (D)獨資經營。 【108台鐵】

( ) 7 自行設計開發新商品、新服務與新活動，而發展出自己的企業形象與商品／服務／活動之形象，進而獲取自有品牌經營的最大經濟利益，稱作？ (A)OEM (B)ODM (C)OBM (D)GL。 【106台鐵】

( ) 8 在國際市場上，與夥伴共同成立一家獨立公司的作法稱為： (A)授權 (B)加盟 (C)契約管理 (D)合資。 【108台鐵】

( ) 9 下列那種情況最不適合採取獨資方式進入國際市場？ (A)市場重要性高 (B)國家體制環境健全 (C)文化差異很大 (D)道德風險低。 【108台鐵】

(　　) **10** 管理國際策略聯盟時，下列那一項並非重要的考慮因素？　(A)接受文化差異　(B)建立夥伴間的信任　(C)學習夥伴的能力　(D)維持聯盟長期運作。　【110台鐵】

解

1 (B)。外包將公司其他業務（如製造如行銷），交給其他組織來完成，自己則能集中資源和時間，專注於核心業務（比如研發），可大幅降低人力與營運成本。
營運風險：舉凡如需求變動、原物料、景氣、變動成本、固定成本等變動。

2 (C)。企業可同時將製造與行銷外包。

3 (B)。培養競爭對手=產品技術容易模仿
(A)授權：一家廠商授予另一家海外廠商某段期間無形資產（專利、商標等）。
(B)直接出口：直接銷售商品。
(C)合資：兩家或兩家以上共同參與事業和資產，共同承擔風險。
(D)加盟：母公司以契約方式加上經營指導能使其他公司經營母公司權利。

4 (C)。授權：企業將技術、知識，甚至是商標、品牌授予地主國企業進行製造後銷售。

5 (B)。特許加盟：決策管理為總公司所有，店面為加盟主所有。總部提供專門知識及整體設計之商品給加盟店使用及販售，加盟主支付加盟金及保證金，全盤接受授權者的經營技術。

6 (A)。授權：給予其他組織使用自己的商標名稱或技術等，對方必給予一定的報酬或代價作為回報。

7 (C)。(A)OEM→代工生產（Original Equipment Manufacturer），由採購方提供設備和技術，製造方負責生產、提供人力和場地，採購方負責銷售的一種生產方式。
(B)ODM→（Original Design Manufacturer），原廠委託設計代工，採購方委託製造方，由製造方從設計到生產一手包辦，而最終產品貼上採購方的商標且由採購方負責銷售的生產方式。
(C)OBM→自有品牌生產（Original Brand Manufacturer），指生產商建立自有品牌，並以此品牌行銷市場。

8 (D)。合資：企業與其他企業（通常為地主國當地企業）共同投入資金與各項資源，一同經營地主國市場。

9 (C)。(A)可帶動全球市場，適合獨資。(B)風險程度降低，適合獨資。(C)文化差異大，溝通不易，不適合獨資。(D)道德高，風險低，適合獨資。

10 (D)。企業建立策略聯盟是為了與合作方協力加速擴大市場容量，從而提高市場佔有率與對手共同創造並分享一個更大的市場。

二、企業國際經營的類型與策略

(　　) 1 學者Bartlett和Ghoshal以全球整合程度和地區回應程度將多國籍企業策略分為4種，其中出現較高地區回應程度和較低全球整合程度的策略為下列何者？ (A)多國策略 (B)全球策略 (C)國際策略 (D)跨國策略。【107經濟部】

(　　) 2 高度整合的全球化策略（global strategy），最主要特色是： (A)產品標準化 (B)滿足各國顧客獨特需求 (C)客製化的行銷策略 (D)因地制宜的產品策略。【108台鐵】

解 1 (A)

2 (A)。全球化企業：全球整合程度高、地區回應程度低，將世界市場視為一個整合的個體，採中央集權追求全球效率，所以產品不會因地制宜，而是依照母公司的要求進行，(B)、(C)、(D)都是錯的。

填充題

根據Barlett & Ghoshal所提出的4類多國籍企業中，______ 企業指的是全球整合度高，地區回應度高，依據各地情況彈性配置資源，兼顧全球整合效率、地區差異化及世界性的開發創新。【111台電】

解 跨國

時事應用小學堂 2022.06.29

隱形冠軍明緯結合全球夥伴，打造SDG集團，推動淡水河環境永續

年營收超過十億美金、以交換式電源供應器起家的明緯集團，在4月23、24日於淡水文化園區舉辦第十二屆「我愛淡水河」環保公益活動，除了主場的園遊會、表演，還有路跑、登山、藝術創作、展覽、論壇等不同的活動，讓大家感受淡水河之美，進而為環境保育盡一份心力。

「今年是淡水開港160年」淡水文化基金會董事長許慧明在明緯集團「我愛淡水河」的舞台上非常感性地說，淡水河曾經負責台北盆地的水運重任，出海口的淡水港在一世紀之前是台灣北部最重要的國際港口，直到1960年代，淡水河還是孩子會跑去「摸蛤蜊兼洗褲」，與河畔人民生活緊密結合。

明緯集團總裁林國棟先生，1954年生於板橋江子翠一帶，淡水河畔的童年是林國棟最美的回憶；林總裁成年創業時，正是台灣工業化轉型時期，淡水河岸開始築起堤防，河水也污染成又黑又臭的黑龍江，「隨著年紀變大，越來越急迫希望淡水河變清」基於這樣的心情，2011年起，明緯將原本的員工家庭日改到淡水河畔舉辦「我愛淡水河」環保公益活動，透過路跑、遊船、淨灘、騎自行車等戶外活動讓員工更了解淡水河，以桌遊、劇場、藝術創作等室內課程將環保意識散播至小朋友的心中，並邀請公益團體擺攤、在地社團表演等，從不同的面向帶領大家理解、思考如何讓環境永續發展。

在16、17世紀大航海時代，淡水就是台灣最早接觸世界化的城市之一，19世紀英法聯軍後，淡水是清朝最早開放的港口之一，幾十年前淡水還是大船能直接入港的國際商港，直到今日淡水河也是台灣少數四季皆有水的河流，河水流經800萬人口的都會區，每年有上億人次遊覽，這樣一條河的污染牽扯許多經濟、民生、生態、工業發展等問題，但是「復育一條河，是為了拯救一片城市」，只有從地方居民到中央部會，都嚴肅正視且積極行動，才有機會扭轉現況。

「一個人要影響 800 萬人的難度很高，但一個人影響 40 個人，機會可就大了許多」明緯「我愛淡水河」的活動宗旨，經過每年舉辦與宣傳，慢慢從員工、親屬擴散出去，12 年來活動累積參與人數超過三萬人；2013 年明緯開始出版社會責任報告書，林國棟總裁結合全球夥伴，共同建構產業聯盟 SDG 集團（Sustainable Development Group），目標在2030年催生百家ESG企業，大家一起為下一代的環境努力。（資料來源：天下雜誌 https：//www.cw.com.tw/article/5121405）

延伸思考

1. 何謂SDG？
2. 企業為何要關心、執行SDG？

解析

1. 2015年聯合國拍板定案，宣布永續發展目標（Sustainable Development Goals，簡稱SDGs）接替千禧年發展目標，並且以2016年為永續發展元年，通過17項永續發展目標（goals），包括消除貧窮、消除飢餓、性別平等、永續消費與生產模式等，作為2030年前世界各國努力推動永續發展的方向，也正式把企業列為重要合作夥伴。

2. SDGs是新市場的泉源：SDGs揭示的是2030年世界前進的方向，也是未來十年的趨勢。在169項指標中，有些指標以現存的技術仍無法達成，但可以刺激創新的產生，進而開拓新的市場。

Lesson 04 企業倫理與社會責任

課前指引

經濟學家傅利曼（Milton Friedman）曾說過，企業的社會責任是幫股東賺錢。這是句曾經被奉為圭臬的名言，但愈來愈多跨國企業發現：良好的企業倫理不只是公司「正派經營」的象徵，也是值得投資的最有力保證。重視倫理的企業將贏得社會和顧客的信任和好感，甚至願意給予較佳的交易條件；其次，它可以獲得組織成員較高的忠誠度和向心力，也同時能夠吸引較高素質的人力資源。因此，本章主要探討企業倫理與企業社會責任，這是近幾年出題的一個新重點方向。

重點引導

焦點	範圍	準備方向
焦點一	企業倫理與道德	本焦點的重點主要在倫理道德的四大觀點，四個觀點需要清楚了解內涵與定義，才能判斷應用題型。
焦點二	企業社會責任	本焦點出題大都落在企業社會責任的觀點，包括學派觀點與贊成反對觀點。近年來出題有增加的趨勢。

焦點一 企業倫理與道德

倫理道德是人們用來判斷事情對錯的準則，倫理規範的力量是以社會共識為基礎。任何活動都有可能觸及倫理或道德方面的議題，而這些議題的層面遠大於法律所規範的內容，在不同的人群、社會或文化中，個人對於道德或倫理的解釋也不相同。

如果一個社會沒有大家共同遵守的行為規範時，社會將會很難運作。而企業倫理道德則是企業行為處事的信念，或是企業與其利害關係人間的關係準則。例如：會計師公會全國聯合會要求會計師，不得用不實或誇張的宣傳詆毀同業，或不正當方式延攬業務。

一、倫理道德的四大觀點

管理者做決策時，依據的倫理道德架構，包括下面四種觀點。【經濟部、台鐵、台水、台菸酒、郵政、台電】

觀點	主要論點	優點	缺點	例子
功利觀	1. 強調結果論，且管理者以追求最多數人的利益為決策依據 2. 多數的企業贊成這個觀點	1. 追求最多數人的利益 2. 提升效率與生產力與企業利潤極大化目標一致	1. 犧牲少數人利益 2. 影響資源配置	短期內解雇員工，改善公司基本面，讓股東利益不致損失
權利觀	尊重並保護個人自由與權利，強調個人權利重要性	權利受到保障	過分重視員工權益，降低生產力與效率	美國政府要求臉書提供匿名者發文訊息，臉書拒絕提供相關資訊
公平正義觀	管理者要在遵循法律規範下，公正地實施與執行各項企業規則	保護那些未受重視或沒有權力的利害關係人（保障弱勢）	可能因過度保障，而降低員工在冒險、創新與提高生產力上的努力	不依照年齡、性別、種族等來決定員工升遷
整合觀均衡實務觀	決策者在做決策的時候，會考慮到企業以及現今的倫理道德與自己內部的規則	資源可以有效運用不會造成浪費	喪失優勢資源的爭取	經濟不景氣時，企業考量社會準則以及內部規則，用無薪假取代解雇

小補充，大進擊

功利觀：多數人好
權利觀：不能有人不好
正義觀：大家一樣好
整合觀：功利、權利、正義之間取得平衡

二、道德的兩難【經濟部、台菸酒、中油、農會】

倫理困境（ethical dilemma）：在兩種或兩種以上互相衝突價值的情況之下，當事人很難決定該採取或表現哪一項行為，或該下哪一項決定，做或者不做的兩難。

倫理（或道德）是做「對」的事，但管理者做決策時，往往會考慮成本、消費者、環境等多重議題，因此企業管理者可能在不同道德選擇之下，面對可能的利益衝突，而產生選擇的困難。

例如，當公司面臨破產危機，這時候是否應該裁員？是否應該允許香菸的廣告行銷？Nike的童工事件、花東地區的美麗灣開發等，都顯現出管理者做決策時，必須有所取捨，很難面面俱到。

三、道德發展的階段【台糖】

層次	階段的描述
原則	6.即使是違反法律，仍然遵從自己的道德原則 5.尊重他人權利，且無論是否與大眾意見相同，都堅守基本的價值與權力 上班不能遲到，特殊狀況除外
傳統	4.在信守承諾中維持傳統的秩序 上班不能遲到，合約上這麼寫 3.不辜負親人、朋友的期望 上班不能遲到，會影響組員績效
傳統前	2.只在自己最直接利益上才遵守規定 上班不能遲到，因為會有全勤獎金 1.謹守規則以免受罰 上班不能遲到，否則會被銷假

六個階段：

第一、二階段：個人的對錯抉擇端視決策的結果對個人的影響而定。

第三、四階段：個人的對錯抉擇視決策是否能與主流價值一致，或符合大眾期望而定。

第五、六階段：個人努力超脫所屬群體或社會威權所定的道德標準，定義出自己的對錯抉擇原則。
隨著階層的連續而上，個人的道德判斷越來越不受外來因素的影響。

四、管理者如何提昇道德行為【台鐵、台糖】

方式	內容
員工甄選	排除道德方面有問題的不適任應徵者
道德規範	記載組織的基本價值觀，和道德標準的正式說明
高階主管的領導	由高階主管建立起風氣
工作目標與績效評估機制	目標應該清楚及值得信賴，並激勵員工達成
獨立的社會稽查	獨立稽查可以發現不當行為
正式的保護機制	保護在面對道德難題的員工，能選擇對的決策，而不用擔心受罰

即刻戰場

選擇題

一、倫理道德的四大觀點

(　　) **1** 在企業組織中，通常以保持個人及群體某種自由及權利與行為的一致性之管理道德模式為？　(A)功利模式　(B)道德模式　(C)公平模式　(D)責任模式。【106經濟部】

(　　) **2** 下列觀念何者為非？　(A)「貨物出門，即不退換」雖合法，但為不道德及不負責任的社會行為　(B)功利模式強調為某大多數人的利益，可以犧牲少數人的利益　(C)道德權力模式強調個人及群體自由與權力的一致性　(D)今日正面的社會責任係對應於道德權力模式的倫理觀。（多選）【106經濟部】

(　　) **3** 1輛輕軌電車煞車系統突然失靈，駕駛員發現前方有5位小朋友在軌道上玩耍，他可以透過切換閘道，駛往旁邊廢棄的軌道，但有1位小朋友在上面玩耍。如果駕駛員選擇變換軌道，那他的道德觀偏向下列何者？ (A)功利觀點 (B)權利觀點 (C)公平觀點 (D)正義觀點。【107經濟部】

( ) **4** 有關組織倫理決策的原則，下列何者有誤？ (A)功利原則（utilitarian rule）主張為大多數人謀福利 (B)道德權利原則（moral rights rule）係指倫理決策要維護受決策影響者的基本權利 (C)信任原則（trust rule）係指對他人具有善意的觀點，具有信心 (D)正義原則（justice rule）係指能夠公平無私的讓眾人有福同享、有難同當。【108經濟部】

( ) **5** 當企業經營面臨財務危機，決策者可考量以裁減員工渡過艱困時期，或是直接關廠結束營業，如決定維持營運，為社會帶來最大效益，這位決策者的思考符合何種道德原則？ (A)補償作用 (B)利己主義 (C)效益主義 (D)代理理論。【108經濟部】

( ) **6** 個人對於獎懲比重上的公平與否，稱之為下列何者？ (A)程序正義 (B)認知正義 (C)分配正義 (D)絕對正義。【110經濟部】

( ) **7** 管理者在經營企業過程中，應該利用下列哪個選項來分析與判斷企業營運過程是否「正確或適當」？ (A)企業倫理 (B)企業規範 (C)企業文化 (D)社會責任。【109台菸酒】

( ) **8** 強調不使用回收油的速食業者被檢驗出油品回收使用，但沒有超過衛生單位規定的標準，是發生下列何種狀況？ (A)違反企業倫理 (B)倫理的兩難 (C)同業的競爭 (D)違反法律。【108台鐵】

( ) **9** 有關競爭情報的敘述，下列何者正確？ (A)競爭間諜法規定在美國從事競爭情報蒐集是屬於犯罪行為 (B)使用競爭情報做出業務決策是不道德的 (C)如果競爭對手信息是從公眾可以獲取的來源中蒐集，那麼競爭情報是合乎道德的 (D)購買競爭者的產品加以評估以了解新的技術創新，是不道德的競爭情報作法。【109台鐵】

解 **1 (B)**。(B)權利觀，又稱道德權利觀。

2 (AD)。(A)貨物出門即不退換的定型化契約屬於無效契約，賣方違反民法物之瑕疵擔保責任。
(D)社會責任有三種不同道德觀點：功利觀／權力觀／正義理論觀。

3 (A)。駕駛員選擇切換軌道，讓列車撞上一個小孩，而不是撞上五個小孩，所以他選擇「最多數人的利益」，因此選擇功利觀，駕駛員犧牲了少數人（一個小孩）的利益。

4 (C)。功利觀、權利觀、正義觀、整合觀。
第四個為整合觀，沒有信任觀。

5 (C)。(A)是當個體在某個領域中遭受挫折，或因自身的缺憾及某方面的弱點而不能達到目的時，採「隱惡揚善」的方式，掩飾其先天或後天缺憾所造成的自卑感，進而彌補因失敗而失去的信心與自尊，其積極作用是「展其所長、補其所短」。
(B)儘管人們會選擇去幫助他人，本質上也是期望著從這個行為中直接或間接地獲利。
(C)追求效益達到最大。追求「最大多數人的最大幸福」原則。
(D)主要探討各種代理關係及其管理機制。主要人授權委託代理人，要求他以主要人的最大利益為依歸，而把此關係清楚呈現在契約上。

6 (C)。(A)指獎懲的程序有否公平，不因其他因素（如：性別歧視）而有不同的獎懲結果。
(B)對獎懲的認知差異是否存在資訊不對等，而造成獎懲的不公平現象。
(C)獎懲的分配比重是否公平。
(D)獎懲能對應過去所做出的努力，是應得的結果。

7 (A)。(A)倫理是一種道德原則、價值觀與信念。人們用它來分析、判斷什麼是正確或適當的行為。
(B)企業管理中無企業規範的名詞。企業針對內部訂立的規範通常也不會被外人得知。
(C)企業文化並沒有對錯，主要是由企業的創辦人及企業運作過程逐步建立起。
(D)企業社會責任可執行也可不執行，做得少不代表違法。

8 (A)。倫理的兩難：管理者可能在不同道德選擇之下，面對可能的利益衝突，而產生選擇的困難。
管理者做決策時，往往會考慮成本、消費者、環境等多重議題。

9 (C)。競爭情報定義非常廣泛，若至少滿足三大準則，可稱為競爭情報，包括：
(1)競爭情報需以合法與合乎道德方式取得。
(2)競爭情報主要集中在外部環境情報，與企業內部商業情報（Business Intelligence, BI）對應。
(3)競爭情報最終乃是應用於決策，若競爭情報沒有進入決策流程思維中，則稱不上是情報。

二、道德的兩難

( ) **1** 當一項活動對個人有利而不是雇主時，會產生什麼倫理困境？ (A)缺乏社會責任 (B)違反行為守則 (C)道德衝突 (D)利益衝突。

【106經濟部】

( ) **2** 下列有關管理道德之敘述何者有誤？ (A)改善企業的道德需從企業領導人、高階主管先做起 (B)外在環境激烈競爭的壓力是造成管理者做出違反道德決策的原因之一 (C)當道德與經濟利益相抵觸時，管理者往往會選擇管理道德 (D)管理者在訂定道德標準時常會高估。

【107中油】

解 **1 (D)**。道德兩難又稱倫理兩難，管理者可能因為不同的道德選擇之下，面對可能的「利益衝突」，難以兩全的決策情景。

2 (C)。管理者會先滿足經濟利益，才會選擇倫理道德。

三、管理者如何提昇道德行為

( ) **1** 企業領導者被要求由自己的行為到明示的道德行為都要維持高道德水準，且促使組織中他人保持相同標準，此稱： (A)策略性領導 (B)道德領導 (C)企業倫理 (D)社會責任。 【105台鐵】

( ) **2** 作為一個想要鼓勵員工遵守職場道德的領導者，下列哪個行為並不恰當？ (A)協助員工解決職場道德問題 (B)協助企業建立與職場道德有關的規範 (C)做其他員工的好榜樣 (D)隨時準備在員工違背職場道德時承擔社會大眾的責難。 【106台糖】

( ) **3** 管理者為了提升道德行為，透過對於組織的基本價值觀及公司對員工道德標準的期望的正式說明，以減少模糊與困擾，稱為下列何者？ (A)道德訓練（ethics training） (B)道德規範（code of ethics） (C)道德領導 (D)工作規範。 【105台糖】

解 **1 (B)**。道德領導：企業領導者被要求由自己的行為到明示的道德行為都要維持高道德水準，且促使企業中他人保持相同標準。

2 (D)。(D)應鼓勵獎勵員工不違背職場道德。

3 (B)。對員工道德標準的期望的「正式說明」，稱為道德規範。

填充題

道德決策標準存在4種觀點，其中 ______ 主義的觀點著重於行為的結果，而非行為背後的動機，最佳行為是能為最多數人爭取最大利益的行為。【109台電】

解 **功利**。功利觀：追求多數人的利益。
優：極大化原則。缺：可能會犧牲少數人的利益，影響資源配置。

焦點二 企業社會責任

「企業社會責任（Corporate Social Responsibility，CSR）」，指企業進行商業活動時，在各方面皆達到甚至超越法律、公眾、道德層面所要求的標準。除了考慮企業財務與經營利潤外，也會重視對相關利益者造成的影響，例如：社會與自然環境造成的影響。也可說是企業運用資源，滿足社會道德標準。

企業倫理：決定商業行為是否可被接受的原則和標準。

社會責任：一個企業承擔對社會的責任，要將對社會正面的影響發揮至極致，將負面影響降至最低。

一、企業社會責任的觀點【經濟部、台水、台糖、台鐵、台電、郵政、中油、桃機、桃捷、漢翔】

(一) 學派觀點

1. **古典學派：**
   (1) 衍生自Adam Smith《國富論》中的看法。
   (2) 企業存在的唯一目的就在於追求利潤的最大化，企業也只應對其股東負責。
   (3) 每一個組織都能達成設立的目的，則社會整體資源的分配與運用將達到最佳狀態。
   (4) Milton Friedman指出，企業利潤越大，表示運用資源的效率越高，對社會的貢獻也就越大。
2. **社會經濟學派：**
   (1) 企業為社會成員的一份子，應該負擔創造安定富裕社會的成本。
   (2) 企業社會責任的對象絕非僅止於股東。

(3) 社會大眾的偏好，是決定企業生存的主要因素，企業為永續生存，應滿足大眾對企業的期待。

(4) 企業於今日社會的影響力甚大，若企業不能善用這些影響力，權力終將為社會收回。

(5)企業為了保持目前享有的社會地位和力量，必須積極投注社會，否則別的企業可能會因而取代，擔起此份責任，而獲取社會力量。

(二) 社會責任贊成與反對的意見

1. **贊成：**

(1) 企業負擔社會責任，比較會有長期的穩定利潤。

(2) 企業應該要有負擔社會責任的良心。

(3) 企業盡到社會責任，可以提升企業的形象。

(4) 企業參與社會問題的解決，可以創造更好的工作與經營環境。

(5) 企業負擔社會責任，可以減輕稅賦，也可能減少政府的干預。

(6) 企業盡到社會責任，可以減少日後社會問題的發生。

2. **反對：**

(1) 企業只要有獲利，追求了利潤極大化，就是盡到了社會責任，至於那些公益活動或社會問題自有其他機構會負責。

(2) 企業擔負社會責任會增加額外成本，為減輕這些成本的負擔，企業會將成本轉嫁給消費者。

(3) 企業要平衡經濟與社會的目標很難，因為企業、供應商、客戶、競爭者、員工、債權人等是不同的個體，目標也各不相同，很難取得適當平衡。

(4) 政府應該負擔貧窮、犯罪、失業等社會問題的主要責任，而非由企業來負責。

(5) 經營企業及創造利潤是企業管理者的目標與任務，但企業管理者不一定具備解決社會問題的能力。

(6) 企業在自由競爭與競爭激烈的市場環境下，經常無法兼顧社會責任。

二、企業社會責任的分類【經濟部、台水、台菸酒】

美國喬治亞大學的卡爾洛教授（Archie B. Carroll）提出的社會責任金字塔（the pyramid of corporate social responsibility）：

(一) 經濟責任（economics responsibilities）

要求企業在合理的價值下，生產並銷售社會需要的貨品和服務。

(二) **法律責任**（legal responsibilities）

企業對社會的責任，必須遵照法律行事。

(三) **倫理責任**（ethical responsibilities）

企業的行為必須合乎公平、正義，避免傷害等的原則。（遵守利害關係人、社會大眾可以接受的行為標準）

(四) **自主責任**（discretionary responsibilities）

由企業自主裁量的責任，出於企業自發性的回饋社會的行為表現。（主動積極從事社會公益）

三、企業社會責任三階段【經濟部、台菸酒、台鐵、台電】

與Carroll的提法相似的有賽西（S. Sethi）在1975年所提出的「企業責任三階段論」，將企業的社會責任分為三個階段：

	社會義務（social obligation）	**社會回應**（social responsiveness）	**社會責任**（social responsibilities）
相似觀點	古典觀點	社會經濟觀點	
定義	在這階段，企業的行為或決策主要是回應法律及市場規則。	在這階段，企業的行為規範是以企業所處社會的道德、價值及期望為依據。	在這階段，企業要以其在社會的長遠角色做決策及行為，包括企業的各種前瞻性規劃及各種預防性規範。
行動考量	法律要求	社會偏好	道德倫理
關注重心	企業本身	企業與社會	企業與社會
積極程度	被動	消極	積極
考慮的時間幅度	短期	中短期	長期
社會領先性	落後於社會需求	和社會的要求同步	領先於社會要求
例子	食品商品依法律規定須於外包裝標示成份、依法保障員工權益。	居民懷疑工廠排放廢水導致河川污染，而公佈排放廢水程序或增添防止水污染設備。	捐贈、保護環境、進行公益行銷。蓋一座環保綠能的工廠。

四、企業社會責任規範與標準【台水】

關於評估企業社會責任，有許多相關的規範與標準，以下介紹的五種重要的規範與標準。此五種規範與標準各自包含許多條文內容。只需要記住有哪五大企業社會責任規範與標準，至於其條文內容有印象即可，不須強記。

規範與標準	內容
SA8000	社會責任管理系統（Social Accountability 8000：2014）條文，由總部設於美國紐約的社會責任國際組織（Social Accountability International, SAI）所制定。
GRI	全球報告倡議組織（Global Reporting Initiative, GRI）為建立適用全球企業與組織的報告書編輯指引與架構，提供撰寫的「指引 Guideline」。
ISO26000	ISO26000 社會責任指引（Guidance on Social Responsibility）為一份可做為企業指引的文件。目的是鼓勵企業超越法律符合性，認識到遵守法律是任何組織的基本義務和社會責任的重要組成部分。
OECD 多國企業指導綱領	OECD 多國企業指導綱領是各國政府對多國企業營運行為的建議事項，為符合相關法律規範的自發性商業行為及標準。目標是希望多國企業的營運目標能與政府一致，加強企業與其營運所處地社會間的互信基礎，以及協助改善外國投資氣候及強化多國企業對永續發展的貢獻。
全球蘇利文原則（Global Sulliven）	全球蘇利文原則是呼籲企業應遵從法律及負責任，並將原則長期性的整合到企業內部的經營策略上，包括了公司政策、程序、訓練及內部報告制度，並承諾達到這些原則，以便促進人與人之間的和諧及諒解，以及提升文化與維護世界和平。

參考資料來源：產業永續發展整合資訊網https://proj.ftis.org.tw/isdn/

五、管理的綠化【台水、台糖、台鐵、郵政、漢翔】

組織綠化的四個途徑：

(一) **守法途徑**：遵從合法的義務，對環保議題是不敏感的。

(二) **市場途徑**：組織會對顧客的環境偏好有所回應。

(三) **利害關係人途徑**：組織會以回應多數利害關係人的需求為選擇。

(四) **積極途徑**：會想辦法去尊重並維護地球與自然資源。

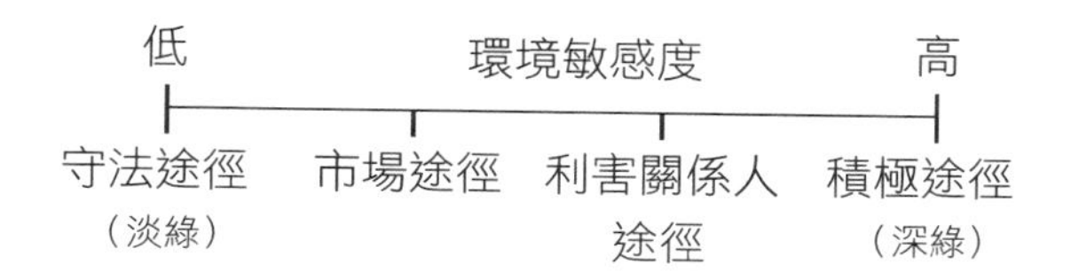

小口訣，大記憶

守法+市場+利害關係人+積極
▲守世關機（守護世界就要關手機，才能綠化）

即刻戰場

選擇題

一、企業社會責任的觀點

(　　) **1** 社會責任的古典觀點認為管理者唯一的社會責任是？ (A)為股東追求組織利潤極大化 (B)為股東嚴守法律 (C)為所有利害關係人追求組織利潤極大化 (D)為股東以最少的合法行為以減少法律的束縛。【106台鐵】

(　　) **2** 關於企業社會責任的敘述，下列何者正確？ (A)企業社會責任對於競爭力較強的企業來說並不重要 (B)企業社會責任與成本無關 (C)企業社會責任會提高企業的成本負擔，不過對於企業以及社會整體有益 (D)企業社會責任會降低企業的競爭力。【106台糖】

(　　) **3** 近年來有一種新的企業型態，主要透過商業模式解決特定社會或環境問題，其所得盈餘主要用於本身再投資，以持續解決該社會或者環境問題，而非僅為出資人或所有者謀取最大利益。請問此種企業型態稱為： (A)非營利組織 (B)微型企業 (C)良心企業 (D)社會企業。【106台水】

(　　) **4** 個人或組織使用實用、創新、永續的方法來尋求改善社會的機會，是指下列何者？ (A)社會義務精神 (B)社會企業家精神 (C)企業社會責任精神 (D)道德領導精神。（多選）【108經濟部】

( ) **5** 企業對於回應社會責任的一套系統化評量作法，稱為下列何者？ (A)企業社會稽核 (B)公平揭露 (C)國際倫理 (D)內部創新。 【108經濟部】

( ) **6** 企業在其商業運作中試圖平衡對群體和個人的承諾，以對社會有益的方式行事，可稱為： (A)社會化 (B)利益衝突 (C)利益相關者意識 (D)社會責任。 【109台鐵】

解 **1 (A)**。社會責任有兩種觀點：

(1)古典觀點（效率學派）：追求企業股東利益極大化。

(2)社會經濟觀點（當代觀點、社會責任學派）：擴大範圍到增加社會福祉。

2 (C)。管理的社會責任不只是追求利潤，而應包括社會福祉的保護與增進。

3 (D)。社會企業是一個基於社會服務或環境改善為目的的生意，他需要有很清楚的社會理念，並且：

(A)期盼透過販售服務或商品以取得全部或部分收益，而非仰賴捐款。

(B)為了改變而設立。

(C)有很清楚的利潤處置規範，並要求將這些收益「再投入」社會服務。

4 (BC)。(A)公司為了符合其在經濟與法律上的義務而從事的社會活動。例如：遵守法律。

(B)個人或組織尋求機會，使用實用的、創新的並具有永續性的方法來改善社會。

5 (A)。企業社會稽核：管理講求執行與控制，企業若有做到CSR，也需有個檢驗機制來檢視執行成效。

企業社會稽核即為一套系統性工具，用以檢視企業社會責任的達成狀況。

6 (D)。(A)社會化是學習同時扮演社會上不同的角色的過程。

(B)個人或組織涉及不同方面相同的利益時，向自己或與自己相關人士做出偏袒或優待的不當行為。

(C)與企業生產經營行為和後果具有利害關係的群體或個人。

(D)企業超越道德、法律及公眾要求的標準，而進行商業活動時亦考慮到對各相關利益者造成的影響。除了考慮自身的財政和經營狀況外，也要加入其對社會和自然環境所造成的影響的考量。

二、企業社會責任的分類

( ) **1** 關於企業的社會責任，下列何者正確？ (A)不逃漏稅捐 (B)忠實告知消費者產品資訊 (C)以提高銷售利潤為唯一目標 (D)積極關懷社會。（多選） 【107台水】

( ) **2** 管理大師彼得杜拉克認為企業最基本的社會責任為下列何者？ (A)道德責任 (B)自由意志責任 (C)經濟責任 (D)法律責任。【107經濟部】

( ) **3** 企業銷售產品時不做過度包裝，也不做誇大的廣告，是為下列哪一種之企業社會責任？ (A)自我責任 (B)經濟責任 (C)法律責任 (D)倫理責任。【110台菸酒】

解 **1 (ABD)**。社會責任四個層次：
(1)經濟責任：企業最基本責任。
(2)倫理（道德）責任：符合社會期待。
(3)法律責任：在法律的規範內。
(4)博愛責任：願意再以上的責任之外，做自願奉獻。
(A)法律責任。(B)倫理責任。(C)經濟責任。(D)博愛責任。

2 (C)。彼得杜拉克主張，企業的最重要的社會責任是創造充分的盈餘。

3 (D)。(1)經濟責任→合理獲利。
(2)法律責任→遵守法律。
(3)倫理責任→符合利害關係人期望。
(4)博愛責任→積極參與公益。

三、企業社會責任三階段

( ) **1** 瑞典IKEA宣布2030年將全面採用「再生塑膠」，日本豐田汽車則計畫於2035年禁售燃油車，這是將關懷人群與維護地球的理念，落實到企業永續經營的策略中，此種企業社會責任的決策邏輯稱為下列何者？ (A)社會義務決策導向 (B)社會反應決策導向 (C)社會預應決策導向 (D)社會主動決策導向。【110經濟部】

( ) **2** A公司完全遵守法律規定安裝規範的汙染控制設備，但不會花大錢安裝更高級的防汙設備。此為社會責任的： (A)蓄意阻撓態度 (B)順應態度 (C)自發態度 (D)防禦態度。【109台鐵】

( ) **3** 有關近年常被討論的企業社會責任，下列敘述何者正確？ (A)歷史的演進是從責任，到積極回應，再回到義務 (B)古典學派的觀點是企業除了追求利潤，還要兼顧利害關係人的福祉 (C)社會經濟觀點認為社會責任不只追求利潤，還應保護並改善社會福祉 (D)社會回應的觀點，認為至少要履行法律的要求。【105台鐵】

( ) **4** 花蓮地區發生大地震，許多災民倉促逃出住處，台酒公司緊急調度3,000箱物資，投入花蓮救災支援工作，此為台酒公司何種行為的表現？ (A)社會責任 (B)社會回應 (C)社會義務 (D)策略性責任。

【107台菸酒】

解 **1 (C)**。企業社會責任有三種決策：

(1)社會義務決策導向→相當防禦型觀點。

(2)社會反應決策導向→相當調適型觀點。

(3)社會預應決策導向→相當主動型觀點。

2 (D)。履行社會責任型態方法：

(1)妨礙式：企業之行為已屬違法，且對問題採掩蓋的態度。

(2)防衛式：企業之行為只求合法，不願多負額外責任，股東利益優先。

(3)順應式：企業僅滿足倫理要求，行為僅滿足利害關係人福祉。

(4)主動式：企業積極擔起社會責任，費心去給予重要關係人關懷與協助。

3 (C)。(A)義務→回應→責任。

(B)古典學派的觀點是股東利益最大化。

(D)「社會回應」順應社會大眾需求，比較重視實際的中短期目標。

4 (A)。社會責任：企業主動從事益於社會的事。

社會回應：指公司被動回應社會的需求。

社會義務：因為特定的經濟和法律責任，企業必須從事社會行為。

四、企業社會責任規範與標準

( ) 下列何者不是常見的企業社會責任規範與標準？ (A)SA8000 (B)GRI (C)ISO26000 (D)FTA。

【106台水】

解 **(D)**。(A)SA8000社會責任標準-SA 8000。

(B)GRI全球永續性報告協會（Global Reporting Initiative）。

(C)ISO26000社會責任標準。

(D)FTA自由貿易協定（Free Trade Agreement）。

五、管理的綠化

( ) **1** 企業社會責任主要關注的是在企業組織營運過程中受影響的哪一類利益關係人（Stakeholder）？ (A)股東 (B)員工 (C)社區、社會、環境與國家 (D)供應商。

【107台糖】

( ) **2** 企業應該善盡社會責任，而善盡責任的對象應該是： (A)所有利害關係人 (B)員工與顧客 (C)社會大眾 (D)弱勢團體。 【107台鐵】

( ) **3** 經理人了解且考慮該企業以及其作為對自然環境造成的影響，是下列何者？ (A)綠色管理 (B)績效管理 (C)目標管理 (D)成本管理。 【107郵政】

解 **1 (C)**。社會責任最重要特色就是追求社會長期福祉，福祉受益人可以是內部和外部利害關係人。本題是講社會責任，所以會更關注外部利害關係人（即(C)選項）。

2 (A)。(B)(C)(D)可以包含在(A)裡面，企業決策和行動會影響到內外部環境中的個人或群體，包含供應商、顧客、競爭者、員工、股東、政府、社區居民、企業所處的區域、全國，甚至是國際社會。

每間公司影響的範圍大小不一定，利害關係人也可以分成主要和次要等。

3 (A)。組織的決策與行動及其對自然環境所造成的衝擊間，有很密切的關係，管理者對此問題的認知，成為管理綠化（綠色管理）。

填充題

1 企業的社會責任主要存在著2種觀點，其中 ______ 觀點認為企業的責任遠超過創造利潤，還包含保護及增進社會福祉。 【109台電】

2 所謂企業 ______ 係指企業承諾遵守道德規範，致力於經濟發展的同時，也兼顧改善員工個人及其家庭生活，增進當地社區與社會的生活品質。【106台電】

解 **1 社會經濟。**

2 社會責任。

申論題

一、何謂企業社會責任？請說明贊成與反對社會責任的論點（各4點）？ 【106經濟部】

答：

(一) 企業社會責任

除了滿足法律與經濟的要求外，企業必須追求有益於社會發展的長期福祉。學者Carroll提出社會責任金字塔，有四種不同的社會責任是企業必須要考量的，按其達到的先後，依序為經濟責任、法律責任、倫理責任與慈善責任。

(二) 社會責任贊成與反對的意見

1. 贊成：

(1) 一般社會大眾普遍同意企業應該要負起社會責任。

(2) 可以改善企業的公眾形象。

(3) 可以讓社會更美好。

(4) 企業相對於個人有較大的權力，所以負起責任也要較多。

2. 反對：

(1) 會增加公司的成本。

(2) 與股東利益極大化相違背。

(3) 企業對社會影響能力已經極大化了。

(4) 企業跟社會大眾沒有其他關聯。

二、企業社會責任近年來越來越受到各界重視。請問：

(一) 企業社會責任的古典觀點和經濟觀點有何異同？

(二) 請由投資者、消費者、員工、和社會四個面向，說明企業如何展現企業責任？ 【108台菸酒】

答：

企業責任之面向，茲表述如下：

觀點	內容	例子
投資者觀點	站在投資者的角度，應讓投資者清楚了解企業的投資價值，未來策略和獲利與股東報酬，以及企業的政策上是否能達到永續經營的目標。在關注的議題上常見的有財務的績效和投資風險管理，研究發展的方向和對適應環境變遷的能力。	全球經濟發展對經營環境的影響以及公司的對應政策，產業的競爭是否對企業造成衝擊以及如何面對市場挑戰。
消費者觀點	企業應誠實告知產品資訊，加強對客戶的資訊保護，維持良好的產品品質。	強調原料到成品的每一個環節，公開細節，維持良好的品質。
員工觀點	企業應維護保障員工的權益，提供員工安全友善的工作環境和人性化的管理方式，符合或優於市場的薪酬條件來吸引或留住人才。	員工福利、教育與管理方式。

觀點	內容	例子
社會觀點	落實文化，教育，慈善等事業來深化對社會的影響力。	招募志工到偏鄉服務，關懷老年生活，公益活動，或是當自然災害發生時企業能及時伸出援手等。

三、管理者在企業經營的決策過程中可能面對哪些內部、外部之利害關係人（Stakeholders）？請以經濟部某一國營事業單位為例，說明社會義務（Social Obiligation）、社會回應（Social Responsiveness）及社會責任（Social Responsibility）之間的差異？【106經濟部】

四、為強化公司治理，金融監督管理委員會規劃「新版公司治理藍圖（2018~2020）」，其中有一計畫項目為：深化公司治理及企業社會責任文化。請詳述：

(一)何謂公司治理？

(二)企業文化如何建立？

(三)比較社會義務、社會回應以及社會責任。【107台鐵】

五、企業關注組織決策與行為對自然環境造成的影響稱為「管理的綠化」（Greening of management），請略述組織在環境保護議題上採取管理綠化的4個途徑及其內涵為何？並以節約用電為例，試舉出3項實際的方法。【107台電】

小補充、大進擊

公司治理：公司治理就是督促管理階層做出對組織最有利的政策，避免他們利用職權謀取私利。在組織設計上，董監事會就是扮演這樣的功能。而人總是有辦法躲過制度的規範，這也就是為什麼需要強調倫理，從人心著手。

公司治理的內部機制：股東大會、董事會、監察人、公司透明化機制。

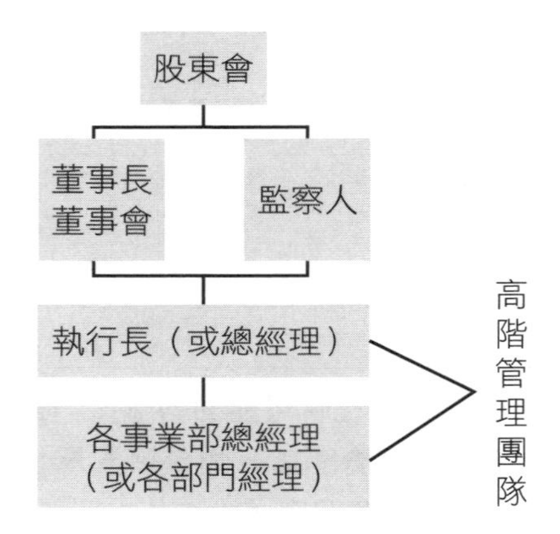

時事應用小學堂 2022.11.11

合庫連 14 年蟬聯體育推手獎球隊預算已達 1.8 億元

合庫銀行長期扎根基層體育、贊助推展運動活動，以及培育眾多傑出國手，第十四度榮獲教育部體育署「體育推手獎」，囊括「推展類」、「贊助類」及「長期贊助類」三大金質獎座，由副總統賴清德親自頒獎，合庫銀行總經理林衍茂代表受獎。

合庫銀行於民國 36 年成立桌球隊、38 年成立棒球隊、81 年成立羽球隊，70 多年來為國家培育出無數優秀選手為國爭光，因此也被譽為培育國手之搖籃。

合庫桌球隊目前現役選手依排名有林昀儒、莊智淵、馮翊新、陳建安、黃彥誠、鄭怡靜、黃怡樺等，均為國家隊主力選手。

合庫棒球隊為我國歷史最悠久的甲組成棒隊伍之一，至今已栽培許多知名球員如郭源治、郭泰源、陳金鋒、彭政閔、林智勝、林加祐、林瀚、吳昇峰、黃佳瑋及賴延峰等，為國內棒球運動奠定了堅實的基礎。

近年來成績優異的合庫羽球隊，隊中也有多名國際級選手，如戴資穎、周天成、王子維、楊博涵、李哲輝、楊博軒、白馭珀、許雅晴、林琬清、江穎麗等，這些屢屢在國際賽事中為台灣爭光的選手們，都是由合庫用心培育出來的。

合庫銀行自董事長雷仲達上任以來，大力支持桌球、棒球、羽球三支球隊的發展，對於優秀選手晉升、營養金、優勝獎金等獎勵方式進行全面性調整，逐年增編球隊預算，至 111 年球隊預算已達 1.8 億元，致力成為優秀運動員的堅實後盾，讓球員專心投入訓練積極參與國內外賽事，成就球星在國際體壇大放異彩，此次獲獎為連續 14 年獲得體育推手獎最高殊榮的肯定。

合庫銀行深耕臺灣超過一世紀，除提供專業的金融服務外，支持體育活動亦不遺餘力，今年 7 月舉辦「合庫金控盃慢速壘球邀請賽」，推廣全民運動風氣，提昇國人的「健康力」。

合庫也延續一貫對基層體育的關懷，奉獻企業之力支持臺灣基層體育扎根，赴南投及高雄舉辦兩場支持基層體育活動，善盡「取之於社會、用之於社會」的企業社會責任。

合庫將永續經營桌球、棒球、羽球三支球隊，培育優秀選手在國際體壇上大放異彩，提升臺灣在國際的能見度，使臺灣於國際體壇發光發熱。

（資料來源：https://reurl.cc/VRAVeZ）

延伸思考

1. 經營職業運動是否為一種企業社會責任？
2. 對國內而言，許多運動無法達成職業項目，卻又必須培養人才，因此就會出現由企業認養的狀態，這在國外是較少見的。國內外是否有許多倫理道德不同之處？

解析

1. 職業運動本身就是一種綜合型產業，經營職業運動本質不是履行企業社會責任，而是一種純粹商業行為。
2. 倫理道德會隨著區域、時間而有差異。例如，企業到了中國做生意，可能遭遇「給官員好處」的潛規則，但對美國公司而言，拿廠商紅包，已違反沙賓法案（Sarbanes-Oxley Act）。

   但仍有 2 項參考指標。首先是，你要在國外做的事情，有無違背「普世價值」；其次則是有無違反母國法律。如果母國對於你的行為，採取不贊成、不鼓勵的態度，但也沒有違法，則可以考慮入境隨俗。

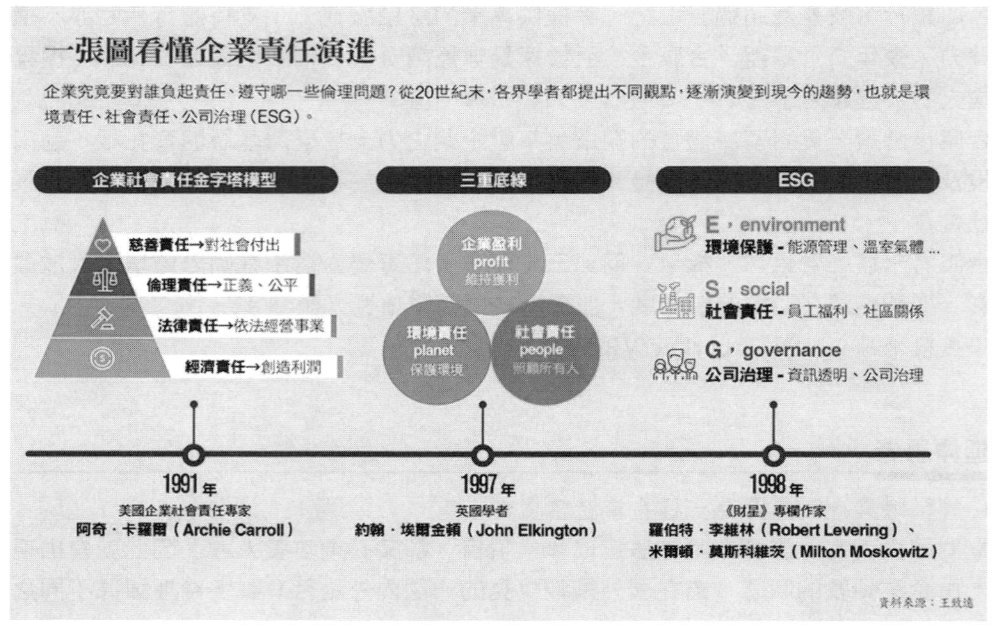

資料來源：https://www.managertoday.com.tw/articles/view/64646

第二部分 管理概論

Lesson 05 管理的基本概念

課前指引

我們為什麼要學管理？
羅賓斯（Robbins）認為：「管理就是透過他人來完成工作。」
許士軍認為：「管理是一種人類在社會中的活動。」
孔茲（Koontz）亦說：「管理是透過別人來完成事情」。
管理可以用在任何地方，家庭、工作、甚至是自己的日常生活，都可以進行管理。本章為因應考試，著重在組織、企業的管理上，從最基本的定義到管理者應該具備的知識與技能，這章是管理學的基礎概念，也是銜接企業概論到企業管理的橋樑。

重點引導

焦點	範圍	準備方向
焦點一	管理的定義與功能	本焦點的重點在管理的四大功能與效率、效能，應用題型非常的多，除了理解外還需要具備應用的能力。
焦點二	管理矩陣	本焦點近年考題較少，但曾出現過簡答題，因此仍需要留意。
焦點三	管理者與管理者的技能	管理者的三大技能是出題重點，需要記憶並分辨不同技能定義與內容。
焦點四	管理者應具備的角色	管理者應具備角色考題不多，變化也不大，熟記十個角色就可以輕鬆拿到分數。

焦點一 管理的定義與功能

一、管理的定義【農會】

管理：管理者透過方法（管理功能），利用企業或組織的各種資源，藉由他人（被管理者）的力量（體力、能力、智力），有效果、有效率地達到企業或組織目標的過程。

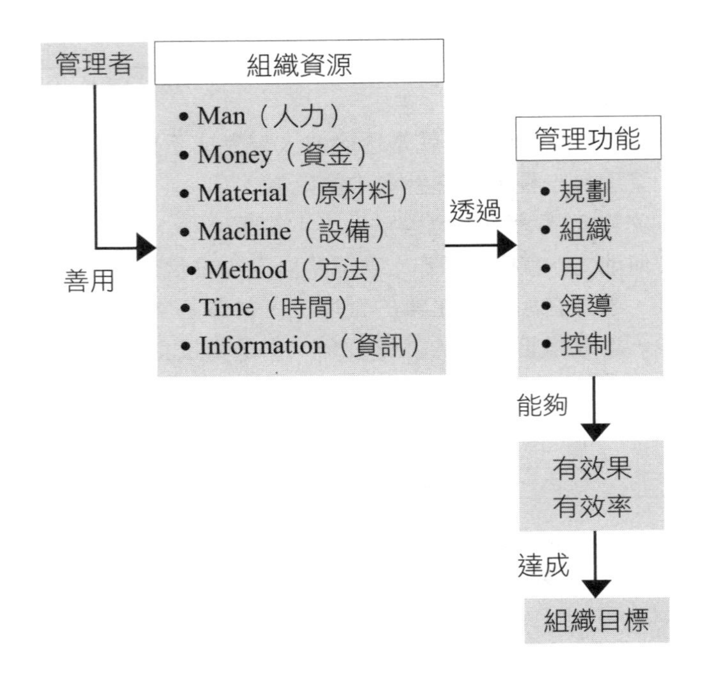

組織的任務是投入有限資源，並透過生產產品與提供服務來創造附加價值，使消費者能獲得最大的滿足。

項目	內容
管理者	負責監督組織人力與其他資源的利用，以達成目標
資源	人、能力、知識、資訊、科技、原料、機器、資金
效率	是衡量資源如何有生產力地使用，以達成目標
效能	是衡量管理者為組織所選定的目標是否適當，以及組織能夠達成的程度為何
績效	衡量管理者如何有效能與有效率地使用資源、滿足客戶需求，以達成組織目標的標準

二、管理的功能【台糖、台水、台菸酒、台鐵、台電、中油、郵政、農會、桃捷、港務、漢翔】

管理者制定決策、分配資源，以及安排他人工作，以達成目標。這個過程稱為管理，管理是動態的、循序漸進、有步驟的，其中有四個步驟，稱為管理功能。Robbins羅賓斯的定義：

功能	定義	實施程序	生活案例	注意
規劃	訂定目標、建立達成目標的策略，以及發展一套有系統的計畫，來整合與協調企業的各項活動。	規劃的過程分成三個步驟： 1. 決定企業追求的目標。 2. 決定採用何種行動方針來達成目標。 3. 決定如何分配企業資源以達成目標。	台積電宣布3奈米預計2022年下半年量產，下一世代的2奈米目標2024年風險性試產、2025年量產。儘管台積電2奈米量產時間相較主要競爭對手宣示的時間來得晚，但公司仍有信心，該製程將是最成熟、領先的技術，以支持客戶成長。	「規劃」（Planning）與「計畫」（Plan）常被混淆，「規劃」是一種過程。
組織	組織（Organizing）的工作就是規範生產資源之間的分配與關係，以達到企業設定目標的過程。 決定哪些是必須完成的工作、執行的人選、任務的編組、誰該向誰報告等。	建立組織結構：根據個人不同的工作職務種類，將人員組成不同的部門。 劃分不同個人及團隊之間的權限及職責。 組織圖，規範了各職位垂直水準的指揮與協調關係，並劃分部門職責與分工，以及在部門下設置職位，企業就是依據組織圖配置人力資源。	中信金為因應長期策略發展，強化組織分工效能，中信金及中國信託商業銀行雙雙召開董事會，通過組織架構調整與相關主管人事案。同時考量銀行法人金融、個人金融業務發展需求，中信金除了新設個金副執行長一職，負責協助督導所指派之專案及業務，包括海外個金業務的建置與發展之外，亦調整相關組織架構，持續提升法金、個金競爭優勢。	人力資源與其他資源不同的是，它的產出不像機器設備的每小時產出是固定的。 人力資源是會流動的，員工隨時都有可能會離開，因此如何保持人力資源的穩定，也是在用人當中要考慮的問題。

功能	定義	實施程序	生活案例	注意
領導	激勵部屬、影響個人或團隊、選擇有效的溝通管道、解決衝突等。	1. 明確表達一套清楚的遠景，讓企業組織成員加以遵守，並激勵成員，使其充分了解在達成企業組織目標過程裡應扮演的角色。 2. 所謂領導，包含了運用權力、影響力、願景、說服力及溝通技巧。	星宇航空碰上百年大疫 COVID-19，航班大砍。在各國邊境封鎖的狀況下，星宇大虧八十一億但張國煒並沒有氣餒或是退縮，依然堅持他的航空夢。在疫情中，他仍積極布局，陸續開闢日本等航線。在新機陸續交機下，星宇航空啟動自訓飛航員招募計畫，等待疫後商機。	1. 公司最高領導人的行為處事，會影響下級管理者與員工，而形成企業文化。 2. 有效的領導必須知曉如何與員工溝通，如何激勵員工，如何幫助員工設定目標、執行目標管理，確保員工達成工作目標並獲得個人滿足。
控制	確保工作能如預定地進行，管理者必須監督與評估績效組織，並將實際績效與預設的目標相比較。	1. 管理者監督個人、部門及整個企業的績效，已決定他們是否達成預定目標。 2. 採取行動，以改進績效。	迪士尼 2022 年 11 月公布上季財報遜於預期，儘管主題樂園事業強勁復甦，但串流影片事業虧損卻高達 14.7 億美元，是去年同期虧損的逾兩倍。 迪士尼高層將改善營運以及撙節成本，並實施一連串措施，使串流事業可在 2024 年 9 月以前呈現獲利。	在目前強調授權的管理模式中，由上而下的管理控制已逐漸被淡化，員工在工作中的自主性逐漸提升，控制的重點轉而成為重視員工的教育訓練，提升員工敬業素質，讓員工進行自我管理。

三、效率與效能

企業獲利的關鍵：有效果及有效率，也就是所謂的績效（Performance），是組織為實現目標而展現在不同層面上的有效產出。

項目		效率【經濟部、台菸酒、台電、中油、台鐵、郵政、桃捷、漢翔】	效果【台菸酒、台電、台鐵、郵政、農會】
定義		以最小的資源獲得最大的產出	達成組織的目標
公式		產出 / 投入	產出 / 目標
Druker 彼得杜拉克		Do the things right 把事情做對	Do the right thing 做對的事情
相異點	適用性	偏向管理面	偏向領導面
	重點	重視過程（方法）	重視目標（結果）
	指標	資源使用率	目標達成率
相同點		衡量企業有效管理與否的重要指標。 管理者所追求的績效。 成功經理人應具備的觀念與能力。	
效率 / 效果的四種可能		高：有效率 / 無效果、有效率 / 有效果 無效率 / 無效果、有效率 / 無效果 低 高	

小比較，大考點

【台鐵、郵政、漢翔】

生產力=產出/投入

若兩者規模及僱用員工相同，代表投入(總成本=固定成本+變動成本)相同

甲的產出>乙的產出→甲的生產力>乙的生產力

小補充，大進擊

1. 巴納德（Barnard）於「1938年」所「發表」的《行政主管的職能》（The Functions of the Executive）一書，是最早界定「效率」和「效能」：

   效率（Efficiency）：若組織的目標同時也可滿足個人的動機，則兼具有效率。

   效能（Effecticeness）：個人在組織中的行為能夠達成組織的目標，即為具有效能。

   ※效率與效能二者，有賴行政主管功能，維持組織與其成員間合作行為。

2. 彼得・杜拉克（Peter F. Drucker）在《有效的管理者》（The Effective Executive）一書中表示：
效率是以正確的方式來做事（Do the thing right）。
效能則是做正確的事（Do the right thing）。
※效率和效能不應偏廢，我們當然希望同時提高效率和效能，但在效率與效能無法兼得時，我們應著眼於效能，然後再設法提高效率。

即刻戰場

選擇題

一、管理的定義

(　　) 下列何者是透過眾人完成事情的藝術？ (A)領導 (B)統御 (C)管理 (D)傳道。【107農會】

解 **(C)**。傅麗德（Follett）：管理是經由他人（手段）完成工作（目的）的一種藝術。

二、管理的功能

(　　) **1** 以下何者不是管理的POLC？ (A)規劃 (B)組織 (C)領導 (D)顧客。【107桃捷】

(　　) **2** 為企業設立目標，是屬於下列哪一項企業管理活動的一部分？ (A)規劃 (B)組織 (C)領導 (D)控制。【104郵政、108漢翔】

(　　) **3** 下列那一個敘述定義了管理程序的規劃功能？ (A)指導和激勵員工實現組織目標 (B)討論如何最好地將組織的資源安排到一致的結構中 (C)監控公司的業績以確保達到目標 (D)確定組織需要做什麼以及如何最好地完成它。【109台鐵】

(　　) **4** 企業管理功能中的「控制」是指： (A)激勵團隊成員，化解成員之間糾紛 (B)擬訂組織目標與達成目標之策略 (C)分派資源、安排工作以達成目標 (D)比較實際工作進度與預期進度之落差，並採取必要的修正。【108台菸酒】

解 1 (D)。管理功能：規劃(Planning)、組織(Organizing)、領導(Leading)、控制(Controlling)。

2 (A)。規劃：訂定目標、建立達成目標的策略，以及發展一套有系統的計畫，來整合與協調企業的各項活動。

3 (D)。(A)領導。(B)組織。(C)控制。

4 (D)。(A)領導。(B)規劃。(C)組織。

三、效率與效能

(　　) 1 企業的實際產出（Output）與實際投入（Input）的比值稱之為 (A)效能（Effectiveness） (B)邊際成本（Marginal Cost） (C)效率（Efficiency） (D)邊際投資（Marginal Investment）。【107台菸酒】

(　　) 2 以經營一家餐廳為例，以下那一項屬於效率（efficiency）的提升？(A)提升顧客滿意度 (B)讓食物更好吃 (C)降低人力成本 (D)提高餐廳知名度。【108台鐵】

(　　) 3 效率與效能有何不同？ (A)效率強調方法；效能強調結果 (B)效率強調提高達成率；效能強調減少浪費 (C)效率強調目標達成；效能強調資源使用 (D)效率強調做對的事情；效能強調用對的方法做事情。【108郵政】

(　　) 4 公司的油漆團隊被指派要彩繪公司大廳的某面牆，此油漆團隊快速繪製了，但事後發現繪錯牆面，則此團隊應該是什麼？ (A)無效率且無效能 (B)有效率但無效能 (C)無效率但有效能 (D)有效率且有效能。【109台鐵】

(　　) 5 下列何者是比較企業投入資源和產出產品的指標？ (A)產能 (B)產量 (C)生產力 (D)平均產量。【108漢翔】

解 1 (C)。效率=產出/投入

2 (C)。效率=產出/投入
降低人力成本=投入減少→效率上升

3 (A)。

效率（do the thing right）	效能（do the right thing）
把事情做對	做對的事
重手段	重目標
最低資源浪費	最高目標達成率

4 (B)。「油漆團隊快速繪製了，但事後發現繪錯牆面」
快速繪製代表投入資源少→有效率
繪錯牆面代表剛剛做白工要重畫→無效能

5 (C)。(A)公司利用現有的資源，在正常況狀下，所能達到的最大產出數量。
(B)一定的可變要素的投入對應的最大產量。
(C)產出及投入的數值或比率，用以衡量企業運用資產的效率。
(D)表示平均每一個單位可變生產要素投入所產生的產量。

填充題

1 當代企業管理學者多認為：管理功能係指管理者運用規劃、______、領導及控制等4大主要功能，來達成企業所訂定的目標。【108台電】

2 管理是一種持續進行的活動，而管理功能中的「控制」是提供由結果回饋到 ______ 之間的必要連結。【107台電】

解 **1 組織**。
2 規劃。管理是一個過程，動態的，循序漸進的，有步驟的，又稱為管理循環。

焦點二 管理矩陣

管理矩陣是指管理功能與企業功能具有交叉關係的正方形相對關係矩陣圖。【台電、中華電信】

	規劃	組織	領導	控制
生產	◎	◎	◎	◎
銷售	◎	◎	◎	◎
人力資源	◎	◎	◎	◎

	規劃	組織	領導	控制
研發	◎	◎	◎	◎
財務	◎	◎	◎	◎
資訊	◎	◎	◎	◎
公關	◎	◎	◎	◎

焦點三 管理者與管理者的技能

一、管理者的角色

管理者是指藉由協調他人來達成組織目標的人。在組織中，我們通常將管理者區分為三級：低階（基層）主管、中階主管、高階主管。【台糖、郵政、農會、桃捷】

階層	定義	負責事務	職稱
高階主管	負責所有部門的績效，肩負跨部門的責任	組織決策制定者，決定公司策略、政策，負有行政責任。	總裁、執行長、總經理、副總經理、協理、經理。
中階主管	督導第一線管理者	協調組織內各部門之工作活動，負有承上啟下的責任。	副理、襄理、主任等。
低階主管 基層主管 監督者	第一線管理者	直接指導員工工作，監督員工每日活動，職責強調所負責工作群體的作業效率的追求並維持工作目標。	工廠現場的基層主管，包括領班、組長、班長等。

高階管理者　策略、決策

中階管理者　整合、監督

低階管理者　推動、執行

小口訣，大記憶

關鍵字：

高階→策略

中階→戰術

低階→第一線、作業

二、管理者的技能

凱茲（Robert Katz）認為管理者需具備三種管理能力，包括：技術能力、人際能力、概念化能力。

能力	內容	相對重要性
技術能力 【台菸酒、中油、台鐵、郵政、中華電信】	在特定領域內所需具備的專業知識及技能，例如：會計、生管、行銷、財務	對於基層管理者很重要，因為基層管理者必須時常跟基層員工做直接接觸，要知道如何引導部屬，並發現不對的問題。
人際能力 【台糖、台鐵】	個人或群體相處的能力，管理者必須要有強大的人際相處能力	對於所有階層管理者都很重要，因為管理者有良好的人際關係，可以清楚地知道如何對員工溝通、激勵、領導、建立彼此信任感。
概念化能力 【台水、台糖、台菸酒、台電、台鐵、郵政、漢翔】	將複雜情境系統化歸納、整理的能力，以及迅速做出結論的能力	對於高階管理者很重要，因為高階管理者要帶領整個組織成長，必須洞悉未來，從整理觀點觀察組織。

不同層級的管理者所須具備的管理技能比重不同

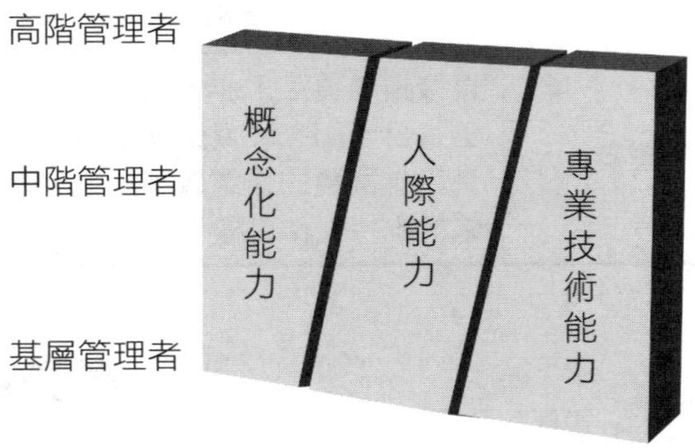

高階管理者
中階管理者
基層管理者
概念化能力
人際能力
專業技術能力

即刻戰場

選擇題

一、管理者的角色

( ) 1 以下何者非管理階層之職位？ (A)總經理 (B)事務員 (C)財務總監 (D)科長。 【107桃捷】

( ) 2 下列哪一類管理者需要透過各類資訊進行營運規劃、目標設立以及策略擬定？ (A)高階經理人 (B)中階經理人 (C)第一線管理者 (D)領班。 【106台糖】

( ) 3 下列何者最有可能在企業組織內部的策略規劃會議中列席？ (A)執行長 (B)電商平台客服領班 (C)預算分析助理 (D)廣告代理商。 【108郵政】

解 1 **(B)**。事務員-員工。

2 **(A)**。

職級	責任	工作內容	職稱
高階主管	負責所有部門的績效，肩負跨部門的責任	組織決策制定者，決定公司策略、政策，負有行政責任。	總裁、執行長、總經理、副總經理、協理、經理。

3 **(A)**。策略規劃屬於分布範圍「較廣」的規劃：（策略、功能、作業規劃）

(A)為CEO的簡稱，公司高層。與CFO（財務長），COO（營運長）並為公司的三巨頭。

(B)領班是第一線管理者。

(C)助理（Assistant）為幕僚職位，給予管理者必要協助。

(D)代理商（Agency）爭取產品代理，獲得通路權利。

二、管理者的技能

( ) 1 對於負責生產線的基層管理者來說，下列那項能力特別重要？ (A)人際 (B)技術 (C)概念化 (D)經驗。 【103中油、106台鐵、108郵政】

( ) 2 對於管理者而言，下列哪個能力和激勵他人以及與同仁相處有重要的關聯性？ (A)人際能力 (B)技術能力 (C)決策制定能力 (D)財務能力。 【106台糖】

( ) **3** 如以Robert L. Katz所指管理者應具備的技術能力、人際關係能力與概念化能力而言，高階主管應具備各種能力的比重，下列敘述何者正確？ (A)概念化能力＞技術能力＞人際關係能力 (B)技術能力＞人際關係能力＞概念化能力 (C)人際關係能力＞概念化能力＞技術能力 (D)概念化能力＞人際關係能力＞技術能力。 【105台糖、108漢翔】

( ) **4** 有關企業組織內部管理者的敘述，下列何者錯誤？ (A)第一線管理者最重要的是技術性的技能 (B)對中階管理者而言協調溝通的能力最重要 (C)高階管理者需要具備概念性技能為企業組織規劃未來 (D)高階管理者不需要具備溝通能力。 【107台糖】

( ) **5** 「變革管理」，是屬於下列哪些人的責任？ (A)低階管理者 (B)中階管理者 (C)高階管理者 (D)所有的管理者。 【108漢翔】

解 **1 (B)**。技術能力：對於基層管理者很重要，因為基層管理者必須時常跟基層員工直接接觸，要知道如何引導部屬並發現不對的問題。

2 (A)。人際能力：對於所有階層管理者都很重要，因為管理者有良好的人際關係，可以清楚地知道如何對員工溝通、激勵、領導、建立彼此信任感。

3 (D)。高階主管的概念化能力應該是最大，基層主管注重技術能力。

4 (D)。人際溝通能力對所有階層管理者都很重要，因其有良好人際關係，可清楚了解如何對員工溝通、激勵、領導，建立彼此信任。

5 (D)。變革管理的步驟：解凍改變再結凍。
變革管理的對象應該是管理層、基層員工、產品、服務，以及與之相關的流程。
因為組織中管理層必須首先認識到變革的重要性、必要性和緊迫性，才能主動變革，這樣才能領導組織中的每一位成員積極參與變革管理。

填充題

學者凱茲（Katz）將管理者的能力劃分為3類，其中對於基層管理者而言______能力極為重要，因為其時常與基層員工直接接觸，需引導部屬並發現問題。 【111台電】

解 技術。

申論題

一、凱茲（Katz）認為管理者應具備哪3個重要的管理技能？前述技能隨著高、中、基層之管理層級不同，其重要性程度有所差異；請分別說明之。【106台電】

二、管理是一門專業，羅伯凱茲（Robert L. Katz）指出，管理者需要具備三種能力，請回答下列問題：
(一) 管理者需要哪三種技能？
(二) 以您個人為例，您可以成為一個好的管理者嗎？請簡要說明。
【108台菸酒】

焦點四 管理者應具備的角色

亨利・明茲伯格（Henry Mintzberg）認為傳統管理理論「程序觀點」無法敘述一位經理該做的事情，因此提出「角色觀點」。有很多管理者是同時兼具很多角色。【台糖、台鐵、郵政、桃捷】

分類	角色	描述	生活小案例
人際角色：與他人建立關係，並做好溝通與領導的角色，以及因儀式或象徵性原因而須扮演的角色。【台鐵】	代表人物	象徵性的領導人，執行法律所賦予或社會所認定的例行工作。	出席各種儀式、接待訪客、簽署重要文件等。如成吉思汗健身房館長。
	領導者	負責激勵、動員部屬或用人、訓練、聯絡部屬。	領導部屬完成組織交付的任務。如臉書祖克柏。
	聯絡者	維持自行發展的人際網路，及與外界的關係。	參與外界各種活動，如同業公會。促使組織與外界合作，如策略聯盟。

<table>
<tr><th>分類</th><th>角色</th><th>描述</th><th colspan="2">生活小案例</th></tr>
<tr><td rowspan="3">資訊角色：蒐集各種內、外部資訊，並且傳播與處理這些資訊以供利益相關人士參考。【台水、台電、台鐵】</td><td>監督者</td><td>藉由對組織及環境的了解，來尋求和接收各種訊息。</td><td>閱讀各種期刊、雜誌、政府或業界資訊，透過各種關係獲得資訊。</td><td rowspan="3">藝人的經紀人最常身兼這三種角色，蒐集藝人的資訊、將藝人資訊傳播給記者或社會大眾，也會將藝人動態、新作品介紹給外界。</td></tr>
<tr><td>傳播者</td><td>將來自外界或內部員工的訊息，傳播給組織內的成員。</td><td>透過各種方式傳遞訊息，如電話、信件、公文、電子郵件、會議、社群媒體等。</td></tr>
<tr><td>發言人</td><td>將組織的計畫、政策、作為及結果傳播給外界。</td><td>主持股東會議、新產品發表、開記者會等等。</td></tr>
<tr><td rowspan="4">決策角色：扮演制定決策的角色。【經濟部、台糖、台菸酒、台鐵】</td><td>企業家
創業者</td><td>在組織及環境中尋求機會，並發動改革，以促使組織改變、創新。</td><td colspan="2">負責新產品、技術、市場開發、組織內部變革方案等。</td></tr>
<tr><td>危機處理者</td><td>當組織面臨重要與未預期的紛亂時，負責提出矯正計畫與危機處理。</td><td colspan="2">負責危機處理小組，成立跨部門的專案團隊解決問題。</td></tr>
<tr><td>資源分配者</td><td>負責組織內所有資源的分配，並裁定組織內所有重要的決策。</td><td colspan="2">分配年度預算，決定組織內部計畫時程與相關決策。</td></tr>
<tr><td>談判者</td><td>管理者必須介入不同立場團體的談判，以平衡雙方不同的利益。</td><td colspan="2">與政府、公會、消費者等團體談判。</td></tr>
</table>

小口訣，大記憶

1. **人**際關係角色：**頭**臉人物、**領**導者、**聯**絡者
   ▲人-頭-領-聯
2. **資**訊角色：監**視**者、**傳**達者、發**言**者
   ▲資-視-傳-言
3. **決**策角色：**企**業家、**危**機處理者、**資**源分配者、協**商**談判者
   ▲決-企-危-資-商

即刻戰場

選擇題

一、三類型角色

( ) 下列何者不是管理者在企業組織營運過程中所可能扮演的角色類型？ (A)人際角色 (B)決策角色 (C)資訊角色 (D)酬庸角色。【107台糖】

解 (D)。

角色	內容
人際	代表者、領導者、聯絡者
資訊	傳播者、發言人、監視者
決策	企業家、談判者、資源分配者、危機處理者

二、決策角色

( ) 下列何者對於創業家的敘述最為貼切？ (A)創業家通常是專精於創新的經理人 (B)創業家通常是已退休的商人 (C)創業家通常具備有隨環境變化而做出因應的特質 (D)創業家通常不能忍受不確定性。【106台糖】

解 (C)。明茲伯格決策角色定義：
企業家：發掘機會、化解危機、因應環境變遷、促進組織變革等作為，為組織創造永續經營、長期發展的生機。

三、十角色

( ) 很多藝人都會有經紀人幫忙處理大小事務。請問在明茲伯格（Mintzberg）管理角色分類中，經紀人的角色與任務較不屬於以下那一項？ (A)發言人 (B)危機處理者 (C)聯絡人 (D)收穫者。【108台鐵】

解 (D)。(A)發言人：將組織的計畫、政策、作為及結果傳播給外界。
(B)危機處理者：當組織面臨重要與未預期的紛亂時，負責提出矯正計畫與危機處理。
(C)聯絡人：維持自行發展的人際網路，及與外界的關係。
沒有(D)收穫者這個職稱。

時事應用小學堂 2022.12.09

聯電南科 12A 廠 22 奈米運用 AI 工具等方案，帶入超過 40 億改善效益

晶圓代工大廠聯電 (2303) 其南科 12A 廠在 22 奈米運用 AI 先進工具提升良率、新加坡 12i 廠改造邏輯製程機台強化產出能力，也建置行動化作業查核應用裝置 APP，且光罩工程團隊運用人工神經網路模型，成功拉升光罩外包廠產能，相關改善效益預估達 40.2 億元。聯電連續 19 年於經濟部委託中衛發展中心所舉辦的「台灣持續改善活動」競賽中創佳績，今年更再創佳績。本次競賽共有 118 家企業的 240 組團隊參賽，聯電六組團隊報名，全數晉級總會決賽，並於決賽中獲得 5 金 1 銀的佳績。但特別的是，聯電參展的隊伍均繳出於工程、生產、軟體、供應鏈等領域的好方案，聯電本次參賽團隊共創改善效益預估達 40.2 億元，並將這些改善成果導入南科及新加坡新廠擴建計畫，預期可為聯電帶來更強勁的成長動能。

聯電策略聚焦於製程的創新開發與晶圓製造，從今年參賽團隊中，可看出聯電在特殊製程領域持續尋求技術突破，南科 12A 廠在 22 奈米特殊製程開發上，打造 22 奈米元件效能業界第一，運用 AI 先進工具及創新工程技術進行良率、生產效率及產能全方位的精進，並獲得重大的成果。包括團隊自行開發準確度超越原廠的 AI 缺陷影像辨識系統，加上創新量測光譜應用技術，大幅提升生產效率，超前達成客戶的交期。同樣在特殊製程量產上獲得重大突破的新加坡 12i 廠更利用跳脫框架的思維，改造邏輯製程機台以滿足特殊製程產能的需求，達到活化資產與撙節成本的加乘效果。

聯電品質暨可靠度副總林敏玉表示：「後疫情時代生活逐漸回歸正軌，在 5G、AIoT、車用電子等大趨勢的推動下，預期未來晶片需求依然強勁。聯電除了持續專注於特殊製程的開發與應用外，更致力於全方位的數位轉型來提升效率，並在推展持續改善活動及智慧製造手法應用上深耕茁壯，未來將創新與改善的精神內涵，深植於全體員工品質文化及思維導向，並持續精煉相關品質管理系統及手法，全面提升組織改善及創新能力，以增進公司全面品質系統效能，使企業更具競爭優勢。」

延伸思考

AI 的蓬勃發展下，對管理的影響？

解析

台灣製造業長期以來，營運思維大多以控制成本為核心，但隨著數位轉型浪潮持續發酵，智慧製造成為產業共同的發展願景，如今積極增進數位化能力，尋求引進人工智慧（AI）應用，國際間已有AI應用於瑕疵檢測、預測性維修、產線排程、最佳化原料組合等方面，未來更將逐漸由從改善生產效率轉向提高營運效率，透過生產履歷保障產品品質，甚至是讓庫存管理增添預測能力。

企業若能建置數位管理系統並有效整合「產、銷、人、發、財、資」，運用數位工具實現資料迅速轉換為可用資訊，及時預警及監控企業內部現況，並妥善培育及運用人力資源，提升企業組織文化與能力，有效改善企業營運流程，推動企業邁向成功轉型之路。

Lesson 06 管理思想的演進

課前指引

根據學者卡斯特和羅森威（Kast & Rosenzweig）（1970）的看法，將管理思想的演進分成下列三大階段，整個管理的演進，就是「持續改進」（Evolutions）與「突破創新」（Revolutions）的發展史。

<table>
<tr><th>階段</th><th>時間</th><th>階段</th><th>學派</th><th>理論</th><th colspan="2">重點</th></tr>
<tr><td>第一階段</td><td>1900～1940
工業革命之後</td><td>傳統理論時期</td><td>古典學派</td><td>科學管理學派
行政管理學派
官僚體制學派</td><td colspan="2">• 標準化。
• 有效率。
• 商業活動的核心仍是以「物」為主，以生產導向為主要的經營模式，藉由科學方法及技術來解決企業組織的問題，分析焦點偏重於生產技術層面。</td></tr>
<tr><td>第二階段</td><td>1940～1960</td><td>修正理論時期</td><td>行為學派（人群關係學派）</td><td>行為學派
管理科學學派（計量學派）</td><td colspan="2">• 專業分工造成工作枯燥、無趣，引發員工心生不滿，反而影響效率；另外因為社會水準的提高，單純以「金錢」來激勵員工已經不符需要。
• 小團體的影響客觀環境跟員工心態的轉變。此時的研究重點轉向員工的心理層面，是對「人」研究。</td></tr>
<tr><td rowspan="2">第三階段</td><td>1960</td><td rowspan="2">當代管理理論時期</td><td colspan="2">系統學派</td><td rowspan="2">• 整合了不同的管理理論，發展出一套綜合性的理論。
• 此時也被稱為「整合理論時期」。</td><td>組織與環境互動</td></tr>
<tr><td>1970</td><td colspan="2">權變學派</td><td>組織適應能力</td></tr>
</table>

重點引導

焦點	範圍	準備方向
焦點一	傳統理論時期（古典學派）	古典學派以科學管理的泰勒、甘特；行政管理學派的費堯；官僚組織的馬克斯韋伯是最常考的重點，要釐清每個時期不同理論與代表人物。
焦點二	修正理論時期	焦點二最常考的重點為行為學派中後期的梅堯，另外馬斯洛與麥克雷格也是很常出現的考點，放在激勵理論中介紹。
焦點三	當代管理理論	當代管理理論中，分為系統學派與權變學派，二個學派都是很常出現的考試重點，需要清楚分辨學派的觀點與理論。

焦點一 傳統理論時期（古典學派）

古典學派：提高生產力原則

最早正式的管理研究為二十世紀初的古典學派（Classical Approach），重點在作業合理化，與組織及員工效率的提高。主要理論有「科學管理學派」及「行政管理學派」、「官僚體制學派」。【台鐵、農會】

一、科學管理學派（Scientific Management）【經濟部、台水、台菸酒、台電、郵政】

(一) **泰勒**（Frederick Winslow Taylor）【經濟部、台糖、中油、台鐵、郵政、農會、桃機、漢翔】

1. 源自1911年，出版《科學管理原理》（Principles of Scientific Management）一書，該書討論「科學管理」（Scientific Management）的理論——用科學方法完成工作。其中尤以「生鐵」案例最為聞名。
2. 泰勒為鋼鐵廠的機械工程師，為改善工人的效率，稱為「科學管理之父」。
3. 透過科學的方法，尋找完成工作的最佳方案，建立工作標準，提升生產力。
4. 提出例外管理：所謂例外管理，也就是從授權的原則及經濟效益的觀點來說，組織運作應由基層認定問題、中層選定方案、高層決定方向。主管對於日常例行事務充分授權，只有例外事件方才介入或干預較多，此即科學管理所提倡的例外原則（Principle of Exception）。簡單來說，就是把例行的工作授權給下屬完成，管理者只完成非例行的工作。

5. 科學管理四原則：

科學管理原則	說明
動作科學化	用科學方法來研究，取代過去只憑經驗
甄選科學化	甄選工作所需要的技術與能力的工人，並加以訓練教導
合作和諧	管理人員與工人密切合作，建立完成工作所需要的標準，如果工人做工超過此標準，則以獎金做為酬勞。
最大效率與成功	將工作區分為管理者和工作者，訂定彼此的職責，透過分工，矯正過去工人工作方法上的錯誤。

(二) **甘特**（Henry L. Gantt）【經濟部、台菸酒、台電、郵政、中華電信、漢翔】

1. 提倡人道主義思想及任務獎金制度，給予提前完工者工作獎金。同時，為領班設計出了獎勵制度，只要其所屬的員工在規定時間內完成，領班就有紅利。
2. 甘特圖：橫軸為時間，縱軸為活動。功能在於作為規劃和控制以及專案管理的工具。

小補充，大進擊

負荷圖（Load chart）是一種修改了的甘特圖，它不是在縱軸上列出活動，而是列出或者整個部門或者某些特定的資源。負荷圖使管理者對生產能力進行計畫和控制。

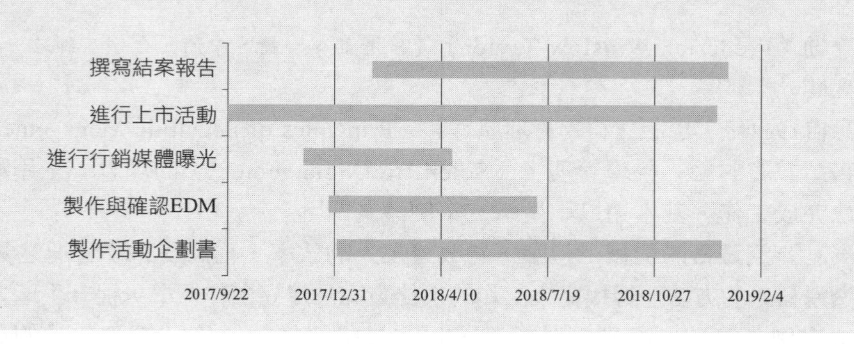

(三) **吉爾伯斯夫婦**（Frank and Lillian Gilbreth）

1. 動作研究之父，妻子被稱為「管理第一夫人」。
2. 受泰勒的影響，開始研究手部與身體動作的簡化，他們嘗試藉由設計與使用更好的工具，將工作績效提昇到最佳化。最為人知的研究就是「砌磚實驗」，透過工人砌磚，仔細觀察工人的動作，設計了一套手部動作分類系統，並歸納出十七種手部基本動作，稱之為「動素」（Therbligs），這套系統使吉爾伯斯夫婦能更精準分析工人手部的動作。並致力減少無謂動作的產生。

(四) **愛默生**（H. Emerson）

1. 「效率專家」、「效率教主」，著有《效率的十二原則》。
2. 認為企業經理可以向軍隊學習。
3. 重視工作效率，口號是消除閒蕩和惡意的浪費。

(五) 泰勒與其他學者所提出的「提高生產力原則」，在今天的組織中仍然適用。今日的管理者分析基本的工作任務；運用工時研究，將不必要的動作去除；雇用最符合資格的工人，並根據產量來設計激勵制度。這些都是科學管理原則的運用。

二、行政管理學派

另有一群學者將管理的焦點放在整個組織上，他們將研究重點放在管理者該做什麼，以及好的管理有哪些事情等。最具代表性的兩位人物是亨利．費堯（Henri Fayal）與馬克斯．韋伯（Max Weber）。

(一) **亨利．費堯**（Henri Fayol）【經濟部、台水、台糖、台菸酒、台電、台鐵、郵政】

1. 理論特色：廣泛運用於較高層級的管理工作
2. 主張：
   (1) 管理的普遍性：可發展出一個基本的管理理論，適用在各種企業與各種階層。費堯認為管理有別於會計、財務、生產、行銷與其他企業功能，不論在企業、政府甚至是在家中，對所有人而言，管理都是很生活化的。
   (2) 管理的14項原則：

原則	說明
分工原則	專業化和分工可以熟能生巧增加工作效率。
權威原則	有職責與相對應的職權，有職權也須負有職責，權責相對。

原則	說明
紀律原則	員工願意接受組織領導並遵守規則。
指揮統一原則	員工僅接受一位監督者的命令。
目標統一原則	指引員工的法則只有一套。
共同利益優先原則	顧全大局，犧牲小我。
獎酬原則	員工的薪酬應公平合理，特殊情況要給特別報酬。
集權原則	授權應集中於命令系統的上層階級。
指揮鏈原則	• 組織權限由組織最高到最低的命令鏈鎖，層層負責。 • 骨幹原則：任何組織體，需有明確的階層劃分及鏈鎖關係（垂直），以利命令下達及意見溝通。 • 跳板原則：水平單位之協調，不同部門同階層單位，可互相自行協調，不必經由垂直鏈鎖關係傳達。
秩序原則	人員物品不可混亂放置。工廠秩序原則演進成為布置原則與生產原則。
公平原則	組織成員皆受到公平對待。
穩定的人事	員工需要時間學習如何做好工作，可採長期雇用制確保員工工作安定。
主動原則	管理者讓部屬參與計畫的提出與執行。
團隊精神	鼓勵成員分享同事情誼並強化合作精神。

(3) 將企業活動分為2大類6大項：

第一大類企業功能：技術性、商業性、財務性、安全性、會計性……等。

第二大類管理功能：規劃、組織、指揮、協調、控制。

(4) 管理為一種程序或功能：將管理工作分為，規劃、組織、指揮、協調、控制，為當代四大管理功能奠下基礎。

管理功能為程序學派的發展基礎。

(二) **古力克**（Lyndall F. Urwick）

1. 將管理功能字母組成POSDCORB。規劃（planning）、組織（organization）、用人（staffing）、指引（directing）、協調（coordinating）、報告（reporting）、預算（budgeting）。

2. 與費堯管理原則不同，古力克將用人從組織中分出來，以指引取代命令。
3. 提出報告、預算，認為是控制功能中很重要的一部分。

小比較，大考點

1. (1)費堯5程序（POCCC）。
   (2)古力克7功能（POSDCRB）。
2. (1)費堯：程序管理之父、行政管理之父、現代管理理論之父、管理程序之父。
   (2)彼得杜拉克：現代管理學之父、目標管理之父。
   (3)泰勒：科學管理之父。

小補充，大進擊

1. 矩陣式組織：企業從不同的功能部門匯集人手，組成團隊並由一位專案經理負責領導，形成一個組織內同時採用功能式、事業部式的指揮鏈，員工除隸屬某一功能單位外，並負責某一特定的市場或產品區塊；這些員工同時向兩位主管負責，報告自己的進度。
2. 指揮統一原則：又稱命令統一原則，每個員工只能接受一位上級主管的命令。
   指揮鏈原則：又稱骨幹原則，組織從最高層主管到最基層人員有明確的指揮路線。

(三) 官僚組織理論

馬克斯韋伯（Max Weber）【經濟部、台水、台糖、台電、郵政、農會】

1. 研究組織活動的德國社會學家，在十九世紀初發展出一套權威結構與關係的理論，並以「官僚體制」（Bureaucracy）來描述他理想中的組織形式。這是一種專業分工、層級明確、具有詳細規範，而不講私人關係的組織。
2. 「官僚體制」在許多大型組織中可以看到，制度取代人治，組織越接近此種型態，會越有效率。
3. 許多人認為官僚體制會削弱員工的創造力，與組織對環境變動的調適能力。然而即使在擁有高水準員工，且靈活而彈性的組織裡，仍需要官僚體制的規範，來確保資源的有效使用。
4. 特色：官僚體制=科層結構模式
5. 六個重要論點：
   (1) 權力階級：每個職位的權力與責任，與組織中其他工作職位的關係，都應該加以明文規定，且每一層級向上報告。

(2) 不徇私：人們的職位是依照工作表現，而非社會地位或個人關係，沒有人可以享受特別待遇。
(3) 正式法規：所有的規定和作業程序，都有正式的規範，作為指導。
(4) 分工：所有工作皆可清楚的分工，將工作定義清楚後，讓員工熟練的執行。
(5) 工作導向：管理者是專業經理人。
(6) 正式遴選：技術水準為挑選員工的依據。

6. 韋伯認為理想的官僚組織即為專業分工、階層定義清楚、詳細法規與命令、甄選與升遷取決於能力，而非私人關係。此種組織的形式為「理性法定的權威」，與此模式相對應的還有「傳統的權威」、「魅力的權威」。

小補充，大進擊

三種權威：

權威	內容
傳統的權威（traditional authority）	人們因為信仰傳統，認為該職權具有神聖性，而接受此權力。
超人權威（魅力的權威）（charismatic authority）	感召型職權，人們因為崇拜領袖的個人魅力或所具備的英雄氣質，而接受此權力。
理性法定的權威（rational-legal authority）	人們相信法規的合法性及合理性，並相信這些法規授予權力的人，而接受該權力。

小口訣，大記憶

傳統權威、超人權威、理性法定的權威
▲傳統的超人有理性

小比較，大考點

泰勒：科學管理之父、時間研究之父
吉爾伯斯：動作研究之父
費堯：現代管理理論之父
韋伯：組織理論之父
愛默生：效率專家
梅堯：人群關係之父

即刻戰場

選擇題

(　　) **1** 亞當・斯密（Adam Smith）所出版的「國富論」中，認為企業與社會能夠獲得經濟利益的原因是： (A)代工 (B)分工 (C)代理 (D)分析。 【108鐵路】

(　　) **2** 下列何者為古典觀點之管理項目？ (A)早期行為主義 (B)科學管理 (C)行為科學學派 (D)人際關係學派。 【107農會】

解 **1 (B)**。亞當．斯密在其著作《國富論》中觀察到分工對於手工業生產效率的提高。

2 (B)。古典學派：科學管理學派、行政管理學派、官僚體制學派。

一、科學管理學派

(　　) **1** 下列哪一個管理理論主要探討工作者與工作任務本身之間的配合，以獲得最有效率的工作產出？ (A)行為管理理論 (B)科學管理理論 (C)量化管理理論 (D)權變理論。 【109台菸酒】

(　　) **2** 關於科學管理（Scientific Management）的敘述，下列何者錯誤？ (A)最初由科學管理之父泰勒所推動 (B)主張論件計酬 (C)用科學的方法針對每個工作制定標準的流程 (D)認同改變工作流程以配合員工需求是達成企業組織目標的重要方式。 【107郵政】

(　　) **3** 「科學管理之父」，是稱呼下列哪一位學者？ (A)法蘭克・吉爾伯斯（Frank Gilbreth） (B)菲德烈・泰勒（Frederick Taylor） (C)亨利・甘特（Henry Gantt） (D)亨利・費堯（Henri Fayol）。 【108漢翔】

(　　) **4** 泰勒（F. W. Taylor）的科學管理論點，核心是要說明那個觀點？ (A)一般化的管理方式 (B)高壓的管理方式 (C)知識控管的管理方式 (D)追求效率的管理方式。 【108台鐵】

(　　) **5** 根據泰勒差別獎工制，公司標準工時8小時，標準工作件數100件，未達標準每個工資5元，達標準每個工資10元，某甲8小時完成150件，工資是多少？ (A)750元 (B)1,000元 (C)1,200元 (D)1,500元。 【107經濟部】

( ) **6** 甘特圖（Gantt's Chart）主要功能為何？ (A)了解工作預期時程與進度 (B)了解工廠廠房布置規劃 (C)了解成本控制狀況 (D)了解損益兩平點。 【108台菸酒】

( ) **7** 「甘特圖」（Gantt's Chart），係顯示各項活動的預定完成進度，與下列何者之比較？ (A)顧客要求運送的日期 (B)實際完成進度 (C)資源分配進度 (D)監督者完成檢查時間。 【108漢翔】

解 **1 (B)**。關鍵字：最有效率的工作產出
科學管理學派強調效率產出、科學方式研究人員動作和效率的關係。

2 (D)。工人選用科學原則：用科學方法甄選、訓練、培養工人技能及知識，而不是讓他們自行選擇工作。

3 (B)。法蘭克・吉爾伯斯（Frank Gilbreth）：動作研究之父、工業工程之父
菲德烈・泰勒（Frederick Taylor）：科學管理之父
亨利・甘特（Henry Gantt）：人道主義之父
亨利・費堯（Henri Fayol）：現代管理之父

4 (D)。科學管理論點→提升工人工作效率（Do the things right）
科學管理3S：標準化（SOP流程）、專業化（專業分工）、簡單化（簡化）

5 (D)。泰勒差別獎工制=差別計件工資制
標準工作件數（工作目標）：完成100件
標準時間：8小時
某甲：8小時完成150件=已達標準
故10元/件（達標工資）×150件=1500元

6 (A)。甘特圖是一種條狀圖，用來顯示專案、進度以及其他與時間相關的系統進展的內在關係隨著時間進展的情況。

7 (B)。各項活動執行進度、完成情形。
（橫軸：時間，縱軸：活動）

二、行政管理學派

( ) **1** 若勞基法中，規定了同工同酬的按勞分配制度，則符合費堯（Henri Fayol）「14點原則」的哪一項？ (A)權責相稱 (B)員工穩定原則 (C)紀律原則 (D)獎酬公平原則。 【108台鐵】

( ) **2** 許多企業推動工作專業化，希望使得工作績效能提升。下列對於工作專業化的敘述何者正確？ (A)工作專業化後會讓員工的工作有高熟

練度 (B)降低工作轉換時間 (C)可設計專屬的設備或是工具來執行工作 (D)有員工請假或是離職時，要訓練一個新手來取代的成本會較高。（多選） 【106台水】

( ) 3 矩陣結構違反了組織設計的哪個重要因素？ (A)指揮統一 (B)控制幅度 (C)指揮鏈 (D)授權。（多選） 【105經濟部】

解 1 (D)。獎酬公平原則：員工有所付出必須要給予同等的酬勞。

2 (ABC)。工作專業化=工作程序化
只要學一種流程，相較之下，工作專業化後要培育新人的成本會比較低。

3 (AC)。指揮統一原則：又稱命令統一原則，每個員工只能接受一位上級主管的命令。
指揮鏈原則：又稱骨幹原則，組織從最高層主管到最基層人員有明確的指揮路線。

三、官僚體制學派

( ) 1 行政管理中所關心整個組織的管理的是？ (A)泰勒 (B)大前研一 (C)韋伯 (D)彼得杜拉克。 【107農會】

( ) 2 下列何者是馬克斯韋伯（Max Weber）所提出科層式組織（Bureaucratic Organization）所能夠帶來的好處？ (A)科層組織對於顧客的需求總是能夠快速地反應 (B)科層組織的管理層級數較少 (C)科層組織中不同的部門之間彼此樂於互助合作 (D)科層組織中的員工有明確的工作規範可以遵循。 【108郵政】

( ) 3 下列何者不是韋伯的威權3種型態？ (A)超人或魅力的威權 (B)理性法定的威權 (C)傳統的威權 (D)民主自由的威權。 【107經濟部】

解 1 (C)。費堯的14項管理原則和韋伯的科層體制是行政管理的重點。

2 (D)。(A)經過一連串程序才回覆。
(B)管理層級數較多。
(C)只做自己工作，因為自己工作分配嚴格。

3 (D)。(1)「傳統權威」（傳統的）（Traditional authority）。
(2)「超人權威」（超人的）或「神魅權威」（Charismatic authority）。
(3)「合法合理權威」（理性-合法的）（Legal authority）。

填充題

1 科學管理學派假定人的思考和行為都是目標理性的，將人視之為 ______。【109台電】

2 泰勒（Taylor）被譽為科學管理之父，並提出實行 ______ 管理，透過日常事務充分授權部屬，可讓管理者有更多時間注意市場競爭，及處理突發或重要的事務。【111台電】

3 將企業部門的活動以時間為橫軸，排程活動為縱軸，所畫出的長條圖稱為 ______ 圖，可看出各活動執行進度及完成情形。【107台電】

4 韋伯（Weber）的理想型官僚制度係建構在權威的基礎上，其演進過程為傳統權威、超人權威及 ______ 權威。【106台電】

解 1 **經濟人**。經濟人（economic man）又稱「理性一經濟人」、「實利人」或「唯利人」。這種假設最早由英國經濟學家亞當・斯密（Adam Smith）提出。

2 **例外**。

3 **甘特圖**。甘特圖是一種條狀圖，用來顯示專案、進度以及其他與時間相關的系統進展的內在關係隨著時間進展的情況（橫軸：時間，縱軸：活動）。

4 **合法理性**。(1)「傳統權威」（傳統的）（Traditional authority）。(2)「超人權威」（超人的）或「神魅權威」（Charismatic authority）。(3)「合法合理權威」（理性-合法的）（Legal authority）。

焦點二 修正時期理論

一、行為學派早期

行為學派（Behavior Approach）早期的學者認為「人」是組織最重要的資產。研究人們在工作中的活動（行為），即「組織行為」（Organizational Behavior, OB）。包含：人力資源管理、激勵、領導、建立信任、團隊作業與衝突管理等。以羅伯・歐文（Robert Owen）、雨果・慕斯特伯格（Hugo Munsterberg）、瑪莉・佛萊特（Mary Parker Follett）與查斯特・巴納德（Chester Barnard）四個人的貢獻特別突出；他們的貢獻雖然不盡相同，但都認為「人」是組織最重要的資產，而應給予妥善的管理。【台鐵】

人物	項目	內容
羅伯・歐文 Robert Owen	事蹟	人性化管理的先驅
	主張	• 關懷勞工，認為組織應該注重各成員的各種需求，並改善工作條件。 • 創造獎工制 S= HP 未達標準　S= HP〔1+(N-H)/N〕標準以上 S 工資　H 實際工作時數 P 工資率（元 / 時）　N 標準工作時間
	實例	• 固定工作時間 • 限制童工的雇用 • 公司供應伙食
雨果・慕斯特伯格 Hugo Munsterberg	事蹟	工業心理學之父。
	主張	以心理學方法研究如何增強個人生產力與適應能力。
	實例	依據個人特質進行管理 以心理測驗選拔員工 觀察員工行為來了解激勵員工的最佳方式 運用學習理論進行訓練
查斯特・巴納德 Chester Barnard	事蹟	現代行為科學之父
	主張	• 職權接受論：認為管理者職權要能夠充分行使，必須在員工願意接受且認同的前提下。（前提為：不違背員工個人利益、不違背組之利益、命令具可行性、員工要了解命令內容） • 組織必須兼顧效能與效率，是需要合作的社會系統 • 組織的報酬和員工的貢獻相當 • 管理者需要建立溝通制度、提供個人必要的服務、明確的陳述組織的目的
瑪莉・佛萊特 Mary Parker Follett	事蹟	管理理論之母
	主張	• 最先認為應由個人及群體行為來看組織的學者 • 注重群體倫理 • 個人重要性甚於機械技術 • 管理者要激發個人在團體中的潛能，協調個人努力整合為團體的成果 • 管理者要以專業知識來領導

二、行為學派中後期

主張整合人性與組織目標，達成雙贏。代表人物有艾爾頓・梅堯（Elton Mayo）的霍桑研究、馬斯洛（A. H. Maslow）的需求層級理論、麥格雷格（Donglas McGregor）的X、Y理論。

(一) 艾爾頓・梅堯（Elton Mayo）【台水、台糖、台菸酒、中油、台電、台鐵、郵政、農會、漢翔】

1. **緣起：**
   (1) 1924年：美國西方電器公司（Western Electric Co.）伊利諾州的一間工廠。當時西方電器的工程師，希望以科學管理的觀點來設計實驗，以研究不同照度下員工生產力的變化。他們發現：照度與群體的生產力是不相關的。
   (2) 1927年~1932年：西方電器公司邀請哈佛大學教授艾爾頓・梅堯（Elton Mayo）展開一連串的實驗。
2. **實驗：**

	第一階段	第二階段	第三階段
研究目的	工作條件變化與生產效率間的關係	心理因素、社會因素、對生產效率間關係	非正式組織之影響效果
研究對象	六位女工	21,000 名員工	14 名男工
研究方法	實驗設計	深度訪談	深度觀察
研究發現	社會因素與心理因素是否會影響工作效率	員工生產力的高低與個體與群體間互動關係有關	員工會受到這些群體規範的影響

3. **結論：**
   (1) 行為與態度間有密切的關係。
   (2) 團體對個人有顯著的影響。
   (3) 團體的績效水準會決定個人的產出。
   (4) 金錢對產出的影響，不見得比團體績效、團體觀感或安全感的影響力來得大。
   (5) 社會規範或團體標準，是影響個人工作行為的關鍵因素。
4. **影響：**
   (1) 對「人在組織內的行為模式」有更進一步的瞭解。
   (2) 管理界開始正視組織行為的概念，而人類行為在組織管理中也開始受到廣泛的重視。
   (3) 對組織行為（OB）發展過程中具有極大貢獻與影響。
5. **霍桑效應**：當被觀察者察覺自己正在被觀察，會傾向於改變自己的言行。

(二) **馬斯洛（A. H. Maslow）的需求層級理論、麥格雷格（Donglas McGregor）的X、Y理論**

請參閱激勵理論。

三、計量管理學派

「計量管理學派」（Quantitative Approach）利用數量方法來做更好的決策，有時也被稱為「作業研究」或「管理科學」。以賽門（Herbert Simon）、麥納馬拉（R. McNamara）為代表。【台水、台糖、台鐵、農會、中華電信】

項目	內容	
主張	1. 利用資訊科技的科學方法來獲取最佳策略。 2. 建立數量模型，利用數理與統計技巧求得答案。 3. 強調在封閉系統中的整體系統觀點。 4. 關切經濟與技術因素，忽略心理與社會因素。	
方法	將統計、最佳化模型、資訊模型與電腦模擬及其他計量方法應用於管理實務。	
工具	線性規劃	可用於資源分配決策的改進
	要徑法	可使排程效率大增
	經濟訂購量模型	可以決定最佳存貨水準
	全面品質管制（Total Quality Management, TQM）	1. 戴明（W. Edwards Deming）與朱蘭（Joseph M. Juran）於1950年代首先在美國提出品管的概念與方法。 2.「全面品質管理」的驅動力是藉由不斷改進，來回應顧客的需求與期望。 3. 在TQM中，「顧客」的意義包含組織內外部，以及和組織產品或服務有關的任何人，它包含了員工、供應商，以及購買組織產品與服務的人。 4. 組織要持續進步，就必須借用統計技術，來衡量組織內各作業流程的重要變數，再將這些變數與標準比較，以發現問題根源並予以改善。 5. 早期的管理理論認為「降低成本」是提高生產力的唯一方法，而TQM則持不同的看法。若將品質不良所導致的退貨、重新修護、全面回收、檢測等成本納入考量，可證明最高品質的製造商，也可以是最低成本的生產者。

(一) **賽門**（Herbert Simon）

項目	內容
事蹟	1. 管理科學之父。 2. 1978 年諾貝爾獎得主。
著作	行政行為
主張	1. 有限理性：認為經濟學上所謂的純理性是不存在的。 2. 滿意準則：管理者做決策是以滿意為準則，簡單為原則，而不是追求純理性和最佳化。 3. 行政人：行政人也追求自利，通常是採取一個適當或滿意的方案，而非最佳的解決方案。

(二) **麥納馬拉**（R. McNamara）

項目	內容
事蹟	將數字管理導入管理科學的人物
經歷	1. 福特汽車總裁。 2. 美國國防部長。 3. 世界銀行總裁。
主張	將數量方法由軍事用途轉移至企業組織決策，利用成本效益分析法使資源分配決策數量化。

小比較，大考點

項目	科學管理	管理科學
時期	傳統理論時期	修正理論時期
代表人物	泰勒（Taylor）	賽門（Herbert Simon）、 麥納馬拉（R. McNamara）
分析方法	動作研究	作業研究
分析工具	馬錶	電腦應用
重點	生產管理	決策程序

項目	科學管理	管理科學
強調	現場效率提升	資源有效分配
應用面	工作的動作與時間	應用面較廣
共同點	1. 強調科學方法，並透過數量方式解決問題 2. 環境型態均為穩定、封閉	

即刻戰場

選擇題

一、行為學派早期

( ) 下列那一項是管理學者Chester Barnard提出權威的接受理論（The Acceptance Theory of Authority）之重要內涵？ (A)員工必須無條件接受上級指令 (B)員工若沒有足夠條件完成指令，那麼領導者的權威也會受到很大的影響 (C)領導者的權威和威信是來自上級授予 (D)指令內容雖和組織目標矛盾，員工也應遵守領導者指令。 【109台鐵】

解 **(B)**。巴納德（Barnard）職權接受論接受前提：(1)不違背員工個人利益。(2)不違背組織利益。(3)命令具有可行性。(4)員工要清楚了解命令內容。

二、行為學派後期

( ) **1** 以下那一個人的研究，開啟了行為研究學派的大門，並扭轉了將工人視為等同於機器的錯誤看法？ (A)麥格瑞哥（McGregor） (B)巴納德（Barnard） (C)費堯（Fayol） (D)梅育（Mayo）。【106台鐵】

( ) **2** 有關「霍桑研究」（Hawthorne Studies）的結論，下列何者正確？ (A)增加薪水會顯著地提升員工的生產力 (B)員工的行為與情緒彼此間是無關的 (C)工作環境的差異會顯著影響員工的生產力 (D)社會規範與群體標準是影響個人工作行為的關鍵決定因素。 【108漢翔】

( ) **3** 霍桑效應（Hawthorne Effect）在管理上最重要的意義是什麼？ (A)人會因為受到關注與重視而改變行為 (B)人會喜歡跟別人合作 (C)人會喜歡自己獨立作業 (D)人會因為命令才願意努力工作。 【108台鐵】

( ) **4** 霍桑效應（Hawthorne effect）是指，可能影響組織工作績效的因素為下列何者？ (A)心理與社會因素 (B)生理因素 (C)經濟因素 (D)物理因素。 【108台鐵】

解 **1 (D)**。(A)麥格瑞哥McGregor：XY理論。
(B)巴納德Barnard：權威接受論，「現代行為科學之父」。
(C)費堯Fayol：管理程序學派，十四點管理原則，「管理程序學派之父（現代管理理論之父）」。
(D)梅育Mayo：行為學派，「霍桑效應」，注重人性。

2 (D)。霍桑研究：(1)行為與態度間有密切的關係。(2)團體對個人有顯著的影響。(3)團體的績效水準會決定個人的產出。(4)金錢對產出的影響，沒有比團體績效、團體觀感或安全感的影響力來得大。(5)社會規範或團體標準，是影響個人工作行為的關鍵因素。

3 (A)。霍桑效應：當被觀察者察覺自己正在被觀察，會傾向於改變自己的言行。

4 (A)

三、計量學派

( ) **1** 在企業管理上利用數學來協助解決問題稱為？ (A)管理科學 (B)科學管理 (C)科學應用 (D)應用科學。 【107農會】

( ) **2** 大聯盟球隊在過去幾年陸續將數據分析方式導入球賽中。舉凡投打之間的球路分析、打者習性等，將各種數據運用在複雜卻又詳細的系統分析裡，只要是能贏球的方式或戰術全部都可以用。這樣的論點是屬於那個管理學派： (A)管理科學學派 (B)系統學派 (C)科學管理學派 (D)組織行為學派。 【108台鐵】

解 **1 (A)**。管理科學學派，也稱計量管理學派、數量學派。
將科學分析的方法用之於管理問題、對於數學模式頗為依賴。

2 (A)。管理科學學派將科學分析的方法用之於管理問題、對於數學模式頗為依賴。

焦點三 當代管理理論

1960年代起的「現代學派」（Contemporary Approach），管理研究者開始注意到組織「外部」環境所發生的事。包括：「系統學派」及「權變學派」。

一、系統學派

(一) 系統（System）是由許多彼此相關又相互依存的個體，所組合成的整體。
【經濟部、台鐵、農會】

1. 「封閉式系統」（Closed System）：不受外在環境的影響，和外在環境間沒有互動。
2. 「開放式系統」（Open System）：不斷與外在環境交互影響。組織系統即屬於開放式系統。

(二) **現代學派／系統學派：**組織與環境相互依存

項目	類型
觀點	組織是由個人、團體、態度、動機、組織結構、互動、目標、狀況與權責等許多相互依存的因素所組成。由系統觀點來看，組織內任一部門的決定和行動，都會影響組織其他部門的運轉。
管理者管理	協調組織內各不同部門，確保他們有良好的互動，以達成組織目標。
特點	組織並不是獨立存在的，組織仰賴環境提供必要的資源作為它的投入，同時也仰賴環境來接受它的產出。 一個企業由外部環境獲得資源，經過企業內部的轉換，並產出各種實質產品或無形的服務。
組織內部門	企業各部門間如何共同合作來提高效率和效能，各部分相加之後，有機會大於全部的總和，稱為綜效。

二、權變學派

權變學派／情境學派：視情況或情境而定。【台菸酒、中油、台電、郵政】

項目	類型
觀點	「權變觀點」（Contingency Perspective）或稱「情境理論」（Situational Approach），強調的是組織在面對不同情境時，應採取不同的管理方式。
管理者管理	沒有單一最佳管理方法，管理者所選擇的企業結構和管理方法是一種權宜的結果，必須視當時的企業外在環境而定，需要不同的方式與技能來管理。
權變變數	四大變數： 1. 組織規模： (1) 組織規模小：採用有機式管理。 (2) 組織規模大：採用機械式管理。 2. 技術的例行性： (1) 技術具例行性：採用機械式管理。 (2) 技術非例行性：採用有機式管理。 3. 環境的不確定性： (1) 安定的環境：採用機械式管理。 (2) 創新的環境：採用有機式管理。 4. 個體差異： (1)X 理論特質：採用機械式管理。 (2)Y 理論特質：採用有機式管理。
組織內部門	每個組織甚至是同一組織內的不同部門，其規模、目標、工作等都不同，我們很難找到放諸四海皆準的管理原則。管理的作為應該要符合邏輯，因此在很多情況下，管理者的決策必須「視情況或情境而定」。

小口訣，大記憶

組織規模、技術的例行性、環境不確定、個體差異

▲魔（模）術不差（權變就像在變魔術，魔術不差。）

小比較，大考點

比較	系統學派	權變學派
目的	將組織視為開放式的系統	視情況而定
代表者	包丁（K. Boulding） 湯姆生（J. Thompson） 萊斯（Rice） 彼得杜拉克（Peter Drucker）	吳德沃（Joan Woodward） 彭斯與史塔克（Tom Burns & G. M. Stalker） 勞倫斯與洛區（Lawrence & Lorsch）
內容	組織本身是一個系統，彼此相互依賴的相關部分形成得整體。組織應該是一個開放式的系統，要隨時因應外在環境的變化而調整內部系統。	沒有任何一個管理原則可以普遍適用於任何情況，管理方式應該會隨著情境的變化而變化，管理方法是否良好，要看情境而定。

即刻戰場

選擇題

一、系統學派

( ) 1 將組織視為由相互關連的部分所組成的系統為？ (A)行政觀點 (B)品質觀點 (C)系統觀點 (D)科學觀點。 【107農會】

( ) 2 下列何者不是系統理論中的基本元件： (A)投入 (B)處理 (C)輸出 (D)再生。 【107台鐵】

( ) 3 有關組織環境理論的論點，下列何者有誤？ (A)認為組織是在開放性系統的觀點 (B)能趨疲或熵（entropy）會出現在開放性組織 (C)外在環境會影響管理者取得與使用資源 (D)情境理論說明了管理者選擇組織結構與控制系統，取決於外在環境特徵。 【110經濟部】

解 1 **(C)**。系統觀念學派認為組織本身是一個系統-彼此互相依賴的相關部分形成的整體。組織要是一個開放系統，要隨著外在環境變化來調整內部系統。

2 **(D)**。系統理論中的基本元件：投入、處理、輸出。

3 **(B)**。反能趨疲作用是系統理論的特性，「能趨疲」是指封閉體系會因能量遞減，而趨向退化和死亡，反能趨疲是指組織是開放的，與外在環境有互動的關係，使得組織得以永不墜落。

二、權變學派

(　　)　下列有關權變理論（contingency theory）之敘述何者錯誤？　(A)特別強調組織的多變性　(B)權變理論的最終目的在於設計及應用最適合於某些特定情況的組織設計與管理方法　(C)組織及其管理存在一套絕對最好的方法　(D)權變理論強調彈性運用管理方法。

【107台菸酒】

解 **(C)**。權變理論：組織管理不可能有一套最好的方法，應視各組織的實際情況與環境而定。

填充題

在管理的理論中，強調沒有任何放諸四海皆準的法則，意即在變動的環境中，沒有最佳的單一管理方法，稱為 ______ 理論。　【107台電】

解 **權變**。「權變理論」又稱為「情境理論」→管理沒有放諸四海皆準的規範。

時事應用小學堂 2022.10.10

50 年來態度大轉彎！哈佛商學院為何不再談「股東至上」？關鍵是「這群人」

華頓商學院、哈佛商學院、哥倫比亞大學商學院、芝加哥大學……，這些世界排名前幾大的商學院，向來主導著企業治理、商業運作的理論典範。自芝加哥大學經濟學家費里曼（Milton Friedman）從 1970 年代以來提出「股東優先理論」後，其就成為商管學說迄今 50 年來的運行主流。
但，這股主流，正在改變。
今年九月，世界排名第一的華頓商學院率先推出 ESG 專業的 MBA 課程；哈佛商學院在課程中要求學生質疑資本主義的真正目的；哥倫比亞商學院也訂下目標，要成為社企領域的美國領導大學。
是什麼讓這些全球排名前幾大的商管學院，開始轉向？
答案是，Z 世代。Z 世代的學生們，他們對「最優質企業」的嚮往，轉變了。根據職業網站 Zety 去年調查，95% 的 Z 世代族群希望他們的工作是有意義的，而不僅僅是生計來源；有超過 7 成的人表示他們願意減薪，以換取「一份有意義的工作」。

Z 世代反擊「股東優先理論」，更看重永續、群體利益雖然「股東優先理論」是近代企業管理重要的概念，但不少人質疑，這個想法將使資本家們的財富持續增加，勞工階層難以翻身，進而加劇貧富差距；此外企業不擇手段的追求利潤，也無助於社會群體利益。

商學院的轉變，其實不是突然急轉彎，而是「重拾」商學院的初衷。不再只看股東報酬，商學院重拾初衷要與社會永續共存。華頓商學院的創辦人在 1881 年創立學院時，就曾表示，希望幫助企業去解決社會問題。哈佛商學院的成立使命則是，培養「取財有道」的領導者。但這些崇高的使命隨歲月被淡化，從 70 年代「股東優先理論」被提出後，這個極大化股東報酬的觀念，就取而代之，成為過去 50 年來，商學院最鮮明的主題。

目前永續發展仍然是選修項目，有朝一日，它將成為必修，從此顛覆傳統 MBA 課程的設計，同時也培養出與過往完全不同的企業領導人。

（資料來源：商業周刊，https://reurl.cc/7jvzay）

延伸思考

管理學理論會隨時間而有精進與變化，也會與當時的時空環境、產業特性有關連，請詳述 1880 年泰勒之後的管理學趨勢與變化。

解析

商管學説歷史

- 1880 至 1890 年代：由泰勒（Frederick Taylor）提出的科學管理，成為商管學的開端，強調以工業及流程管理達到有效率的生產，強調邏輯、經驗，避免無效率。
- 1940 至 1960 年代：開始注重勞工權益，勞資關係的管理學興起，由另一位泰勒（George W. Taylor）為代表，他提倡勞工應有自立工會、與雇主協商勞動條件的自由。
- 1970 至 2000 年代：弗里曼（Milton Friedman）提出的股東優先論，成為近代商業管理主流，提倡企業只有一項責任，就是極大化股東報酬，其他人的利益都擺在股東後。
- 1980 至 2000 年代：出現與股東優先論相反的利益相關者理論，認為企業不只為股東服務，也要考量員工、客戶、供應商等的群體利益，才能維持長期繁榮。
- 2000 年代後：企業社會責任、ESG 的討論出現，提出企業應遵守道德規範，並將環境、社會、公司治理也納入公司評價的因素。

第三部分 管理功能

Lesson 07 規劃

課前指引

規劃（planning）：

1. 定義組織的目標。
2. 建立達成目標的整體策略。
3. 發展全面性的計畫。

以上這些程序是用來整合與協調組織的活動。規劃的實施需包含明確的目標與期限，並應將目標形之於文字，公告給所有組織內的成員，以減少模糊並達成共識。最後，組織也需有特定的行動來達成所訂的目標。本章的重點包括了規劃的基本定義、如何設定目標，以及規劃可以使用的工具技術、最後則是規劃完成後形成計畫。

重點引導

焦點	範圍	準備方向
焦點一	規劃的基礎	焦點一最主要的考試重點在策略性規劃與作業性規劃的差別，需要分辨清楚，才能得到高分。
焦點二	目標設定的原則	焦點二以目標管理法為出題重點。另外，關於願景、目標、使命之間的差別，需要釐清清楚，並能加以應用於案例中。
焦點三	規劃的工具與技術	焦點三的規劃技術以預測方法、標竿管理、計畫評核術、要徑法、損益平衡分析法為考試重點，除了理解定義、用途、使用方式外，計畫評核術、要徑法、損益平衡分析法更要懂得如何計算。
焦點四	計畫類型與模式	本焦點出題不多，著重在策略性計畫與作業性計畫的差異，分辨清楚即可得分。

焦點一 規劃的基礎

一、規劃的本質

規劃（Planning）是一種動態程序，而計畫則是規劃所產生的結果。

項目	內容
規劃的重要性	規劃是管理的首要功能，是其他管理功能的基礎。
規劃的元素／內涵【台糖、台鐵、台菸酒、郵政、台水、漢翔】	目的（要完成什麼 /WHAT）：指期望達到的結果。 提供所有管理決策的方向，同時也是衡量實際績效的指標，這就是它常被稱為管理基礎的原因。 達成目的之方法（如何完成 /HOW）：「如何達成目標」的文件。 包括各項資源的分配、時程表及完成目標的必要行動。
規劃的特性【郵政】	首要性（Primacy）：規劃是管理功能之首。 理性（Rationality）：規劃是基於客觀事實的評估，也就是理性的分析與選擇。 持續性（Continuity）：規劃是動態性的、有彈性的；繼續不斷的過程。 時間性（Timing）：強調規劃功能中時間因素的重要性。
規劃的理由／功能／優點【經濟部】	1. 規劃可以指出方向。 2. 規劃能迫使管理者預先設想，可能面臨的改變與衝擊，並發展因應行動來減低不確定性的風險。 3. 規劃能減少資源的重疊與浪費。 4. 規劃所建立的目標與標準可做為控制之用。
對規劃的批評	1. 規劃容易綁手綁腳。 2. 在動態環境下不容易做規劃。 3. 正式規劃會扼殺直覺和創意。 4. 規劃讓管理者只注意今天的威脅，而忽略了明天的挑戰。 5. 正式規劃的成功，可能正好邁向失敗。 ※ 規劃永遠趕不上變化

小口訣、大記憶

▲首理持時（手裏持石）

小比較，大考點

差異	規劃	計畫
意義	設立目標，擬定達成目標的過程規劃	程序中採取的行動方案
性質	動態思考過程	靜態之方案
順序	前（因）	後（果）
內容	SWOT、策略選擇 規劃為思考過程	時程、進度、預算；執行細節 是規劃的產物
重點	預測為前提 決策是核心	控制是手段 效率為重點

二、規劃的步驟【台鐵、中油】

規劃之初，我們必須先對組織有基本認識，蒐集基本資料，瞭解組織的優缺點及未來的目標，這樣才能訂出實用的計畫。大致而言步驟如下：

步驟	內容	小例子
Step 1 確定宗旨及目標	每個企業都應先確立其宗旨，決定要以什麼方式提供服務，藉以達到組織的目標。	台積電新製程五奈米晶圓的建廠、量產
Step 2 內在與外在環境分析	對於企業環境的認識，是規劃中重要的一環。外在環境包含一般企業環境（政治狀態、社會風氣、政府政策）、產品市場、因素市場（工廠位置、資金籌措）和技術環境；內在環境包括資本投資、人力、物資資源等。規劃時這些都是得事先考慮的前提，都該在規劃時做適當的預測。	土地成本取得、建造時的各種成本、法規阻礙或協助人才取得、供應商的服務網絡等，都是台積電需要考慮的問題
Step 3 擬定可行方案	並不能只建立「一種」方案，然後討論施行，而是應該要擬定數種可行的方案，確定方案的執行與目標一致，並對各方案的成本及效果加以評估。	設廠地點選擇：台灣、美國

步驟	內容	小例子
Step 4 評估可行之策略	針對先前提出的各方案之優、缺點加以檢討分析，進行評價。	美國：生產成本高、響應美國政府本土製造的號召、可服務台積電的美國客戶、分散供應鏈 台灣：生產成本低、人力素質高、供應鏈太過集中
Step 5 選定最適合的方案	此步驟即為決策。管理者必須選擇出一個最適當的方案，再針對此方案進行更進一步的計畫。只是當有數個方案可以通用時，可以多採取幾個方案備用，不用拘泥於單一選擇。	台積電斥資 120 億美元，在美國亞利桑那州興建 5 奈米晶圓廠。
Step 6 執行	決策制定後，還需要擬定一些衍生計畫來支持計畫的實施。例如人員的訓練方式、作業的流程等後續動作，也都是規劃的步驟。	台積電以中華航空包機，把設廠所需的設備、元件及人員，分批送往美國。預計 2023 年試產、2024 年量產。

三、規劃的類型

(一) 類型

屬性	類型	說明
範圍	策略性規劃 【台水、台菸酒、台鐵、台電、台糖、郵政】	應用於整個組織與建立組織全面性目標的計畫。 高階主管從事屬於策略性的規劃工作。
	戰術性規劃	規劃各部門如何發揮自我功能，滿足企業需求。 中階主管從事屬於功能性的規劃工作。
	作業性規劃 【台水】	對於如何達成整體目標的細節計畫，稱為作業性規劃，是根據中期規劃的目標和策略，設定短程目標及實施程序、戰術計畫、實施計畫。 基層主管從事屬於執行性規劃工作。

屬性	類型	說明
時間 【台鐵】	長期性規劃	計畫涵蓋時間長於五年者，稱為長期計畫。
	中期性規劃	時間幅度介於五年到一年間者，稱為中期計畫。
	短期性規劃	短期計畫通常以一個預算年度為時間限制。
重複性	專案規劃	不重複且較複雜的規劃。
	例行規劃	重複性的規劃，例如政策、程序、規定……等。

小補充，大進擊

1.

屬性	類型
企業功能	生產規劃、銷售規劃、人力資源規劃、財務規劃、行銷規劃、研發規劃等
環境關係	動態規劃、靜態規劃
正式化程度	正式規劃、非正式規劃【漢翔、經濟部】

2. 權變規劃：先前的計畫中受到干擾或被證實為不適當時，所採取的因應之道的替代方案。

(二) 影響規劃的權變因素

1. **規劃階層**：基層管理者的計畫是以操作性為主；高階管理者的計畫則以策略性為主。
2. **環境的不確定性**：當不確定性高時，計畫應該明確而有彈性。
3. **未來承諾投入時間的長短**：在計畫發展時，其規劃的時間幅度應涵蓋所有「需要投入資源」的時間點；若規劃的時間涵蓋過長或過短，都可能導致計畫沒有效率或效能。

即刻戰場

選擇題

一、規劃的本質

( ) **1** 訂定組織目標、建立達成目標之策略，並發展一套有系統的計畫，來整合並協調企業的各項活動，係指下列哪一項管理功能？ (A)目標 (B)策略 (C)協調 (D)規劃。【106台糖】

( ) **2** 管理的首要功能是： (A)規劃 (B)組織 (C)領導 (D)控制。【108漢翔】

( ) **3** 規劃（planning）包含了哪二個重要元素？ (A)目標（goals）與決策（decisions） (B)目標（goals）與計畫（plans） (C)計畫（plans）與決策（decisions） (D)目標（goals）與行動（actions）。【108台鐵】

( ) **4** 如果一位經理人把所有的規劃流程順利完成之後，下列敘述何者正確？ (A)不再需要監督這個計畫的執行 (B)此計畫不見得一定會成功 (C)這個計畫將能成功地執行 (D)這個計畫一定不需要重新規劃。【109經濟部】

解 **1 (D)**。規劃：訂定目標，建立完成目標的方法策略。
管理功能：
(1)規劃→定義目標、如何達成。
(2)組織→工作、職權責、人員分派。
(3)領導→人際關係互動程序。
(4)控制→監督修正。

2 (A)。規劃是管理的首要功能，是其他管理功能的基礎。

3 (B)。規劃的元素：
(1)目標：個人、團體或整個組織所期望達到的結果。提供管理決策的方向。衡量實際績效的指標。
(2)計畫：記載「如何達成目標」的文件。各項資源的分配、時程表及完成目標的必要行動。

4 (B)。(A)需要監督這個計畫的執行。
(C)這個計畫將不一定能成功地執行。
(D)這個計畫可能需要重新規劃。

二、規劃的步驟

( ) 規劃的五大步驟為：(A)建立目標→分析情境→決定可行的方案→評估方案→選擇並執行 (B)決定可行的方案→分析情境→建立目標→評估方案→選擇並執行 (C)評估方案→決定可行的方案→分析情境→建立目標→選擇並執行 (D)建立目標→決定可行的方案→分析情境→選擇並執行→評估方案。【108台鐵】

解 **(A)**。狄斯勒五大步驟：建立目標→分析情境並建立規劃前提→決定可行方案→評估各個可行方案→選擇並執行計畫。

三、規劃的類型

( ) **1** 甲公司擬將晶圓廠遷移到中國大陸的決策，是屬於下列何種規劃？(A)作業性規劃 (B)戰術性規劃 (C)策略性規劃 (D)日常性規劃。【107台鐵】

( ) **2** 鴻海公司擬將自動化製造工廠遷移到美國的決策，是屬於下列何種規劃？ (A)作業性規劃 (B)戰術性規劃 (C)策略性規劃 (D)日常性規劃。【108台鐵】

( ) **3** 下列何者是常見「優質領導者」所具備的特質？ (A)願意擁抱變革 (B)特別關注技術性議題 (C)事必躬親不喜歡授權 (D)認為有秩序與穩定才是企業組織該追求的方向。【108郵政】

( ) **4** 企業在建立願景後要訂定目標，有關對建立目標的目的，下列敘述何者錯誤？ (A)有效的目標可以促成有效的規劃 (B)明確、中度困難的目標可激勵員工更努力工作 (C)作業目標著重在於如何達成策略目標 (D)目標可幫助員工瞭解公司的發展方向。【110台菸酒】

( ) **5** 如果樂客公司打算在未來9年內將其在休閒食品市場的市占率增加7%，該組織設定的目標是屬於那一種？ (A)中期目標 (B)短期目標 (C)組織遠景 (D)長期目標。【109台鐵】

( ) **6** 在不確定性的環境中，下列何種規劃比較具有彈性？ (A)非正式規劃 (B)正式規劃 (C)作業計畫 (D)特定計畫。【108漢翔】

( ) **7** 下列何種規劃具備彈性調整能力，而較適用在高度不確定性的環境中？ (A)行動規劃 (B)作業計畫 (C)正式規劃 (D)非正式規劃。【109經濟部】

解 **1 (C)**。搬遷晶圓廠為公司整體規劃，屬於策略性規劃。

2 (C)

3 (A)。(B)特別關注「策略性」議題。
(C)喜歡「授權」。
(D)認為有彈性且要擁抱變革以因應環境變化才是企業組織該追求的方向。

4 (C)。作業目標：針對特定作業部門的目標。

5 (D)。

屬性	類型	內容
時間	長期	計畫涵蓋時間長於五年者，稱為長期計畫。
	中期	時間幅度介於五年到一年間者，稱為中期計畫。
	短期	短期計畫通常以一個預算年度為時間限制。

6 (A)。(A)可憑藉經驗而擬定計畫且較為簡約，常令組織成員沒有充分參與決策與規劃的機會。
(B)明確定義組織的年度目標，書面，具體，會有特定的行動來達成這些目標。
(C)由基層管理者制定的，用於完成其工作職責的計畫。
(D)又稱細部計畫，內容詳盡地列出明確目標及程序。
(B)(C)(D)三者皆具體明確而缺乏彈性。

7 (D)。(A)決定行動步驟的過程或技術，是人工智慧中問題求解的重要組成部分。
(B)由基層管理者制定的，用於完成其工作職責的計畫。
(C)明確定義組織的年度目標，書面，具體，會有特定的行動來達成這些目標。
(D)可憑藉經驗而擬定計畫且較為簡約，常令組織成員沒有充分參與決策與規劃的機會。

申論題

企業管理者經常從事規劃（planning）、組織（organizing）、領導（leading）與控制（controlling）等基本管理工作，以有效的方法達成企業目標。其中，規劃可謂是管理之始。請說明企業管理者為何要從事「規劃」工作？ 【109台菸酒】

焦點二 目標設定的原則

規劃有兩項重要元素：「目標」和「計畫」。

項目	內容
目標（Goals 或 Objectives）	個人、團體或整個組織所期望達到的結果。
計畫（Plans）	記載「如何達成目標」的文件。 通常包括：各項資源的分配、時程表及完成目標的必要行動。

一、目標設定的方向與特色【經濟部、台水、台菸酒、中油、台電、台鐵、郵政】

(一) 彼得杜拉克（Peter Drucker）曾提出企業建立目標的八個方向：

1. 市場地位：例如，希望成為該產業的市場領袖或取得最高市場占有率。
2. 創新：例如，希望每年所推出新產品數目、新核准的專利數目。
3. 生產力：例如，提高產品生產效率。
4. 實體與財務資源：例如，降低資源消耗。
5. 獲利性：例如，提高毛利率與淨利率等。
6. 管理者的績效與發展：例如，管理人才的培育。
7. 員工的績效與態度：例如，提昇員工的士氣與對組織的承諾。
8. 公共責任：例如，對於社會公益活動的參與。

   一個企業若能在上述8種領域中，取得各項目標的平衡，並且找到有意義的衡量方式，目標設定才會達到預期的成果。

(二) 良好的目標設計需要具備以下的特色

1. 以結果而不是行動的方式呈現。
2. 可以衡量且量化的。
3. 有明確的時間表。
4. 具有挑戰性，又不會難以達成、好高騖遠。
5. 需要以文字描述。
6. 需與所有成員溝通計畫的目標。
7. 必須傳達給組織內所有成員了解。
8. 有效的目標要和報酬有直接關連。

小比較，大考點

1. 企業願景（或企業宗旨）是指企業長期的發展方向、目標、目的、自我設定的社會責任和義務，明確界定公司的未來在社會範圍裡是什麼樣子，「樣子」的描述主要是從企業對社會（也包括具體的經濟領域）的影響力、貢獻力、在市場或行業中的排位（如世界500強）、與企業關聯群體（客戶、股東、員工、環境）之間的經濟關係來表述。【郵政、台電】
2. 願景（Vision）：組織希望達到的最終境界、未來的藍圖。
3. 使命（Mission）：組織存在的理由和目的。
4. 目標（Goals）：組織期望的結果。
5. 策略（Strategies）：企業長期基本目標，以及達成這些目標所採行的行動方案和資源配置政策。

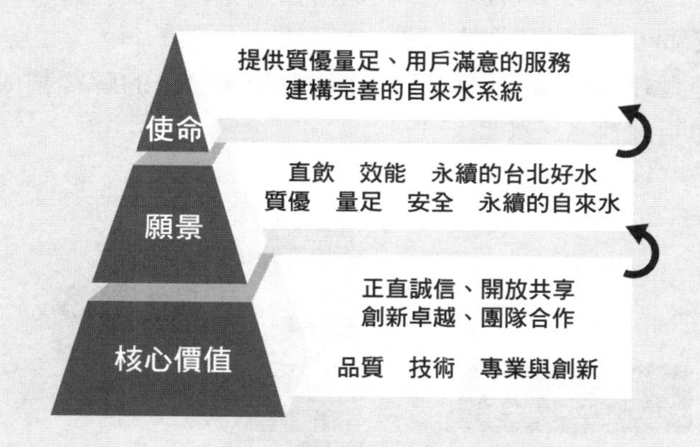

資料來源：台灣自來水公司https://www.water.gov.tw/ch

二、目標設立的步驟如下

(一) 回顧組織的使命（Mission）或目的（Purpose）。
(二) 衡量現有資源。
(三) 獨自或參考他人的意見來設立目標。
(四) 寫出目標並傳達給所有相關的人。
(五) 檢查結果以確認目標是否達成。

三、建立組織目標方法

組織目標提供了管理決策與行動的方向，且可作為衡量績效的指標。組織成員的每項工作都應該有助於目標的達成，這些目標可用「傳統目標設定法」或「目標管理法」來設定。

(一) **傳統目標設定法**【台鐵】

1. **傳統目標設定法**（Traditional Goal Setting）：
   (1) 由高階主管設定一個目標，然後再分為各階層的細部目標。
   (2) 此方法認為高階管理者具有宏觀的視野，所以清楚什麼是對組織最好的，因此高階主管所設定並交辦的目標可以指引員工的努力。
2. **方法目標鏈**（Means-Ends Chain）：從最高階到最基層的架構都很清楚，從上到下的組織目標，形成一種整合性的目標網，上下層的目標息息相關，環環相扣。
3. **缺點**：如果是廣泛的策略性目標，在目標交辦過程中，要將廣泛的策略性目標，轉化成部門、團隊或個人目標，有時是很困難的。
   每一階管理者在試圖釐清目標時，往往會加入自己的解釋甚或偏見，以致失去了目標的明確性。（如圖示）

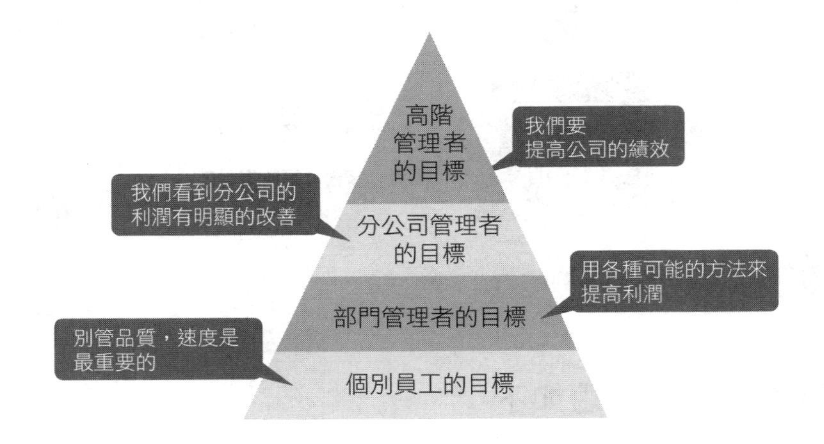

(二) **目標管理法**（Management By Objectives, MBO）【經濟部、台水、台菸酒、中油、台電、台鐵、郵政、桃機、桃捷、漢翔】

1. 由員工和經理人一起訂定明確的目標，並根據這些目標來評估員工績效。

小比較，大考點

傳統目標設定法：整體目標由高階主管建立。
目標管理法：由員工和主管一起訂定明確的目標。

2. 目標管理是利用激勵與參與的原則，使企業中各級人員能夠親自參與企業目標設定的過程，將個人的期望與企業目標相互結合，並透過自我管理與控制方式，建立各級員工或主管的責任心與榮譽感，其最終目的在促進企業績效提昇的一套管理系統。
3. MBO是有效激勵員工的目標設立方法。

項目	內容
提出者	由彼得．杜拉克《管理實務》提出，指由各階層人員共同設定組織及各部門目標，經由集體努力與自我控制，來完成共同目標。
四個元素	1. 清楚的目標。 2. 員工參與式的決策制定。 3. 明確的期限。 4. 成果的檢視與績效回饋。
原則	組織目標設計的 S.M.A.R.T. 原則： 1. 具體明確 S-Specific：目標明確能夠讓執行者知道要達成的具體行為是什麼，清楚、簡單、合理地把員工導向正確方向，減少決策者與執行者的認知誤差。 2. 可以測量的 M-Measurable：要有明確的規定或數據，做為衡量是否達成標準的依據。 3. 可以達成的 A-Achievable：應該具有挑戰性，卻又不會好高騖遠，目標設定的太難或太高，員工無法達成容易喪失信心必須傳達給組織內所有必要的成員。 4. 有關連性 R-Relevant：多數人一次會制定一個以上的目標，涵蓋工作、家庭、健康，像是幾歲結婚生子、目標幾年內升遷、要維持多久的運動習慣等，都可能是某個人生階段想同時完成的事。這時要留意，別讓各項目標互相衝突。 5. 有時限性 T-Time-bound：必須是能夠在規定的時間內實踐的。 **小口訣** 具體明確、可測量、可達成、成果導向、有時限 ▲具量成連線
實施方法（程序）	PDCA：P-Plan 計畫，D-Do 執行，C-check 檢查，A-Action 檢討改進 1. 計畫階段：目標設定是目標管理最重要的一環。目標設定是透過組織上下級人員共同設定組織整體目標、單位目標與個人目標。 2. 執行階段：方案的執行。員工在職責內能有適度的裁量權，以便自我控制、自我指導。 3. 檢查階段：效果的確認。在目標執行的過程中，除了員工的自我控制，主管也應負起查核、監督的工作，必要時甚至要修改目標。 4. 檢討與改進階段：檢討與改進以及選定下次的目標。

項目	內容
特性 / 優點	1. 以人性（員工）為中心的管理方式，對人性假設 Y 理論。 2. 個人目標與團體目標結合。 3. 以激勵代替處罰，以民主領導代替集權領導。 4. 員工有親自參與的投入感。 5. 採自我控制及檢討方式，建立員工自尊心與自發精神。 **小補充，大進擊** Y理論：強調人性本善，天生積極向上。 X理論：強調人性本惡，好逸惡勞。

即刻戰場

選擇題

一、目標設定的方向與特色

(　　) 1 彼得．杜拉克（Peter F. Drucker）在1954年所出版的《管理的實務》中提到企業的8大目標，試問，8大目標中，何者為企業的第一個目標？ (A)生產力的目標 (B)市場的目標 (C)創新的目標 (D)社會責任的目標。【108台鐵】

(　　) 2 一個良好目標的特徵，不包含以下那一項： (A)可形諸文字的結果 (B)可以測量或是量化 (C)只有少數人知道要怎麼做 (D)能夠與報酬系統相連結。【108台鐵】

(　　) 3 公司存在的目的稱之為下列何者？ (A)使命 (B)策略 (C)目標 (D)願景。【107經濟部】

(　　) 4 組織未來可能的藍圖，也是組織成員對未來方向的共識是： (A)政策 (B)目標 (C)願景 (D)策略。【107台鐵】

(　　) 5「一個組織存在的理由，涵蓋組織的價值觀、未來的方向及存在的責任」以上的敘述符合下列何者？ (A)願景 (B)使命 (C)文化 (D)策略。【109台菸酒】

(　　) 6 中華郵政以成為「卓越服務與全民信賴的郵政公司」，作為： (A)工作 (B)目標 (C)願景 (D)任務。【108郵政】

解 **1 (B)**。杜拉克曾列出目標的八大領域：

(1)市場地位：例如，希望成為該產業的市場領袖或取得最高市場占有率。

(2)創新：例如，希望每年所推出新產品數目、新核准的專利數目，以及新產品銷貨收入占全部銷貨收入的百分比。

(3)生產力：例如，降低每一單位產品的生產成本。

(4)實體與財務資源：例如，增加資產總額。

(5)獲利性：例如，提高毛利率與淨利率等。

(6)管理者的績效與發展：例如，管理人才的培育。

(7)員工的績效與態度：例如，提昇員工的士氣與對組織的承諾。

(8)公共責任：例如，對於社會公益活動的參與。

2 (C)。(C)必須傳達給組織內所有的成員。

3 (A)。(A)使命（Mission）：組織存在的理由和目的。

(B)策略（Strategies）：企業長期基本目標，以及達成這些目標所採行的行動方案和資源配置政策。

(C)目標（Goals）：組織期望的結果。

(D)願景（Vision）：組織希望達到的最終境界、未來的藍圖。

4 (C)。願景（Vision）：組織希望達到的最終境界、未來的藍圖。

5 (B)。使命（Mission）：組織存在的理由和目的。

6 (B)。目標（Goals）：組織期望的結果。（服務卓越、全民信賴）。

二、建立組織目標方法（傳統目標設定法）

(　　)　若組織的目標定義得很清楚，可以形成一種整合性目標網，讓組織上下層級間目標環環相扣，共同創造成就，此稱：(A)目標設定法（goal-setting）(B)手段目標鏈（means-ends chain）(C)SMART法（目標的特定、可衡量、可達成、可行動與期限）(D)策略管理程序。【105台鐵】

解 **(B)**。最高階到最基層的階層性結構很清楚的話，這種從上到下的組織目標，就可形成一種整合性的目標網，或稱為方法目標鏈（means-ends-chain）（手段目標鏈）。

三、建立組織目標方法（目標管理）

( ) **1** 「由主管與員工共同討論之後，做成決定」，是屬於下列哪一種績效評估方法？ (A)直接指標評估法 (B)座標式評等法 (C)目標管理法 (D)排列法。 【108漢翔】

( ) **2** 藉由計畫與控制來達成組織目標的方法，同時透過主管與部屬間，共同設定團體與部門目標，進行工作績效檢討的管理方式是哪一種？ (A)生產管理 (B)品質管理 (C)目標管理 (D)績效管理。 【107台鐵】

( ) **3** 目標管理(MBO)是透過組織成員共同制定目標的過程，可以讓目標更？ (A)困難達成 (B)操作導向 (C)策略導向 (D)實際可行。 【106桃捷】

( ) **4** 下列何者非目標管理之特性？ (A)主管與部屬共同參與決定 (B)注重整體目標 (C)強調自我控制 (D)對人性假設為X理論。【107台菸酒】

( ) **5** 下列何者不是目標管理(MBO)的計畫步驟？ (A)設定組織整體目標與策略 (B)由員工自行決定達成目標的行動方案 (C)定期檢視進度，並回報問題點 (D)對於達成目標者給予獎賞。 【108台菸酒】

( ) **6** 有關目標管理，下列敘述何者錯誤？ (A)目標管理是授權的、參與的、合作的管理 (B)目標管理的要素包括：績效回饋、明確的期限 (C)強調「由上而下」的運作，上級設定部屬目標後，監督其是否達成 (D)目標管理亦重視目標執行過程的自我檢討與自我評估。 【99台鐵、107台水】

( ) **7** 針對目標管理（MBO）之特質下列描述何者有誤？ (A)訂定員工目標時重視員工的參與 (B)目標達成度不應該納入年度考核中 (C)定期檢視績效的達成度 (D)根據工作的性質訂定不同的績效指標。 【109經濟部】

( ) **8** 目標設定的SMART原則當中的M係指以下何者？ (A)明確特定 (B)可衡量 (C)可達成 (D)可調適。 【108漢翔】

( ) **9** 某運輸公司在制定下年度單位目標時，下列那種不是良好的目標制定？ (A)載客量成長5%，營業收入成長7% (B)只要營業收入達到7%的成長，就發放績效獎金 (C)提高旅客滿意度，減少客訴抱怨 (D)準點率提高10%。 【107台鐵】

解 1 (C)。目標管理法：重視參與，主管、部屬共同討論、決定。

2 (C)。目標管理元素：(1)清楚的目標。(2)員工參與式的決策制定。(3)明確的期限。(4)成果的檢視與績效回饋。

3 (D)。由主管及員工共同制定目標，將使目標較為可行性且目標一致，更有向心力。故選(D)。

4 (D)。(D)Y理論：強調人性本善，天生積極向上。
X理論：強調人性本惡，好逸惡勞，不適用於目標管理，比較適合機械式的組織管理。

5 (B)。(B)由員工自行決定達成目標的行動方案→【參與管理】：上級和員工共同制定目標。

6 (C)。目標的建立是「雙向溝通」的參與模式。

7 (B)。(B)目標達成度應該納入年度考核中→明確期限：目標與達成目標的期限需明確期限，作為督導和考核的依據。

8 (B)。目標管理的原則（SMART原則）：(1)具體明確的（Specific）。(2)可衡量的（Measurable）。(3)可達成的（Achievable）。(4)有關連性的（Relevant）。(5)期限的（Timely）。

9 (C)。SMART準則中，目標可量化。故選(C)。

填充題

1 所謂 ______ 是展現組織未來經營雄心及企圖，也是長期努力經營可實現的遠景。例如：台電公司以「成為卓越且值得信賴的世界級電力事業集團」為代表。【108台電】

2 員工與管理者共同訂定目標，並依據此目標來評估員工績效方式，稱之為 ______。【106台電】

解 1 **願景**。願景（Vision）：組織希望達到的最終境界、未來的藍圖。（世界級電力集團）

2 **目標管理（MBO）**。

申論題

一、何謂目標管理？它包含那四個重要元素？【106台鐵】

二、目標管理法(management by objectives；MBO)是一種實務上常見的管理方式。請說明目標管理的八個標準步驟。 【108台菸酒】

焦點三 規劃的工具與技術

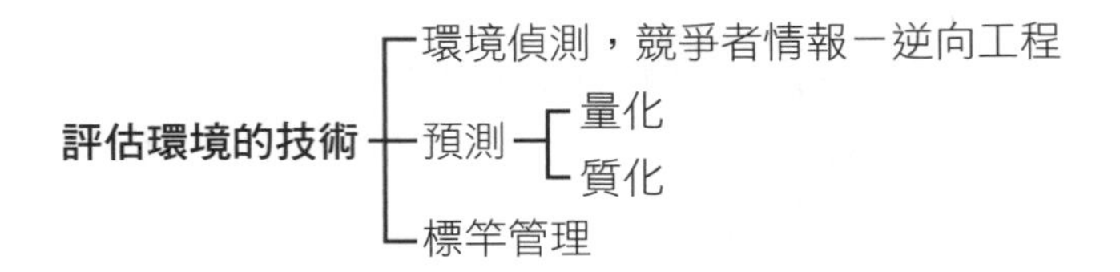

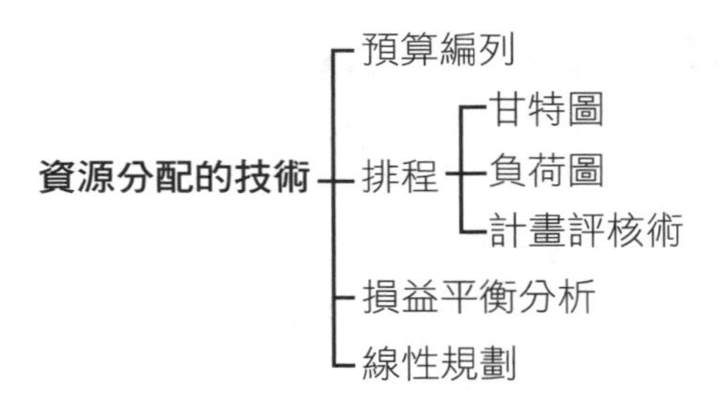

一、評估環境的技術

(一) **環境偵測**：篩選資訊來預測與解釋環境的變化

逆向工程（Reserse Engineering）－分析競爭者的產品

逆向工程，又稱反向工程，是一種技術過程，對一專案產品進行逆向分析及研究，從而得出該產品的處理流程、組織結構、功能效能規格等設計要素，以製作出功能相近，但又不完全一樣的產品。逆向工程源於商業及軍事領域中的硬體分析。其主要目的是，在無法輕易獲得必要的生產資訊下，直接從成品的分析，推導產品的設計原理。（類似仿冒的作法）【經濟部、台水】

(二) **預測**：預測未來事件，用來幫助決策擬定

1. 量化：應用一組數學公式，套用在一連串的歷史數據中，以預測未來的結果。
2. 質化：利用知識人士的個人判斷與看法，對結果做預測。

小補充，大進擊

collaborative forecasting and replenishment（CFAR）標準化的方式，讓企業在網路上進行資料交換，使用資料來計算特定產品的需求預測。

3. 預測技術：

(1) 定量（量化）：【台鐵、郵政、漢翔】

技術	內容	小例子
時間序列	找一條符合趨勢線的數學方程式，並利用此方程式規劃未來。	以過去幾年的資料為基礎，預測下一季的銷售量。
迴歸模型	用已知或假設的變數來預測另一個變數。	尋找可以預測銷售量的因素（如價格、來客數…）。
計量經濟模型	以一整套迴歸方程式來模擬某一範圍經濟活動。	預測疫情造成衣服銷售量的變化。
經濟指標	使用一個或多個經濟指標預測未來的經濟狀況。	利用 GNP 的變化來預測可支配收入。
替代效果	使用數學公式預測未來新產品會在何時、採用何種方式取代既有產品。	預測 Netfilx 訂閱數對電影收入的影響。

(2) 定性（質化）：【經濟部、台水、台鐵、桃機、桃捷】

技術	內容	小例子
專家意見	又稱為德菲術，指組織並整合所有專家意見。	調查電影產業管理階層意見，預測明年電影市場。
銷售人員意見	又稱草根法，綜合前線銷售人員對顧客購買行為的預期。	調查第一線從業人員意見。
顧客評量	從已經完成購買的資訊進行評估。	調查消費者。

4. 預測在環境穩定的情況下最為準確。在非季節性事件、不尋常事件及競爭者行動的預測上，似乎所有的預測技術都不太管用。
5. 改善預測：使用簡單的預測技術將每一個預測與「沒有任何改變」相比較，使用多種預測方法縮短預測的時間長度練習預測。

(三) 標竿管理（Benchmarking）

就是以任何產業中卓越的公司作為模範，學習其作業流程，透過如此的持續改善來強化本身的競爭優勢。【經濟部、台水、台電、台鐵、郵政、漢翔】

1. **依照Michael J. Spendolini分類，類型如下：**

標竿類型	內容
內部標竿	由於很多組織的營運不只是一個地點、一個部門、或一個國家，不少組織是從進行內部作業方式的比較，開始他們的標竿學習活動。因此在同一企業內，挑選出其中績效表現最好的部門，當作比較與學習的對象。相同公司或組織，從事單位、部門、附屬公司或國家之間的比較。
競爭性標竿 (外部標竿)	找出競爭對手的產品、流程及經營成果的特定資訊，與自己組織的類似資訊做比較。在相同的產業當中，挑選其中績效表現最好的競爭者，當作比較與學習的對象。和生產相同產品或相同服務的最佳競爭者，從事績效之間的比較。
功能標竿 (通用標竿、最佳實務標竿、流程標竿)	從已經在特定領域樹立卓越聲譽的組織中，找出最佳作業典範。打破產業界限，挑選出績效表現最好的公司，當作比較與學習對象。和非競爭者，從事流程或功能上的比較。

2 **實施步驟：**

(1) 成立標竿管理規劃小組：規劃小組的任務在於確認目標及想改善的部分，並找出可以仿效的對象。

(2) 蒐集內外部資料：透過內部人員蒐集資料，或者向外尋求協助。

(3) 分析資料找出差距原因：找出為什麼會導致跟標竿公司差距這麼多，以及該如何改善。

(4) 擬定並執行行動方案：確認可以拉近與標竿公司差距的方案，並實際執行。

二、資源分配的技術

(一) 預算編列

組織的資源有許多種類，包括財務的、實體的、人員、無形資產及結構等。將資源分配到特定活動的數量計畫稱為預算。【台電】

預算的形式：

1. 收入預算：收入預算是對未來銷售成果的預算。

2. 費用預算：費用預算是列出所有部門、每一項活動所分配到的金額，作為日後資源分配的依據。
3. 利潤預算：同時包括收入及費用，用來在企業內各單位結算收入跟支出的預算，可以看出各單位的利潤貢獻，適用在有許多分公司或部門的大企業。
4. 現金預算：記錄並控制對於企業資金流動的預算，用來當作資金調度的參考。
5. 資本支出預算：企業較大型的投資稱為資本支出。
6. 彈性預算或固定預算：金額固定者稱為「固定預算」，如果金額不固定者稱為「變動預算」或是「彈性預算」。大部分的企業無法這麼正確預估數量，因為有很多項目會隨環境而產生變動，這時就會需要變動預算。

(二) 排程

規劃哪些活動該做、完成活動的順序、由哪些人來執行，以及每個活動該於何時完成等，稱為排程。

1. 甘特圖：顯示出各個任務何時完成【台電、郵政、漢翔】

   稱為條狀圖，是在1917年由亨利・甘特開發的，橫軸表示時間，縱軸表示活動(項目)，線條表示在整個期間上計畫和實際的活動完成情況。它直觀地表明任務計畫在什麼時候進行，及實際進展與計畫要求的對比。
2. 負荷圖：修正的甘特圖

   縱軸是整個部門或某特定資源的使用，橫軸為時間，讓管理者得以規劃和控制產能的運用
3. 計畫評核術PERT(Program Evaluation and Review Technique)【台菸酒、中油、台電、台鐵、郵政】
   (1) PERT（計畫評核術）這個方法最初源於1956年美國海軍特殊計畫局進行「北極星飛彈計畫」，至1958年成熟，後來成為專案管理的基本作法。可以利用PERT來做資源配置及成本最佳化。
   (2) 適用於管理大型專案計畫，協調好幾百個活動的先後順序，主要描繪出完成計畫所需作業順序的網路圖，以及決定各項作業的時間和成本，並據此管控專案進度的技術。
   (3) 包含要素：
      A. 事件：主要活動完成點。
      B. 作業／活動：從一事件到另一事件所需時間或資源。
      C. 寬裕時間：個別作業容許延遲，但不會耽誤到整個計畫的時間。
      D. 要徑：耗時最長且最久的作業流程，且沒有寬裕時間，該路徑上的工作必須加緊趕工。一個專案中不一定只有一條。

(4) 程序：

A. 先將所有的工作列出。

B. 列出其所需的時間及必須在之前完成的工作。

C. 將其關連圖畫出。

D. 計算各工作的最早及最晚開始時間，並計算其寬裕時間。

工作	LS	ES	LF	EF	**寬裕時間** S=LS-Es or LF-EF
1 → 2	0	0	3	3	0
2 → 3	3	3	5	5	0
2 → 4	4	3	4	4	1
3 → 4	5	5	5	5	0
4 → 5	6	5	7	6	1
4 → 6	5	5	8	8	0
5 → 6	7	6	8	7	1
6 → 7	8	8	9	9	0

(A) PERT名詞解釋：

- 最早開始時間（Early Start Time, ES）：工作最早可能開始的時間，亦即所有前置作業的作業時間總和。
- 最早結束時間（Early Finish Time, EF）：最早開始時間加上作業（所需）時間。
- 最晚開始時間（Late Start Time, LS）：在不影響整個專案計畫工時之前提下，一項作業可以允許開工的最晚時間。
- 最晚結束時間（Late Finish Time, LF）：不造成專案延誤的最晚完成時間。
- 寬裕時間（Slack Time, S）：在不延遲專案完成日期的前提下，每項活動可以延遲開始或延遲結束的彈性時間。

(B)期望時間（平均完成時間）公式：

$$\text{期望時間}=\frac{\text{樂觀時間}+\text{悲觀時間}+(4\times\text{最可能時間})}{6}$$

(C)變異數公式：

$$變異數=\left(\frac{悲觀時間-樂觀時間}{6}\right)^2$$

小口訣，大記憶

▲4個可樂杯

(4) 要徑法（Critical Path，CPM）：在PERT規劃完成後，網狀圖的各種路線中尋找最長的可能路徑稱之為要徑（Critical Path）。對一個專案而言，在專案網路圖中最長且耗最多資源的活動路線完成之後，專案才能結束。此最長活動的活動線路就是要徑。【經濟部、台水、台糖、台電、台鐵】

要徑具有以下特點：

A. 要徑上的活動：持續時間決定專案的工期，且所有活動的持續時間加起來就是專案的工期。

B. 要徑上的任何活動都是「關鍵活動」：只要其中任何一個活動延遲，都會導致整個專案完成時間的延遲；換句話說，關鍵活動的寬裕時間為0，要徑即完成專案的作業組合中總寬裕時間為0的路徑。

C. 要將專案總工期縮短：只要將要徑上的活動（也就是關鍵活動）時間縮短，把資源投入到關鍵活動上，就可達到使用最少資源來達成縮短工期的目標。要徑可用來決定一個專案的最短可能時間，同時作為「敏感度分析」的依據。這種方法即為要徑法。

D. 補充說明：不在要徑上活動之延遲，其延遲時間若少於寬裕時間，便不會影響專案完成之時間；反之則仍會影響專案工期。

小比較，大考點

常用專案時程控管技術比較

	相同點	提出者	呈現方式	優點	缺點
甘特圖	都用圖形呈現都是專案時程控管工具	甘特	長條圖	1. 簡單易懂 2. 容易使用	1. 無法看出個別活動延遲對其他活動影響 2. 無法適用大型專案
PERT		美國海軍	網路圖	大型專案	悲觀時間、可能時間定義不明確
CPM		杜邦	網路圖	大型專案	忽略不確定性因素

(三) **損益平衡分析**

損益兩平點：又稱為獲利與虧損的均衡點、產品售價與銷售量的均衡點、總成本與總收入的均衡點。也就是決定要賣掉多少單位的數量，才能不賺不賠。【經濟部、台水、台菸酒、中油、台鐵、郵政】

名詞解釋：

1. 損益平衡點（BE）：總收益剛好等於總成本
2. Q：損益平衡時的產品數量
3. P：產品的單位售價
4. VC：單位變動成本（隨產出比例變動的成本）
5. TFC：總固定成本（不隨數量而改變的成本費用變動成本）

求取總收入等於總成本時的產品數量，其目的為預測何時產品可以開始轉虧為盈。

TR(總收入)=TC(總成本)

P×Q=TFC+(AVC×Q)

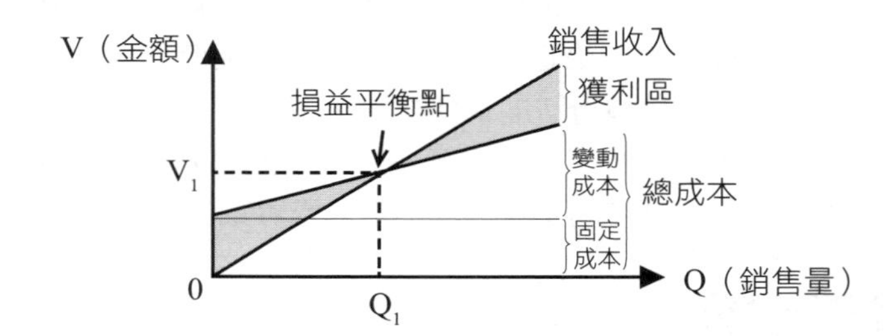

(四) **線性規劃**

在資源分配有限的情況下，運用數學技術，求取資源最佳分配的一種技術。例如某工廠生產肉鬆蛋捲和芝麻蛋捲兩種蛋捲，公司想要了解如何分配兩種蛋捲的生產量，才能使企業利潤最大，就可以使用線性規劃，線性規劃計算方式將在生產作業管理篇中介紹。

(五) **情境規劃**

1. 或稱為情境發展，針對未來情形提出各種不同的假設狀況，或者未來可能發生的情境，並針對這些假設，解釋可能產生的結果或影響。
2. 情境規劃的目的在於客觀性的評估未來可能發生的狀況，並據此擬訂計畫，因此情境規劃只能解決可能發生的事件，並不能解決隨機事件。

即刻戰場

選擇題

一、環境偵測

( ) **1** 企業組織新產品或產品重新設計的創意來源，如果係採取透過對競爭者產品進行拆解並仔細研究，以找出改良自己產品的方法稱之為？ (A)同步工程 (B)前置工程 (C)反向工程 (D)重製工程。【107經濟部】

( ) **2** 福特汽車公司以「反向工程(Reverse Engineering)」的方式刺激研發人員新產品的設計創意。請問這種創意來源是屬於： (A)供應鏈 (B)競爭者 (C)研究 (D)客戶。【105台水】

解 **1 (C)**。逆向工程，又稱反向工程，是一種技術過程，對一專案產品進行逆向分析及研究，從而得出該產品的處理流程、組織結構、功能效能規格等要素，以製作出功能相近，但又不完全一樣的產品。逆向工程源於商業及軍事領域中的硬體分析。其主要目的是，在無法輕易獲得必要的生產資訊下，直接從成品的分析，推導產品的設計原理。

2 (B)

二、預測

( ) **1** 當你想要了解台灣地區的經濟情況時，可藉由幾個經濟指標做為初步的了解，下列何者最無法做為一國之經濟指標： (A)景氣對策信號 (B)領先指標 (C)人口統計變數 (D)失業率。【108台鐵】

( ) **2** 下列何者表示「國內生產毛額」？ (A)GDP (B)GNP (C)CPI (D)PMI。【108漢翔】

( ) **3** 一群專家透過一系列問卷而形成共識，並達成一致性的看法，此種預測方法是： (A)名義群體技術(Nominal Group Technique) (B)SWOT分析法 (C)德爾他法(Delta Method) (D)腦力激盪法(Brain Storming Method) (E)德爾菲法(Delphi Method)。【108台鐵、107經濟部】

( ) **4** 面對快速、跳躍式或不連續的環境改變，何者為較佳的預測技術？ (A)時間序列分析預測(Time-series Analysis) (B)德菲法(Delphi Method) (C)迴歸分析(Regression Analysis) (D)因果預測(Causal Forecast)。【106桃機】

解 **1 (C)**。(A)景氣對策信號：景氣對策信號又稱「景氣燈號」，可了解經濟情況。
(B)領先指標：指具有領先景氣變動性質之指標，其轉折點常先於景氣循環轉折點發生。
(C)人口統計變數：包括性別、年齡、所得、教育程度等。
(D)失業率：「失業率」失業者占勞動力之比率。
所以答案為(C)，人口統計變數無法作為經濟指標。

2 (A)。(A)GDP（Gross Domestic Production, 國內生產毛額）：在一段時間中國內生產所有最終產品及勞務的市場價值。
(B)GNP（Gross National Production, 國民生產毛額）：在一段時間中所有國民生產所有最終產品及勞務的市場價值。
(C)CPI（Consumer Price Index, 消費者物價指數）：衡量消費者所購買的產品及勞務價格變動程度的指標。
(D)PMI（Purchasing Managers' Index, 採購經理人指數）：衡量特定產業在生產，接單，商品價格，存貨，雇員，出貨，出口及進口等狀況的先期指數。

3 (E)。(C)德爾他法（Delta Method），是統計學上統計樣本的數學計算方法。
(E)「德菲法」，又稱專家預測法。其作法是讓專家們以多次的問卷來表達其看法，因此為定性或稱為質化預測技術。

4 (B)。(A)(C)(D)屬於定量分析（量化），採用過去已知的數據，進行對未來的預測。「跳躍式或不連續的環境改變」，因此只要是量化的預測方式都不適合。

三、標竿管理

(　　) **1** 標竿(benchmarking)是希望透過學習其他企業的最佳實務，達成下列何項目的？　(A)擴大產品的市場佔有率　(B)讓公司能夠準確地找到目標客群　(C)更準確地來預測環境　(D)增進公司的績效。

【108漢翔】

(　　) **2** 組織在競爭者或非競爭者中借鏡能導致其卓越表現的最佳外部典範。請問這是使用下列那一種方式？　(A)PERT計畫評核術　(B)全面品質管理　(C)市場定位　(D)標竿管理。　【109台鐵】

解 **1 (D)**。標竿管理（Benchmarking）：以任何產業中卓越的公司作為模範，學習其作業流程，透過如此的持續改善來強化本身的競爭優勢。，也就是增加公司績效。

2 (D)

四、排程

(　　) 1 下列何者可以用來顯示企業在進行一項專案時所有應完成的步驟，以及每一步驟完成的時間，並且比較每一步驟之實際進度與預期進度的圖？ (A)甘特圖 (B)策略地圖 (C)組織圖 (D)布置圖。 【105郵政、108漢翔】

(　　) 2 關於計畫評核術（PERT）的敘述，何者為非？ (A)P—Program計畫 (B)E—Evaluation評估 (C)R—Replace取代 (D)T—Technology技術。 【107台鐵】

(　　) 3 下列何種計畫工具，主要是針對不確定性較高的工作項目，以網路圖規劃排定期望的專案時程？ (A)甘特圖 (B)要徑法 (C)計畫評核術 (D)主生產計畫。 【110經濟部】

解 1 **(A)**。甘特圖：稱為條狀圖，橫軸表示時間，縱軸表示活動（項目），線條表示在整個期間上計畫和實際的活動完成情況。它直觀地表明任務計畫在什麼時候進行，及實際進展與計畫要求的對比。

2 **(C)**。計畫評核術（PERT）：(1)P-program。(2)E-evaluation。(3)R-review。(4)T-technique。

3 **(C)**。計畫評核術（PERT）：

(1)將專案計畫之執行先後流程或步驟以網路圖表示。

(2)每一步驟之過程需估算出樂觀（t0）、悲觀（tp）及最可能時間（tm），再據以計算其預期時間（te）（三時估計法），te=(t0+4tm+tp)/6。

(3)在網路圖中須找出累積工時最長之途徑，並加強管理此一途徑。

(4)此項技術兼具規劃與控制功能。

要徑法（CPM）：

(1)與PERT雷同，但使用單時估計法（可能時間計算）。

(2)重視趕工成本估算。

五、損益平衡分析

(　　) 1 下列何者為損益兩平的主要概念？ (A)找到顧客滿意度與員工滿意度均衡點 (B)找到企業成本與虧損均衡點 (C)找到員工滿意與員工績效均衡點 (D)找到產品售價與銷售量均衡點。 【105郵政】

(　　) 2 計算損益平衡點分析（break-even analysis），不需要下列哪一項資訊？ (A)產品的需求量 (B)總固定成本 (C)產品的銷售價格 (D)產品的變動成本。 【105中油】

( ) **3** 台中公司推出一項新產品，估計每月總固定成本$84,000，單位變動成本$10，單位售價為$15，其損益兩平點是 (A)3,360件 (B)5,600件 (C)8,400件 (D)16,800件。 【107台菸酒】

( ) **4** 假設臺酒公司推出玉泉紅葡萄酒，每瓶售價為200元，總固定成本為280萬元，單位變動成本60元，則臺酒公司要銷售多少瓶的紅葡萄酒才能達到70萬元的目標利潤？ (A)14,600瓶 (B)10,770瓶 (C)20,000瓶 (D)25,000瓶。 【107台菸酒】

( ) **5** 某甲賣雞排，一塊價格60元，每塊變動成本40元，總固定成本5,000元，利潤5,000元，根據損益兩平分析，要賣多少塊雞排才能達到目標？ (A)300 (B)400 (C)500 (D)600。 【107經濟部】

解 **1 (D)**。損益兩平點：「獲利與虧損的均衡點」，「產品售價與銷售量的均衡點」，「總成本與總收入的均衡點」。

2 (A)。損益平衡銷售量=總固定成本／（價格－單位變動成本）

3 (D)。損益平衡銷售量=總固定成本／（價格－單位變動成本）=84000÷(15–10)=16800（件）

4 (D)。利潤=價格×數量-單位變動成本×數量-總固定成本

70萬=200Q-60Q-280萬

Q=25,000

5 (C)。利潤=價格×數量-單位變動成本×數量-總固定成本

5000=60Q-5000-40Q

Q=500

六、線性規劃

( ) 下列問題何者不能利用線性規劃來進行分析？ (A)選擇運輸路線的組合來最小化運輸成本 (B)分配廣告預算到不同的產品企畫上 (C)分配兩種飲料的生產量 (D)多位高階主管的會議日期排程。

解 **(D)**。線性規劃：在資源有限的情況下，從事不同資源配置方案選擇的技術。

填充題

1 管理者從競爭者或非競爭者中找出該企業達到優越績效的最佳作法稱為______管理。 【107台電】

2 標竿管理為從競爭者或非競爭者中找出使企業達到優越績效的最佳方法，其中在同一企業內挑選出績效表現最好的部門當作比較與學習的對象，稱為 ______ 標竿。【111台電】

3 預算編列中總結不同單位的收入與支出預算，以計算各單位的利潤貢獻稱為 ______ 預算。【107台電】

4 將企業部門的活動以時間為橫軸，排程活動為縱軸，所畫出的長條圖稱為 ______ 圖，可看出各活動執行進度及完成情形。【107台電】

5 在作業管理的工具中， ______ 係源於1958年美國海軍的北極星火箭系統計畫，是網絡分析的技術，以網絡圖規劃整個專案將各項作業與主要事件排程聯結。【108台電】

6 運用計畫評核術（PERT）從整體完成工作之各路線中，找出一條所需時間最長的路線，稱之為 ______ 。【109台電】

7 假設某飲料店每年營運的固定成本是10萬元，每瓶飲料變動成本為10元，售價為15元，須賣出 ______ 瓶即可達到損益平衡。【107經濟部】

8 假設某廠商販賣洗手乳之單位售價為75元，單位變動成本為25元，若總固定成本為20,000元，則損益平衡銷售量為 ______ 個。【111台電】

解

1 標竿

2 內部

3 利潤。利潤預算：同時包括收入及費用，用來在企業內各單位結算收入跟支出的預算，可以看出各單位的利潤貢獻，適用在有許多分公司或部門的大企業。

4 甘特圖

5 PERT-計畫評核術

6 要徑法

7 2萬。損益平衡點=固定成本/（售價-單位變動成本）

100000 / (15-10)=20000

賣兩萬瓶可達損益平衡點

8 400。損益平衡：總收入=總成本利潤=0

公式：損益平衡的產品數量=總固定成本/（產品單價-產品單位變動成本）

把公式帶入題目：

假設某廠商販賣洗手乳之單位售價為75元，單位變動成本為25元，若總固定成本為20,000元

20000/（75-25）=400

申論題

下表是推出新產品的專案工作內容與各工作所需完成時間：
(一)請依工作先後關係建構PERT/CPM網絡圖。
(二)請指出哪些工作為要緊工作？
(三)完成專案最少需要多少時間？

工作	描述	完成時間（週）	前項工作
A	產業分析與問卷設計	2	-
B	市場調查	3	A
C	資料整理與統計分析	1	B
D	產品設計	3	A,C
E	風險與成本分析	1	D
F	產品試賣	2	D
G	正式推出	8	E,F
G	撰寫成果報告	1	G

答：

(一)
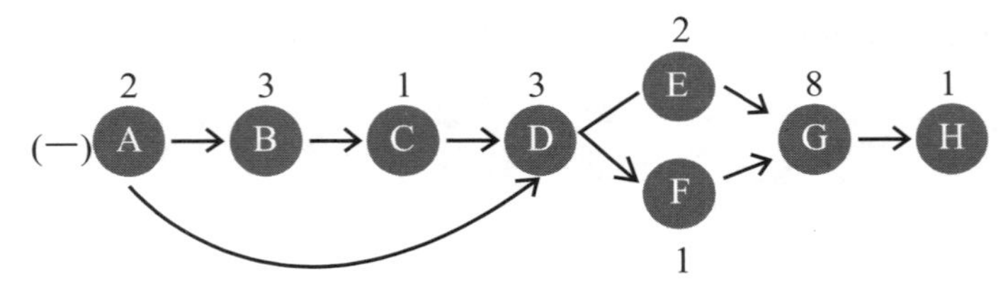

(二) 要緊工作為要徑上的工作：A, B, C, D, F, G, H
(三) 最少需要時間=要徑完成時間=20週

焦點四 計畫類型與模式

計畫（Plans）是記載「如何達成目標」的文件，通常包括：各項資源的分配、時程表及完成目標的必要行動。

一、計畫的類型

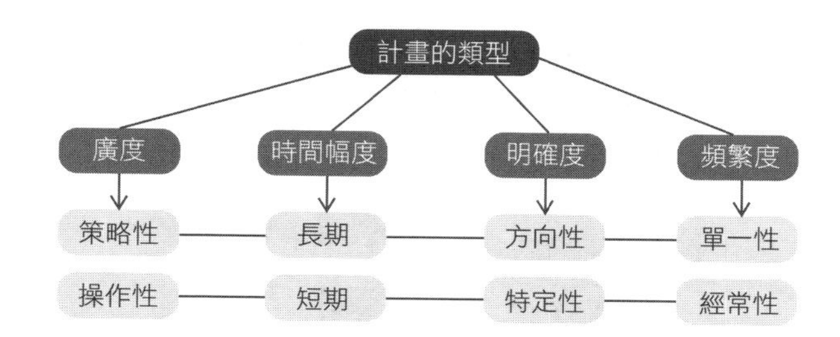

(一) 廣度

1. **策略性計畫：**【經濟部、台水、台菸酒、中油、台電、台鐵、郵政、漢翔】
   (1) 應用於整個組織。
   (2) 建立組織全面性的目標。
   (3) 探尋組織在所處環境中的定位。
   (4) 長期、方向性、單一性。
2. **作業性計畫(操作性計畫)：**【經濟部】
   (1) 明確說明組織將如何達到全面性目標。
   (2) 短期、特定、經常性。

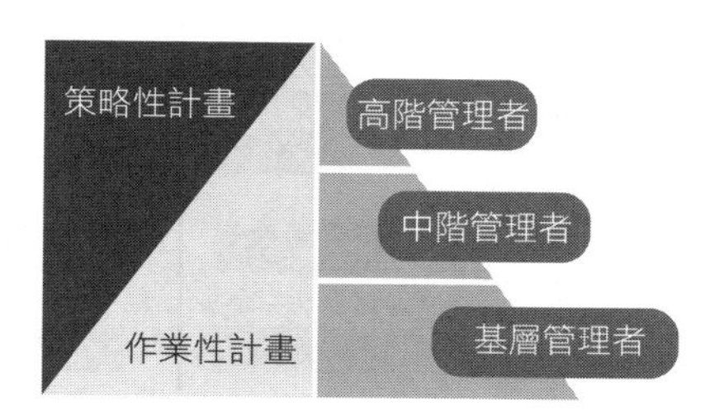

(二) 時間幅度

1. **長期計畫：**時間長達三年以上，隨著組織環境變得更不確定，長期計畫之定義亦跟著改變。
2. **短期計畫：**時間在一年或以下。

(三) 明確度

1. **方向性計畫：**建立一般準則的彈性計畫，指出目標的方向，但不會在細節上有太多的限制或規定。

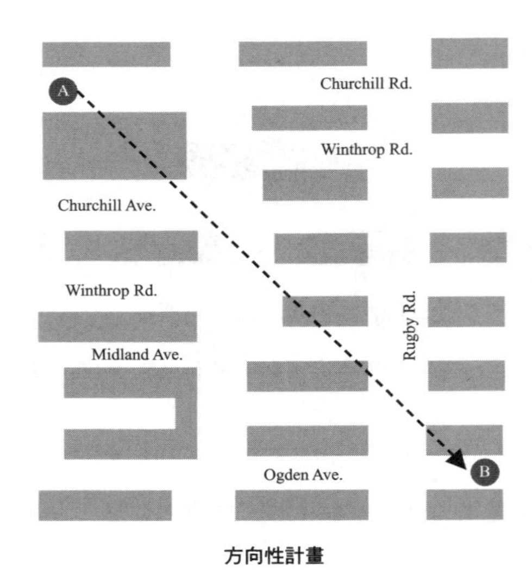

方向性計畫

2. **特定性計畫**：定義清楚，目標明確，沒有模糊或可議之處的計畫。

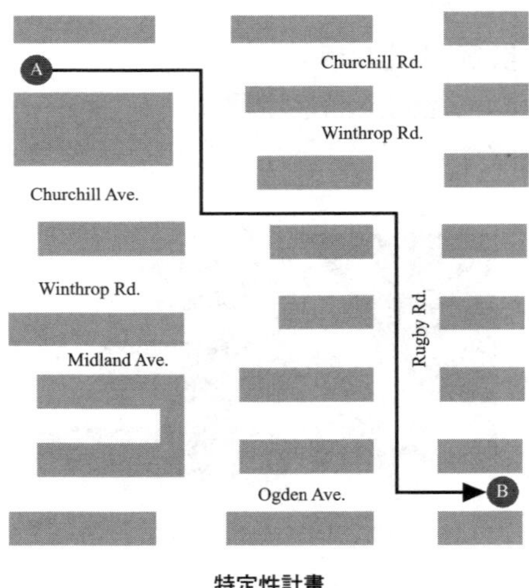

特定性計畫

(四) **頻繁度**

1. **單一性計畫**：管理者針對特殊需要所訂定的一次性計畫。
2. **經常性計畫**：提供重覆實行活動之指導方針，包括政策、程序和規則。

二、三種權變因素

發展計畫的過程會受到三種權變因素（contingency factors）及規劃的方式所影響。

權變因素	內容
規劃的階層	基層管理者的計畫是以作業性（操作性）為主。 高階管理者的計畫則以策略性為主。
環境的不確定性	當不確定性高時，計畫應該明確而有彈性。
承諾投入的概念 (commitment concept)	規劃計畫的時間幅度應涵蓋所有「需要投入資源」的時間點之概念。 目前的計畫對未來投入或承諾的影響程度越高，規劃的時間跨距就要越長。

小比較，大考點

1. 規劃（planing）、計畫（plans）的關係：
   (1) 規劃是動態的、計畫是靜態的。
   (2) 規劃是因、計畫是果。
   (3) 規劃是過程、計畫是後果。
   (4) 規劃是議，計畫是決。
   (5) 規劃與計畫兩者關係密切。
2. 規劃：分析與選擇的過程。
3. 計畫：所選擇的未來行動方案。

即刻戰場

選擇題

一、策略性計畫

(　　) **1** 下列有關「策略」與「計畫」的敘述，何者正確？ (A)策略必須有具體的時間表，計畫則否 (B)策略是用來指引未來發展方向，而計畫則是根據策略來擬訂具體工作事項 (C)計畫擬訂在先，策略規劃在後 (D)策略必須根據計畫來擬訂。 【107台菸酒】

( ) 2 每年暑假前，花東一帶的旅館業必須做各項防颱計畫以因應颱風季節的到來，這種為了重複發生的情況而做的計畫稱為下列何者？ (A)經常性計畫 (B)單一性計畫 (C)方向性計畫 (D)策略性計畫。 【108漢翔】

( ) 3 下列何者不是策略性計畫與戰略性計畫之主要差異？ (A)時間幅度 (B)上級支持 (C)明確度 (D)廣度。 【107郵政】

( ) 4 下列何者最有可能在企業組織內部的策略規劃會議中列席？ (A)執行長 (B)電商平台客服領班 (C)預算分析助理 (D)廣告代理商。 【108郵政】

( ) 5 下列哪一類計畫符合「涉及範圍較廣，會影響到企業組織整體的目標與發展」這樣的特徵？ (A)策略計畫 (B)戰術計畫 (C)營運計畫 (D)促銷計畫。 【109台菸酒】

解 1 **(B)**。策略：為確保企業政策、基本目標能夠完成，所設計出之一套全面性、整合性計畫或行動方案，範圍較大。
計畫：是達成組織目標、實現政策的行動方案，範圍較小。

2 **(A)**。每年暑假，因此為經常性計畫。

3 **(B)**。

比較項目	策略性計畫	作業性計畫
頻繁性	單一性	經常性
明確性	方向性	特定性
時間幅度	長期	短期
廣度	廣	窄

4 **(A)**。高階管理者所從事的規劃是整體性的、策略性的、長程性的，以及非重複性的規劃。

5 **(A)**。策略計畫（strategic plans）：計畫應用於組織變革以達成組織整體目標。

二、作業性計畫

( ) 王大文在公司擔任部門主管，其工作包括為部門釐訂明確之短期目標，以確保達成公司長期目標。王大文之工作為何？ (A)策略規劃 (B)戰術規劃 (C)作業規劃 (D)權變規劃。（多選） 【108經濟部】

解 **(BC)**。(A)策略規劃→由高階主管負責規劃制定公司使命、組織目標、基本政策及策略，以規範達成該組織目標所需的資源使用管理。
(D)權變規劃：指對以往未曾識別或未曾接受的風險採取未經計畫的應對措施。
只提到其工作是要制定「明確之短期目標」，故不可選(A)(D)。

申論題

何謂「策略性計畫（strategic plan）」？何謂「作業性計畫（operational plan）」？ 【109台鐵】

答：

(一) 計畫
記載如何達成目標的書面文件。通常包括預算規劃、時間安排和專案、資源的分配等。

(二) 計畫依照廣度劃分可分成策略性和作業性計畫
1. 策略性計畫：係指該計畫針對組織整體大方向、全面性的目標，通常為高階主管在執行。
2. 作業性計畫：係指該計畫對組織特定的作業部門，其廣度較小，通常為基層員工在執行。

(三) 策略性計畫和作業性計畫之差異

	策略性計畫	作業性計畫
時間幅度	長期（3 年以上）	短期（1 年以下）
明確性	方向性	特定性
頻繁度	單一性	經常性
廣度	廣	窄
執行人員	高階主管	基層人員

時事應用小學堂 2022.11.30

華航、長榮、星宇搶破頭！桃機第三航廈誰能成功進駐？

桃園機場第三航廈預計 2026 年完工啟用，航廈使用分配先「開打」，由於長榮、華航、星宇都想搶進新落成的三航廈，讓桃機公司頭痛不已，傳出交通部擬以三航廈高租金勸退業者。交通部長王國材說，各航空公司有不同看法，目前會以運轉做分配，未定案，僅確定第一航廈將由低成本航空（廉航）進駐。

據了解，桃機公司 2018 年時就曾討論將依三個國際航空聯盟做分配，初步規劃讓相同聯盟的航空公司分配在同航廈，華航所屬的「天合聯盟」到三航廈，長榮所屬的「星空聯盟」在二航廈，「寰宇一家」航空公司和廉航在一航廈。

因星宇航空隨後成立，加上星宇未加入國際航空聯盟，大家又都想進駐新航廈，傳出桃機公司有意改用航線分配，未料又引發爭議。華航企業工會、全國航空業總工會今將前往交通部抗議，呼籲交通部召開公聽會，且邀工會出席。過去桃機二航廈啟用時也以航線分配，長榮進駐二航廈，華航因航線被分散在一、二航廈。

有航空業人士說，國際主要機場多以航空公司或聯盟做分配；且站在旅客立場，以航線分配，同家航空公司可能被分到不同航廈，不僅航空公司得要多耗費人力，轉機旅客也可能迷路、跑錯航廈等問題，徒增困擾。

王國材說，原三大聯盟分法會分配不均，目前確定最舊的一航廈是低成本航空，至於二、三航廈分配，因三業者各有想法，會公平對待，已請桃機和各航空公司討論。由於三航廈租金比一、二航廈高，也許大家談了後，會有不同想法。

長榮說，認同桃機公司優先考量旅客權益及便利性，兼顧提升國籍航空作業效率及機場營運效益與未來發展；無論是聯盟或航線分配，都將積極爭取進駐三航廈，也相信政府會訂定妥適租金價格。

（資料來源：聯合新聞網 https://www.gvm.com.tw/article/97093）

延伸思考

1. 航廈是一個國家的重大建設，試想它有哪些需要規劃的重點？適合用甚麼規劃方法？
2. 機場與航廈是如何規劃設計提供飛行安全與旅客便捷。
3. 航廈如何分配會是比較好的規劃方式？

解析

1. 機場是地對空、空對地及空對空運輸交會樞紐。旅客在此轉換交通運具或為航空運輸樞紐，機場除航廈外，還包括：空域航管、助導航、跑道、滑行道、停機坪、貨運站、塔台、維修區、輸油系統、聯外系統以及直昇機場等。其範疇相當廣泛。

   適合用情境規劃或是整體規劃模式進行整體思考。

2. 工會表示「一聯盟一航廈」的規劃方式，不但方便旅客轉機，讓轉機作業更有效率，航空公司也節省成本，亦與國際趨勢相符。但桃機公司目前卻一改先前規劃，並對外發布消息，第三航廈之規畫將改朝向以航線分配為原則，讓華航、長榮和星宇航空都能進駐。

   機場公司若真以航線分配第三航廈使用，將使航空公司不同航線會分配在不同航廈，工會批評，將增加旅客轉機不便，旅客可能得在航廈間飛奔去轉機，增加時間成本，也增加走錯航廈錯過班機的機率，行李跨航廈轉接也有困擾。（可以規劃程序、原則思考，你是否有更好的答案呢？）

Lesson 08 管理決策

課前指引

決策 (decisions) 就是「在諸多方案中做選擇」。以早餐為例，個人在想早餐要吃什麼時，會考慮要吃中式還是西式、要自己煮還是要買現成的。不過這樣的說法太過簡單。因為做決策是一個反覆思考的過程，而非只是單純的方案選擇。因此本章就是要釐清做決策的過程，該注意到哪些細節，執行的步驟、以及如何做決策。

重點引導

焦點	範圍	準備方向
焦點一	決策與決策程序	焦點一主要的考試重點在決策程序中選擇方案時，面臨的情境處理方式，尤其是不確定情境下的決策工具，包括大中取大、大中取小、小中取大、拉普拉斯準則、賽局理論等。
焦點二	決策制定模式與決策者的風格	焦點二主要是說明決策制定模式中影響決策的因素。其中決策方法、決策風格、決策偏差和錯誤都是常考的重點。本章是管理決策中考題最常出現的部分，需要讀熟並能應用相關理論。
焦點三	個人決策與群體決策	本焦點重點在群體決策的特色與方法，包括腦力激盪、名義群體、德菲法等都要了解其內容與使用時機。

焦點一 決策與決策程序

一、決策是什麼

決策制定（decision making）：確認組織面臨的問題與機會、提出解決方案、選擇最佳方案以達成預定目標的一個過程。組織內所有的管理活動都需要做決策，如要銷售什麼產品、在哪裡生產、組織中要有哪些部門、要雇用什麼樣的人員等。

管理者在規劃、組織、領導以及控制的過程中，常被稱為「決策者」（Decision Makers）。

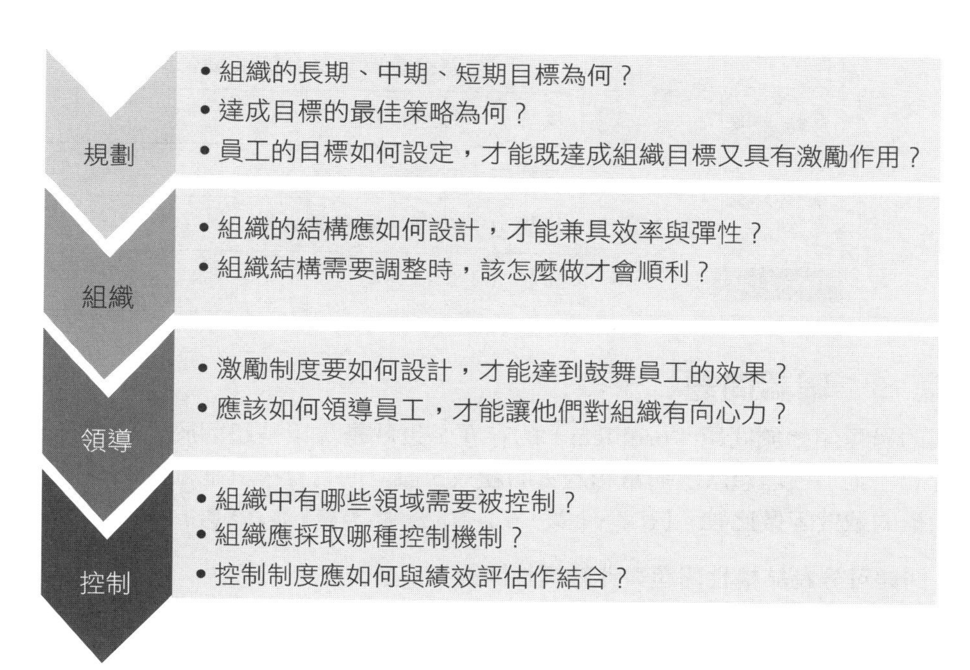

二、決策過程

決策過程可分為八個步驟：(一)確認問題（Problem）；(二)確認決策的標準（Decision Criteria）；(三)決定標準的權重；(四)發展替代方案；(五)分析替代方案；(六)選擇解決方案；(七)執行解決方案；(八)評估決策效能。這過程對個人或組織皆可適用。【台菸酒】

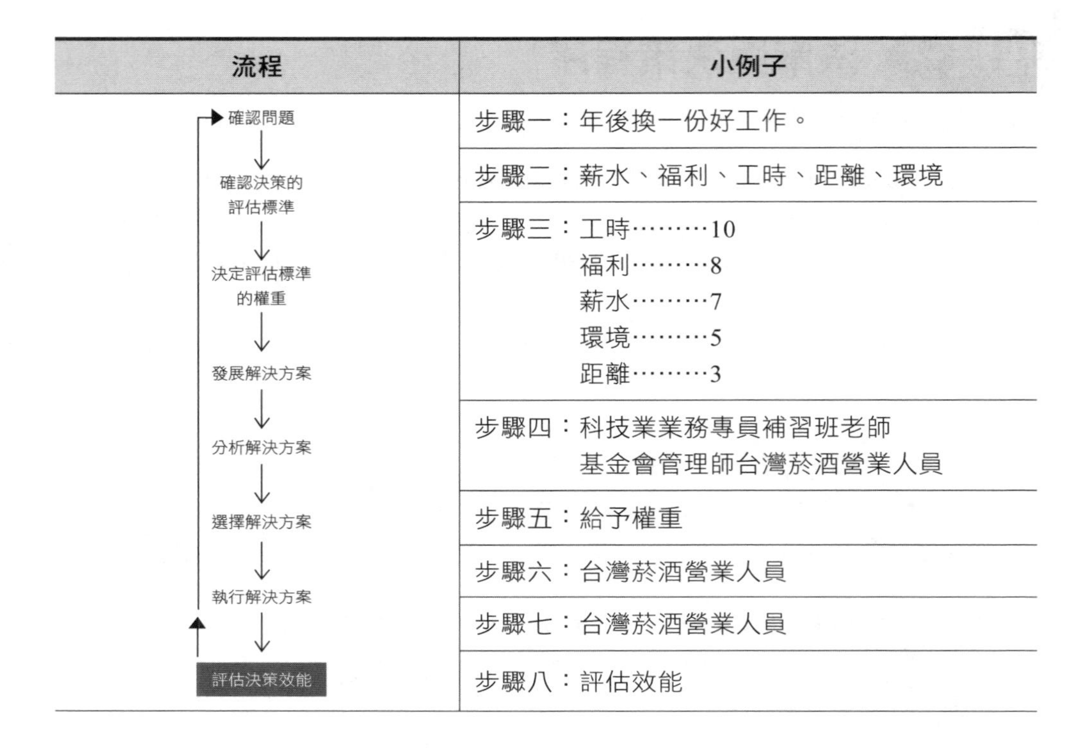

流程	小例子
確認問題	步驟一：年後換一份好工作。
確認決策的評估標準	步驟二：薪水、福利、工時、距離、環境
決定評估標準的權重	步驟三：工時………10 福利………8 薪水………7 環境………5 距離………3
發展解決方案	步驟四：科技業業務專員補習班老師 基金會管理師台灣菸酒營業人員
分析解決方案	步驟五：給予權重
選擇解決方案	步驟六：台灣菸酒營業人員
執行解決方案	步驟七：台灣菸酒營業人員
評估決策效能	步驟八：評估效能

步驟一：確認問題

決策的過程開始於問題（problem）的存在，也就是決策是起因於「現實與理想間存有差距」。理想狀況通常和過去的績效、設立的目標、其他部門的績效、其他組織的績效等做比較。【台水、台糖、台菸酒、台電、台鐵、郵政、農會、桃捷、漢翔】

(一) 問題可分為結構性問題與非結構性問題

問題分類	內容	決策類型
結構化問題	指直接、熟悉且容易處理的問題。	使用「程序決策」（Programmed Decision） 適用於重複或例行的情境，或已有固定處理方法的問題。此時管理者只要遵循「流程」(Procedure)、「規則」（Rule）或「政策」（Policy）三種既有的系統性決策即可。
非結構問題	該問題是新的、不常見的，且和該問題有關的資訊也模糊不清或不完全。	使用「非程序性決策」(Nonprogrammed Decision）的方式，發展出特定的解決辦法。 非程序性決策比較特殊、無重複性且需要量身訂製特別的解決方案。

1. 低階管理者通常面對：結構性問題（重複、例行）：以「程式化決策（程序SOP）」解決。
2. 高階管理者通常面對：非結構性問題（少見的）：以「非程式化決策（創意）」解決。

(二) 決策類型可分為政策、規則、流程

預設決策類型	定義	範例
政策	決策方向的指引	凡是遇到服務人員有疏失行為，一律給予給付，毋需與顧客爭論。
規則	明確的對管理者或員工限定什麼該做或什麼不該做	賠償金額超過3,000元時，須經店經理批准，3,000元以下，由當班服務人員領班進行賠償金給付。
流程	用來處理結構性問題的一系列相互關聯的步驟	依照步驟呈報主管，並依公司規定進行賠償固定金額2,000元。

(三) 預設決策與非預設決策

特徵	預設決策	非預設決策
問題類型	結構化	非結構化
管理層級	較低階	較高階
頻率	重複或例行性	較新或少見
資訊	容易取得	模糊、不完整
目標	清楚、明確	不清楚
處理之時問	短時問即可處理	需較長時間處理
解決依據	程序、規則、政策	判斷或創意性作法

步驟二：確認決策的評估標準（決策準則）【台鐵】

當決策者界定出需要注意的問題時，接著便必須決定哪些因素與決策有關，決策準則（decision criteria）就是決策時考慮的重要因素。

當你決定「選擇工作」這個問題，薪水、福利、環境、距離、工時等就是你的決策準則。

步驟三：衡量準則權重

(一) 決策者解決問題時，會考慮許多因素，會產生許多決策準則，而解決問題的前提便是要評估每個決策準則的重要性。

(二) 決定決策準則的相對重要性，就是給這些準則加上權重，以便排出相對的優先順序。一個簡單的方法就是給最重要的準則權重10分，再根據這個準則給其他準則權重。

工時………10

福利………8

薪水………7

環境………5

距離………3

步驟四：發展替代方案【台菸酒、台鐵】

(一) 決策者在此步驟要列出解決問題的各種解決方案（alternative）。方案越多，可選擇的範圍越廣，越能獲得最佳的結果，但所需的分析也越多，分析會受知識、經驗和資訊影響。

(二) 假設你選出四種工作作為解決方案：

1. 科技業業務專員
2. 補習班老師
3. 基金會管理師
4. 台灣菸酒營業人員

步驟五：分析替代方案

(一) 一旦列出解決方案後，決策者依之前訂定工作的決策準則，對每個工作的每個準則做出原始評分。各準則再乘上權重，便可得各備選方案的權重評分。

(二) 此步驟的重點是，大多數的決策中包含個人主觀的判斷

替代方案	工時	福利	薪水	環境	距離
科技業業務專員					
補習班老師					
基金會管理師					
台灣菸酒營業人員					

步驟六：選擇方案【經濟部、台菸酒、中油、台鐵、農會】

基於所界定的評估準則、賦予的權重以及決策者對各項工作在評準上的得分，選出最高分，因此成為理論上的「最佳」方案。

情境	內容	管理者面對各決策情境適用的處理工具
決策情境確定狀況（certain situation）（確知結果）	A. 所有可能方案的結果都是已知。 B. 管理者可做出精確的決策。 C. 決策基本上沒有太多風險。	A. 成本利潤分析法 B. 償付矩陣法 C. 線性規劃法
風險狀況（risk situation）（知道可能的結果）	A. 在充分的經驗支持或對狀況有某種程度的掌握下做出決策謂風險，是指決策者可以預估各方案的成敗機率。 B. 對這些機率的推估，可能是來自個人的經驗，或次級資料的佐證。	A. 決策樹 B. 最可能發生狀況決策法 C. 平均期望值決策法 D. 績效標準決策法
不確定情境（uncer-tain situation）（不知結果）	A. 對可能的結果幾乎完全無法掌握。 B. 在不確定情況下，除了根據手邊少數資料做判斷外，決策者的心理特質也會影響決策的方式。決策者常會依照個人的心理因素，採用不同的心理準則做決策。	樂觀的管理者大中取大準則（maximax criterion）追求最大利益的極大化。 悲觀的管理者小中取大準則（maximin criterion）：追求最小利益的極大化。 大中取小遺憾準則（minimax regret criterion）：以機會成本的觀念，追求最大損失的極小化。 拉普拉斯準則（Laplace criterion）：假定各備選方案的發生均等，進行算出各備選方案的期望值，選擇最大的期望值的方案作為「最佳」方案。該決策準則認為如果未來發生狀況有N種，則每一種狀況可能發生的機率均為1/N。基於此觀點，便可算出各種行動方案的期望報酬，然後再挑選出具有最大期望報酬者。 博弈理論又稱「賽局理論」（適用於衝突競爭）。

步驟七：執行方案

執行方案時，要界定會受決策影響的人，將方案有關的訊息傳達給相關的人，並獲得認同與承諾，使參與者支持決策。

步驟八：檢視與評核決策結果

透過檢視與評核決策結果可以產生學習曲線、強化下次做決策的經驗值，進而改良下一次決策的品質。

三、決策技術

技術	內容
蒙地卡羅	是一種「統計模擬」方法，是以概率及統計為基礎的計算方法。是一種基於大數法則的實證方法，當實驗的次數越多，它的平均值也就會越趨近於理論值。
等候理論	運用數學統計的方式，描述服務系統中排隊現象呈隨機規律的理論，目的在正確設計和有效運行各服務系統，使之發揮最佳效益。顧客按一定的規律到達系統，要求服務，若服務站有空，則顧客立即按照服務規則得到服務；否則必須按照排隊規則進入等候線。服務時間為一隨機變數，完成服務後，便離開服務系統。
線性規劃	運用於資源分配，是一種將有限的資源，做最佳且最有效地運用，以期最大效益的分配方法。
決策樹	利用像樹一樣的圖形或決策模型的工具，來進行規劃並輔助決策。
經濟訂購量	經濟訂購量係幫助管理人員決定合適購買存貨、存貨購買數量及管理倉庫入庫提取等決策，藉由經濟訂購量之計算，決定適當存貨訂購數量、訂購時點及安全存量。 $EOQ = \sqrt{\frac{2 \times D \times P}{C}}$
賽局理論	研究具有鬥爭或競爭性質現象的數學理論和方法。亦即在競爭的環境下為了達到各自的目標與利益，必須考慮分析對手的各種可能的行動方案，並選取對自己最為有利的方案。

即刻戰場

選擇題

一、決策過程

( ) 請依序排列決策的過程：(1)方案評估 (2)選擇最佳方案 (3)問題發現 (4)方案發展 (5)資料蒐集及分析 (A)21543 (B)35412 (C)13245 (D)53124。【107台菸酒】

解 **(B)**。(3)問題發現→(5)資料蒐集及分析→(4)方案發展→(1)方案評估→(2)選擇最佳方案。

二、步驟一：確認問題

( ) **1** 在決策過程中所謂問題指的是？ (A)一個不知道的答案 (B)理想與現實的差距 (C)一個複雜的過程 (D)一個簡化的目的。【107農會】

( ) **2** 下列何者是決策過程中第一個步驟？ (A)分析解決方案 (B)發展解決方案 (C)確認問題 (D)確認決策的評估標準。

【108漢翔、108郵政、108台菸酒】

( ) **3** 下列何者會比較依賴「程式化決策模式」？ (A)員工 (B)低階管理者 (C)中階經理人 (D)高階經理人。【108漢翔】

( ) **4** 下列預設決策(programmed decisions)的特性，何者錯誤？ (A)多用於處理結構化問題 (B)經常重複發生 (C)決策者為高階管理者 (D)目標清楚明確。【108漢翔】

( ) **5** 有關預設決策與非預設決策之敘述，下列何者正確？ (A)非預設決策之資訊容易取得 (B)預設決策之解決依據為程序、規則、政策 (C)預設決策需較長時間處理 (D)非預設決策之目標清楚、明確。

【108郵政】

解 **1 (B)**。決策確認問題，現實與理想目標間存有差距。

2 (C)。(1)界定問題。(2)制定決策準則。(3)給予準則權重。(4)發展替代方案。(5)分析替代方案。(6)選擇。(7)執行。(8)評估。

3 (B)。(1)程式化決策（Programmed Decision）又稱為例行性的決策，表示決策是重複性且能透過機械化的程序加以解決。
(2)程式化決策是處理高結構化問題的有效方法。

(3)程式化決策通常較為單純，也比較依賴過去的解決辦法，只要界定了結構化的問題，它的解決方法往往是很清楚的。
(4)在多數情形下，程式化決策就是循例辦理的決策，因此組織會發展出標準作業程序、規定及政策等三類機制來規範員工的處理方式。

4 (C)。預設決策／結構化決策：基層人員常做的決策，對於日常重複性的決策，可按一定的規律，預先做出安排以達到期望的目標和結果。
高階管理者常處理非結構化決策，也就是較抽象、概念化的決策。

5 (B)。預設決策：對於日常重複性的決策，可按一定的規律，預先做出安排以達到期望的目標和結果。

三、步驟二：確認決策的評估標準

(　) Bill要將新款的產品上生產線，目前有三款新開發產品，Bill只能選其中一款，他決定用目標市場大小、產品成本與淨利潤三項來評估決定。以決策過程而言，這三項稱為Bill的？ (A)解決方案（alternatives） (B)標準權重（criterion weights） (C)決策的標準（decision criteria） (D)問題（problems）。 【106台鐵】

解 **(C)**。步驟二：確認決策的評估標準
決定哪些因素是重要的或與決策有關的。

四、步驟四：發展替代方案

(　) **1** 決策程序的步驟過程裡，創意思維在那一個程序中占有重要的元素？ (A)分析替代方案 (B)分配決策準則比重 (C)發展替代方案 (D)界定決策準則。 【106台鐵】

(　) **2** 下列何者不是管理者在評估替代方案時會納入考量的條件？ (A)替代方式是否可行 (B)替代方案的結果是否令人滿意 (C)替代方案是否不容易執行 (D)替代方案對內部各單位所可能造成的影響。 【109台菸酒】

解 **1 (C)**。決策者列出解決問題的各種可行方案和備案，因此需要經驗、創意與想像力。

2 (C)。(C)執行下去才考量的評估，故選(C)。

五、步驟六：選擇方案

( ) 1 企業管理上做決策最困難的點在於？ (A)解決組織目前存在的問題 (B)界定問題之所在 (C)擬訂策略方向 (D)選擇最佳方案。【107農會】

( ) 2 現代環境複雜，決策者面臨不知道所有的可行方案，也不知各可行方案的發生機率及結果，因此決策者面對的是下列何種決策情況？ (A)不理性情況 (B)非結構化情況 (C)風險情況 (D)不確定性情況。【110台菸酒】

( ) 3 「決策樹」通常在何種決策情況被利用以作為決策的工具？ (A)確定情況 (B)不確定情況 (C)衝突競爭情況 (D)風險情況。【107中油】

( ) 4 採用「大中取大」的準則，求出各種可行方案的最大利益，選出利益最大者作為決策的是： (A)悲觀準則 (B)拉普拉斯準則 (C)機會損失準則 (D)樂觀準則。【108台鐵】

( ) 5 小明是個樂觀的人，不論遇到什麼困難都會樂觀思考所有的可能性，所以小明經常會選最好結果的方案或替代方式。在這樣的論點下，小明是一個什麼樣的決策者： (A)極小極大遺憾準則的決策者（minimax regret criterion） (B)極大極大準則的決策者（maximax criterion） (C)極大極小準則的決策者（maximin criterion） (D)極小極小準則的決策者（minimini criterion）。【108台鐵】

( ) 6 下列關於決策情況之敘述，何者錯誤？ (A)理性決策適用於確定情況 (B)小中取大係屬於不確定情況中的樂觀準則 (C)風險情況與不確定情況的差別在於是否可算出機率值 (D)賽局理論常運用於衝突競爭情況。【106中油】

( ) 7 A公司產品經理擬定4種產品策略（A1-A4），同時得知B公司在相同市場也推出3種產品策略（B1-B3），並做出獲利矩陣如表。假設4項產品策略的成功機率無法獲得，而採「機會損失準則」進行決策，則A公司產品經理會選擇何種策略？

B公司策略 \ A公司策略	A1	A2	A3	A4
B1	60	80	37	70
B2	44	62	68	55
B3	76	52	55	64

(A)A1 (B)A2 (C)A3 (D)A4。

( ) **8** 續上題，若依拉普拉斯準則(Laplace criterion)，假設B公司競爭策略發生的機率皆相同，則A公司行銷經理會選那一個方案？ (A)A1 (B)A2 (C)A3 (D)A4。

解 **1 (D)**。在做決策時，如果要選擇最佳方案，即代表是做出完全理性決策，這是最不容易做到的。

2 (D)。決策情境：

(1)確定情況：所有方案和可能結果都已知。

(2)風險情況：所有方案和可能結果的成果或失敗機率是可以推估出來的。

(3)不確定情況：所有方案和可能結果完全不知道，無法靠經驗或知識推估出來。

3 (D)。風險性情況下的決策-決策樹用樹狀圖形列出每方案的機率與期望值。

4 (D)。樂觀的管理者大中取大準則（maximax criterion）追求最大利益的極大化。

5 (B)。(1)樂觀準則（Maximax）：又稱為最大利益極大化原則，簡稱為大中取大。

(2)悲觀準則（Maximin）：又稱為最小利益極大化原則，簡稱為小中取大。

(3)機會損失準則（Minimax）：又稱為最大損失極小化原則，簡稱為大中取小。

(4)拉普勒斯法則（Laplace Criterion）：假設各情境發生機率相同，求取各方案期望值，選出最高預期報酬的方案。

6 (B)。(1)樂觀準則（Maximax）：又稱為最大利益極大化原則，簡稱為大中取大。

(2)悲觀準則（Maximin）：又稱為最小利益極大化原則，簡稱為小中取大。

(3)機會損失準則（Minimax）：又稱為最大損失極小化原則，簡稱為大中取小。

(4)拉普勒斯法則（Laplace Criterion）：假設各情境發生機率相同，求取各方案期望值，選出最高預期報酬的方案。

7 (D)。機會損失準則=遺憾準則

「大中取小」準則

Step1轉換成遺憾矩陣：估計其憾事的最大程度

B1 Max=80

B2 Max=68

B3 Max=76

	A1	A2	A3	A4
B1	80-60=20	80-80=0	80-37=43	80-70=10
B2	68-44=24	68-62=6	68-68=0	68-55=13
B3	76-76=0	76-52=24	76-55=21	76-64=12

Step2選擇其中可使憾事所示的機會成本達最小的方案或策略

A1	A2	A3	A4	
24	24	43	13	各方案中獲利最大
			○	大中取小

8 (D)。拉普拉斯準則（Laplace）：期望值最大（最大平均收益）

A 公司策略 B 公司策略	A1	A2	A3	A4
B1	12	13	25	23
B2	10	15	20	21
B3	8	17	16	19
（最大平均收益）	10	15	20.33	21

焦點二 決策制定模式與決策者的風格

決策制定模式（決策過程）：前一焦點已經談過問題型式與決策情況，本焦點闡述另外三個影響因素：決策方法、決策風格、決策的偏差與錯誤。

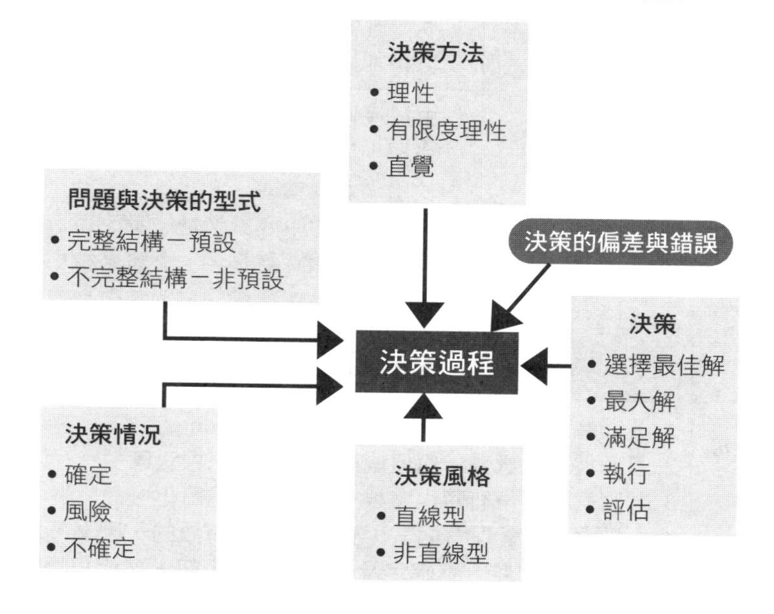

一、決策方法【經濟部、台水、台糖、中油、台鐵、郵政】

(一)「理性」（rationality）在決策過程中的多寡，會導致不同決策模式的產生，包括完全理性的決策模式以及有限性理性的模式（如行政管理模式、漸近模式）。

<table>
<tr><th colspan="2">決策制定模式</th><th>內容</th></tr>
<tr><td colspan="2">理性決策模式（rational decisional-making model）</td><td>1. 又稱為古典模式（classical model）。
2. 從經濟的角度來看待決策問題，決策過程的每個步驟都朝向經濟利益的極大化邁進。</td></tr>
<tr><td rowspan="2">有限理性決策模式（bounded rationality decisional-making model）</td><td>行政管理模式（administrative model）</td><td>1. 賽門（Herbert A. Simon）與馬曲（James March）倡議的行政管理模式，又稱為有限理性決策模式，對理性模式的修正。
2. 由於認知能力的限制（決策者無法正確地詮釋取得的資訊、無法同時處理龐大的資訊等），因此會影響其決策能力。
3. 資訊收集過程中，因不確定性與風險、模糊不清的資訊、時間有限、資訊成本過高等，使決策者無法獲致最適方案以供選擇。
4. 追求滿意方案（satisficing decision）而非最佳方案（maximizing decision）：基於決策者的有限理性與不完整資訊，只能就所知的範圍的方案加以考慮。</td></tr>
<tr><td>漸進模式（incremental model）</td><td>1. 由於理性模式需要完整審視所有的相關資料和選擇，許多無法採取理性模式的決策者，往往使用「漸進模式」。
2. 漸進模式的中心概念是逐步改進，與其朝目標前進，不如遠離是非、嘗試某種小策略，不必有宏大的計畫或最終目的。這種模式像摸石子過河，過河時先向前踩一步看看，站穩了再向前進，走一步，算一算，以降低風險。</td></tr>
<tr><td>直覺式決策模式（intuitive decision making）</td><td colspan="2">1. 又稱為潛意識推理（unconscious reasoning）。
2. 基於經驗、感覺，價值觀與累積判斷來做決策。
3. 管理者的決策有時也會根據經驗將問題簡化。
4.「經驗」對管理者而言，有時是非常有效的，因為經驗可以幫助他們釐清複雜、不確定及模稜兩可的資訊。然而根據經驗來處理問題，常可能會在分析資訊與決策時造成偏差或錯誤。</td></tr>
</table>

(二)理性決策與有限性理性決策模式比較

	理性決策	有限性理性決策
提出者	泰勒（Taylor）	賽門（Herbert A. Simon）
基本假設	經濟人模式，假設人為完全理性，追求個人利益極大化	行政人模式，假設人在資訊處理能力有限下進行決策
決策時間	決策者有足夠時間進行資訊蒐集及方案評估	決策者需在有限的時間壓力下進行資訊蒐集及方案評估
資訊含量	決策者擁有完整的資訊	決策者無法取得完整的資訊
決策觀點	決策者可客觀的進行方案評估與選擇	決策者的決策過程包含主觀認知或個人偏好
決策環境	決策期間為一穩定狀態	決策期間存在不時變動
獲得方案	最佳解決方案	滿意可行方案
缺點	1. 缺乏彈性 2. 忽略主觀判斷 3. 忽略其他長期因素	常發生系統性錯誤： 1. 承諾升高 2. 樣本代表性錯誤 3. 控制假象 4. 先入為主

二、決策風格【經濟部、台水、台糖、台電】

(一) 人們做決策的方法會受思考方式的影響。不同的管理者有不同的決策風格。思考方式常反映出兩件事：

分類	內容	特性
直線型思考模式（Linear Thinking Style）	偏好蒐集外部資料及事實，會用理性而邏輯的方式分析資訊，並做決策和行動。	理性、邏輯、善於分析
非直線型思考模式（Nonlinear Thinking Style）	傾向於運用內部資料，也就是憑個人直覺。用個人獨特的方法及感覺來消化資料，然後用直覺來決策和行動。	直覺、創意、具洞察力

(二) Row & Boulgarides**四大決策風格**

分類	內容	特性
命令型 (directive)	1. 引導型、指示型。 2. 此類型管理者決策速度快，有效率，重視理性思考，主張利用外界具體事實或證據做為決策基礎，目的是要提高決策品質與效率，以追求最大經濟利益為目標。	1. 此風格的決策者偏向工作 / 技術導向，擁有較低的模糊容忍度。 2. 通常適用於短期而需要快速做決策場合。
分析型 (analytic)	採用理性思考方式，務實掌握完整而及時資訊，仔細思考，深入分析，審慎評估各種備選方案，從中做正確抉擇。	分析型風格的決策者，較關心工作與技術，對於模糊的容忍度較指示型決策者來得高。希望在時間充裕的前提下，做無憾的決策。
概念型 (conceptual)	善用直覺思考方式，尋求具有創造力的決策方案，除了審慎分析及評估各種備選方案之外，特別重視長期觀點。	此風格的決策者關心人際與社會，並擁有較高的模糊容忍度。是放眼未來的一種大格局決策。
行動型 (behavioral)	採用直覺思考方式，努力尋求創新決策，善於和他人共事，除了虛心傾聽他人意見，接受他人的建議之外，特別關心部屬的工作，激發創意，擅長透過他人的努力達成目標。	此風格的決策者關心人際與社會，並擁有較低的模糊容忍度。

小口訣，大記憶

分析、概念、命令、行動。

▲膝蓋冷凍（台語）

三、決策偏差和錯誤

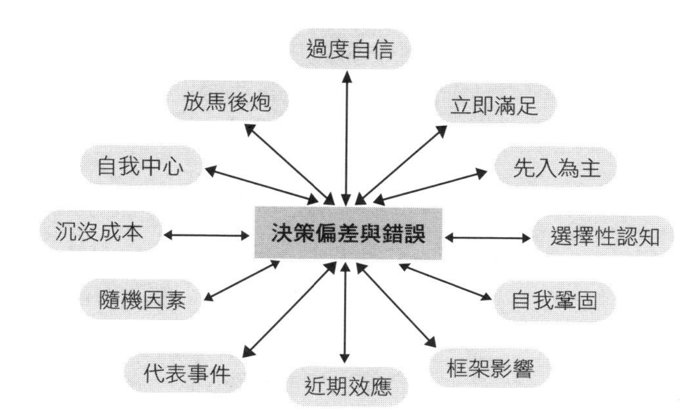

「經驗」有助於釐清複雜、不確定及模稜兩可的資訊，有時對管理者非常有效；但卻也常會在分析資訊與決策時造成偏差或錯誤。決策模式受到決策方法、問題類型、決策情況以及決策者的風格等因素的影響。此外，決策偏差和錯誤也會影響決策過程。

決策偏差和錯誤	內容
過度自信偏差 (overconfidence bias)	認為自己懂得很多，或對自己的表現過度樂觀。 高估自己對問題、狀況或方案的了解或把握所造成的決策偏差。
立即滿足偏差 (immediate gratification bias)	不想有太多投入，卻希望能有立即的效果。
先入為主 (anchoring effect) 定錨效應 【台鐵】	決策者過度依賴初期資訊，一旦他們心中有定案後，就拒絕接受後來的資訊。 決策受到最先獲得的資訊的誤導（用船錨放下就定位後，船便不再移動來做比喻）。 如第一次在 A 店看到 Apple 手機 1 萬元，到 B 店看到同機型賣 2 萬元，會覺得貴。
承諾升高 (escalation of commitment) 【經濟部、台水、台糖、台鐵】	當人們在行動過程中遇到挫折，非但不會依理性決策原則選擇放棄，反而往往會投入更多的資源企圖攤平損失、挽回頹勢，形成一個稱為承諾升高（escalation of commitment）的循環。

決策偏差和錯誤	內容
	已知先前的決策有錯，仍投入資源，一錯再錯。 如甘迺迪時代之越戰處理方式。 如面對感情，當我們投入大量的時間、金錢和心力在仰慕的人或另一半上，儘管我們清楚結果或許不是那樣的美好，我們卻不斷的增加籌碼，直至局面難以收拾。
選擇性認知偏差 (selective perception bias) 【經濟部、台水】	決策者用比較偏狹的觀念來組織並分析事情，選擇性注意自己有興趣、期待的資訊。 如認為銀行，一定穩健。
自我鞏固偏差／確認偏誤／佐證偏差 (confirmation bias) 【經濟部】	刻意尋求與自己經驗吻合的資訊，而忽視與經驗不相符合的資訊，或對與他們看法不同的資訊抱持懷疑與批判的態度。
框架影響偏差 (framing bias)	局限於某些看法而排除其他意見。
近期效應偏差／可取性偏差 (availability bias) 【台糖、台菸酒】	傾向於根據最新近發生、印象最深刻的事件，以作為決策依據。 如評估員工一年來的表現時，近幾個月表現的影響會比較大。
代表事件偏差 (representation bias) 【台糖】	以一事件與另一事件相似的程度，來評斷該事件應有的處理方式，但實際上兩事件可能存在很大的差異。 如最近雇用的畢業生表現不佳，容易覺得同校其他畢業生的水準都不好。
隨機因素偏差 (randomness bias)	刻意要找出問題發生的理由。
沉沒成本錯誤 (sunk costs error)	管理者有時會忘了，現在的決策無法改變過去的事實。
自我中心偏差 (self-serving bias)	一味爭功，而將失敗推給外在的因素或他人。 如都是他們的錯。
馬後炮偏差 (hindsight bias)	事後大放厥詞，吹噓他們早就料到事情的結果。

即刻戰場

選擇題

一、決策方法

( ) **1** 何謂有限理性（Bounded Rationality）： (A)以客觀與合乎邏輯的科學方法來尋求最佳解 (B)受限於個人處理資訊的能力，決策通常是滿意解 (C)在有證據的前提下，會不斷增加承諾來做決策 (D)用潛意識或是感覺來做決策。【108台鐵】

( ) **2** 於理性決策在實際運用上所需要具備的假設，下列何者錯誤？ (A)決策過程可以獲得全部有效的訊息 (B)最佳解決方案必然存在 (C)對不同解決方案的結果可以準確預測 (D)對於決策相關利害關係人的價值取向不需有過度深入的了解。【107郵政】

( ) **3** 以下對於行政人的決策模式的敘述何者有誤？ (A)由賽門（Simon, H.A.）與馬曲（March, J.）提出 (B)決策者會窮其所能找出最佳的解法 (C)建立在有限理性和滿意水準兩個概念上 (D)強調決策者不可能無限制的蒐集資訊，期待在毫無失敗風險的狀況下做決策。【107台水】

( ) **4** 下列決策的概念何者有誤？ (A)創新性決策乃運用於不確定性且主觀性的機率狀況下做成 (B)理性決策過程可能對例行性的決策最為有用 (C)柏拉圖模式與決策樹乃是運用於調整性決策的工具 (D)O'sborn的創造力決策模式是一種應用創造和垂直思考來解決問題的工具。【106經濟部】

( ) **5** 決策模型中，有限理性的決策具有以下何種特色？ (A)蒐集完整資訊 (B)成員間可充分討論 (C)又稱為決策的政治模型 (D)決策者尋求滿意解。【106經濟部】

解 **1 (B)**。受限於個人處理資訊的能力，決策通常是滿意可行，並非最佳解決方案。

2 (D)。理性決策：各替代方案都了解，瞭解全部資訊，沒有時間成本限制。因此與決策相關利害關係人的價值取向（價值觀與價值判斷等）也需要了解，會影響決策。

3 (B)。有限理性：滿意解（大致上可接受的答案）。
完全理性：最佳解（一定要最完美、最好的答案）。

4 (D)。(D)O'sborn的創造力決策模式是一種應用創造和水平思考來解決問題的工具，稱為腦力激盪法。
垂直思考，又稱直向思維，線性思維一種思考的方式，由亞里斯多德首先提出，其思考方式主要為單線定義問題，必須遵守既定流程，在問題解決前並無其他更改方式或途徑。

5 (D)。有限理性之特色：(1)追求的不是「最佳」的決策，而是「差強人意」的決策，即「滿意解」。(2)著重短期利益。(3)管理者盡量避免有風險的決策。

二、決策風格

(　　) 哪一種類型的思考模式是傾向於運用內部資料，用個人獨特的方法及感覺來消化資料，然後用直覺來決策和行動？ (A)非直線型（nonlinear） (B)主動體驗型（active experimentation） (C)直線型（linear） (D)有機型（organic）。 【105台糖】

解 **(A)**。(1)直線型思考風格（Linear Thinking Style）：偏好蒐集外部資料及事實，用理性且邏輯方式分析資訊，並依此制定決策和執行。→蒐集資料的偏好：理性。
(2)非直線型思考風格（Nonlinear Thinking Style）：傾向於依直覺行事，用個人獨特方法和感覺消化資料，並依此制定決策和執行。→蒐集資料的偏好：直覺。

三、決策偏差和錯誤

(　　) **1** 對於決策中常見的認知謬誤，下列敘述何者有誤？ (A)先有既定結論再找支持該結論的證據，是一種「過度自信偏差」（overconfidence bias） (B)決策者在事後才大放厥詞吹噓他們早已料到的結果，稱為「馬後炮偏差」（hindsight bias） (C)決策者會刻意找出與自己過去選擇相符合的資訊，而忽視與過去判斷相左的資訊稱為「自我鞏固偏差」（confirmation bias） (D)強為隨機事件找出發生的原因，稱為「隨機因素偏差」（randomness bias）。 【108經濟部】

(　　) **2** 中國古代楚漢相爭時期的韓信投靠劉邦，但一開始，劉邦看不起貌不驚人且之前只是在項羽底下當個執戟郎，更曾受胯下之辱的韓信，故雖然隨後蕭何極力向劉邦推薦韓信的將才能力，但劉邦卻不理會蕭何所言的韓信能力，因此起初並不願意重用他。請問劉邦的行為可用下列何種理論加以解釋？ (A)隨機偏差（randomness bias） (B)定錨效應（anchoring effect） (C)沉沒成本錯誤（sunk cost error） (D)自利性偏差（self-serving bias）。【106台鐵】

( ) **3** 假設買了股票，股價卻一路下跌，很多人會覺得已投入這麼多資金就繼續向這檔股票投入更多資金以攤平成本。這說明了什麼？ (A)風險傾向 (B)感知 (C)承諾升級 (D)直覺。【110經濟部】

( ) **4** 在沒有智慧型手機的年代，會發現若是等公車時，公車一直都不來，但此時會有坐計程車不甘願、要繼續等下去又不想的感覺。請問這樣的感受是什麼樣的原因造成： (A)月暈效果 (B)選擇性知覺 (C)資訊扭曲 (D)沉沒成本。【108台鐵】

( ) **5** 根據最新近發生、印象最深刻的事件作為決策依據係指為下列何者？ (A)近期效應偏差 (B)過度自信偏差 (C)立即滿足偏差 (D)自我中心偏差。【108台菸酒】

( ) **6** 「男主外、女主內」，請問這句話犯了什麼決策的偏誤： (A)群體盲思（groupthink） (B)刻板印象（stereotypes） (C)對比效果（contrast effects） (D)投射效果（projection effects）。【108台鐵】

( ) **7** 有些投資經理人對自己過度自信，並且只蒐集有利的證據忽略不利的資訊，來支持自己的投資決策。這種情況稱為： (A)承諾升高（escalation of commitment） (B)自我效能（self-efficacy） (C)確認偏誤（confirmation bias） (D)自證預言（self-fulfilling prophecy）。【106經濟部】

解

1 (A)。先有結論，再找證據（search for supportive evidence）：先有既定結論，再找支持該結論的證據；對不支持既定結論的適時則採取「選擇性偏差」的態度。

2 (B)。(B)定錨效應（anchoring effect）又稱先入為主，過度受到初始狀態或第一印象的影響，以致影響其他訊息的判讀。

3 (C)。

4 (D)。(A)指人們對他人的認知首先根據初步印象，然後再從這個印象推論出認知對象的其他特質。

(B)指人們在某一具體時刻只是以對象的部分特徵作為知覺的內容。

(C)資訊在傳播過程中被層層扭曲。

(D)或稱沉澱成本或既定成本，是經濟學和商業決策制定過程中，會用到的概念，代指已經付出且不可收回的成本。

5 (A)。(A)近期效應偏差：以最近發生的事做為決策依據。

6 (B)。(A)大眾在有限的資訊底下，相信少數人所說的假設而非實際考據理論。
(C)心中先有既定的價值或觀念，再由所看到的事物做「主觀認定」。
(D)行銷者利用簡單且體切的手法，讓觀眾認為自身有身歷其境甚至可以做到。

7 (C)。(A)明知過去之決策並無法解決問題，但仍執意執行且投入更多資源；其原因是由於決策者害怕為過去決策負責，反而投入更多資源，企圖掩蓋真相及期待奇蹟之不得已作法。
(B)或稱為個人效能（Personal efficacy），衡量個體本身對完成任務和達成目標能力的信念的程度或強度。
(C)刻意尋求與自己經驗吻合的資訊，而忽視與經驗牴觸的資訊，或對與他們看法不同的資訊抱持懷疑與批判的態度。
(D)是指人們先入為主的判斷，無論其正確與否，都將或多或少的影響到人們的行為，以至於這個判斷最後真的實現。

填充題

1 有關賽蒙(Simon)所提出的管理決策三部曲，分別為情報（智慧）活動、______活動及選擇活動。【111台電】

2 羅賓斯(Stephen Robbins)根據「思考方式」及「對模糊的容忍程度」2個構面，將決策風格分為以下4種類型：指示型、______型、觀念型及行為型。【108台電】

解 **1** 設計
2 分析

申論題

一、有關理性決策：【題組】
(一)請以購買筆記型電腦為例，詳細說明「理性決策」的程序。
(二)說明理性決策的前提假設。【107台鐵】

二、成功的管理者要知道如何成為一個有效的決策者，請說明有效決策程序的內涵？請舉例說明高階管理者與低階管理者所做的決策有何差異？【106台鐵】

焦點三 個人決策與群體決策

一、決策人數

(一) 個人決策

一個人就可以決定的。其複雜度通常都是由決策者依能力來加以處理。

(二) 群體決策

有些決策並非個人所能處理，此時便需要有一組人參加。由於一群人之間互有不同的目標及要求，因此便需要協調與溝通，以便達成共識。

(三) 組織決策

有些決策不但要由一群人去進行，同時還要透過一個組織結構來做協調溝通的工作。其中任何一個環節不同意，該決策便無法執行。

	優點	缺點
個人決策	1. 決策迅速。 2. 責任明確。 3. 意見不受干擾。 4. 保持價值的一致性。	1. 成員無法集思廣益。 2. 成員無互動機會。 3. 個人主觀意見。 4. 不符合民主精神。
群體決策	1. 一群人的思考可能比個人更周嚴。 2. 可提供更多、更完整的資訊。 3. 提供多樣的觀點、經驗。 4. 可開發更多可行的方案。 5. 增加解決方案的認同度與接受程度。 6. 有更多人參與可能未來在推動該決策時，阻力會較少，提高決策的合法性與正當性。 7. 下屬參與決策的討論過程也是一種很好的訓練與人才培育。	1. 決策程序較費時間，且有「會而不議，議而不決」的現象。 2. 群體的服從壓力造成團體盲思。 3. 造成模糊不清的責任歸屬。 4. 妥協下的結果。 5. 造成少數菁英壟斷。 6. 大家共同決定，有時候會失去原來的方向。 7. 開會成員若意見不一致，且無法順利溝通，可能會造成往後成員間的心結，或決策無法推動。

二、群體決策的方法

方式	內容	進行方式
腦力激盪 (Brainstorming)	成員有好的想法會被別人的想法所激發，因此大家不斷提出各種想法，最後一定能尋找到理想的構想出來。	1. 不要批評別人的構想：構想的評估和比較等腦力激盪完再說。 2. 歡迎各種奇特的構想。 3. 求量不求質。 4. 結合或改進別人的構想也很好。
名義群體 (Norminal Group)	有一群人共同做決定，但是在構想產生階段，彼此的互動卻以個別方式，而不像開會般大家共同討論。	1. 參與者在名義群體中先不用語言溝通討論。 2. 用紙卡讓每個人輪流將自己的構想或看法寫下來，然後傳給下一位，如此持續下去。這樣比較能保證大家的參與度相同。 3. 等構想產生完了之後，參與者再開始討論記下來的各種構想。 4. 在不同方案間，由參與者以評等或投票的方式看各決策構想的優劣及重要性。 5. 必要時做進一步討論，或再投票。
德菲法 (Delphi Methods)	1. 由一群專家做共同判斷，它是一種比較高級的意見調查或溝通方法。 2. 匿名 3. 有意見修改的機會 4. 有彙總回饋的機制	1. 清楚定義問題，並設計問卷。 2. 確定參與的專家並邀請參加。 3. 郵寄第一次問卷及背景資料給參與者。 4. 將收回的問卷結果加以整理，並設計第二次問卷。 5. 將結果摘要，相關訊息回饋，及第二次問卷寄給參與者。 6. 分析第二次回收的結果。若有必要，可再重複以上兩個步驟。
電子會議 (electronic meeting)	經由電腦資訊設備達到交談目的的集體決策方式。	
魔鬼辯證法 (Devil's advocate)	由不同團體提出反對意見，促使做出最好的決定。	
逐步領袖法 (step leader technique)	透過逐步加入新成員，降低團體思考的盲點。	

小比較，大考點

1. 名目團體→面對面，禁止討論
2. 腦力激盪→面對面，禁止批評
3. 德菲術（又稱專家意見法）→非面對面，用問卷
4. 電子會議→非面對面，科技+匿名

小補充，大進擊

組織決策的方法：

模式	中心思想	思考方式
理性	完全理性決定	組織應設定目標，評估所有方案，並選擇目標達成最高的最佳方案
官僚	決策是本位主義的自然產物	目標受限於既有的資源，因此決策結果只是組織程序的自然產物，組織的主要目標是保護其生存、減少風險，決策都是漸進的
政治	決策是政治妥協的結果	組織決策是由其中主要有影響力的人相互影響、談判、妥協的結果，因此參與者的資源及權力決定結果
垃圾筒	決策是由當時狀況隨機發生	大多數組織只暫時存在，而決策只是當時的問題、政治及其他因素碰巧產生的

即刻戰場

選擇題

一、決策人數

( ) **1** 下列何者不是群體決策的優點？ (A)增加合理性 (B)提供更完整的資訊和知識 (C)提出更多的方案 (D)比個人決策花更少的時間。【108郵政】

( ) **2** 個人決策與群體決策之比較，下列何者正確？ (A)群體決策較為耗費時間與成本，效率低 (B)個人決策品質較為單一主觀 (C)群體決策責任歸屬較為明確 (D)群體決策容易產生「風險移轉」的行為 (E)個人決策較易得到較多的資訊、知識與經驗。（多選）【107台鐵】

( ) **3** 下列何者不是群體決策的優點？ (A)統整不同參與者的智慧 (B)決策的實施可以獲得較多支持 (C)決策過程的效率較高 (D)有機會建構較令多數人滿意的方案。 【107郵政】

( ) **4** 下列何者不是群體決策常見的缺點？ (A)常較不易凝聚共識 (B)決策效率通常較低 (C)決策的正當性較低 (D)容易出現群體迷思。 【108台菸酒】

解 **1 (D)**。(D)比個人決策花更少的時間多。

2 (ABD)。(C)群體決策責任歸屬較為模糊。

(E)群體決策較易得到較多的資訊、知識與經驗。

風險移轉（risk transfer）：指將風險及其可能造成的損失全部或部分轉移給他人。通過轉移風險而得到保障，是應用範圍最廣、最有效的風險管理手段，保險就是其中之一。

3 (C)。群體決策缺點：時間花費較久且成本高、結果只是妥協的產物、少數成員壟斷意見。

4 (C)。(C)決策的正當性較高，且為群體決策常見的優點。

二、群體決策的方法

( ) **1** 下列各項中何者並非群體決策常用的技術？ (A)名目團體 (B)線性規劃 (C)腦力激盪 (D)德菲法。 【107台鐵】

( ) **2** 有關創意團隊的決策發展技巧，若鼓勵成員提出方案，而不做任何批評的創意發展過程，係為下列何者？ (A)記名團體術 (B)腦力激盪術 (C)電子會議 (D)德菲法。 【107台水】

( ) **3** 為避免團體盲思(groupthink)的危險，通常會採取下列何種方法？ (A)唱高調法 (B)唱反調 (C)創造力訓練 (D)腦力激盪法。【108經濟部】

( ) **4** 由一群專家透過一系列問卷凝聚共識，並據此一致性看法對特定議題做出預測的研究方法是下列何者？ (A)名義群體技術(Nominal Group Technique) (B) SWOT分析法 (C)腦力激盪法(Brain Storming Method) (D)德爾菲法(Delphi Method)。 【107經濟部】

解 **1 (B)**。腦力激盪、名目團體、德菲術、電子會議。

2 (B)。腦力激盪法（術）、奧斯本法（術）：

(1)團體成員聚在一起「面對面」討論議案，可隨便發表意見，但不能批評他人想法（自由表達，嚴禁任何批評）。

(2)鼓勵成員提出方案，而不做批評、自由聯想、點子愈多愈好（鼓勵成員提出方案）、點子重新組合提出改善。

3 (B)。避免團體迷思的方法：

(1)領導者保持中立：領導者不要太早說出自己的偏好，並讓正反意見皆有被表達的機會。

(2)分成小組討論：將全體成員分成不同的小組，並同時就問題進行討論，討論完後，彙整意見，以減少團體一致性的壓力。

(3)安排搗蛋鬼（唱反調）：指派一位或多位受團體成員尊敬且適合的成員，扮演反對者的角色，專門針對已有的決定做批評，以使其他團體成員自我審查該決定是否得當。

(4)邀請外界專家參與討論：邀請外界專家參與討論，以發掘更多良好的想法。

4 (D)。德菲法又稱專家預測法。

作法：(1)形成一個團體。(2)給第一輪問卷。(3)將問卷成果傳給其他專家。(4)參考其他專家意見，修正自己原先想法。(5)反覆前4項動作，直到團隊達成共識。

申論題

一、決策是企業經營的重要活動，請問：【題組】

(一) 何謂企業的「例行性決策」與「非例行性決策」？

(二) 資訊不完整是造成決策困難的重要原因，請問導致資訊不完整的因素有那些？

(三) 群體決策模式是組織處理非例行性問題時常用的方法，請敘述下列四種群體決策模式的運作方法：焦點團體法、腦力激盪法、記名團體法、德菲法。

【110台鐵】

答：

(一)

項目	例行性決策（結構性）	非例行性決策（非結構性）
頻率	重複性，例行	新的，非一般的
資訊	完整且隨手可得	模糊，不完整的
目標	清楚，特定	不清楚
決策依據	程序，規則，政策（短期）	判斷和創意性作法（長期）

(二) 導致資訊不完整的因素

1. 風險與不確定性：對於風險是否會發生的掌控與確信程度，若風險與不確定程度越高則越難確保資訊的正確性。
2. 時間限制：管理者是否有足夠的時間對資訊進行完整蒐集與詳盡的分析。
   例如：對手提出新策略與產品的回應時間、發生危機須立即反應的時間限制。
3. 資訊成本：獲取各項資訊所需付出的時間、金錢、心力等各項成本。
   例如：獲取新專利技術的成本、普查消費者偏好的成本。
4. 資訊模糊性：對於所獲得的資訊意涵是否明確清楚，以及對資料的解讀結果導致決策的差異性。
   例如：對客戶反饋的解讀、市場調查結果的正確性、財務報表所代表的意義解讀。

(三) 群體運作方法

1. 焦點群體法：由6~10人組成小組，由會議主持人引導，讓參與人員討論議題，最後獲得一致結論。
2. 腦力激盪法：團體成員聚在一起面對面討論議案，可以隨便發表意見，但不能批評他人。
3. 記名團體法：團體成員雖然聚在一起面對面討論議案，但在過程中禁止出席人員相互討論。
4. 德菲法：又稱專家意見法，指人員彼此不會碰面，透過問卷蒐集人員意見，直到有明確且一致的結論出現。

二、進行團體決策時，經常會發生所謂的團體迷思(groupthink)偏誤，請回答下列問題：【題組】

(一) 何謂「團體迷思」？

(二) 哪些情況下，特別容易發生團體迷思偏誤（請列舉兩項）？

(三) 如何降低團體迷思偏誤（請列舉三項）？ 【110經濟部】

答：

(一) 團體迷思，亦作團體盲思、集體錯覺。是團體在決策過程中，由於成員傾向讓自己的觀點與團體一致，因而令整個團體缺乏不同的思考角度，不能進行客觀分析。一些值得爭議的觀點、有創意的想法或客觀的意見不會有人提出，或是在提出之後，遭到其他團體成員的忽視及隔離。團體迷思可能導致團體做出不合理的決定。部分成員即使並不贊同團體的最終決定，但在團體迷思的影響下，也會順從團體。

(二) 略。

(三) 改善團體迷思偏誤的方式

1. 名目團體：團體成員針對議案面對面聚在一起，但過程中禁止出席人員互相討論，以維持獨立思考做決策。
2. 腦力激盪：團體成員針對議案面對面聚在一起，可以隨意發表意見，但不能批評他人。
3. 德菲法：人員彼此不會碰面，透過問卷搜集人員意見，直到有明確且一致的結論。
4. 電子會議：利用網際網路及資訊設備、技術，參與人員匿名發言，並隨時進行更改、批評。

時事應用小學堂 2023.02.01

97 歲模範阿嬤確診重症「醫病共享決策」成功救命

對生命始終抱持樂觀積極態度的 97 歲高姓阿嬤，擁有模範母親和模範阿嬤的殊榮，因為確診重症，加上血液鉀離子過高需緊急血液透析，家屬緊急與彰基主治醫師透過「醫病共享決策」機制，取得治療的共識，成功把阿嬤從鬼門關前救回，阿嬤已康復出院，與家族一起度過團聚圍爐的歡樂時光。

彰基副院長暨神經醫學科主治醫師劉青山說，「醫病共享決策」精神就是站在病人的角度，也站在醫療的角度，做出最好的一種判斷；他跟阿嬤認識 20 多年了，阿嬤曾經走過 3 至 7 天的媽祖遶境，連他都嚇一跳，即使中風了，阿嬤對於生命和身體健康的追求還是一如往常，看待生命的真諦和態度，令他動容。

阿嬤有中風（左側乏力）、高血壓、糖尿病、心臟病、結腸癌、慢性腎臟疾病等，長期住在護理之家，平日定期回診看劉青山門診，去年 10 月 28 日染疫確診，11 月 4 日出現喘、痰音重等症狀，緊急送至彰基急診，進行 PCR 呈陽性反應，隨即轉送彰基中華院專責病房急救。

醫療團隊因阿嬤當時的病況差而告知家屬病危現象，也從生化檢查發現，阿嬤血液鉀離子過高，經腎臟內科醫師會診後，建議緊急血液透析，家屬電話連繫劉青山醫師，雙方醫病討論後隨即進行血液透析，黃金治療期即時下正確的診斷並治療，阿嬤緊急接受洗腎，狀況明顯好轉。

劉青山說，阿嬤住院期間快篩轉為陰性，在接受鉀離子監測、藥物治療下，只進行一次血液透析，病況就獲得改善，這都要拜醫院落實「醫病共享決策」機制之賜，即時「對症治療」，沒有拖延治療。

（資料來源：自由時報 https://health.ltn.com.tw/article/breakingnews/4197936）

延伸思考

文章中的醫病共享決策，是類似何種決策方式。

解析

「醫病共享決策」是以病人為中心的臨床醫療執行過程，目的是讓醫療人員和病人在進行醫療決策前，能共同享有現有的實證醫療結果，提供病人所有可考量的選擇。

以腎臟病為例，首先，醫師在解釋報告時，分析並提及未來可能會需要選擇血液透析、腹膜透析、或腎臟移植，而醫師希望能邀請病人與家人一起先來決定下一步的治療，但是在做決定之前，會先請專業的醫療人員向大家說明選項，途中會詢問每一個人的想法、偏好及大家心裡在意的地方。

在確認清楚知道醫療選項並提出偏好之後，再與醫師討論共同決定治療的下一步。如此一來，患者能自己了解、面對、並參與問題，家屬也能知道如何幫助患者、減少慌張及徬徨，而醫師可以更貼近病人的需求、提早做規劃，提供有效率且安全的治療流程。

也就是在不確定的情況下，由群體思考的方式，避免由醫生一個人做出決策，可以減少錯誤與偏差。

Lesson 09 策略管理

課前指引

策略管理是很重要的一章，策略管理是企業經營管理的重要工作，包括企業的長期目標以及為了達成這些目標所採行的行動方案與資源配置，策略管理涵蓋規劃、組織、領導及控制等所有基本的管理功能。在管理學院的課程，甚至會將策略管理設定為一學期的課程。國營事業的命題中也常出現的考點。

重點引導

焦點	範圍	準備方向
焦點一	策略管理的程序	本焦點的重點在 SWOT 分析與 SWOT 交叉分析，考題眾多，要多加練習，就能熟能生巧。
焦點二	內外部環境分析	本焦點介紹多種內外部環境分析的方法，分析內部環境的價值鏈分析，分析外部環境的五力分析都是非常常考的重點。另外，鑽石分析是經濟部聯招的必考題，需要讀熟且融會貫通。
焦點三	公司總體策略	本焦點非常非常重要，大量的考題都是出自焦點三。包括成長策略中的垂直整合、水平整合、多角化、市場滲透、市場擴張、併購、外包等。另外，BCG 矩陣工具也是另一個大考點，需要仔細研讀。
焦點四	競爭策略與功能策略	焦點四的重點在事業單位策略的競爭成略，包括低成本領導策略、差異化策略、集中化策略，尤其是差異化策略與集中化策略，很容易混淆，又是考試重點，需要多加練習。
焦點五	執行策略與控制	本焦點相對而言考試題目並不多，只要了解執行策略的 7S 架構，就能輕鬆取分。

焦點一 策略管理的程序

一、策略管理程序【台電、台鐵】

程序	內容
策略規劃	界定公司使命、目標，分析公司面臨的內、外在環境，並依據分析決定適合的策略行動方案。
策略執行與評估	包括組織結構因應與調整，及其他為順利推動策略行動方案所進行的相關業務，追求在最適當環境下推動並檢視方案的執行。

小比較，大考點

願景→藍圖
使命→存在（組織存在的理由與目的）
信念→核心
目標→結果

策略管理程序包括界定組織使命、目標與策略、內部環境分析、外部環境分析、形成策略、執行策略、評估結果六大步驟。

步驟		內容
步驟一	界定組織目前使命、目標與策略【經濟部、台糖、台電、郵政、農會】	一個對組織存在目的之描述，並界定企業的產品與服務的範疇。可使管理者思考、界定企業該做的事。
步驟二	內部環境分析	即從組織的資源與能力中，找出組織之優勢（strength）與弱勢（weakness）。可讓管理者瞭解組織的資源與能力。 1. 優勢－組織可以有效執行，或組織所擁有的特殊資源。 2. 弱勢－組織表現較差的活動，或組織需要但卻未擁有的。 組織的資源與能力： 1. 資源（resources）：組織用以發展、製造及運送產品給顧客的工具。 2. 能力（capabilities）：指執行工作時所需的知識與技能。

步驟		內容
		3. 核心能力（corecompetencies）：指組織所具有能創造出某種主要的能力。核心資源與核心能力，是決定組織競爭力的重要武器。
步驟三	外部環境分析	管理者都必須分析環境，並同時檢視經濟、人口、政治、法律、社會文化、科技以及全球情勢，瞭解環境的趨勢與改變。分析環境後，管理者必須評估組織可掌握的機會有哪些？可能面臨的威脅又有哪些？ 1. 機會（opportunities）：外部環境的正面趨勢。 2. 威脅（threats）：外部環境的負面趨勢。
步驟四	形成策略	管理者考量外部環境的現實面，以及組織可用的資源和能力，制定能夠幫組織達成目標的策略。 制定的策略可分三種類型： 1. 公司總體策略。 2. 事業單位策略。 3. 功能策略。
步驟五	執行策略	策略形成後就必須加以執行。
步驟六	評估結果	策略是否幫助組織有效達成目標？有哪些地方需調整？確認策略的效率。

小補充，大進擊

確認目標：工作那麼的多，您為何選擇國營考試？
SWOT分析：國考，您的優勢、劣勢、機會與威脅又是哪些呢？
制定策略：制定讀書（準備）計畫
執行策略：執行讀書計畫
評估結果：上榜與落榜

二、SWOT分析與TOWS分析

SWOT分析可以幫助組織了解內、外部環境遇到的狀況，但無法提供發現狀況後如何去改進或是優化的策略方向。因此，1982年美國舊金山大學的管理學教授韋里克提出TOWS分析法，也有人稱為SWOT交叉分析，把SWOT分析後的內容交叉對應，幫助公司將內外狀況同時評估，再發展出對應策略的方法。

(一) SWOT**分析**【台水、台糖、台菸酒、中油、台電、台鐵、郵政、桃捷、漢翔】

	對達成目標有幫助的	對達成目標有害的
內部	優勢（Strengths） ◎人才方面具有何優勢？ ◎產品有什麼優勢？ ◎有什麼新技術？ ◎有何成功的策略運用？ ◎為何能吸引客戶上門？	劣勢（Weaknesses） ◎公司整體組織架構的缺失為何？ ◎技術、設備是否不足？ ◎政策執行失敗的原因為何？ ◎哪些是公司做不到的？ ◎無法滿足哪一類型客戶？
外在	競爭市場上的機會（Opportunities） ◎有什麼適合的新商機？ ◎如何強化產品之市場區隔？ ◎可提供哪些新技術與服務？ ◎政經情勢的變化有哪些有利機會？ ◎企業未來 10 年之發展為何？	威脅（Threats） ◎大環境近來有何改變？ ◎競爭者近來的動向為何？ ◎是否無法跟上消費者需求的改變？ ◎政經情勢有哪些不利企業的變化？ ◎哪些因素的改變將威脅企業生存？

(二) TOWS**分析提供四個方向的策略分析**【台水、台菸酒、中油】

內部分析 \ 外部分析	O機會	T威脅
S優勢	SO策略（Max-Max）	ST策略（Max-Min）
W劣勢	WO策略（Min-Max）	WT策略（Min-Min）

1. SO**策略（**Max-Max**策略）**：乘勝追擊策略
   狀態說明：外部有機會，公司有優勢。
   策略擬定：充分發揮公司內部優勢，抓住機遇。

2. WO**策略**（Min-Max**策略**）：策略聯盟策略

   狀態說明：存在一些外部機會，但公司內部有些劣勢妨礙著它利用這些外部機會。

   策略擬定：利用外部資源來彌補公司內部劣勢。

3. ST**策略**（Max-Min**策略**）：守株待兔策略

   狀態說明：外部有威脅，公司有優勢。

   策略擬定：利用公司的優勢，以回避或減輕外部威脅的影響，將威脅轉化為機遇。

4. WT**策略**（Min-Min**策略**）：置之死地而後生策略

   狀態說明：外部有威脅，公司有劣勢。

   策略擬定：減少內部劣勢同時回避外部環境威脅，即不正面迎接威脅，置之死地而後生。

   各家版本對於策略命名有各種不同說法，故僅需要記得各種狀態以及策略擬定方向，對於名詞不必太執著。

策略名稱	SO	ST	WO	WT
第 1 種版本	乘勝追擊	多元化	扭轉	防禦
第 2 種版本	攻擊	穩定	防禦	退守
第 3 種版本	維持	防禦	強化	避險

小補充，大進擊

資源基礎觀點【經濟部、台菸酒、台鐵】

在內部分析中，並非所有的資源都可以為企業帶來同樣強度的競爭優勢，具備某些特質的資源更有助於企業建立競爭優勢。

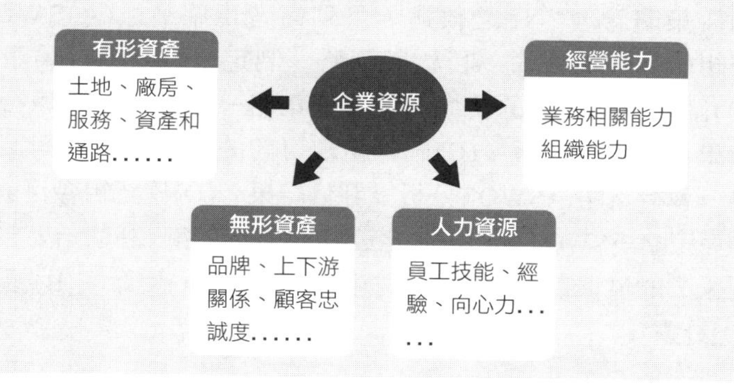

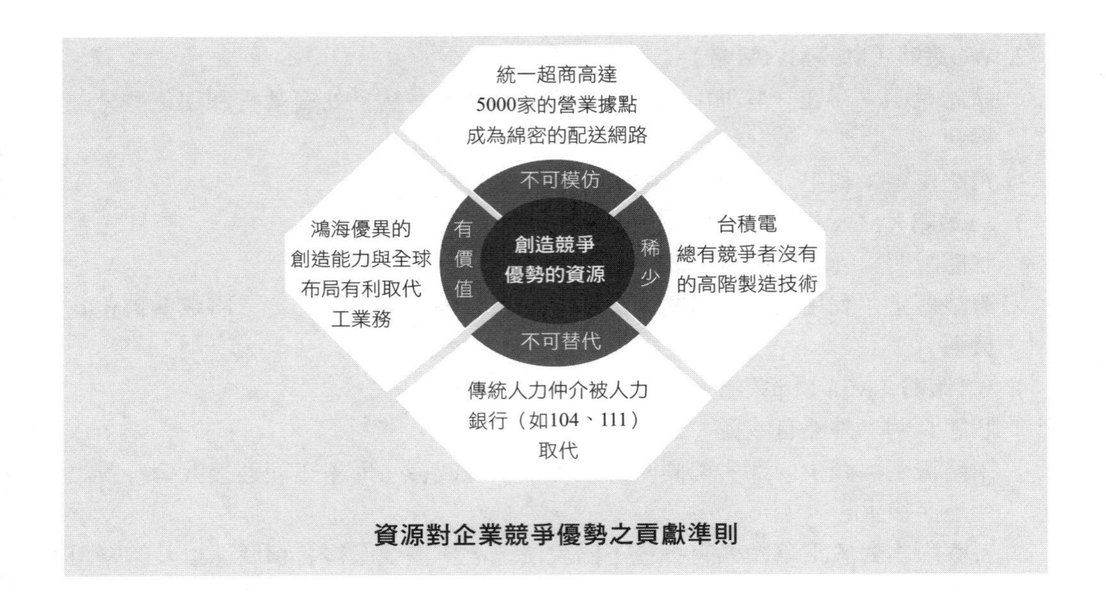

資源對企業競爭優勢之貢獻準則

小口訣，大記憶

核心資源的四個特性：有價值、稀少性、難以模仿、不可替代

▲價稀難替（價值稀少難以替代）

即刻戰場

選擇題

一、策略管理的程序

(　　) **1** 關於策略管理程序之敘述，下列何者正確？　(A)SWOT分析→確認組織目前的使命、目標與策略→制定策略→執行策略→評估結果　(B)確認組織目前的使命、目標與策略→制定策略→執行策略→評估結果→SWOT分析　(C)確認組織目前的使命、目標與策略→制定策略→執行策略→SWOT分析→評估結果　(D)確認組織目前的使命、目標與策略→SWOT分析→制定策略→執行策略→評估結果。【106台鐵】

(　　) **2** 對未來的憧憬以及實現的行動指的是？　(A)使命　(B)願景　(C)理想　(D)計畫。【107農會】

( ) **3** 中華郵政以成為「卓越服務與全民信賴的郵政公司」，作為： (A)工作 (B)目標 (C)願景 (D)任務。 【108郵政】

解 1 **(D)**。界定組織目前的使命、目標與策略→SWOT分析→制定策略→執行策略→評估結果。

2 **(B)**。願景>使命>目標

(1)願景（Vision）：組織希望達到的最終境界、未來的藍圖。

(2)使命（Mission）：組織存在的理由和目的。

(3)目標（Goals）：組織期望的結果。

(4)策略（Strategies）：企業長期基本目標，以及達成這些目標所採行的行動方案和資源配置政策。

3 **(C)**。願景（Vision）：組織希望達到的最終境界、未來的藍圖。

二、內外部環境分析

( ) **1** 協助企業分析外在環境條件，以及企業本身所有的長處跟不足，藉由一套工具分析後能讓企業訂出適合的策略。請問這套工具是什麼？ (A)集中策略 (B)SWOT (C)長期計畫 (D)科學管理。 【108台鐵】

( ) **2** 企業用來分析外在環境跟本身條件的分析工具為下列何項？ (A)SWOT分析 (B)BCG矩陣 (C)期望理論（Expectancy Theory） (D)甘特圖（Gantt chart）。 【107台鐵、108台鐵】

( ) **3** 企業進行策略分析時常用的SWOT分析，其中有關內部分析是指下列何者？ (A)OT (B)SW (C)ST (D)WO。 【108台菸酒】

( ) **4** 臺灣邁向高齡化的社會，對於運輸安全便利的輔助設施需求提高，如果運輸業者能夠運用相關企業資源滿足高齡人口的需求，可以提高公司長期營運利益。請問以上的敘述是結合SWOT分析中的那些部分？ (A)SO (B)WT (C)SW (D)WO。 【107台鐵】

( ) **5** 面臨少子化情形，導致經營狀況不佳的私立學校招生不足的現象，屬於SWOT分析中的 (A)優勢 (B)劣勢 (C)機會 (D)威脅。【107台菸酒】

( ) **6** 美食集團這些年的經營相當成功，在消費者對其餐飲與服務感到滿意的同時，美食集團也瞭解到消費不同需求，於是「燒肉同話」、「這一鍋」等不同訴求的餐廳也一一成立；請問美食集團這種乘勝追擊的策略稱為何種策略？ (A)SO策略 (B)ST策略 (C)WO策略 (D)WT策略。 【107台菸酒】

( ) 7 全家便利商店看好消費者對日本商品的消費力，在自身欠缺通路資源下選擇跟日本轉運商tenso合作，日後消費者到推薦的日本網站購物，都可直接到全家門市取貨，開創超商跨境網購商機。請問全家便利商店採用的是SWOT分析中的何種策略？ (A)WO策略 (B)SO策略 (C)WT策略 (D)ST策略。【107中油】

解 1 **(B)**。(A)為麥可．波特的成本決策之一，共分為「成本領導、差異、集中化」。其中集中化為鎖定目標客群進行銷售策略，可從目標行銷觀念下去思考。
(B)用來分析外在環境跟本身條件的分析工具。S為優勢；W為劣勢；O為機會；T為外在威脅。
(C)為「策略規劃」時間最長者。分為「短期、中期、長期」三種。
(D)為科管之父「泰勒」提出，認為效率為上為基本準則。

2 **(A)**。(A)用來分析外在環境跟本身條件的分析工具。
(B)企業用來分析產品或事業表現，方便審視以及分配資源。
(C)激勵等於「期望值與期望之乘積的總和」。
(D)掌握專案、活動進度的工具。

3 **(B)**

4 **(A)**。能夠運用相關企業資源，滿足高齡人口的需求→機會(O)。
運用相關企業資源→本身的能力→優勢(S)。

5 **(D)**。少子化屬於外部環境問題，屬於威脅。

6 **(A)**。乘勝追擊→優勢S
環境機會→機會O

7 **(A)**。全家便利商店看好消費者對日本商品的消費力→機會Opportunities
在自身欠缺通路資源下選擇跟日本轉運商tenso合作→劣勢Weaknesses

三、資源基礎模式

( ) 1 資源基礎觀點（resource-basedview）判斷資源是否可以成為競爭優勢來源。該原則不包括以下那項準則？ (A)稀少的 (B)難以模仿的 (C)可在市場交易的 (D)難以替代的。【108台鐵】

( ) 2 為了持續地保有競爭優勢，企業組織所擁有的資源及具備的特色不包含下列哪個選項？ (A)有價值的 (B)稀少的 (C)可複製的 (D)無法替代的。【109台菸酒】

解 1 **(C)** 2 **(C)**

填充題

1 所謂 ______ 是展現組織未來經營雄心及企圖，也是長期努力經營可實現的遠景。例如：台電公司以「成為卓越且值得信賴的世界級電力事業集團」為代表。【108台電】

2 當企業編擬策略規劃時，常使用SWOT分析所面臨外部環境及本身內部條件，以制定有效的經營策略，其中O代表 ______ 。【108台電】

解 1 願景

2 機會

申論題

一、有關策略規劃：【題組】

(一) 請詳述企業策略規劃的程序或步驟。

(二) 請說明其中環境分析的面向。

(三) 請說明其中SWOT分析的意義及目的。【107台鐵】

二、請說明策略管理程序（strategic management process）分為哪幾個步驟以及各步驟內容為何？公司層級策略（corporate strategy）與事業層級策略（business strategy）主要差異為何？請以經濟部某一所屬事業機構為例，說明管理者在該單位須考量哪些公司層級策略與事業層級策略問題？【107經濟部】

答：

(一) 策略管理程序之步驟

資源對企業競爭優勢之貢獻準則

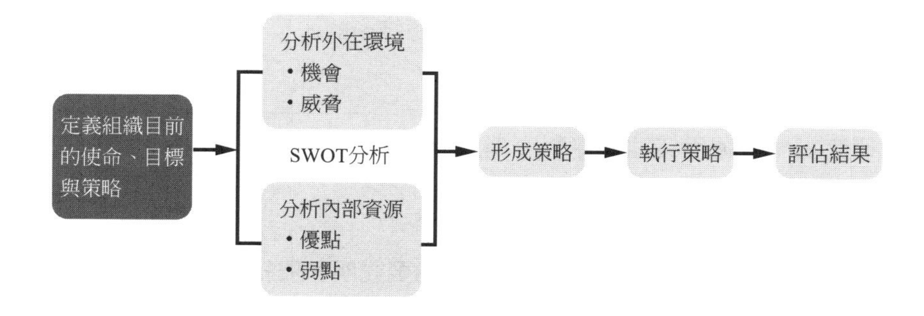

(二) 公司層級策略vs.事業層級策略

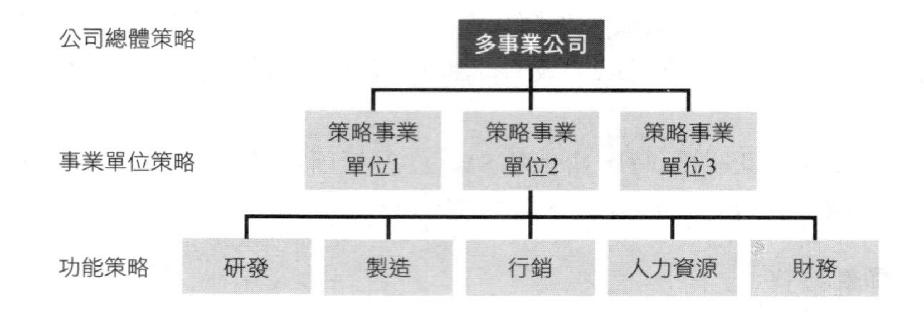

1. 公司層級策略：
   (1) 資源分配與整體布局，關注整體發展方向。
   (2) 決定公司期望在何種產業中發展、如何發展等議題。
   (3) 決定組織的使命和目標，以及組織每個事業單位在未來發展時所扮演的角色。
   (4) 公司層級策略的類型有：成長策略、穩定策略、更新策略。
   (5) 管理策略工具：BCG矩陣。
2. 事業層級策略：
   (1) 組織有很多事業單位，且各事業單位間彼此獨立且可自訂其發展策略。
   (2) 針對個別事業的差異，提出不同的策略，焦點集中於如何在一事業環境中競爭，著眼於獨特能力的創造、維持及運用，以達到競爭優勢。範圍比公司策略小。
   (3) 策略發展工具：波特五力分析模型。
   (4) 競爭策略類型：成本領導策略、差異化策略、集中化策略。

(三) 以經濟部所屬台灣電力公司為例

1. 公司層級策略：因應電業自由化下的公司經營策略、公司結構變革（105年正式成立配售電、水火力發電、核能發電、輸供電四個事業部）、永續發展策略（公司角色轉型）、能源轉型策略、是否籌備發展海外核電廠除役業務等。
2. 事業層級策略：新電廠增建、再生能源技術的研發（回應顧客需求）、電網佈署配置、核廢料處置等。

三、研究指出，運用策略規劃對企業的營運有具體幫助，可發揮管理綜效。請回答下列問題：【題組】
(一) 策略規劃的步驟為何？
(二) 組織策略可分為哪三個層級？請簡要說明各層級策略的內涵。

【110台菸酒】

焦點二 內外部環境分析

環境分析是制定策略的一項重要前提工作，企業必須對經營環境了解，才可能掌握可能發生的變化。除了前一個焦點介紹的SWOT分析外，以下將介紹幾個分析工具，也可以幫助管理者對組織內外部環境進行分析。

一、分析內部環境

找到競爭優勢的首要方法：從公司內部開始

(一) **價值鏈分析**（value chain analysis，VCA）【經濟部、台水、台北自來水、台菸酒、台電、台鐵、郵政、漢翔】

項目	內容
用途	一套用來分析企業競爭優勢、尋找最大價值的方法。
提出者	哈佛商學院教授麥可波特（Michael E. Porter）在《競爭優勢》一書中。
方式	競爭的優勢來自於企業內部，必須將企業中不同的價值創造活動分解拆開來，再進行分析。
內容	從產品的設計、生產、行銷到運輸及整個支援作業等多項活動，都是企業獲得價值的來源。 例如製造業透過大量原料的收購，壓低生產成本，創造價值；零售商針對客戶進行客製化的服務，這些都是企業在創造本身價值的行為。而這一連串價值創造過程的連結即是價值鏈。
價值鏈分類	主要活動：企業主要生產與行銷產品或服務的過程。 輔助活動：支援主要營運活動的其他企業營運活動，共同營運環節。
價值鏈管理必要條件	1. 組織文化與態度。 2. 協調與合作。 3. 技術投資。 4. 組織程序。 5. 領導。 6. 員工 / 人力資源。

(二) **價值鏈**：主要活動與輔助活動

1. **主要活動**：

活動	內容
進料後勤	內部後勤、進貨後勤，指原料品項的接收、儲存、分配等活動。如：退料、物料控管等。

活動	內容
生產作業	生產作業，將原料轉化為產品的中間過程。如：組裝活動、產品品檢等。
出貨後勤	外部後勤，出貨後勤、倉儲運輸，產品製造完成後的收集、儲存與運送活動。如：貨車調度、運送時程安排。
行銷與銷售	讓顧客對於產品產生購買誘因與購買行為的活動。如：促銷活動、廣告等。
服務	提升或維持顧客對產品所產生的價值相關活動。如：維修服務、保固等。

2. **輔助活動：**

活動	內容
企業的基本設施	企業基本設施，包含：組織結構、一般管理、財務、會計、法規等活動。
人力資源管理	員工招募、訓練、發展及績效評估的活動。
技術發展	進行價值活動所需專業技術、程序、操作設備技術等活動。
採購	購買原物料、供應品及設備等項目之活動。

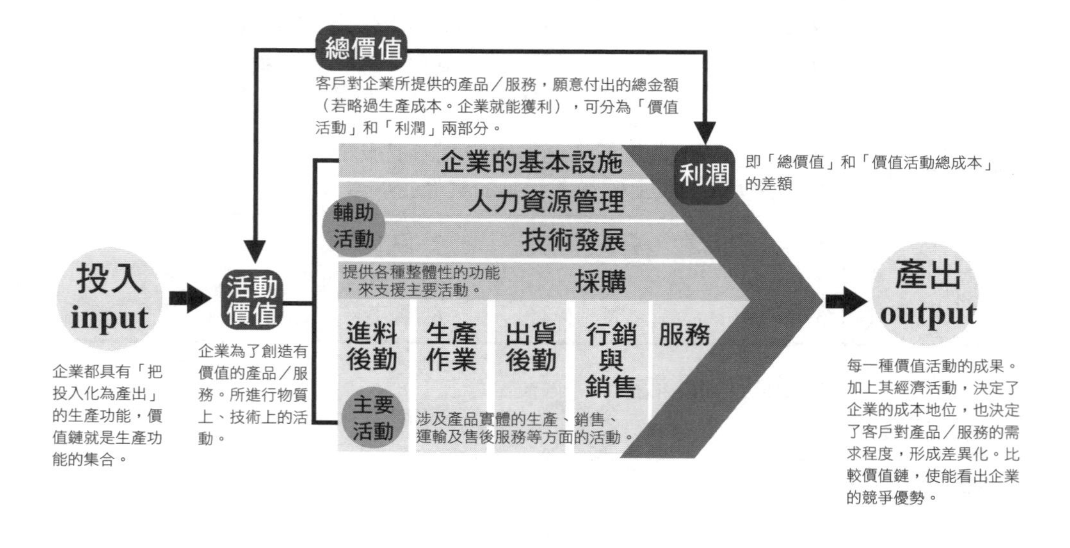

小口訣、大記憶

1.主要活動：**進**料後勤、**出**貨後勤、服**務**、生**產**作業、行**銷**與**銷**售。
▲進出勿產銷
2.輔助活動：技**術**發展、**人**力資源管理、**企**業的基本設施、**採購**。
▲樹人去（企業）採購

小比較，大考點

供應鏈管理V.S.價值鏈管理【台菸酒、台鐵、郵政、桃機】

	供應鏈管理	價值鏈管理
定義	管理產品由最初的原料至銷售商品給消費者間所有活動的環節。包括原料、設備、生產、庫存、銷售、售後服務等事項。	產品在整個價值鏈中流動時，一連串整合作業與資訊程序的管理。
強調	內部導向、生產導向	外部導向、顧客導向
焦點	效率	效能
目的	降低成本、提高生產力	創造顧客價值
重視	原料的有效流動	由廠商來的進料管制及所生產提供給顧客的產品/服務

二、分析外部環境

(一) PEST分析

1. PEST分析是針對「大環境因素」的分析模型，列出可能造成影響的事物，畫出未來的藍圖。
2. PEST分析最早是由美國學者Johnson・G與Scholes・K於1999年提出，由4個外在因素構成，分別是政治（Political）、經濟（Economics）、社會（Social）、科技（Technology），其名稱正是由這4個英文字首集合而成。

分類	內容
政治	法律、國家或地方政策、立法與修法、稅率政策、勞動法規、政治動向、政黨輪替、外交關係、關稅條款、貿易限制、消費者保護或政治團體的示威等。
經濟	消費動向、消費水準、物價變化、經濟成長率、利率、匯率、股價、原油價格、經濟蕭條或成長等。
社會	人口動態、人口成長率、人口密度、人口結構、年齡分布、生活型態、流行、輿論、健康意識、文化觀點、安全需求等。 這項因素和「目標市場」有關，就是和「人」有關，因此充滿更多的不確定因素，在不同目標市場之間也會產生更大的差異。和社會有關的常見因素有：目標市場所在位置、顧客的生活型態、家庭組成結構、族群人口比例、健康意識型態和其他文化相關因素。
科技	基礎設備、研發活動、自動化、創新、技術開發、技術誘因、科技應用、專利、科技發展的速度與變化趨勢、無線網路涵蓋範圍、網路安全程度、線上數據庫、信用卡／線上支付普及率、通路和貨物供應鏈等。

PEST分析常和SWOT分析、五力分析同時使用，尤其是SWOT分析提及的「機會」、「威脅」因素，其實與PEST有異曲同工之妙。

(二) **五力分析**【經濟部、台糖、台水、台菸酒、中油、台電、台鐵、中華電信、桃機】

1. 麥可波特（Michael E. Porter）著名的五力分析模型提供了一個簡單的角度，讓公司或企業組織可以針對外部競爭力和產業地位進行評估和分析。
2. 波特認為以下五個因素可以了解一個產業是否值得進入，是否有吸引力，並界定企業在該產業中所處的位置為何，以及未來的發展計畫該朝向哪個方向發展。
3. 五力分析就是透過五種競爭力量來界定分析企業所處產業的競爭性，了解企業所處環境競爭的激烈程度後，決策者便可尋求發展超越對手的優勢。
   可尋找到外部機會的五種競爭力量說明如下：

因素	內容	例子
購買者議價能力	決定購買者的影響能力	(1) 購買者的購買數量 (2) 購買者集中度 (3) 取得替代品的便利性

因素	內容	例子
供應商議價能力	決定供應商的影響能力	(1) 供應商集中度 (2) 對供應商採購數量 (3) 取得替代品的便利性
潛在進入者威脅	潛在進入者的進入障礙高低	(1) 規模經濟 (2) 專利保全 (3) 品牌忠誠 (4) 專利 (5) 資金需求
替代品威脅	是否有其他產品可替代	(1) 轉換成本 (2) 替代品價格 (3) 顧客忠誠度
現存產業競爭程度	現存產業競爭程度高低	(1) 競爭結構集中或分散 (2) 產品差異化程度 (3) 產業的成長率 (4) 需求的上升或下降

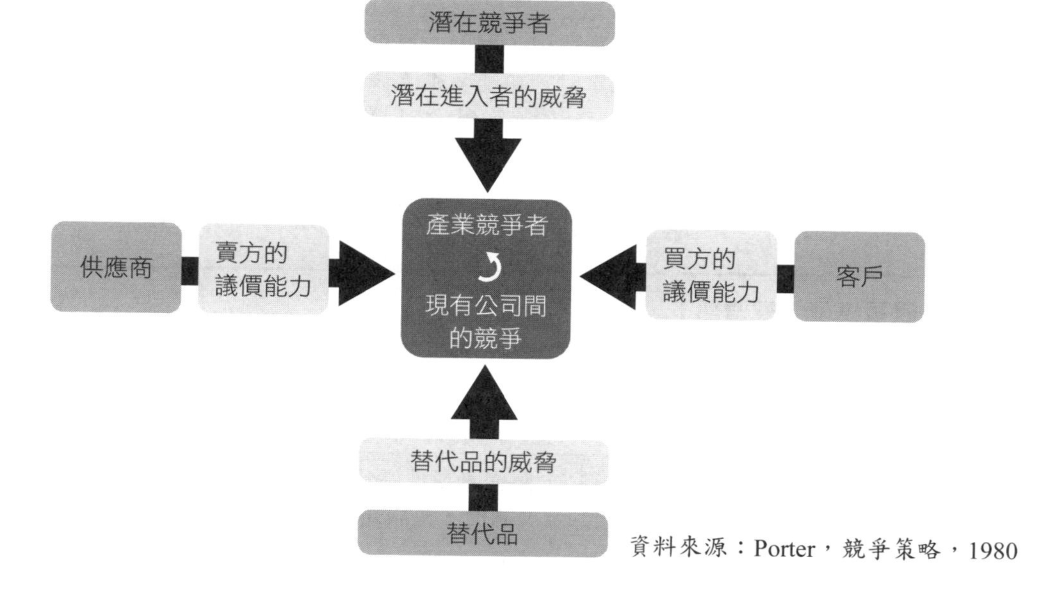

資料來源：Porter，競爭策略，1980

小比較，大考點

1. 互補品（買A也會買B，AB互補）
   如：買影印機也會買墨水匣
2. 替代品（買A就不買B，A替代B）
   如：買鵝肉麵就不買牛肉麵

(三) 產業競爭結構

1. 產業競爭結構可以分為獨佔、寡佔、獨佔競爭、完全競爭。
2. 獨佔性競爭與寡佔市場，是介於完全競爭與獨佔二極端之間。現實社會中，大多數產業為獨占性競爭或寡占市場。

市場結構	基本特徵	內容	例子
完全競爭	1. 價格接受者 2. 自由進出	廠商數很多，訊息充分，移動自由，產品同質、沒有歧視、個別廠商無法改變產品價格	早餐店
獨占性競爭	1. 異質產品 2. 進出容易	廠商數也很多，但由於各家產品具異質性，因此個別廠商仍有部分的價格決定力量	1. 零售業 2. 紡織業
寡占	1. 彼此牽制 2. 進出困難	廠商數目少，因此生產與定價決策彼此牽制，可能有進入障礙（規模很大非一般人從事，也很難不做了）	1. 百貨、水泥 2. 電視台 3. 汽車
獨占	1. 只有一家 2. 沒有進出	沒有近似的替代品，一個廠商就是一個產業，某些有進入障礙（如政府特許）	1. 水電、郵政 2. 菸酒

(四) 鑽石競爭模型【經濟部】

項目	內容
提出者	麥可波特（Michael E. Porter）在《國家競爭優勢》提出。
內容	國家競爭優勢是指某一個國家或地區，若具備某些特殊條件，則可以成為某一產業的發展基地，是該產業具有競爭力。
用途	強調國家層級，某國產業與其他國家相比之下有沒有競爭優勢。

項目	內容	
鑽石模型理論：產業發展要均衡的六大面向	要素稟賦	1. 土地（包括自然資源）、資本、勞力、教育水準，國家基礎建設品質等。 2. 這些要素條件，有些是自然因素，另一些則是需要國家不斷投資與更新以增加競爭力。
	需求條件	1. 國內市場是否足夠大。 2. 多數公司首先的目標是著重於滿足國內市場的需要。如果國內市場很小，公司很難開發出新產品。
	企業的策略、結構及競爭狀況	1. 企業的組成、管理、競爭方式，取決於當地的環境，也會影響國家的特徵。 2. 如義大利的企業多為家族企業的延伸、德國企業的科層和嚴謹度國際聞名、美國企業的創新與開放，日本企業的忠誠、禮貌。 3. 國內的競爭環境造就了公司在國際上的競爭能力。如果國內的競爭風氣強烈，往往企業發展到了全球便容易克服國外對手。
	相關及周邊支援產業	1. 產業群聚是國家的重點措施，包括建立科學園區或產學合作等。上下游的整合與創新，對於國家乃至單一企業都是絕佳的外部效果。 2. 如果國內供應商的競爭意識強，國際表現良好，則對於企業有正面影響。
	政府	政府應該提供企業資源和環境，也可以進行採購、擴建基礎設施、開發天然資源，或是訂定法規限制或獎勵，來正面影響企業。
	機運	1. 機運是可遇不可求的轉變。 2. 如科技創新、市場動盪、社會結構變化，甚至戰爭都可能是機會之一。

即刻戰場

選擇題

一、分析內部環境

( ) **1** 在波特(Porter)的價值鏈(Value Chain)模式中，價值活動可分為主要活動與支援活動，請問下列何者不屬於主要活動？ (A)研發 (B)進料後勤 (C)生產 (D)行銷。【107台鐵】

( ) **2** 原料投入轉換成最終產品的過程稱為？ (A)進料後勤 (B)生產 (C)出貨後勤 (D)行銷及銷售。【107台鐵】

( ) **3** 關於供應鏈(supply chain)和價值鏈(value chain)的意涵，下列敘述何者錯誤？ (A)供應鏈與價值鏈不同 (B)供應鏈管理是內部導向 (C)價值鏈管理是效率導向 (D)價值鏈管理是外部導向。【106桃機、105郵政】

( ) **4** 參與「將產品從原物料加工、製造成半成品到最終產品階段，並傳遞到顧客手中」這一連串流程的群體稱為下列何者？ (A)多功能網絡 (B)配銷管道 (C)供應鏈 (D)競爭對手。【107郵政】

( ) **5** 企業在營運過程中會將所需生產產品而必須獲取的相關原料、零組件、半成品等供應廠商相連結以強化其效率及效能，此種進行的管理活動為何？ (A)POS系統管理 (B)企業資源規劃 (C)顧客關係管理 (D)供應鏈管理。【109台菸酒】

解 **1 (A)**。波特（Porter）的價值鏈（Value Chain）：
(1)主要活動：進料後勤/生產作業/出貨後勤/行銷與銷售/服務。
(2)支援活動：採購作業/技術發展/人力資源管理/企業基礎建設。

2 (B)。生產：又稱「製造營運」，指將原物料轉化為產品的過程。
進料後勤：原物料的接收、儲存、配置等活動。
出貨後勤：產品製造後的運送活動。

3 (C)。(1)供應鏈：內部導向、效率導向。
供應鏈的概念，它涵蓋著從原材料的供應商開始，經過工廠的開發、加工、生產至批發、零售等全部企業活動集成在一個連續過程，最後到達用戶之間有關生產最終產品或服務的形成和交付的每一項業務活動。
主要活動有：商品的開發與製造、商品配送、商品銷售與售後服務。
(2)價值鏈：外部導向、效能導向。

企業要發展獨特的競爭優勢，要為其商品及服務創造更高附加價值，而此一連串的增值流程。

主要活動有：進料物流、生產作業、出貨物流、行銷與銷售、售後服務，與支援活動：公司基礎設施、人力資源管理、科技發展、採購。

4 (C)

5 (D)。(A)POS系統管理（Point of sales）：銷售情報系統，於零售店銷售商品使用。

(B)ERP企業資源規劃（Enterprise Resource Planning）：將企業營運的核心流程進行整合，提供正確、即時、有效資訊供決策者參考，或者指將企業內部資源電子化，並進行有效率的分配。

(C)CRM顧客關係管理（Customer Relationship Management）：透過事先研析顧客資料，提供更佳的消費體驗，提升顧客滿意度與品牌忠誠度。

(D)供應鏈（Supply Chain）管理：以生產為中心，從輸入資源至銷售給顧客的過程。效率及內部導向，目的為降低成本、提高生產力。包含原料、設備、生產、庫存、銷售、售後服務。

二、分析外部環境

(　　) **1** 企業進行五力分析的主要目的是評估： (A)競爭者的資源 (B)競爭者的策略方向 (C)企業本身的資源 (D)企業的獲利能力。【108台鐵】

(　　) **2** 波特(Porter,1980)提出產業結構的五力分析，用以分析某一產業結構與競爭對手的一種工具，五力中何者為非？ (A)供應商的議價力 (B)潛在競爭者的威脅 (C)現有同業的競爭壓力 (D)政府的行政能力。【107台鐵】

(　　) **3** 下列何者不是影響產業競爭程度的因素之一？ (A)天然資源的多寡 (B)新進入者的威脅 (C)供應商議價能力 (D)購買者議價能力。【107台鐵】

(　　) **4** Porter提出所謂之一般競爭策略，其中的五力分析，下列何者有誤？ (A)替代品 (B)顧客 (C)利害關係人 (D)潛在競爭者。【107經濟部】

(　　) **5** 擬訂企業策略，在企業的經營中扮演著非常重要的角色，而哈佛大學教授麥可波特（Michael E. Porter）就提出了五力分析的架構，作為進行產業分析的觀念，請問下列那一選項中含有並非「五力」來源的主要對象？ (A)供應者、購買者、主導者 (B)競爭者、潛在進入者、替代者 (C)替代者、購買者、供應者 (D)競爭者、供應者、潛在進入者。【107台鐵】

( ) 6 有關麥可波特的產業五力分析，下列敘述何者錯誤？ (A)是一種產業分析的工具 (B)主要目的在分析該產業利潤潛力 (C)包括五種威脅力量的分析，分別是現有競爭者、潛在競爭者、互補品、供應商與顧客的威脅 (D)可用來協助企業進行外部分析。【108台菸酒】

( ) 7 下列何者非屬波特(Porter)五力分析的因素？ (A)技術創新 (B)廠商的競爭狀況 (C)替代品的威脅 (D)買賣雙方談判力。【109經濟部】

( ) 8 在波特（Porter）的五力分析中，當出現以下何種情況時，上游的供應商對下游的購買者會有比較低的議價優勢？ (A)供應商所處產業，市場集中程度低 (B)供應商所供應的產品具有獨特性，亦即差異化程度很高 (C)該購買者並非是供應商的重要客戶 (D)供應商具有向下游整合的能力。【106台鐵】

( ) 9 五力分析中，下列何者會使產業競爭愈激烈？ (A)同業競爭者愈少 (B)替代品愈少 (C)潛在競爭者愈少 (D)購買者議價能力愈高。【107台菸酒】

( ) 10 依波特(Michael Porter)的五種競爭力模式，「網路購物讓消費者很容易對產品做比價」係屬下列何者？ (A)現有競爭者增加 (B)替代品增加 (C)購買者的議價能力增加 (D)潛在進入者增加。【110台菸酒】

( ) 11 對於波特所提出的五項競爭力分析，下列敘述何者正確？ (A)五項競爭力包括新進入者的威脅、替代品的威脅、購買者的議價能力、供應商的議價能力、現存的競爭者 (B)替代品的威脅取決於規模經濟 (C)購買者的議價能力取決於替代品來源的便利性 (D)現存廠商間的競爭強度取決於市場上購買者的數量。（多選）【106台水】

( ) 12 哈佛大學教授麥可波特（Michael Porter）提出的五力分析中，來自替代品的威脅力量可由下列那一個指標來加以判定？ (A)消費者對產品的偏好傾向 (B)退出障礙 (C)現有競爭者的數目 (D)學習曲線。【109經濟部】

( ) 13 產業競爭力模式中，對高科技產業的需求和獲利能力，影響相對重要的是： (A)買方的議價能力 (B)供應商的議價能力 (C)現有公司的競爭強度 (D)替代品和互補品。【110台鐵】

( ) 14 「產業聚落的形成有助於企業上下游的整合，創造一國特定產業的競爭優勢」符合Michael E. Porter提出之國家競爭優勢模型中哪項優勢？ (A)相關與支持產業優勢 (B)需求條件優勢 (C)企業策略結構優勢 (D)生產要素優勢。【108經濟部】

( ) **15** 「瑞士是歐洲的小國，地理環境多山，市場小，但其隧道開挖之工程技術在全球市場上具有相當高的全球競爭優勢，雖然此產業在全球產業的比重不高。」此符合Michael E. Porter提出國家競爭優勢的「鑽石體系」(Diamond system)模式中哪項優勢？ (A)相關產業與支援產業之表現優勢 (B)生產因素條件優勢 (C)需求條件優勢 (D)企業的策略、結構與競爭對手優勢。 【110經濟部】

解

1 (D)

2 (D)。波特提出產業結構的五力分析包括：(1)供應商議價能力。(2)購買者議價能力。(3)新進入者威脅。(4)替代品威脅。(5)現存產業競爭程度。

3 (A) **4 (C)** **5 (A)** **6 (C)** **7 (A)**

8 (A)。購買者集中度高→市場上只有少數購買者，每個人購買量大，購買者議價能力大。

購買者集中度低→市場上購買者眾多，每個人購買量小，購買者議價能力小。

供應商集中度高→市場上供應商稀少，每間供應商供應量大，供應商議價程度高。

供應商集中度低→市場上供應商眾多，每間供應商供應量小，供應商議價程度低。

9 (D)。使產業競爭激烈的可能性：現有競爭者多、替代品多、潛在競爭者多、購買者或供應商議價能力高。

10 (C)。網路購物讓消費者很容易對產品做比價→消費者對價格的影響力高→(C)購買者的議價能力增加。

11 (AC)。(1)新進入者的威脅：規模經濟、品牌忠誠度與資金需求等因素，決定了新進入者進入某一產業的難易程度。

(2)替代品的威脅：轉換成本及顧客忠誠度等因素，決定了顧客可能購買替代品的程度。

(3)購買者的議價能力：市場上購買者的數量、顧客可取得的資訊，與替代品來源的便利性等因素，決定了產業中購買者影響力的大小。

(4)供應商的議價能力：供應商的集中程度，與替代品原料來源的方便性等因素，決定了產業供應商可對廠商施加壓力的大小。

(5)現存的競爭者：產業的成長率、需求的上升或下降，與產品差異化程度等因素，決定了產業內現存廠商間的競爭程度。

12 (A)。替代品的威脅：轉換成本、顧客忠誠度、替代品價格。

13 (D)。高科技產業的產品通常研發成本高、製造成本相對較低，因此產品定價初期都會採取吸脂定價，所以影響層面在缺乏替代品和需要互補品時更為明顯。

14 (A)。產業聚落的形成表示相關產業和支援產業上下游整合完整。

15 (C)。需求條件係指全球市場對瑞士工程技術的需求，雖然工程技術在瑞士國內的需求市場小，但在全球市場有龐大的需求，所以應該選擇需求條件。

填充題

1 麥可波特（Michael E. Porter）提出企業經營活動的所有環節，從一開始的原物料到送達最終消費者手中的產品，每一個階段都有貢獻，此即所謂的______。【109台電】

2 由競爭力大師波特（M. Porter）所提出的五力分析，係包含新進入者的威脅、供應商的議價能力、______、替代品的威脅以及現存產業的競爭程度等5種力量。【111台電】

解 **1 價值鏈**

2 購買者的議價能力

申論題

請解釋何謂「供應鏈管理（supply chain management）」與「價值鏈管理（value chain management）」，並比較兩者有何差異。

答：

(一) 供應鏈管理（supply chain management）：供應鏈管理是指管理產品由最初的原料至銷售商品給消費者間所有活動之環節，亦即包括原料、設備、生產、庫存、銷售、售後服務等事項。

(二) 價值鏈管理（value chain management）：指產品在整個價值鏈中流動時，一連串整合作業與資訊程序的管理，而價值鏈是由波特於「競爭優勢」一書中率先提出，波特指出產品或服務，主要來自於企業創造的附加價值積累而成，而附加價值來自於一系列企業的經營模式過程，而此一連串價值創造過程的連結即是價值鏈。

(三) 兩者比較如下：

	強調	焦點	目的	重視
供應鏈管理	內部導向（生產導向）	效率	降低成本、提高生產力	原料的有效流動
價值鏈管理	外部導向（顧客導向）	效能	創造顧客價值	由廠商來的進料管制及所生產提供給顧客的產品與服務

焦點三 公司總體策略

一、策略層次

組織策略的層次包含公司總體策略、競爭策略、功能策略三種。【經濟部、中油】

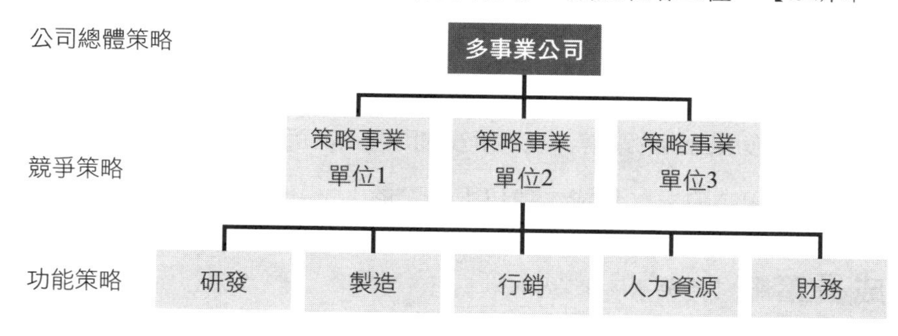

層次	扮演角色	策略種類	管理工具
公司總體策略	決定整體公司未來發展方向，以及該進入何種產業，並清楚界定事業單位的定義以及未來走向	成長策略、穩定策略、更新策略、混合策略	BCG 矩陣 多元要素組合矩陣 產品生命週期模型
競爭策略（事業單位層次策略）	決定各事業單位如何競爭，採取維持競爭優勢策略	競爭策略、適應策略	鑽石競爭模型 五力分析
功能策略	支持事業單位層次策略	生產、行銷、財務、人力資源、研發的運用	

公司總體策略決定組織的使命和目標，以及未來發展時，組織內每個事業單位所扮演的角色。另一個環節是高階管理者必須決定公司在產業中的發展方向：成長、穩定或是更新。

(一) 成長策略

以現有事業或新增事業，擴充市場規模或是產品數目。分為以下幾種：

1. 密集式成長。
2. 市場滲透。
3. 產品開發。
4. 市場開發。
5. 整合式成長。
6. 垂直整合：向下整合（向前整合）、向上整合（向後整合）。
7. 水平整合：與相同產業的其他組織（通常為競爭者）進行結合。
8. 多角化成長。

(二) 穩定策略

1. 沒有顯著的改變。
2. 對組織的績效滿意。
3. 環境維持穩定不變時。
4. 少數的高階管理者願承認企業所採取的是穩定策略。

(三) **更新策略**：發展出新的策略，改進績效的問題，又可分為緊縮策略、轉型策略。

(四) **混合策略**：同時追求二種或二種以上的策略。

二、成長策略【台菸酒、中油】

(一) 企業成長矩陣

1. 美國經營學者安索夫（Igor Ansoff）所提出的經營策略概念，稱之為「安索夫成長矩陣」。
2. 安索夫矩陣（Ansoff Matrix）將「市場」和「產品」，分別切成「既有」和「新」兩部分，並組合成一個2×2矩陣，建構產品與市場的關係，以及明確瞭解該採取什麼策略。
3. 在公司經營策略上，可以有四個發展方向，包括市場滲透、產品開發、市場開發、多角化：

企業成長策略 → 擴張方式 → 目標

	現有產品	新產品
現有市場	市場滲透	產品開發
新市場	市場開發	多角化

自立成長（Growth）

購併（Merge & Acquisition）

(1) 股權收購 (2) 資產收購
(3) 吸收合併 (4) 設立合併

聯盟（Strategic Alliance）

(1) 技術發展聯盟
(2) 作業與後勤聯盟
(3) 行銷、銷售及服務聯盟
(4) 多重活動聯盟

營收/獲利成長

4. **成長策略：**

策略	產品 × 市場	內容	小例子
市場滲透策略 【經濟部、中油、台鐵】	既有產品 × 既有市場	現有的產品，在現有市場，進行促銷或強力推銷，深耕市場，提高市場佔有率及顧客使用產品的機率。	1. 星巴克舉辦買一送一。 2. 環球晶併購美商 SEMI 一舉成為第三大半導體矽晶圓廠。
產品開發策略 【台鐵】	新產品 × 既有市場	1. 現有市場中，推出新產品。 2. 新產品不一定是全新的，若是以現有產品做改良或者強化功能等都算是新產品。 3. 就是向舊有客戶推新產品。把現有產品找到新客層或是擴大新的銷售區域，都算市場開發。	1. iPhone 12 改良為 iPhone 12S。 2. 賣手機的小米，開發出周邊產品 - 行動電源前者。 3.「產品延伸」策略，如一般奶粉，可以提供補充包、隨身包、多機能成份、蔬果口味等系列產品，提高顧客需求滿足度。

策略	產品 × 市場	內容	小例子
市場開發策略【台水】	既有產品 × 新市場	1. 現有的產品，進入新市場。 2. 找新市場區隔，擴張市場規模。 3. 透過不同銷售管道賣給不同人（如線下實體店面與線上購物）、同一產品賣給其他客群、拓展海外市場等等。	1. 將珍奶賣到印尼、越南。 2. 嬰兒使用的沐浴乳或洗髮精，也能銷售給皮膚敏感的成年人。
多角化策略【經濟部、台水、台鐵、郵政、農會、桃機、漢翔】	新產品 × 新市場	1. 組織開發新產品、進入新市場，可分成相關多角化及非相關多角化。 2. 相關多角化，金融業中的銀行業、證券業、保險業共同分享資源，成立金融控股公司。 3. 非相關多角化為企業進入與該企業所處的市場環境及產品完全沒有相關性的產業，重點在於分散經營風險。	1. 相關多角化：迪士尼電影跨足線上影音平台。 2. 非相關多角化：製鞋業跨足 LED 電視開發。這種方式風險最高。

(二) 其他成長策略

1. **整合成長**（integrative growth）：

種類	內容	小例子
垂直整合【經濟部、台糖、台水、台菸酒、台鐵】	廠商整合下游或者上游： 1. 整合下游就是向前整合，代表整合通路。向前整合主要是掌握市場通路權，可以透過自有通路銷售商品，增加產品的曝光度並降低銷售成本。 2. 整合上游就是向後整合，代表整合供應商。向後整合強調透過購併或入股方式獲得供應商的控制權，一方面是可以確保原物料來源供貨穩定，延續生產流程；一方面是可以透過整合降低生產成本。	福特整合上下游的生產銷售公司

種類	內容	小例子
水平整合【經濟部、台水、中油、台電、台鐵、郵政、漢翔】	1. 透過結合相同產業中的其他組織來成長。 2. 公司有時會結合同一產業的其他組織來成長，也就是和競爭者結合在一起。 3. 與相同產業的其他組織（通常是競爭者）結合。透過同產業組織與組織的整合可以獲得範疇經濟與規模經濟的效益，好處是增加更多可用的資源及迅速提升市占率。	法國彩妝業 L’Oreal 併購 The Body Shop

2. **集中化**：專注公司的主要營運業務，增加主要業務有關的產品和服務。
3. **策略聯盟**：【經濟部、台水、台糖、台電、郵政】
   (1) 在不同企業間建立夥伴關係，可以結合彼此的資源、能耐與核心競爭力，追求彼此在產品或服務的設計、製造或行銷等方面的共同利益。
   (2) 若沒有合資行為，也能在技術或業務上的合作，產生實質業務擴展的效果。

三、穩定策略（Stability Strategy）【經濟部、台菸酒】

組織會持續其現有業務的公司總體策略。在這種策略下，組織雖不會成長，但也不會衰退。如：持續提供相同的產品或服務給相同的顧客、維持原有的市場佔有率、維持組織以往的投資報酬率等。

四、更新策略（renewal strategy）【經濟部、台菸酒、台鐵】

設計用來因應績效衰退的公司總體策略。

(一) **緊縮策略**(retrenchment strategy)：是一種短期的更新策略，使用於當績效問題不很嚴重時。採緊縮策略有助於穩定營運、調整組織的資源與能力，並為下次的競爭做好準備。

(二) **轉型策略**(turnaround strategy)：如果組織的問題更嚴重時，則需採較激烈的轉型策略。
執行此兩種更新策略時，管理者常需要縮減開支，並重建組織業務，但轉型策略的成本會比緊縮策略高。

小補充，大考點

重整策略（corporate restructuring）：組織在經營過程中面臨不順、困難或衰退，為了重新鞏固企業的核心競爭力，採取對事業或財務結構進行大幅改變和調整的一種策略。

作法：

1.出售非關鍵性資產，以籌措資金。

2.削減獲利較低的產品線、出售或結束一些不賺錢的事業。

3.關閉某些過時的工廠。

4.裁員。

5.財務控管。

6.作業程序自動化。

五、其他整體策略

<table>
<tr><th>策略</th><th colspan="3">內容</th></tr>
<tr><td>全球化策略</td><td colspan="3">目前企業經營上面臨的重要環境趨勢，全球化策略布局的重點在思考如何將廠的獨特與競爭優勢，從單一市場，擴展至全球市場。</td></tr>
<tr><td>外包策略
【經濟部、台水、台菸酒、郵政】</td><td colspan="3">企業留住核心的價值創造活動，將其他非核心活動，移轉至其他廠商。</td></tr>
<tr><td rowspan="4">併購策略
【台水、台電、郵政】</td><td rowspan="4">企業透過合併與收購，獲取公司所需要的資源，用來提升營運效率並增加公司的獲利能力。</td><td>水平式併購</td><td>同一產業中，對從事相同業務公司的併購。
如統一麵包併入 7-11。</td></tr>
<tr><td>垂直式併購</td><td>同一產業中，上游與下游公司間的併購。
食品業與流通業合併。</td></tr>
<tr><td>關聯併購</td><td>同一產業中，業務性質不完全相同，且無業務往來的公司進行併購。
如銀行與投顧合併。</td></tr>
<tr><td>聚合式併購</td><td>非關聯併購，公司在不同產業且無業務往來的公司進行併購。
又稱複合式合併，可為市場擴張或產品擴張，多角化經營。</td></tr>
</table>

六、BCG矩陣【經濟部、台水、台北自來水、台糖、台菸酒、中油、台電、台鐵、郵政、農會、中華電信、桃機、漢翔】

(一) 當公司的總體策略包含數個事業時，管理者可利用BCG矩陣來進行分析與管理。

(二)「BCG矩陣」（BCG Matrix）是由波士頓顧問群（Boston Consulting Group, BCG）所發展的策略工具，其架構提供管理者瞭解不同事業，並幫助管理者安排資源分配的先後順位。

(三) BCG矩陣的橫軸代表市場佔有率的高低，而縱軸則為預期的市場成長率。可以針對對企業的各個事業單位做SWOT分析後，將其定位在BCG矩陣的四個分類之一。

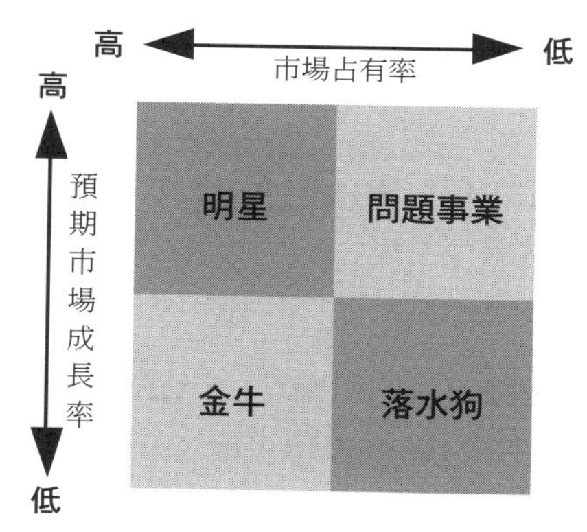

BCG 矩陣

事業	內容	策略
問題事業（Question Marks）	• 預期市場成長率高，相對市場占有率低。 • 此時企業需要大量資源，因為該市場是有未來可期性的，所以需要大量資源投入，是資金的主要消耗者。目的在培養事業成為明星事業，當然前提是企業非常確定該問題事業能夠成為明星事業。若一個公司有 2~3 個問題事業，就要確實評估是要集中資源於一家事業或平均分配。	建立
明星事業（Stars）	• 預期市場成長率高、相對市場占有率高。 • 此時事業為產業上的領導者，但明星事業仍需要投注大量的資源研發新產品或新技術，甚至花費大量資金抵擋競爭者。	成長

事業	內容	策略
金牛事業（Cash Cows）	• 預期市場成長率低、相對市場占有率高。 • 產品屬於成熟期，未來成長性趨緩，此時盡可能將資金與資源提領出來，是資金主要來源者，也是開發其他類型事業的後盾。	收割 維持
落水狗事業（Dogs）	• 預期市場成長率低、相對市場占有率低。 • 公司應該盡可能裁掉該事業單位，因為看不到未來的前景，但有時候也可能是因為景氣影響，等到景氣復甦，就可以脫離目前困境。	撤退

即刻戰場

一、策略層次

( ) 研發策略屬於何種層次的策略？ (A)公司總體層次（corporate level） (B)產業競爭層次（competitive level） (C)事業單位層次（business level） (D)功能部門層次（functional level）。 【105中油】

解 **(D)**。企業的五大功能：(1)生產作業管理、(2)行銷管理、(3)人力資源管理、(4)研發、(5)財務管理。（產、銷、人、發、財）

二、成長策略

( ) **1** 下列何者不是企業採用「成長策略」時可能的作法？ (A)增加新產品，多角化經營 (B)積極促銷以爭取最大現金回收 (C)對現有市場與產品擴大產量 (D)併購原料供應商。 【110台菸酒】

( ) **2** 剛推出之3C產品價格均較高，過一陣子後，價格就會下降，或推出促銷，此策略稱為？ (A)市場滲透策略 (B)市場發展策略 (C)產品發展策略 (D)多角化策略。 【108經濟部】

( ) **3** 根據安索夫（Ansoff）成長矩陣，下列何者屬於多角化發展策略的作法？ (A)透過降低價格，擴大市場佔有率 (B)透過新產品上市，開發新市場 (C)提高價格，進入高階市場 (D)透過國際化策略，進入海外市場。 【106桃機】

( ) **4** 下列何者非多角化經營能帶來的好處？ (A)分散營運風險 (B)降低營運總成本 (C)拓展新興市場 (D)增加總體競爭力。 【109經濟部】

( ) **5** 企業多角化之動機中使資源產生綜效與範疇經濟是屬於？ (A)分散風險 (B)增加企業價值 (C)擴大或調整營運 (D)追求創新。 【107農會】

( ) **6** 鴻海投資比特幣(Bitcoin)新創公司Abra，由集團旗下富金通公司所主導，富金通成立於2014年，從事供應鏈金融服務，為富士康全資子公司。鴻海投資Abra在經營策略上屬於哪一類？ (A)水平多角化 (B)非相關多角化 (C)集中式多角化 (D)購併。 【106經濟部】

( ) **7** 企業進行「非相關多角化」，下列哪一種方式最快？ (A)直接擴張 (B)外部統制 (C)併購 (D)垂直整合。 【108漢翔】

( ) **8** 企業對所經營的產品之上游供應商及下游配銷商所進行的控制或所有權擁有的策略，為下列何種成長策略？ (A)多角化策略 (B)水平整合策略 (C)垂直整合策略 (D)差異化策略。 【109台菸酒】

( ) **9** 企業為了增加自身競爭力，併購上游供應商，此行為稱為下列何者？ (A)尋找成長曲線 (B)策略轉型 (C)垂直整合 (D)削價競爭。 【109經濟部】

( ) **10** 以併購同業取得大幅成長的策略是： (A)多角化 (B)水平整合 (C)集中化 (D)垂直整合。 【108台鐵】

( ) **11** 若Uber Eats與Foodpanda合併，屬於下列何種成長策略？ (A)水平整合（horizontal integration） (B)相關多角化（related diversification） (C)非相關多角化（unelated diversification） (D)垂直整合（vertical integration）。 【108經濟部】

( ) **12** 企業成長的方式之一是透過併購，請問最近家樂福併購頂好超市，為下列何種併購模式？ (A)水平併購 (B)垂直併購 (C)非關聯併購 (D)惡意併購。 【109經濟部】

( ) **13** 法國化妝保養品企業L'Oreal（萊雅）在2006年購併同為化妝品與護膚品公司的The Body Shop（美體小舖），以取得大幅度的成長。請問萊雅所採用的是何種成長策略？ (A)集中化 (B)垂直整合 (C)水平整合 (D)非相關多角化。 【108漢翔】

( ) **14** 日月光公司意欲併購矽品公司，此種合併型式屬於： (A)聚合式合併（conglomerate merger） (B)垂直式合併（vertical merger） (C)水平式合併（horizontal merger） (D)多角化合併（diversification merger）。 【106中油】

( ) **15** 企業與不同產業內的其他企業合併，稱為下列何者？ (A)垂直整合 (B)獨占市場 (C)托拉斯 (D)水平整合。（多選） 【107郵政】

( ) **16** 不同的企業間建立夥伴關係以結合資源、能耐與核心競爭力，並從這樣的夥伴關係中獲得利益的過程稱為： (A)策略聯盟 (B)企業併購 (C)海外授權 (D)流程再造。 【107台糖、107台北自來水】

( ) **17** Google於2016年12月宣布正式將其研發自動駕駛車輛的部門獨立出來，成立一間名為「Waymo」的公司，持續致力於自動駕駛技術開發，這是屬於下列何種成長策略？ (A)直接擴張 (B)多角化經營 (C)企業併購 (D)垂直整合。 【110經濟部】

解 **1 (B)**。積極促銷以爭取最大現金回收為「銷售策略」。

2 (A)。市場滲透是原產品原市場，這題是同產品在原市場降價，屬市場滲透。

3 (B)。多角化策略：跨足新事業領域，推出新產品。

4 (B)。多角化經營戰略優缺點：

(1)優點：

A.充分利用企業內部優勢，減少不必要的同業競爭。→(D)

B.有效的規避企業經營風險。→(A)

(2)缺點：

A.有財務風險。→(B)

B.經營容易出現決策失誤。

C.經營會造成管理質量下降。

5 (B)。在多角化企業中進入與市場及環境有相關的產業，可以使資源帶來綜效，增加企業價值。

在多角化企業中進入與市場完全沒有相關的產業，是在分散經營風險。

6 (B)。鴻海投資（晶圓半導體代工）vs比特幣（Bitcoin）新創公司Abra（經濟金融），所以是非相關多角化。

7 (C)。非相關多角化（Unrelated Diversification）：即企業跨足兩個以上不同產業，產業間缺少技術、產品或市場上之共通點。其主要目的通常是發展新事業。

8 (C)。(A)組織藉由開發新產品，進入新市場來達到公司整體策略的目的。

(B)這是包含在整合式成長底下，水平顧名思義就是與相同的產業的其他組織（通常是競爭者）結合，透過同產業組織的整合可以獲得範疇經濟與規模經濟的效益。

(C)這就是廠商整合上游或下游的方式。

(D)就是提供與競爭者有所不同，符合或超越顧客心中期待的產品及服務。
由此可以正確答案就是(C)。

9 (C)。垂直整合：企業範圍向產品的流程（產業鏈）往上游或下游推進，目的在尋求內部固定成本的降低，減少產業協調的時間成本。

10 (B)。垂直整合：上、中、下游之間的整合。
水平整合：同類的產品工廠合併或聯合生產。

11 (A) **12 (A)**

13 (C)。水平整合：又稱橫的集中，同類的產品工廠合併或聯合生產，壟斷市場，也就是所謂的「大魚吃小魚」。
垂直整合：又稱縱的集中，產品的上游到下游皆由「同一」公司所做，以控制原料來源與價格、產品的市場及其售價，降低生產成本。

14 (C)。日月光和矽品都屬於半導體相關業（彼此競爭關係），所以屬水平合併型式。

15 (AD) **16 (A)**

17 (A)。是指組織設法以內部擴張方式（如增加收入與雇用更多員工）來達成組織成長的目的。例如：公司為了提供客戶更好的服務，可能逐漸擴大研發部門，最後甚至可能獨立出來。

三、更新策略

( ) **1** 下列何者不屬於重整策略所採取之作法？ (A)出售非關鍵性資產，以籌措資金 (B)擴充廠房 (C)進行人員裁汰 (D)部分作業程序改為自動化。 【108經濟部】

( ) **2** 2020年新冠肺炎期間全球經濟衰退，許多企業選擇暫停營運或轉型提供其他服務，此為總體策略中的何種策略？ (A)穩定策略（stability strategy） (B)成長策略（growth strategy） (C)更新策略（renewal strategy） (D)低成本策略（low-cost strategy）。 【109台鐵】

解 **1 (B)**。組織在經營過程中面臨不順、困難或衰退，為了重新鞏固企業的核心競爭力，採取對事業或財務結構進行大幅改變和調整的一種策略。
作法：(1)出售非關鍵性資產，以籌措資金。(2)削減獲利較低的產品線、出售或結束一些不賺錢的事業。(3)關閉某些過時的工廠。(4)裁員。(5)財務控管。(6)作業程序自動化。

2 (C)

四、穩定策略

( ) **1** 組織會持續現有業務的公司總體策略是屬於下列何者？ (A)成長策略 (B)穩定策略 (C)更新策略 (D)轉型策略。 【108台菸酒】

( ) **2** 有關策略規劃下列何者為非？ (A)在設定組織目標時，須考慮到組織的願景與使命 (B)當企業在產品的成熟階段，因市場競爭的激烈，其投資的策略應採市場集中或轉向策略 (C)探求辯證法在辯證的過程特別強調資訊的搜集與反面假設的應用 (D)經由策略規劃可以增加管理者面對各種不確定及風險狀況的反應能力。 【106經濟部】

( ) **3** 組織會持續現有業務的公司總體策略是屬於下列何者？ (A)成長策略 (B)穩定策略 (C)更新策略 (D)轉型策略。 【108台菸酒】

解 **1 (B)**。持續現有業務→維持既有的產品組合與市占率。

2 (B)。成熟期－策略重心：保有市佔率。

3 (B)。穩定策略：在相同市場穩定發展。

五、其他整體策略

( ) **1** 企業留住核心的價值創造活動，將其他的非核心活動，移轉至外界獨立廠商的生產模式為？ (A)外包 (B)策略聯盟 (C)集中策略 (D)全球化布局。 【106經濟部】

( ) **2** 企業保留核心的價值創造活動，將一些非核心的價值創造活動轉移到企業外部具有專精技術的獨立廠商，因此企業更能專注在核心價值的創造活動。此種策略稱為何？ (A)整合策略 (B)外包策略 (C)重整策略 (D)事業策略。 【109台菸酒】

( ) **3** 下列何者可幫助公司專注於核心活動並能降低成本？ (A)授權 (B)策略聯盟 (C)外包 (D)進口。 【110經濟部】

( ) **4** 下列何者是指「一家公司買下另一家公司的現象」？ (A)合資事業 (B)合併 (C)聯盟 (D)收購。 【107郵政】

解 **1 (A)**。外包（Outsourcing）：將自己非核心能力的活動，請其他廠商協助，而自己專注於核心能力活動。

2 (B) **3 (C)**

4 (D)。合併：二家以上的企業，藉由股權而成被消滅的公司之權利義務。
收購：係指企業透過購買另一企業的股權。

六、BCG模型

(　) 1 利用預期市場成長率以及市場佔有率，來了解不同事業的發展潛力，並據以分配資源。上述描述係指何種策略分析工具？ (A)產業生命週期分析 (B)SWOT分析 (C)BCG矩陣 (D)創新擴散模式。 【106桃機、103台鐵】

(　) 2 美國波士頓顧問團（Boston Consulting Group）發展出具體的投資組合評估模式，稱為成長率佔有率矩陣，其中的評估向度為下列哪些？ (A)市場成長率 (B)顧客成長率 (C)相對市場佔有率 (D)絕對市場佔有率。 【107台鐵】

(　) 3 波士頓顧問公司所提出的BCG矩陣，通常不是用來解決下列何種問題？ (A)分析公司業務和產品系列的表現 (B)協助企業更妥善地分配資源 (C)找出核心能耐 (D)擬定總體策略。 【108經濟部】

(　) 4 BCG模式（Boston Consulting Group）主要適用於那一類型分析？ (A)產業分析 (B)多事業部組織 (C)單一事業部 (D)功能部門。 【110台鐵】

(　) 5 強調高市場佔有率與低市場預期成長率的事業單位為下列何者？ (A)明星事業 (B)金牛事業 (C)問題事業 (D)落水狗事業。 【108台菸酒】

(　) 6 關於BCG矩陣觀點，下列敘述何者正確？ (A)明星（Star）是指事業成長率高，市占率也高，相對於競爭對手擁有較大的銷售與收入 (B)金牛（Cash Cow）是指事業成長率高，市占率亦高於競爭對手，且會需要大量資源的投入 (C)問號市場（Question Market）是指事業成長率高，且在市占率上也是明顯的增加，會讓企業將心力投注在此市場 (D)落水狗（Dog）是指事業成長率低，但市占率卻相對很高，能讓企業在這樣的市場中維持一定的營收。 【108台鐵】

(　) 7 需要大量投資，通常會逐漸成為金牛事業，屬於： (A)金牛事業 (B)明星事業 (C)問題兒童事業 (D)落水狗事業。 【106桃機】

(　) 8 在波士頓顧問團（BCG）模式中，資金的提供者主要是： (A)金牛 (B)明星 (C)問題兒童 (D)狗。 【106桃機】

(　) 9 美國波士頓顧問團（Boston Consulting Group）發展出具體的投資組合評估模式，稱為成長率佔有率矩陣（Grow/Share Matrix），下列敘述何者為是？ (A)以市場成長率與相對市場佔有率做為評估的兩軸 (B)高成長、高相對市場佔有率的是明星產品 (C)金牛事業所經營的產品常處於生命期中的衰退期 (D)低成長、低相對市場佔有率的是狗產品。（多選） 【107台鐵】

( ) **10** BCG矩陣是由波士頓顧問團所發展，企業經常用來作為投資組合矩陣，下列對於BCG矩陣的敘述何者正確？ (A)分為金牛、明星、焦點、落水狗，四種類型 (B)可以創造巨額現金流量的為金牛事業 (C)具有低成長率高市場占有率的為明星事業 (D)具有高成長率高市場占有率的為焦點事業。 【106台水】

( ) **11** 波士頓矩陣（BCG Matrix）可用來判斷企業中策略事業單位(SBU)的表現與未來潛力。請問在低成長的成熟市場中具有高市佔率的策略事業單位稱為下列何者？ (A)金牛 (B)明日之星 (C)問號 (D)落水狗。 【109經濟部】

( ) **12** 下列何策略事業單位（SBU）是處於低度市場成長，但相對於最大競爭對手之市佔率高的事業單位體？ (A)明星事業單位 (B)金牛事業單位 (C)問題兒童事業單位 (D)落水狗事業單位。 【109台菸酒】

( ) **13** 在BCG矩陣中，低市場佔有率/高市場預期成長率，是下列何種事業單位？ (A)問題事業 (B)金牛事業 (C)落水狗事業 (D)明星事業。 【107台菸酒、108郵政】

( ) **14** BCG矩陣將組織的策略事業單位分為四種類型，以下敘述何者正確？ (A)高市占率、高成長率的是金牛事業 (B)低市占率、高成長率的是落水狗事業 (C)對明星事業應該緊縮投資 (D)問號事業的未來不確定性和風險最高。 【108漢翔】

( ) **15** 欣欣公司生產銀髮族用品具有低市佔率，但有潛質為公司帶來可觀的收入。請問欣欣公司在BCG模型屬於下列哪種事業？ (A)明星 (B)問題 (C)金牛 (D)落水狗。 【110經濟部】

( ) **16** 隨著智慧型手機相機功能的進步，多數消費者已不再使用傳統相機，某知名傳統相機公司也失去了市場占有率，並意識到他們的產品已不具有需求性。在此情況下，該知名相機公司的表現及展望，從波士頓諮詢顧問公司所提出的BCG矩陣來分析可被視為下列何者？ (A)問題事業 (B)落水狗 (C)金牛 (D)明星。 【109經濟部】

解 **1 (C)**。BCG矩陣是依市場成長率、相對市場占有率分為明星，金牛，問題，狗事業來決定未來是否有投資性。

2 (AC)。市場成長率為銷售產品的市場年度成長率，可用以衡量市場擴張的速度；相對市場佔有率則用以衡量該事業體在市場上的強度。

3 (C)。BCG矩陣是依市場成長率、相對市場占有率分為明星，金牛，問題，狗事業來決定未來是否有投資性，因此(A)(B)(D)都辦得到。
(C)找到核心能耐。比較偏向現在就該分析出來的，因此該用SWOT。

4 (B)。BCG模式目的是協助企業分析其業務和產品系列的表現，從而協助企業更妥善地分配資源，及作為公司整體的分析工具。

5 (A)

6 (A)。成長率低：（牛）（狗）。

7 (B)。需要大量投資，通常會逐漸成為金牛事業（成熟期），屬於：(B)明星事業（成長期）→由產品生命週期推斷，金牛的上一個階段是明星。

8 (A)。金牛：市場成長緩慢，市佔率偏高，可為公司帶來大量現金；應鞏固市佔率以保障現金收入。

9 (ABD)。金牛事業所經營的產品常處於生命期中的成熟期，衰退期是苟延殘喘（狗）。

10 (B)。(A)分為金牛、明星、問題、落水狗，四種類型。(C)低成長率高市場占有率的是金牛事業。(D)高成長率高市場占有率的為明星事業。

11 (A)。

12 (B)。明星事業：預期市場成長率高、相對市場佔有率高。
金牛事業：預期市場成長率低、相對市場佔有率高（資金主要來源者）。
問題事業：預期市場成長率高、相對市場佔有率低（資金主要消耗者）。
落水狗事業：預期市場成長率低、相對市場佔有率低。

13 (A)　　**14 (D)**

15 (B)。欣欣公司生產銀髮族用品具有低市佔率，但有潛質為公司帶來可觀的收入。

16 (B)。傳統相機公司也失去了市場占有率，並意識到他們的產品已不具有需求性→屬於低市佔率、低成長率的落水狗事業。

七、GE的多因子投資矩陣

(　　)　GE的多因子投資矩陣(GE Matrix)中，企業從對角線的左下方到右上方指的　(A)最有力的，而且是企業應該投資並幫助成長的　(B)最有力的，而且是事業應該賣掉的　(C)中等力道，而且應該有選擇的投資　(D)最沒有力道，立應該要脫手的。【106漢翔】

解 (C)

填充題

1 併購是企業常見的一種成長方式，______ 併購是指併購者與被併購者在產業鏈中處於相同位置，彼此是競爭者，但兩者合併後可以擴大市場或達到規模生產，以發揮一加一大於二的綜效。【109台電】

2 BCG矩陣中問題事業（Question Marks）為低市場佔有率及 ______ 預期市場成長率。【107台電】

解
1 水平
2 高

申論題

一、請畫出安索夫（Ansoff）所提出之產品/市場擴張矩陣，並詳加說明其4種策略方案。【111台鐵】

二、組織策略有不同的層面，從整體公司的角度來看，請說明公司策略（corporate strategy）的定義，並討論主要的公司策略有那些？【106台鐵】

焦點四 競爭策略與功能策略

一、競爭策略【台菸酒、農會】

(一) **事業單位（Strategic Business Unit, SBU）**：當一個組織有很多事業單位，且各事業單位間彼此獨立且可自定其發展策略。

(二) **競爭策略（Competitive Strategy）（事業單位層次策略）**

1. 組織的各事業單位該如何競爭，界定其競爭優勢、提供的產品或服務，以及目標客群等。
2. 主要是將公司旗下的產品做標準化的分類→各部門有各部門的產品，而各部門就部門產品做市場定位後做經營模式的分析。例如台灣菸酒的事業層級分為啤酒事業部、生技事業部、菸品事業部等，各有不同的經營策略。

(三) 對只有單一直線事業的小型組織，或沒有其他不同類別產品的大型組織而言，競爭策略通常與組織的總體策略重疊。

(四) 美國哈佛大學教授麥可・波特（Michael Porter）利用「五力模式」（five forces model）對產業進行分析，並提出下面三種策略，說明管理者應如何創造及維持競爭優勢。企業要獲得相對的競爭優勢，就必須做出策略選擇；企業若未能明確地選定一種策略，就會陷入困境。【經濟部、台水、台糖、台菸酒、台鐵、郵政、漢翔】

策略	內容	手段	小例子
低成本領導策略 Cost Leadership Strategy 【台水、台鐵、郵政】	廠商盡可能降低生產及營運成本，成為產業中低成本領導廠商。	1. 有效降低成本具體的作法通常是規模化經營。而要實現規模化則需要以量為首要考量。 2. 在激烈的市場競爭中，處於低成本的公司，將可獲得高於所處產業平均水準的收益： (1) 大量投入資金。 (2) 規模經濟。 (3) 標準作業程序。 (4) 單一化產品。 (5) 中央集權。 (6) 高效率配銷系統。 (7) 學習曲線及專業分工。	1.Wal-Mart。 2. 客運中的大廠商統聯。 3. 菜市場賣的銅板價麵包。
差異化策略 Differentiation Strategy 【經濟部、台水、台菸酒、台電、郵政、中華電信】	提供與競爭者有所不同、符合或超越顧客期望的產品及服務。	差異化可能來自極高的品質、非常好的服務、創新的設計、技術能力或絕佳的品牌形象等。 1. 產品（特色、性能、適用性、耐久性、可靠性、修復性、風格、設計）。 2. 服務（運送、安裝、顧客訓練、諮詢、維修）。 3. 人員（能力、禮貌、信用、可信賴度、回應速度、溝通能力）。 4. 形象（標誌、文字及聲光媒體、氣氛、活動）。	1.Apple 則以創新的產品設計而聞名。 2. 有話題性的造型麵包，如動物造型的麵包、髒髒包等等。

策略	內容	手段	小例子
集中化策略 Focus Strategy 【經濟部、台水、中油、台鐵】	1. 在較小的市場區隔（利基）中採取差異化策略或低成本領導策略。 2.「市場定位」。將目標顧客專注於一群而不是全部。如果把競爭策略放在針對特定的顧客群、某個產品鏈的一個特定區段或某個地區市場上，專門滿足特定市場的需要，就是集中化策略。	區隔的劃分可利用：產品種類、顧客類型、配銷通路或購買者的地理區域等因素。集中化策略是否可行，決定於市場區隔的大小，以及組織能否從該市場區隔獲得足夠的利益。 1. 市場定位。 2. 避開強勁對手。 3. 集中資源。 4. 衡量服務及維持成本。	1. 丹麥的Bang & Olufsen音響年獲利超過5億美元，他們所擅長的是頂級音響設備。 2. 針對素食者做的素食麵包（橄欖油等）。

1. 競爭策略的關鍵在於「競爭優勢」（Competitive Advantages），是讓組織得以超越同業的明顯優勢。
2. 這項優勢來自組織的「核心能力」，即別人無法做到，但我們可以做到，或我們可以做得比別人更好的一種能力。
3. 除核心能力外，競爭優勢也可能來自組織擁有、而競爭者卻沒有的「資產」或「資源」，讓組織得以超越同業的明顯優勢。

小比較，大考點

1. 差異化：我有A服務你沒有，當客人有需要A服務的時候只能找我。
   假設現在有A網站跟B網站，A提供買票的服務，B提供買生活用品的服務，當你要買票的時候，你只會去A網站，而不會去B網站，這就是差異化。
2. 集中化策略的關鍵字：集中、聚焦、專注、利基、侷限等。
   集中策略：專注於特定客戶群、產品線或地域市場由於能專注於特定目標，公司能以更高之效能或效率，達成小範圍之策略目標。
   微軟→集中於個人應用電腦的基本軟體。
   鈴木→在汽車市場上集中於小型/輕便型的市場。

小口訣，大記憶

低成本、集中化、差異化
▲成績差

小補充、大進擊

【台菸酒、台電、台鐵、郵政】

規模經濟	又稱專業化經濟，透過大規模生產，使得固定成本分攤的基礎變大，降低產品的單位成本。
範疇經濟	又稱為多樣化經濟，單一廠商同時生產2種以上產品或服務，成本會比分別由各廠商生產成本來得低。可能來自於資源共享、營運範圍擴大、統一管理效率。
學習曲線	經驗曲線，當時間拉長，對於工作或行為的熟悉度增加，提高效率。
專業分工	將任務拆解成不同的工作，而且每個工作都交給不同的人完成的程度。
綜效	將2個或多個不同的事業、活動或過程結合在一起，所創造出來的整體價值會大於結合前個別價值之總和的概念。

(五) **適應式策略**【台水、台菸酒、中華電信】

邁爾斯與斯諾（Miles & Snow, 1978）提出事業單位層次策略稱為適應式策略。認為在不同的環境下，應該發展出不同的策略來應付環境的挑戰：

策略類型	目的	適應之環境	作為
防禦者策略	穩定與效率	穩定	1. 採取保守策略。 2. 不會主動追求擴張市場，力求穩定及效率。 3. 選定某一區隔市場，僅生產有限組合的產品，以產品標準化獲至經濟優勢利基、防止競爭者進入，屬「利基生存」。
探勘（前瞻）者策略	彈性	動態	1. 重視市場機會創新。 2. 強調透過持續性的創新來維持成長的動力，追求彈性及創新。 3. 以發現、開發新產品、新市場之機會為主，通常彈性為其成功的關鍵因素，屬「創新生存」。

策略類型	目的	適應之環境	作為
分析者策略	穩定與彈性	中度改變	1. 採取老二主義，模仿市場領導者或成功者，以進入新市場或開發新產品，站穩腳步後就提升效率來獲利。 2. 追隨已成功的競爭者之新策略，追求低風險的獲利機會，屬「模仿生存」。
反應者策略	隨環境反應	任何條件	1. 不得不改變時才改變。 2. 組織不清楚自己所處的情況，往往是大環境改變之後才有所覺悟，相當容易被時代所淘汰。

二、功能策略（Functional Strategy）【台菸酒、中油】

(一) **意義**：組織的各功能部門所用的策略。

(二) **目的**

1. 是用來支援組織的競爭策略。
2. 對擁有製造、行銷、人力資源、研發與財務等傳統功能部門的組織而言，這些功能策略必須能支持競爭策略。

(三) **例子**

1. 位於芝加哥的R. R. Donnelley & Sons印刷公司，決定投資高科技數位印刷技術，以提升競爭力。
2. 高級牛排館以推出耶誕節特製甜點，吸引顧客。

即刻戰場

選擇題

一、競爭策略(事業單位層次策略)

( ) 1 在策略層級中，某特定產品/市場或相似性很高的產品/市場中的經營策略是屬於？ (A)總層級策略 (B)公司層級策略 (C)事業層級策略 (D)作業層級策略。【107農會】

(　　) **2** 麥可波特所提出的三種競爭策略為何？ (A)成本領導、差異化、功能化 (B)成本領導、多角化、集中化 (C)成本領導、差異化、集中化 (D)差異化、集中化、多角化。 【108漢翔】

(　　) **3** 麥可・波特（Michael Porter）所提出的三項一般性競爭策略不包含下列何者？ (A)差異化策略 (B)聚焦策略 (C)多角化策略 (D)低成本策略。 【109台菸酒】

(　　) **4** 麥可・波特（Michael Porter）曾提出，企業若是策略運用不當，將會產生「困在其中」（stuck in the middle）的情況。請問以下那個敘述能用來說明困在其中的原因？ (A)企業將所有資源集中在規模經濟與大量生產 (B)企業的目標是要讓產品能夠有獨特性與差異化 (C)企業的目標是同時要大量生產也要每個產品都要有差異化 (D)企業的想法是抓住既有市場永續經營。 【108台鐵】

(　　) **5** 企業競爭優勢通常來自於其特殊資源、能耐與組織文化，下列何者非企業競爭優勢來源？ (A)優質品牌形象 (B)創新專利技術 (C)大量存貨 (D)高顧客忠誠度。 【107經濟部】

(　　) **6** 根據在業界所累積的最大經驗值，有能力以較低的價格提供給消費者，亦即控制成本低於對手的策略，這是何種策略？ (A)成本領導策略 (B)差異化策略 (C)焦點集中策略 (D)價格領導策略。 【107台鐵】

(　　) **7** 哈佛大學教授麥可波特（Michael E. Porter）指出，企業以價格作為競爭的主要手段，重點在追求生產上的規模經濟，對成本嚴格控制，這種策略稱為： (A)差異化策略 (B)全面成本領導策略 (C)集中化策略 (D)全球化策略。 【107台鐵】

(　　) **8** 學者麥可波特所提出來的一般化策略中，以塑造產品／服務的獨特性，造成較其他競爭者有利的優勢，這是何種策略？ (A)差異化策略 (B)成本領導策略 (C)集中化策略 (D)藍海策略。【108台菸酒】

(　　) **9** 發明便利貼的3M公司重視優良品質與創新設計，是屬於下列何種策略？ (A)緊縮策略 (B)轉型策略 (C)差異化策略 (D)成本領導策略。 【108郵政】

(　　) **10** 在夜市的攤販，儘量選擇與別人做的業務不一樣，這是競爭策略中的哪一種？ (A)低成本 (B)差異化 (C)集中化 (D)極大化。【107經濟部】

(　　) **11** 某航空公司所有的航班都強調尊榮高貴的服務，定價也明顯高於同業，該公司的競爭策略是屬於下列那一種？ (A)多角化策略 (B)差異化策略 (C)集中策略 (D)高成本策略。 【107台鐵】

解 **1 (C)**。事業層級（每一相似產品皆有一部門，而這一部門就是所謂的事業層）策略它主要是將公司旗下的產品做標準化的分類。→各部門有各部門的產品，而各部門就部門產品做市場定位後做經營模式的分析。

2 (C)。Porter提出一般性競爭策略，分別如下述：

(1)低成本領導：廠商盡可能降低生產及營運成本，可透過專業分工，學習曲線，規模經濟達成。

(2)集中化策略：在較小的市場區隔(利基)內採取差異化或低成本領導策略。

(3)差異化策略：提供與競爭者不同，符合或超越顧客期望的產品或服務，可獲得顧客忠誠，與競爭者有明確劃分。

3 (C)

4 (C)。Porter提出一般性競爭策略，分別為低成本領導、集中化策略、差異化策略。但Porter認為企業若是沒辦法在低成本或差異化擇其一的話，則無法獲得長期成功，稱之為「困在其中」（stuck in the middle）。

5 (C)。企業競爭優勢中，不可能選大量存貨，所以(C)不是競爭優勢。

6 (A)。有能力以較低的價格提供給消費者，是採成本領導策略。

7 (B)

8 (A)。塑造產品／服務的獨特性，差異化策略。

9 (C)。關鍵字在創新設計→差異化策略。

(A)緊縮策略資金不足或經濟不景氣，著重於改進功能或減少產品項目。

(B)轉型策略企業轉型是指企業長期經營方向、運營模式及其相應的組織方式、資源配置方式的整體性轉變，是企業重新塑競爭優勢、提升社會價值，達到新的企業形態的過程。

10 (B)

11 (C)。(B)差異化策略→簡單來說就是先佔優勢，走跟別人不一樣的路，以企業角度為出發點。

(C)集中策略→利基中採取差異或低成本策略，為了特定某族群及市場上需求提供，以顧客導向為出發點。

二、功能策略

(　　) 研發策略屬於何種層次的策略？ (A)公司總體層次（corporate level） (B)產業競爭層次（competitive level） (C)事業單位層次（business level） (D)功能部門層次（functional level）。 【105中油】

解 **(D)**。企業的五大功能：(1)生產作業管理。(2)行銷管理。(3)人力資源管理。(4)研發。(5)財務管理。（產、銷、人、發、財）

三、其他

(　　) **1** 下列那一項是成為新開發市場或新產品先驅者（first mover）策略之劣勢？ (A)較無機會建立客戶忠誠度 (B)競爭對手模仿創新的風險 (C)較低的學習成本 (D)無法掌控資源。【109台鐵】

(　　) **2** 企業組織生產越多同類型的產品或服務，這些產品或服務的單位成本會隨之降低，此現象稱為： (A)範疇經濟 (B)適者生存 (C)規模經濟 (D)成本效益。【108郵政】

(　　) **3** 下列何者是指隨著生產數量的增加，因固定成本分攤的基礎變大，而使得平均成本不斷降低的一種經濟效益？ (A)範疇經濟 (B)規模經濟 (C)財務經濟 (D)資源槓桿。【109台菸酒】

解 **1 (B)**。市場先行者的優勢：(1)享有創新者與產業領導者的聲譽。(2)有機會控制稀少的資源。(3)有較佳的機會建立良好顧客關係。(4)技術領先（容易建立學習曲線、降低生產成本及取得規模經濟）。

先行者劣勢：(1)犯錯或失敗機會大。(2)負擔龐大的開拓成本。(3)可能有建立錯誤資源的風險。(4)遭後進者模仿的風險。

2 (C)　**3 (B)**

填充題

1 波特（Porter）提出產業競爭策略有3種，包含：成本領導策略、______ 策略及集中化策略。【106台電】

2 依據麥可．波特（Michael Porter）運用5力模式選擇的競爭策略，提供獨特而為顧客喜愛的產品，如蘋果公司（Apple）創新的產品設計，即是採取 ______ 策略。【107經濟部】

3 當企業生產規模擴大，企業同時也面臨內部管理複雜度增加及協調困難等問題，造成成本升高的現象，稱之為 ______ 。【109台電】

4 邁爾斯與司諾（Miles and Snow）提出之適應策略，認為企業在不同環境下，應該發展出不同的策略來應付環境的挑戰，其中主動積極開發新市場及新產品，強調透過持續性的創新來維持成長的動力，稱為 ______ 型策略。【111台電】

解 **1 差異化**

2 差異化

3 規模不經濟。規模不經濟：隨著企業生產規模擴大，而邊際效益卻漸漸下降，甚至跌破零、成為負值。造成此現象的原因，可能是內部結構因規模擴大而更趨複雜，這種複雜性會消耗內部資源，而此耗損使規模擴大本應帶來的好處相互消滅，因此出現了規模不經濟的現象。

4 探勘

申論題

一、面對劇變的時代，企業必須擬定有效的策略來應對，請回答下列問題：【題組】

(一) 何謂「策略」？

(二) 根據策略大師麥可・波特（Michael E. Porter）的主張，企業的三大基本競爭策略為何？除列出三大基本策略的名稱外，並請扼要解釋。

(三) 針對三大基本競爭策略，請分別列舉一家企業。 【110經濟部】

答：

(一) 策略：是企業的長期目標，以及為了達成目標所採行的資源配置以及行動方案決策。良好的決策特性包含一致性、調適性、可行性與優越性，簡述如下：

1. 一致性：良好的策略要能夠與目標計畫互相配合。
2. 調適性：良好的策略要能夠隨時跟著環境變動而調整。
3. 可行性：良好的策略必須要能夠達得到，而不是空中樓閣。
4. 優越性：良好的策略要能夠協助企業獲得競爭優勢

(二) Porter提出的三大基本競爭策略

1. 低成本領導策略：廠商盡可能降低生產及營運成本，可透過規模經濟、學習曲線及專業分工達成。
2. 差異化策略：提供與競爭者有所不同、符合或超越顧客期望的產品及服務。可透過市場定位、高品質、創新及追求先佔達成。
3. 集中化策略：在較小的市場區隔中採取差異化策略或低成本領導策略。可透過市場深耕、避開強勁對手及集中資源達成。

(三) 例子

策略1：成本領導

日本卡西歐（Casio）電子計算機也是代表案例。自1972年推出6位數的低價口袋型電子計算機後，產品從廉價到最高級一應俱全、席捲市場，究其原因就來自於該公司的生產效果（當累積產量達兩倍後，生產成本平均降低20%～30%）凌駕其他廠商。

策略2：差異化

夏普（Sharp）的高溫蒸氣烤箱是利用「煮沸水產生的水蒸氣」蒸烤食品，加熱過程有去除多於油脂、鹽分、保留維他命C等效果，雖然上市較晚、售價較高，卻在講求健康的路線上獲得好評。

策略3：目標集中

微熱山丘是非常典型的集中化策略經營者，品牌訴求為「反璞歸真，美味求真」，瞄準客層是一群在意食材且品嚐食物原味的消費者。微熱山丘就開始契作金鑽鳳梨，並且採用既好且真的食材，如麵粉、蔗糖、奶油等。至於服務上完全是台灣人待客之道，奉上茶水款待，並且請吃一整塊鳳梨酥。

二、在麥可．波特（Michael Porter）競爭理論中所謂「一般性競爭策略」（generic competitive strategies）有哪些？請說明其意義，並分析各個策略可能面臨的風險。
【106經濟部】

三、請分別說明Michale E. Porter所提增加企業競爭優勢潛力的策略類型。
【107台電】

焦點五 執行策略與控制

一、執行策略【經濟部、台電、郵政】

形成策略後，就必須加以執行，唯有能夠執行的策略才是好的策略。無論組織規劃如何有效的策略，如果無法徹底執行，仍難以達成良好的績效。

7S架構：

(一) **提出者**：麥肯錫顧問公司。

(二) **用途**：提供一個判斷策略執行時的方向。

(三) **分析方式**

1. 藉由分析7項組織內部的要素，來探究組織的效率與成就。
2. 先檢視公司原有的策略，修正組織架構，逐步建立制度；接著，讓員工熟悉企業的價值觀，提升組織的能力，培育人才。
3. 最重要的是改變企業的文化。

(四) 7種經營資源

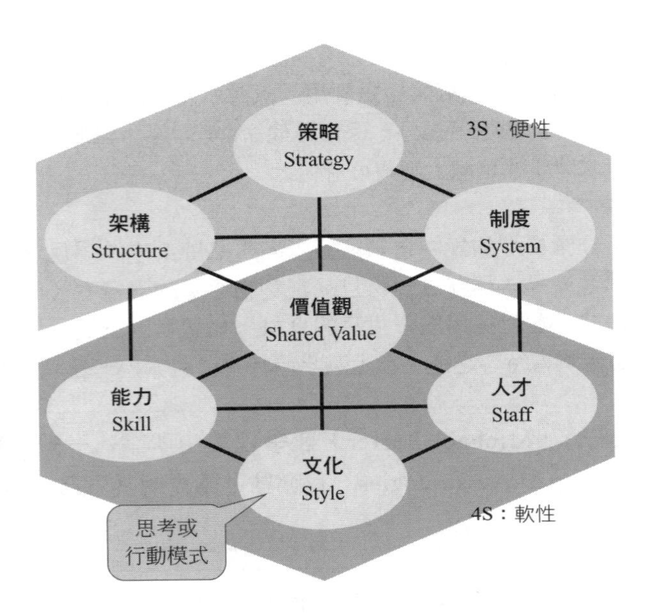

1. 7S中的策略、架構和制度等三項硬性經營資源，較容易在短期內改變。
2. 價值觀、能力、人才、文化等四項軟性經營資源，則必須耗費許多時間和精力來改革。
3. 若軟性資源沒有調整，那麼即使改善了硬性資源，企業也不會產生變化。

• 容易改變與難以改變的資源

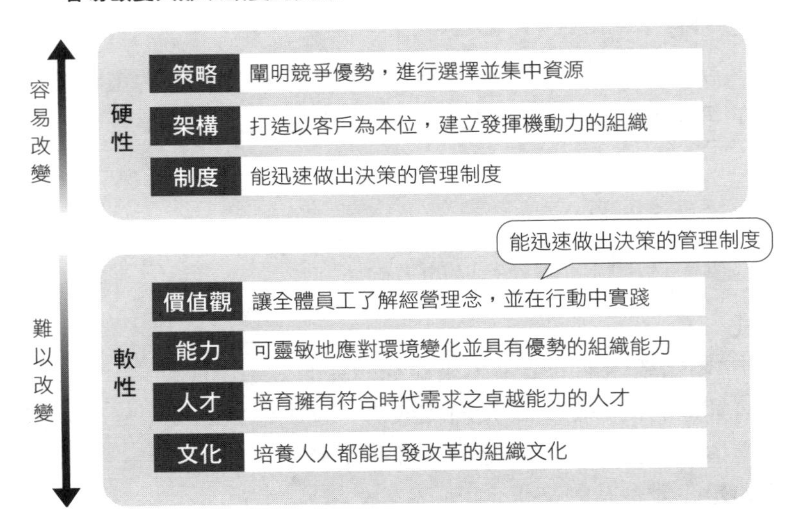

小口訣、大記憶

架構、制度、風格（文化）、員工（人才）、能力、策略、共同價值觀

▲架至豐原能略同

(五) **作用**

1. 7S架構可改善組織表現，更擅於應付組織內變革，以及更有效率的執行策略。
2. 企業擁有各種經營資源，若能使這些資源互相連結，發揮加乘作用，便可達成目標；但若只改變其中一項，通常不會見效，因此必須多方考量。

二、策略控制

檢討策略執行結果與策略目標是否一致的機制，如果未達成既定的目標，則應該採取修正的行動。

小補充、大進擊

藍海策略（Blue Ocean Strategy）：【經濟部】

1. 紅海的企業是打價格戰，只能靠大量生產、降低售價來獲取利潤。「藍海策略」在於創造沒有競爭的市場空間，它不是在面對競爭，而是超越競爭，打破價值與成本抵換的觀念，創造與掌握新的需求，同時整個公司的活動，配合追求差異化和低成本，並透過創造有效需求，進行價值的差異化，亦即創造最大的消費者剩餘，進而產生比較大的生產者剩餘。
2. 「藍海策略」強調的是價值的重塑和創新，不是執著於技術創新或是突破性科技發展。能夠超越競爭的藍海企業，不是去挖掘自己的顧客需要什麼，而是研究非顧客的需求。

即刻戰場

選擇題

一、執行策略-7S架構

( ) 麥肯錫（McKinsey）顧問公司發展的7S的經營分析模式係指下列何者？

(A)Strategy, System, Structure, Style, Staff, Survey, and Shared-Value

(B)Strategy, System, Structure, Status, Staff, Skill, and Shared-Value
(C)Strategy, System, Structure, Style, Staff, Skill, and Shared-Value
(D)Strategy, System, Structure, Statistics, Staff, Skill, and Shared-Value。

解 **(C)**。7S模型指出了企業在發展過程中必須全面地考慮各方面的情況。
硬體要素：戰略（Strategy）、結構（Structure）、制度（Systems）。
軟體要素：風格（Style）、員工（Staff）、技能（Skills）、共同價值觀（Shared Values）。

二、藍海策略

(　　) 藍海策略的六個原則中，前四個為擬定原則，下列何者不是？ (A)重建市場邊界 (B)重視顧客滿意度 (C)聚焦願景而非數字 (D)超越現有需求。 【110經濟部】

解 **(B)**

填充題

麥肯錫管理顧問公司提出7S模型，可用來診斷一家公司的經營績效，該模型分為：結構、 ______ 、系統、技能、人員、風格及共享價值等7項要素。
【108台電】

解 **策略**

時事應用小學堂 2022.12.26

東森集團多策略轉型開創新商業模式

東森國際（2614）說明，集團今年因應經濟大環境的改變，祭出多策略，包括對內落實採購集中化及商品跨通路販售，對外加速線上線下虛實融合，並進軍線下商場經營、異業結盟，開創新商業模式。
東森國際（2614）今天召開法說會，前 3 季整體營收較去年同期成長 10%，轉投資事業媒體、貿易業皆穩定成長。
東森國際倉儲事業今年雖面臨通膨影響，營運量仍較去年同期成長 4.5%，倉儲事業因持續透過設備汰舊換新提高營運效率，前 3 季倉儲事業營收提升 6.5%。

轉投資新媒體事業方面，東森新媒體 ETtoday 日均流量衝高到 1900 萬人，東森家外廣告已占全台旅運量 57.2%，總營收較去年成長 13.25%，線上線下廣告均持續成長。

東森寵物雲擴大營業規模與市占，截至今年底實體店家數已達 139 家，實體門市數量較去年成長 17%，版圖擴及全台 18 縣市，東森寵物營收較去年成長 11.97%。

東森購物下半年隨著疫情逐步解封，消費回歸實體零售市場，但東森購物今年前 3 季仍寫下營業利益率 7.6%、稅後淨利 14.76 億元、每股盈餘（EPS）11.88 元的成績。

面對大環境的改變，東森集團走向線下商場經營，打造「東森廣場」，與全家便利商店合作結合寵物門市與慈愛動物醫院服務，做為東森線下商場的示範區。

此外，東森集團斥資百億打造林口營運總部，於 2022 年 4 月動土，預計 2025 年啟用；在休閒觀光事業方面，東森集團與晶華聯手，林口東森集團總部大樓 29 樓至 36 樓將規劃商務旅館，委由晶華旗下全新品牌 Silks X 晶英薈旅負責經營，預計於 2026 年開幕。

同時，東森林口國宅段建案也將由晶華經營旗下商務旅館捷絲旅；「東森海洋溫泉酒店」也委託晶華酒店以「晶泉丰旅」品牌進行規劃與營運管理，都預計於 2025 年第一季完工開幕。

（資料來源：中央社 https://tw.stock.yahoo.com/news/%E6%9D%B1%E6%A3%AE%E9%9B%86%E5%9C%98%E5%A4%9A%E7%AD%96%E7%95%A5%E8%BD%89%E5%9E%8B-%E9%96%8B%E5%89%B5%E6%96%B0%E5%95%86%E6%A5%AD%E6%A8%A1%E5%BC%8F-095145154.html）

延伸思考

1. 東森集團包含多個事業體，公司整體策略與每個事業體的發展策略，你可由本文中仔細分辨嗎？
2. 與競爭者比較時，還有甚麼策略可以使用？

解析

1. （略）。
2. 「賽局理論」（Game Theory，或譯作博奕理論、競局理論）的精神是將對手的反應考慮在其中，研究策略的理性選擇。因此，競爭策略當然也可以從賽局的觀點來擬定。舉例來說，如果對手知道，我們已經全力投入某個市場，並且自斷後路，這個時候他們就會避開這個市場；而我知道對手會這樣想，因此事前我就設法自斷後路，例如解除我跟另一廠商間的合約，讓自己沒有其他的選擇。

Lesson 10 組織結構與設計

課前指引

組織結構是指為了達成組織的目標，依據組織理論，經過設計形成的組織內部各個部門、各個層次之間固定的排列方式，也就是組織內部的構成方式。

重點引導

焦點	範圍	準備方向
焦點一	組織結構的概念	本焦點最重要的是要瞭解組織結構的構成要素，與組織結構的模式（機械式、有機式），考題種類眾多，機械式與有機式的組織結構也很常應用在其他章節中，因此需要熟記觀念與應用。
焦點二	組織設計的原則	本焦點的組織設計 6 個原則要熟記與應用，尤其是控制幅度、集權與分權是考題最多的二個原則，要花時間仔細分辨其不同。
焦點三	傳統的組織設計	傳統的組織設計包括：簡單結構、部門化結構與事業部結構三種。其中以部門化結構為考試的重點，要能夠清楚地區分出 5 種類型的部門化設計與其應用。
焦點四	現代的組織設計	本焦點為現代組織設計的型態，包括：矩陣式組織、無疆界組織、學習型組織都是很近代才提出的理論，也是考試的重點，需要多加閱讀並熟記其觀念。

焦點一 組織結構的概念

一、組織的定義與分類

(一) 組織的定義【台水、台菸酒、台鐵、漢翔】

組織（organization）是將一群人有系統地組合在一起，以達成特定的目標。所以，大學是一個組織，校友會也是一個組織；獅子會是一個組織，7-11便利商店也是一個組織。所有的組織都具有三項共通特性。

1. 每一個組織都有一個明確的目標（goals）。
2. 每一個組織都有一群人（people）或稱為員工組成。
3. 每一個組織都有一個系統的結構（structure）。

組織想要達成的目的稱之為組織目標，組織成員在組織結構中為了達成組織目標而努力。就像中華職棒聯盟的中信兄弟，有一群球員，各擅所長，共同為爭取聯盟第一而努力。

組織的共通特性
（Common Characteristics of Organizations）

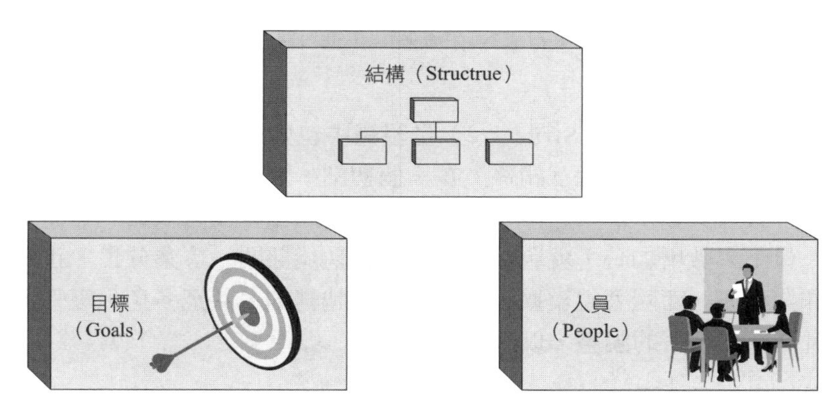

(二)組織的分類【台水、台鐵、農會】

組織可分為正式組織與非正式組織二種類型。

1. **正式組織**：包含
   (1) 組織系統表。
   (2) 指揮系統表。
   (3) 職位之說明。
   (4) 目標之說明。
2. **非正式組織**：沒有正式組織的(1)~(4)點。在正式組織中，由組織成員自然互動發展的一種群體關係。也就是非正式組織是由組織成員個人的互動所形成的關係。

(1) 優點：

A. 促進矯正。

B. 促進成員合作。

C. 協助聯繫與溝通。

D. 滿足成員社會化的需求。

(2) 缺點：

A. 阻礙組織變革。

B. 破壞成員合作。

C. 容易形成小團體。

D. 容易形成謠言管道。

二、組織結構【經濟部、台水、台菸酒、中油、台電、台鐵、郵政、中華電信、桃機、漢翔】

組織結構（Organizational Structure）是組織中包含哪些角色、任務與單位，以及他們如何互動與協調的相互關係。在一個初創、規模小的組織中，因為業務量少而單純，且人員數不多，通常分工不精細，部門化程度也很低。然而當組織開始成長，員工人數增加時，就會開始需要設置功能部門、專業分工、正式化規章及標準作業程序。而隨著規模擴大，部門分工越精細，甚至多角化經營，「組織結構」就必須配合著的調整，以因應實際需求。

(一) 組織結構的三大要素

構成組織的主要三個要素，也是組織成型的關鍵。

要素	內容
正式化	1. 組織內以正式規章來規範員工行為。 2. 規定與管制越多，組織結構就越正式化。
複雜化	1. 指一個組織內部分化精細的程度，包括水平分化與垂直分化。 2. 水平分化：最基層單位的多寡。追求專精化效率與彈性。因應環境變化。 3. 垂直分化：組織層級數的多寡。追求對人員與活動的控制，以維持穩定的運作。
集權化	1. 決策權集中在高階管理者的情形。 2. 中央集權：決策權集中於高層。 3. 分權：決策權下放給組織低階人員。

(二) 組織結構中最典型的二種模式

組織結構有許多模式，最典型與最基本的二種模式為機械式與有機式的組織結構。

組織結構	內容
機械式	1. 機械式結構是經過精密設計、高度專業化，且集權決策的組織型態。 2. 強調的重點是控制與效率。 3. 正式化、集權化、複雜化程度都很高。→中央集權、高度的專業分工、高度制式化、嚴格的部門劃分、清楚的指揮鏈、較窄的控制幅度。
有機式	1. 有機式結構是有彈性、沒有精細分工，且分權決策的組織。 2. 強調的重點是適應與效能。 3. 正式化、集權化、複雜化程度都很低。→地方分權、跨功能、跨階層的團隊、低度制度化、自由流通的資訊、較寬的控制幅度。

小比較，大考點

	有機式組織	機械式組織
優勢	學習與重組能力強	效率與良率高
弱勢	效率與良率較低	學習與重組能力較弱
權力	去中心化	中央集權
分工	跨功能團隊	精細
標準化	低度標準化	高度標準化
資訊流通	自由流通	透過嚴格的指揮鏈
控制幅度	大	小

三、組織圖【台水、台菸酒、台鐵、台電、中華電信】

組織結構通常會以組織圖（Organizational Chart）的方式呈現。如下圖所呈現的方式，一般常在公司介紹的網頁上看到一個公司的組織圖。

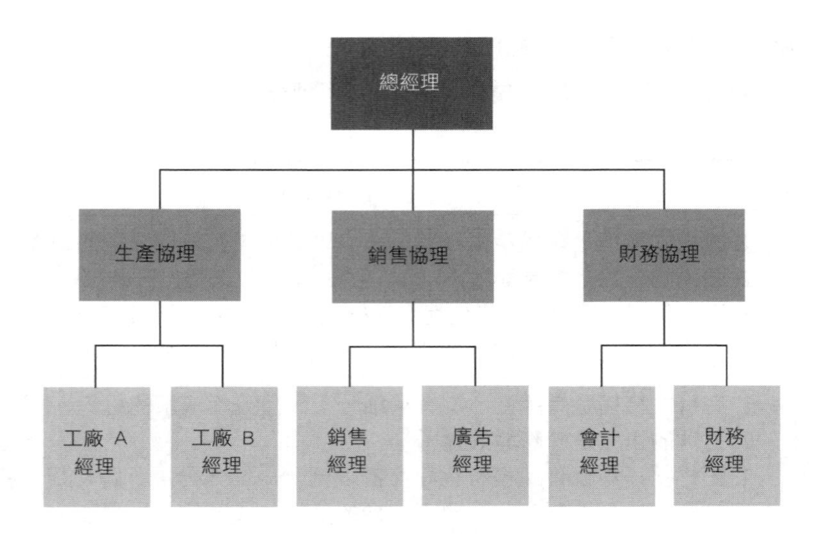

(一) 組織圖呈現的內容組織圖是將組織結構用圖示的方法呈現出來的圖表，用來表示組織正式任務的劃分及人員隸屬關係，同時也是用來顯示組織架構圖中各階層上司與部屬之間正式權力分配的關係。其能透露出組織結構的4大重要資訊為：

1. 組織圖顯示出組織中的各種不同任務。
2. 組織圖顯示出組織的各種分工。
3. 組織圖顯示出組織從高到低的分層情況、管理層級。
4. 組織圖可看出指揮鏈。

(二) **組織圖無法呈現的內容**

組織圖的版面有限，並不是所有公司資訊皆可在圖上呈現，其無法呈現的內容如下：

1. 工作實際內容。
2. 組織溝通方式。
3. 各職位職權責大小與影響力。
4. 目標明確度。
5. 員工受控制程度。

四、影響組織結構的權變因素【中油、郵政】

組織結構會因為公司樣態而有所不同，例如人數多的公司與人數較少的公司，採用的組織結構就會不一樣。因此影響到組織結構的這些變數，我們稱為組織結構的權變因素。包括：組織的規模、技術的例行性、環境的不確定性，以及個體差異。

權變觀點四大變數：

(一) **組織規模：**

1. **組織規模小：**採用有機式管理。
2. **組織規模大：**採用機械式管理。

(二) **技術的例行性：**

1. **技術具例行性：**採用機械式管理。
2. **技術非例行性：**採用有機式管理。

(三) **環境的不確定性：**

1. **安定的環境：**採用機械式管理。
2. **創新的環境：**採用有機式管理。

(四) **個體差異：**

1. X**理論特質：**採用機械式管理。
2. Y**理論特質：**採用有機式管理。

小口訣，大記憶

組織規**模**、技**術**的例行性、環境**不**確定性、個體**差**異

▲魔（模）術不差（權變就像在變魔術，魔術不差。）

即刻戰場

選擇題

一、組織的定義

( ) **1** 有關「組織的定義」，下列哪一項是正確的？ (A)是一群人為了完成特定目的所組合在一起的單位 (B)是一群人為了服務其他人所集合成的一個單位 (C)是一群人工作的地方 (D)是一群人為了賺錢所集合成的一個團體。 【108漢翔】

(　　) **2** 根據計畫的目標，將員工進行適當的分組，並將任務分配給各個工作小組，且要求任務完成的期限，請問這是屬於哪項管理功能？(A)規劃　(B)組織　(C)領導　(D)控制。【107台鐵】

解 **1 (A)**。所有的組織都具有三項共通特性：
(1)每一個組織都有一個明確的目標（goals）。
(2)每一個組織都有一群人（people）或稱為員工組成。
(3)每一個組織都有一個系統的結構（structure）。

2 (B)。組織是指依據不同的業務，將一個具有共同目標的工作群體分為若干部門，並賦予適當權責的程序。

二、正式組織與非正式組織

(　　) 下列對於非正式組織（Informal Organization）敘述何者正確？(A)減緩角色衝突問題　(B)可以促進改革的腳步　(C)可以滿足員工的情感需求　(D)會減緩正式組織的溝通效果，減少組織的工作時效。【108台鐵】

解 **(C)**

三、組織結構

(　　) **1** 當一個組織是高度制式化、有較多的管理層級、嚴格並緊密的控制系統，則此組織為下列何種組織結構？　(A)扁平式組織結構　(B)有機式組織結構　(C)網路式組織結構　(D)官僚式組織結構。【109台菸酒】

(　　) **2** 與有機式組織不同，機械式組織強調下列何者？　(A)大的控制幅度　(B)自由流通的資訊　(C)清楚的指揮鏈　(D)跨功能的團隊。【108台菸酒】

(　　) **3** 下列何者不是有機式組織的特質？　(A)高度的專業分工　(B)跨功能的團隊　(C)大的控制幅度　(D)低度制度化。【108漢翔】

(　　) **4** 有關機械式組織的敘述，下列何者錯誤？　(A)嚴格的部門劃分　(B)小的控制幅度　(C)跨階層的團隊　(D)也稱為官僚組織。【108郵政】

(　　) **5** 依學者Woodward的看法，機械式組織結構在下列何種情況最有效？(A)單位生產　(B)大量生產　(C)程序生產　(D)客製化生產。【108漢翔】

(　　) **6** 具有高度分工、正式化及集權等特性是指下列何種組織？　(A)有機型組織　(B)無邊界組織　(C)學習型組織　(D)機械式組織。【107郵政】

(　　) **7** 有關機械式組織的敘述，下列何者錯誤？ (A)嚴格的部門劃分 (B)小的控制幅度 (C)跨階層的團隊 (D)也稱為官僚組織。 【108郵政】

(　　) **8** 下列何項因素，會使得組織結構偏向採用有機式組織？ (A)環境不確定性大 (B)生產技術變動少 (C)組織訂定成本領導策略 (D)組織規模較大。 【108漢翔】

(　　) **9** 如果一家公司希望變得更具適應性和靈活性，那麼它可能會比較喜歡下列何種組織結構？ (A)正式化的 (B)機械式的 (C)有機式的 (D)集中化的。 【109經濟部】

(　　) **10** ROCO是一家規模較小的石油公司，組織具有高度適應性，員工沒有標準化作業規章，並被訓練處理各種工作和問題。ROCO應該是那種組織結構？ (A)機械式 (B)官僚式 (C)功能式 (D)有機式。 【109台鐵】

(　　) **11** 關於有機式組織與機械式組織的敘述，下列何者錯誤？ (A)機械式組織宜採中央集權 (B)有機式組織具有嚴格的部門劃分 (C)機械式組織具高度正式化 (D)有機式組織具有跨階層的團隊。 【106台鐵】

解 **1 (D)**

2 (C)。(A)(B)(D)皆為有機式組織。

3 (A)。高度的專業分工→機械式組織特質。

4 (C)。(B)組織層級數與控制幅度呈現反向關係，所以機械式組織階層多，控制幅度小。

5 (B)。Woodward將研究廠商依生產技術分為三組：
(1)單位或小批量製造→適合有機式組織（低度水平化）。
(2)大批或大量製造→適合機械式組織。
(3)連續生產/程序生產→適合有機式組織（低度水平化）。

	單位生產	**大量生產**	**程序生產**
結構特徵	低度垂直分化	中度垂直分化	高度垂直分化
	低度水平分化	高度水平分化	低度水平分化
	低度制式化	高度制式化	低度制式化
最有效的結構	有機式	機械式	有機式

6 (D)。集權（決策權與控制權集中在高階層)／機械式。
分權（權力分散的程度）／有機式。

7 (C)。有機式組織：具有高度的適應力與彈性，跨功能的團隊、跨階層的團隊、自由流通的資訊、較大的控制幅度、地方分權、低度正式化。

8 (A)。(A)需要比較大的彈性來因應環境的變化，所以是有機式組織。

9 (C)。更具適應性和靈活性→應選擇權力下放資訊流通的有機式組織。

10 (D)。組織具有高度適應性，員工沒有標準化作業規章→有機式。

11 (B)。嚴格部門劃分為機械式。

四、組織圖

( ) 1 組織結構可以用以下何種方式呈現 (A)組織圖 (B)甘特圖 (C)圓餅圖 (D)活動圖。【107台鐵】

( ) 2 從下列何種圖中，可以看出一家公司的指揮鏈結構？ (A)任務圖 (B)甘特圖 (C)策略地圖 (D)組織圖。【109台菸酒】

解 1 (A)。

2 (D)。組織圖：將個體、群體及部門間的關係用圖形來呈現，可由圖看出管理層級、指揮鏈、任務、分工。

填充題

1 組織內的任務分工及工作之間的相互關係，稱之為組織 ______ ，如以書面圖示方式加以呈現即為組織圖。【108台電】

2 組織圖揭露組織結構的4項重要資訊：任務、分工、管理的層級、 ______ 。【109台電】

解 **1 結構**

2 指揮鏈

焦點二 組織設計的原則

設計組織也就是要改變或發展組織的結構，重新設計，因此組織設計的基本原則（概念）如下：

(一) **專業化分工**【台水、台鐵、郵政、桃機】

內容	優點	缺點
1. 又可稱工作專業化(job specialization),是傳統的工作設計的核心內容。 2. 根據目的和任務,一個工作分成好幾個步驟,每個人負責其中一個步驟(專業分工),使生產效率提高。	1. 完成每件工作任務中的很小的工序,可最大限度地提高操作效率。 2. 所要求掌握的技術比較簡單,降低勞動力成本,有利於在不同崗位間的輪換。 3. 有利於實現對操作、產品質量和數量的監管和控制,保證生產的穩定。	會造成員工對工作的厭煩、缺勤、離職等。

(二) **指揮權統一**【台糖、台鐵】

內容	優點	缺點
1. 每一位部屬只對照一位直屬主管,沒有人應該對二位以上的主管負責。 2. 指揮鏈又稱指揮系統(line of command),組織從最高層主管到最基層員工之間,由於直線職權的存在,形成一個權力線,這條權力線就被稱作指揮鏈。	指揮明確且快速。	若只遵循單一命令,毫無彈性,有礙企業發展。(矩陣組織的變通方式,可以讓部屬同時對兩位或兩位以上的主管負責。)

(三) **控制幅度**【經濟部、台水、台糖、台菸酒、中油、台電、台鐵、郵政、農會、漢翔】

內容	優點	缺點
1. 主管能直接有效控管的部屬人數。 2. 控制幅度與組織層級成反向。 組織層級:從最高層管理者到最低層普通職員之層級數。當組織人數確定後,與控制的範圍成反比,即控制範圍愈寬,層級數愈少,屬於扁平組織(flat organization);反之,控制範圍愈窄,層級數愈多,屬於高型組織(tall organization)。 3. 目前趨勢是組織階層數減少,組織的結構形態朝扁平式的結構發展。	若管理者控制的人數恰當,較容易達成組織的效率與目標的實現。	1. 管理者控制的人數若過大,管理者會控制不了。 2. 下屬人數若太少,會增加組織階層數,階層數的增加會影響訊息的傳遞與效率。

小比較、大考點

有機式組織（扁平組織）控制幅度大
機械式組織（高型組織）控制幅度小

(四) **協調**【台鐵】

1. 透過協調，不同的部門和不同的工作之間可以互相交換資訊與資源，發揮較大的效能。
2. 協調的重點在於互相信任。

(五) **職權與職責**【台水、台菸酒、台鐵、中華電信】

1. 職權，亦稱權威，組織正式賦予該職位人員應該具備的權力。
   (1) 直線職權：直接對公司收入與利潤有關。如：生產、行銷。
   (2) 幕僚職權：提供他人建議、協助他人的權力，其職責是為同級直線指揮人員出謀劃策，對下級單位不能發號施令，而是業務上的指導、監督和服務的作用。如：人力資源、研發、財務。
   (3) 功能性職權：有限度的職權。
2. 職責：部屬被主管賦予的任務或義務。
3. 負責：部屬個人將自己的任務及義務完成的進度報告給上司。

(六) **集權與分權**【經濟部、台水、台菸酒、台鐵、郵政】

1. **集權**：組織將大部分的決策權力保留在組織較高的層級。
2. **分權**：現代企業組織為發揮低層組織的主動能力和創新能力，把決策權分給下屬組織，最高領導層只集中少數關係全局利益和重大問題的決策權。

小比較，大考點

1.中央集權 VS. 分權：

中央集權	分權
1. 機械式組織。 2. 環境穩定。 3. 組織規模大。 4. 穩定環境。 5. 基層管理者缺乏決策能力與經驗。 6. 組織面對企業失敗的危機與風險。 7. 公司策略的達成，有賴管理者出面表達意見。	1. 有機式組織。 2. 環境不穩定 (例如分散不同地區)。 3. 組織規模小。 4. 基層有決策能力和經驗。 5. 組織文化開放，允許成員有表達意見的機會。 6. 公司策略的達成，有賴成員的參與及彈性決策。

2.授權、集權、分權、賦權：

(1)授權與賦權是主管個人移轉職權的行為，是動態的過程。

(2)集權與分權式組織運作的型態，是靜態的狀況。

比較	內容
授權	上級主管或上級單位，委託授與部分職權及職責到其下一級的人員，以完成特定的任務。 管理者：授權不授責。 員工只承擔「作業性責任」，管理者仍須承擔最終的成敗責任。
集權	組織將大部分的決策權力保留在組織較高的層級。
分權	組織的決策權不只集中於高層，而是將部分決策權交給各部門，使其擁有自主權。
賦權	允許並幫助部屬，使部屬擁有能力去執行主管所交付的任務。 管理者：授權且與員工共同承擔責任。

即刻戰場

選擇題

一、組織設計的原則-專業化分工

( ) 1 亞當．斯密（Adam Smith）所出版的「國富論」中，認為企業與社會能夠獲得經濟利益的原因是： (A)代工 (B)分工 (C)代理 (D)分析。 【108台鐵】

( ) 2 工作專業化（Specialization）最主要的目的為何？ (A)降低授權的必要性 (B)提升工作績效 (C)建立工作團隊 (D)確立工作流程。 【108郵政】

解 1 (B)。18世紀，亞當．斯密在其著作《國富論》中就已觀察到分工對於手工業生產效率的提高。

2 (B)。一個工作分成好幾個步驟，每個人負責其中一個步驟（專業分工），使生產效率提高。

二、組織設計的原則-指揮權統一

( ) **1** 從組織高層到基層的一條連續性的職權關係，稱為： (A)一條龍 (B)指揮鏈 (C)權責系統 (D)組織層級。 【106台糖】

( ) **2** 瑪莉亞除擔任品管工程師的例行職務外，還被分配到研發專案團隊。在執行專案任務期間，瑪莉亞除了品管經理也必需向專案團隊經理報告。這個情況很有可能違反什麼管理原則？ (A)目標統一 (B)權威 (C)指揮統一 (D)控制幅度。 【109台鐵】

解 **1 (B)**。指揮鏈又稱指揮系統（line of command），是與直線職權聯繫在一起的。從組織的上層到下層的主管人員之間，由於直線職權的存在，便形成一個權力線，這條權力線就被稱作指揮鏈。

2 (C)

三、組織設計的原則-控制幅度

( ) **1** 控制幅度的概念是指下列何者？ (A)一位主管能直接管理的部屬人數 (B)一位主管必須要承擔工作責任的大小 (C)一位主管所擁有的權力 (D)一位主管所能發揮的效能程度。 【107台鐵】

( ) **2** 管理人員能夠有效地監督、指揮其直接下屬的人數是有限的在管理學上稱為？ (A)領導力 (B)控制權 (C)管理幅度 (D)指揮鏈。

【103中油、104郵政、104台鐵、106台糖、107農會】

( ) **3** 管理者在組織中直接管轄的部屬人數，可稱之為： (A)控制高度 (B)控制長度 (C)控制幅度 (D)控制厚度。 【109台鐵】

( ) **4** 下列有關控制幅度的敘述，何者有誤？ (A)控制幅度增大時，組織的階層便會增加 (B)控制幅度越大，組織型態會越扁平 (C)指每位主管能夠有效掌控部屬的程度 (D)又稱管理幅度。 【107台菸酒】

( ) **5** 下列何者會降低管理幅度（span of control）？ (A)標準化程度高 (B)技術複雜程度高 (C)員工經驗多 (D)主管能力強。 【108台鐵】

( ) **6** 某公司為了提高管理效率，將組織加以扁平化，減少了2層管理階級。在員工人數不變的情況下，下列何種情況一定會發生？ (A)會採行部門化的矩陣型態 (B)會擴大控制幅度 (C)會採集中決策模式 (D)會增加監督控制。 【106經濟部】

( ) **7** 以下對於「管理幅度」的描述何者有誤？ (A)授權是影響管理幅度大小的主要因素，授權程度越高、管理幅度則可以越小 (B)管理幅度決定了一個管理者與其管控的部屬間之緊密程度 (C)管理幅度的大小呈現在組織架構，形成高瘦型架構或扁平式架構兩種組織型態 (D)工作相似性高、任務複雜性低的情境下，管理幅度可以較大。
【107經濟部】

解 **1 (A)**。控制幅度：主管能直接有效控管的部屬人數。

2 (C)。管理幅度：主管能直接且有效控管的部屬人數。
指揮鏈：組織從最高層主管到最基層員工之間，關於職權責形成的連續關係。

3 (C)

4 (A)。組織層級數與控制幅度呈反向關係。

5 (B)。(A)標準化程度高：有機式。
(B)技術複雜程度高：機械式這裡是説技術複雜=工作複雜所以要機械式。
(C)員工經驗多：有機式。
(D)主管能力強：有機式。

6 (B)。將組織加以扁平化，減少了2層管理階級。在員工人數不變的情況下，需要管理的人就會變多→(B)會增加控制幅度。

7 (A)。管理幅度又稱為控制幅度，指管理者能有效管理人員的人數。
(A)授權程度越高、管理幅度則可以越大。

四、職權、職責、負責

( ) 以下對於「協調」的敘述哪些正確？ (A)協調是組織結構設計時必然要考慮的議題 (B)每個部門都想要為組織達到最好的績效，但如果少了協調的機制，部門間的任務目標可能就會產生牴觸 (C)不去考量部門間的差異並進行協調，是許多組織在變動環境中遭遇的困難 (D)現今管理者面臨全球化的環境，利用命令做為管控工具、勿需浪費時間進行協調，才是有效率的管理方式。（多選） 【107台鐵】

解 **(ABC)**。(D)透過協調，才能發揮效能。

五、集權、分權

( ) **1** 下列何者不是「中央集權」管理制度強調的影響因素？ (A)複雜而不確定的環境 (B)大型企業 (C)基層管理者不願意參與決策 (D)組織面對著企業失敗的危機和風險。 【108台菸酒】

( ) **2** 企業必須根據自身的功能、任務需求及所面對的環境穩定性進行組織設計。下列關於組織分權的敘述，何者不正確？ (A)企業規模越小時，宜採集權政策 (B)當外在環境不穩定時，宜採分權政策 (C)行銷部門需要及時回應，宜採集權政策 (D)產品越多樣化，宜採分權政策。 【106中油】

( ) **3** 下列各式企業組織架構，以集權至分權管理進行排列，其順序為何？①直線組織、②矩陣組織、③跨功能團隊、④直線與幕僚並存組織 (A)④③②① (B)②③④① (C)①④②③ (D)③②①④。【107經濟部】

解 **1 (A)**。(A)複雜而不確定的環境→【分權】。
(B)大型企業→【中央集權】。
(C)基層管理者不願意參與決策→【中央集權】。
(D)組織面對著企業失敗的危機和風險→【中央集權】。

2 (C)。因為企業規模小，管理者容易管理，不需要分散授權便能達到管理的目的，集權管理更有助於執行效率的提升。

3 (C)

六、授權

( ) **1** 關於授權的權變因素之敘述，下列何者錯誤？ (A)組織規模越大，越傾向減少授權 (B)任務或決策愈重要，則授權的可能性愈低 (C)任務愈複雜，則授權的可能性愈高 (D)公司的組織文化若是對員工有信心並信任，則愈可能授權。 【106台鐵】

( ) **2** 比利在外面跑業務時，他能在一定的權限內自由決定可以給客戶什麼樣的優惠與折扣，而不需要呈報主管許可。請問這樣的行為稱為：(A)授權 (B)直接管理 (C)權力整合 (D)集權。 【108台鐵】

解 **1 (A)**。授權的權變因素：
(1)組織規模：大↑授權↑
(2)責任或決策的重要性：重要↑授權↓
(3)任務複雜度：複雜↑授權↑
(4)組織文化：信任程度↑授權↑
(5)員工素質：素質↑授權↑

2 (A)。授權是給予權利責任。
賦權是給予處理事情的能力。
這題比較適合授權。

申論題

一、請比較「機械式組織」和「有機式組織」在組織特性及適用情境上的不同之處。
【107台鐵】

二、說明授權（delegation）、集權（centralization）、分權（decentralization）與賦權（empowerment）的內涵。
【台鐵】

答：

	授權	賦權	集權	分權
定義	主管將原屬於本身之職權與職責交予某位下屬負擔，使其能行使原屬於該主管之管理工作及作業性工作之決策，並要求下屬對其報告、負責。	提昇員工的決策自主權，以滿足較低層級員工快速決策的需求。	決策集中在組織中某一位階之程度；若決策權集中在較高階層，則集權化程度高。	低階員工提供決策前投入（資源、能力）之程度或實際制定決策之程度。
相同點	皆為組織中職權分布的不同情況			
	授權與賦權均為「主管個人移轉職權的行為」		集權與分權均為「(因不同的職權分布所致之)組織運作的型態」	
相異點	1. 僅是移轉職權與職責的程序。 2. 目的在降低主管的負擔。	1. 賦予員工更多之決策自主權，讓員工參與規劃與控制的程度提高。 2. 可提高部屬潛能的發揮。	組織運作的型態傾向由高階主管決策。	組織運作的型態傾向賦予較基層主管較大的決策權，以追求組織運作的彈性。
部屬能力的知覺	培養部屬管理經驗與能力	認同部屬具足夠之管理經驗與能力	低階管理者缺乏決策之能力與經驗	低階管理者有決策之能力與經驗

賦權是一漸進式過程：員工參與決策制定→授權→賦權（員工對工作方式具有完全自主權）

參與（決策制定）→授權→賦權；賦權=授權+能力

授權（主管行為）vs. 分權（組織運作結果）

三、職權（Authority）的定義為何？職責（Responsibility）的定義為何？並請說明兩者之關係。 【110台鐵】

答：

(一) 職權（Authority）為管理職位所賦予的權利（rights），可以發號施令且可預期命令會被遵守。與組織中的職位有關，而與管理者的個人特質無關。

職權的種類又可劃分為：

職權種類	內容
直線職權	主管發號施令，指揮部屬執行命令的權力，最基本的職權。
幕僚職權	比較像後勤軍師一樣，提供建議或協助他人的權力。
功能性職權	也稱作有限度的職權，上級主管針對特定性範圍內，授權部門或人員可以直接通知或命令相關人員的權力。

(二) 職責（Responsibility），是指任職者為履行一定的組織職能或完成工作使命，所負責的範圍和承擔的一系列工作任務，以及完成這些工作任務所需承擔的相應責任。

焦點三 傳統的組織設計

傳統的組織設計比較簡單化，主要包括：「簡單結構」、「部門化結構」與「事業部結構」三種，也可以說是比較偏向機械式類型。

一、簡單式結構

大部分組織在創業時，會採用只包含業主與員工的「簡單式結構」（Simple Structure）。

項目	內容
特點	1. 有粗略的部門。 2. 較大的控制幅度。 3. 集權的指揮。 4. 不正式的組織設計。
優點	迅速、彈性、維護成本低、責任歸屬明確。

項目	內容
缺點	不適於組織成長期發展，完全依賴一個人會有風險。
發展趨勢	隨著員工人數的增加，組織會跳脫簡單式結構而朝向專門化與制式化發展。此時，管理者也許會採取功能式結構或事業部結構的組織型態。

二、部門化型態

部門化型態就是依照不同的項目，將公司分成各種部門，以方便管理。【台水、台糖、台菸酒、中油、郵政、桃機】

項目	內容
功能別部門化	依照功能將工作歸類。 如財務部、業務部、行銷部、研發部等。
產品別部門化	依照生產線來區別工作。 如台啤有啤酒事業部、烈酒事業部、紅酒事業部等。
顧客別部門化	以相同需求或問題的顧客群為基礎來區別工作。 如台糖有傳統通路、特別販售通路的區別。
地理別部門化	依照地理區域將工作歸類。 如豐田汽車在台銷售據點，就區分成北中南等分部。
程序別部門化	依照產品或顧客的流向來劃分工作，讓工作流程更有效率。 如生產咖啡的工廠，分為烘豆部門、揀選部門、研磨部門、品檢部門等。

在部門劃分方式上，有兩種新的發展趨勢。

(一) 愈來愈多的企業採用客戶別來劃分部門，使公司更能瞭解顧客群，並對顧客需求做出較佳的回應。

(二) 由不同領域的專家組成「跨功能團隊」（Cross-Functional Team）來處理很多日常的業務。

三、事業部結構

「事業部結構」（Divisional Structure）是由不同的單位或部門所組成的組織結構，並由一位事業部經理人負責。【中油、台電、漢翔】

項目	內容
特點	1. 每個獨立單元或部門都只有少量的自主權，而由整個事業部的主管擁有大部分的決策權與經營權，並負責整個事業部的績效與盈虧。 2. 母公司通常扮演外部監督者的角色，負責協調與控制各不同事業單位，並提供財務和法務等協助。 3. 又稱為利潤中心制。
優點	1. 注重結果，事業部經理對所轄產品或服務負完全責任。 2. 對各產品線情形易於掌握。 3. 有利於公司成長與多角化經營。 4. 可培養管理通才。
缺點	行動與資源的重複，會增加成本並減低效率。

即刻戰場

選擇題

一、簡單式結構

( ) 下列何者並非是簡單式組織結構（simple structure）的優點？ (A)迅速、彈性 (B)維護成本低 (C)責任歸屬明確 (D)專業分工。

解 **(D)**。簡單式=扁平式。
簡單式結構是指分工和正式化程度低，但集權程度高的扁平組織。

二、部門化型態

( ) **1** 下列何者不是常見的組織分工部門化的方式？ (A)職能別部門化 (B)產品別部門化 (C)專利別部門化 (D)地理別部門化。 【108台菸酒】

( ) **2** 若政府機構設置一個公益服務部門，以孩童、勞工，以及殘疾人士為服務對象，請問以下那一種部門化（departmentalization）方式較適合？ (A)產品部門化 (B)地理區域部門化 (C)程序部門化 (D)顧客部門化。 【106桃機】

(　) **3** 將組織部門化（departmentalization）有許多種方式，為了對顧客需求的變化提出較佳的回應，下列哪一種部門劃分方式愈來愈受業者青睞？ (A)依地理區域別劃分 (B)依產品種類別劃分 (C)依生產技術別劃分 (D)依客戶特性別劃分。【105郵政】

解 **1 (C)**。常見的組織分工部門化的方式：
(1)職能（功能）部門化：最傳統的分法，相同職位的人放在同一部門。
(2)產品或服務部門化：以產品或服務做區分。
(3)地理部門化：按地理區域將工作歸類。
(4)消費者族群部門化：顧客部門化就是根據目標顧客的不同利益需求來區分
(5)流程部門化：按產品或顧客的流向來劃分工作。

2 (D)。(A)按產品來劃分部門。
(B)按地理位置來劃分部門。
(C)按產品或顧客的流向來劃分工作。
(D)按組織服務的對象類型來劃分部門→以孩童、勞工，以及殘疾人士為服務對象。

3 (D)。依客戶（顧客）特性劃分。

三、事業部結構

(　) 有關「賦權」（empowerment），對於哪一型態的組織而言，是最重要的？ (A)功能式組織 (B)簡單型組織 (C)任務基礎式組織 (D)事業部組織。【108漢翔】

解 **(C)**。事業部組織：集權的政策，分權的管理→分權。
任務基礎式組織：管理者的職權轉移至員工+使員工有能力完成工作→賦權。
賦權：是指給予員工權力也給予部屬相對應的能力（用來給予完成任務的基本能力），讓員工在擔任管理者授予其權責的同時能夠更得心應手。
目的在於提升員工的自主性及掌握程度，以及滿足其決策需求。

申論題

一、某一家連鎖加油站公司，其組織設計係按照地區別，分成北中南東四個營業單位，而不是依照產品別來劃分部門。請依此詳加說明：【題組】
(一) 地區別部門的優缺點有那些？
(二) 為何加油站公司不採取產品別之部門劃分？【109台鐵】

答：

(一) 優缺點

優點：1.利於培養管理通才。

2.快速回應該地區顧客之需求。

3.獨自利潤中心制、自負盈虧。

4.得單獨制定策略規劃。

缺點：1.資源重複配置、浪費資源。

2.人力重複配置、浪費人力。

3.各地區高度自治，總部管理不易。

(二) 採用地區部門化的理由，主要是因顧客的行為，通常進入加油站的顧客會希望一站式（one-stop）地一次滿足需求（加油、上廁所、補充必需品等），反而不會沿路逐步購買，此外加油站亦有足夠的時間和空間規劃銷售策略。相反地，若採用產品部門化，顧客便無法一次購足產品，反而減少顧客上門的意願，因此加油站較適合地區部門化。

二、試述企業之經營環境（environment）、競爭策略（strategy）以及組織結構（structure）三者間的關係。 【台鐵】

答：

(一) 經營環境：環境是組織決策上必須直接考慮的總體社會因素，包含外部環境及內部環境：

1. 外部環境：會影響組織績效的外部力量或組織，包含任務環境及一般環境。

2. 內部環境：組織內部組成，包括員工、層級、職權責等因素。

(二) 競爭策略：策略為企業長期基本目標，以及為達成目標所採取的行動方案與資源配置決策，一般來說，良好的策略必須符合一致性、調適性、可行性及優越性。

1. 一致性：策略必須和目標、計畫相配合。

2. 調適性：策略必須可以隨環境變化而調整。

3. 可行性：策略必須務實可行。

4. 優越性：策略要能替組織創造競爭優勢。

(三) 組織結構：關於組織任務分派、協調，以利組織順利運作之架構，通常判斷一個組織的結構可以使用三個構面：

1. 正式化程度：工作任務標準化、組織成員依照正式規範行事的程度。

2. 複雜化程度：組織層級多寡及部門劃分程度。

3. 集權化程度：權力集中於管理者手上或是分散給部屬的程度。

(四) 結論：當組織所處的環境改變時，策略也必須因應環境而變動，策略變動則組織結構也會跟著改變，三者之間環環相扣，牽一髮而動全身。

焦點四 現代的組織設計

在日趨複雜的環境，為因應市場變化，組織需要更精簡、彈性及創新的設計，也可說是需要更有機化的組織結構。現代化的組織設計分為四種：矩陣式組織、無疆界組織、學習型組織、團隊結構。

一、矩陣式組織【經濟部、台水、台糖、台菸酒、台電、台鐵、郵政、桃機、漢翔】

矩陣式結構（Matrix Structure）是針對專案的需要，從不同功能部門中調集人手組成團隊，並指派一位專案經理領導。矩陣式結構會造成「雙重指揮鏈」（Double Chain of Command），組織成員有兩個上司：功能部門的經理與產品或專案的經理，專案經理對由功能部門借調來的專案成員有指揮權，但有關升遷、薪資調整與年度考核等，通常仍是由功能部門的主管負責。為有效進行工作，專案與功能部門的經理必須定期溝通，以協調員工的工作需求，排解可能的衝突。

項目	內容
意義	1. 結合專案組織與功能別兩種組織而形成之綜合性組織型態。 2. 屬於雙權結構，是一種結合兩種相異的部門而形成的企業組織結構。 3. 彙集組織內不同部門專家共同負責特殊專案，但仍維持傳統直線與幕僚組織結構之組織。
上司數	每個員工都有 2 個上司。
特色	指揮鏈的突破，矩陣結構同時有縱向與橫向兩方面的職權關係發生。
優點	1. 可有效運用人力資源。 2. 可獲得各功能性部門的支援與合作。 3. 結合功能組織與專案組織的優點，並於垂直式結構中融合水平式結構的特性，使管理者對外在環境的變化能迅速回應。
缺點	1. 違反指揮命令統一的原則，工作人員易發生角色衝突，而在有兩個上司的狀況下，員工往往績效表現可能會更差。 2. 屬二元化命令系統，會增加管理成本。 3. 組織的溝通複雜化。 4. 集體決策易發生延遲及偏頗現象，有時易喪失有效時機。 5. 責任歸屬與釐清難以公平。 6. 人事協調評估的困難。 7. 容易產生衝突或爭權。

小補充、大進擊

「專案式結構」（Project Structure）是一種員工在不同的專案間轉換的組織結構。專案組織的員工並不歸屬於某一正式部門，他們藉專業技術、能力與經驗，於完成一個專案後再繼續其他的專案。專案式結構中，管理者的角色是輔助者、顧問和教練，透過排除或減低組織的障礙，與確保團隊擁有必要的資源，來達成組織所賦予的任務。

小比較，大考點

矩陣式組織	專案式組織
1. 從不同專業功能部門中調集人手組成團隊，並由一位專案經理來領導，專案結束後，各自回到原來工作崗位。 2. 雙重指揮鏈：組織成員會有被兩個管理者管理。 3. 結合功能性與產品部門的特質。	1. 由專職的員工負責執行專案，在完成一個專案後再繼續其他的專案。 2. 組織成員並沒有歸屬的部門。 3. 管理者扮演輔助者、顧問和教練的角色。

二、無疆界組織【台水、台糖、台鐵】

奇異公司前總裁Jack Welch提出「無疆界組織」（Borderless Organization），不受限於水平式、垂直式或公司內外界線等。

(一)「疆界」可分為兩種：

1. **內部疆界**：指由專業分工與部門劃分所造成的水平疆界；以及將員工分為不同組織階級的垂直疆界。
2. **外部疆界**：分隔企業與其顧客、供應商和利害關係人。為了消除這些疆界或將其障礙減到最低，管理者也許可以使用「虛擬」或「網路」的組織設計。

(二)無疆界組織種類

種類	內容
虛擬組織 （Virtual Organization） 【經濟部、台水、郵政】	以少數的全職員工為核心，有工作要處理時，組織再由外部僱用短期的專業人員；其靈感來自電影業。

種類	內容
網路組織（Network Organization）【經濟部、中油】	小小的核心組織，公司將一些主要的工作交給外面的廠商處理。也就是所謂的外包。
模組化組織（Modular Organization）	由外部廠商提供所需的產品元件或組件，而後由企業的員工來完成組裝工作。 讓組織可以集中心力於自己所專精的整合部分，而將其他工作委由各自擅長的外部廠商處理。

三、學習型組織【經濟部、台水、台糖、台電、台鐵、郵政、農會、中華電信、桃機】

由彼得聖吉（P. Senge）於1990年《第五項修煉：學習型組織的藝術與實務》一書中提出。「學習型組織」（Learning Organization）能發展出不斷學習、適應與改變的能力。不論是跨部門，甚至是跨階層的員工，會儘可能打造無疆界的環境，員工自由的一起工作，一起討論、思考達成任務的最佳方法，並互相學習。

項目	內容
意義	使學習不斷在個人、團隊及組織中持續進行，促使成員的潛力能不斷發展，並運用系統思考的方式解決問題，增進組織適應環境及自我革新的能力。
管理者	管理者扮演協助與支持者的角色，讓團隊擁有充分的授權，能自行解決問題或決定要做哪些事。
優勢	組織能學習並能將學習成果運用於工作的能力，可能是企業維持長久優勢的唯一方法。
必備原則（修煉）	1. 自我超越。 2. 建立共同願景。 3. 系統思考。 4. 改善心智模式。 5. 團隊學習。

小口訣，大記憶

▲我願細心學

小比較，大考點

傳統的企業組織通常是金字塔式的，學習型組織的組織結構則是扁平的，也就是從最上面的一決策層到最下面的操作層，中間相隔層次極少。它盡最大可能將決策權向組織結構的下層移一動，讓最下層單位擁有充分的自決權，並對產生的結果負責，形成以「地方為主」的扁平化組織結構。例如，美國通用電器公司目前的管理層次已由9層減少為4層。只有這樣的體制，才能保證上下級的不斷溝通，下層才能直接體會到上層的決策思想，上層也能親自了解到下層的動態。只有這樣，企業內部才能形成互相理解、互相學習、整體互動思考、協調合作的群體才能產生持久的創造力。

比較項目	傳統型組織	學習型組織
基本環境	穩定、可預測	快速、不可預測
	地方區域的	全球性的
	僵固文化	彈性文化
經營方式	基於過去經驗	基於現在發生
	程序導向	市場導向
經營優勢	標準化及低成本	適應顧客獨特需求
	效率	創造力
員工必備條件	遵循慣例	因應例外
	服從命令	解決問題
	避免風險	不避風險
	持續一貫	有創造力
	遵守程序	與他人合作
	避免衝突	從衝突中學習

四、團隊結構

團隊結構（Team Structure）指整個組織是由許多推動業務的工作群或團隊所組成。沒有上下的階層式管理，充分授權團隊成員，採取自認為最適合的工作方式，並為其績效負全責。在大型組織裡，團隊結構可以彌補功能或事業部結構的不足，讓組織可以兼具官僚體制的效率，與團隊結構的彈性。

即刻戰場

選擇題

一、矩陣式組織

( ) 1 在下列哪一種組織架構中，企業內部不同功能領域的員工會組成團隊，結合不同的專長以完成特定的專案或計畫？ (A)矩陣式組織 (B)部門式組織 (C)區域式組織 (D)功能式組織。 【106台糖】

( ) 2 矩陣式組織可能會遇到下列哪一種問題？ (A)無法獲得專業分工的好處 (B)導致組織僵化 (C)員工出現角色衝突 (D)減少協調資源分配所需的時間。 【107台糖】

( ) 3 矩陣式組織違反費堯的哪一項管理原則？ (A)分工 (B)公平 (C)指揮統一 (D)人員獎酬。 【108漢翔、105台電】

( ) 4 下列那種組織問題最可能發生於矩陣式組織？ (A)無法發揮專業分工之機能 (B)指揮不統一，工作人員易發生角色衝突 (C)本位主義，部門間不相互支援 (D)組織僵硬、缺乏機動性 (E)各部門各自為政，缺乏溝通與協調。 【107台水】

( ) 5 下列何種組織結構是針對專案的需要，從企業內不同部門調集專業人員組成團隊，並有一位專案經理領導？ (A)功能式結構 (B)事業部式結構 (C)矩陣式結構 (D)網路式結構。 【109台菸酒】

( ) 6 為協助組織有效達成目標，管理者會採用不同型態的組織結構，請問下列何者屬於機械式結構？ (A)功能式結構 (B)矩陣式結構 (C)事業部結構 (D)專案式結構。（多選） 【106台水】

解 1 **(A)**。矩陣式組織=功能性部門+專案性部門。

矩陣式組織：從不同功能部門中調集人手組成專案團隊，並由專案經理來領導，專案結束後各自回原工作崗位。

功能別組織：將一群具有相同技術或使用相同資源的人，劃分在同一部門的分工方式。

2 **(C)**。矩陣式組織是由專案式組織和功能式組織的結合，所以有兩者的優點與缺點。

優點：人力調度彈性、專業分工、有效率。

缺點：員工出現角色衝突、違反指揮統一原則。

3 (C)。「指揮統一」原則：即「一個部屬」只能接受「一個上司」的「命令」。矩陣式組織違反指揮統一原則，因矩陣式組織內的專案是由隸屬各部門的員工所組成，不只須對專案主管負責，還需對原單位主管負責，因此容易產生角色衝突，違反指揮統一。

4 (B)。角色衝突會增加，因為一個部屬會對兩個主管。

5 (C)

6 (AC)。矩陣式結構為專案式加上功能式的結合，較具有彈性。

二、無疆界組織

(　　) 在專案結構與無疆界組織中，管理者更需要下列何者來有效的管理組織？ (A)如何建立員工的溝通平台 (B)如何建立員工間的階層 (C)如何找尋更多的臨時員工 (D)如何找尋更多的供應商。【105台水】

解 **(A)**

三、虛擬式組織

(　　) 因資訊與通訊科技發達，促使虛擬式組織（virtual organization）的發展。以下有關虛擬式組織的敘述，何者錯誤？ (A)虛擬式組織並非正式的組織結構 (B)虛擬式組織通常是任務導向的 (C)虛擬式組織為一常設性的組織 (D)虛擬式組織的成員通常來自外部不同領域的專業者。【104台水、105台水】

解 **(C)**。虛擬式組織因任務需要，由不同組織臨時組成。

四、網路式組織

(　　) 對於組織結構設計的敘述何者有誤？ (A)功能式結構依工作的相似性，將員工分組 (B)簡單式結構具有較廣的控制幅度 (C)網路式結構是針對特定專案的需要，從各部門調集人手組成的團隊結構 (D)虛擬式結構是由小部分核心全職員工及聘僱的外部專家所組成的組織。【107經濟部】

解 **(C)**。網路式組織：企業將一些業務外包給其他廠商，自己只保留擅長的核心部分，以創造最高價值及保持最佳彈性。

五、學習型組織

(　　) 1 面對全球競爭的環境，一個具有持續學習、調適與應變的組織，稱為下列何者？ (A)網路組織（network organization） (B)無疆界組織（boundaryless organization） (C)學習型組織（learning organization） (D)團隊組織（team organization）。 【104台水、105台糖】

(　　) 2 彼得聖吉（Peter M. Senge）在《第五項修練》一書中，提及學習性組織的五項修練，下列何者為其五項修練的核心？ (A)自我超越 (B)系統思考 (C)改善心智模式 (D)建立共同願景。 【103台電、108台鐵】

(　　) 3 下列何者不是學習型組織的特性？ (A)科層的組織結構 (B)創新的文化 (C)顧客導向的策略 (D)廣泛的資訊分享。 【104郵政、106桃機】

(　　) 4 下列何者不是學習型組織的特徵？ (A)團隊學習在這類組織中相當常見 (B)成員間有著共同的願景 (C)成員認同自我超越的重要性以促成共同願景的實現 (D)成員平時沒有太多時間分享訊息。 【107郵政】

解 1 **(C)**。持續學習→學習型組織。

2 **(B)**　　3 **(A)**

4 **(D)**。(1)超越自我。(2)改善心智模式。(3)建立共同願景。(4)團隊學習。(5)系統式思考。

組織：團隊型，授權，無疆界。

資訊：快速，正確，公開。

文化：社群性，照顧，信任，密切性。

領導：鼓勵合作，共享願景。

填充題

1 當組織相當複雜，或組織的產品同時具有很多特性時，採用2種以上的部門化方式進行編組的組織，稱為 ______ 式組織。 【109台電】

2 彼得聖吉（Peter Senge）的《第五項修練》提出有別於傳統組織，能不斷學習、適應及改變的組織稱為 ______ 組織。 【107台電】

3 彼得聖吉（Peter M. Senge）提出建構「學習型組織」的五項修練，其中 ______，強調以新思維方式擺脫錯誤的經驗與邏輯，運用整體性的觀點駕馭複雜的外在事物。 【110台電】

解 1 矩陣　2 學習型組織　3 系統思考

申論題

一、學習型組織有何特徵？傳統組織要如何轉型為學習型組織？ 【106台電】

二、請定義學習型組織，並請說明學習型組織的特性，以及學習型組織有那些學習方式。 【107台鐵】

三、何謂無疆界組織（Boundaryless Organization）？其主要是突破了傳統組織結構的那些疆界？ 【108台鐵】

時事應用小學堂 2023.2.2

矽谷 60 天已裁 6 萬人！ FedEx、PayPal、Google…盤點科技業「瘦身風」，誰裁最兇？

科技業裁員潮到了 2023 年仍未停歇，光是 1 月份就有數萬名的科技業員工受到大規模裁員影響而被解雇。繼 Meta 於 2022 年宣布大規模裁員後，Google、亞馬遜（Amazon）和微軟（Microsoft）、PayPal 等知名科技公司也接連展開裁員行動。追蹤科技業和新創公司裁員情況的網站 Layoffs.fyi 統計，美國科技公司在 2023 年 1 月份已累積解雇近 6 萬名員工，而最新的消息則是，美國物流巨頭聯邦快遞（FedEx）宣布，公司將裁員 10% 以上的主管級資深人員。

IBM：裁員 3,900 人

IBM 於 1 月 26 日宣布裁員，預計將裁員約 3,900 名員工，占該公司全球員工總數的 1.5%。IBM 發言人表示，裁員與先前宣布的兩個業務部門的重組有關，並非基於 2022 年業績表現或預期 2023 年前景而做出的決定，不過這項舉措將使 IBM 於本季度損失約 3 億美元。

Spotify：裁員 600 人

全球知名串流音樂平台 Spotify 面臨低迷的經濟環境，於 1 月 23 日宣布將裁員 6%、估計約有 600 名員工受影響。Spotify 執行長丹尼爾 · 埃克（Daniel Ek）透過公開聲明表示，他將與受裁員影響的員工展開一對一的對話。

埃克坦承，他在公司收入成長前的投資野心太大，因此應為裁員的結果承擔全部的責任。根據 Spotify 交給美國證券交易委員會的文件中提到，本次的裁員舉措將產生 3,800 萬美元以上的遣散費支出。

微軟：裁員 1 萬人

微軟也於 1 月 18 日宣布公司將進行大規模裁員，微軟執行長薩蒂亞 · 納德拉（Satya Nadella）在一份聲明中表示，該公司在 2023 財年的第三季前將裁員 5%、影響近 1 萬人。不過納德拉提到，儘管微軟正在裁減某些職位，但該公司仍在招募關鍵策略領域的人選。

微軟近年受到美元走強和筆記型電腦銷售下滑的影響，2019 年 1 月的淨收入與 2018 年同期相比下降了 14%，僅剩 175.6 億美元，該公司也預期 2023 財年第一季的成長將會是五年來最緩慢的一年。

亞馬遜：裁員 1.8 萬人

亞馬遜於 1 月 4 日表示當月將裁員逾 1.8 萬名員工，對整個公司團隊造成影響，其中大多數集中於亞馬遜商店和 PXT（人員體驗和科技）組織，這也證實了去（2022）年 12 月傳出亞馬遜將裁員 20000 人的消息。

亞馬遜的電商業務在疫情大流行期間蓬勃發展，但隨著消費者回流實體購物管道及通貨膨脹的影響，亞馬遜的營運狀況低於分析師預期，去年的股價也下跌了約 50%。該公司執行長安迪 · 賈西（Andy Jassy）表示，裁員是一個艱難的決定，他也意識到此舉將對人們的生活造成影響，因此公司並非輕率地做出這項決策，他提到裁員將幫助亞馬遜以更強大的成本結構尋求長期機會。

延伸思考

1. 各大科技業相繼裁員，進行組織重整或改造，此舉對於組織結構有何影響？
2. 以上各家科技公司的組織結構是否相同？造成組織結構不同的因素有那些？

解析

1. 過去幾年，科技業員工數持續攀升，在快速增長的情形下很難真正提高效率，裁撤一些中階管理職位，扁平化組織結構，以求更快地做出決策。企業組織的型態也就可能從科層架構的高聳型組織轉變為扁平化組織，部門間協作則從機械式轉變到有機結合。
2. 2011 年的時候曾有人製作了一張嘲諷美國科技巨頭的組織架構圖，在這張圖裡頭 Amazon 就是典型階層式組織，而 Google 則是偏向矩陣型組織、Facebook 則是像社交媒體一樣的網狀關係。Microsoft 的就有趣了，當年還是鮑爾默當家的年代，那時的微軟因為 KPI 設計的問題導致各部門之間傾向於不合作，更甚者還相互競爭抹黑，所以這張圖上畫了幾把槍，意味著部門之間的關係。

而 Apple 呢？就是一個中心連接了所有人，這個中心就是賈伯斯，凡大小事都得過他同意。

Oracle 也是個有趣的嘲諷，把法務部門放到最大，這是在說明 Oracle 是靠著併購與告人等法律手段來發展。

這幾張圖當然是開玩笑的，不過我們可以從這邊很基本的了解到公司的組織架構，受到領導者與企業文化的影響極深。

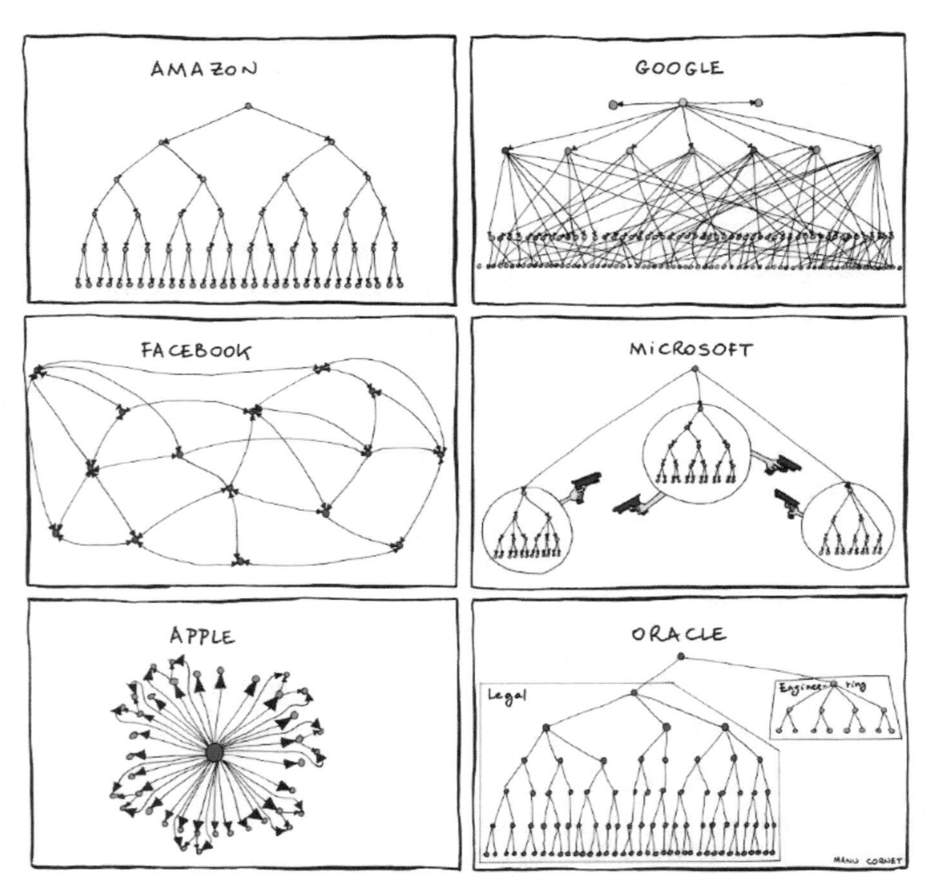

資料來源：商業思維學院 https://bizthinking.com.tw/2021/07/01/organization-architecture/

Lesson 11 組織行為

課前指引

組織行為（organizational behavior, OB）：對於人在工作中表現出之行為的研究。組織就像冰山一樣，只有少部分露出於外，其他大部分則隱藏在水面下。在研究組織時，我們只能觀察到組織露出水面的可見部分，如：策略、目標、結構、正式職權關係及指揮鏈等，但水面下還有許多重要因素也會影響員工行為。這就是組織行為想要研究的重點。因此，組織行為研究的重點為：個人的行為、群體行為、組織文化。

資料來源：管理學，Stephen P. Robbins及Mary Coulter著，林孟彥、林均妍譯，華泰出版。

組織行為的目標在解釋、預測與影響員工的以下行為：

項目	內容
員工生產力(employee productivity)	衡量員工的效率與效能表現。
曠職 (absenteeism)	該上班卻沒上班的情形。

項目	內容
離職 (turnover)	自願或非自願地永久離開組織。
組織公民行為 (organizational citizenship behavior, OCB) 【經濟部、台水、台鐵、郵政】	組織中沒有正式規定，員工隨意的、個人的行為卻能夠為組織運作帶來正面效益。組織公民行為基本上是指組織中的個人，表現出超越角色標準以外的行為；它是不求組織給予獎賞，仍然能自動自發、利他助人，關心組織績效的行為。包括： 1. 利他行為。 2. 運動家精神。 3. 盡職行為。 4. 公民美德。 5. 謙恭有禮。
工作滿意度 (job satisfaction)	員工看待工作的態度。
職場不良行為 (workplace misbehavior)	指員工蓄意而可能傷害組織或組織內人員的行為。 行為異常、侵略性行為、反社會行為、暴力。

重點引導

焦點	範圍	準備方向
焦點一	個體行為	是出現大量考題的一個焦點，本焦點分為人格特質、情緒、價值觀、認知、態度、學習。其中以人格特質、認知、態度和學習為考試重點。因為個體行為比較抽象，需要花時間了解其意涵與用途。
焦點二	群體行為	群體行為中以群體的發展階段、群體的行為模式都是很常考的重點，對一些相似的專有名詞需要熟悉其定義與內容重點，才不會混淆。
焦點三	組織行為	組織行為是管理學院單獨的一門課程，理論眾多且複雜，本焦點精選一些常考的重點，補充的部分則是近期的理論，都需要花時間研讀詳盡。

焦點一 個體行為

個體行為也就是個人的行為。影響一個公司個別員工的個人行為，主要可以分為以下六種因素。

因素	內容
人格特質	感情、想法、行為的組合，會影響一個人與他人的互動，是個人內心的動態變化過程，也是個人應對外在環境的形式。
情緒	對某人或某件事情的強烈感受。
價值觀	價值觀是一種基本信念，是一種處理事情、判斷對錯、做選擇時取捨的標準。有益的事物才有正價值，對有益或有害的事物評判的標準，就是一個人的價值觀。不同的價值觀會產生不同的行為模式，進而產生不同的個人特質。
認知(知覺)	人將感官感受到的印象給以解釋，並對周遭環境賦予意涵的過程。
態度	是對人事物喜歡、討厭的表現。
學習	由經驗而導致長時期的行為改變。

一、人格特質

每個人的「人格特質」（Personality），都是某些感情、想法及行為的獨特組合，而會影響一個人與他人的互動。例如我們常說的，安靜、被動、聒噪、積極、有企圖心、外向、忠誠、易緊張等，都是人格特質。描述人格特質的最佳方法中，最普遍的兩種是Myers-Briggs型指示法（Myers-Briggs Type Indicator, MBTI）及人格特質五大模型。

(一) Myers-Briggs**型指示法**(Myers-Briggs Type Indicator, MBTI)【經濟部、中油、台電】

此種方法將所有人分成四種類型，不同類型的人格，會有不同的特質與思維。

類型		內容
社會互動（Social Interaction）	外向型（Extrovert, E）	注重外在社會，因注意外在事情而獲得動力。
	內向型（Introvert, I）	注重內心世界，因反省、感覺、意念而獲得動力。

類型		內容
對蒐集資料的偏好（Preference for Gathering Data）	理性（Sensing, S）	強調事實，注重實際和具體的觀點。
	直覺（Intuitive, N）	注重事情的可能性、關聯性，注重潛在的遠景。
對做決策的偏好（Preference for Decision Making）	感覺型（Feeling, F）	做決策時，以個人觀點出發，重視個人價值、喜好和原則。
	思考型（Thinking, T）	根據客觀事實，重視分析做決定，注重公平原則。
做決策的方式（Style of Making Decisions）	認知型（Perceptive, P）	不在意突發事件，喜歡彈性，注重過程而非目標。
	判斷型（Judgmental, J）	喜歡有條理的生活，實踐計畫時，以目標為主軸。

小口訣，大記憶

MBTI-四構面：

1.社會互動（活力）：外向、內向
▲活內外

2.蒐集資料的偏好：理性、直覺
▲料理絕

3.做決策的偏好：感覺、思考
▲好感考

4.做決策的方式：認知、判斷
▲四肢斷

(二) **五大模型**【台水、台糖、台菸酒、中油、郵政】

人格特質的「五大模型」，又稱OCEAN模型，此種模型將所有人分成五種類型，涵蓋人類性格中多數顯著變異，分別為：

人格特質	人格特質的意義
外向性 (extraversion)	健談的、好社交的、熱情的、主動的及人際取向的。
和善性 (agreeableness)	善良的、體貼的、可愛的、合作的及熱心助人的。表現出的行為是待人友善、易相處且對人寬容。
嚴謹自律性 (conscientiousness)	自我要求的、負責的、專心的、獨立的、井然有序的及堅持的。表現出的行為是成就導向，做事努力、循規蹈矩以及追求卓越。

人格特質	人格特質的意義
神經質 (neuroticism)	焦慮、緊張不安、情緒化、沮喪及自卑，表現出的行為是惡劣情緒和負面感覺的傾向，例如害怕、有罪惡感。
經驗開放性 (openness to experience)	有創造力、想像力、富變化，表現出的行為是喜歡思考、求新求變。

小口訣，大記憶

（員）嚴謹性/嚴謹自律性/勤勉審慎性 Conscientiousness.
（外）外向性 Extraversion.
（開始）開放性/經驗開放性 Openness to Experience.
（親）親和力/和善性/友善性 Agreeableness.
（吻）情況穩定性/情緒穩定性 Emotional Stability
▲員外開始親吻

(三) **人格特質的其他觀點**【台水、台菸酒】

除了上述二個模型外，關於人格特質，有許多學者提出其他觀點，對於解釋組織行為都是非常具有指標性。

人格特質	內容
情境內外控（Locus of Control）	1. 指個人相信自己能控制自己命運的程度。 2. 內控者認為命運掌握於自己，內控者會將失敗歸於己身，因此對工作較投入。 3. 外控者認為命運受外力所控制。所以外控者將失敗歸於同事不合作、上司偏見，對工作較不滿意，疏離工作。
馬基維利主義（Machiavalianism）	個人以實用性為本位，不為情緒所影響，並相信為達目的可以不擇手段。馬基維利主義者適合需談判手腕或績效獎賞高的工作。
自尊（Self-Esteem）	1. 個人對自己在喜愛或不喜愛的程度。 2. 自尊心高的人，更敢於嘗試高風險、非傳統的工作，工作滿意度較高；自尊心低的人則容易受到外界的影響。自尊與成功期望有關，而對於低自尊的人，其對外界的影響感覺要比高自尊的人來的敏銳。也有研究顯示自尊與工作滿足有相當的關連。

人格特質	內容
自律（Self-Monitoring）	個人調整自我，以適應外界或特殊情境的能力。高度自律的人比較有彈性和靈活性，對環境的變化有較高的適應力。
冒險傾向（Risk Taking）	高冒險傾向的人更願意接受挑戰。
A 型人格（Type A Personality）	會積極而持續地，試圖在更短時間內完成更多的工作；可承受比較高的壓力。
B 型人格	不會想達成更高成就，較能放鬆而不會感到愧疚。
主動型人格（Proactive Personality）	能認清機會、態度積極、採取行動，並堅持到看見有意義的成果。這類型的人具備許多組織想要的行為特質。
風險偏好（Risk Propensity）	個人對工作過程及結果不確定性偏好之程度。具高風險偏好者決策迅速，不需太多資訊，適合如股票投資等工作；低風險偏好者則適合如會計等需仔細思考的工作。
權威主義（Authoritarianism）	權威主義者相信階級與權力，所以具有高度權威者容易欺上罔下、嚴厲、抗拒改變、不信任。權威主義者適合結構化、需嚴格遵守規章的工作，較不能勝任需與他人周旋、適應多變環境的工作。

小口訣，大記憶

1. 內控：命運自己掌握，失敗自身原因。
2. 外控：命運天註定，失敗都怪外來因素。
3. A型：急躁、力爭上游、本身不帶有價值上的判斷。
4. B型：隨和、悠閒、不太計較成敗得失。
5. 風險偏好：對工作過程和結果「不確定性偏好」的程度。
6. 自尊：喜歡或討厭自己的程度。
7. 權威主義：相信階級與權力的程度。
8. 馬基維利主義：為達目的不擇手段、實用性本位。
9. 自我監控：適應能力的好壞。

二、情緒與情緒智商【台糖、台菸酒、台鐵】

情緒是指我們的感受，而情緒智商則是管理感受的能力。以下為二者的比較。

情緒與情緒智商	定義	分類
情緒（Emotions）	是我們投射到某人或某事的強烈感受。有時候人們會因為工作需求，而表現出不同的情緒反應。	憤怒、恐懼、悲傷、高興、憎惡和驚訝。
情緒智商（Emotional Intelligence, EI）	準確地察覺與管理情緒的能力，由五個構面組成。	自我認知（Self-Awareness）：瞭解自我感受的能力。
		自我管理（Self-Management）：管理情緒與衝動的能力。
		自我激勵（Self-Motivation）：面對挫折、失敗，仍能堅持到底的能力。
		同理心（Empathy）：能體會他人心境的能力。
		社會能力（Social Skills）：能處理他人情緒的能力。

小口訣，大記憶

1.自我管理。
2.自我激勵。
3.自我認知。
4.同理心。
5.社會能力。
▲自我管雞隻（要花）心力

三、價值觀

價值觀（Values）是一種處理事情、判斷對錯、做選擇時取捨的標準。不同的價值觀會產生不同的行為模式，進而產生不同的個人特質。

價值觀可以了解一個人的態度、動機、行為，也影響對周遭事物的認知。分為二種類型。

價值觀	內容
終極價值觀	想要達成的最終狀態，也就是個人在人生中想要成就的目標。
工具價值觀	個人想達到終極價值時，偏好採取的行為、方法。

四、認知（知覺）【經濟部、台水、台糖、台鐵、郵政、農會】

認知是指一個人將接觸到外在資訊，加以組織並解釋，讓周遭事物具有一定的意義。人通常會潛意識的根據自己的背景、態度、價值觀等準則選擇性的解釋訊息，稱為選擇性知覺。人是依知覺行事，而非依事實（reality）行事。因為知覺常被扭曲，所以人們常誤解事件和活動。

(一) 組織中常見的認知問題

因為人類會根據自己的背景、態度、價值觀等選擇性的解釋訊息，因此依靠知覺判斷，容易產生下面的問題。

認知問題	說明	扭曲
選擇性（selective distortion）	個人基於興趣、背景、經驗和態度來篩選其觀察所得的訊息。	可能描繪出錯誤的圖像。
假設相似性投射效果（assumed similarity）	假設別人與自己相似。"like-me" effect	可能錯估個別差異，導致錯誤的類化。
刻板印象（stereotyping）	人們在頭腦中把形成的對某些知覺對象的形象固定下來，並對以後有關該類對象的知覺產生強烈影響的效應。	許多刻板印象都缺乏事實根據，會造成判斷的扭曲。
月暈效象（halo effect）	根據個體的某一種特徵（如智力、社會活動、外貌），從而形成總體印象。	未將完整的輪廓納入考量。
自我實現的預言（self-fulfilling prophecy）	以某種方式知覺他人，他人即表現一致的行為。	導引期望的行為，而非真正的行為。

認知問題	說明	扭曲
對比效應	對一個人的評價並不是孤立進行的，它常常受到最近接觸到的其他人的影響。	—
首因效應	人對人的知覺中留下的第一印象能夠以同樣的性質影響著人們再一次發生的知覺。	—

(二) **歸因理論**

歸因理論指觀察者從他人的行為推論出行為原因、因果關係。是以美國心理學家海德（F. Heider）社會認知理論和人際關係理論為基礎，經過美國斯坦福大學教授羅斯和澳大利亞心理學家安德魯斯等人的推動而發展壯大起來的。

當我們觀察個體行為時，會猜測其行為是由內在或外在因素所導致的：

1. **內在歸因**：內在引發的行為，個體能主動掌控的之下的行為。
2. **外在歸因**：外在引發的行為，自己無法控制的外在環境因素而產生的行為。

(三) **影響認知的因素**

歸因理論認為「認知主體」或「目標事物」，或認知發生時的「情境」都會影響到認知，並且受三種因素所影響：

1. **情況特殊性**（Distinctiveness）：是否在不同情境下表現不同的行為？
   員工突然缺勤，會不會發生甚麼事情？（外部歸因）
   經常遲到的員工，今天突然缺勤，一定又睡過頭。（內部歸因）
2. **團體共識**（Consensus）：每個人面對類似情境時，都表現相同的行為？
   同樣開車來的同事都遲到了，應該是路上塞車。（外部歸因）
   同樣開車來的同事，只有你遲到，應該是睡過頭。（內部歸因）
3. **個體一致性**（Consistency）：個體的行為是否規律一致？
   上班總是準時的人，今天遲到，是不是遇到車禍。（外部歸因）
   上班常遲到的人，今天遲到，總是愛遲到。（內部歸因）

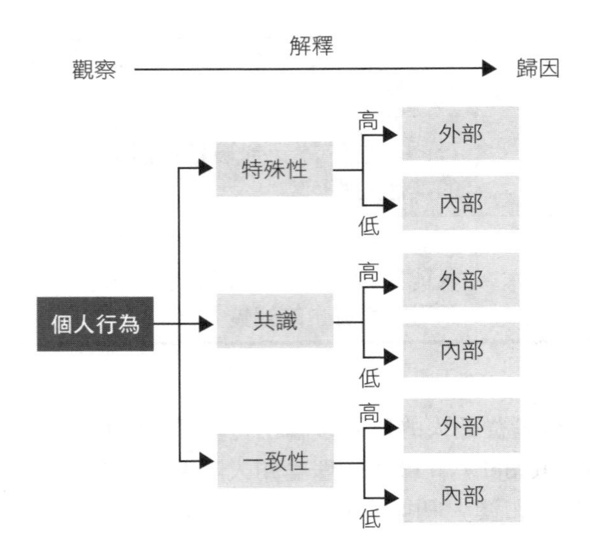

(四) **常見的歸因謬誤**

我們在評估他人的行為時，即使有充分的證據支持，但仍總是傾向於高估內部或個人因素的影響（一定是他有這樣的人格，才做出這樣的行為），而非外在情境因素（也許是情勢所迫，或這個場所有特殊的潛規則）。

1. **基本歸因謬誤**（Fundamental Attribution Error）：在判斷他人行為時，我們會有低估外在因素影響，和高估內部或個人因素影響的現象。
2. **自利偏差**（Self-Serving Bias）：在判斷自己的行為時，我們會傾向把成功歸因於自己的能力或努力等內部因素，卻將失敗歸因於運氣不佳等外部因素的傾向。

   自利偏差將造成管理者對員工績效評估的曲解，而其曲解的情況，則取決於正面或負面的業績表現。

(五) **周哈里窗**（Johari Window）**理論**

1955年由Joseph Luft和Harry Ingham提出。理論是由自我認知與他人理解兩個因素產生四個區塊的人際互動模型。如下表。

	自己知道	**自己未知**
他人知道	開放的我 自己和別人都知道的訊息，如個人行為、態度、感情、願望、動機、想法等。	盲目的我 自己不知道，而別人知道。如個人未意識到的習慣、口頭禪，也就是個人的盲點。

	自己知道	自己未知
他人未知	隱藏的我 自己知道，別人不知道。如一個人有意隱藏的秘密或想法。	未知的我 自己和別人都不知道，如一個人未曾察覺的潛能、或壓抑下的經驗、記憶等。

發展周哈里窗理論的目的，則是為了

1. **自我認知**：周哈里窗理論的目的是透過坦誠相待，向對方講述自我保留的東西，消除人與人之間因為認知的差異帶來的誤解，減少不必要的精力和時間的消耗。
2. **他人回饋**：通過他人對自己的評價，贏得更好了解自我的可能性，從而使「他人了解自己但自己不了解自己」轉向「自己和他人都了解自己」。
3. 和他人積極互動，盡可能地坦誠相待，增加自我認知，使「自己和大家都了解自己」可以幫助自我與他人形成更好的交流環境。

五、態度【經濟部、台水、台糖、中油、台鐵、郵政、農會】

態度是價值性的陳述，是對事物、人、或事件的喜歡或不喜歡。態度的組成要素可以分為：

(一) **認知成份**(cognitive component)：個人的信念、意見、知識或資訊。

(二) **情感成份**(affective component)：情緒或感覺。

(三) **行為成份**(behavioral component)：為了某人或某事而表現特定行為的意圖。

管理者藉由員工表現出的態度，能判斷員工是否工作愉快、是否有盡心盡力，以及是否對於公司認同等。以下為管理者最關心的四種員工態度：

態度	內容
工作滿意 (job satisfaction)	1. 員工對其工作所抱持的整體態度。 2. 工作滿意度和生產力、缺勤、離職率都有關係。
工作投入 (job involvement)	1. 員工認同工作、積極參與、視工作表現為重要自我價值。 2. 工作的高度投入與較少缺勤、較低離職率有關。
組織承諾 (organization commitment)	1. 員工對組織忠誠、認同，以及投入的程度。 2. 高組織承諾與較少缺勤、較低離職率有關。 3. 組織承諾的構成要素 - 規範承諾、情感承諾、持續承諾。

態度	內容
組織支持認知 (support cognition)	1. 員工認為組織重視他們的付出，並且在乎他們的福利。 2. 組織支持認知高，工作滿意度增加，與較少缺勤、較低離職率有關。

小口訣，大記憶

規範承諾、情感承諾、持續承諾

▲放情緒

六、學習【經濟部、台水、台電、台鐵、郵政】

學習（learning）是指任何由於經驗所帶來較長時期的行為改變。有兩種學習理論，可幫助我們瞭解個人行為「如何」發生，以及「為何」發生：

理論	內容
操作制約理論 (operant conditioning theory)	1. 一個人會重複他所學習到的行為的這種傾向，是因為「該行為的結果」受到強化（鼓勵）或非強化（處罰）所影響。 2. 如業務員，收入高低取決於業績。當行為沒有得到應有的獎賞，則下次這個行為再發生的機率就降低許多。
社會學習理論 (social learning theory)	1. 藉由觀察別人或自己的經驗來學習的理論。 2. 觀察模仿四階段： (1)注意階段 (attentional processes)：認同某人，開始注意他。 (2)記憶階段 (retention processes)：對該人物的記憶程度印象越深刻，影響就會越深。 (3)重複行為階段 (motor reproduction processes)：將所看到的行為化為行動。 (4)增強階段 (reinforcement processes)：受到鼓勵或被強化的行為，就會更常表現出來。

行為塑造(shaping behavior)：管理者採用有規律的、循序漸進的方式引導出所需要的行為，讓員工學習並使其行為固化的過程，可以有幾下幾種方式：

行為塑造	方法
正向強化 (positive reinforcement)	是給予喜歡的，以增強行為。 員工準時到班，增加全勤獎金。

行為塑造	方法
負向強化 (negative reinforcement)	是拿走討厭的，以增強行為。 員工準時到班，不扣薪。
處罰 (punishment)	是給予討厭的，以抑制行為。 不準時到班，要扣薪。
忽視 (extinction)	是拿走喜歡的，以抑制行為。 不準時到班，沒有獎金。

小補充、大進擊

熱爐法則：源自西方管理學家提出的懲罰原則，它的意義在於有人在工作中違反了規章制度，就像去碰觸一個燒紅的火爐，一定要讓他受到「燙」的處罰。與獎賞之類的正面強化手段相反，屬於反面強化手段。

即刻戰場

選擇題

一、組織公民

( ) **1** 有關組織公民行為之敘述，下列何者正確？ (A)衡量員工的效率和效能表現 (B)一種非正式規範要求，但卻會影響到組織效能的行為 (C)員工看待工作的態度 (D)員工蓄意而可能傷害組織的行為。【108郵政】

( ) **2** 下列何種行為最能意味著某企業員工具備良好的組織公民意識？ (A)願意幫助新員工 (B)使用辦公用品進行私人用途 (C)保持正常上下班時間 (D)工作上滿足績效標準。【107經濟部】

( ) **3** 組織公民行為（organizational citizenship behavior）是一種組織規範，不包括那一種行為？ (A)避免不必要爭端 (B)自願分擔分外工作 (C)強調一致性行為 (D)提出建設性建議。【108台鐵】

解 **1 (B)**。組織公民行為：組織中沒有正式規定，員工隨意的、個人的行為卻能夠為組織運作帶來正面效益。

組織公民行為基本上是指組織中的個人，表現出超越角色標準以外的行為；它是不求組織給予獎賞，仍然能自動自發、利他助人，關心組織績效的行為。
(1)利他行為。 (2)運動家精神。 (3)盡職行為。
(4)公民美德。 (5)謙恭有禮。

2 (A)。利他行為是指員工願意花時間主動幫助同事完成任務或是防止同事在工作上可能會發生的錯誤。

3 (C)。組織公民行為：
(1)利他行為：自動協助他人解決工作問題(B)。
(2)運動家精神：容忍工作上無法避免的不便性或不合理要求(A)。
(3)盡職行為：針對組織內部各項事物要求達成超越最基本的要求。
(4)公民美德：積極參與組織相關事務(D)。
(5)謙恭有禮：當個體行為影響他人時，主動通知並協助處理。

二、人格特質-MBTI

( ) MBTI(Myers-Briggs Type Indicator)人格特質測驗的四個分類構面中，依照人們對做決策的偏好(preference of decision making)，區分為哪兩種型態？ (A)外向型(extrovert)或內向型(introvert) (B)理性(sensing)或直覺(intuitive) (C)感覺型(feeling)或思考型(thinking) (D)認知型(perceptive)或判斷型(judgmental)。 【105中油】

解 **(C)**

三、五大人格特質

( ) **1** 下列何者不是「五大人格特質模型(Big Five Personality)」的組成要素？ (A)外向性 (B)經驗開放性 (C)親和性 (D)智力。【107郵政】

( ) **2** 五大人格特質中強調個人社交、健談與善於人際相處的程度為下列何者？ (A)外向性 (B)親和性 (C)開放性 (D)情緒穩定性。
【108台菸酒】

解 **1 (D)**。五大人格特質模型要素：(1)Openness to experience 經驗開放性。(2) Conscientiousness 嚴謹自律性。(3)Extraversion 外向性。(4)Agreeableness 親和性。(5)Neuroticism 神經質、情緒性。

2 (A)。外向性：強調個人社交、喜歡談論與善於與人相處。

四、其他人格特質

( ) 「創業家相信本身的努力對於創業成功有很重要的影響，而不是只仰賴運氣或是外在環境的幫助。」以上的敘述符合創業家的哪一種特性？ (A)外控性格 (B)內控性格 (C)高成就需求 (D)風險追逐傾向。 【109台菸酒】

解 **(B)**。內控：相信命運掌握在自己手中。
外控：自己無法掌握命運，命運被外在環境所掌握。

五、情緒

( ) 下列何者不是情緒智商所強調的構面？ (A)自我認知 (B)同理心 (C)自我激勵 (D)勤勉審慎性。 【108台菸酒】

解 **(D)**。情緒智商的構面：(1)自我管理。(2)自我激勵。(3)自我認知。(4)同理心。(5)社會能力。

六、認知或知覺

( ) **1** 當我們以一個人的智力、社交能力或外表等單一特徵來評斷某人時，我們是受到什麼影響？ (A)刻板印象 (B)暈輪效果 (C)自利偏差 (D)選擇性的吸收。 【106台水】

( ) **2** 為自己或他人行為背後原因之過程找出合理的解釋稱為？ (A)內容理論 (B)成就動機 (C)公平理論 (D)歸因理論。 【107農會】

( ) **3** 將成功歸因於個人的努力，卻將失敗視為運氣作祟，是以下哪一種認知謬誤？ (A)過於樂觀，一廂情願 (B)歸因效果 (C)加碼投注 (D)選擇性認知。 【108台鐵】

( ) **4** 請問周哈里窗(Johari windows)理論中，他人知道我；而我不知道自己，稱為？ (A)公眾我 (B)隱藏我 (C)盲目我 (D)未發現的我。 【101經濟部、108台鐵】

解 **1 (B)**

2 (D)。強調「個體在判斷他人行為時若是用不同角度解釋，則會對他人產生不同見解」，主要的目的是協助找尋行為背後的原因。

3 (B)。(A)過度樂觀，只看到好的一面，忽視可能的困難和挑戰。
(B)事情若成功歸因於自己，失敗就歸咎於他人。

(C)又稱沉默成本，因失誤造成已投入的成本支出無法收回，只好繼續投注。
例：已在一起三年的男友，相處後發現脾氣差有打人傾向，但因為已經花了三年的時間、金錢、心力相處，所以決定繼續在一起，投入更多心血。
(D)主體選擇自己偏好或喜歡接收的，而過濾掉不相干或不願意聽到的訊息。
例：公司面試新進人員時，行銷主管看中口才、外貌、創造力等，但會計主管可能看中人員的數字敏感度、工作經歷等。

4 (C)。人際互動模型周哈理窗（Johari Window）：
(1)開放的我：自己知道，別人也知道的我。
(2)隱藏的我：自己知道，別人不知道的我。
(3)盲目的我：自己不知道，別人知道的我。
(4)未知的我：自己不知道，別人也不知道的我。

七、態度

( ) **1** 關於工作滿意度的敘述，下列何者正確？ (A)滿意度高的員工留任意願較低 (B)滿意度高的員工比較不容易展現組織公民行為 (C)滿意度高的員工比較容易達成高績效表現 (D)滿意度高的員工比較不願意幫助其他同事完成工作。【107台糖】

( ) **2** 下列那一個不是影響員工離職意願的主要原因？ (A)工作滿意度 (B)組織承諾 (C)組織的公平性 (D)在職消費。【107台鐵】

解 **1 (C)**。(A)較高。(B)比較容易。(D)比較願意。

2 (D)。(A)滿意度高則流動性降低，透過工作再設計、增加激勵因子來增加滿意度，如工作豐富化、JCM、增加工作所有權等。
(B)簡言之乃對組織的忠誠度，越高表示越認同越不容易離職，有情感性、持續性、規範性承諾。
(C)以公平論的觀點，對於個體而言會比較他人的產出投入比，比別人少也無計可施則離職。
(D)指企業高管人員，尤其是國有企業管理層，獲取除工資報酬外的額外收益。

八、學習

( ) **1** 就行為塑造理論來說，「準時上班」的員工不會被扣薪（反之，遲到就會扣半天的薪資），公司利用上述的方法，讓員工「準時上班」的行為重複發生的機率得以提高，請問這是屬於那一種行為塑造的方法？ (A)正向強化 (B)懲罰 (C)負向強化 (D)削弱。【110台鐵】

(　　) **2** 增強理論認為「運用不同類型的增強工具，員工將有機會展現更多有助達成企業組織目標的行為」，關於增強工具的敘述，下列何者錯誤？ (A)給予正增強可以鼓勵特定行為的重複發生 (B)適當、立即性的報酬或處罰可以修正員工行為 (C)連續性的增強效果必然比間歇性增強來得高 (D)增強工具的運用實際上與操作性制約相似。【107郵政】

(　　) **3** 下列哪個理論認為企業組織的經理人可以運用獎賞(Rewards)與懲罰(Punishments)來激勵員工展現有利於完成工作任務的行為？ (A)期望理論(Expectancy Theory) (B)公平理論(Equity Theory) (C)增強理論(Reinforcement Theory) (D)目標設定理論(Goal-Setting Theory)。【108郵政】

(　　) **4** 「組織內部的某員工過度地奉承主管，主管起初不以為意，但後來認為太過頭，進而對該員工的行為給予冷淡回應，使該員工慢慢收斂奉承行為」，符合操作制約理論的何種行為塑造方法？ (A)正增強 (B)負增強 (C)處罰 (D)消除。【108台水】

解 **1 (C)**。(1)鼓勵行為持續：（如，鼓勵成績好的行為）
A.正增強：給予想要的（如，成績好就給糖）（正，正）
B.負增強：拿掉不要的（如，成績好就不打手心）（負，負）
(2)阻止行為出現：（如，阻止成績不好的行為）
A.懲罰：給予不要的（如，成績不好就打手心）（正，負）
B.削弱：拿掉想要的（如，成績不好就不給糖）（負，正）

2 (C)。間歇增強所產生的制約學習效果較連續增強來得佳。

3 (C)　　**4 (D)**

填充題

1 企業為了解員工的人格特質進而預測員工的行為，常用的MBTI(Myers-Briggs Type Indicator)性格評量測驗中，______ 型的人顯現適應力強而且容忍度高。【107台電】

2 Skinner於1971年提出增強理論(reinforcement theory)，認為行為是其結果的函數，行為由外在因素所造成，故透過提供其不想要的事物來阻止某特定行為一再發生，此即 ______ 。【107台電】

解 **1 認知**。認知型的人比較好奇、自動自發、有彈性、適應力強、容忍力高。執行任務前，會先了解整個工作的來龍去脈再下決定。

2 懲罰

申論題

一、試說明史金納所提出的行為修正理論之主要觀點。 【108台鐵】

二、請以增強觀點以及社會學習理論，說明如何激勵員工，以提昇效能。 【107台鐵】

三、角色衝突是組織內常見的一種現象。試說明常見的角色衝突包括那些類型，以及其個別的內涵為何？

答：

角色衝突：指個人因為扮演某一角色，而承擔了角色上的矛盾或互斥。

(一) 角色間衝突

當一個人同時扮演許多不同角色時，而這些角色的期望行為是相互矛盾或衝突的。例：一個人於公必須扮演努力追求目標的嚴厲主管，於私又想要扮演受人歡迎的好好先生。

(二) 角色內衝突

是指某一角色內，因為不同來源的工作要求，產生互相矛盾而造成的衝突。例：「球員兼裁判」是角色內衝突，其角色差異極大，所以要同時扮演此兩個角色，很容易產生角色內衝突。

(三) 來源衝突

同一來源所傳遞的訊息與指令彼此間互相衝突，因而造成接收者的無所適從。例如：上司早上說一套，下午說另一套，如此部屬便感受到來自上司的來源衝突。

(四) 個人與角色的衝突：

指角色要求與個人特質、價值觀及需求不一致所產生的衝突。例：有些人無法從事服務性的工作，因為他覺得「為五斗米而折腰」與其個性不符合。

焦點二 群體行為

一、群體的種類【經濟部、台菸酒】

人在群體中的行為和自己一個人的時候是大不相同的。「群體」（Group）是指兩個或兩個以上互動且相互依賴的個人，結合在一起以達成特定的目標。群體可分為以下二類：

群體分類		內容
正式群體（Formal Group）是由組織所設立的工作群體，而有特定的任務及工作，其目的是達成組織目標。	指揮群體（Command Groups）	組織圖上的群體，通常包括一位經理，及數名直接向該經理報告的部屬。
	任務群體（Task Groups）	為了達成某特定任務而形成的群體，經常是臨時型的，任務完成後，群體就解散。
	跨功能團隊（Cross-Functional Teams）	來自不同知識領域的成員，團員有受過特別的訓練，可以互相接替彼此的工作。
	自我管理團隊（Self-Managed Teams）	自我管理團隊是獨立運作的，除了完成本身的任務外，還有許多管理任務，如聘僱、規劃進度、績效評估等。
非正式群體（Informal Group）是因友誼或共同興趣而形成的群體，多屬社交性質。	利益群體	因有特定目標的一群人自然結合而成。
	友誼群體	具有共同特性或喜好的人組成。

二、群體發展階段【經濟部、台水、台糖、台菸酒、中油、台鐵、郵政、中華電信】

群體從一開始成員陸續加入，到最後成為一個團體，甚至於到解散，總共會經歷五個階段，稱為群體發展模式：

階段	名稱	說明
階段一	形成期（forming）	成員陸續加入，定義團體目標、結構、領導。群體的目標、結構與領導的關係大量不確定性。
階段二	動盪期（storming）	成員可能對誰擁有控制權，以及群體該做的事情有不同的意見，屬於衝突階段。

階段三	規範期 （norming）	逐漸群體形成共識、發展出緊密的關係，並展現對群體的向心力。
階段四	行動期 （performing）	群體結構已經完全功能化且被成員所接受，群體力量開始轉移到執行任務，注重工作績效。
階段五	休止期 （adjourning）	預備解散。群體成員將注意力轉移至結束工作上。

群體是一個動態的實體，不一定會很清楚地由一個階段發展到下一個階段；有時候是好幾個階段同時發生，甚至可能退回上一個階段。

小口訣，大記憶

形成期、動盪期、規範期、行動期、休止期

▲形成動盪、中間規範、行動解散

三、群體行為模式【經濟部、台糖、台菸酒、台鐵、郵政、中華電信】

一個群體的行為模式會受到外部條件，以及內部的資源或是內部結構而影響，而後經過群體決策的程序，完成相關任務，最後產生績效與滿意度，下圖為工作群體的行為模式的流程。

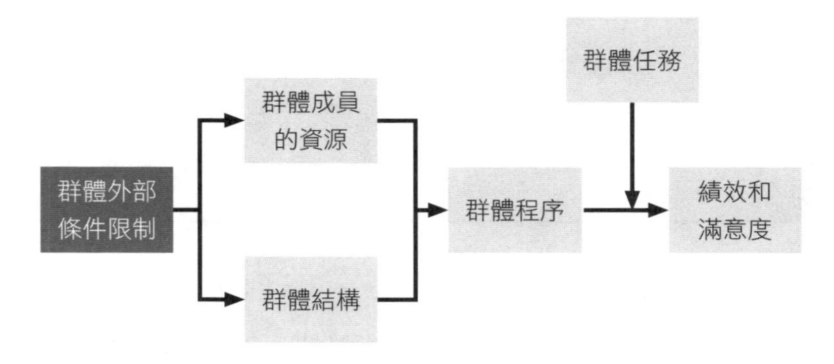

以下就工作群體的行為模式步驟說明。

(一) **群體外部條件限制**：工作群體受到外部條件影響，包括組織的策略、結構、規章、資源、人事、組織績效管理系統、組織文化等，都會影響群體的績效。

(二) **群體成員資源**：一個群體的績效，有一部分是來自於成員為全體帶來的資源，如成員的能力、知識、技能和人格特質。

(三) **群體結構**：成員的角色、規範、群體大小等。

結構	內容
角色（Role）	社會對某種身分的人所期望的行為模式。在工作場合中，角色期望可以透過心理契約來探討。
規範（Norms）	群體成員所接受的共同標準或期望。 組織的普遍規範如：努力的程度與績效、衣著、忠誠度等。
順從（Conformity）	在群體中是一種很大的約束力量。順從群體的傾向會影響個別成員的判斷力及態度。當順從群體的壓力過大，使個人的意見完全無法提出，而一味順從群體時，即為「群體迷思」（Groupthink）；常出現於有明顯群體特色，且特色在成員心中有相當份量，或該群體特色的存在受威脅時。
地位體制（Status）	個人在群體中的聲望、職位或階級；是影響個人行為的重要激勵因子。地位可以來自組織正式的賦予，也可能是非正式的獲得。
群體大小（Group Size）	會影響績效和滿意度。小群體可以更快速完成工作；但一般而言，擁有十二名以上成員的大群體，較容易有多樣化的意見，對於尋求事實真相以解決問題的表現較佳。另外，隨著群體成員數增加時，每位成員的貢獻有遞減的趨勢，此現象稱為「社會賦閒」（Social Loafing）。管理者必須衡量每位成員的努力程度，以避免「搭便車」及「混水摸魚」的問題影響群體表現。
群體凝聚力(group cohesiveness)	團體成員相互吸引、共享目標的程度。 凝聚力高的團體，成員愈朝向團體目標努力，效能愈高。

小比較、大考點

關於角色的各種名詞考點：

角色認同	一個人的態度及行為與本人當時應扮演之角色一致。
角色期待	團體中多數成員期望或要求其中某一成員做出的某些應有的行為方式；即擔任某一職位者被期待的行動或特質。

角色知覺	一個人對於自己在某種環境中應該做出什麼樣行為反應的認識和理解。
角色負荷	對角色的期望超過個人的能力。
角色模糊	對於角色的工作內容、期望行為、職責或從屬關係不清楚。
角色衝突	個人面對多種角色扮演，可能無法同時兼顧。
角色混淆	個人無法獲得明確的角色期望，或因無法產生一致的角色知覺而產生混亂。

(四) **群體程序**

在群體進行決策過程中，有二個重要的程序：群體決策與衝突管理。

1. **群體決策**：個人決策的速度及效率會比較高；但如果重視準確性、創造性及接受度，「群體決策」會更有效。有創意的群體決策技巧可分為下面三種：

種類	內容
腦力激盪	鼓勵成員提出方案，不做任何批評的創意激盪過程。
電子會議	利用電腦連線進行互動。
名目群體技術	給每一位成員一個問題，並要求每個人都要寫下對問題的看法，每個成員一次提出一個看法，直到所有看法都被提出，然後開始進行討論。

2. **衝突（Conflict）**：

是指雙方「認知」的意見或作法差異，而導致某種程度的干擾或對立。以下就衝突的觀點、類型與解決衝突的方式分別說明。

項目	分類	內容
觀點	衝突的傳統（Traditional View of Conflict）	認為應避免衝突。
	衝突的人際關係觀點（Human Relations View of Conflict）	認為衝突是很自然的，它是任何群體所無法避免的，且不一定是負面的。
	衝突的交互影響觀點（Interactionist View of Conflict）	認為衝突對群體不只是一種正面力量，有些衝突對群體效能的提升是有必要的。

項目	分類	內容
類型	功能性衝突 （Functional Conflict）	能支持群體目標，並改善群體的績效。
	非功能性衝突 （Dysfunctional Conflict）	會破壞及妨礙團隊達成目標。
	關係衝突 （Relationship Conflict）	是發生在人與人之間的關係。 關係衝突幾乎都是非功能性衝突，會造成人與人間的敵意與疏離，阻礙組織任務的達成。
	程序衝突（Process Conflict）	與工作完成的步驟有關。
	任務衝突（Task Conflict）	與工作目標及內容有關。 低度的程序衝突及任務衝突屬於功能性衝突，可以激發創意討論，有助於群體績效。
解決衝突的方式	湯瑪斯 (K. Thomas) 以合作程度、堅持程度為二軸，提出了五種處理衝突的方式。「通融」、「避免」、「強制」、「合作」、「妥協」。 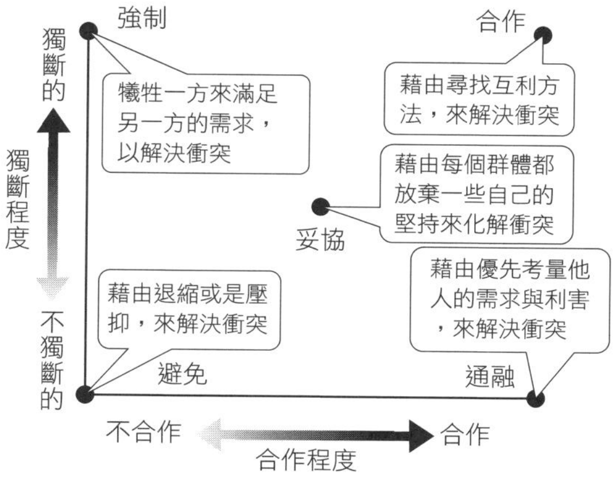 強制 合作 獨斷的 犧牲一方來滿足另一方的需求，以解決衝突 藉由尋找互利方法，來解決衝突 獨斷程度 藉由每個群體都放棄一些自己的堅持來化解衝突 妥協 藉由退縮或是壓抑，來解決衝突 藉由優先考量他人的需求與利害，來解決衝突 不獨斷的 避免 通融 不合作 合作 合作程度	

(五) **群體任務**

1. 簡單的任務是例行性且標準化的，複雜的任務則是指無先例可循或者是非例行性的。
2. 工作越簡單，群體成員只需要依賴標準化程序。工作越複雜，群體就能從成員對不同工作方法的討論中獲益。

3. 群體行為模式顯示，群體程序中群體績效和成員滿意度的，也取決於目前的「群體任務」，包括任務的「複雜性」(Complexity) 與「相依程度」(Interdependence)。當任務是複雜且相依時，需要更有效的溝通和衝突控制。

(六) **績效和滿意度**

影響群體績效和滿意度的因素包括：群體成員的能力、群體大小、衝突程度、團隊內部特性等，由下圖可以發現，並非沒有衝突才是好績效。良好的績效，是需要有適當的衝突才能激發出團隊的火花。

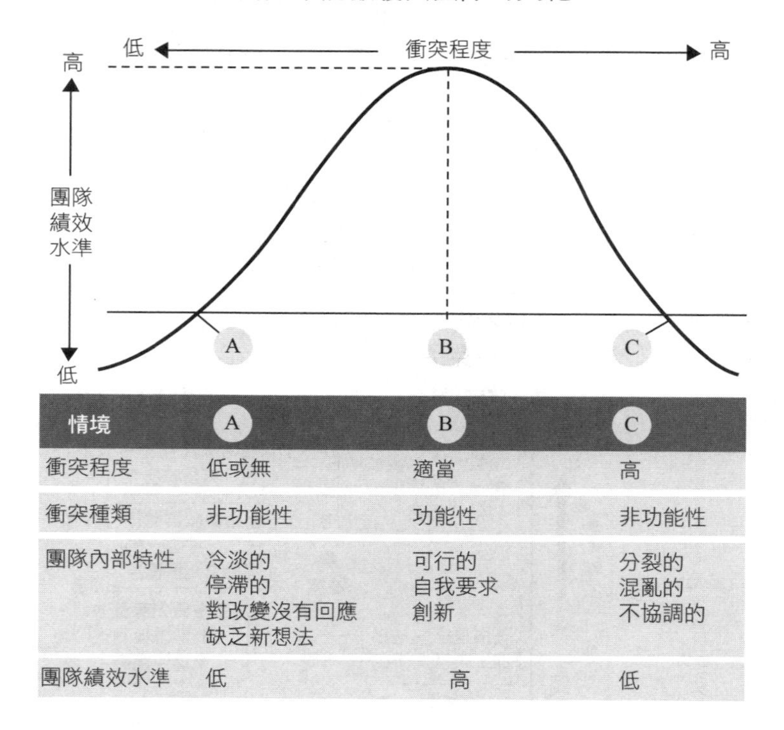

情境	A	B	C
衝突程度	低或無	適當	高
衝突種類	非功能性	功能性	非功能性
團隊內部特性	冷淡的 停滯的 對改變沒有回應 缺乏新想法	可行的 自我要求 創新	分裂的 混亂的 不協調的
團隊績效水準	低	高	低

四、將群體變成有效能的團隊

(一) **工作群體與工作團隊的比較**【台鐵、郵政】

相較於「工作群體」（Work Groups），「工作團隊」更強調共同努力的集體工作。工作團隊（Work Teams）的成員利用「正面的綜效」（Positive Synergy）、個別或共同的責任，和互補的方式，積極朝特定的共同目標前進。所有的團隊都是群體，但群體則不一定是團隊。以下就團隊與團體進行比較。

	團隊	團體
定義	團隊是彼此有互補才能、認同共同目標、績效標準及方法，且相互信任的一群人。	為達特定目標而結合在一起，相互依賴的兩人以上集群。
目標	整體績效 團隊有特定目標	分享資源 群體目標與公司整體目標相同
綜效	正面	無
領導權	共有	由一位領導者負責
責任	個人及全體 對自我及團隊負責	個人 只需對自我負責
技能	互補	隨意、多樣的
重視	效能	效率
績效評估	決定於整體的工作產出	決定於對他人工作的影響
工作	由團隊合作完成 由全體共同決定及完成	由個人獨力完成 由領導者決定並分配給成員
會議特徵	開放式討論 結合眾人意見來思考解決問題的方法	有效率 通常較少涉及意見的匯集或開放式的討論
組成	可快速形成、部署集中和解散	—

(二) **工作團隊**

有效能的工作團隊，有不同的功能種類、特徵，其領導者也需具備不同的角色，以下分別說明。

1. **種類：**【經濟部、台水、台糖、台菸酒、中油、台鐵、漢翔】

(1) 問題解決團隊（Problem-Solving Team）：

A. 由同部門，或相同功能領域的員工組成，其任務是改善工作流程或解決特定的問題。然而問題解決團隊很少被授權直接執行所提出的任何建議，因此促成「自我管理團隊」的發展。

B. 組織成員就如何改進工作程式、方法等問題交換看法。

(2) 自我管理團隊（Self-Managed Team）：

A. 由員工組成的正式團隊，其管理具自主性而沒有受管理者的監督。

B. 自我管理、自我負責、自我領導、自我學習。

(3) 跨功能團隊（Cross-Functional Team）：

A. 組合不同領域的專家，以共同完成各式各樣任務的工作團隊。

B. 此類團隊是由位於組織層級同一位階的員工，而非來自組織中同一工作領域的員工所組成。

(4) 虛擬團隊（Work Groups）：

A. 使用電腦科技將分散在各地的成員連結，以完成共同目標的團隊。

B. 雖然他們分散於不同的時間、空間和組織邊界，但他們一起工作完成任務。

2. **有效團隊的特徵：**【郵政】

(1) 清楚的目標P（Purpose）：高績效的團隊擁有明確的目標，主要有四點：

A. 團隊成員能夠描述，並且認同這個目標。

B. 目標十分明確，具有挑戰性，符合SMART原則。

C. 實現目標的策略非常明確。

D. 面對目標，個人角色十分明確，或團隊目標已分解成個人目標。

(2) 賦能授權E（Empowerment）：賦能授權指團隊已從集權向分權的方向過渡，團隊成員感覺個人擁有了某種能力，整個群體也擁有了某些能力。賦能授權體現在兩個方面：

A. 團隊在組織中地位提升，自我決定權也在提高，支配權很大。

B. 團隊成員已經感覺到擁有了某些方面的支配權。

比如說麥當勞，過去員工沒有權利給顧客超過兩包以上的番茄醬，而要請示主管，而近些年來麥當勞已經改變這種方式，員工可以自己做主了。

賦能授權給員工的時候，同時需要注意：

A. 有合理的規則、流程和限制。

B. 成員有管道獲得必要的技能和資源，能知道該怎樣在指定的範圍內做事。

C. 在政策和作法上能夠支持團隊的目標。

D. 成員互相尊重，並且願意幫助別人。

(3) 良好的溝通R（Relation and communication）：在關係和溝通方面，高績效的團隊表現出的是：

A. 成員肯公開而且誠實表達自己的想法，即使是負面的想法。

B. 成員會瞭解與接受別人，相互間的關係更融洽。

C. 成員會積極主動地聆聽別人的意見。

D. 不同的意見和觀點會受到重視。

(4) 彈性F（Flexible）：團隊成員能夠自我調節，滿足變化的需求，表現出彈性和靈活性。團隊成員需要執行不同的決策和功能，當某一個角色不在的時候要求有人主動去補位，分擔團隊領導的責任和發展的責任。

(5) 最佳的生產力O（Optimal productivity）：團隊有了很好的生產力，產出很高，產品品質也已經達到了卓越，團隊決策的效果也會很好，顯然具有了明確問題的解決程式。

(6) 認可和贊美R（Recognition）：當個人的貢獻受到領導者和其他成員的認可和贊美時，團隊成員會感覺到很驕傲；團隊的成就涉及所有成員的認可，團隊的成員覺得自己受到一種尊重，團隊的貢獻受到了組織的重視和認可。

(7) 士氣M（Morale）：每個人都樂於作為團隊中的一員，具有信心，團隊成員對於自己的工作都引以為榮，而且很滿足時，團隊的向心力高。

3. **有效團隊領導者的角色：**【中油、郵政】

(1) 與外部相關人員聯繫者：領導者對外聯繫，確保所需資源、釐清他人對團隊的期望，蒐集外界資訊，並與成員分享。

(2) 問題解決者：隊友困難或需要協助時，領導者可以協助解決問題。

(3) 衝突管理者：協助處理衝突，確認衝突來源、調解涉入成員、與可行的解決方案。

(4) 教練：釐清成員的角色，教導成員、提供支援，鼓勵與協助成員達成目標。

小口訣，大記憶

與外部相關人員聯繫者、教練、衝突管理者、問題解決者

▲與（外部）（教練）有（衝突）（問題）

即刻戰場

選擇題

一、群體的種類

( ) **1** 為特別需求所設立的特設委員會，是屬於下列哪一種團體或團隊？ (A)指揮團體 (B)虛擬團隊 (C)友誼團體 (D)任務編組。【105台菸酒】

( ) **2** 下列關於團隊及團隊管理的敘述，何者有誤？ (A)指揮群體（command groups）是指由組織內不同主管所組成的群體 (B)群體決策（group decision making）可以較個人決策帶入更多元的觀點，也可以增加決策的合法性，因此能夠提升決策品質 (C)要降低社會賦閒（social loafing），其中一種方法就是減少團隊人數 (D)具談判技巧（negotiating skills）是高效能團隊的特徵之一。【106經濟部】

解 **1 (D)**。指揮群體：組織圖上的群體，通常包括一位經理，及數名直接向該經理報告的部屬。

任務群體：為了達成某特定任務而形成的群體。經常是臨時性的，任務完成後，群體就解散。

2 (A)

二、群體發展的階段

( ) **1** 下列何者不是團體發展的階段？ (A)形成期 (B)風暴期 (C)規範期 (D)落後期。【107郵政】

( ) **2** 團隊形成後，一般需要經過三個階段才能開始有穩定的績效表現，下列何者有誤？ (A)規劃（Planning） (B)規範（Norming） (C)形成（Forming） (D)動盪（Storming）。【109經濟部】

( ) **3** 下列何者是塔克曼（Tuckman）所提出團隊發展模式中在「規範（Norming）期」所發展的特色？ (A)團隊成員彼此互相認識 (B)團隊成員開始出現合作默契 (C)團隊成員願意彼此分享觀念 (D)團隊成員了解預計達成的目標。（多選）【107台水】

解 **1 (D)**。群體發展階段：

(1)形成期：定義目標、結構、領導。

(2)動盪期：群體內衝突。

(3)規範期：群體產生規範。
(4)行動期：結構功能化。
(5)解散期：目標達成。

2 (A)

3 (BC)。(A)團隊成員彼此互相認識→形成期。
(B)團隊成員開始出現合作默契→規範期。
(C)團隊成員願意彼此分享觀念→規範期。
(D)團隊成員了解預計達成的目標→形成期。

三、群體的行為模式

( ) **1** 約翰剛從業務員被擢升為部門經理，部門同事期望他表現出與上一任經理不同的表現，能夠多多關心部門業務員該有的福利。這種現象可稱為是： (A)角色認同 (B)角色期望 (C)角色知覺 (D)角色負荷。【106經濟部】

( ) **2** 下列何者為組織中角色模糊的定義？ (A)工作量超過時限內所能完成的量 (B)無法達成或滿足工作期望的狀況 (C)不清楚角色界定，而不確定該做什麼的情況 (D)直接熟悉能容易處理的狀況。【108台菸酒】

( ) **3** 可以增加團隊凝聚力的因素有： (A)團隊內競爭 (B)團隊規模變大 (C)團隊成員多元化 (D)團隊間競爭。【108台鐵】

解 **1 (B)**。(A)角色認同（Role Identity）：是指一個人的態度及行為與本人當時應扮演之角色一致。
(B)角色期待：是指團體中多數成員期望或要求其中某一成員做出的某些應有的行為方式；即擔任某一職位者被期待的行動或特質，其內涵包括信仰、期望、主觀的可能性、權利與義務的行使等。
(C)角色知覺（Role Perception）：指一個人對於自己在某種環境中應該做出什麼樣行為反應的認識和理解。
(D)角色負荷：為角色賦予者基於合法地位對角色接收者提出工作要求，角色接收者無法完成所有角色行為要求，而承受超過個人能力的心理負擔。

2 (C)。角色模糊：對於角色的工作內容、期望行為、職責或從屬關係不清楚。

3 (D)。(A)團隊「內」競爭，同一個團隊的人互相競爭。
(D)團隊「間」競爭，是不同團隊間互相競爭。如：A團隊與B團隊間的競爭。

四、將群體變為有效能的團隊

( ) 1 下列何者是工作團隊（team）的特點？ (A)績效的評估決定於對他人工作的影響 (B)只須對自我負責 (C)領導權是共有的 (D)會議特徵是通常較少涉及意見的匯集或開放式的討論。【108台鐵】

( ) 2 以下關於跨功能團隊的敘述，何者錯誤？ (A)由各個不同功能專業人員所組成 (B)比傳統部門別組織更具有彈性 (C)是組織成員之間自然形成的非正式團體 (D)非常仰賴橫向溝通。【108漢翔】

( ) 3 如果王經理決定指派幾位生產部門的員工與行銷部門的員工一起工作，希望在一年後能設計出一項家電新產品。請問這個新產品開發任務的組織為下列何者？ (A)一個整合部門 (B)一個專責的管理層級 (C)一個跨功能的任務團隊 (D)以上皆非。【109經濟部】

( ) 4 某公司分別從生產、行銷與研發部門選出三位員工組成「新產品創新團隊」，以完成被指派的特定任務。以上的敘述符合下列哪一類型團隊的定義？ (A)高階管理團隊 (B)虛擬團隊 (C)跨功能團隊 (D)自主管理團隊。【109台菸酒】

( ) 5 任務編組（task force）的團隊，不包括那項特色？ (A)臨時安排 (B)跨部門 (C)低控制幅度 (D)解決問題導向。【108台鐵】

( ) 6 某運輸公司從各部門調派人員成立一個團隊，在一年內要完成開發一條新的旅運路線，以全新的服務型態滿足頂級商務旅客的需要。此團隊的性質為： (A)創業管理團隊 (B)專案管理團隊 (C)市場管理團隊 (D)聯盟管理團隊。【107台鐵】

( ) 7 由於網路技術的發達，團隊不再需要實體的人與人之會面，而是透過電子科技（例如網路郵件、視訊、Line等），團隊成員得以穿越時空的限制，彼此溝通，以達成團隊目標，此種團隊稱之為 (A)跨功能團隊（cross-functional team） (B)高階管理團隊（top-management team） (C)虛擬團隊（virtual team） (D)研發團隊（R&D team）。【107台菸酒】

解 **1 (C)**

2 (C)。跨功能團隊：最高層組織，臨時性任務編組。

3 (C)。生產部門的員工與行銷部門的員工是2個部門，所以是跨功能。

4 (C)。跨功能團隊→組合不同領域的專家（由不同功能部門成員組成），來一起完成任務。

5 (C)。任務編組（task force）的組織結構，就是團隊式組織，也稱為矩陣式組織。所以(A)、(B)、(D)，皆屬於矩陣式組織結構。

6 (B)。從各部門調派人員、一年內完成→臨時性組織、為了是要滿足頂級顧客需求→解決特定問題。

專案管理團隊：為了解決特定問題所成立的小組，屬於臨時性組織並獨立於原組織架構外。

7 (C)。(A)跨功能團隊（cross-functional team）指不同功能的部門合作產生的團隊。

(B)高階管理團隊（top-management team）都是高階主管的團隊。

(C)虛擬團隊（virtual team）由於網路技術的發達，團隊不再需要實體的人與人之會面，而是透過電子科技（例如網路郵件、視訊、Line等），團隊成員得以穿越時空的限制，彼此溝通，以達成團隊目標。

(D)研發團隊（R&D team）研發新產品的團隊。

申論題

一、何謂工作團隊（work team）？一個有效之工作團隊應具備哪些特徵？請條列逐一詳加申述之。【107經濟部】

二、團隊的發展要經過那些階段？各階段發展脈絡如何？均請說明之。【108台鐵】

焦點三 組織文化

組織文化代表一個組織的個性，是組織成員所共享的價值與意義體系，由信念、價值、規範、態度、期望、儀式、符號、故事和行為等組合而成，界定了成員的價值觀與行為規範，讓成員自然而然地表現於日常生活與工作當中，形成有別於其他組織之組織特質，是一股強大且默默運行的力量。

一、組織文化的概念與構面【台北自來水、台菸酒、中油、台電、台鐵、郵政】

組織文化決定個人和組織的行為，同時也影響了公司的策略、目標及營運方式、領導者的行為等。而組織文化的元素包含了組織成員及其行為的共同假設、價值觀、準則，以及一些在組織中顯見的事物。

(一) 組織文化建立與維持的因素

組織文化的建立與維持，一開始是由創辦人對公司的願景而來，接著由員工面試過程尋找與組織價值相符的員工，最後管理階層對組織文化的影響，以及整體成員的社會化，最後形成組織文化。以下為其流程圖，與各階段說明。

組織文化的建立與維持

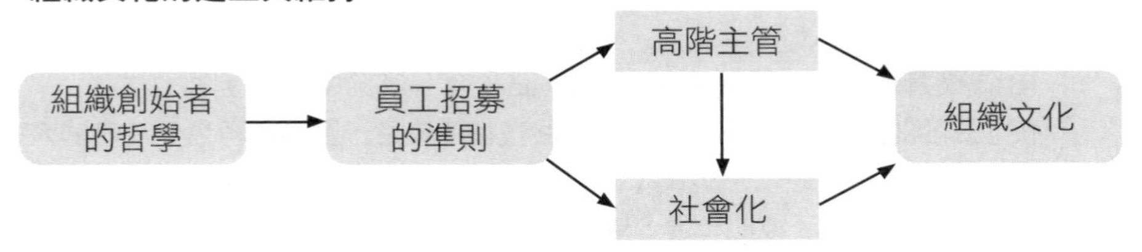

1. **組織創始者的哲學**：創辦人在創立公司時，會提出公司未來的願景、經營哲學或策略，甚至是個人的獨特見解。
2. **員工招募的準則**：甄選過程中找出和組織價值相符的員工。
3. **高階主管**：高階管理者的行動也會對組織文化產生顯著的影響。
4. **社會化**：
   (1) 組織成員從其他成員學習，然後融入組織的過程。包括了恰當的行為、不恰當的行為、價值觀等。
   (2) 組織透過社會化協助員工適應組織文化，並對組織產生認同。
   (3) 正式化途徑，如員工引導、訓練課程。
   (4) 非正式化途徑，如員工聚會。

(二) 組織文化如何影響管理者

組織文化會建立合宜的管理者行為，也會在各方面限制管理者的決策選擇。以下為管理者決策階段受到組織文化的影響。

1. **規劃**：
   (1) 計畫所承受的風險程度。
   (2) 計畫由個人或團隊來執行。
   (3) 管理對環境調查所投入的程度。
2. **組織**：
   (1) 應賦與員工的工作多少自主性。
   (2) 任務該由個人或團隊來執行。
   (3) 部門管理者間的互動程度。

3. **領導：**
   (1) 管理者對員工工作滿意度的關心程度。
   (2) 什麼型態的領導風格才是恰當的。
   (3) 是否所有的反對意見——甚至具建設性的——都應排除。
4. **控制：**
   (1) 對員工是否應施加外部控制或允許員工自我控制。
   (2) 對員工績效評估的準則。
   (3) 預算超支所面臨的後果。

二、組織文化的傳承方式【經濟部、台糖、台鐵、郵政、漢翔】

組織文化的傳承可透過故事、儀式、實質象徵和語言等方式，讓員工藉由許多方式瞭解組織文化。

傳承方式	內容	小例子
故事	組織的故事包含對重大事件或人物，像是組織創辦人、創紀錄者，或是對過往錯誤事件的處理等的描述。	1. 王永慶發跡的故事。 2. 郭台銘發跡的故事。
儀式（典禮）	1. 一系列重複性的活動。 2. 透過活動，管理者可以傳達並強化組織的價值。	1. 直銷大會表揚業績優良的員工。 2. 年度員工表揚大會。 3. 新產品上市典禮。 4. 日系商店員工早上站在店門口精神鼓舞。
實質象徵（物質符號）	組織文化傳達的概念很抽象，屬於精神層面，有時候內涵不容易被成員所理解，因此必須藉由實體的符號或象徵來傳達。	1. 組織的識別符號、大樓設計、員工穿著等。 2. 雄獅旅行社的雄獅集團的識別設計，就是要呈現雄獅是「全球旅人的領航者」。 3. 台達電子興建綠色辦公大樓、傳遞「節能與環保」的價值觀。
語言（術語）	1. 很多組織運用術語，來界定成員歸屬的群體。 2. 組織特有的語言除作為溝通工具外，也可傳達組織價值。	1. 對某件事或物的特殊用語、成員間的相互稱呼。 2. 星巴克稱呼全體員工為夥伴（partner），傳達「重視員工、共同創造成就、共同分享成果」的價值，公司也的確讓夥伴們成為公司股東。

小口訣，大記憶

故事、儀**式**、**物**質符號、**語**言

▲故事物語

三、組織文化的內涵

組織文化內涵是指組織文化組成的要素，主要有杭特、薛恩二位學者提出的理論。【經濟部、台水】

提出者	組織文化內涵	內容
杭特（James Hunt）提出一個組織文化內涵的架構，將組織文化分為四個層次	文化表象	呈現出來一些明顯可見的外在表徵。 符號、標誌、書面規定、辦公室裝潢、制服等。
	行為型態	組織的儀式、活動、組織成員的實際行為。 年度表揚大會、年終聚會、早上站門口的精神喊話。
	價值與信念	引導組織成員基本想法與觀點，告訴員工那些該做，那些不該做。 顧客永遠是對的。 環境是最重要的議題。
	基本假設	組織的根本，組織對於生命的基本構面的信念。 人性是善的還是惡的？善惡並存？
薛恩（Schein）認為組織文化的層次由外而內分別為	人為表徵（artifacts）（表面層）	表面上所看到的。 組織文化最明顯的層次。 比如一家公司的穿著是西裝或便服。
	價值觀（Values）（中間層）	公司所認同的理念。 比如準時上下班。
	基本假設（Basic Assumptions）（核心層）	即潛規則。 組織所擁有的基本假設，不可見卻又理所當然。 比如做不完還是要加班，最好不要申請加班費。

四、組織文化的類型

組織文化可以依據不同的分類方式，分成幾種類型，以下就組織文化的類型做說明。

(一) 強勢文化與弱勢文化【經濟部、台北自來水、中油、郵政、漢翔】

所有組織都有文化，但並非所有文化對員工都有相同的影響。強勢文化（strong cultures）即核心價值被深刻而廣泛接納的文化，會比弱勢文化對員工有更大的影響力。

1. **強勢文化：**
   (1) 價值觀廣被接受。
   (2) 對組織的價值傳遞一致性的訊息。
   (3) 大部分的員工能夠述說公司的歷史和英雄人物。
   (4) 員工強烈認同組織文化。
   (5) 價值觀與行為有強烈的連結。
2. **弱勢文化：**
   (1) 價值觀只限於少數人，通常為高階管理人。
   (2) 對組織的價值傳達矛盾的訊息。
   (3) 員工對於公司的歷史和英雄人物認識不多。
   (4) 只有少數員工認同組織文化。
   (5) 價值觀與行為間的連結不多。

大多數組織的文化是介於中度到強度之間。

(二) 海爾利格（Hellriegel）的四種類型【經濟部、台電、台鐵、郵政】

由海爾利格（Hellriegel）等學者於1993年提出，以「正式控制導向（Formal Control Orientation）」及「注意的焦點（Focus of Attention）」兩構面，形成的四種分類。

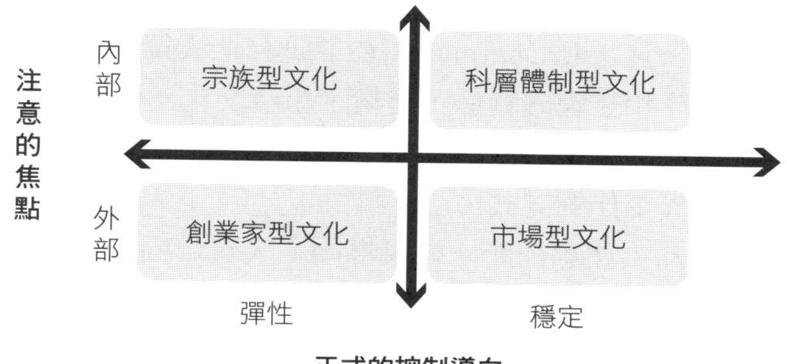

<table>
<tr><th>類型</th><th>內容</th></tr>
<tr><td>宗族型文化
(Clan Culture)
派閥文化
宗教文化
集團文化</td><td>1. 控制彈性、注意力焦點於內部。
2. 重傳統，組織忠誠度、認同感高，並認為所有員工應齊心協力完成工作。
3. 強調人與社會的互動，重視社會回饋。
4. 強調自我管理，成員應形成一種強制遵守規範的力量。</td></tr>
<tr><td>科層體制型文化
(Bureaucratic Culture)
官僚文化</td><td>1. 正式化控制傾向穩定、注意力焦點於內部。
2. 著重組織內部運作，不重視外部環境變化。
3. 重視規定、規章，職權、職責分界明確。
4. 管理者乃規則的強制執行者，通常政府及大型組織較偏向此種文化。</td></tr>
<tr><td>創業家型文化 (Entrepreneurial Culture)
創業文化
企業家文化</td><td>1. 正式化控制傾向彈性、注意力焦點於外部。
2. 鼓勵創新變革與承擔風險，組織成員需快速回應變革並創造變革，也擁有責任感願意接受挑戰。
3. 強調創新，接受改變。</td></tr>
<tr><td>市場型文化
(Market Culture)</td><td>1. 正式化控制傾向穩定、注意力焦點於外部。
2. 追求可量化的目標，強調競爭力與利潤，重視行銷與財務目標。
3. 成員的權利、義務均事前明定，故成員間是一種契約關係。
4. 鼓勵員工間競爭行為，員工的薪資取決於個人的績效表現，達到目標即獲報酬，未達到則承擔其後果，功利主義氣息濃厚。
5. 具終身雇用觀念，組織與成員間的承諾低，是一種關係脆弱的社會化過程。</td></tr>
</table>

(三) 組織文化的七大構面【郵政】

1. 加州大學教授查特曼（J. Chatman）為了研究企業契合和個體有效性，如職務績效、組織承諾和離職的關係，建構了組織文化剖面圖，簡稱OCP量表。
2. 在許多組織裡，常會有某個層面超越其他的層面，而這個層面就成為該組織的個性及組織成員工作的方式。
3. 此七個層面分別為：注意細節、結果導向、人員導向、團隊導向、進取性、穩定度、創新和冒險。

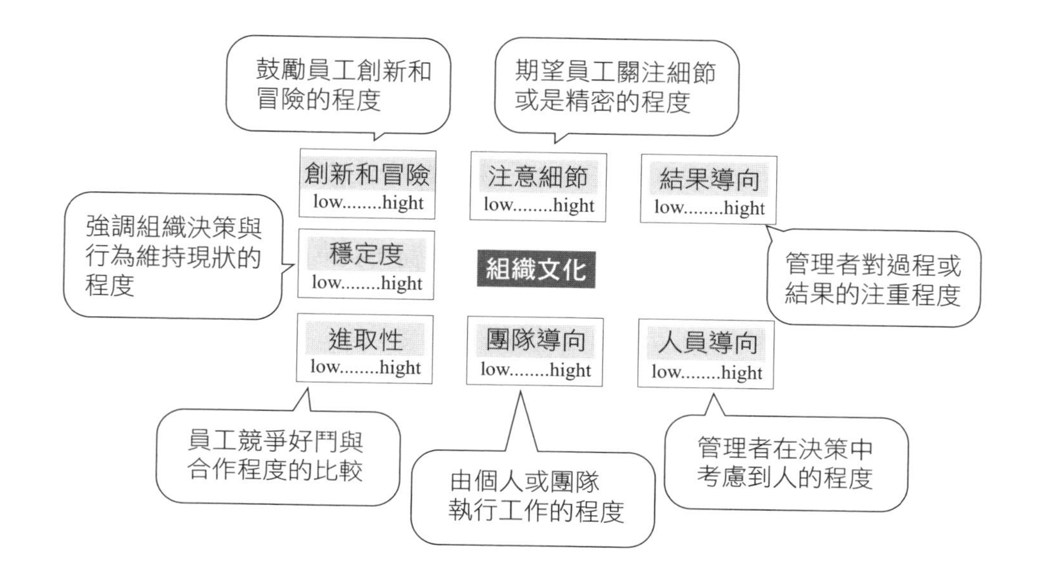

五、組織文化的功能【農會】

組織文化形成後，有其正面的影響，當然也會有負面的影響。

(一) 正功能

1. 提升組織績效。
2. 控制成員行為。
3. 增進成員的組織認同。
4. 促進組織的穩定。

(二) 負功能

1. 阻礙創新。
2. 阻礙成員的活力。
3. 易造成內部衝突。
4. 阻礙組織間的合作。

六、組織氣候【台電、台鐵、農會】

(一) 黎特文（G. Litwin）和史春格（R. Stringer, Jr）提出。

(二) 組織氣候：在一特定環境之中每個人直接或間接的對這環境的察覺（perception）。

(三) 組織氣候是組織人員和環境相互影響而成的，尤其是成員的心理反應、動機作用是構成組織氣候的主要變因。

(四) 組織氣候與組織文化的比較

1. 組織氣候：

(1) 在一個特定環境中個人直接或間接的對這一環境的察覺狀態。

(2) 深受主管的性格和領導風格所影響，和組織的制度也有一定的關係。

2. 組織文化：

(1) 組織文化代表一個組織的個性，是組織成員所共享的價值與意義體系，由信念、價值、規範、態度、期望、儀式、符號、故事和行為等組合而成。

(2) 如果一家公司的組織文化和大環境相去甚遠，則必引起公司員工的排斥和反彈。如在升學主義掛帥的國家，如果有所謂的明星高中力倡五育均衡，而不再重視升學，必然會受到大多數家長和師生的否定，而不再是明星學校了。

3. 二者皆為組織成員認識其所處環境的方式，都會影響組織成員行為。

4. 組織文化具持久性，且範圍較廣。組織氣候範圍較窄，僅是組織文化的一部分。

小補充、大進擊【台水、郵政】

根據瑞典學者Goran Ekvall的觀點，創新型組織文化的特徵：

1. 挑戰和參與：員工是否參與、被激勵而承諾投入於組織長期目標的達成。
2. 自主性：員工可自行決定工作範圍、自行判斷並處理每日工作程度。
3. 信任與開放性：員工互相幫忙與尊重的程度。
4. 思考時間：員工行動前有多少時間是花在思考。
5. 玩笑/幽默：工作場合存有多少的歡樂與悠閒。
6. 衝突的解決：解決問題的考量是基於組織利益或個人利益之程度。
7. 辯論：員工可以自由表達意見的空間有多大。
8. 風險承擔：管理者對不確定與模糊的容忍度，以及員工願承擔風險時，公司會獎賞該員工的程度。

即刻戰場

選擇題

一、組織文化的概念與構面

(　　) 1 在一群人所組成的社群中，成員間所共享的價值觀、信念、態度、行為準則與習慣，這些特徵足以使人們辨識出不同的社群，此稱之為：(A)控制　(B)領導　(C)文化　(D)組織。【107台鐵】

(　　) 2 企業運作過程中，經由時間的累積，學習處理外在問題以及內部整合時，漸漸建立起一套共享的基本假設，並且可以傳授給新進的成員，成為企業內部成員所共享的價值觀與行為模式，並且影響員工的行為。上述概念可以稱為：(A)企業文化　(B)企業功能　(C)企業標竿　(D)企業策略。【107台鐵】

(　　) 3 關於企業文化，下列敘述何者正確？(A)很少影響組織中的新進員工　(B)通常由外界力量決定　(C)不能更改　(D)可以引導員工為共同目標努力。【109台鐵】

(　　) 4 企業文化的形成，跟國家和社會的文化形成一樣，是必須要透過長時間慢慢演進的，請問下列那項因素不是形成企業文化的原因？(A)企業過去的傳統與成長經驗　(B)企業創辦人的精神與理念　(C)現有領導人的領導風格與傳奇事蹟　(D)企業識別系統。【110台鐵】

(　　) 5 下列何者不是組織文化建立和維持的重要因素？(A)組織創辦人的哲學　(B)甄選標準　(C)社會化　(D)低階管理。【108郵政】

(　　) 6 組織成員從其他成員身上學習以融入組織的過程，包括恰當的行為、不恰當的行為以及價值觀等，其稱之為：(A)社會化　(B)價值觀與規範　(C)語言　(D)典禮或儀式。【107台鐵】

(　　) 7 組織文化會對下列哪些管理功能產生影響？(A)規劃　(B)組織　(C)領導　(D)控制。（多選）【107台鐵】

解 1 **(C)**。組織文化指一個組織有其共有的價值觀、儀式、符號、處事方式和信念等內化認同表現出其特有的行為模式。可以觀察到組織人員行為規律、工作的團體規範、組織信奉的主要價值、指導組織決策的哲學觀念等等。

2 **(A)**。企業內部成員所共享的價值觀與行為模式，並且影響員工的行為，此為企業文化之基本定義。

3 (D)。(A)深刻影響。(B)內部力量決定。(C)可以視情況更改。

4 (D)。識別媒體／企業識別：企業可以透過有形的工具傳達企業形象，這些工具我們稱為識別媒體。
例如：品牌logo、制服、商標。

5 (D)。組織創辦人的哲學、員工甄選標準、高階管理者的言行示範、成員社會化。

6 (A)。社會化：「融入的過程」。例如：學生畢業，從原有環境步入新環境（融入社會），也可稱為社會化。

7 (ABCD)。組織文化是在一群人所組成的社群中，共享的價值觀、信念、態度、行為準則與習慣，影響是全面性的，規劃、組織、領導、控制都會有影響。

二、組織文化的傳承方式

( ) 1 下列何者不是維護或傳遞組織文化的可能來源？ (A)創辦人的價值 (B)典禮與儀式 (C)組織的名稱 (D)組織成員共通的語言。
【107台糖】

( ) 2 「訴說組織中的英雄作為及其行為的價值，目的是希望組織成員能夠加以仿效」，是屬於下列哪一種組織文化？ (A)故事體 (B)價值觀與規範 (C)典禮或儀式 (D)語言。
【108漢翔】

( ) 3 下列哪些是員工學習組織文化的方法？ (A)重大儀式 (B)故事的傳講 (C)組織內特定的語言 (D)顧客關係管理。（多選）【107台鐵】

( ) 4 有關組織文化的傳遞方式，下列何者有誤？ (A)整合儀式（rites of integration）常用在學習、內化規範與價值 (B)故事與用語（stories & language）是溝通價值的重要方式，但可能有真有假 (C)組織社會化（organization socialization）對新人特別有意義 (D)創辦人的價值觀（values of the founder）型塑組織成員的工具價值與目標價值。
【110經濟部】

解 **1 (C)**。組織文化學習方式：
(1)故事：組織過去的事蹟與表現、對重大事件或人物故事的描述。
(2)典禮、儀式：一系列重複性的活動。
(3)象徵或符號：組織的裝潢、員工的穿著或氛圍所傳達出來的意念。
(4)語言：又稱行話或術語，代表組織成員或產業內所慣用的話語。

(5)社會化：員工適應組織文化的過程。
(6)價值觀與規範：組織成員對於某些事情的看法及組織的規定或創辦人的價值。

2 (A)。故事體：組織過去的事蹟與表現、對重大事件或人物故事的描述。

3 (ABC)

4 (A)。整合儀式：建立員工間的團結力量及情感，而且也增加對公司的忠誠度。
社會化：是引導組織成員學習組織文化的價值及規範，並將之內化於行為的過程。
社會化也就是讓員工將組織文化內化的過程，故此題A選項之「整合儀式」應改為「社會化」。

三、組織文化的內涵

( ) Schein將組織文化分為三個不同層次，下列何者有誤？ (A)器物層次 (B)價值層次 (C)制度層次 (D)基本假設層次。 【106經濟部】

解 **(C)**

四、組織文化的類型-強勢文化與弱勢文化

( ) 以下關於組織文化的敘述，何者正確？ (A)在強勢組織文化中，核心價值只被高階管理層接納 (B)強勢組織文化中的員工有較高的組織忠誠度 (C)一個有利於創新的組織文化通常具有低度的模糊容忍度（tolerance of ambiguity） (D)組織文化對管理決策的影響僅限於規劃層面。 【108漢翔】

解 **(B)**

五、組織文化的類型-海爾利格（Hellriegel）的四種類型

( ) **1** 某公司對於成員的控制與管理，集中於承諾、社會化與忠誠度，較不重視正式規章或標準作業程序，此種組織文化是屬於下列那一個類型？ (A)官僚文化 (B)派閥文化 (C)市場文化 (D)創業文化。 【107台鐵】

( ) **2** 身處產品標準化、產業變動情況較少的企業，或政府組織與大型企業大部分屬於何種類型的組織文化？ (A)派閥文化（Clan Culture） (B)官僚文化（Bureaucratic Culture） (C)創業文化（Entrepreneurial Culture） (D)市場文化（Market Culture）。 【107台鐵】

解 **1 (B)**。派閥文化：控制以忠誠、承諾、社會化等，成員以一份子為榮，高度認同組織等。

2 (B)。派閥文化（clan culture）：關注的是組織成員彼此間之人際互動關係，來凝聚組織力量，追求組織成員間彼此團隊合作及提升對組織之承諾。

六、組織文化的類型-組織文化的七大構面

( ) 公司內多數管理者對結果的重視程度遠高於過程，這意謂公司重視下列哪一種組織文化？ (A)團隊導向 (B)創新導向 (C)績效導向 (D)細節導向。 【105郵政】

解 **(C)**。組織文化構面：

(1)進取性（積極性）：成員競爭、好鬥程度。

(2)穩定度：組織行為維持現狀的程度。

(3)創新&冒險：鼓勵成員創新和冒險的程度。

(4)注意細節：員工注意細節的程度。

(5)結果&績效導向：管理者對過程或結果的重視程度。

(6)人員導向：管理者在決策中考慮到人的程度。

(7)團隊導向：由個人或團隊執行工作的程度。

七、組織文化的的功能

( ) 正向的組織文化強調下列何種理念？ (A)個人活力與成長 (B)組織標準化與制度化 (C)高度集中化的管理 (D)以上皆是。 【105農會】

解 **(A)**。組織文化的功能：

(1)正功能：A.提升組織績效。B.控制成員行為。C.增進成員的組織認同。D.促進組織的穩定。

(2)負功能：A.阻礙創新。B.阻礙成員的活力。C.易造成內部衝突。D.阻礙組織間的合作。

八、組織氣候

(　　) 關於組織文化的敘述，下列何者錯誤？ (A)組織文化是組織成員所共享的價值觀，它是屬於組織外在環境的一個要素 (B)組織文化會影響員工行為 (C)故事是組織文化的一個重要學習來源 (D)儀式是組織文化的一個重要學習來源。 【106台鐵】

解 **(A)**。組織「氣候」是組織成員所共享的價值觀，它是屬於組織外在環境的一個要素。

九、創新的組織文化

(　　) 許多微型創業的出現，造就新型態的創業家，而下列何者非新型態創業家所應具備的特質？ (A)自我引導 (B)容忍不確定性 (C)行動導向 (D)傳統保守主義。 【105郵政】

解 **(D)**

填充題

1 組織中，一套組織成員共有的價值、信念與象徵的複雜組合，稱之為 ______，它會影響組織成員的言行。 【106台電】

2 企業協助新進員工儘早適應組織文化，且最後產生高度認同的過程稱為 ______。 【107台電】

3 哈佛大學教授黎特文和史春格（Litwin & Stringer）提出，倡導以「整體與主觀」的環境觀念研究組織成員的行為動機，此種概念稱之為 ______。 【109台電】

解 **1 組織文化**

2 社會化

3 組織氣候。黎特文（G. Litwin）和史春格（R. Stringer, Jr）倡導以「整體」、「主觀」的環境觀念，來研究組織成員的行為動機而表現出的行為。組織氣候即「在一特定環境之中每個人直接或間接的對這環境的察覺（perception）」。由此可知組織氣候是組織人員和環境相互影響而成的，尤其是成員的心理反應、動機作用是構成組織氣候的主要變因。

申論題

何謂組織文化？何謂強勢文化？強勢文化對組織有什麼正面及負面的影響？
【106台鐵】

時事應用小學堂 2022.11.20

台積電超殺利器！ ASML 最強機台飆出天價 200 公噸運送大揭密

儘管全球經濟環境不佳，衝擊半導體需求，但荷蘭半導體微影設備大廠艾司摩爾（ASML）依舊看好長期產業前景。韓媒報導，ASML 新一代高數值孔徑極紫外光（High-NA EUV）設備，用於 2 奈米、甚至更小尺寸製程，預計 2024 年開始交貨，一台要價約 3 億至 3.5 億歐元之間（約台幣 96.6 億至 113 億元），目前大咖客戶包括台積電、英特爾、三星都已下訂。由於新一代 High-NA EUV 曝光機比前一代體積大 30% 左右，重量超過 200 公噸，至少需要三架波音 747 分批運送。韓聯社報導，目前極紫外光（EUV）機台可支持晶片製造商，將製程推進到 3 奈米左右，但若要往更先進的 2 奈米製程，甚至更小的尺寸，就需要高數值孔徑極紫外光（High-NA EUV）設備。

近年來，台積電、三星、英特爾在先進製程大戰打得火熱，紛紛大力投資更先進的 3 奈米、2 奈米技術，以滿足高性能計算等先進晶片需求。而 ASML 新一代 High-NA EUV 機台就成為兵家爭奪的關鍵。

今年 9 月，台積電表示，2024 年將取得 ASML 新一代 High-NA EUV 設備，其 2 奈米採用環繞閘極電晶體（GAAFET）架構，並於 2025 年量產，將是密度最小、效能最好的技術，業界也傳出首度採用 High-NA EUV 微影技術量產，進度可望超前對手三星與英特爾。

路透先前報導，ASML 新一代 High-NA EUV 曝光機，因為精密度更高、設計零件更多，比前一代體積大 30% 左右，重量超過 200 公噸的雙層巴士，至少需要三架波音 747 分批運送。ASML 最強機台將用於生產下一代晶片，終端應用領域涵蓋手機、筆電、汽車、AI 等。

（資料來源：中時電子報 https://www.chinatimes.com/realtimenews/20221120002651-260410?chdtv）

延伸思考

1. ASML 總部在荷蘭，荷蘭的人口比台灣還少，也沒有半導體晶圓廠，ASML 卻成為半導體設備的世界第一品牌，ASML 全球員工一共來自 139 個國家和地區，光是台灣辦公室內，就聚集來自 27 個不同國籍的同事。該如何管理跨國、跨文化、跨世代的團隊？
2. 如何落實企業文化？

解析

1. ASML 就提出了自家獨有的「3C 文化」——Challenge、Collaborate、Care。鼓勵員工培養成長思維：學會傾聽、思考辯證、合作雙贏。
   不論是世代或跨文化溝通，必須要把「人」先放在中間。這也是 3C 文化中最重要的「Care」——傾聽意見、關懷員工。如果在組織中大家都把人放在前提，面對世代的隔閡、種族的差異，就能對彼此有多一點理解、少一點批判。
   鼓勵「Challenge」——思考辯證、勇於表達，要清楚地表達自己的觀點，並提出對組織「有建設性的建議」，所有的討論和想法才有機會在組織內有效萌芽。
   有了尊重、有了明辨，再談「Collaborate」——團隊合作、共創雙贏。在 ASML 的職場中，複雜多元、來自不同種族的同事們要一起工作，共同面對實時變動、變幻莫測的外界環境，必須得相互合作，才是致勝的不二法門。
2. 把「3C 文化」也貫徹在 HR 的應對策略裡，邀請員工參加工作坊，鼓勵員工針對薪酬政策、值班制度等，先了解現況和事實，再進行分組討論、並給出建議，HR 再據此擬出對應策略。這就是 Challenge、Collaborate 和 Care 的體現。
   在 ASML，主管們一年內與下屬至少有兩次正式對談，更鼓勵每一個禮拜都要和不同階層的員工對話，有了關懷和傾聽，才有機會找到員工希望成長的地方究竟是什麼。

（資料來源：商業周刊 https://www.businessweekly.com.tw/management/blog/3010400）

Lesson 12 組織的成長、變革與發展

課前指引

本章包含了組織成長、組織變革、組織發展三個理論，也是管理功能「組織」的最後一個單元。

1. 「組織成長」是指組織在其所處的競爭環境中維持生存和繁榮的能力。
2. 「組織變革」則是指組織在兩個時間點間的改變；組織從現在的狀態轉變到未來期望的狀態，以增進其效能的過程。
3. 「組織發展」指的是組織成長過程及變革中，對於組織成員所做的教育及訓練，使他們能夠配合組織的成長。

重點引導

焦點	範圍	準備方向
焦點一	組織成長與創新	本焦點分為組織成長理論與組織創新二個部分，組織成長的五階段與危機處理方式為考試重點。雖然目前考題不多，但有越來越重要的趨勢，尤其是經濟部聯招非常喜歡出題的單元。
焦點二	組織變革理論	本焦點的重點在推動組織變革的內、外部力量；組織變革步驟理論，包括：黎溫、李維特和科特都是考試重點；組織變革的三種類型也是常考題。焦點二跟焦點一與其他章節相比，目前出題率都不是太高，但卻是經濟部聯招非常喜愛的單元，幾乎年年有一題。

焦點一 組織成長與創新

一、組織成長理論【經濟部、中油、台電、中華電信】

(一) 組織成長（Org. Growth）

1. 是行為學派觀點，是一個組織在動態的環境下，企業維持生存與發展的能力。
2. 組織成長的研究，以顧林納（Greiner, 1972）的研究最著名。
3. 他將組織成長分為五個階段，每個階段都有組織成長的方式，也有需要面對的危機。透過管理，一個階段一個階段的突破，達成組織成長。下表為五階段，與各階段遇到的危機。

	成長（變革）	危機（造成變革的原因）
Stage 1	主要源於創業者的創造力（creativity）	到了後期，組織內部管理問題層出不窮，產生「領導危機」（crisis of leadership）
Stage 2	找來強而有力的領導者，以集權方式管理。成長經由命令（direction）而產生。	中下層管理人事必須聽命，士氣低落，因此急於掌握自主權；產生「自主性危機」（crisis of autonomy）。
Stage 3	採取授權的方式，分權管理；成長經由授權（delegation）。	公司內部各部門間意見分歧，有本位主義產生，產生「控制危機」（crisis of control）。
Stage 4	收回部分權力，在高階主管監督下，加強各部門之協調；經由協調（coordiantion）而成長。	步驟、規定、手續漸多，產生「官樣文章」（redtipe）危機，也就是「硬化危機」。
Stage 5	避免刻板的程序，培養各部門間合作之關係，達到團隊合作 & 自我控制；成長經由合作（collaboration）。	—

小口訣，大記憶

階段	成長的動力	成長的危機
1	創造力	領導
2	命令	自主
3	授權	控制
4	協調	硬化
5	合作	—

小比較、大考點

Stage Theory和OLC之異同

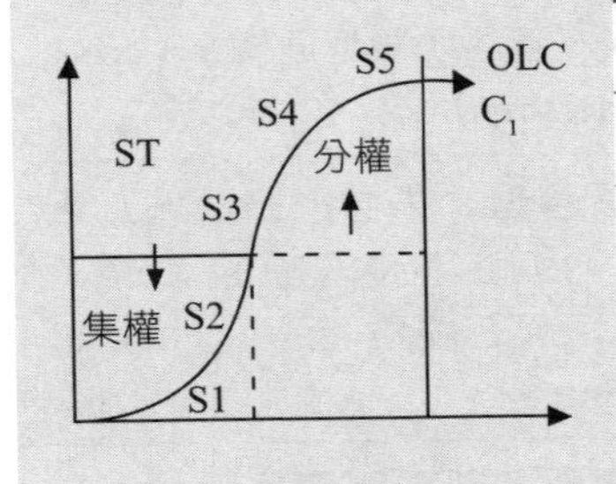

OGST 組織成長階段理論	OLC 生命週期理論
組織成長過程	描述組織完整歷程
沒提到衰退、重點為成長	假設所有組織都有衰退期
縱軸為 Size	縱軸為績效
OGST 為 OLC 之一部分	

(二) **危機處理方式**

學者或危機管理專家，對組織危機產生的過程，有不同的分類與其對應的處理方式。

1. **芬克（Steven Fink）**：危機分成潛伏期、爆發期、後遺症期、解決期。

(1) 潛伏期-（警告）：「危機發生以前」的階段，也稱為警告期。

(2) 爆發期-（控制）：爆發期雖然明瞭危機即刻發生，不過此時期應是危機的前期。在此時期，處理的關鍵在於控制危機。如果不能控制危機，就儘量影響危機爆發的地點、方式和時間。

(3) 後遺症期-（處理）：後遺症期正是處理危機的關鍵時刻。處理一個日趨嚴重的危機，主要的困難在於，此時期的危機發展的速度與強度，像雪崩一樣強，一樣快。速度通常視危機的形態而有所不同，強度則視後果的嚴重性決定。

(4) 解決期-（目標）：這是危機發生後的第四個時期，也就是最後一個階段，更是前述三個階段的目標。簡而言之，危機的解決，是危機處理的目標。

2. **羅伯特・希斯（Robrt Heath）提出的危機管理**4R：縮減力、預備力、反應力及恢復力
   (1) 縮減力：減輕危機的衝擊和影響力，對危機進行風險評估和風險管理。
   (2) 預備力：建立監視和預警系統，對員工進行培訓，提高危機應對能力。
   (3) 反應力：分析危機影響，制定危機管理計畫，具備必要的資源和技能。
   (4) 恢復力：控制危機後，將人力、物力、財力以及工作流程恢復正常狀態。

小口訣、大記憶

縮**減**力、預**備**力、反**應**力、恢**復**力
▲簡便應付

二、組織創新【台水、經濟部、中油、郵政】

組織為了實現管理目的，將組織的資源進行重組與重置，採用新的管理方式和方法，以新的組織結構和比例關係，使組織發揮更大效益的一種創新活動，就稱為組織創新。

羅賓斯（Robbins）認為激發組織創新有以下三因素：

(一) 組織結構

1. 有機式的組織結構。
2. 提供充裕的資源。
3. 部門間充分溝通。
4. 最小的時間壓力。
5. 對創意的充分支持。

(二) 人力資源

1. 具創造力的員工。
2. 致力於員工訓練與發展。
3. 高度工作保障。

(三) 組織文化

1. 對模稜兩可的接受度。
2. 對不合實際的容忍度。
3. 低度外部控制。
4. 對風險的容忍。
5. 對衝突的容忍。
6. 著重目的而非方法。
7. 強調開放式系統。
8. 正面回饋機制。

小比較，大考點

1. 創意&創新：
   (1)創意：透過特殊的方式將不同想法連結，或用特殊的方式連結不同概念。（想）
   (2)創新：將創意付諸於有用的商品或服務的程序，產生經濟價值。（做）
2. 組織創新、變革、再造：
   (1)組織創新：將創意付諸於有用的商品、服務的流程，透過此程序使得組織獲得經濟上的意義。
   (2)組織變革：組織因應內外部環境的變化，調整其企業體質，以利順應環境的過程，其目的為打破組織既有的行為模式，追求組織成長。有創新一定會涉及變革，但變革不一定有創新。
   (3)組織再造：又稱企業再造、流程再造，將企業流程從根本重新思考及徹底重新設計，以利企業創造更好的績效。屬於組織變革中的一項。
3. 組織再造模型PEPSI：
   P典範轉移：消除舊觀念，灌輸新思維。
   E賦權：授權員工，增加組織的彈性，提升員工士氣。
   P流程改善：重新設計流程。
   S全員滿意：讓利害關係人滿意。
   I資訊優勢：打造有利組織溝通交流的資訊環境。

即刻戰場

選擇題

一、組織成長理論

( ) 有關危機處理各階段的主要工作，下列何者正確？ (A)潛伏期：訂定危機應變計畫、成立通報系統 (B)爆發期：成立危機處理小組、進行談判溝通 (C)善後期：協調部門任務、建立危機資料庫 (D)解決期：公開處理過程、進行善後檢討。【107中油】

解 **(B)**。危機分成潛伏期、爆發期、後遺症期、解決期。
(1)潛伏期-（警告）：「危機發生以前」的階段，也稱為警告期。
(2)爆發期-（控制）：處理的關鍵在於控制危機。如果不能控制危機，就儘量影響危機爆發的地點、方式和時間。對於危機爆發的控制、影響，事實上就是為其後的「損害控制」做鋪路工作。

(3)後遺症期-（處理）：後遺症期正是處理危機的關鍵時刻。
(4)解決期-（目標）：危機的解決，是危機處理的目標。

二、組織創新

( ) 1 組織激發創新的誘因可分屬於組織結構、組織文化和人力資源三種構面。下列哪一個誘因不屬於人力資源構面？ (A)對衝突的容忍度 (B)具創造力的員工 (C)高度的工作保障 (D)致力於訓練與發展。【105郵政】

( ) 2 下列何者不是創新文化的特徵？ (A)高度的外部控制 (B)注重結果，而非手段 (C)授權的領導 (D)對不切實際的容忍度。【108郵政】

( ) 3 組織創新的過程，通常不包含下列何者？ (A)創意腦力激盪 (B)創新模式應用 (C)創新產品、服務上市 (D)創新成長管理。【108經濟部】

( ) 4 下列何者不是組織激發創新的有效作法？ (A)有機式組織結構 (B)有豐富資源支持 (C)組織內部頻繁交流互動 (D)對未能成功獲利的創新活動施以處罰。【110郵政】

解 **1 (A)**。Robbins創新三變數：
(1)組織結構：A.建立有機式組織。B.充裕的資源。C.部門間充分溝通。
(2)人力資源：A.培育有創意的員工。B.員工訓練與發展。C.高度工作保障。
(3)組織文化：A.接受模糊性。B.對不合實際的容忍。C.低度外部控制。D.對風險的容忍。E.對衝突的容忍。F.著重目的而非方法。G.強調開放式系統。

2 (A)。創新文化的特徵：
(1)接受模糊性。
(2)對不合實際的容忍。→(D)
(3)低度外部控制。→修正(A)
(4)對風險的容忍。
(5)衝突的容忍。
(6)著重目的而非方法。→(B)
(7)強調開發式系統。

3 (A)。創意：透過特殊的方式將不同想法連結，或用特殊的方式連結不同概念。
創新：將創意付諸於有用的商品或服務的程序，產生經濟價值。
選項(A)只是在想，尚未付諸行動。

4 (D)。為了要激發創新創意，所以如果沒有獲利也不懲罰，不然提的案子最後失敗沒有獲利，還要被懲罰，反而沒人敢提案了。

填充題

羅伯特・希斯（Robrt Heath）提出之危機管理4R模式分為以下4個步驟：______力、預備力、反應力及恢復力。【108台電】

解 **縮減力**。希斯提出的危機管理4R分為縮減力、預備力、反應力及恢復力：
(1)縮減力：減輕危機的衝擊和影響力，對危機進行風險評估和風險管理。
(2)預備力：建立監視和預警系統，對員工進行培訓，提高危機應對能力。
(3)反應力：分析危機影響，制定危機管理計畫，具備必要的資源和技能。
(4)恢復力：控制危機後，將人力、物力、財力以及工作流程恢復正常狀態。

焦點二 組織變革理論

組織變革是指組織在動態的、多變的環境中，為了加強成員能力，增進組織適應力，進而提升組織的效能並確保組織的生存和發展，而對組織內部某些部門或某些個人的行為、結構、運作程序、目的、產出等加以改變或調整之歷程；簡言之，組織變革是針對組織內的某些部分所做的大幅修正或調整。包括：組織結構的改變、工作流程的改變、管理幅度的調整、工作人員的更新、組織設計的變化等。

一、推動組織變革的力量

推動組織產生變革分為外部力量與內部力量二種：【經濟部、台水、台菸酒、台鐵、農會】

推動變革的外部力量（大環境）	推動變革的內部力量
1. 市場變動 2. 科技改變 3. 社會文化變遷 4. 政府的相關新法律規章	1. 組織策略的改變 2. 人力結構的調整 3. 新的設備 4. 員工態度改變 5. 管理行為改變

二、組織變革的步驟

組織變革有其步驟與方式才能成功。有多位學者提出組織變革的步驟，如黎溫、李維特、科特等。

(一) 黎溫（Kurt Lewin）（變革理論之父）的變革模式

歸納出成功的變革通常經歷「解凍」、「改變」、「再凍結」三個階段。【經濟部、台北自來水、台糖、台電、台鐵、郵政、中華電信】

1. **解凍（Unfreezing）**：創造變革的動力。
   打破既有行為模式及思維，目的是要產生改變的動機。良好的解凍過程可以激發員工的變革承諾，增加變革的助力。
   (1) 增加驅動力強度。
   (2) 降低阻力的強度。
   (3) 改變力量的方向讓阻力轉換為驅動力。
2. **改變（Moving）**：指明改變的方向，實施變革，使成員形成新的態度和行為。
   (1) 讓員工接受新的行為模式和價值觀。
   (2) 改變的方式有兩種選擇，一是「問題解決導向」，亦即歷經診斷與問題確立，擬定行動方案、執行與檢討等步驟。另一種是「願景導向」，其步驟包括建立期盼的願景、分析願景與組織現況的差距、擬定行動方案、執行與檢討。
3. **再凍結（Refreezing）**：穩定變革。
   (1) 讓新的行為模式和價值觀深植在員工心中，可以透過建立新的組織結構、文化、策略、系統與流程等來達成；這些組織元件規範了組織成員的行為。
   (2) 變革失敗主要集中在再凍結。

(二) 李維特（Leavitt）

組織或企業面臨變革的壓力所採取的變革途徑可以歸納為下列三種，可透過其中一種或同時採用多種途徑來著手進行變革行動。【經濟部、台電、農會】

1. **結構改變**：改變組織結構或相關權責，以求提升組織之整體營運績效，有效因應快速變遷的環境。可能採取的手法包括改變組織部門化的分工基礎、改變工作設計流程、改變組織直線與幕僚間的互動關係等等。
2. **技術改變**：透過新科技、新材料、電腦化、自動化等作業來具體有效提升組織生產績效，以提升競爭力。
3. **行為改變**：試圖改變組織成員的信仰、思考邏輯、理念及做事態度等等，進而影響及改變其行為，以改善工作效率，提升組織營運成果。

小口訣，大記憶

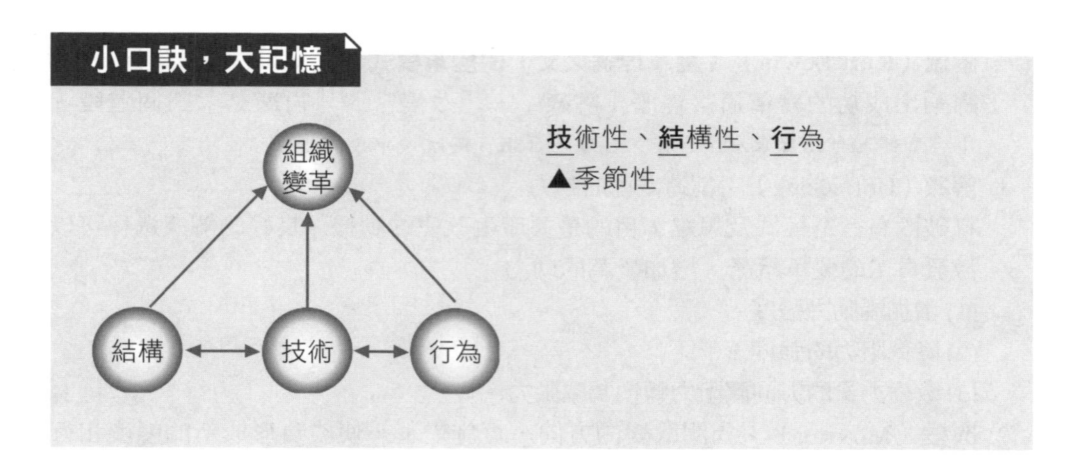

(三) **科特（John P. Kotter）組織變革的八大步驟**【台北自來水】

科特以黎溫的三步驟模式為基礎，發展出一套更詳細的方式來完成變革。前四個步驟補強「解凍」階段，第五至第七步驟代表「推動」，最後一個步驟的功能在於「再解凍」。科特的貢獻在於提供管理者與變革驅動者一個更詳細的指引，以成功地完成變革。

步驟	說明
1. 建立危機意識	(1) 考察市場和競爭情勢 (2) 找出並討論危機、潛在危機或重要機會
2. 成立領導團隊	(1) 組成一個夠力的工作小組負責領導變革 (2) 促成小組成員團隊合作
3. 提出願景與策略	(1) 創造願景協助引導變革行為 (2) 指定擬定達成願景的相關策略
4. 溝通願景	(1) 運用各種可能管道，持續傳播新願景及相關策略 (2) 領導團隊以身作則改變員工行為
5. 授權	(1) 員工參與 (2) 剷除障礙 (3) 修改破壞變革願景的體制或結構 (4) 鼓勵冒險和創新的想法、活動、行動
6. 創造近程戰果	(1) 規劃明確的績效改善或「戰果」 (2) 創造上述的戰果 (3) 公開表揚、獎勵有功人員

步驟	說明
7. 鞏固戰果再接再勵	(1) 運用上升的公信力，改變所有不能搭配或不符合轉型願景的系統、結構和決策 (2) 聘僱、拔擢或培養能夠達成變革願景的員工 (3) 以新方案、新主題和變革代理人給變革流程注入新活力
8. 讓新作法深植企業文化	(1) 創造客戶導向和生產力導向形成的表現改善，更多、更優秀的領導，以及更有效的管理 (2) 明確指出新作為和組織成功間的關聯 (3) 訂定辦法、確保領導人的培養和接班動作

小口訣、大記憶

危**機**意識、**領**導團隊、**提**出願景、**溝**通願景、**授**權、**創**造、鞏**固**、深**植**

▲機靈提供（機領提溝）、受創固執（授創固植）

(四) **計畫性變革整合模式**：同時整合了階段與過程

1. **探索階段**：蒐集內、外環境之變化，需組織成員察覺問題的存在或有變革的必要。
2. **計畫階段**：針對問題研擬可行之改善方案。
3. **行動階段**：將計畫付諸執行並進行評估，再將評估的結果回饋到執行過程進行修正。
4. **整合階段**：類似「再凍」之作法，將執行結果確實鞏固。

小補充、大進擊

1. 良好的解凍過程可以激發員工的變革承諾，增加變革的助力。

   承諾變革（Commitment to Change）：將組織成員與有利於變革成功的行動予以連結的力量或心理狀態，包括：

   (1)情感性承諾（Affective Commitment）。

   (2)持續性承諾（Continuance Commitment）。

   (3)規範性承諾（Normative Commitment）。

   情感性承諾和規範性承諾比之於持續性承諾更能促進支持變革的行動。

   當過去的變革沒有明顯的成果，變革過程溝通不足，以及組織成員沒有機會參與變革相關決策時，就容易抱持「變革嘲諷」（Cynicism About Change）與不支持的態度，導致變革失敗；此時的「解凍」過程尤其重要。

2. 哈佛教授John Kotter提出，總經理或CEO通常扮演變革領導人或與一些高階主管組成變革領導團隊負責變革願景、策略的規劃與溝通，在執行部分則仰賴變革代理人通常是由中階主管來擔任。【台菸酒、郵政、漢翔】
(1)變革領導人：總經理。
(2)變革代理人：扮演觸媒功能與肩負管理變革程序者。
變革代理人的類型：
(1)管理者：內部中階主管。
(2)非管理者：變革專家。
(3)外部顧問：專長於推行變革的顧問。

三、組織變革的類型與成功因素

(一) 類型【經濟部、台水、台糖、中油、台鐵、郵政】

變革可以分為結構上的變革、技術上的變革以及人員的變革，以下就變革的類型做說明。

類型	內容
結構變革	1. 透過改變組織之部門劃分或分工方式，改變工作設計與組織內部之權責關係，來達到增進組織績效的目的。 2. 改變組織結構、職權關係、功能部門，提高組織績效。 3. 著重在組織管理的效能，通常是從高階管理階層由上而下的展開。
技術變革	1. 引進新科技、新材料、電腦化、自動化，提高組織績效。 2. 著重在重新檢視組織的生產或服務的流程與工作方法，可以使產出更有效率。
人員變革	改變人員的工作態度，價格觀、人際關係、行為等，提高組織績效。

(二) 五個成功變革的因素【經濟部】

組織變革也就是組織採用一種新的想法或新的行為的過程，當組織或組織內成員意識到變革需求而採取變革方式時，務必促使組織成功，因此學者達夫特（Daft）提出了5個成功變革的因素：

成功變革的因素	內容
構想 (Ideas)	組織需要有新想法來維持一定的競爭力。
需求 (Need)	實際與期望產生差距便產生組織變革的需求。

成功變革的因素	內容
採用 (Adoption)	組織的決策者接受建議或想法時就會產生變革。
執行 (Implementation)	組織成員採用新想法或技術時，執行便會產生。
資源 (Resources)	變革需要時間與資源來支援。

小口訣，大記憶

採用、**構**想、**需**求、**執**行、資**源**
▲採購需職員

四、抗拒變革的原因【台菸酒、台鐵、郵政】

變革意味著不確定、未知與風險，以及繼之而來的壓力、恐懼與威脅。以下為抗拒變革的幾個原因：

原因	內容
個人利益受損	變革可能導致既有利益喪失，例如人脈關係、職位階級、薪資福利等等。
不確定性	由於一般成員都已經習慣既有的情況，若是改變會造成成員對未來產生不確定性。
懷疑變革效果	組織成員認為變革不一定會比現在的狀況好。
缺乏信任	管理者與成員沒有充分且透明的溝通，使彼此之間產生誤解。
變革與組織利益或目標不符	員工認為變革所產生效益可能並不大而且有可能偏離組織發展目標。
慣性	員工習慣既有的工作模式、環境、氛圍，因此若產生變革，還是會以所習慣的方式回應。
社會關係重新建構	變革往往會改變組織內人與人之間的社會關係，如新的工作夥伴、新的工作場所、新的互動模式，都會使組織成員感到不安。

五、降低抗拒變革的方式【台菸酒、中油、農會】

要如何降低員工對組織變革的抗拒，科特及史勒辛吉（Kotter & Schlesinger，1979）提出幾個技巧，可供給管理者做為參考。

技巧	使用時機	優點	缺點
教育與溝通	適用於溝通不良或資訊錯誤所造成的抗拒	排解誤會	管理者與員工間的互信若不足，將無法產生效果
參與	適用於員工具有專業，而能做出有意義的貢獻時	增加員工參與度及接受度	費時且可能成效不彰
協助與支持	用於抗拒者感到恐懼及焦慮時	能夠做需要的調整	所費不貲且不保證成功
談判	適用於抗拒來源是強大的團體	能夠「買到」認同	可能成本高昂，亦可能讓他人有機可趁
操縱及投票	當需要強大的團體支持時	是一種容易且不貴的方法來獲得抗拒者的支持	可能會適得其反，降低員工對變革發動者的信任感
脅迫	當需要強大的團體支持時	是一種容易且不貴的方法來獲得抗拒者的支持	可能是非法的，也可能會降低員工對變革發動者的信任感

六、組織發展【經濟部、中油、台電】

(一) 組織發展定義

組織發展乃是為了增進組織的效能，運用行為科學的知識技術，經由外部專家的協助，採用適當的干預方法，將個人的需要與組織的目標加以整合調整的一種有計畫的，有目的的改變過程。

是一種從上而下的、組織全面性有計畫的努力，透過運用行為科學的知識來瞭解、改變與發展組織的成員，從而提高組織的效能。

組織發展含一連串計畫性變革，重視人性及民主，尋求增進組織效率及員工福利。重視個人與組織的成長，秉持理念有：對人的尊敬、信任與支持、權力平等、坦承相對、參與。

→系統性的改變組織成員態度、行為，以及組織成員關係，進而達到組織目標並增進組織效率和效能。

→組織發展（OD）是一種行為（人員）變革。

(二) 常用的組織發展技術

以下為幾種常用的組織發展技術，可以協助組織發展，增進效能。

技術	內容
程序諮詢 (process consultation)	透過外部顧問協助，使管理者瞭解人際互動如何影響工作完成。
優能探尋 (appreciative inquiry)	探尋個人、團體過去經驗或者特殊優勢的過程。
團隊建立 (team building)	藉由團隊建立，使成員互動中瞭解彼此想法與工作。
團體發展 (intergroup development)	又稱組織映像法，透過不同團體互動，降低彼此之間偏見及刻板印象。
敏感度訓練 (sensitivity training)	藉由非結構性團體互動方式，改變個人行為的方法。藉此提昇參與者對自我行為的意識以及提昇對他人行為反應的理解。角色扮演是常用的敏感度訓練方法。
調查回饋 (survey feedback)	透過問卷，評估組織成員對某一問題的態度和認知，以及確認彼此間差異性的一種技巧。

小口訣，大記憶

程序**諮**詢、**優**能探尋、**團**隊建立、團**體**發展、敏**感**度訓練、調查**回**饋

▲資優團體趕（快）回（家）

小補充、大進擊

管理方格訓練（也能算是組織發展技術之一）：

1. 方格訓練是從領導行為的管理方格理論發展而來的組織發展方式，在領導管理方格中，對人和生產都表現出很大的關懷。
2. 方格訓練與敏感性訓練的不同之處：敏感性訓練是組織發展的一種技術，方格訓練不限於技術，是組織發展的全面計畫。
3. 行為科學家布萊克和莫頓倡導的管理方格理論發展而來的，管理方格中的9-9位置表明企業的領導者和管理者對職工和生產的關心都達到最高。因此，9-9型的管理方式就為他們提供了改進的方向，也是方格訓練的一項目標。

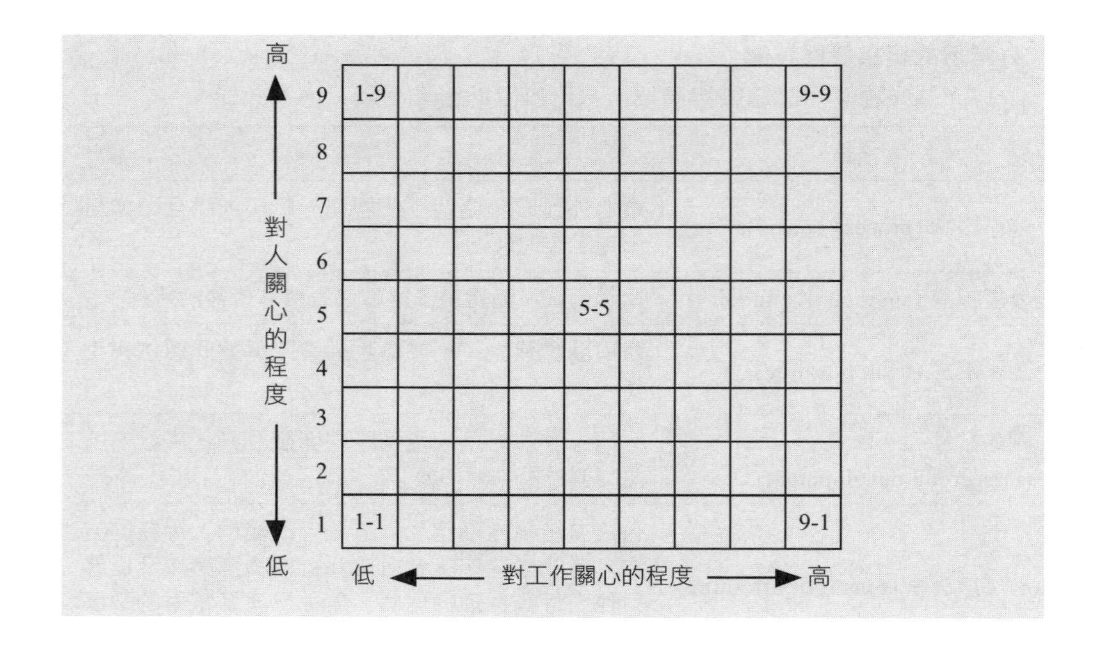

即刻戰場

選擇題

一、推動組織變革的力量

( ) **1** 針對組織內的部分做大幅修正或調整管理上稱為？ (A)組織規劃 (B)組織變革 (C)組織革命 (D)組織文化。 【107農會】

( ) **2** 下列何者是推動組織變革的內部力量？ (A)消費者需求的改變 (B)政府新的法令規章 (C)科技的改變 (D)員工態度的改變。 【108台菸酒】

( ) **3** 下列何者不是促成組織變革的內部驅力？ (A)勞動結構改變 (B)組織策略改變 (C)經濟環境改變 (D)員工態度改變。 【108經濟部】

( ) **4** 下列何者不是造成變革的一種內部力量？ (A)新興科技 (B)結構 (C)勞動力 (D)員工態度。 【109鐵佐】

解 **1 (B)**。組織變革是指組織在動態的、多變的環境中，為了加強成員能力，增進組織適應力，進而提升組織的效能並確保組織的生存和發展，而對組織內部某些部門或某些個人的行為、結構、運作程序、目的、產出等加以改變或調整之歷程。

2 (D)。(1)推動變革的外部力量(大環境)：A.消費者需求的改變。B.政府的相關新法律規章。C.科技技術的改變。D.經濟變革。
(2)推動變革的內部力量：A.新的組織策略。B.組織人力構成的改變。C.新設備。D.員工態度的改變。

3 (C)。內部因素：
(1)組織策略。(B)
(2)結構。(A)
(3)設備。
(4)員工工作態度。(D)

4 (A)

二、組織變革的步驟-黎溫(Lewin)

(　　)　下列何者不是黎溫（Lewin）所提組織變革的三階段其中之一？(A)解凍　(B)認知　(C)變革　(D)再凍結。
【105台北自來水、107郵政、107台鐵、107台糖、109經濟部】

解 **(B)**。Lewin變革模型：
第一階段：解凍（unfreezing）——創造變革的動力。
第二階段：變革（changing）——指明改變的方向，實施變革，使成員形成新的態度和行為。
第三階段：再凍結（refreezing）——穩定變革。

三、組織變革的步驟-李維特(Leavitt)

(　　)　學者Leavitt認為組織變革的途徑可以經由不同的選擇來完成，其中不包含下列何者？　(A)組織結構　(B)工作技術　(C)員工行為　(D)領導風格。
【107經濟部】

解 **(D)**。李維特（Leavitt）認為採取的變革途徑可以歸納為下列三種：(1)結構性改變。(2)行為改變。(3)技術性改變。

四、組織變革的步驟-科特(John P. Kotter)

(　　)　科特（John P. Kotter）提出組織變革的八大步驟，其中的第一步驟為下列何者？　(A)提出願景和策略　(B)建立危機意識　(C)成立領導團隊　(D)創造近程戰果。

解 **(B)**。科特John P. Kotter提出組織變革的八大步驟：
(1)建立危機意識：危機。
(2)成立領導團隊：領導團隊。
(3)提出願景：提出。
(4)溝通願景：溝通。
(5)授權：員工參與。
(6)創造近程戰果：創造。
(7)鞏固戰果：鞏固。
(8)新作法深植企業文化：深植。

五、組織變革的步驟

( ) 「變革管理」，是屬於下列哪些人的責任？ (A)低階管理者 (B)中階管理者 (C)高階管理者 (D)所有的管理者。 【108漢翔】

解 **(D)**。變革管理的步驟：解凍、改變，再結凍。
變革管理的對象應該是管理層、基層員工、產品、服務，以及與之相關的流程。因為組織中管理層必須首先認識到變革的重要性、必要性和緊迫性，才能主動變革，這樣才能領導組織中的每一位成員積極參與變革管理。
變革領導人：高階主管。
變革代理人：中階。

六、組織變革的類型與成功因素

( ) **1** 在組織變革的類型中，工作程序、方法與設備的修改，是屬於下列哪一種類型的變革？ (A)技術變革 (B)結構變革 (C)人員變革 (D)文化變革。 【106台糖】

( ) **2** 裁減垂直的組織層級數目使組織更扁平化，屬於下列哪一種組織變革？ (A)態度變革 (B)人員變革 (C)結構變革 (D)技術變革。 【110郵政】

解 **1 (A)**。結構變革：改變組織結構、職權關係、功能部門，提高組織績效。
技術變革：引進新科技、新材料、電腦化、自動化，提高組織績效。
人員變革：改變人員的工作態度，價格觀、人際關係，提高組織績效。

2 (C)。以組織為中心→結構性改變。

七、抗拒變革的原因

(　　) **1** 下列何者最不足以說明組織推動變革時會產生抗拒變革的理由？(A)變革會損及個人的利益　(B)變革會帶給競爭者不勞而獲的機會　(C)變革導致個人或部門不能再以早已習慣的方式解決問題　(D)變革有可能導致組織生產力或產品品質的降低。【105郵政】

(　　) **2** 下列何者是組織成員抗拒變革的原因？　(A)由外界壓力造成　(B)變革產生不方便的感覺　(C)變革威脅到傳統規範與價值的改變　(D)組織穩定。（多選）【107台鐵】

解 **1 (B)**。(B)與競爭者無關。

2 (ABC)

八、降低抗拒變革的方式

(　　) 下列何者不是減低抗拒變革的方法？　(A)教育與溝通　(B)談判　(C)協助與支持　(D)若無其事。【108台菸酒】

解 **(D)**。(1)教育與溝通：透過教育與溝通讓他們知道變革的理由。

(2)參與和涉入：透過組織成員參與及涉入變革決策。

(3)協助與支持：管理者要協助員工降低轉換期所產生的焦慮感。

(4)談判與協商：當抗拒變革者或群體對組織影響非常大可以給予一些條件讓他們讓步。

(5)操縱與拉攏：其他方式沒有用時可以採用暗地散播謠言扭曲事實。

(6)威脅：時間緊迫沒有其他方式才能採取。

九、組織發展

(　　) 常用的組織發展技巧不包含下列何者？　(A)調查回饋　(B)程序諮詢　(C)敏感度訓練　(D)團體協商。【108經濟部】

解 **(D)**

填充題

黎溫（Lewin）提出的組織變革（遷）3步驟，分別為：______、執行變革（遷）及再結凍。【106台電】

解 解凍

申論題

一、請說明組織變革(organizational change)的3種類型及其內涵？ 【110台電】

二、企業面臨快速的外在環境改變，為使企業維持一定的競爭力，適時的組織變革(organizational change)對企業而言顯得格外重要，試問：【題組】
(一) 何謂組織變革？
(二) 促成組織變革的外部驅動因素為何(請列舉兩項)？
(三) 促成組織變革的內部驅動因素為何(請列舉兩項)？
(四) 抗拒組織變革的原因為何(請列舉三項)？
(五) 如何降低對組織變革的抗拒(請列舉三項)？ 【109經濟部】

時事應用小學堂 2023.02.03

考選部組織法將大幅精簡因應趨勢彈性多元調整

考試院長黃榮村今天說，考選部的組織架構須因應趨勢進行更彈性、多元調整；考選部說，未來考選部組織法不僅大幅精簡，且組織架構、單位職掌及員額編制等，將改由子法規範。

考選部透過新聞稿表示，今天在考試院會以「組織變革之目的與規劃方向」為題專案報告。

黃榮村說，考選部組織法自民國 83 年修法至今已近 30 年，有鑑於人才是推動國家政策的基石，為因應全球情勢變遷、人工智慧時代，及少子女化與私部門人才競爭等多面向因素的考驗，並兼顧提升政府治理能力與社會發展需求，國考應與時俱進，朝擴大運用數位選才技術、加強國際交流發展。

黃榮村指出，為達成總統蔡英文對考試院轉型為稱職的國家人力資源部門，培育現代化政府所需治理人才的期許，為國家選拔卓越人才，考選部的組織架構須因應趨勢進行更彈性、多元調整，才能具備擢才所需的機動性與應變韌性。

考選部報告時表示，從 108 年推動考選轉型精進策略，其中涉及跨單位運作、人力布建運用及組織架構與員額調整的重大策略，包括「強化人才招募」、「加速推動國考數位轉型」、「測驗方式精進發展」。

考選部說，除依三大政策目標衡酌組織架構與員額配置的適切性外，並按中央行政機關組織基準法、公務人員任用法等規定，同步研擬組織法、處務規程修正草案及員額編制表。

考選部指出，未來考選部組織法不僅大幅精簡，且攸關業務推動與運作順暢的組織架構、單位職掌及員額編制等，改由子法令規範，以因應未來政策方針變革需求。（資料來源：中央社 https://udn.com/news/story/6656/6945219）

延伸思考

1. 考選部的組織精簡屬於組織變革或組織再造？考選部為何需要改變組織型態？
2. 組織再造的類型有哪些？

解析

1. 組織再造是屬於組織變革的一個方案，考選部是組織再造，也是組織變革。
   組織再造（Restructuring Organizations）就是因應組織碰到的各種困難（產品品質不良、連續虧損、運作效率低落等），透過組織結構的改變，來試圖提升生產效能與效率的方式。
   考選部組織再造原因：為了因應全球情勢變遷、人工智慧時代，及少子女化與私部門人才競爭等多面向因素的考驗，並兼顧提升政府治理能力與社會發展需求，國考應與時俱進，朝擴大運用數位選才技術、加強國際交流發展，同樣是考量到需要提升整體的效率與效能。
2. 五種常見的組織再造：
   (1) 扁平化：將原本縱向的層級減少，比如從四級減少至兩級，讓基層員工與最高主管間的訊息流通可以更加容易實現與快速。
   (2) 團隊化：因應橫向分工過多而導致的各種問題，團隊式組織指的是在團隊內放入不同專業人才，透過共同團隊目標促進合作效率。
   (3) 顧客中心導向：以製造為導向的組織設計轉變成以顧客為中心的組織設計，在最高管理者下方直設顧客管理部門，包括顧客分析小組、顧客推廣小組、顧客服務小組等。
   (4) 虛擬組織：將核心人才放在組織中重要的位置，除此之外的其他人員都採用虛擬組織的方式進行，此方式也具備降低成本的優勢。
   (5) 組織精簡：以上四種組織再造的方式基本上是屬於擴充型的，而另外還有一種縮減型的組織再造方法，稱為「組織精簡」，也就是裁員。裁員可以縮小組織規模，降低人事養護成本，但在執行的過程中需要完善的配套措施，否則將失去現有員工的信任與忠誠，或進一步造成負面的社會觀感。

Lesson 13 激勵理論與應用

課前指引

激勵(motivation)是指可以激發、引導或是維持一個人的動力、努力,而達成組織目標的過程。激發每個人的潛力的驅動力都不同,也就是對每個人激勵的方式都不一樣,一個人的激勵也會隨著環境的轉變而轉變。【台鐵、港務、桃捷】

(一)激勵三要素

1. 投入程度-衡量強度或驅力。
2. 方向-努力被導引至對組織有益的方向。
3. 持續性-要求員工持續地來追求目標。

(二)激勵的三大觀點

關於激勵的理論有許多觀點與看法,以下區分為三個主要的觀點,各觀點中又包含各家不同的立論學說。

項目	內容觀點	程序觀點	整合觀點
理論說明	1. 注意引起、產生或激發行為的因素。 2. 人類需求的類型。	1. 行為方式的程序、或是選擇方式。 2. 動機行為的選擇、方向。	整合內容、程序觀點,成為整合觀點。
代表性理論	1. 需求層次理論。 2. ERG 理論。 3. XY 理論。 4. 雙因子理論。 5. 三需求理論。	1. 公平理論。 2. 目標設定理論。 3. 期望理論。 4. 行為修正理論。	1. 動機作用理論。 2. 整合激勵理論。

(三)激勵的過程

未滿足的需要(想要更好的工作)

1. 緊張(看見身邊的人都考上國營事業)。
2. 驅使力(也想進入國營體系的想法出現)。
3. 搜尋行為(找尋補習班或書籍)。
4. 滿足的需要(上榜)。
5. 緊張的降低(不用擔心工作不穩定,滿滿年終)。

小口訣,大記憶

▲激(雞)的胃需要張力,人的行為需要緊張。

重點引導

焦點	範圍	準備方向
焦點一	內容觀點的激勵理論	五個重要的內容激勵理論，每個理論的定義與內容都需要記憶與應用，是常見的考點。
焦點二	程序觀點的激勵理論	四個重要的程序激勵理論，每個理論的定義與內容都需要記憶與應用，是常見的考點。
焦點三	整合觀點的激勵理論與應用	整合觀點的二個激勵理論，較少考到。主要考點為激勵理論的應用，具有激勵性的工作設計是常考的內容。

焦點一 內容觀點的激勵理論

內容觀點的激勵理論，包括需求層次理論、ERG理論、XY理論、雙因子理論、三需求理論。

一、馬斯洛（Maslow）的需求層次理論

(一) 最有名的激勵理論，是由心理學家亞伯拉罕・馬斯洛（Abraham Maslow）所提出的「需求層次理論」（Hierarchy of Needs Theory），認為每個人內心都有五種不同層次的需求：「生理需求」、「安全需求」、「社會需求」、「尊重需求」和「自我實現需求」，激勵就是要滿足這些需求。【經濟部、台糖、台菸酒、台鐵、郵政、桃機、桃捷】

層次位階	層次	內容	小例子
較低層次的需求 藉著外在因素達成	生理需求 (physiological needs)	維持一個人生命的基本需求，包括食、衣、住、行、性需求等。	陽光、空氣、水、食物等。
	安全需求 (safety needs)	保護身心及財產免於恐懼、危險和缺乏的恐懼。	工作保障、醫療保險、失業保險等。

層次位階	層次	內容	小例子
較高層次的需求 由內在因素來滿足	社會需求 (social needs)	愛和歸屬感，希望被別人接納、認同。	對親情、愛情、友情的需求。
	尊重需求 (esteem needs)	自尊與他尊，強調他人對個體的尊重，希望能跟他人建立關係。	自信、名譽、地位、被重視、聲望、成就感等需求。
	自我實現需求 (self-actualization needs)	個人追求成長的需求，將潛力完全發揮，成就自我。	自我實現、自我發揮、自我成長。

(二) 在滿足下一個層次的需求前，必須先充分滿足前一個層次的需求，而且個人需求層次會逐一上升。一旦某需求獲得充滿的滿足，就不再對個人有激勵的作用。因此想激勵員工，須瞭解員工所處的需求層次，然後將焦點集中於滿足該層次或更高層次的需求上。下圖為需求層次理論的圖示。

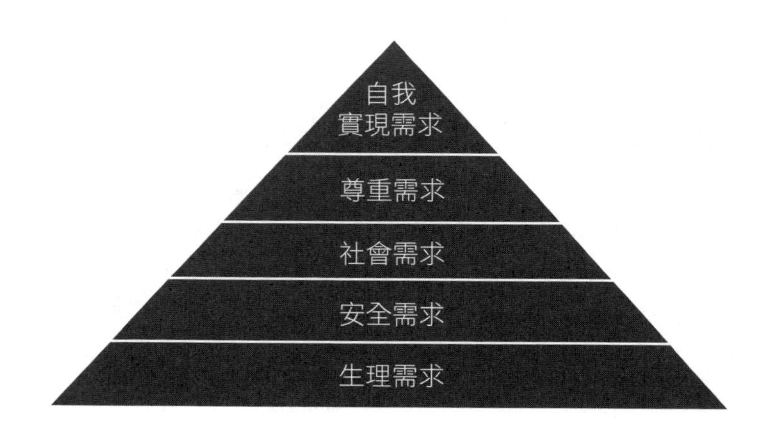

二、奧德佛（Alderfer）的Existence-Relatedness-Growth Theory（ERG）理論

(一) 奧德佛（Alderfer）理論是將馬斯洛（Maslow）的需求層次理論為基礎延伸而來。不同的是Alderfer另外提出挫折退卻，即是高層次需求未獲滿足便會退回低層次需求。【台電、中油、台鐵、漢翔】

理論	內容
E(existence)：生存	維持生存的物質需求。 透過食物、薪水、工作環境等滿足。 馬斯洛的生理需求及安全需求。
R(relatedness)：關係	需要和其他人建立和維持良好關係的需求。 親情、友情、愛情、上司、同事之間的關係等。 馬斯洛的社會需求。
G(growth)：成長	個人努力於工作表現，獲得發展的一種需求。 馬斯洛的自尊、自我實現需求。

(二) 將ERG與馬斯洛的需求層次理論互相比較，可以發現成長對應的是自我實現與尊重、關係對應的是社會、生存對應的是安全與生理需求。

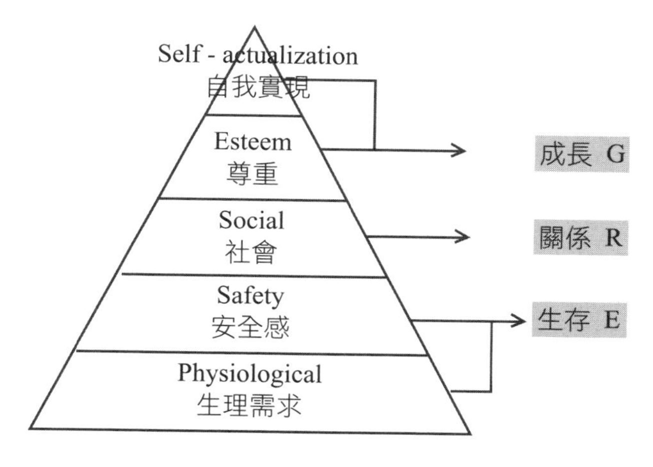

Maslow's Hierarchy of Needs
馬斯洛－需求層次理論

Alderfer ERG 理論

三、麥克里高（McGregor）的X與Y理論

X理論和Y理論由美國心理學家道格拉斯・麥克里高（Douglas McGregor）於1960年代《企業的人性面》一書中提出來的，探討關於人們工作原動力的理論。其中Y理論又被稱作人性本善理論。【經濟部、台菸酒、台鐵、郵政、桃機、漢翔】

小口訣，大記憶

▲X理論→差(×)→負面
Y理論→Yes(○)→正面

理論	內容
X 理論（Theory X）	1. 對人類本質的負面觀點（人性本惡）。 2. 假設員工沒什麼企圖心、不喜歡工作、想逃避責任，而需有嚴密的控制，才能有效地工作。 3. 持 X 理論的管理者會趨向於設定嚴格的規章制度，以減低員工對工作的消極性。
Y 理論（Theory Y）	1. 對人類本質的正面觀點（人性本善）。 2. 假設員工喜歡工作、接受責任並願意負責，而且自動自發。 3. 持 Y 理論的管理者主張用人性激發的管理，使個人目標和組織目標一致，會趨向於對員工授予更大的權力，讓員工有更大的發揮機會，以激發員工對工作的積極性。 4. 麥克里高（McGregor）主張應以 Y 理論作為管理實務的依據。讓員工參與決策、承擔責任、接受挑戰性的工作、良好的團隊作業等，都會對員工產生很大的激勵效果。

1. Z理論是Sisk和Megley提出：

傳統理論時期	修正理論時期	整合理論時期
X 理論 - 主張人性本惡	Y 理論 - 主張人性本善	Z 理論 - 主張人有差異
1. 科學管理學派（泰勒、吉爾伯斯夫婦、愛默生、甘特） 2. 一般行政學派（亨利費堯、莫尼與雷尼、古力克與尤偉克） 3. 官僚體系學派（韋伯）	1. 計量學派 2. 前人群學派（傅麗德） 3. 行為學派（梅歐、查斯特巴納德、馬斯洛、赫茲伯格、道格拉斯．瑪格瑞戈、阿爾德佛、賽蒙）	1. 系統學派 2. 權變學派

(1) 強調個體在同一時間點上，同時存在X和Y兩種人性特徵，不會互相排斥，比例也一樣多。

(2) 管理者應該同時強調懲罰與激勵。

另外威廉大內，也提出Z理論（Z型組織），針對組織管理而非人性。

2. 另外有學者提出內控人格與外控人格：

(1) 內控人格：認為命運掌握在自己手中，常表現積極自信。

(2) 外控人格：認為命運由環境決定，常表現順應環境的行為。

四、赫茲伯格（Herzberg）的雙因子理論

赫茲伯格（Herzberg）的「雙因子理論」（Two-Factor Theory），也稱作「激勵保健理論」（Motivation-Hygiene Theory）。他認為導致工作滿足與工作不滿足的因素，是彼此不同的。【經濟部、台糖、台菸酒、台電、中油、台鐵、郵政】

	保健因素	激勵因素
定義	能排除工作上的不滿足，卻無法產生激勵的外在因子。	會提升工作滿足感的內在因子。Herzberg 認為，激勵員工需要從激勵因子著手。
關聯	與工作外在環境或條件有關。 外在環境、物質的因素。 存在可以讓員工不會不滿足，不存在卻會讓員工感到不滿。	與工作本身內容有關。 工作本身的成就感、責任。 不存在也只是沒有滿足感並不會不滿。
內容	1. 薪資。 2. 人際關係。 3. 指導技術。 4. 工作環境。 5. 組織政策與管理。	1. 成就感。 2. 工作本身。 3. 責任感。 4. 受賞識感。 5. 升遷發展。
達成效果	不討厭工作	喜愛工作

小口訣，大記憶

激勵因素→成就感、工作本身、責任感、受賞識感、升遷
▲成功則瘦身
保健因素→薪資、人際關係、指導技巧、工作環境、組織政策與管理
▲新人是公主

五、麥格里蘭（McClelland）的三需求理論

David McClelland等人提出「三需求理論」（Three Needs Theory），認為人們工作的主要動機源自成就、權力及歸屬三項後天需求。此理論的缺點則為忽略低層次的生理需求。而三需求理論認為「最佳管理者」是屬於「高權力、低歸屬」需求。【經濟部、台糖、中油、台鐵】

小口訣，大記憶

▲成（成）、權（全）、隸（你）

需求	內容	簡易說明
成就需求（Needs for Achievement, nAch）	達到、超越一個水準以上成功的驅動力。	「超越別人，追求成功」的動力。
權力需求（Needs for Power, nPow）	能夠影響他人行為的需求。	「影響或控制他人及環境」的能力。
歸屬需求（Needs for Affiliation, nAff）	對友情與親密人際關係的需求。	「和他人發展友誼、親密的人際關係」。

小比較，大考點

三需求	需求層次	ERG 理論
成就	自我實現	G－成長
需求	尊重	（G－成長）
隸屬	社會	R－關係
	安全	（E－生存）
	生理	E－生存

即刻戰場

選擇題

一、激勵理論概述

(　　)　關於激勵過程的敘述，下列何者正確？ (A)未滿足的需要→緊張→驅使力→搜尋行為→滿足的需要→緊張的降低 (B)未滿足的需要→緊張→搜尋行為→驅使力→滿足的需要→緊張的降低 (C)緊張→未滿足的需要→驅使力→搜尋行為→滿足的需要→緊張的降低 (D)未滿足的需要→緊張→驅使力→搜尋行為→緊張的降低→滿足的需要。

【106台鐵】

解 (A)

二、馬斯洛的需求層次理論

( ) **1** 在馬斯洛的需求層次理論中，將需求分成五種基本型態。組織中的工作頭銜主要是屬於下列何者？ (A)安全需求 (B)社會需求 (C)自尊需求 (D)自我實現需求。 【110郵政】

( ) **2** 「希望確保自己的工作穩定」為馬斯洛(Maslow)需求層次理論中，下列何種層次之需求？ (A)自我實現需求 (B)歸屬需求 (C)生理需求 (D)安全需求。 【109經濟部】

( ) **3** 根據馬斯洛（Maslow）的需求層次理論，以下那一項的需求層次最高？ (A)升遷 (B)歸屬感 (C)福利 (D)退休金。 【108台鐵】

( ) **4** 下列有關馬斯洛需求理論的敘述，何者有誤？ (A)認為員工工作的目的在於追求內在需求的滿足 (B)將人的需求層次由高至低分成五個需求 (C)自尊需求是最高層次的需求 (D)需求的改善是造成需求有層次之分的主因。 【107台菸酒】

( ) **5** 下列哪一個理論最能說明：「工作人員的工作動機是受到多元需求所激勵，但其中激勵力道最強的是最低層尚未滿足的需求」？ (A)4驅力論 (B)需求階層論 (C)學習需求論 (D)期望理論。【106經濟部】

解

1 (C)。頭銜→自尊需求。

2 (D)。希望確保自己的工作穩定→安全需求：確保自身處於有秩序，穩定，不受侵害的環境。

3 (A)。(A)升遷→自尊需求。
(B)歸屬感→社會需求。
(C)福利→生理需求（工作基本給予）。
(D)退休金→安全需求（職業的保障）。

4 (C)。低→高：生理需求→安全需求→社會需求→尊重需求→自我實現需求。

5 (B)。(A)四驅力理論：人類具有四種基本的情感需求或驅動力，獲取，結合，理解和防禦。而這些驅動力正是我們一切行為的基礎。
(C)麥格里蘭的後天學習需求論，成就、權力、歸屬需求。
(D)主張人們的工作動機來自於藉由努力所達成的績效所換取酬賞的期望值。

三、奧德佛的ERG理論

( ) 奧德佛（C.Alderfer）提出ERG理論，認為主管必須滿足員工的某些需求，才能激勵員工的士氣。請問ERG理論將人們的需求分為哪三類？ (A)生存、關係、成長 (B)公平、成就、自尊 (C)成就、權力、歸屬 (D)生存、安全、關係。 【108漢翔】

解 **(A)**。Existence-Relatedness-Growth Theory（ERG）：
E（existence）：生存。
R（relatedness）：關係。
G（growth）：成長。

四、麥克里高的X理論與Y理論

( ) **1** 以下何者認為員工基本上都厭惡工作，所以必須嚴格控制？ (A)M理論 (B)X理論 (C)Y理論 (D)Z理論。 【108漢翔】

( ) **2** 有關「X，Y人性論」，以下敘述何者錯誤？ (A)麥克里高（Douglas McGregor）提出 (B)X理論的假設偏向於傳統嚴密監督制裁的管理 (C)Y理論的假設偏向於民主式的管理 (D)X理論偏向馬斯洛所提出的社會與自尊的需要。 【106桃機】

( ) **3** 管理學中認為員工享受工作、尋求與接受責任是下列何種理論？ (A)X理論 (B)Y理論 (C)目標設定理論 (D)公平理論。【107郵政】

( ) **4** 李先生最喜歡的工作是，可以準時上下班，定時領到薪水，並且不希望有太多額外的加班，只求能穩定做到退休就好。李先生可以說是那一類型的員工？ (A)C理論 (B)X理論 (C)Y理論 (D)Z理論。 【108台鐵】

( ) **5** 某甲知道經驗豐富的員工不需要他一直「關照」，他相信員工知道要做什麼，怎麼做以及按時完成任務。從這觀點來看，故某甲信奉下列何種激勵理論？ (A)X理論（Theory X） (B)Y理論（Theory Y） (C)Z理論（Theory Z） (D)二因子理論（Two-factor Theory）。 【109經濟部】

解 **1 (B)**。X理論認為人們有消極的工作源動力，而Y理論則認為人們有積極的工作源動力。

2 (D)。(D)偏向馬斯洛所提出的社會與自尊的需要的是Y理論。

3 (B)。(A)認為人們有消極的工作源動力。

(B)認為人們有積極的工作源動力。

(C)認為目標本身就具有激勵作用，目標能把人的需要轉變為動機，使人們的行為朝著一定的方向努力，並將自己的行為結果與既定的目標相對照，及時進行調整和修正，從而能實現目標。

(D)亞當斯的公平理論又稱社會比較理論，由美國心理學家約翰・斯塔希・亞當斯（John Stacey Adams）於1965年提出：員工的激勵程度來源於對自己和參照對象（Referents）的報酬和投入的比例的主觀比較感覺。

4 (B)。C型人格是現代醫學心理研究發現的，因這種性格的人容易罹患癌症（Cancer），所以以C作為名稱。這一類人不善於表達出內心焦慮、退縮、閉俗、不善於溝通，會為了取悅他人而掩飾自己情感。

X型人格的人厭惡工作，認為工作只求溫飽就好，消極、被動、怠惰。

Y型人格的人剛好跟X型人格者相反，愛好工作，認為工作能帶來滿足感且認真負責。

Sisk & Megley的Z理論：強調個體在同一時間點上，同時存在X和Y兩種人性特徵，不會互相排斥，比例也一樣多。

5 (B)。X理論：管理者針對這類員工必須實施嚴密控制或者強迫管理。

Y理論：管理者針對這類員工應該給予彈性控制並讓工作環境豐富且多變。

Z理論：為人性理論的系統觀點，強調個體在同一時點上，同時存在X、Y兩種人性特徵，並不會相互排斥，比例也一樣多。管理者應該同時強調懲罰與激勵。

五、赫茲伯格的雙因子理論

( ) **1** 激勵理論的雙因子理論（two factors theory）認為企業員工工作滿意與不滿意是受到二個因子的影響，該二因子為何？ (A)保健因子與激勵因子 (B)成功因子與失敗因子 (C)成長因子與自我實現因子 (D)成長因子與升遷因子。 【107郵政】

( ) **2** 何者不屬於赫茲伯格（Frederick Herzberg）的保健因子？ (A)薪資 (B)人際關係 (C)工作環境 (D)工作成就感。 【108台鐵】

( ) **3** 下列何者不屬於雙因素理論（Two Factor Theory）中的「保健因素（Hygiene Factor）」？ (A)公司政策 (B)責任感 (C)薪資報酬 (D)工作條件。 【109台菸酒】

( ) **4** 在雙因子理論中，下列何者使員工展現高積極度以及完成自己的工作？ (A)責任與認同感 (B)高薪資 (C)人際關係 (D)公司政策。 【106台鐵】

( ) **5** 赫茲伯格（Herzberg）主張的激勵因子類似馬斯洛（Maslow）需求層次理論中的那個需求？ (A)自我實現需求 (B)生理需求 (C)社會需求 (D)安全需求。 【107經濟部、107台鐵】

( ) **6** 根據Herzberg二因子（Two Factors）的理論，能防止員工工作不滿意之因子為： (A)激勵因子 (B)績效因子 (C)組織因子 (D)保健因子。 【107台鐵】

解 **1 (A)**。

	內容	達成效果
保健因素 Hygiene factors	關於工作條件本身的外部因素 Ex：管理制度、薪資水準、工作環境、福利制度	「不討厭」工作
激勵因素 Motivation factors	受工作內容本身驅動的內部因素 Ex：工作上的成就感、使命感、公司品牌的歸屬感、公司文化的認同感	「喜愛」工作

2 (D)。激勵因素→成就感、工作本身、責任感、受賞識感、升遷。
保健因素→薪資、人際關係、指導技巧、工作環境、組織政策與管理。

3 (B)

4 (A)。(B)、(C)、(D)→保健因子。

5 (A)。(A)自我實現需求→相當於Herzberg兩因子理論的「激勵因子」。
(B)生理需求→相當於Herzberg兩因子理論的「保健因子」。
(C)社會需求→相當於Herzberg兩因子理論的「保健因子」。
(D)安全需求→相當於Herzberg兩因子理論的「保健因子」。

6 (D)。激勵因子：提供→滿意。
不提供→沒有滿足（意思是沒給也會滿足）。
保健因子：提供→沒有不滿足。
不提供→不滿足。
所以保健因子不給一定不滿足。

六、麥格里蘭的三需求理論

(　　) 1 麥格里蘭（McClelland）認為人們工作的主要動機來自後天的需求，只要能滿足下列何種需求就能激勵員工？ (A)成就 (B)權力 (C)親密 (D)金錢。（多選） 【107台鐵】

(　　) 2 Atkinson & McClelland所提出的三需求理論認為，所有人的需求結構皆由三種需求混合而成，請問下列何者為非？ (A)攻嘉馬拉雅山頂峰 (B)有保障的工作 (C)加入社團 (D)當上總經理。 【110經濟部】

解 1 **(ABC)**。

2 **(B)**。成就（攻嘉馬拉雅山頂）。
權力（當上總經理）歸屬（加入社團）。
安全（有保障的工作）生理需求。

申論題

一、馬斯洛（A. H. Maslow）提出需求層次理論（Hierarchy of Needs Theory），將需求分為哪5個層次，請逐一列舉並說明之。 【108台電】

二、請說明Herzberg的雙因子理論（two-factor theory）亦稱為激勵保健理論（motivation-hygiene theory）的主張為何？此觀點和傳統觀點有何差異？ 【109經濟部】

三、管理者經常應用一些激勵理論來激勵員工有正面優異的表現，如赫茲伯格（F. Herzberg）的兩因子理論（two-factor theory），其「兩因子」即指「保健因子」與「激勵因子」。請說明：
(一) 何謂「保健因子」與「激勵因子」？並請各舉二例。
(二) 根據兩因子理論，管理者應該採取什麼激勵方法？ 【109台菸酒】

焦點二 程序觀點的激勵理論

解釋員工如何選擇工作的行為以及其選擇過程，所以程序觀點的激勵理論又稱為過程理論，重點在如何選擇的（HOW）。包括：公平理論、目標設定理論、期望理論、行為修正理論。

一、亞當斯的公平理論

(一) 亞當斯（J. Adams）的公平理論（Equity Theory）認為員工會比較他們的產出與投入之間的關係，然後進一步比較自己和他人的投入產出比。如果員工察覺自己的比率和他人相同時，則公平是存在的。如果比率不相等，則表示有不公平，員工會認為自己報酬不足或過多。當不公平的情況發生時，員工會試圖做一些修正，結果可能是：生產力降低或提高、品質下降或改善、缺勤率增加或自動請辭等。【經濟部、台北自來水、台電、台鐵、郵政、漢翔】

認知比率之相較 *	員工的評估
$\frac{\text{產出 A}}{\text{投入 A}} < \frac{\text{產出 B}}{\text{投入 B}}$	不公平（報酬過低）
$\frac{\text{產出 A}}{\text{投入 A}} = \frac{\text{產出 B}}{\text{投入 B}}$	公平
$\frac{\text{產出 A}}{\text{投入 A}} > \frac{\text{產出 B}}{\text{投入 B}}$	不公平（報酬過高）

*A是公司的員工，而B則是他的同儕或其他的參考者。

(二) 人們如果感覺所得報酬的數量與其努力間有差距，將會設法減少其努力。此種差距可能只是主觀的感覺，也可能是客觀的事實。在面對不公平的狀況，其原因為本人的結果與投入比率較參考人為低時，作法可能有下列五種：

1. 他會要求增加結果，例如：加薪。
2. 他會設法減少投入，例如：減少工作時間或工作較不賣力。
3. 改換其他情況較差的參考人，以對本身做較有利的比較，產生「比上不足、比下有餘」的感覺。
4. 設法改變參考人的投入與結果，例如：要求主管增加參考人的工作量或減少參考人的薪資。
5. 離開現職，另謀高就。

(三) 員工所選擇用來比較的參考標的：他人、系統（考慮的是組織的薪酬政策與程序，以及整個系統的執行面）與自我。過去，公平理論著重於「分配公平」（Distributive Justice），即每個人所得到的獎勵是公平的。近年則開始重視「程序公平」（Procedural Justice），指決定獎勵分配的過程是公平的。分配公平對員工滿意度的影響較高；程序公平較易影響員工對公司的投入、對老闆的信任與辭職意圖的影響力較高。

二、洛克的目標設定理論【經濟部、台水、台鐵、郵政】

(一) 洛克的目標設定理論（Goal Setting Theory）認為明確的目標能提升績效，而一個困難的目標，若能在事先被接受，則其績效會比簡單目標的績效來得高。工作激勵的主要來源是「為達成目標而努力」的企圖心，明確與有適度挑戰性的目標，有著很大的激勵作用。在員工朝目標努力的過程中，若能得到有關進度的回饋時，他們會有較好的表現。員工可以自行監督進度，比外部監督所回饋更有激勵的力量。

(二) **權變因素**

洛克認為有三個重要的因素使得目標設定有顯著的不同，分別是國家文化、目標承諾、自我效能。

項目	內容	
權變因素	國家文化	1. 目標設定理論與國家文化息息相關；主要觀念與北美地區的文化十分相近。如韓國的三星企業就是喊要成為「世界第一」，打倒日本企業，後來果然為真，這是因為韓國人渴望功成名就、拋棄過去被殖民歷史的教訓，想要出人頭地的文化。 2. 目標設定理論主要適用於歐洲與西方國家，由於其「國家文化」大多偏向：權力距離小、低度的不確定趨避，以及高度的自我主張。
	目標承諾	目標設定理論是以「目標承諾」（Goal Commitment）為前提，員工最有可能產生目標承諾的情況是：1. 當目標是眾人皆知；2. 當員工具有情境內控的特質，認為自己能掌握自己的命運；3. 當目標是自我設定而非被指派時。
	自我效能	「自我效能」（Self-Efficacy）是指個人對自己有能力完成任務的把握。自我效能越高，對自己完成任務的把握越大。適當的自我效能，會努力回應與克服困難環境中的挑戰。

(三) 目標設定的程序

目標設定→員工承諾完成目標與接受目標→激勵→目標達成。

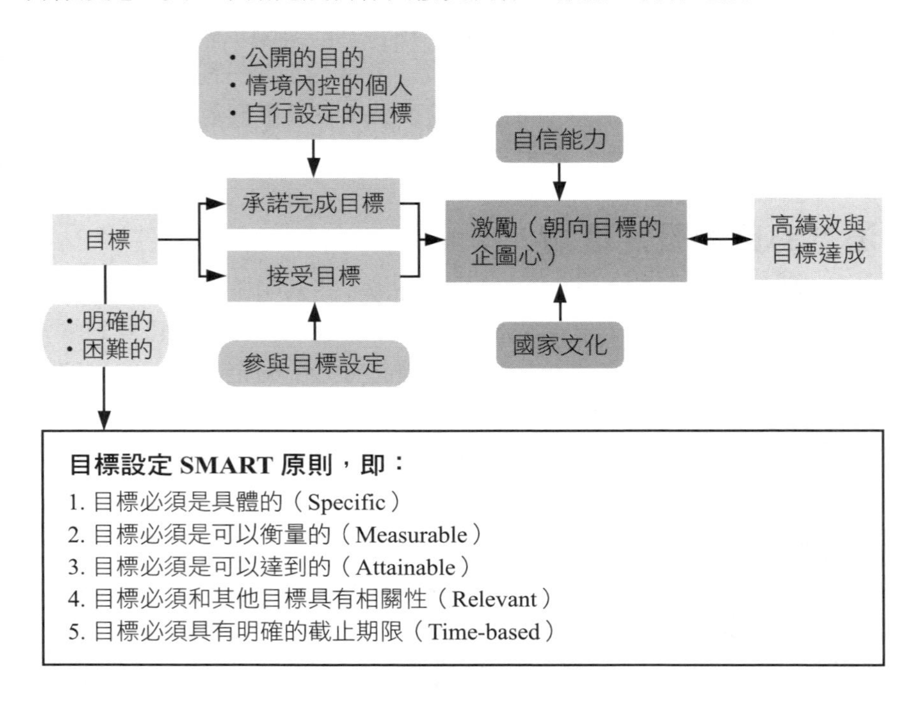

三、佛倫的期望理論(VIE)【經濟部、台糖、台鐵、郵政、農會、桃機、漢翔】

(一) 期望理論（Expectancy Theory），又稱效價－手段－期望理論（Valence-instrumentality-expectancy theory），是美國著名心理學家和行為科學家維克托・佛倫於1964年在《工作與激勵》中提出來的激勵理論。

(二) 期望理論認為，個人會根據其對行為結果的期望，以及此結果的吸引力，來決定行為，期望理論強調獎勵重要性，獎賞應符合員工個人需求，幫助員工努力達成績效，加強員工達成績效可獲得組織獎賞。當員工預期只要努力工作就有機會得到某項對他具有價值的報酬時，才會努力工作。

1. 動機= (E→P)×(P→O)×V
2. (E→P)表示對努力—績效關聯性的期望、(P→O)表示對績效—報酬關聯性的期望、V表示結果的價值，也就是組織報酬滿足個人需求的吸引力。以上三者即為期望理論中之三個期望。

(三) 這是迄今最完整與最被廣泛接受的員工激勵理論。調動人們工作積極性的三個期望

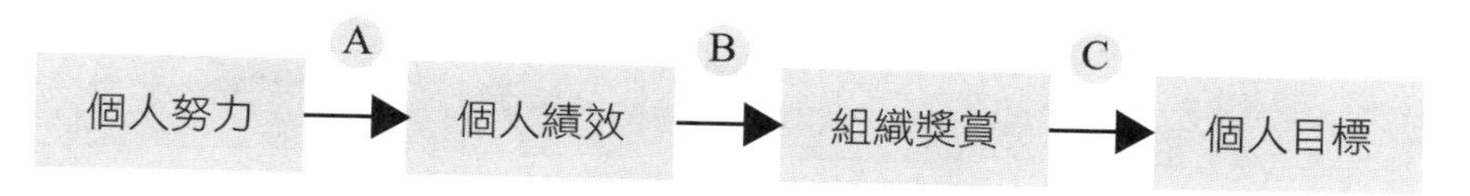

期望	內容
A：個人努力－個人績效的連結	個人所認知，投入一定努力後，會達到某種績效的可能性。
B：個人績效－組織獎賞的連結	個人對於「有水準以上表現，就可得到預期成果」的相信程度。
C：獎賞的吸引力	個人對於投入後可能得到的績效，或對獎賞的重視程度。

四、史金納的行為修正理論（增強理論）【台水、中油、台鐵、郵政、漢翔】

(一) 行為修正理論（Behavior Modification Theory），又稱作增強理論（Reinforcement Theory），由研究操作性制約的哈佛大學教授史金納（Skinner）提出，認為個人的行為方式是受到環境的影響，其行為是結果的函數。當某種行為發生時，立刻以獎賞或懲罰等方式作為增強物（Reinforcers）刺激，即可提高或減少該行為的重複發生機率。

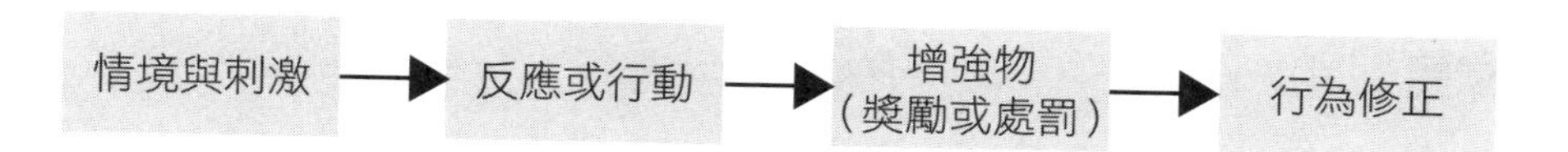

(二) **行為修正的四種方法**

強調行為是結果（增強物）的函數，個人會採取某種行為，是因為他預期會產生某種結果。

方式	方法	結果	小例子
正增強	當做了某事，即給予獎勵。	1. 目的在於希望行為頻率增加。 2. 即給你想要的。	若上班全勤，就給「全勤獎金」給獎勵。

方式	方法	結果	小例子
負增強 規避 趨避	當做了某事，可免除不想要的結果。	1. 目的在於希望行為頻率增加。 2. 即不給你不想要的。	若不再遲到，就不會「被解雇」取消懲罰。
懲罰	當做了某事，就給你不想要的結果。	1. 目的為減少該行為。 2. 即給你不想要的。	若遲到，就「扣薪」給懲罰。
削弱	當做了某事，即免除想要的結果。	1. 目的在於希望終止行為繼續發生。 2. 即不給你想要的。	若遲到，就沒有「全勤獎金」取消獎勵。

(三) **結論**

1. **鼓勵行為持續：**（如，鼓勵成績好的行為）
   (1) 正增強：給予想要的（如，成績好就給糖）（正，正）
   (2) 負增強：拿掉不要的（如，成績好就不打手心）（負，負）
2. **阻止行為出現：**（如，阻止成績不好的行為）
   (1) 懲罰：給予不要的（如，成績不好就打手心）（正，負）
   (2) 削弱：拿掉想要的（如，成績不好就不給糖）（負，正）

即刻戰場

選擇題

一、亞當斯的公平理論

(　　) **1** 根據公平理論，員工希望組織在資源分配上是公平的，所以會比較自己與他人的：　(A)投入與結果之比　(B)產出與結果之比　(C)薪資與獎金之比　(D)報酬與所得之比。【108漢翔】

(　　) **2** 員工努力投入工作，卻發現其他一樣努力的人薪資比自己高，員工察覺後即減少工作投入，前述情形最可以何種理論解釋？　(A)目標設定理論　(B)期望理論　(C)公平理論　(D)成熟理論。【108經濟部】

(　　) **3** 小明及小文為大學同學，畢業後同時進入好好有限公司工作。小明表現優良並常常得到上司的讚賞，年終考核時，得到優等評價，工資由月薪3萬增至3.2萬。小文在同一部門，但業績不好，在考核後向小明訴苦，並嘆氣指出自己不管如何努力，工資都只得3.4萬。一個月後，小明就離開了公司，下列何種理論最適合解釋小明的行為？ (A)雙因子理論 (B)期望理論 (C)歸因理論 (D)公平理論。 【109經濟部】

( ) 4 藍海公司的員工抱怨主管傾向於在其部門內偏愛特定的員工，故公司政策並沒有被公平的執行，而且那些受偏愛的員工也不會因為違反安全規定而受到懲罰。這些員工在抱怨下列何者？ (A)X理論管理 (B)保健因素 (C)內在因素 (D)公平理論。（多選） 【105經濟部】

解 1 **(A)**。員工會比較他們的產出與投入之間的關係，然後進一步比較自己和他人的投入產出比。

2 **(C)**。(A)目標設定理論認為人類的行為是有目的、有方向的，而行為者的目標或意圖，則會控制著行為者的行為動作。當成員有一項渴望達成之目標，此目標就具有激勵成員的力量。

(B)期望理論認為動機取決於行動結果的價值評價和其對應的期望值的乘積：$M=V \times E$

(C)員工會比較他們的產出與投入之間的關係，然後進一步比較自己和他人的投入產出比。如果感到不公平時，則會設法解決這種不公平現象。

(D)小孩的發展是有階段性的，在某個階段的發展成熟後，便會向下一個階段繼續發展，稱為生理上的準備就緒，或稱為神經上的成熟。

3 **(D)**。小明與他人比較→感覺不公平→離職，符合公平理論。
且公平理論的內容有提到：與他人比較感到不公平時，會使員工做出以下行為：(1)改變自己投入產出或誘導他人改變投入產出。(2)扭曲感受。(3)重新尋找參考對象。(4)乾脆離職。

4 **(BD)**。保健因素又稱維持因素，與工作本身並無直接關係，而多與工作環境有關，例如：薪資、工作環境、領導方式、人際關係、公司政策等。員工並不會因為這些因素而受到激勵，但當這些因素不足時，則會引起員工之不滿。

二、洛克的目標設定理論

( ) 1 個人對自己有能力完成任務的信念為下列何者？ (A)自我效能 (B)自我成長 (C)自利偏差 (D)角色衝突。 【107郵政】

( ) 2 有關薪資與激勵關係之敘述，下列何者正確？ (A)期望理論係根據員工的績效來支付報酬 (B)目標設定理論認為薪資應該跟目標的達成產生連結 (C)讓持有者在特定情況之下，以每股10元的股價購買公司股票，稱之為員工股票選擇權 (D)1990年代之後，日本公司更偏好年功制。 【108經濟部】

解 1 (A)。自我效能：個人對自己具有充分能力可以完成某事的信念。自我效能與個人擁有的技能無關，而與所擁有的能力程度的自我判斷有關。作為一種對自己所擁有能力的信念，自我效能決定個人在特定情境中的行為、思維方式、以及情緒反應。

2 (D)。(D)日本企業人事制度的年功制，又稱年功序列制，是一種薪資與階級主要靠年紀與就職時間長短評定，個人表現與對組織貢獻，對考評、薪資、與升遷影響非常低的一種人事制度。90年代後，因科技知識都在年青人身上，此制度漸漸沒落。

三、佛倫的期望理論

( ) 1 下列哪一個激勵理論是主張個人會根據對行為結果的期望，以及此結果的吸引力，來決定其對某種行為的傾向。而且此理論關鍵在於了解個人目標，以及努力與績效、績效與獎賞、獎賞與個人目標滿足之間的關聯性？ (A)公平理論 (B)期望理論 (C)雙因子理論 (D)需求理論。 【106台糖】

( ) 2 根據期望理論（Expectancy Theory），主要提出三項變數：績效(P)、努力(E)、報酬(O)。這三項變數的前後順序關係為： (A)P→E→O (B)E→P→O (C)P→O→E (D)O→E→P。 【104台鐵、106桃機】

( ) 3 根據Vroom的期望理論，管理者讓員工相信「有好的工作表現就能獲得獎酬」，是在提高下列何者？ (A)努力與績效的連結 (B)績效與獎賞的連結 (C)獎賞的吸引力 (D)個人目標的層級。 【108漢翔】

解 1 (B)。公平理論：管理者在制定酬賞計畫時要注意公平。
期望理論：強調獎勵重要性，獎賞應符合員工個人需求，幫助員工努力達成績效，加強員工達成績效可獲得組織獎賞。

2 (B)。努力—績效—報酬—個人目標之連結。

3 (B)。(1)努力－績效之連結：個人所認知，投入一定努力後，會達到某種績效的可能性。
(2)績效—獎賞之連結：個人對於「有水準以上表現，就可得到預期成果」的相信程度。
(3)獎賞的吸引力：個人對於投入後可能得到的績效，或對獎賞的重視程度。

四、史金納的行為修正理論

( ) 1 只要員工業績提前達標，就會得到主管額外發給的獎金，請問這是行為塑造的哪一種方法？ (A)懲罰 (B)消除 (C)正向增強 (D)負向增強。 【108漢翔】

( ) 2 「給予員工不喜歡的刺激，來降低員工不當行為的發生。」此為增強理論（Reinforcement Theory）中的哪一項？ (A)正面增強 (B)負面增強 (C)懲罰 (D)撤銷。 【108台鐵】

( ) 3 下列哪個理論認為企業組織的經理人可以運用獎賞（Rewards）與懲罰（Punishments）來激勵員工展現有利於完成工作任務的行為？ (A)期望理論（Expectancy Theory） (B)公平理論（Equity Theory） (C)增強理論（Reinforcement Theory） (D)目標設定理論（Goal-Setting Theory）。 【108郵政】

( ) 4 「長期而言，可能會因個體的疲乏而失去效果」，是屬於下列哪一種激勵的缺點？ (A)部分增強 (B)連續性增強 (C)變動性增強 (D)增強的時程。 【108漢翔】

解 **1 (C)**。正增強：當做了某事，即給予獎勵。

2 (C)。懲罰：當做了某事，就給你不想要的結果（給你不想要的）。

3 (C)。強調行為是結果（增強物）的函數，個人會採取某種行為，是因為他預期會產生某種結果。

(1)正增強：當做了某事，即給予獎勵（給你想要的）目的在於希望行為頻率增加。

(2)負增強：當做了某事，可免除不想要的結果（不給你不想要的）目的在於希望行為頻率增加。

(3)懲罰：當做了某事，就給你不想要的結果（給你不想要的）目的在於希望終止行為繼續發生。

(4)削弱：當做了某事，即免除想要的結果（不給你想要的）。

4 (B)。連續性增強（continous reinforcement）：每做一個行為就有獎勵。
間歇性增強（intermittent）：指每一個反應都不一定有後果。
例如，在教育應用中，當目標學生學到想要他們要做的行為後，老師可以偶爾稱讚他。與賭徒上癮的邏輯相同，因為透過不能確定何時有回報，時不時的回報會鼓勵賭徒，就會令該行為更難去消失（resistant to extinction）。目標習慣了有時會沒有獎勵（賭徒則沒有中獎）但不是永遠沒有機會（會贏錢的）。換言之，持續性增強的效果雖然快，但是快來也快去，所習得的行為也很快。

填充題

員工衡量自己的投入與報酬應維持平衡，且會與他人比較來決定自己的努力程度，此激勵理論稱之為 ______ 。【109台電】

解 **公平理論**

申論題

一、B公司的基層人員，最近士氣低落，因此執行業務時非常不積極。請從期望理論、馬斯洛需求層級理論及X理論／Y理論，分別討論可能的原因。【107台鐵】

二、有關Victor Vroom所提之期望理論（expectancy theory），請分別說明其變數或關係式，並以實務作法舉例。【107台電】

答：

(一) Vroom認為個人會根據行為所產生某種結果的期望，及結果吸引力大小產生某種行為傾向。個體之所以努力工作是因為他們認為可以獲得一定成果，並獲得符合期望的報酬。

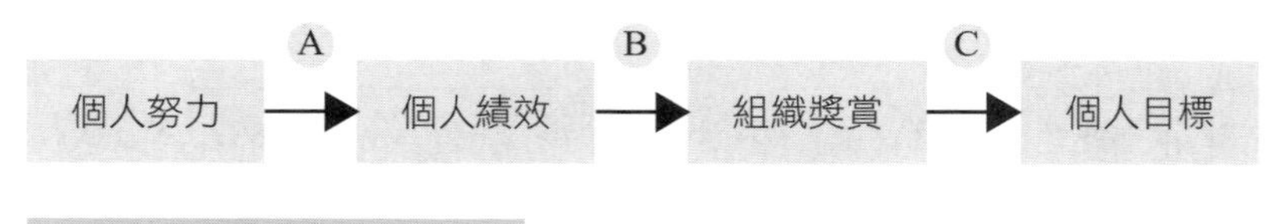

A ＝努力與績效的連結

B ＝績效與獎賞的連結

C ＝吸引程度

當員工認為努力可以獲得高績效，而高績效會帶來高報酬，且報酬符合個人的期望，則員工就會表現出有助於目標達成的行為。A、B、C三個連結其中一個連結斷掉，都會影響激勵的效果。

(二) 理論重點

管理者提供的獎賞應該要具吸引力，此外管理者要盡量協助員工提高努力與績效的連結，最後，決定員工努力程度多寡是取決於他們對於績效獎賞結果的認知，而非績效獎賞本身。

(三) 例子

學生努力唸書是因為預期努力唸書可以順利作答並獲得高分以致達成個人目標一獲得榮譽感，然而若是獲得高分與榮譽感之間連結斷掉會影響學生努力唸書的程度；若順利作答卻不能獲得高分，也會降低學生努力唸書程度；甚至努力唸書沒辦法順利作答，學生索性就不努力唸書。

三、激勵在組織中扮演重要的角色，管理者如何激勵員工是企業成敗的關鍵因素，請回答下列問題：

(一) 何謂「激勵」？激勵的三個關鍵要素為何？

(二) 請概述早期的激勵理論：Maslow需求層次理論、Herzberg雙因子理論與McClelland三需求理論的內容。

(三) 請概述當代激勵理論：自我效能（Self-efficacy Theory）、增強理論（Reinforcement Theory）、公平理論（Equity Theory）以及期望理論（Expectancy Theory）的內容。 【110經濟部】

四、請簡述亞當斯（John Stacey Adams）所提出公平理論的內涵。當員工感受到不公平時，可能會出現什麼樣的行為，對管理者有什麼意涵？【107台糖】

答：

(一) 公平理論：又稱社會比較理論，Adams認為個人會將自己的投入與產出和參考對象做比較，評估是否公平，主張人們是依據相對報酬來決定他們的努力程度。

(二) 當員工感受到不公平時，可能會產生以下行為：

1. 改變自己的投入產出或是誘導他人改變投入產出。
2. 扭曲自己的感受。
3. 重新尋找參考對象。
4. 離職。

以上行為會讓管理者了解制定獎酬規範要公平。

五、當員工要跳槽到薪水更高的工作時，主管告訴員工：「雖然我們的薪水不高，但是工作內容比較具挑戰性且有成就感。」請以公平理論（Equity Theory）評述這段話。 【110台鐵】

答：

公平理論又稱為社會比較理論，個人會將自己的投入和產出跟參考對象做比較，評估看看是否公平。當自己的比例和參考對象一樣時才符合公平，若是不符合時，個人就會感到不公平，此時會出現以下幾種改變：

(一) 扭曲自己或他人投入產出。

(二) 誘導他人改變其投入與產出以達到公平。

(三) 做出改變自己投入與產出的行為。

(四) 選擇與不同的對象做比較。

(五) 直接離職。

當員工要跳槽到薪水更高的工作時，主管告訴員工：「雖然我們的薪水不高，但是工作內容比較具挑戰性且有成就感。」

依照題意，這句話可以針對「讓員工自己做出改變投入與產出的行為」，意思就是薪水雖然不一樣，但是原本的工作具有挑戰性，且有成就感，這個時候比較適合Y屬性且重視激勵因子的員工，如果該員工重視心靈層面。

依照公平理論來看，主要原因是員工經過比較之後感覺到不公平而想跳槽到薪水更高的工作時，但是同樣的工作本質上不一樣，另一個工作也許薪水多，但是工作上並沒有挑戰性而且也不會讓員工感到有成就感，此種情境下適合用在重視挑戰性且想要有成就感的員工。意思就是雖然看似薪水上不高，但是這份工作相較另一份薪水高的工作卻能夠讓你擁有成就感，這是另一份高薪水工作所沒有的，這樣的方式可以刺激員工留下來。

焦點三 整合觀點的激勵理論與應用

整合觀點的激勵理論，包含前述許多理論的彙整，以下二種比較重要，包括波特與勞勒的動機作用理論、羅賓斯的整合激勵模型。

一、波特與勞勒的動機作用理論【經濟部】

(一) 波特與勞勒(Porter & Lawler)提出，整體理論包含期望理論、雙因子需求理論、公平理論。

(二) 個人努力程度不會直接決定績效，還會受到個人能力、特質，對任務的知覺等影響。高績效才有高滿意度(打破高滿意度才有高績效的因果關係)，其關係圖如下所示。

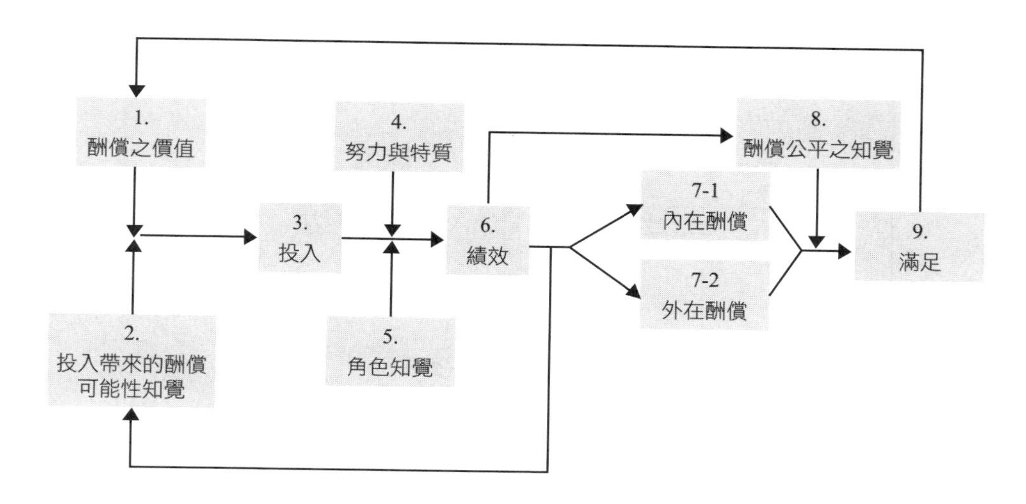

(三) **結論**

1. **動機作用理論(程序+內容)**：認知心理
2. **基本假設**：
   (1) 行為一定有原因。
   (2) 行為是目標導向的。
   (3) 行為是動機所驅使的。

二、羅賓斯的整合激勵模型(Integration Perspectives on Motivation)

(一) 美國著名的管理學教授史帝芬羅賓斯(Stephen P. Robbins)的整合激勵模型，以期望理論為基礎，更清楚解釋激勵模型的全貌，以及個別理論間相互影響的關係。

(二) 羅賓斯的整合模型中同時考慮了需求理論、公平理論、期望理論、目標設定理論、行為修正理論。

(三) 此模型也整合了工作特性模型(Job Characteristics Model, JCM)，又稱工作設計(Job Design)，藉由五種核心工作構面(技術多樣性、任務完整性、任務重要性、自主性、回饋性)，替員工設計各種不同面貌的工作，滿足各種個人工作目標動機。

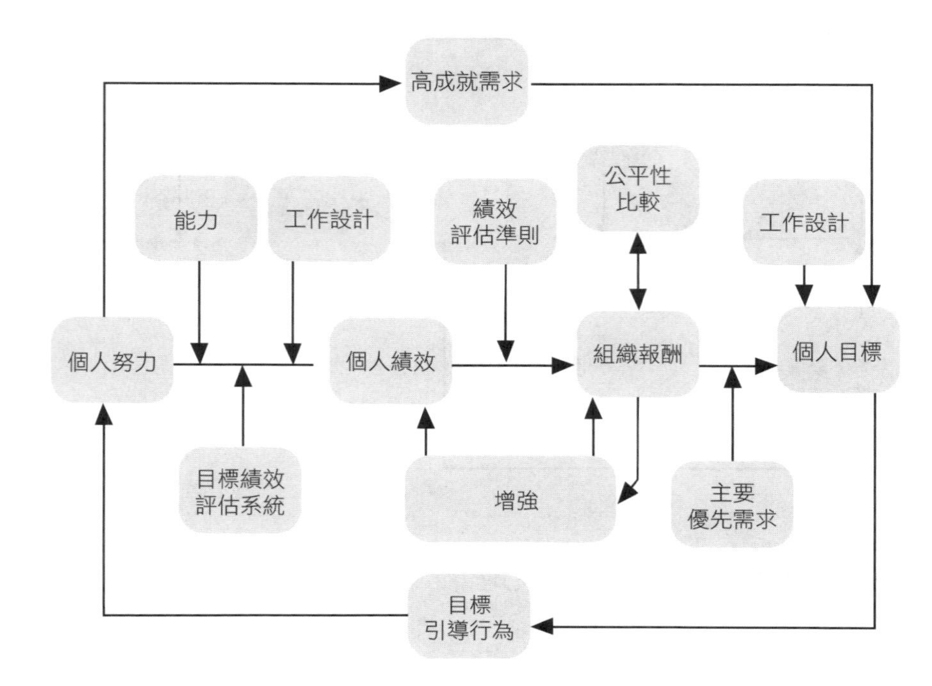

三、激勵理論的應用

管理者需要以彈性的觀點，運用激勵理論，將激勵設計在制度中，包括獎金、員工參與、薪資制度、福利制度、目標管理等。

(一) 具有激勵性的工作設計

1. 工作設計（Job Design）是指將任務（Task）集合成一個完整工作的方法。管理者應將環境改變、組織科技、員工能力及偏好都納入工作設計的考量。
   (1) 工作簡單化：將非必要性的動作去除或簡化。目的為使工作單純、容易完成，提升員工的工作效率。
   (2) 工作輪調：在不同部門或某一部門內部調動員工的工作，用來累積員工的工作經驗；轉任其他工作，不增加工作份量與難度。目的為避免長期擔任某項工作產生厭倦感，並培養多功能人才。【台糖、台電、台鐵】
   (3) 工作擴大化（Job Enlargement）：藉由擴展水平方向的工作，增加「工作範疇」（Job Scope），也就是增加工作不同任務的種類與發生次數。目的為提升員工工作興趣，降低枯燥。【經濟部、台糖、台鐵】
   (4) 工作豐富化（Job Enrichment）：藉由賦予規劃與評估的責任，來垂直擴展員工的工作範疇。可增加「工作深度」（Job Depth），也就是可增加員工對工作的控制程度。目的為給與員工更大的工作責任，提升員工自我管理。【經濟部、台水、台北自來水、台菸酒、台電、台鐵、郵政、農會、桃捷、中華電信、漢翔】

(5) 工作特性模型（Job Characteristics Model, JCM）：也稱作五因子工作特徵理論，為美國哈佛大學教授理察・哈克曼和伊利諾大學教授格雷格・奧爾德漢姆提出的理論。認為好的工作應該具有五種核心的特徵，是提供分析及設計激勵性工作的架構。這五種核心構面是：【經濟部、台北自來水、台糖、中油、台電、台鐵、漢翔】

A. 技術多樣性（Skill Variety）：員工在工作上「能夠執行幾項技能的程度」。

B. 任務完整性（Task Identity）：該工作完成結果「是否可以清楚找出自己完成部分的程度」。

C. 任務重要性（Skill Significance）：員工的「工作對於他人會產生很大影響的程度」。

D. 自主性（Autonomy）：讓員工「對工作結果負責（工作責任）」，激勵效果最大。

E. 回饋性（Feedback）：員工「可以很明確的知道工作成果如何」。

工作特性模型（JCM）指工作中的五種「核心工作構面」會激發員工感受到的「關鍵心理狀態」，進而影響「個人和工作成果」。

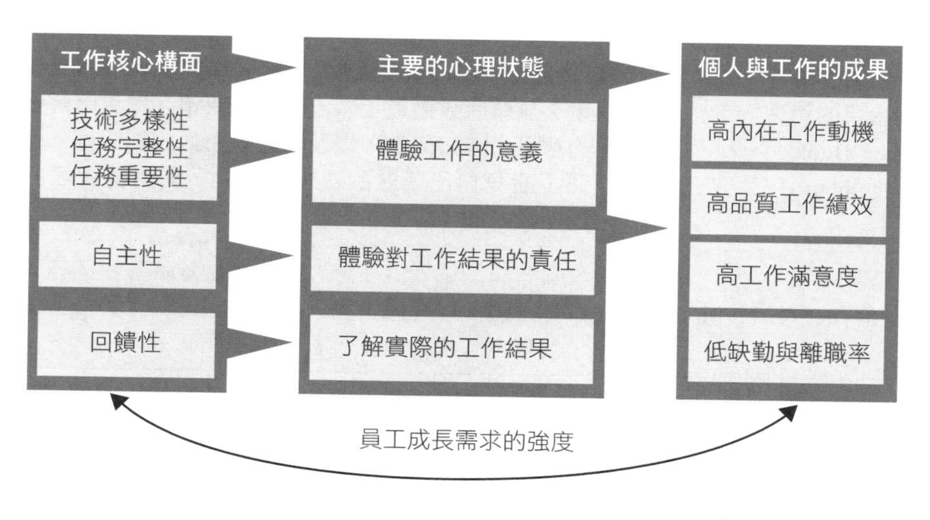

$$動機潛在分數MPS=\frac{(技術多樣性+任務完整性+任務重要性)}{3}\times回饋性\times自主性$$

解釋：

A. MPS分數高，激勵效果越高。

B. 回饋性、自主性不可為零。

C. 工作擴大化&工作豐富化，也可使MPS提高。

2. 根據JCM的建議，工作設計的指導方針包括：

(1) 合併任務：將現存不完整的任務加以連結，使其成為新的、較大的工作單元（工作擴大），以增加技術的多樣性與任務的完整性。

(2) 創造自然的工作單位：設計完整及有意義的任務，以增加員工對工作的「所有權」，並鼓勵員工將工作視為有意義且重要的。

(3) 建立顧客關係（內部或外部）：建立員工與顧客的直接關係，以增加技術的多樣性、自主性與回饋性。

(4) 垂直工作擴展：垂直擴展（工作豐富化）會讓員工擁有過去是管理者專屬的責任與控制權，進而增加員工的自主性。

(5) 開放回饋管道：讓員工知道工作表現如何，以及工作績效是否改善。

(二) 設計報酬機制

在鼓舞優秀員工的表現上，激勵制度扮演非常重要的角色。例如：公開帳目的管理、員工認同制度、按績效計酬機制、股票選擇權制度。

機制	內容
公開帳目的管理（Open-Book Management）	藉著公開公司的財務狀況（帳冊），讓員工有機會參與經營決策。並藉此鼓勵員工做出更好的決策，與更瞭解他們工作的意涵、該如何做，以及對公司績效的衝擊等。目的是讓員工看見自己所做的決策及行動，對財務報表的影響，而使他們能像企業主一樣的思考。
員工認同制度（Employee Recognition Programs）	指管理者對員工個人的注意，並對成功達成任務的員工，表達欣賞、讚美與認同。如「績優看板」、「計點獎金系統」，或來自同事的鼓勵，與其他非正式的方法。
按績效計酬機制（Pay-for-Performance Programs）	以某種衡量方法來計算員工的績效，而後據以支付薪資的方式。如：按件計酬制、工作獎勵制、利潤分紅與一次付清的紅利制度等。績效的衡量可能包括：個人生產力、團隊或工作群組的生產力、部門生產力，或組織整體的利潤表現。

機制	內容
股票選擇權（Stock Options）	以設定的價格，讓員工購買股票的一種獎酬方式。原始想法是讓員工成為公司的所有者之後，將促使他們努力為公司盡力。然而，當股價上漲時，員工願意捨高薪換股票選擇權；但股價下跌時，股票選擇權則失去吸引力，員工也失去努力的動力。

(三) 激勵多樣化員工的工作設計【郵政】

鼓勵員工多樣化與創造性，方法有以下幾種：

工作設計	內容
壓縮工作週	在一個工作週中，員工每天工時較長，每週工作天數減少。
彈性工時	上下班、午休時間是彈性的，但有一個核心時段，全體員工都必須在工作崗位上。
工作分攤	由二人或二人以上，分攤一份工作內容。
電子通勤	遠端線上工作，利用電腦與網路線上工作。

根據理論與實務研究，對於激勵員工的具體建議為：1.認同個人差異；2.適才適任；3.使用目標；4.要讓員工認為目標是可達成的；5.個人化獎酬；6.獎酬與績效的連結；7.檢視系統公平性；8.使用認同機制；9.關心您的員工；10.不要忽略金錢。

即刻戰場

選擇題

一、波特與勞勒的動機作用模型

(　　) 有關波特與勞勒（Porter & Lawler）所整合出之「動機作用理論」，不包含下列何項理論？ (A)期望理論 (B)兩因素理論 (C)公平理論 (D)增強理論。

解 **(D)**。波特與勞勒（Porter & Lawler）提出「動機作用理論」→包含期望理論、雙因子需求理論、公平理論。

二、激勵理論的應用-工作擴大化

( ) **1** 組織變革中有關「組織結構設計」之主要範疇，係指下列何者？(A)工作設計 (B)價值觀建立 (C)解凍、加速、結凍等3流程 (D)團隊建立。【108經濟部】

( ) **2** 原本專門負責銷售的員工被企業要求需學習產品包裝以及協助運送的工作，稱為： (A)工作輪調 (B)工作擴大化 (C)工作重新設計 (D)工作分析。【106台糖】

( ) **3** 將原有工作範圍加大，增加員工工作涵蓋活動數目為下列何者？(A)工作輪調 (B)工作擴大化 (C)工作豐富化 (D)垂直整合化。【109經濟部】

解 **1 (A)**。(B)(C)為行為變革（人員變革）。
(D)與變革無關。
Bruce Tuckman提出群體發展（團隊形成）階段：
(1)形成期：A.成員加入群體。B.目標、結構、領導人確立。
(2)動盪期：產生衝突與對抗。
(3)規範期：成員產生向心力與凝聚力，團體認同感與責任感提高。
(4)行動期：因群體功能分化，各自執行被分派的工作。
(5)休止期：要解散了。

2 (B)。(1)工作擴大：水平增加範圍工作的多樣性。
(2)工作豐富化：垂直給權力跟責任。
(3)工作輪調：從一個工作轉換到另一個工作，培養工作技能。

3 (B)。(A)工作輪調：在組織的不同部門或在某一部門內部調動雇員的工作。
(B)工作擴大化：擴大工作人員專業工作領域，增加工作人員「水平」的活動種類，有利於實施工作輪調。
(C)工作豐富化：以更廣泛工作內容，知識與技術給予員工更多自主權與責任，增加工作人員「垂直性」工作特質，提供員工成長與發展機會。
(D)垂直整合化：即公司、集團等經營實體通過擁有和控制其上游或下游的供應方以實現對整條產品或服務供應鏈上更多環節的掌控，其目標是創建一個閉環生態系統，以持續性提高生產能力。

三、激勵理論的應用-工作輪調

( ) **1** 某公司建立一套制度讓員工有機會在不同部門轉換工作增加歷練，這套制度稱為： (A)工作豐富 (B)工作輪調 (C)工作擴大 (D)工作簡化。【107台鐵】

( ) **2** 有關工作設計的敘述，下列何者錯誤？ (A)工作輪調可以降低企業的員工訓練成本 (B)工作豐富化可以提升員工成長與進步的機會 (C)工作擴大化會提高員工的工作負擔 (D)工作專業化可以有效提高工作效率。 【107台糖】

解 **1 (B)**

2 (A)。(A)會提高訓練成本。

四、激勵理論的應用-工作豐富化

( ) **1** 公司讓小莉除了原有的工作外，開始也讓她參與決策的規劃以及控制最終的成果。請問這樣的工作設計稱為： (A)工作輪調 (B)工作擴大化 (C)工作豐富化 (D)工作正式化。 【108台鐵】

( ) **2** 小李在臺酒公司擔任業務代表超過五年且表現良好，公司主管決定除了讓小李與客戶有議價的權限之外，更增加議約的權限，同時議約的權限也很大，在不讓公司虧損的前提下，均無需向主管報告、這是屬於工作設計中的哪一種內容？ (A)工作簡單化 (B)工作擴大化 (C)工作豐富化 (D)工作複雜化。 【107臺菸酒】

( ) **3** 下列關於工作豐富化的敘述，何者錯誤？ (A)工作豐富化可增加工作深度 (B)工作豐富化是藉由擴展工作的水平方向來增加工作範疇 (C)工作豐富化讓員工有更多自主權、獨立性與責任 (D)研究顯示，對於低成長需求的人，工作豐富化並沒有提高績效的效果。 【108漢翔】

解 **1 (C)**。(A)工作輪調：指在組織的不同部門或在某一部門內部調動雇員的工作。

(B)工作擴大化：指工作範圍的擴大或工作多樣性，從而給員工增加了工作種類和工作強度。

(C)工作豐富化：在工作中賦予員工更多的責任、自主權和控制權。

(D)工作正式化：正式化係指組織內標準化的程度，又稱為「標準化」（standardization）。組織對其成員及作業程序的規定愈詳細，愈是強調並約束工作執行中行動的範圍，則該組織的正式化程度愈高，反之則愈低。在高度正式化的組織中，通常會印發工作手冊，詳細地載明工作的規定與執行的細節。

2 (C)。授權：工作豐富化。

3 (B)。工作豐富化（深度）：工作本身（激勵）垂直的移動。

五、激勵理論的應用-工作特性模型

(　　) 工作特性模型(JCM)定義了五種主要的工作特性，其中不包括下列何者？ (A)技術多樣性 (B)環境明確性 (C)自主性 (D)回饋性。【108漢翔】

解 **(B)**。工作特徵模型五種工作特性：
(1)技能多樣性→員工在工作上「能夠執行幾項技能的程度」。
(2)任務完整性→該工作完成結果「是否可以清楚找出自己完成部分的程度」。
(3)任務重要性→員工的「工作對於他人會產生很大影響的程度」。
(4)自主性→讓員工「對工作結果負責(工作責任)」，激勵效果最大。
(5)回饋性→員工「可以很明確的知道工作成果如何」。

六、激勵理論的應用-激勵多樣化員工的工作設計

(　　) 在企業中由於不同的人對工作有不同的需求，藉著改變工作內涵，使員工更適合於該工作，進而能促進員工的工作滿足。此種方式稱為下列何者？ (A)工作豐富化 (B)工作擴大化 (C)工作分攤 (D)工作再設計。【110郵政】

解 **(D)**。工作再設計：改變特定或相關性的工作，以增加員工工作經驗品質和生產力，其主要目的在於減少員工倦怠，能使工作更為多樣化並具有挑戰性，進而能促進員工的工作滿足。

填充題

工作特性模型(Job Characteristics Model)提出5個主要核心構面，分別為技術多樣性、任務完整性、任務重要性、自主性、______。【109台電】

解 回饋性

申論題

一、在組織內的工作設計上，工作擴大化(job enlargement)與工作豐富化(job enrichment)已普遍受重視與被採用，其主要理由(或理論基礎)何在？它們兩者的主要差異又何在？請詳加比較並各舉出一實例加以說明之。【109台鐵】

答：

(一) 工作擴大化與工作豐富化的基礎在於工作設計，工作設計乃是為了提高績效或達成目標，針對組織中的每一職位其工作內容、方法、職權、職責加以界定或進行變革或設計，常見的工作設計方式有工作擴大化、豐富化、彈性工時等。

1. 工作擴大化：是工作設計的橫向加載，使員工負責同一層次的多項工作，降低其工作疲乏，目的是增加員工的技能多樣性，提升任務完整性，使員工完成工作時具有成就感。
   舉例來說：在售票口的員工原本只負責賣票，但主管後來要求他還要負責維持秩序。
2. 工作豐富化：是工作設計的縱向加深，賦予員工更多的自主決策權、控制權，目的是為了增加員工的內在工作動機，增加自主性、回饋性。
   舉例來說：一個業務員原本只負責招攬、開發客戶，但主管看他能力不錯就給予他有更多的自主性，可以在一定範圍內直接報價，簽訂合約。

(二) 工作擴大化與工作豐富化之差異點

差異點：工作擴大化較著重於水平延伸的工作內容延展，增加多元的工作範圍，訓練多功能的技能。實例：飯店的櫃台人員除了辦理顧客的退訂房服務外，還須具備搬運行李、整理房務、接駁車服務以及提供飯店附近景點餐廳等資訊，提供顧客全方位的服務，使顧客擁有賓至如歸的感受。

工作豐富化較著重於垂直延伸的工作內容延展，讓員工增加對於工作範圍的控制程度。實例：給予飯店基層人員擁有管理階層的升遷機會，透過更多的工作掌握度，對於工作的內容協調更加和諧，甚至協助參與決策的制定，成為組織中的重要決策人物之一。

二、管理者設計激勵性工作的方法，請簡述有關Hackman & Oldham的工作特性模型（Job Characteristics Model，JCM）有哪5種核心構面？以及在這5種核心構面上有哪些建議行動？ 【107台電】

時事應用小學堂 2022.07.27

中職年度選秀會第一筆簽約昨天底定，味全龍隊正式宣布已和選秀「榜眼」、首輪指名的26歲前旅美投手林凱威簽下2年5個月合約，本季月薪從45萬元起步，薪資加激勵獎金總值1470萬元。

龍隊在11日選秀會首輪第二順位挑中林凱威，只花兩周快速簽妥合約，球團老闆魏應充昨天到天母球場參與加盟儀式，歡迎他加入球隊；總教練葉君璋也向全隊介紹這位新龍將，預定今天開始投入二軍賽事，擔任主力後援投手，為下半季登上一軍做好準備。

他說：「高中畢業就離開台灣，這次回台能加盟龍隊很興奮，有信心跟團隊一起進入季後賽。」

龍隊領隊丁仲緯表示，選秀會結束後，與林凱威談約一直很順利，雙方很快達成共識，簽下 2 年 5 個月合約，今年的月薪為 45 萬元，明年起調為 50 萬元。

針對新竹球場爭議，魏應充再次強調，球員安全不能打折，24 日對悍將隊之戰延賽，就是基於這個理由，跟葉君璋共同做出決定。

（資料來源：聯合報 https://udn.com/news/story/7001/6490529）

延伸思考

1. 許多職業運動員，除了本薪外，都附加有高價激勵獎金？原因為何？
2. 一個球隊中有許多國籍的球員，這些方法一體適用嗎？

解析

1. 運動員的年齡、能力、年資、聲望、合約長度等都是影響運動員薪資因素，其中，運動員的表現及對團隊的貢獻是最重要的考量，但職業運動員每年表現會受到許多因素影響，變動幅度較大。因此，除了底薪之外，用高額的獎勵金，使球員能更爭取表現。有些球員今年成績不佳，被球團扣了薪水，但是會加上了激勵條款，只要表現好就可以彌補減薪的損失。
2. 各國因民族性與文化，重視的因子不同，激勵方式也會不同。例如以 Maslow 的需求層次理論而論，日本、希臘及墨西哥等國家不確定趨避性較強，安全需求也許是位於需求層次的最底端。丹麥、瑞典、挪威、荷蘭及芬蘭等，社會需求也許是位於需求層次的最底端。

   但跨文化也有許多的共通性：最重要的幾項激勵指標為：受尊重、工作與生活平衡、工作類型、共事人員的素質及公司的領導特質、底薪、提供良好服務給顧客的工作、長期職涯發展潛力、彈性工作安排、學習與發展機會以及公司福利（齊名）、晉升機會，以及獎金。

Lesson 14 領導理論

課前指引

領導是一種領導者影響追隨者的過程，在此過程中，追隨者瞭解什麼該做以及如何去做，藉此提升個人與團體的努力，進而達成共同的目標。領導與權力的來源、領導理論發展都是各類考試的出題重點。【台鐵、郵政、桃捷】

重點引導

焦點	範圍	準備方向
焦點一	領導與權力的來源	五種領導權力的來源，需要熟記與應用，是非常常考的重點。
焦點二	傳統的領導理論	傳統理論分為特質理論與領導行為理論，其中領導行為理論中的管理方格是焦點二的出題重點。
焦點三	領導的權變理論	情境理論中以費德勒權變理論、賀賽和布蘭查的情境領導理論、豪斯的路徑 - 目標理論為出題的重點，要詳讀內容與區別不同之處。
焦點四	領導者的新觀點	當代觀點中以新魅力理論中的四種領導模式為出題重點，尤其轉換型與交易型領導容易混淆，需要特別分辨清楚。

焦點一 領導與權力的來源

一、領導權力的來源 (French & Raven)

法蘭區和雷文（J. French & B. Raven）認為權力的基礎是由五種力量構成，這五種力量分別是法定權力、強制權力、獎賞權力、專家權力、參照權力。【經濟部、台水、台糖、台菸酒、中油、台電、台鐵、郵政、桃捷、漢翔】

權力名稱	說明	小例子
法定權力（legitimate power）法制權、法統權	即所謂的「職權」。當組織正式任命領導者、賦予權力，通常會給予一定頭銜，部屬認為接受其命令是理所當然。又稱為直線職權。	總經理、主任、領班等。
強制權力（coercive power）	懲罰部屬的權力，由法制權分出來的。	調職、解雇、懲罰等。
獎賞權力（reward power）	獎勵部屬的權力，由法制權分出來的。	金錢獎勵、加薪、升職等。
專家權力（expert power）	領導者本身擁有專門知識和技術，使他人信服，願意遵從，進而產生領導作用的權力。	法律見解、發明能力等。
參考（照）權力（referent power）歸屬權力	領導者因為個人特質獲得部屬的尊重，而產生領導的作用。	思考周慮、決策明確、說話犀利、風度翩翩等。

小補充、大進擊

新的權力來源：

1. 關聯權：與組織內或組織外具有權勢的重要人物有相當關聯時，基於不想得罪或巴結的目的而產生了領導（連針人）作用。
2. 資訊權：掌握資訊就掌有權力。領導者擁有具有價值的資訊，被領導者想分享其資訊，此時基於資訊提供，知識與資訊便發揮其影響力量。

小口訣，大記憶

強制權力、法制權力、參考權力、專家權力、獎賞權力。

▲強制參家獎

小比較，大考點

權力來源分為（French and Raven）

1. 法統權→正式任命。
2. 脅迫權→予以懲戒的權力。
3. 獎酬權→有獎賞權力。
4. 專家權→領導者有專業知識和技術。
5. 參考權→領導者本身特質受到部屬尊敬。

1~3為正式職權；4、5屬非正式。

即刻戰場

選擇題

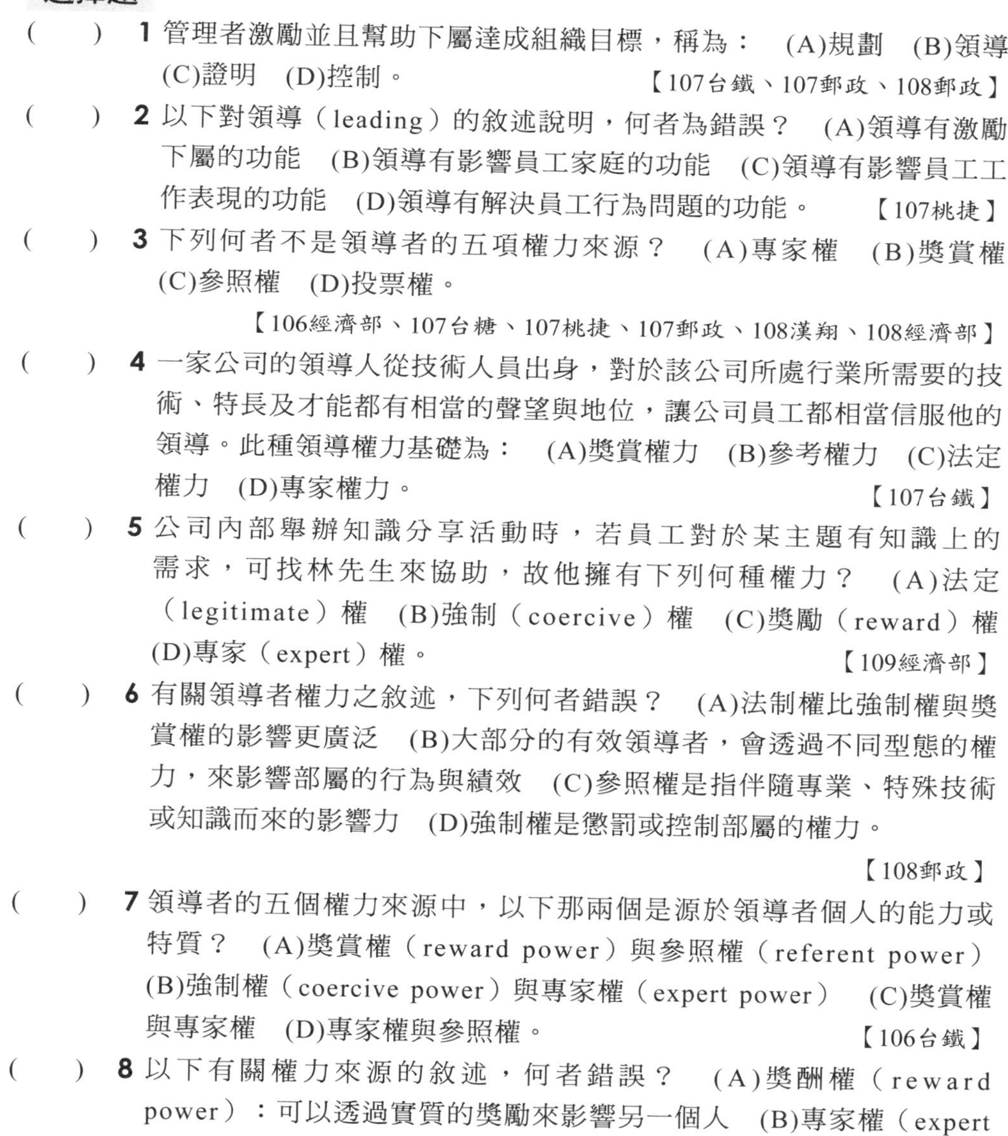

( ) 1 管理者激勵並且幫助下屬達成組織目標，稱為： (A)規劃 (B)領導 (C)證明 (D)控制。 【107台鐵、107郵政、108郵政】

( ) 2 以下對領導（leading）的敘述說明，何者為錯誤？ (A)領導有激勵下屬的功能 (B)領導有影響員工家庭的功能 (C)領導有影響員工工作表現的功能 (D)領導有解決員工行為問題的功能。 【107桃捷】

( ) 3 下列何者不是領導者的五項權力來源？ (A)專家權 (B)獎賞權 (C)參照權 (D)投票權。

【106經濟部、107台糖、107桃捷、107郵政、108漢翔、108經濟部】

( ) 4 一家公司的領導人從技術人員出身，對於該公司所處行業所需要的技術、特長及才能都有相當的聲望與地位，讓公司員工都相當信服他的領導。此種領導權力基礎為： (A)獎賞權力 (B)參考權力 (C)法定權力 (D)專家權力。 【107台鐵】

( ) 5 公司內部舉辦知識分享活動時，若員工對於某主題有知識上的需求，可找林先生來協助，故他擁有下列何種權力？ (A)法定（legitimate）權 (B)強制（coercive）權 (C)獎勵（reward）權 (D)專家（expert）權。 【109經濟部】

( ) 6 有關領導者權力之敘述，下列何者錯誤？ (A)法制權比強制權與獎賞權的影響更廣泛 (B)大部分的有效領導者，會透過不同型態的權力，來影響部屬的行為與績效 (C)參照權是指伴隨專業、特殊技術或知識而來的影響力 (D)強制權是懲罰或控制部屬的權力。

【108郵政】

( ) 7 領導者的五個權力來源中，以下那兩個是源於領導者個人的能力或特質？ (A)獎賞權（reward power）與參照權（referent power） (B)強制權（coercive power）與專家權（expert power） (C)獎賞權與專家權 (D)專家權與參照權。 【106台鐵】

( ) 8 以下有關權力來源的敘述，何者錯誤？ (A)獎酬權（reward power）：可以透過實質的獎勵來影響另一個人 (B)專家權（expert power）：在知識經濟時代中，擁有重要資訊可以影響另一個人 (C)強制權（coercive power）：一個人可以透過處罰來影響另一個人 (D)合法權（legitimate power）：基於組織中正式的職位有權力來影響另一個人。 【107臺菸酒】

解 **1 (B)**。領導（leading）：激勵員工，指揮與協調員工的活動。

2 (B)。與員工家庭無直接影響。

3 (D)。五種權力來源：

(1)法制權（Legitimate）：是組織賦予的最基本的權力，代表主管命令部屬的權力，又稱為直線職權。

(2)獎賞權（Reward）：獎勵部屬的權力，由法制權分出來的。

(3)強制權（Coercive）：懲罰部屬的權力，由法制權分出來的。

(4)專家權（Expert）：具有特定領域專業知識及技能，而為部屬信任或尊敬的權力。

(5)參照權（Referent）：因個人特質或魅力而為部屬喜愛的權力。

4 (D)。專家權力（Expert Power）：來自於個人所擁有的專長、專門知識和特殊技能。（有特殊專門的技能）

5 (D)。某主題有知識上的需求，可找林先生來協助→專家權力（expert power）。領導者本身擁有專門知識和技術，使他人信服，願意遵從，進而產生領導作用的權力。

6 (C)。(C)參照權→專家權。

7 (D)。專家權（Expert）：具有特定領域專業知識及技能，而為部屬信任或尊敬的權力。

參照權（Referent）：因個人特質或魅力而為部屬喜愛的權力。

8 (B)。資訊權：領導者擁有具有價值的資訊，被領導者想分享其資訊，此時基於資訊提供，知識與資訊便發揮其影響力量。

專家權：具有別人不及的專業知識與學術技能，此種權力比法定職位更具有影響力。

填充題

有關French & Raven所舉的5種權力中，因個人魅力或特質讓部屬心甘情願跟隨的權力稱為 ______ 權。 【107台電】

解 **參照權／參考權**

申論題

一、權力（power）與職權（authority）有何關係（或差異）？

二、學者French及Raven認為一位領導者的權力主要有五個來源，請分別逐一詳加說明這五個來源的內涵。【109台鐵】

焦點二 傳統的領導理論

領導理論的發展如下表所示，焦點二到焦點四將根據各時期的重要理論做完整的介紹。

時期	理論	觀點
1940 晚期	特質論：領導能力是天生的	
1940 晚期-1960 晚期	行為論：領導和領導行為有關，該理論強調領導者是可以後天培養的。	1. 愛荷華大學三種領導方式（權威 / 民主 / 放任）。 2. 俄亥俄州大學兩個構面（定規 / 關懷）。 3. 密西根大學研究（員工 / 生產）。 4. 管理方格理論（俱樂部 / 無為 / 中庸 / 團隊 / 權威）。 5. LMX 理論（圈內人 / 圈外人）。
1960 晚期-1980 早期	權變論：領導者須視環境採取適當的領導方式	1. 費德勒 LPC（人際 or 任務導向）。 2. 賀賽 & 布蘭查的領導生命週期以員工成熟度分（授權 / 參與 / 推銷 / 告知）。 3. 豪斯路徑目標理論（指導 / 支援 / 參與 / 成就導向）。 4. 克爾和傑邁爾的領導替代論。 5. 伏隆和亞頓的領導者 - 參與者模式。
當代	權變理論仍然持續蓬勃發展中	1. 新魅力理論（魅力型 / 轉換型 / 願景型 / 交易型） 2. 僕人式領導 3. 道德型領導 4. 團隊型領導 5. 策略式領導 6. 家長式領導 7. 第五級領導

傳統的領導理論的發展區分為特質理論、領導行為理論，主要是指1960年代以前所發展的理論。

一、特質理論【台鐵】

特質論，又稱為屬性論、特徵論、偉人論，強調優秀領導者是先天具備某些特質，所以才能成為好的領導者。認為領導者是天生的。提出學者包括史杜地（R. Stogdill）、戴維斯（Keith Davis）。

(一) **史杜地**（R. Stogdill）

七項特徵：身體面貌、智慧、自信心、交際能力、意志力、管理能力、活潑精神。

(二) **戴維斯**（Keith Davis）

四個成功領導者的特徵：

1. **優越的智力**：Davis研究發現優秀領導者都比組織成員聰明一點，但差別不大。
2. **社會成熟性與包容性**：領導者通常情緒穩定且有廣泛的興趣。
3. **內在激勵與成就動機**：領導者通常有較強烈的成就驅動因子。
4. **良好人際關係**：領導者知道該何時關心員工並尊重他們。

二、行為理論【農會】

行為理論認為領導者在於他做了什麼行為，而非他天生的特質。因此該理論強調領導者是可以後天培養的。研究焦點轉移到領導者所表現的行為上、相信領導者是可以培養的、同時重視員工與生產間的關係。主要觀點包括愛荷華大學研究、俄亥俄州大學研究、密西根大學研究、管理方格理論、LMX理論。

(一) **愛荷華大學研究**

1. 主要提出者為懷特、李皮特、黎溫（White、Lippett、Lewin）等人，此理論又稱為三種領導行為理論。三種行為的比較，如下表與下圖所示。【台菸酒、台電、台鐵】

三種領導行為	內容
放任式領導	1. 讓部屬自己決定該做什麼，充分授權。 2. 放牛吃草。
專制式領導	1. 領導者決定，並且告訴部屬該做什麼、該如何做並監督員工。 2. 權威式領導。 3. 領導者有最大權力。
民主式領導	1. 領導者會積極鼓勵部屬參與決策並且和部屬一起努力。 2. 群體共同討論、參與。

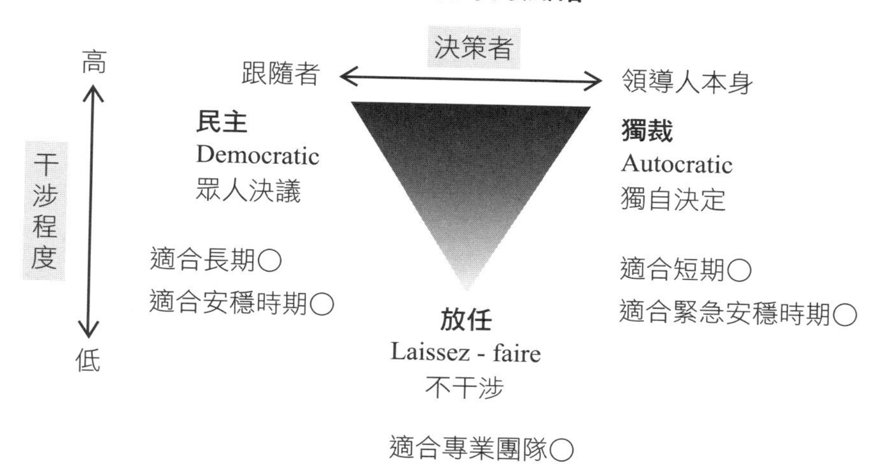

2. 結論：民主型態較專制型態有較高的員工滿意度。但領導行為對工作績效則沒有一致的結論。

(二) 俄亥俄州立大學研究

1. 韓菲爾（Hemphill）和柯恩斯（Coons）等人發展出「領導行為描述問卷」（LBDQ），該研究認為領導行為可以分成兩個構面：關懷和定規，因此又稱為兩構面理論。
   (1) 關懷：透過與部屬互信、尊重並關心他們想法，定義工作關係之程度。簡單講就是與部屬發展良好關係並關心他們需求。
   (2) 定規：為了達成組織目標，領導者為自己或同仁定義及結構化角色之程度，簡單講就是強調任務的完成。
2. 結論：高定規-高關懷導向領導有較高的群體績效和滿意度。

(三) 密西根大學研究

1. 由李克特（Likert）所主導，其將領導分成兩個構面：員工中心式、工作中心式。【台水】
   (1) 員工導向：關心員工、重視員工需求。類似俄亥俄州的關懷。
   (2) 生產導向：重視任務的達成，及相關技能。類似俄亥俄州的定規。
2. 結論：員工導向領導勝於生產導向領導，會有比較好的績效。

(四) **管理方格理論**

1. 布雷克和莫頓（Blake & Mouton）管理方格理論，又稱管理座標，是一個透過兩構面--關心員工、關心生產建構出9×9的矩陣，共81種領導風格，如下圖所示。

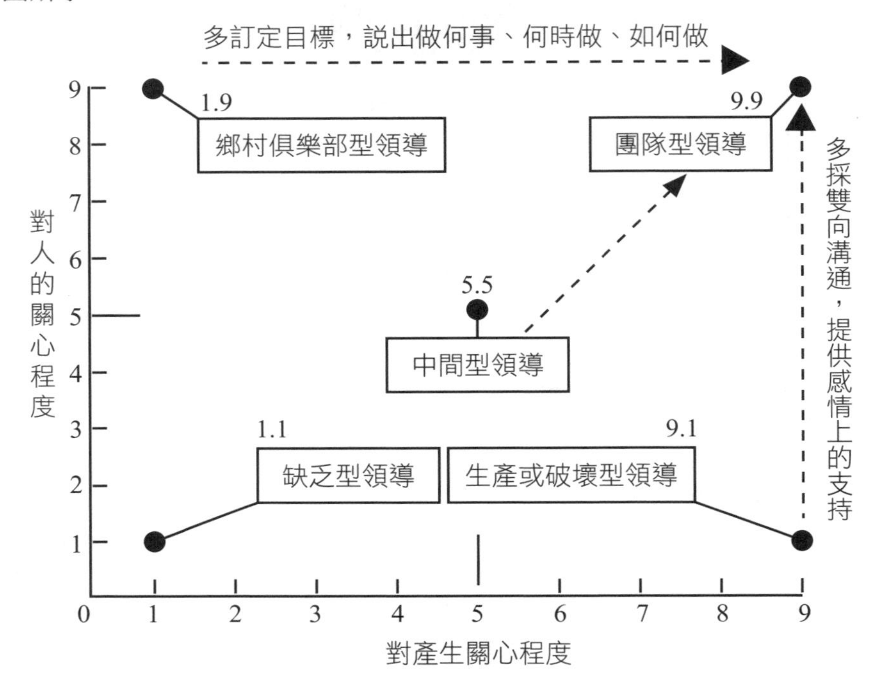

2. 其中五個較明顯座標如下：【經濟部、台水、台北自來水、台糖、台菸酒、台電、台鐵、郵政、農會】

項目	內容
構面	關心員工（類似關懷）、關心生產（類似定規）。
領導方式	1. 放任管理：座標（1,1），又叫赤貧管理，花費最小的努力達成工作要求。簡言之，就是做到組織工作最基本要求即可。 2. 鄉村俱樂部：座標（1,9），重視員工的需求來滿足彼此關係，營造良好氣氛。 3. 任務管理：座標（9,1），稱為威權型領導，透過降低人為干預至最低狀況的工作安排，有效達成營運目的。簡言之，為只重視任務完成，不重視人際關係與情感。

項目	內容
領導方式	4. 中庸管理：座標（5,5），稱為組織型領導或組織人領導，適當的組織績效可藉由平衡員工士氣及休息來達成。簡言之為領導者應該在關心員工或關心生產之間取得平衡。 5. 團隊管理：座標（9,9），工作完成主要來自對組織承諾、善盡責任的員工，並與員工培養互信、尊重的關係。

3. 結論：領導者最好的表現是(9,9)型。

小口訣，大記憶

放任式管理(1,1) 不關心生產，不關心人
中庸式管理(5,5) 同時關心生產與人
團隊式管理(9,9) 同時關心生產與人
關心是縱軸、生產是橫軸
▲關（心）縱橫（生）產（觀眾很慘）

鄉村俱樂部(1,9) 不關心生產，關心人
任務式管理(9,1) 關心生產，不關心人

(五) **葛倫的LMX理論**【郵政】

1. 由葛倫（George Graeo）和拜恩（Uhl Bien）提出的領導者-成員交換理論（1eader-member exchange theory，LMX）。領導者與成員因為工作上的接觸，會根據某些原因或影響，將成員區分為「圈內人」與「圈外人」。

項目	內容
分類	圈內人：受到信任，得到領導更多的關照，也更可能享有特權。 圈外人：占用領導者的時間較少，獲得滿意的獎勵機會也較少，他們與領導者互動的關係是建立在正式的職權上。
形成過程	當領導者與某一下屬進行相互作用的初期，領導者就暗自將其劃入圈內或圈外，並且這種關係是相對穩固不變的。領導者到底如何將某人劃入圈內或圈外尚不清楚，但領導者傾向於將具有下面這些特點的人員選入圈內：個人特點（如年齡、性別、態度）與領導者相似，有能力，具有外向的個性特點。

2. 結論：圈內地位的下屬得到的績效評估等級更高，離職率更低，對主管更滿意。

即刻戰場

選擇題

一、特質理論

( ) 下列那一個理論相對上比較傾向支持「領導者是先天決定的」觀點？ (A)特質理論 (B)管理方格理論 (C)費德勒權變模式 (D)路徑-目標理論。

解 (A)。特質論：領導能力是天生的。

二、行為理論

( ) 1940年代後期到1960年代中期認為好的領導者行為是可以培養的是屬於？ (A)特質理論 (B)行為理論 (C)權變理論 (D)學習理論。【107農會】

解 (B)。1940~1960行為理論：認為優秀領導者在於他們做了什麼行為，而非他的先天特質。強調領導者是可以後天培養的。

三、行為理論-愛荷華大學

( ) **1** 領導者傾向於員工參與決策、授權，並藉由給員工回饋來訓練員工是下列何種領導型態？ (A)民主型態 (B)專制型態 (C)放任型態 (D)直接規定部屬工作型態。【108台菸酒】

( ) **2** 某家客運公司領導者常以自己本身的意志與經驗指揮管理決策，公司成員幾乎不曾參與決策過程，此種領導風格是屬於下列何種？ (A)自由放任領導 (B)專制領導 (C)參與領導 (D)家長式領導。【107台鐵】

解 **1 (A)**。放任式領導：讓部屬自己決定該做什麼，充分授權。
專制式領導：領導者決定，並且告訴部屬該做什麼、該如何做並監督員工。
民主式領導：領導者會積極鼓勵部屬參與決策並且和部屬一起努力。

2 (B)。專制式領導：領導者決定，並且告訴部屬該做什麼、該如何做並監督員工。
家長式領導的定義為：在一種人治的氛圍下，彰顯出嚴明的紀律與權威、家長般的仁慈及道德的廉潔性的領導方式。家長式領導主要是展現施恩、樹德及立威三種領導作風。

四、行為理論-密西根大學

( ) 注重人際關係，瞭解部屬的個別需求，並接受成員間的個別差異。這是哪一種型態的領導者？ (A)員工導向 (B)生產導向 (C)任務導向 (D)無為導向。

解 **(A)**。密西根大學研究只有：
(1)生產導向：強調工作技術或作業。
(2)員工導向：注重員工間人際關係。

五、行為理論-管理方格

( ) **1** 在管理座標（Managerial Grid）中，對員工表現最大關心，對工作展現最少關心的管理方式稱為： (A)團隊式管理（team management） (B)鄉村俱樂部式管理（country club management） (C)中庸式管理（middle-of-the-road management） (D)放任式管理（impoverished management）。 【105北水、107經濟部、109台鐵】

( ) **2** 管理方格理論主要被發展來描述領導風格，有關管理方格內容，下列敘述何者正確？ (A)橫軸為對人的關心，縱軸為對生產的關心 (B)(1,9)型稱為任務管理風格 (C)(5,5)型稱為中間路線管理風格 (D)(1,1)型稱為放任管理風格。（多選） 【110郵政】

解 **1 (B)**。鄉村俱樂部：座標(1,9)，重視員工的需求來滿足彼此的關係。
2 (CD)。(A)橫軸為對生產的關心，縱軸為對人的關心。
(B)(1,9)型稱為鄉村俱樂部管理風格。

六、傳統的領導理論-葛倫的LMX理論

( ) 領導者將成員歸為「圈內人」(in-group)與「圈外人」(out-group)，這是下列哪一種領導理論的觀點？ (A)路徑–目標理論（path-goal theory） (B)情境領導理論（situational leadership theory） (C)領導者與成員的交換理論（leader-member exchange theory） (D)領導者特質論（trait theory）。 【105郵政】

解 **(C)**。領導者-成員交換理論（leader-member exchange theory，LMX）：領導者與下屬中的少部分人建立了特殊關係。這些成員成為圈內人，他們受到信任，得到領導者更多的關照，也更可能享有特權；而其他成員則成為圈外人士，他們占用領導者的時間較少，獲得滿意的獎勵機會也較少。

焦點三 領導的權變理論

領導的權變理論基本假設為：在不同的情境之下，會有一個特定的領導風格是最有效能的。領導者的領導風格不會改變，需要聘用領導風格適合該情境的領導者或是改變情境配合領導者。

一、費德勒的權變模型【經濟部、台水、台電、台鐵】

(一) 權變領導理論，又稱之為「情境權變理論」，是費德勒（F. E. Fiedler）於1951年所提出。該理論假設一個人的領導風格是持續且固定的，不會隨著時間而變化，所以只能換領導者或改變領導情境。所謂「權變領導」是指：

1. 必須依情境選擇適當的領導者。
2. 領導者必須適應情境採取不同的領導方式。

(二) **衡量方式**：LPC量表

1. **LPC量表**：為選擇適當的領導者，並採取合適的領導方式，費德勒設計出「LPC量表」，亦即「最難共事同仁量表」。依量表統計之分數，可衡量領導者的人格特質與其領導型態的取向，如下：
   (1) 關係導向的領導者：LPC的分數較高。
   (2) 任務導向的領導者：LPC的分數較低。
2. **情境變數**：領導者在領導某一個群體時，如果想要達成高度的成果，必須要採取適當的領導方式，而決定採取何種領導方式，則需視三項變數的綜合研判而定。此三項變數為：
   (1) 領導者與成員的關係：領導者與部屬相處的情況，及部屬對領導者表示信任與忠心的程度。如果雙方關係良好，即使得領導者的領導情境處於有利的狀況，反之，則處於不利的狀況。領導者是否得到成員信任、尊重的程度。
   (2) 工作結構：群體所負責的任務性質，是否清晰明確、例行化，可預測後果；或是模糊不清、複雜多變，後果難以預測。前者表示結構性高，有利領導者的領導；後者表示結構性低，不利領導者的領導。也就是工作任務分派程序化及結構化的程度。
   (3) 職權：領導者所具有職位的實際獎懲權力的強弱，及其自上級與整個組織所得到支持的程度。如果權力很大，有利領導。如果權力很小，則不利領導。

3. 八種情境：

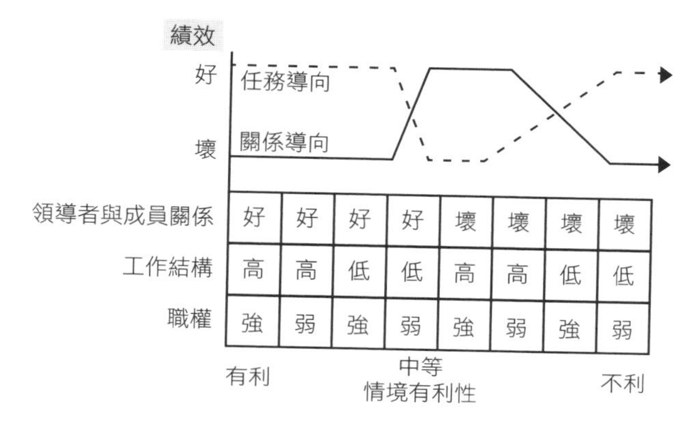

(三) **領導型態**

1. 當領導者發現其領導情境屬於有利及不利兩個極端時，最好採取任務導向（亦即專斷式、體制式）的領導型態，才能獲得高度的績效。
2. 如果他的領導情境處於有利與不利之間，則最好採取關係導向（亦即民主式、體諒型）的領導型態，較能獲得高度的績效。

二、賀賽（Hersey）和布蘭查德（Blanchard）情境領導理論【經濟部、台電、台鐵、郵政、漢翔】

(一) 賀賽和布蘭查德（Hersey & Blanchard）的情境領導理論，又稱為領導生命週期理論。依據員工不同的成熟度，領導者應該要有不同的領導行為→領導風格要依部屬的成熟度做調整（當部屬逐漸成熟時，領導者必須適度的改變領導風格）。（成熟度代表是否有能力、是否有意願去完成明確任務或者對自身行為負責的程度。）

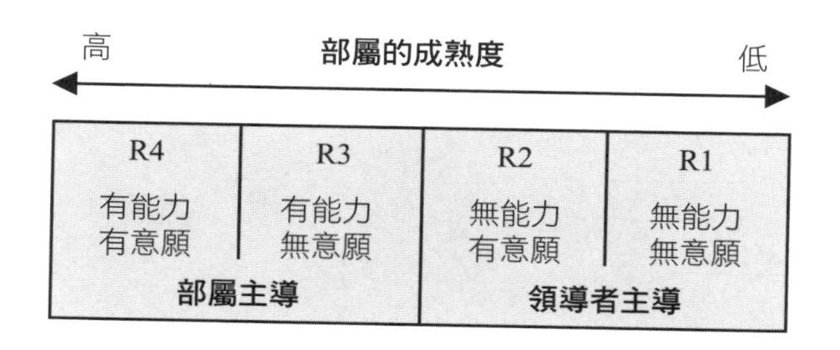

(二) **領導類型**

依據部屬成熟度，發展出四種領導類型：

1. **告知型(命令、教導)領導**：高任務、低關係導向，領導者明確的給予指示和方向。
2. **推銷型領導**：高任務、高關係導向，領導者會給予員工協助，並幫助員工建立信心。
3. **參與型領導**：低任務、高關係導向，領導者和部屬共同參與制定決策。
4. **授權型領導**：低任務、低關係導向，此時部屬已經有能力完成特定任務且有意願負起完全責任，領導者將盡可能減少協助。

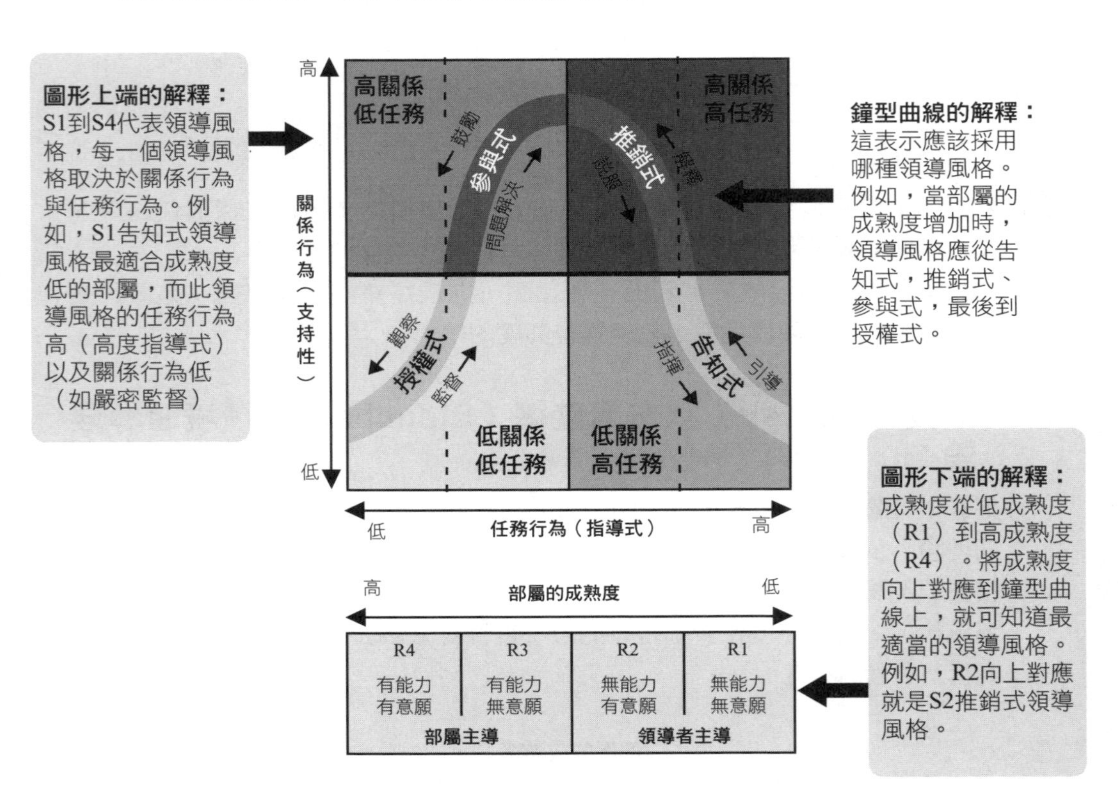

小口訣，大記憶

參與型 高關係 沒意願 低任務 有能力	推銷型 高關係 有意願 高任務 沒能力
授權型 低關係 有意願 低任務 有能力	告知／教導型 低關係 沒意願 高任務 沒能力

1. 告知型（教導型）：領導者定義工作，並告知部屬如何做（很難，我不教你，要做就要聽我的）
2. 推銷型：領導者提供支援性行為（很難，我教你，增加推銷能力）
3. 參與型：領導者與部屬共同制定決策（不難，我陪你，增加參與意願）
4. 授權型：領導者提供很少的指導與決策（不難，你要做，就授權給你）

三、豪斯的路徑-目標理論【經濟部、台菸酒、郵政、漢翔】

(一) 豪斯(House)的路徑-目標模型是結合期望理論與兩構面理論，強調領導者的職責在於提供部屬必要的協助和指引，協助達成他們的目標，並確保其目標與組織目標一致。

(二) 該理論認為影響領導主要有二種情境變數，分別為

1. **環境權變因素**：任務結構、正式職權系統、工作群體。
2. **部屬權變因素**：內外控傾向、經驗、認知能力。

(三) **領導型態**

共有四種領導型態：

1. **指導型領導**（Directive Leadership）：領導者對下屬需要完成的任務進行說明，包括對他們有什麼希望，如何完成任務，完成任務的時間限制等等。指導型領導者能為下屬制定出明確的工作標準，並將規章制度向下屬講得清清楚楚。指導不厭其詳，規定不厭其細。
2. **支持型領導**（Supportive Leadership）：領導者對下屬的態度是友好的、可接近的，他們關注下屬的福利和需要，平等地對待下屬，尊重下屬的地位，能夠對下屬表現出充分的關心和理解，在下屬有需要時能夠真誠幫助。
3. **參與型領導**（Participative Leadership）：領導者邀請下屬一起參與決策。參與型領導者能同下屬一道進行工作探討，徵求他們的想法和意見，將他們的建議融入到團體或組織將要執行的決策。

4. **成就導向型領導**（Achievement-Oriented Leadership）：領導者鼓勵下屬將工作做好。這種領導者為下屬制定的工作標準很高，尋求工作的不斷改進。除了對下屬期望很高外，成就導向型領導者還非常信任下屬有能力制定並完成具有挑戰性的目標。

四、克爾和傑邁爾的領導替代理論【郵政】

(一) 克爾和傑邁爾(Kerr & Jermier)領導替代理論認為領導行為在某些情境下是多餘或不必要的，甚至會有反效果。

(二) 某些情境可以取代某種領導功能，形同領導的替代物。

1. 部屬的經驗、能力、訓練，可以取代工作導向的領導。
2. 部屬的專業素養，可以取代工作及人際導向的領導。
3. 能帶來內在滿足的工作，可以取代人際導向的領導。
4. 領導者職權低時，工作導向及人際導向的領導無從發揮功能。

五、伏隆和亞頓的領導者-參與模式

(一) 伏隆（Victor Vroom）和亞頓（Phillip Yetton）提出領導者-參與模式或稱領導規範模型，也稱決策參與權變理論（Decision Participation Contingency Theory），或被稱作常規決策理論（Normative Decision Theory）。該理論認為領導行為和參與決策制定有關。

(二) 該理論認為影響領導的情境變數為領導方式（即決策方式）與員工參與決策，根據員工參與決策程度的不同，把領導風格（決策方式）分為三類五種，而有效的領導者應該以決策者有正確經驗為基礎。

(三) **領導型態**

共有五種風格：

1. AI（**獨裁式I**）：領導者利用當時方便、有效的資訊來解決問題。
2. AII（**獨裁式II**）：從部屬身上取得必要資訊，然後領導者自行決定決策。
3. CI（**諮詢式I**）：與部屬個別徵詢意見、分擔問題，但不將部屬組成一個團體，然後自己做決策。
4. CII（**諮詢式II**）：將部屬組成團體，和他們一起分擔問題，收集大家的意見，然後自己做決策。
5. GII（**團體式II**）：將部屬組成團體，大家共同討論、評估各項方案，試圖達成共識解決問題。

即刻戰場

選擇題

一、費德勒的權變模型

( ) 1 權變領導理論的基本假設為適宜的領導行為會隨著情境的改變而改變。下列何者不是費德勒（Fiedler）權變模式所定義的情境因素之一？ (A)領導者－部屬關係 (B)職位權力 (C)組織類型 (D)任務結構。 【104台水、107台鐵、107經濟部】

( ) 2 費德勒（Fiedler）在領導權變理論中提出，領導行為應該取決於領導情境，其領導情境不包含下列何者？ (A)領導者與職員的關係 (B)領導者於職位上的掌控權力 (C)領導者的個性 (D)工作分配的明確與結構程度。 【109經濟部】

( ) 3 根據費德勒（Fiedler）的領導權變模式，有利於領導的情境不包括以下那一項？ (A)領導者與下屬關係良好 (B)下屬的任務明確 (C)下屬的經驗豐富 (D)領導者有獎懲下屬的權力。 【108台鐵】

( ) 4 根據Fiedler權變領導理論，當主管與部屬的關係很差、工作任務結構化的程度很低、且主管者的職位權力也很弱時，主管最好採取哪一種領導風格？ (A)任務導向型 (B)關係導向 (C)授權導向型 (D)成就導向型。 【106經濟部】

( ) 5 根據費德勒（Fiedler）權變領導理論，對於領導行為的決定，應取決於領導時的情境因素。其情境變數有3個，每個變數各分成好壞、高低、強弱兩種層次，在不重複情境下，會有幾種情境產生？ (A)8 (B)12 (C)16 (D)24。 【107經濟部】

解 **1 (C)**。費德勒（Fiedler）影響領導風格情境的三種情境因素：

(1)領導者-部屬關係。

(2)任務結構。

(3)領導者的地位堅強與否（職位權力）。

2 (C)　**3 (C)**

4 (A)。處於「極端」，採取任務導向（亦即專斷式、體制式）的領導型態。
處於「非極端」，採取關係導向（亦即民主式、體諒型）的領導型態。

5 (A)。8種情境：

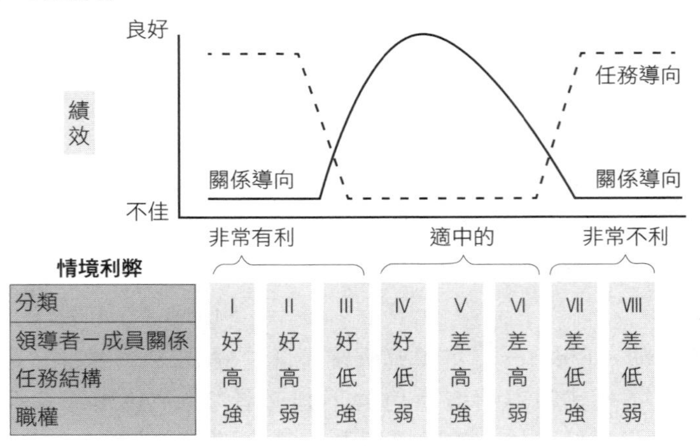

分類	I	II	III	IV	V	VI	VII	VIII
領導者－成員關係	好	好	好	好	差	差	差	差
任務結構	高	高	低	低	高	高	低	低
職權	強	弱	強	弱	強	弱	強	弱

二、賀賽（Hersey）和布蘭查德（Blanchard）情境領導理論

( ) **1** 領導者調整其領導風格，來反應追隨者的要求，是下列何種領導模式？ (A)情境領導 (B)生產導向領導 (C)任務導向領導 (D)專制領導。 【107郵政】

( ) **2** 一個公司領導人經常使用「此一時也，彼一時也」去進行決策時，主要是依循那一種領導模式？ (A)交易領導 (B)轉型領導 (C)情境領導 (D)特質領導。 【109台鐵】

( ) **3** 領導者提供很少的指導與協助是屬於下列何者狀態？ (A)高任務導向；低關係導向 (B)高任務導向；高關係導向 (C)低任務導向；高關係導向 (D)低任務導向；低關係導向。 【108漢翔】

解 **1 (A)**。情境領導理論：其情境變數主要是部屬的成熟度，成熟度代表是否有能力、是否有意願去完成明確任務或者對自身行為負責的程度。
根據不同的成熟度，領導者應該要有不同的領導行為→領導風格要依部屬的成熟度做調整（當部屬逐漸成熟時，領導者必須適度的改變領導風格）。

2 (C)。「此一時也，彼一時也」指過去的時機是那樣，現在的時機是這樣。表示今不如昔或今昔不同的意思。→指情境不同，應隨不同情境改變其領導方式。

3 (D)。授權式：交付決策、執行權力（低關係低任務）。

三、豪斯的路徑-目標理論

( ) 「領導者自行做決策，並提供部屬明確的任務方向與作業執行方式」，是屬於下列哪一種領導方式？ (A)推銷型領導（selling） (B)授權型領導（delegating） (C)參與型領導（participating） (D)教導型領導（directing）。 【107台菸酒、108漢翔】

解 **(D)**。路徑-目標理論的四種領導行為與風格：
指導型：讓部屬知道領導者對他們的工作進行排程，和給予完成任務的明確指示。
支持型：關心部屬的需求。
參與型：在做決策時，採用部屬他們的建議。
成就導向型：設定具挑戰性的目標。

四、克爾和傑邁爾的領導替代論

( ) 下列哪一個情境發生時，領導者較能發揮其影響力？ (A)工作本身重複性高 (B)工作內容非常明確 (C)組織面臨嚴峻挑戰 (D)組織成員專業度強。 【105郵政】

解 **(C)**。(A)工作本身重複性高→重複的工作以前做過，部屬可以替代，不需領導者。
(B)工作內容非常明確→有清楚的SOP，部屬可以替代，不需領導者。
(C)組織面臨嚴峻挑戰→面對挑戰，需要領導者。
(D)組織成員專業度強→專業強，有問題自行解決，部屬可以替代，不需領導者。

填充題

情境領導理論（situational leadership theory, SLT）使用任務與關係行為2項領導構面，考慮各構面的高低程度結合出4種領導風格，其中認為部屬處於有能力卻不願意去做的階段時，領導應採取 ______ 型領導風格，以獲得部屬支持。 【107台電】

解 **參與**。參與式領導─部屬有能力、無意願。

申論題

一、請說明Paul Hersey與Ken Blanchard情境領導理論（situational leadership theory）的觀點為何？其結合Fiedler權變理論（contingency model）的2項領導構面「任務」與「關係行為」後，發展為4種領導風格，請分別簡要說明之。另部屬的能力與意願，如何影響領導者採用適合的領導風格？【108經濟部】

二、何謂「路徑－目標理論」（path-goal theory）？該理論提出者羅伯特．豪斯（Robert House）認為領導者有哪幾種領導風格？請舉例說明各領導風格適用的情境或時機。【107經濟部】

三、何謂路徑-目標理論（Path-goal Theory）？請說明路徑-目標理論的4種領導型態為何？【109台電】

焦點四 領導者的新觀點

一、新魅力理論

領導理論仍然在持續發展中，近期論點以領導者魅力取代了特質與行為。新魅力理論發展包含下列幾種理論觀點。

理論觀點	內容
魅力型領導【台水、台糖、郵政】	由特質論演化而來，領導者利用所具備的人格魅力與個人特質，透過個人的意志與遠見來贏得追隨者的信賴、影響與服從。此類型的領導者善於溝通、充分利用自己的優點、常見的特質有：熱情、勇敢、理想。 1. 領導者可以清楚說明願景。 2. 願意冒險完成願景。 3. 對員工的需求很敏感。 4. 反傳統行為。 5. 懂得運用自己的優點。 6. 通常只適用於特定情境（高度壓力、不確定、特定意識型態存在）。

理論觀點	內容
轉換型領導 【經濟部、台水、台菸酒、台鐵】	領導者會讓部屬以組織利益為重，並協助員工以新觀點看既有的問題，可針對領導者既有的觀點進行批評，提升部屬的能力和責任感，領導者和部屬共同分享願景。又可說是用領導者的理念來轉換員工的理念，讓員工認同領導者。 具有下列特色： 1. 能對其部屬產生深遠的影響。 2. 注意個別員工所關心的事。 3. 協助員工以新觀點來看舊問題。 4. 激發、喚起及鼓勵部屬投入額外的努力。 5. 是立基於交易型領導之上。
願景型領導	透過吸引人之願景來領導部屬，特性為：建立願景、溝通願景、執行願景。 好的願景應該： 1. 鼓舞人心。 2. 提供新的做事方式。 3. 清楚且有吸引力。 4. 有挑戰性但可行。 5. 符合時宜與組織環境。
交易型領導 【經濟部、台北自來水、台菸酒、台鐵】	領導者透過給予部屬胡蘿蔔（獎酬及滿足員工需求，以職位、薪資、獎金、物質作為交易的條件），引導部屬完成工作。領導者能讓部屬相信貢獻和報償是公平合理的（物質 / 金錢 / 利益交換員工意願），這種交易的公平性所產生的領導權力，並非完全是物質、金錢、利益上的交換，還包括精神情感的交流。 1. 強調部屬的「外在需求與動機」。 2. 部屬對領導者的順從與忠誠建立在「交換互惠、社會交換（易）」上。

二、僕人領導【經濟部、郵政】

也稱為服務領導，強調領導者不應該採用領導的方式引導員工而是應該採用服侍的方式，不要以職位強壓員工，應該積極的關心、授權、激勵員工。

三、道德型領導【台鐵】

(一) Sergiovanni提出，將領導的權威分為下列五種：

1. **科層權威（bureaucratic authority）**：來自於職位，領導者採取依法行事和層級節制的原則來領導部屬，容易讓部屬流於消極應付。

2. **心理權威**（psychological authority）：來自於人際關係，領導者採取酬賞和鼓勵方式，讓部屬心理獲得滿足，容易養成部屬功利心理。
3. **技術-理性權威**（technical-rational authority）：來自於科學驗證，領導者採用標準化、科學化和品質化方式來領導部屬，容易使部屬成為技術工人，缺乏創新。
4. **專業權威**（professional authority）：來自於專業知識，領導者以專業能力來領導部屬，尊重部屬的專業自主性，容易激發部屬潛能。
5. **道德權威**（moral authority）：來自於責任感和義務心，領導者以正義者化身領導部屬，能夠以身作則，容易激起部屬團隊精神及為正義採取行動。

(二) 道德型領導即是採取道德權威的領導，不僅可以培養部屬自動自發和犧牲奉獻的精神，亦可使領導者發揮其領導的最佳效果。

四、團隊型領導【台水、郵政】

(一) 領導者不應該高高在上，必須要能夠信任團隊成員，將權力下放，知道何時才伸手影響團隊運作，並且互相分享資訊。

(二) 根據Robbins定義，團隊領導者扮演的角色：
1. **衝突管理者**：協助成員處理衝突。
2. **問題解決者**：領導者可藉由會議協助問題解決。
3. **教練**：釐清期望和角色。
4. **外部相關人員聯繫者**：確保所需資源及釐清外界對組織期望。

五、策略式領導【台鐵】

(一) 策略領導是一種能力，能夠預測、保持彈性、策略思考，在組織中與他人合作並發動改變，為組織創造出有價值的未來。

(二) **有效的策略領導關鍵面向**：
1. 決定組織的目的或願景。
2. 開發並維持組織的核心競爭力。
3. 發展組織的人力資本。
4. 創造並支持組織強勢文化。
5. 建立並維持組織關係。
6. 提出尖銳問題並質疑基本假設來挑戰主流看法。
7. 重視組織道德決策與行為。
8. 適當建立平衡的組織控制。

六、家長式領導【經濟部、農會】

(一) 家長式領導是指領導者透過施恩、立威、樹德來影響部屬，以展現領導績效。

(二) 家長式領導包括：仁慈、德行及威權領導三個重要的元素。

1. **仁慈（benevolence）領導**：指領導者對部屬個人的福祉做個別、全面、而長久的關懷。
2. **德行（moral）領導**：可描述領導者必須展現較高的個人操守、修養以及敬業精神，以贏得部屬的景仰與效法。
3. **威權（authoritarianism）領導**：指領導者強調其權威是絕對而不容挑戰的，對部屬則會做嚴密的控制，要求部屬毫不保留地服從。

七、第五級領導【經濟部】

(一) 由柯林思（J. Collins）在「從A到A＋」一書中所提倡。

(二) 領導能力分為五級，最好的領導者應結合謙虛的個性和專業的堅持，將個人需求移轉到組織績效的目標。如下圖所示的五個等級領導人。

1. 第一級領導是有才幹的個人。
2. 第二級領導有貢獻的團隊成員。
3. 第三級領導勝任愉快的經理人。
4. 第四級領導有效能的領導者。
5. 第五級領導藉由謙虛的個性和專業的堅持，建立起持久的卓越績效標準。

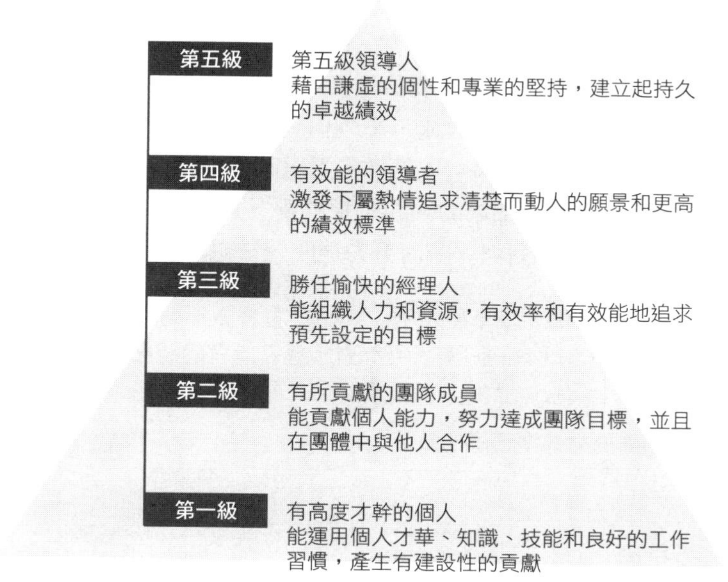

即刻戰場

選擇題

一、新魅力理論-魅力型領導

( ) 魅力型領導（charismatic leadership）的權力來源主要可對應為下列哪一種？ (A)專家權（expert power） (B)法制權（legitimate power） (C)參照權（referent power） (D)強制權（coercive power）。 【105台水】

解 **(C)**。(1)法制權（Legitimate）：是組織賦予的最基本的權力，代表主管命令部屬的權力，又稱為直線職權。
(2)獎賞權（Reward）：獎勵部屬的權力，由法制權分出來的。
(3)強制權（Coercive）：懲罰部屬的權力，由法制權分出來的。
(4)專家權（Expert）：具有特定領域專業知識及技能，而為部屬信任或尊敬的權力。
(5)參照權（Referent）：因個人特質或魅力而為部屬喜愛的權力。

二、新魅力理論-轉換型領導

( ) **1** 一個可以激發跟隨者超越自身利益並對其業績產生深遠影響之領導者，就比如美國微軟公司的比爾・蓋茲，為下列何種類型之領導者？ (A)交易型（transactional） (B)指導型（directive） (C)訊息性的（informational） (D)變革型（transformational）。 【109經濟部】

( ) **2** 有關「轉型領導」的敘述，下列何者錯誤？ (A)領導者讓部屬對企業組織的目標感到興趣 (B)領導者說服部屬跟隨自身的腳步一起達成目標 (C)轉型領導強調部屬的內在動機的提升以及成就感的追求 (D)部屬會因為想要獲得加薪與報酬而努力達成企業組織的目標。 【109台菸酒】

解 **1 (D)**。轉換型領導（變革型領導）：領導者會讓部屬以組織利益為重，並協助員工以新觀點看既有的問題，可針對領導者既有的觀點批判，提升部屬的能力及責任感，並與部屬共同分享願景。

2 (D)。(D)屬於交易型領導的敘述。

三、新魅力理論-交易型領導

(　　) 1 領導者給予部屬明確的任務及角色，引導與激勵部屬完成組織目標，以達到雙方相互滿足，這種領導類型稱為： (A)交易型領導 (B)願景型領導 (C)轉換型領導 (D)魅力型領導。

【103北水、106經濟部、107台鐵、107台菸酒】

(　　) 2 下列激勵部屬的行為，何者屬於交易型（Transactional）領導行為？(A)「小王，我相信你一定能夠達成目標」 (B)「小陳，今年表現很棒，我年底打算發些獎金給你」 (C)「小李，若我們從目標回推，你覺得這邊還能怎麼修改」 (D)「小趙，家裡小孩剛滿月，最近一定都很辛苦吧」。 【109經濟部】

解 1 **(A)**。交易型領導：領導者透過給予部屬胡蘿蔔（獎酬及滿足員工需求，以職位、薪資、獎金、物質作為交易的條件），引導部屬完成工作。

(1)強調部屬的「外在需求與動機」。

(2)部屬對領導者的順從與忠誠建立在「交換互惠、社會交換（易）」上。

2 **(B)**

四、僕人式領導

(　　) 下列哪一類型領導者，其特質是著重於協助部屬成長與發展？ (A)真誠領導者 (B)僕人式領導者 (C)社會化魅力領導者 (D)轉換型領導者。 【105經濟部】

解 **(B)**。轉換型：共同成長。

僕人型：視員工成長為肩上責任。

五、道德型領導

(　　) 企業領導者被要求由自己的行為到明示的道德行為都要維持高道德水準，且促使組織中他人保持相同標準，此稱： (A)策略性領導 (B)道德領導 (C)企業倫理 (D)社會責任。 【105台鐵】

解 **(B)**。Sergiovanni將領導的權威分為下列五種：
(1)科層權威（bureaucratic authority）。
(2)心理權威（psychological authority）。
(3)技術-理性權威（technical-rational authority）。
(4)專業權威（professional authority）。
(5)道德權威（moral authority）。

六、團隊型領導

( ) 下列何者不屬於團隊領導者主要扮演的角色？ (A)問題解決者 (B)教練 (C)控制者 (D)外界關係聯繫者。 【104台水、105郵政】

解 **(C)**。團隊領導者扮演的角色：
(1)衝突管理者：協助成員處理衝突。
(2)問題解決者：領導者可藉由會議協助問題解決。
(3)教練：釐清期望和角色。
(4)外部相關人員聯繫者：確保所需資源及釐清外界對組織期望。

七、策略式領導

( ) 經理人運用知識、活力與熱情，以願景、清楚的商業模式、善於授權、使用權力及高情緒智商，領導部屬並發展出高績效組織，此種方式是屬於下列何種領導類型？ (A)魅力領導 (B)策略領導 (C)集權領導 (D)願景領導。 【110台鐵】

解 **(B)**。策略領導：策略領導是一種能力，能夠預測、保持彈性、策略思考，在組織中與他人合作並發動改變，為組織創造出有價值的未來。

八、家長式領導

( ) 華人家族企業極為普遍的是何種領導方式？ (A)權威式領導 (B)家長式領導 (C)典範式領導 (D)仁慈式領導。 【107農會、107經濟部】

解 **(B)**。華人家長式領導：領導者透過施恩、立威、樹德來影響部屬，以展現領導績效。家長式領導包括：仁慈、德行及威權領導。

九、第五級領導

(　　)　林書豪近來在美國職籃表現優異，卻展現出謙沖為懷的個性，其符合《從A到A+》一書中之何種領導人？ (A)第一級領導人 (B)第五級領導人 (C)第二級領導人 (D)第四級領導人。

解 **(B)**。「從A到A+」：

第一級領導是有才幹的個人。

第二級領導有貢獻的團隊成員。

第三級領導勝任愉快的經理人。

第四級領導有效能的領導者。

第五級領導藉由謙虛的個性和專業的堅持，建立起持久的卓越績效標準。

申論題

一、環境的變動與不確定性影響領導風格，全球化、科技變革與社會變遷都可能導致領導模式的轉換。請詳述當代領導模式中，第五級領導、僕人式領導、真誠領導之特色。【107台鐵】

二、領導者是組織中具有影響力的人員，請問：

(一) 何謂領導者發揮領導力的五種關鍵權力？

(二) 何謂魅力領導（charismatic leadership）？轉換型領導（transformational leadership）？以及領導替代（substitutes for leadership）？【110台鐵】

時事應用小學堂 2022.7.8

從喜劇演員到戰時總統澤倫斯基天生有領導基因

「澤倫斯基讀幼兒園時，同學就已經圍繞著他，聽他指揮玩遊戲」，他從小就表現出領導能力和抗壓性，波蘭記者羅加興說，「普亭顯然低估了他的能耐。」
波蘭記者羅加興（Wojciech Rogacin）最近寫了一本烏克蘭總統澤倫斯基的傳記，先後在波蘭和德國出版。
報導中東歐新聞的資歷超過20年的羅加興（Wojciech Rogacin）說，2019年春天，在娛樂圈打滾多年、以喜劇演員為人所知的澤倫斯基（Volodymyr Zelenskyy）意外當選烏克蘭總統，跌破觀察家眼鏡，羅加興開始對他感到好奇。

澤倫斯基在當上總統前是政治素人，毫無執政經驗，上任後烏克蘭的經濟也不見起色，在國內頗受爭議。可是今年 2 月 24 日俄羅斯一出兵，他頓時成為領導全國人民對抗入侵的英雄，他的領導統御能力從哪裡來？

羅加興回顧澤倫斯基的出身背景後發現，他天生就有表演天賦和領導基因。他在家鄉克里維里赫（Kryvyi Rih）讀中學時，經常上台演戲，雖然只是演配角，謝幕時總是得到最多的花，因為他實在太愛出風頭。

澤倫斯基不只粉墨登場，也自己寫劇本，他創辦「95 街區」（Kvartal 95）工作室為電視台製作娛樂節目，很快就大獲成功。當時為了一個節目，澤倫斯基可同時領導上千人，他又有生意頭腦，為公司賺進數千萬美元。他尤其喜歡跟自己信得過的人共事，很多人從「95 街區」時期就一路跟著他參政。國會議員波土拉耶夫（Mykyta Poturaiev）就是其中之一。他說，澤倫斯基本業終究是演員，必須感受到「觀眾」還在挺他，確定團隊每一位成員都演好自己的角色，不然很容易失去鬥志；幸好這場戰爭打到現在，全世界、尤其主要西方國家都支持他。

「95 街區」製作的連續劇「人民公僕」2015 年在晚間黃金時段首播，他飾演意外當上總統的主角，一時風靡全國；幾年後，他在真實人生靠著「人民公僕」黨，果真以 7 成高票當上總統，堪稱是東歐政壇的驚奇。

可以肯定的是身為戰時總統，澤倫斯基現在已經是傳奇人物。他鼓舞人民語氣誠懇，口白緩急有序，把獨有的沙啞嗓音發揮的淋漓盡致；他拒絕美國離開首都的建議，為了捍衛國家主權和領土完整，寧願留在國內與人民站在一起，成了抵抗外侮的精神象徵。

在國家存亡關頭，澤倫斯基為何還能保持鎮定？羅加興研究他的一生後發現，答案其實很簡單：「他總是對自己很誠實，承認自己有弱點，但也充分利用自己的優勢。」

（資料來源：中央社 https://www.cna.com.tw/news/aopl/202207080013.aspx）

延伸思考

澤倫斯基和普亭為烏克蘭和俄國的領導人，在烏俄戰爭中，澤倫斯基領導烏克蘭對抗大國的方式，其領導方式為何？為何是有效的領導？

解析

1. 以身作則，激勵團結烏克蘭人，建立信心的領導者特質和力量。
   俄國大舉入侵烏克蘭，以國力對比，烏克蘭穩輸，而且，撐不了幾天。雖然危在旦夕，烏克蘭總統澤倫斯基卻在電視上一再現身喊話：「我是俄國頭號戰犯，仍然在這裏，我的家人也都在這裏。」一語定心。在國外的烏克蘭人，紛紛返鄉投入戰事，保家衛國。包括一些世界級的運動員，受了感召，立刻回國。
2. 同理心：澤倫斯基對世界各國發表談話，建立同理心，支援烏克蘭。他雖然對各國的呼籲都離不開三個主題：制裁俄羅斯、提供烏克蘭武器及其他支援、說明烏克蘭是為全世界民主社會的信念和價值而戰。但是，每一篇演講都透過對歷史和文化的深耕，可以和當地的人建立連結，激起共鳴。同時兼具了魅力型領導、轉換型領導、願景式領導等領導風格。

Lesson 15 人際與組織溝通

課前指引

溝通（communication）是指意思的傳達及瞭解。所謂完美溝通則是收訊者所認知到的想法與觀念，和發訊者所欲傳達的是完全一樣的。因此，良好溝通是指清楚瞭解訊息的內容，而不是指同意訊息的內容。本章所說的溝通包含：人際溝通（interpersonal communication）、組織溝通（organizational communication）二大類。

重點引導

焦點	範圍	準備方向
焦點一	溝通的定義與程序	本焦點的重點在溝通的程序上，總共有八個要素，需要將個別內容融會貫通。
焦點二	組織溝通的類型	焦點二分為三個主題，包括正式溝通的種類、非正式溝通的種類、群體溝通的網路型態。三個主題的出題頻率都很高，需要熟讀各種溝通類型，並能運用於生活實例。
焦點三	組織衝突	焦點三為組織的衝突，為溝通不良的狀態。本焦點最常出題的重點落在衝突的類型與衝突的解決方式（衝突管理），尤其是非功能性的衝突解決方式，包括規避、順應、妥協、競爭與合作的五個策略，需要熟悉其定義並學會與生活情境的配合。

焦點一 溝通的定義與程序

一、溝通的功能【郵政】

史考特與米契爾（Scott and Mitchell）認為組織溝通主要有以下四種功能：

小口訣，大記憶

控制、資訊傳遞、激勵、情緒表達

▲控制激情

功能	內容
控制	組織可以藉由正式溝通來約制成員遵守制度、規章等，也可以透過非正式溝通引導、規範員工的行為。例如上級對員工的指示、成員間的非正式溝通皆可控制員工的行為。
資訊傳遞	個人或組織透過溝通取得所需要的資訊，用以完成任務。
情緒表達（發抒情感）	組織內的成員或個人彼此分享在工作上、生活上的喜悅或困難，作為抒發情緒的管道。
激勵	透過適當的溝通與回饋，可以激勵組織成員，增強成員的向心力，提升動機與意願。

二、溝通的程序【經濟部、台水、台菸酒、台鐵、郵政、農會、桃機】

(一) 溝通程序（Interpersonal Communication Program）是人與人之間訊息的轉譯過程。

(二) 伯格（D. Berlo）提出一種描述溝通程序的模式，共有八個要素，如下圖所示。

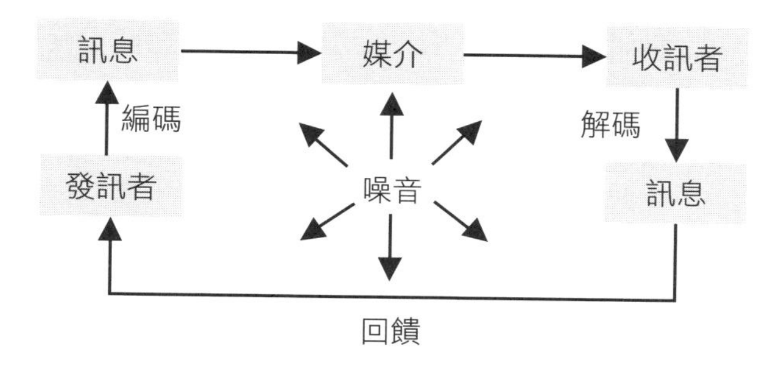

八個要素	內容
發訊者	傳送訊息的組織或個人，是溝通過程中要傳遞訊息的一方。
編碼	將抽象的意念轉換成他人可以了解的形式，也就是將思想轉換成文字、圖片或肢體動作等。
訊息	實際傳達的語言、文字、圖片或其他符號。
媒介（通路）	傳送訊息給收訊者的溝通管道或通路，如電子郵件、電話、公文、會議、面對面等。
收訊者	接收訊息的組織或個人，是溝通過程的目標對象。

八個要素	內容
解碼	將收訊者所收到的訊息予以翻譯的過程。
回饋	收訊者吸收資訊後的反應，此反應可以提供給發訊者，用來檢視發送的訊息是否有被正確的理解。
噪音	指干擾訊息的傳遞、接收或回饋的事物。噪音可能發生於發訊者、收訊者、溝通通路、編碼或解碼的過程。

三、溝通會遇到的障礙【經濟部、台鐵】

人際溝通本就會存在許多的障礙，包括：過濾、情緒、資訊過載、防禦性、語言、國家文化等。

障礙	內容	日常小例子
過濾（Filtering）	發訊者會為某種目的而操縱所傳遞的訊息，如下屬會因為討好主管而隱藏一部分訊息，或是傳遞訊息時依己意加油添醋。	
資訊過載（Information Overload）	個人必須處理的資訊已超過其能力。面對資訊過載時，人們會傾向於忽略、跳過、遺忘或選擇性處理資訊，或是會停止溝通。	
防衛（Defensiveness）	當個人面對訊息，感受到威脅時，會變得具有防衛性，隨之而起的防衛性舉動，如抨擊性言詞、諷刺性批評，都會妨礙有效溝通。	
語言（Language）	發訊者和收訊者，因教育程度、年齡，生活背景，社群文化不同，而使用不同的語言和表達技巧，不同領域的人，也都各有其「行話」，小團體或同儕團體也各因其次級文化形成的同儕語言，造成語言傳遞上的困難。	
情緒（Emotions）	收訊者的情緒也會造成對訊息情緒化的判斷。	
國家文化（National Culture）	在崇尚個人主義的國家，溝通方式傾向於正式而清楚；而在重視群體主義的日本，人與人之間有較多的互動，較鼓勵當面溝通。	
認知障礙	選擇性知覺（Selective Perception） 溝通過程裡，收訊者會基於自己的興趣或需求選擇其所認為最重要或最喜愛的部分，影響資訊的完整性。	業務主管面試員工，只選口才好、對答如流者。財務主管面試員工選擇對數字敏感者。

障礙	內容	日常小例子
認知障礙	月暈效果（Hola Effect，暈輪效應） 依個人某一個特質來推論其整體的特質。	當主管認為員工回答問題時對答如流，認定工作上也很傑出。
	刻板印象（Stereotyping） 由個人所述的群體的特徵來對其進行判斷	男主外，女主內
	投射作用（Projection，假設相似） 假設所有人的特質與自己相似	我覺得這碗麵很好吃，別人也是這麼認為。
	對比效果（Contrast Effect） 在判斷他人時，會受到先前印象中具有同特質的人互相比較的影響。	從台大畢業的應徵者會被拿來與過去台大畢業的面試者做比較。

四、解決溝通障礙的方法【台鐵、郵政、桃機】

為解決溝通的障礙，提高溝通效率，以下提出的許多方法都可以提升效率、降低障礙。

(一) Robbins & Coulter**提出有效的人際溝通方式：**

方法	內容
利用回饋機制	讓收訊者接受訊息之後，可以將理解的資訊再發給發訊者，讓發訊者確認對方的理解是否符合自己的意思。
清楚易懂的語言	面對不同的收訊者，可以透過語言簡化，使對方更容易了解。
控制情緒	情緒波動會影響溝通的準確性，因此必須控制住情緒，才能客觀理解資訊。
注意非言語的暗示	例如說話的語調或肢體表現，往往最能反映人們的真實想法與態度。

方法	內容	
主動傾聽	1. 保持目光接觸。 3. 設身處地思考。 5. 避免分心的動作或手勢。 7. 避免打斷他人談話。	2. 善用肢體語言。 4. 發問。 6. 用自己的話語重述。 8. 話別說太多。

(二) **其他有效溝通的方法：**

1. 資訊流程的管理：管理資訊目的在管制資訊的質與量。
2. 開放的心胸：良好的溝通者必須拋開自己的成見，客觀考慮對方意見。

即刻戰場

選擇題

一、溝通的功能

( ) 下列何者並非溝通的功能？ (A)資訊傳遞 (B)提高動機 (C)降低參與 (D)強化控制。 【107郵政】

解 **(C)**。溝通功能：控制、資訊傳遞、激勵、情緒表達。

二、溝通程序

( ) **1** 下列何者「不是」溝通過程的要素？ (A)編碼（encoding） (B)解碼（decoding） (C)回饋（feedback） (D)控制（control）。

( ) **2** 下列何者不是溝通過程中不可或缺的元素？ (A)發訊者 (B)解碼者 (C)溝通管道 (D)回饋。 【107郵政】

( ) **3** 下列哪一類溝通方式所能包含的資訊豐富性最高？ (A)電子郵件 (B)面對面會談 (C)電話 (D)公布欄。 【109台菸酒】

( ) **4** 下列哪一種溝通方式所獲得的顧客回饋最為直接？ (A)廣告溝通 (B)人員溝通 (C)直接郵件 (D)網路。 【107台鐵】

解 **1 (D)**。溝通八要素：發訊者、訊息、編碼、媒介、解碼、收訊者、回饋、噪音。

2 (B)。

3 (B)。資訊豐富性：面對面會談>電話>電子郵件>有指定個人化紙本文件（書信、筆記、備忘錄）>無指定非個人化紙本文件（檔案、報告、公告）。

4 (B)。人員溝通：可直接面對顧客，蒐集顧客的反應、回饋。

三、溝通會遇到的障礙

( ) **1** 下述何者不是溝通時常見的認知障礙？ (A)月暈效果 (B)投射 (C)對比效果 (D)訊息上下傳遞上之扭曲。 【107經濟部】

( ) **2** 在溝通的過程中，接收者會基於個人的需求、動機、經驗、背景以及其人格特徵，來選擇觀看與聽聞某些事務之現象為： (A)過濾作用（filtering） (B)資訊超荷（information overload） (C)定錨偏誤（anchoring bias） (D)選擇性知覺（selective perception）。 【108台鐵】

( ) **3** 桑熙向員工發表演講，一共講了三個半小時並在演講中展示了247張簡報。演講最後的互動疑難解答沒有人問問題。員工可能處於那種溝通障礙？ (A)信息超載 (B)選擇性知覺 (C)頓悟學習 (D)制約學習。 【103台糖、109台鐵】

解 **1 (D)**。(A)(B)(C)選項應該都是認知障礙，只有(D)是溝通時「傳遞」的障礙。

2 (D)。選擇性知覺（Selective Perception）：溝通過程裡，收訊者會基於自己的興趣或需求選擇其所認為最重要或最喜愛的部分。

3 (A)。資訊超載：太多的訊息讓人難以吸收。

四、解決溝通障礙的方法

( ) 促進有效溝通的方法有： (A)簡化語言 (B)預設立場 (C)注意資訊流程的管理 (D)主動傾聽。（多選） 【107台鐵】

解 **(ACD)**。改善溝通障礙有效的方式：簡化語言、利用回饋、注意非語言的暗示、情緒控制、主動傾聽其他有效溝通的方法：

(1)資訊流程的管理：管理資訊旨在管制資訊的質與量。

(2)開放的心胸：良好的溝通者必須拋開自己的成見，客觀考慮對方意見。

申論題

組織內部主要的溝通障礙多來自於個人及組織因素，請論述主要的個人溝通障礙及其原因。 【109台鐵】

焦點二 組織溝通的類型

組織內部的溝通通常分為正式與非正式兩種。

(一) 正式溝通（Formal Communication）指按組織層級或工作安排的溝通。

(二) 非正式溝通（Informal Communication）指組織層級未定義的溝通。非正式溝通是員工的社交需求，並且是正式溝通管道之外，另一條更快、更有效率的溝通管道，而有助於組織績效的改善。

一、正式溝通【經濟部、台水、台糖、中油、台電、郵政】

依照組織的層級進行溝通，因此正式溝通的方式或溝通流向可分為下面幾種類型

溝通流向	內容
下行溝通（Downward Communication）	主管透過正式的指揮權責系統，將命令、任務、訊息等傳達給下級員工之過程（上對下）。
上行溝通（Upward Communication）	下級員工透過正式的指揮權責系統，將意見、訊息等傳達給上級主管（下對上）。
橫向溝通（Lateral Communication）	指同階層平行人員間互相訊息交換意見的過程，例如科長與科長間的溝通（水平）。
斜向溝通（Diagonal Communication）	指跨部門且不同層級的單位或人員的溝通。例如第一科科長和第二科科員的溝通。也可稱交叉溝通

小比較，大考點

費堯所提出的跳板原則，有時考試會出現跳板溝通。

跳板原則（gangplank principle）：是指水平部門單位間的協調現象。企業為了爭取時效，同一層級的人員可以互相溝通，但仍必須徵求各自主管的同意，協調後的結果也要報告給主管。

二、非正式溝通【經濟部、台水、中油、台鐵、桃機】

(一) 葡萄藤溝通（Grapevines）屬於一種非正式溝通，不經由組織圖及組織層級的正式程序溝通，傳遞方式多為口頭為主，具有回饋及過濾的功能，可以反應出員工所關心的重要事情。

(二) 非正式的溝通系統可達成兩個目的

1. 它可以滿足員工對社交的需求。
2. 它是正式溝通管道之外，另一條更快、更有效率的溝通管道。

(三) 葡萄藤溝通又可分為以下幾種類型：

類型	內容
集群連鎖（cluster-chain）(a)	又稱選擇連鎖，在溝通過程中，有幾個中心人物，由他轉告若干人，而且有某種程度的彈性。
密語連鎖（gossip chain）(b)	又稱閒談連鎖，透過一個人傳播，即獨家廣播中心。
隨機連鎖（probability chain）(c)	即碰到什麼人就轉告什麼人，並無一定中心人物或選擇性。
單線連鎖（single-strand chain）(d)	就是由一人轉告另一人，他也只再轉告一個人，也就是一人轉告另一人的訊息傳遞溝通。

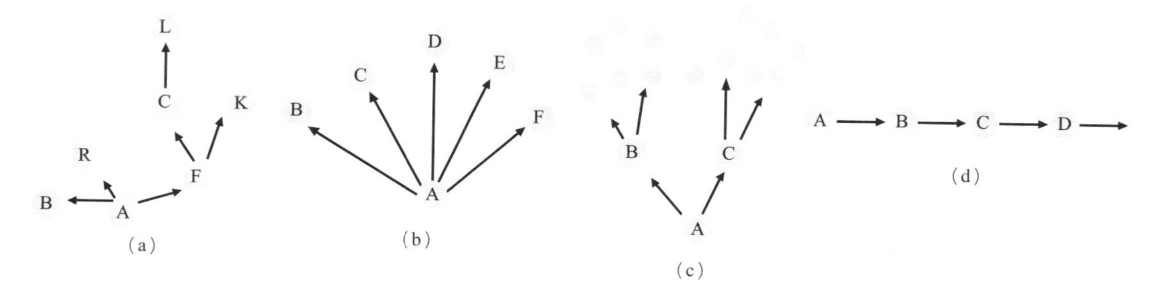

(四) 葡萄藤溝通特點

心理學研究表明，非正式溝通的內容和形式往往是能夠事先被人知道的。它具有以下幾個特點：

1. 消息越新鮮，人們談論的就越多。
2. 對人們工作有影響的人或事，最容易引起人們的談論。
3. 最為人們所熟悉的，最多為人們談論。
4. 在工作中有關係的人，往往容易被牽扯到同一傳聞中去。
5. 在工作上接觸多的人，最可能被牽扯到同一傳聞中去。

對於非正式溝通這些特點，管理者應該予以充分和全面的考慮，以防止起消極作用的「小道消息」。

三、群體溝通的網路型態【台水、台糖、中油、台電、台鐵、郵政】

(一) 除了二人之間的溝通狀況外，訊息在群體之間的流動方式有下列五種溝通網路：

1. 鏈狀（Chain）：網路中，溝通流向是隨著正式的指揮鏈而上下流動。
2. 輪狀（Wheel）：溝通網路所呈現的，是一個強勢領導者和組織成員間的溝通方式，組織的所有訊息都會透過領導者傳遞。
3. 環狀：並無核心人物，由一人傳遞給另一人，逐一傳遞下去，最後又傳遞回最先開始傳遞此訊息的第一個人，故其速度最慢。
4. 網狀（All-Channel）：又稱星狀溝通，團隊所有成員都可彼此相互溝通。
5. Y字型：溝通流向由核心人物傳遞至另一人，這個人再傳遞給另一人，至第三人之後就開始散播。

(二) **溝通型態的圖形與特色**

上述五種群體網路溝通型態的圖形如下表示。此外，選擇溝通網路的四項標準為：速度、正確性、領導的明顯性（核心人物），及員工的滿意度。須視目的而定，每一種溝通方式有其特點與優勢，如溝通速度最快的為輪狀與網狀模式；員工滿意度最高的則為環狀與網狀模式；消息傳遞最正確者為鏈狀、輪狀與Y字型模式；具有核心人物的模式則為輪狀模式。

項目	鏈狀	輪狀	環狀	交錯型網狀	Y 字型
型態	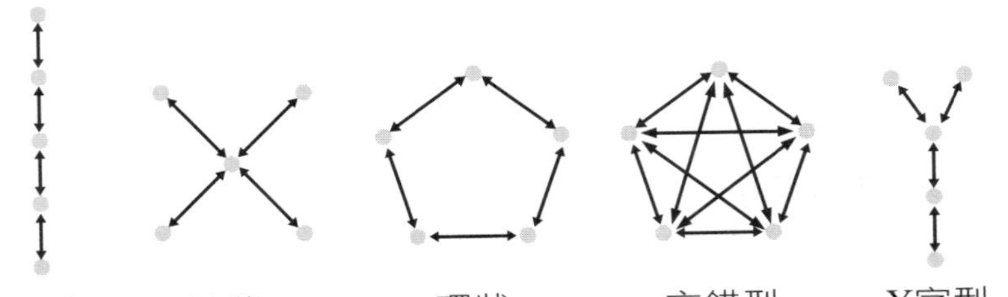 鏈狀	輪狀	環狀	交錯型	Y字型
溝通速度	中	快	慢	快	中
士氣（員工滿意度）	中	低	高	高	中
訊息正確性	高	高	低	中	高
核心人物	中	高	無	無	中

小比較，大進擊

將溝通劃分為不同類型：

1. 根據訊息的不同，管理溝通可以分為語言溝通和非語言溝通。
2. 按照組織系統不同，可以將溝通分為正式溝通和非正式溝通。
3. 按照溝通方向不同，可以將溝通分為下行溝通、上行溝通和平行溝通。
4. 根據是否進行反饋，管理溝通可分為單向溝通與雙向溝通。
5. 管理溝通按照主體的不同，可以分為人際溝通、群體溝通、團隊溝通、組織溝通和跨文化溝通等不同類型。

即刻戰場

選擇題

一、正式溝通

(　　)　業務專員因客戶需求而與研發部門經理討論，要提供給客戶什麼的產品設計與規格，此種溝通方式，稱之為：(A)下行溝通（downward communication） (B)上行溝通（upward communication） (C)橫向溝通（lateral communication） (D)斜向溝通（diagonal communication）。【105中油、108經濟部】

解 **(D)**。業務→研發部門：不同部門。
專員→經理：不同階層。
跨部門和階層的溝通就是斜向溝通。

二、非正式溝通

(　　) **1** 下列哪一種溝通方法，是經由朋友和熟人所組成的網路關係，透過謠言和其他非官方資訊，在人們之間傳遞訊息的方式？ (A)平行溝通 (B)葡萄藤 (C)肢體語言 (D)正式溝通。【105台水、106桃機】

(　　) **2** 對企業組織來說，組織八卦/傳聞（organizational grapevine）是有益的，最主要是因為： (A)能運用這個管道來告知員工公司的重要政策 (B)能減少資訊的過度承載 (C)能彌補組織對外的正式溝通管道 (D)能連結員工的情感並滿足人際互動的需求。【106經濟部】

(　　) **3** 非正式溝通中的閒談式溝通圖形為：（●：代表發訊者）【106中油】

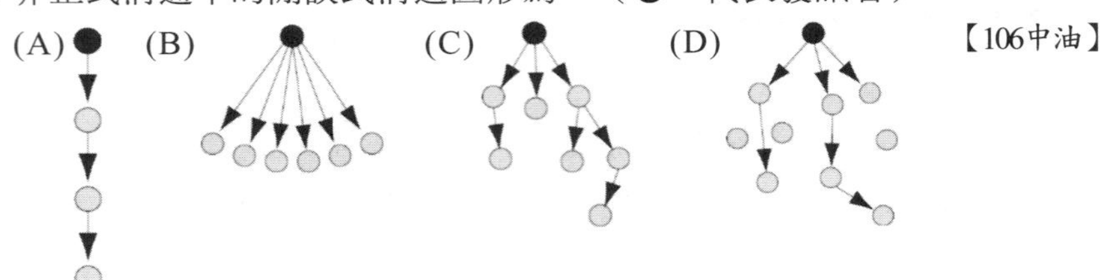

解 **1 (B)**。非正式溝通，又稱為葡萄藤式溝通：非透過組織層級、部門、結構所定義的資訊傳遞管道，大多為小道消息或八卦。

2 (D)。非正式的溝通系統可達成兩個目的：(1)它可以滿足員工對社交的需求。(2)它是正式溝通管道之外，另一條更快、更有效率的溝通管道。

3 (B)。(A)單線連鎖：一員工將資訊傳給第二位員工，第二位員工再傳給第三位，一個接一個傳下去。

(B)閒談/密語連鎖：又稱密語或八卦連鎖，由一人告訴組織內所有人。

(C)集群連鎖：員工將資訊傳給特定幾個人員，特定人員再傳達給其他特定幾人。是為組織中最常見的非正式溝通。

(D)隨機連鎖：員工沒有針對特定人員、隨機的傳遞資訊。

三、群體溝通的網路型態

(　　) **1** 下列哪一種型態是正式的組織溝通網絡（communication networks），團隊員工彼此可互相溝通且滿意度會最高？ (A)網狀（all-channel）型式 (B)輪狀（wheel）型式 (C)鏈狀（chain）型式 (D)葡萄藤（grapevine）型式。【105中油、106台鐵、108郵政】

(　　) **2** 若要增進組織成員的滿意度，下列哪一種形式的正式溝通網絡最有效？ (A)輪狀式（wheel） (B)全方位式（all channel） (C)鏈狀式（chain） (D)葡萄藤式（grapevine）。【105郵政】

解 **1 (A)**。 鏈狀：隨正式組織流動。

輪狀：領導者如軸中心，所有訊息透過他傳送。

網狀：成員間可隨意溝通。

葡萄藤：非正式溝通網路。

2 (B)。不要有核心人物最佳！

全方位=網狀

填充題

依組織溝通的4種流向，公司高階管理者每天早上會聚集員工進行10分鐘的會議宣布工作安全注意事項及表揚績效優良者，稱為 ______ 溝通。【107台電】

解 **下行溝通**。下行溝通：主管透過正式的指揮權責系統，將命令、任務、訊息等傳達給下級員工之過程（上對下）。

申論題

在組織溝通中，有三種溝通網路模式，請說明其內容為何？這三種模式在溝通的速度、正確性和成員的滿意度上有何不同？【106台鐵】

焦點三 組織衝突

一、組織衝突

(一) 組織衝突（Organizational Conflict）是指專業分工後，在達成目標的過程中，由於組織的各單位間的目標與角色差異、資源有限等因素，組織衝突隨時都可能發生。

(二) 可將衝突分為認知衝突與情感衝突。

1. 認知衝突（Cognitive Conflict）是任務導向的，是在達成任務過程中，為了得到最好的結果，因意見上不同而產生的衝突。認知衝突會刺激大家對問題有更深入與完整的探討，刺激創造力與創新，提升組織的決策品質與績效；同時因促進彼此觀點的理解，對決策結果將更有承諾感與接受度，能提升各單位後續執行力與彼此的合作關係。
2. 情感衝突（Affective Conflict）是情緒導向的，是因為無法相互包容與彼此怨懟所產生之人際關係上的衝突。情感衝突可能會因為憤怒、嘲諷或退縮而阻礙建設性互動，演變成輸贏的零和緊張關係，進而降低對決策結果的接受度與承諾，導致後續任務執行不力，與傷害往後的協調與合作關係。
3. 認知衝突對組織決策績效通常是正面的，情感衝突則是負面的。

(三) 組織內的衝突是常態的，必須得用心經營才能達到合作無間。此外，組織需要藉由不同觀點與價值觀的摩擦，產生更好的方案，促進其學習與環境適應。因此，衝突管理的目標不應該是消弭所有的衝突。

(四) 組織衝突的原因

發生組織衝突，可以分為三大類原因：

原因	內容
溝通因素	大多數組織衝突可以歸咎於組織溝通不良。
結構因素	1. 組織規模的大小。組織規模越大，衝突也越大。原因可能是規模越大，分工越多，層次越多，因此訊息在傳遞過程中越易被曲解。 2. 成員參與管理的範圍。 3. 直線組織與外圍組織的矛盾。 4. 資源分配不均衡引發的矛盾。
個人行為因素	組織成員的價值觀或知覺方式所表現出來的個體行為差異也是衝突的來源之一。

二、衝突過程【經濟部】

管理學者龐帝（Pondy）認為組織衝突，通常會經過五個階段：

階段	內容	小例子
潛伏期（latent stage）	各單位間有不同目標或是在爭取相同的資源，競爭尚未表面化。	某部門主管一職出缺，兩位資深員工均有意爭取。
認知期（perceived stage）	雙方開始察覺到彼此目標的分歧或資源的競爭，通常不會表現出來。	二位資深員工得知對方都有意爭取主管一職。
感覺期（felt stage）	團體中成員開始將衝突內化，會以雞蛋裡挑骨頭的方式打擊對方。	如以對方資淺無實務經驗，對單位無戰功等進行攻擊。
外顯期（manifest stage）	吃虧的一方開始報復，如暗中扯後腿或公開爭吵。	直接互相攻擊。
餘波期（aftermath stage）	通常經由高階主管出面協調解決。若是衝突的根源未化解，相似的衝突事件會一再發生，且造成衝突雙方心中負面情緒的累積。不管衝突解決或尚未解決，都有各式的後遺症發生。	可能造成彼此心結而無法共事。

三、衝突的觀點【台水、台糖、郵政、農會】

對於衝突的觀點隨著時代而有所變化，過去以和為貴，認為衝突就是不好的，想要盡量降低衝突；但目前的觀點則認為，適度的衝突有助於組織的進步。

觀點	發展年代	內容	作法
傳統衝突觀點	1940 年代	1. 有害的、破壞性的 2. 衝突一定是不好的	消除或避免衝突
人際關係觀點 人群觀點 行為觀點	1960 年代	1. 自然的事，無法避免 2. 衝突不全然都是不好的，有可能反而增加組織績效	接受衝突
互動者觀點 交互影響觀點	1970 年代	1. 對組織有利亦有弊 2. 衝突有限度的存在，是必要的，有正面意義	適度衝突

四、衝突的類型【經濟部、台電、台鐵、郵政】

根據不同的分類方式，可以將組織的衝突分成不同類型，如下所述。

(一) Jehn和Amason分類

1. 關係衝突（relationship conflict）：「人與人之間關係」的衝突，這種衝突通常沒有建設性，只會損害組織目標的達成。通常是非功能性衝突。如員工之間因為事情分配而爭吵。
2. 任務衝突（task conflict）：「與目標及工作內容相關」的衝突。如生產與銷售部門之間目標的差異（一個重成本品質，一個重顧客滿意）；財務稽核與直線業務之間的差異（一個重官僚程序，一個重現場彈性）。
3. 程序衝突（process conflict）：「與如何完成工作有關」的衝突。如行政管理部門與業務部門，在完成事情的作業程序（如表單作業）上所產生的衝突。

(二) 建設性有無

1. **功能性衝突（Functional Conflict）**：能支持組織目標並改善組織績效，有建設性的衝突。

2. **非功能性衝突**（Dysfunctional Conflict）：會破壞及妨礙組織達成目標的衝突。

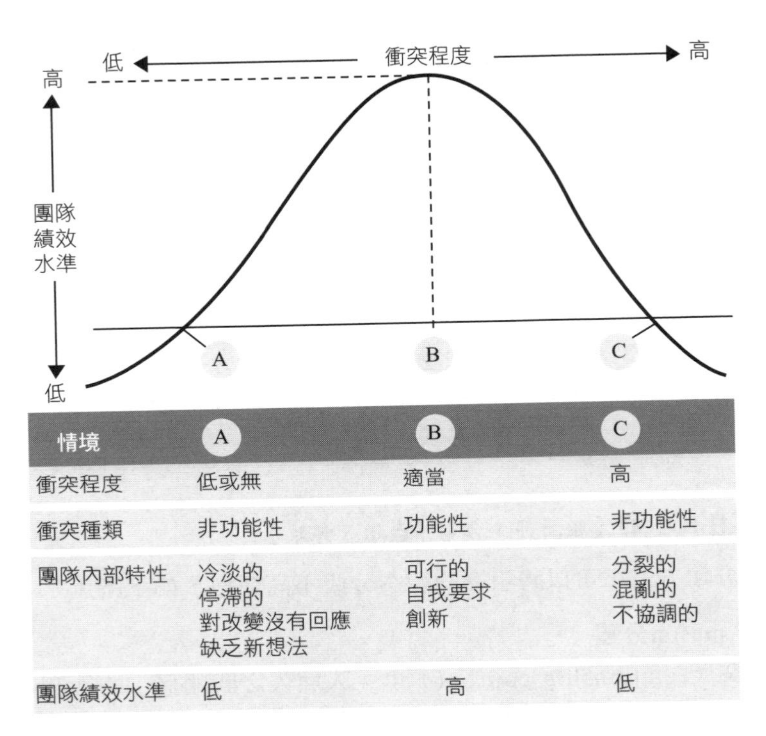

情境	A	B	C
衝突程度	低或無	適當	高
衝突種類	非功能性	功能性	非功能性
團隊內部特性	冷淡的 停滯的 對改變沒有回應 缺乏新想法	可行的 自我要求 創新	分裂的 混亂的 不協調的
團隊績效水準	低	高	低

(三) **衝突目標物**

1. 雙趨衝突（approach-approach）：兩個都想要時，只能選擇其中一個而必須放棄另一個時的衝突。如魚與熊掌不可兼得。
2. 雙避衝突（avoidance-avoidance）：對兩種不利或令人討厭的事情同時出現，且必須選擇其一時。如不想被裁員也不想被減薪；前無去路，後有追兵。
3. 趨避衝突（approach-avoidance）：單一目標有兩種特性，只想要好的而不想要不好的，是一種進退兩難的心理困境。如要馬兒跑又要馬兒不吃草。

五、衝突的解決方式（衝突管理）【經濟部、台水、台菸酒、中油、郵政、農會】

解決衝突的方法又可以稱為衝突管理，依據功能性與非功能性衝突，有不同的解決策略。

(一) 功能性衝突

1. 更改組織結構：打破垂直疆界與水平疆界，讓成員容易溝通。
2. 引進不同觀點或新人員：採用鯰魚效應，讓新人激發既有員工的創意。
3. 利用遊戲，增加趣味性：例如各部門之間的績效競賽。

(二) 非功能性衝突

美國學者Thomas以強硬程度（Assertiveness）與合作程度（Cooperativeness）二維度提出解決策略。

1. 逃避（Avoidance）：
   (1) 低堅持與低合作型。
   (2) 逃避現狀，不直接面對、解決衝突之方式。
   (3) 採此策略通常造成雙輸局面。通常運用於面對衝突必須付出相當的代價，所引發的干擾超過化解之利益時。
   (4) 如無能主管，置身事外不捲入紛爭、粉飾太平。
2. 讓步（Accommodation）：順應／適應／安撫／讓步
   (1) 屬低堅持與高合作型。
   (2) 犧牲小我完成大我，犧牲自己照亮別人，盡量配合對方，將他人的需求置於自己需求之上，以便維持和諧關係。採此策略即自己認輸來讓對方贏。
   (3) 如佛祖割肉飼鷹
3. 妥協（Compromise）：
   (1) 屬中堅持與中合作型。
   (2) 雙方都能察覺到對方的難處與苦衷，各自放棄一些有價值的事物，是一種雙方皆有輸有贏的策略。
   (3) 當衝突雙方勢均力敵、爭議的主題過於複雜，非一時半刻可以解決時，妥協通常是最佳策略。
   (4) 如雙方撤告，雙方各退一步，雙方都犧牲。
4. 競爭（Competition）：支配
   (1) 屬高堅持與低合作型。
   (2) 迫使對方付出代價以滿足自己的需求，採此策略即追求對方輸來讓自己贏。
   (3) 如情緒勒索，堅持己見，強迫對方接受。
5. 合作（Collaboration）：
   (1) 屬高堅持與高合作型。
   (2) 衝突雙方均花一些時間探討衝突的原因，尋找對彼此都最有利的解決方案，為雙贏的解決方法。

(3) 如講道理，就事論事而非退讓，尋求雙贏。

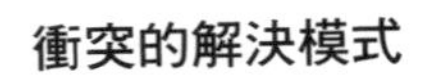

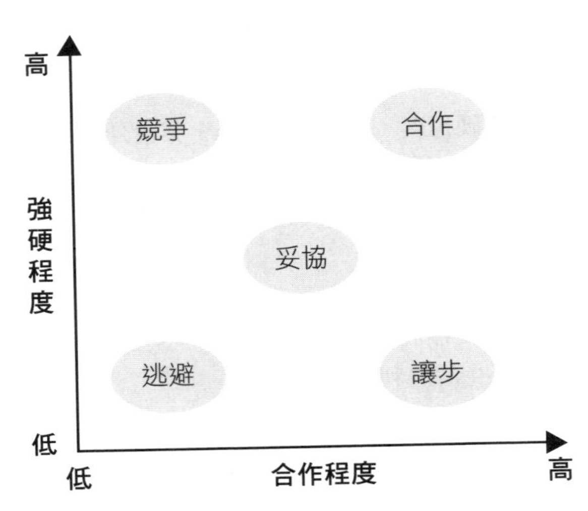

(三) 這些方式並無絕對好壞之分，各有其適用的時機。在決定採用何種方式之前，需考慮解決衝突時間的急迫性、自己與對方實力的差距、雙方主張的對與錯、衝突解決後的得失大小、是否有其他更重要的事待辦、解決的成本效益程度等因素來做綜合考量。

即刻戰場

→選擇題

一、衝突過程

( ) Pondy認為團體衝突，通常會經過五個階段，請問團體中成員開始將衝突內化，會以「雞蛋裡挑骨頭」的方式打擊對方，是處於下述哪個階段？ (A)潛伏期（latent stage） (B)認知期（perceived stage） (C)感覺期（felt stage） (D)外顯期（manifest stage）。 【101經濟部】

解 **(C)**。 感覺期：團體中成員開始將衝突內化，會以雞蛋裡挑骨頭的方式打擊對方。

二、衝突的觀點

(　　) 衝突管理是有關群體程序的決策，學界對衝突提出三種不同的觀點，其中認為衝突是很自然的，衝突不一定是負面的，有可能因衝突的存在，反而對團隊的績效有正面的幫助，這是屬於下列哪一種觀點的內涵？ (A)互動者觀點 (B)功能性衝突 (C)人際關係觀點 (D)傳統觀點。
【106台糖】

解 **(C)**。(A)互動者觀點：有限度存在衝突，對組織表現的好壞有其必要性，因此衝突是必要的，有正面意義。
(B)功能性衝突：有助於達成組織目標與增進績效的衝突。
(C)人際關係觀點：衝突的存在是一定的，自然存在無法避免，衝突不全然是不好的，有可能反而增加組織績效。
(D)傳統觀點：衝突的存在代表組織或團隊中存在問題，因此應該避免衝突。

三、衝突的類型

(　　) **1** 組織中當部門成員對產品研發的方向與內容持有不同意見時，是屬於哪一種衝突？ (A)認知衝突 (B)任務衝突 (C)關係衝突 (D)情感衝突。（多選）
【106經濟部】

(　　) **2** 有關「關係衝突」的敘述，下列何者正確？ (A)關係衝突是發生在人與人之間的關係 (B)關係衝突幾乎都是功能性衝突 (C)關係衝突與工作完成的步驟有關 (D)關係衝突與工作目標及內容有關。【108郵政】

(　　) **3** 魚與熊掌不可兼得，是屬於衝突的哪一種類型？ (A)雙趨 (B)雙避 (C)趨避 (D)雙趨避。
【107經濟部、108台鐵】

解 **1 (AB)**。任務衝突（task conflict）：「與目標及工作內容相關」的衝突。
認知衝突=失衡狀態，對個體而言，在心理狀態失衡時，將形成一種內在驅力。驅使個體改變或調適既有的基模，才能容納新的知識經驗。

2 (A)。關係衝突（relationship conflict）：「人與人之間關係」的衝突，這種衝突通常沒有建設性，只會損害組織目標的達成。
(B)非功能性衝突。(C)是程序衝突。(D)是任務衝突。

3 (A)。雙趨：兩個想要的只能選一個。

四、解決衝突的方式

( ) **1** 解決衝突的方法中，藉由退縮或是壓抑來解決衝突，稱之為： (A)合作（collaboration） (B)妥協（compromise） (C)強制（coercion） (D)避免（avoidance）。 【102經濟部、105中油】

( ) **2** 在組織中當發生衝突時，衝突方不再堅持己見，願意犧牲自己的利益，放棄自己的主張，而接受對方的看法。請問此種衝突的解決策略為： (A)合作策略 (B)妥協策略 (C)規避策略 (D)遷就策略。 【104郵政、108台菸酒】

( ) **3** 公司某部門有兩位同事發生衝突，但部門主管不想捲入其中讓事情複雜化，言明雙方自行處理。這種衝突管理的風格是： (A)合作型 (B)妥協型 (C)規避型 (D)順應型。 【106經濟部】

( ) **4** 下列關於衝突管理的敘述何者正確？ (A)關係衝突往往屬非功能性衝突 (B)五種衝突解決方法中，獨斷性最強、合作性最低的是競爭（competing） (C)衝突程度與團隊績效的關係，是負斜率的直線關係 (D)任務衝突（task conflict）是指在工作完成步驟有關的衝突。（多選） 【106經濟部】

解 **1 (D)**。(A)合作：找出彼此雙贏的利益。(B)妥協：找出彼此滿意的方案。(C)強制：只考慮自己的利益。(D)避免：不解決衝突選擇逃避。

2 (D)。遷就→放棄自身利益配合他人。
妥協→雙方各退一步達成共識。

3 (C)。規避（對雙方都不關心）：此種方法是雙方不願面對衝突，一味的粉飾太平。所以表面上似乎沒有衝突，但事實上卻暗潮洶湧。

4 (AB)。(C)呈倒U形（適度的衝突有助團隊績效，沒衝突跟衝突太多都不好。）(D)不一定是在工作完成步驟時發生的，也可能是對任務的目標、決策或方案有不同的觀點所產生的衝突。屬功能性衝突。

填充題

組織中有些衝突能支持群體目標並改善群體績效，此類有建設性的衝突稱為______衝突。 【107台電】

解 **功能性**。功能性衝突：能支持組織目標，並改善組織的績效，是有建設性的衝突。

申論題

請說明湯瑪斯（Kenneth W. Thomas）的5種衝突抑減策略。 【109台電】

時事應用小學堂 2022.11.29

信任不足、溝通不良路透探究鴻海鄭州廠疫情下的騷亂

鴻海（2317）鄭州廠區狀況連連，上個月先是大量員工逃出廠區，本月又為防疫隔離和簽約獎金的問題爆發肢體衝突。

路透訪問到一名剛從鄭州廠離職的郝姓員工，他說，村委幹部上個月招攬他去鴻海工作，待遇是平日的兩倍，不需工廠工作經驗。當初開出的條件是，工作不到四個月就可以拿人民幣 3 萬元（約新台幣 12.9 萬元），遠高於鴻海鄭州廠員工四個月可拿的 1.2 萬到 1.6 萬元。

但他表示，當初沒談到 10 天的隔離期，且後來又突然通知，要多做一個月才拿得到簽約獎金。

路透指出，這個問題成了這些鴻海新進員工和資方衝突的導火線。報導說，除了遵照當地「清零」政策閉環生產導致勞資關係緊張之外，鴻海一再出狀況，也暴露鄭州廠管理上出現信任不足和溝通不良的問題。

郝姓員工在內的抗爭員工拿了人民幣 1 萬元離開，他這個月還沒機會上到生產線。

鴻海不願對這名員工的說法置評，僅對路透表示已就此事發過聲明。

鴻海幹部透露，每年此時是最忙碌的時候，但鄭州廠 10 月爆發疫情，讓他們措手不及而導致「混亂」。

路透另外訪問到一名費姓員工，他說自己很怕染疫，但還得工作兩周才能拿得三個月合約的獎金，掙扎之餘，他從圍牆中的一個洞鑽出廠外，「最後，我決定命才重要」。

延伸思考

由本文中得知，即使在今日組織的溝通仍是很容易因為過濾、資訊過載、認知等因素造成溝通障礙。現今的經理人該如何運用科技，達成更好的溝通？

解析

網路系統、無線通訊功能等資訊科技，改變組織成員溝通的方式。資訊交換與溝通，可以不再受時空的限制。以鴻海的例子，員工有太多訊息來自於口耳相傳，因此現代管理者在管理公司知識時，應該讓所有人都能得到正確的資訊。另外，在企業忙碌的時期，因為沒有正確的溝通、引導，使新進員工無所適從。可以透過以下幾個方式建立良好的溝通管道

1. 透過多種管道進行溝通：應由企業樹立正確的資訊傳播系統，如電子公布欄、公司 Email 等。
2. 員工彼此分享：讓員工能分享彼此的知識，並從他人身上學習，讓工作更有效率與效能，才不致在忙碌的時候，增加員工的不安。例如建立線上資料庫，讓員工可隨時查詢資料；或組成「經驗分享社群」。
3. 鼓勵員工提供反饋：員工需要被傾聽，鼓勵員工提交反饋意見，以便他們有機會表達對工作或是在工作場所的意見和建議。

Lesson 16 控制的基本概念

課前指引

控制是管理循環中的最後一環，是一種監控、比較，並修正工作績效的程序。有效的控制系統，可以確保各項活動朝著完成組織目標的方向進行。

重點引導

焦點	範圍	準備方向
焦點一	控制的定義與程序	焦點一的重點在控制的程序與步驟，需要花時間理解每個步驟的內容與其應用。另外，控制的定義是另一個本焦點常出題的關鍵，只需要釐清定義，就能輕鬆拿分。
焦點二	控制的種類	焦點二介紹各種控制的種類，其中以事前控制、即時控制、事後控制最常出題。需要理解三種類型的內容、特性與應用。其他種類考題較少，僅台鐵特別喜歡出層級分類的方式，需要特別注意。
焦點三	控制組織績效的工具	焦點三是衡量績效的工具，平衡計分卡為出題大重點，包括用法、構面、策略等都要了解。另外，標竿管理也很常出題，相關題目在策略管理（Lesson9）。

焦點一 控制的定義與程序

一、控制的定義與目的

(一) 控制是一種監控、比較，並修正工作績效的程序。透過控制，管理人員才能瞭解組織是否達到預定的計畫目標，以及若未達成時，其原因為何。

(二) 控制的目的(重要性)

1. 確保組織目標達成。
2. 有利於主管權利下放。
3. 資源運用效率化。
4. 獲得有效的資訊。
5. 可預防危機的發生。
6. 標準化生產或服務的基礎。
7. 考核員工的依據。
8. 修訂或更新計畫的依據。

二、控制的程序與步驟

控制程序（Control Process）包含四個步驟：

(一) 建立目標與標準。

(二) 衡量實際績效。

(三) 比較實際績效與標準。

(四) 採取管理行動以修正偏差或不合適的標準。

小口訣，大記憶

控制程序：「**標**準、衡**量**、比**較**、修**正**」

▲漂亮較正

順序	步驟	內容	小例子
步驟一	建立目標與標準	1. 每個組織都有其設立的目標，目標的建立須在明確且可衡量的績效標準上。 2. 標準是對既定目標事先訂定的績效水準，作為設計組織活動的依據，激勵員工表現及評核實際績效的基準。	這次考試要考幾分（建立績效標準）
步驟二	衡量實際績效	1. 可根據個人觀察、統計報告、口頭報告及書面報告等資料來源做衡量。 2. 衡量組織的實際績效，可以透過量化方式或者質化方式。 3. 衡量的控制指標包括：員工滿意度、離職率、出缺勤率、成本預算控制、管理業務多樣性等。	去考試（衡量實際的績效）
步驟三	比較實際績效與標準	透過「比較」，得知實際績效與標準間的差異。訂出可接受的「變異範圍」（Range of Variation）（實際表現與標準間可以接受的差異程度）是必要的；若績效差異超出此範圍，表示管理者需特別注意。	考試結果（比較績效標準與實際績效間的差異）

順序	步驟	內容	小例子
步驟四	採取管理行動以修正偏差或不合適的標準	採取管理行動的三種方法為： 1. 什麼都不做：什麼都不做，靜觀其變，真正的問題歸咎於外在環境的變化或者競爭者的策略影響所致。 2. 改正實際的績效： (1) 立即改正行動（Immediate Corrective Action）（治標） (2) 基本改正行動（Basic Corrective Actions）（治本） 3. 修正標準。	不會的地方加強（評估差異的結果並採取必要的修正行動）

小補充、大進擊

Robbins & Coulter提出控制的過程有三步驟：

1.衡量Measurement。

2.比較Comparing。

3.採取適當管理行動Taking Managerial Action。

R & C兩位學者認為標準的訂定是在規劃階段

三、有效控制的原則(特性)

要達到有效的控制，有以下幾個原則。

(一) 原則一

Robbins & Coulter提出有效的控制水準應該符合以下幾個原則

原則	內容
合理、且多元的控制水準	可以達得到，且範圍廣，不會太過狹隘。
彈性的控制	能夠隨環境變動而改變。
能夠提供完整、適時、精確的資訊	控制系統必須能夠提供決策者完整、具可靠度、可信度的資訊，並且隨手可得。
配套方案	不能夠只點出問題所在，也能夠提供解決方案供使用者參考。

原則	內容
清楚了解	可以讓員工或使用者對控制系統容易了解與使用。
經濟效益	控制系統使用起來有效率，不增加額外成本。
例外管理	控制系統應特別顯示出例外的部分。
策略配置	控制系統必須能夠篩選出對組織影響層面較大且較重要的事件。

(二) **原則二**

Richmam & Farmer認為好的控制系統應該要評估以下幾個特性

原則	內容
相關性	控制標準和控制目標要有相關聯。
效率性	經濟性，控制系統必須符合成本效益。
安全性	控制系統的可靠性，若控制系統失去作用，應有完善的預防措施。
數量性	量化系統可增加系統的效率。
反應性	人員與控制系統應有良好的溝通及反應能力。

小口訣，大記憶

有效控制的原則：

（清）楚了解、（配）套方案、例（外）管理、（策）略配置、能夠提供完整、適時、精確的（資）訊、（經）濟效益、彈性（控）制、合理且多元的控制水（準）

▲欽佩外側資金控準＝欽佩外側資金控制得很精準

即刻戰場

選擇題

一、控制的定義與目的

( ) 1 追蹤企業經營績效，是屬於下列哪一項企業管理活動的一部分？ (A)規劃 (B)組織 (C)領導 (D)控制。 【102中華電信、103台水、103台糖、106台鐵、106台糖、107郵政、107經濟部、108漢翔】

( ) 2 有關組織控制之敘述，下列何者正確？ (A)組織文化是無法控制的，所以不討論成員的共同信念跟價值觀 (B)控制包含考量控制的系統與資訊科技 (C)組織的目標管理係指用標準作業程序來建立規範 (D)只要組織有激勵員工，就不會發生組織的惰性文化(inertia)。 【108經濟部】

( ) 3 有關管理功能中的控制，下列敘述何者有誤？ (A)控制能有效降低長期風險 (B)控制是用來衡量績效與標準間的差距 (C)控制是指隨時檢視執行落差，以便採取必要的因應措施 (D)控制可用來設定新的工作標準。 【109經濟部】

( ) 4 下列何者屬於管理功能中的控制功能： (A)某鋼鐵廠決定明年要開發美國的市場 (B)某連鎖書局發現今年展店數量高過年初的預期，決定調整明年度的計畫 (C)某衣飾品牌公司決定要指派小陳做為行銷經理，建立產品的新通路 (D)主管發現公司傳出裁員的謠言，決定出面澄清並激勵員工士氣。 【106經濟部】

( ) 5 下列何者不是企業控制功能的目的？ (A)因應環境變化 (B)提高控制幅度 (C)提供績效評估依據 (D)確保目標達成。 【108台鐵】

解

1 (D)。控制：一種檢視程序，將實際目標和訂定目標做比較，以確保各項活動能按計畫達成，並矯正任何顯著偏離。
其主要工作有：(1)提示明確的計畫。(2)設立標準。(3)衡量實績。(4)採取改善措施。

2 (B)。(A)組織文化包含成員共同信念跟價值觀。
(C)目標管理執行程序：設定目標、規劃行動、自我控制、定期檢討。
(D)有激勵還是會有惰性文化。

3 (A)。(A)規劃能有效降低長期風險。

4 (B)。(A)計畫。(B)控制。(C)組織。(D)領導。

5 (B)。控制的目的：(1)確保組織目標達成。(2)有利於主管權力下放。(3)資源運用效率化。(4)獲得有效的資訊。(5)可預防危機的發生。(6)標準化生產或服務的基礎。(7)考核員工的依據。(8)修訂或更新計畫的依據。

二、控制的程序與步驟

( ) **1** 控制程序由四個單獨步驟所組成：a.衡量實際的績效；b.建立績效標準；c.比較績效標準與實際績效間的差異；d.評估差異的結果並採取必要的修正行動。下列何者為控制程序正確的順序？ (A)acbd (B)bacd (C)dabc (D)abcd。

【104台水、105經濟部、107經濟部、108台鐵、109台菸酒】

( ) **2** 下列有關控制程序的敘述何者正確？ (A)包括建立績效標準、衡量實際績效、比較標準與實際績效、評估結果並採取必要的修正行動 (B)績效標準儘量模糊化避免特定化，以利目標績效的達成 (C)如何衡量績效比衡量何種績效更為關鍵 (D)管理者應該要注重績效標準與實際績效必須完全相符，不能有差距。 【109台鐵】

解 **1 (B)**。控制程序的四個步驟：標準→衡量→比較→修正。

2 (A)。(B)可特定化。(C)衡量何種績效比如何衡量績效更為關鍵。(D)可以有差距。

三、有效的控制的原則(特性)

( ) 下列何者不是有效控制系統的特性？ (A)適當的控制重心 (B)單一標準的控制設計 (C)良好的資訊品質 (D)高度的成本效益。【104台鐵】

解 **(B)**。(1)合理、且多元的控制水準。→(A)。

(2)彈性的控制。

(3)能夠提供完整、適時、精確的資訊→(C)。

(4)配套方案。

(5)清楚了解。

(6)經濟效益。→(D)

(7)例外管理。

(8)策略配置。

申論題

有關組織控制的問題：
(一)控制的意義為何？
(二)組織為何需要控制？
(三)詳加說明主要的內部控制機制與外部控制機制有那些？ 【109台鐵】

焦點二 控制的種類

一、控制的種類

組織進行控制的活動時，因為關注的重點不一樣，可以依照控制活動發生的時間點，分成三種類型，管理者可以在行動前執行控制，或在行動中即時控制，也可在行動後執行控制。

種類	內容	特性	小例子
事前控制（Feedforward Control）【台水、台菸酒、中油、台電、台鐵、郵政、漢翔】	1. 又稱前瞻控制、預先控制、投入控制。 2. 是最好的控制類型，著眼於未來並防範問題於未然。關鍵在於問題未發生前，就採取必要的管理行動。 3. 關注焦點在於投入資源的整備。	預測問題	1. 人員面試。 2. ios 認證。 3. 產品進貨檢驗。 4. 協調會。 5. 組織內部政策、規定、手續或文化，使員工瞭解組織要求。
即時控制（Concurrent Control）【台水、台糖、台菸酒、中油、台電、台鐵、郵政、桃機、漢翔】	1. 又稱事中控制、同步控制、關卡控制、審查控制。 2. 在事情發生時，立即採取控制行動，可花較少成本修正問題，幫助在事情嚴重化之前加以導正。 3. 關注焦點在於活動進行的程序。	同步矯正問題	1. 直接監督。 2. 走動式管理（Management by Walking Around）：管理者在工作區域中，直接與員工進行互動。

種類	內容	特性	小例子
事後控制（Feedback Control）【經濟部、台水、台鐵、漢翔】	1. 又稱回饋控制。 2. 是最常見的控制類型，在行動完成後才進行控制。 3. 事後控制提供有意義的資訊，讓管理者知道他們的計畫是否有效；並且有助於激勵員工。 4. 關注焦點在於工作的結果。	問題發生後再予以矯正	1. 亡羊補牢。 2. 員工年度考核。 3. 顧客意見績效考核。

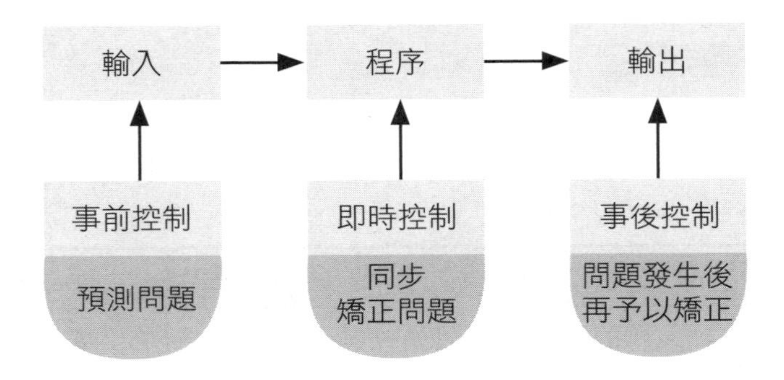

二、其他控制類型【經濟部、台糖、台鐵】

(一) 威廉大內（William Ouchi）認為，管理者可以用三種控制取向，來達到組織控制的目的：

類型	內容	使用時機	控制方法小例子
市場控制（利潤績效）	1. 又稱產出控制。 2. 利用外部的市場機制進行控制。 3. 組織各事業部門轉成利潤中心，以其在組織總利潤所佔的百分比做為績效評估標準。 4. 產出標準對各階層人員有激勵效果。 5. 強調短期目標，有時會使管理者犧牲長期目標。	成果或績效模糊性低，且目標不一致性高時。	1. 績效目標。 2. 財務指標。 3. 預算執行。 4. 競爭價格。 5. 市場占有率。

類型	內容	使用時機	控制方法小例子
官僚控制（規章章程）	1. 又稱科層控制、行為控制。 2. 強調組織權威，用組織內部的管理制度及作業程序進行控制，塑造員工行為。 3. 依賴行政規定、條例、程序及政策。 4. 直接對人們的具體活動進行控制，它基於直接的個人觀察。 5. 標準化容易導致缺乏彈性，適用於例行性問題。	成果或績效的模糊性及目標不一致性均呈現中高時。	1. 目標管理。 2. 直接監督。 3. 行政控制（規則和標準操作程式）。
派閥控制（組織文化）	1. 又稱部族控制、文化控制、集團控制。 2. 以公司的價值觀、信念、規範等等組織文化為控制基礎。 3. 通常在產出控制與行為控制無效時才採用。	成果或績效的模糊性高，且目標不一致性低時。	1. 價值觀。 2. 行為規範。 3. 社會化過程。

(二) 不同分類方法的控制類型

1. 根據層級分類：

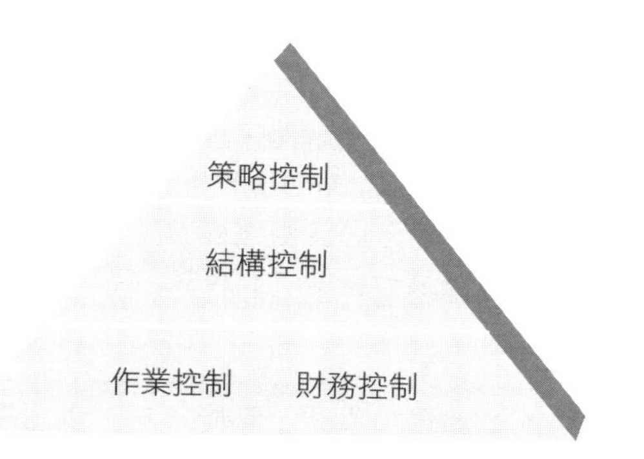

類型	內容	控制方法小例子
作業控制（operations control）	1. 對資源轉換成產品或服務的方法、活動、過程所進行的控制。 2. 生產作業的轉換過程包含了投入、轉換與產出三個階段。作業控制的焦點在於有效地將資源轉化成產品或服務的流程。 3. 作業控制包含預先控制、審查控制以及事後控制三個部分，它們分別發生在轉換過程之不同階段。另一種貫穿整個轉換過程的控制方式為社會化或調適性控制，與傳統控制方法並行不悖。	—
財務控制（financial control）	1. 目的是在控制組織中的財務資源流動，以確保企業的財務健全。 2. 公司須從內部或外部取得營運所需的資金，並將其分配至不同的用途。管理者應有效規劃、運用、管理公司的資金，以追求最大的公司利益。在目標和計畫設定完成之後，管理者常將其轉換成財務性的指標，並以各種財務報表呈現。 3. 也有書籍稱為功能控制，此時指的是對行銷、生產；人力資源；財務、資訊與研發等企業功能領域的控制。	1. 財務報表。 2. 預算。
結構控制（structural control）	1. 用不同的組織結構要素要如何達到目標所進行的控制。 2. 其有兩種形式：官僚式控制（bureaucratic control）與派閥式控制（clan control）。 3. 這兩種控制方式分處於兩個極端，有些企業的控制方式較偏向某一極端，有些則介於這兩種極端方式的中間。	1. 目標管理。 2. 直接監督。 3. 行政控制（規則和標準操作程式）。 4. 價值觀。 5. 行為規範。 6. 社會化過程。
策略控制（strategic control）	1. 控制組織的總體、事業、職能策略，以組織整體為控制對象，監督內部環境和外部環境契合的過程。 2. 其目的是要讓組織和其所處的環境維持在一種協調、有效率的境界，並讓組織朝其策略性目標前進。	主管會報。

2. **社會化控制**：又稱調適性控制。組織成員認同組織文化和價值觀，透過潛移默化來改變員工的行為。如價值觀、行為規範、社會化過程。

三、控制失能【農會】

控制失能是指使用控制過程但未達到目標，造成原因如下

失能原因	內容
不當的控制標準	錯誤的目標會導致錯誤的行動，有時選擇了不當的控制標準，就會產生失能。
無法達成的目標	制定的目標過高，實際的績效與目標有所差距，無論如何修正行動都無法彌補。
不易衡量的標準	標準很難衡量且模糊不清，因此是否產生差距或需要進行矯正行動，往往並不明確，進而錯失控制的時機。
互相衝突的控制標準	對二個衝突的目標進行控制，就會顧此失彼，造成控制失能。
員工對情境不具控制力	差距為組織成員不能控制的因素，就無法採取必要的修正。

即刻戰場

選擇題

一、控制的種類-事前控制

(　　) 1 在問題發生時立刻採取控制行動，稱之為：(A)事前控制 (B)即時控制 (C)事後控制 (D)市場控制。【108漢翔】

(　　) 2 下列何者是事前控制強調的特點？(A)同步矯正問題 (B)預測問題 (C)走動式管理 (D)直接監督。【108郵政】

解 1 **(B)**。控制可分成三種類型：

(1)事前控制：防範問題於未然，問題未發生即採取管理行動，是最佳的控制。

(2)即時控制：事情發生時立即採取修正行動，可花較少成本修正問題。

(3)事後控制：在行動完成後才採取行動，即亡羊補牢，是最普遍的修正方式。

2 **(B)**。事前控制的特點：預測問題。

二、控制的種類-即時控制

( ) 1 走動式管理是屬於下列何種控制方式？ (A)事前控制 (B)即時控制 (C)事後控制 (D)預測控制。
【101台鐵、103中油、104台水、105郵政、106台糖、108漢翔、109台鐵】

( ) 2 陳大明領班在工作現場採用直接監督，這是屬於何種控制類型？ (A)事前控制 (B)事中控制 (C)事後控制 (D)全程控制。
【105台糖、106桃機、106台鐵】

解 1 **(B)**。「走動式管理（Management by Walking Around）」是指高階主管利用時間抽空前往各個辦公室走動，以獲得更豐富、更直接的員工工作問題，並即時瞭解所屬員工工作困境的一種策略。又稱事中控制、事中管理、即時控制、即時管理。

2 **(B)**。事中控制：關注焦點在於活動進行的程序。例如：走動式管理：管理者會到工作現場和員工討論工作問題，並立刻協助解決問題，避免損害擴大。

三、控制的種類-事後控制

( ) 1 「在轉換過程完成之後，對產出結果進行檢驗」，是屬於下列哪一種控制？ (A)社會化控制 (B)事後控制 (C)審查控制 (D)預先控制。
【108漢翔】

( ) 2 相較於事前控制與事中控制，管理者採事後控制有那些優點？ (A)可使管理階層預防問題的發生 (B)可提供管理者相關資訊以了解規劃是否有效 (C)可在問題尚未造成重大損失前採取行動 (D)可監督員工的行為是否符合標準。
【109台鐵】

解 1 **(B)**。事後控制：最常見的控制類型，在行動完成後才進行控制。事後控制提供有意義的資訊，讓管理者知道他們的計畫是否有效；並且有助於激勵員工。

2 **(B)**。(A)事前控制。(C)事中控制。(D)事中控制。

四、其他控制種類

( ) 1 某運輸公司要求所有第一線員工必須完全依照標準作業程序，並以此衡量員工績效。該公司對第一線員工採取何種控制模式？ (A)產出控制 (B)行為控制 (C)投入控制 (D)文化控制。
【107台鐵】

(　　) **2** 下列何者屬於行為控制機制？ (A)作業預算 (B)社會化 (C)目標管理 (D)財務績效衡量。 【108台鐵、110經濟部】

(　　) **3** 學校在學生畢業之後持續追蹤就業狀況與成就，就管理控制的角度來看，如果學生的就業表現是學校教育的成果，則持續追蹤學生就業後之表現，為下列何種管理控制模式？ (A)過程控制 (B)投入控制 (C)產出控制 (D)社會控制。 【107台鐵】

解 **1 (B)**。行為控制：是指直接對人們的具體活動進行控制，它基於直接的個人觀察。透過組織權威、正式化及標準化的規範、規定、政策，確保組織目標達成。

2 (C)。行為控制機制有三種：(1)直接監督。(2)目標管理。(3)行政控制（規則和標準操作程式）。

3 (C)。關鍵字為學校教育的成果。

(1)市場控制：市場價格競爭。

(2)社會化控制：企業透過教育訓練或社會化程序潛移默化給員工。

(3)行為控制：工作過程。可分為直接監督、目標管理、行政控制。

(4)產出控制：產出的成果。

五、控制失能

(　　) 控制未能達成原來所設定的目標稱為： (A)控制失焦 (B)控制的失調 (C)控制的失能 (D)控制失衡。 【107農會】

解 **(C)**。控制失能：使用控制過程但未達到目標。

填充題

管理者可在行動開始前、進行中或結束後執行控制，利用走動式管理直接監督是屬於 ______ 控制。 【107台電】

解 **事中**

申論題

一、管理學中何謂「控制」（controlling）？並說明其重要性。另請定義事前控制（feedforward control）、事中控制（concurrent control）與事後控制（feedback control），並分別舉例說明之。【108經濟部】

二、事前控制、即時控制、事後控制有何差異？請各舉一例子說明。【106台鐵】

三、控制是重要的管理功能，請說明：
(一) 控制的基本原理與回饋模式。
(二) 威廉大內（William Ouchi）將組織的控制功能分為官僚控制、市場控制與派閥控制三種常見的控制取向，請分別說明其概念與特性。
【110台鐵】

焦點三 控制組織績效的工具

一、組織績效的衡量指標

績效（Performance）是指一項活動的最終結果。組織績效（Organizational Performance）就是組織全部活動所累積的最終結果。最常被使用的組織績效衡量指標包括：組織生產力、組織效能與企業排名。

指標	內容
組織生產力（Organizational Productivity）	1. 就是「產品及服務的產出，除以製造所需的投入」所得到的值。管理的主要工作之一，就是提高生產力。希望以最少的投入，得到產品與服務產出的最大化。 2. 產出的衡量是根據產品銷售後的銷貨收入（售價 × 銷售量）來計算，而投入則是指取得資源，以及將資源轉換為產出時，所發生的一切成本。
組織效能（Organizational Effectiveness）	1. 指組織目標的合適性，以及組織成功達成其目標的程度。 2. 組織效能是管理者在考量組織策略、工作程序、工作活動與協調員工等各種管理決策時的指導原則。
產業與企業排名	有關產業與企業排名的調查非常多，每種排名都是由特定的績效指標所決定。這些排名提供一項明確指標，讓大家瞭解某企業與其他企業相較之下的績效。

二、衡量與控制組織績效的方法（工具）

常用的衡量及控制組織績效工具，包括：財務控制、平衡計分卡方法、資訊控制、最佳實務的標竿管理等。

(一) 財務控制（Financial Controls）

1. **比率分析**：流動性比率、槓桿比率、經營效能比率、獲利能力比率等，可由組織最重要的兩份財務報表（資產負債表和損益表）中取得相關資訊。
2. **預算分析**：預算分析是對本期預算執行情況進行總體的回顧，對預算執行報告中所揭示的重大差異進行分析，並提出解決差異的措施與方法。預算是計畫，也是控制工具。

(二) 平衡計分卡（The Balanced Scorecard Approach）【經濟部、台水、台糖、台菸酒、中油、台電、台鐵、郵政、桃機、漢翔】

1. **意義**：羅柏・柯普朗（Robert S.Kaplan）與大衛・諾頓（David P. Norton）認為傳統績效考核制度過於重視財務構面，因而提出平衡計分卡以四個構面協助企業達成內部與外部平衡，是一種不限由財務觀點來評量組織績效的方法，以財務、顧客、內部流程、學習與成長四個構面，平衡地評估組織的績效，並連結目的、評量、目標及行動的系統，轉化成可行方案的一種策略管理的工具。平衡計分卡具有引導、診斷、改變和整合的特質，有助於提升組織的績效。
2. **四構面**：
   (1) 財務構面：股東與資方對企業的期望。
   投資報酬率、資產報酬率、股東權益報酬率、EPS每股盈餘。
   (2) 顧客構面：市場與客戶對企業的期望。
   市場占有率、銷貨成長率、顧客退貨率、顧客滿意度、顧客再購率、環境。
   (3) 企業內部流程構面：為達成股東與客戶對企業的期望，所應採取的業務營運方式。
   生產力、研發效益、淨營業週期、流程效率、成本降低。
   (4) 學習與成長構面：為達到上述流程，每一個員工應具備的能力與成長態度。
   包含人、系統、組織程序。員工滿意度、員工平均薪資、員工留住率、員工素質、線上學習、知識管理系統。

小口訣，大記憶

財務、成長、內部流程、顧客

▲裁成內褲

3. **目的：**

(1) 企業內部與外部的平衡：外部著重於財務與顧客，內部則為內部流程及學習與成長。

(2) 財務與非財務面的平衡。

(3) 企業短期績效與長期策略性目標的平衡。

(三) **管理資訊系統**（Management Information System, MIS）

1. 是一個定期提供管理所需資訊的系統。它著重在提供管理者「資訊」（資料經過處理及分析），而不只是「資料」（原始而未經處理或分析的事實）。
2. MIS即是蒐集資料，並將其轉變為管理者可使用的相關資訊。
3. 組織應定期監控資訊系統，並設置保護資訊安全控制的措施，包括檔案加密、系統防火牆、檔案備份或其他技術等。

(四) **標竿管理**（Benchmarking）

1. 是向其他企業學習「達到最佳績效」的作法。
2. 標竿管理可用來作為一個監督與衡量組織績效的工具，協助管理者找出特定績效的缺口，並找出可能改善的範圍。

(五) **責任中心制**

為了達到激勵的目標、績效的評估及預算的編列，責任中心制度於是產生。

1. **成本中心**：成本為部門的主要區分方式。先設立單價、數量、成本各方面的標準，等到執行後再就差異部分加以分析。每一個部門必須為自己所產生的生產成本負責。這種方法常見於生產部門。
2. **費用中心**：費用跟成本是不同的，費用包含了生產成本及其餘的支出。這種計算方式較常見於人事、會計等服務部門。
3. **收益中心**：以營業額為責任的單位。適用在業務或行銷等部門。
4. **利潤中心**：收入扣除費用即為利潤。當部門以提升利潤或達成利潤目標為主要責任時，我們稱之為利潤中心，其重點在於對企業的利潤貢獻度如何，適用於獨立的事業部門。
5. **投資中心**：以投資報酬為決策核心。投資的報酬其時間可以跨越許多年，但是利潤中心，通常只看一年。其工作重點在於能否將公司資產做最有效的應用，適用於事業部。

即刻戰場

選擇題

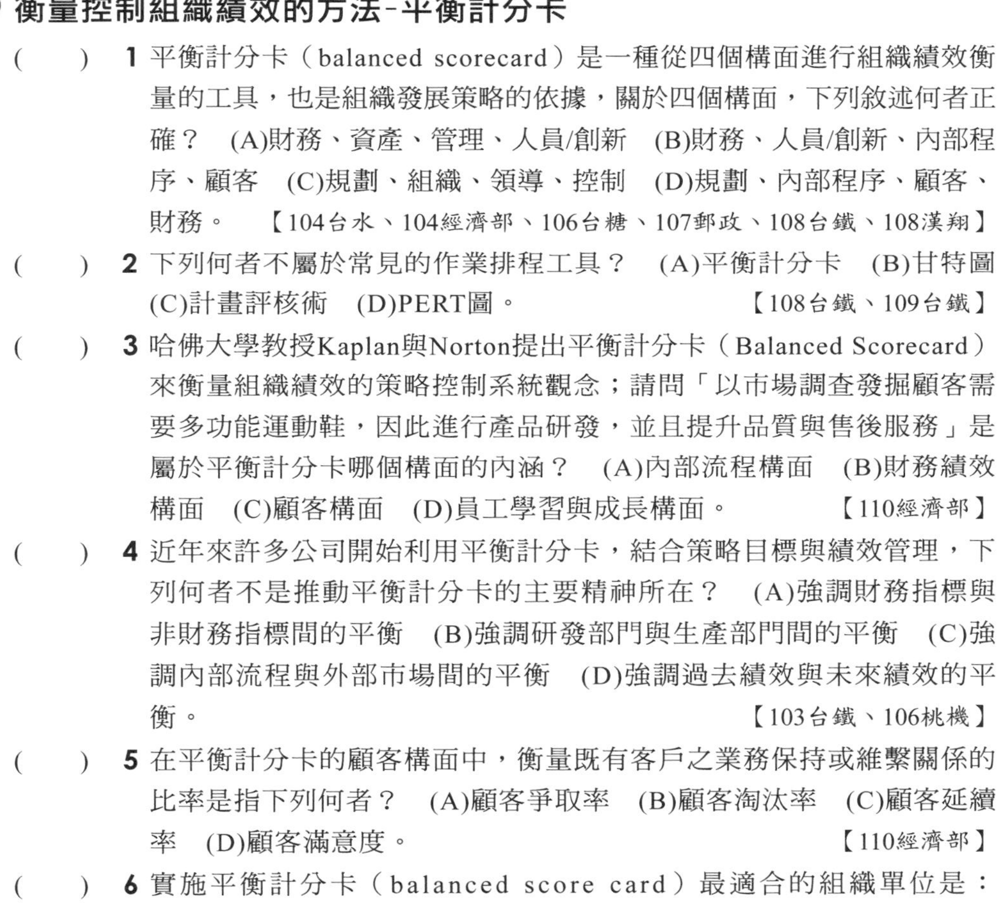

衡量控制組織績效的方法-平衡計分卡

( ) **1** 平衡計分卡（balanced scorecard）是一種從四個構面進行組織績效衡量的工具，也是組織發展策略的依據，關於四個構面，下列敘述何者正確？ (A)財務、資產、管理、人員/創新 (B)財務、人員/創新、內部程序、顧客 (C)規劃、組織、領導、控制 (D)規劃、內部程序、顧客、財務。 【104台水、104經濟部、106台糖、107郵政、108台鐵、108漢翔】

( ) **2** 下列何者不屬於常見的作業排程工具？ (A)平衡計分卡 (B)甘特圖 (C)計畫評核術 (D)PERT圖。 【108台鐵、109台鐵】

( ) **3** 哈佛大學教授Kaplan與Norton提出平衡計分卡（Balanced Scorecard）來衡量組織績效的策略控制系統觀念；請問「以市場調查發掘顧客需要多功能運動鞋，因此進行產品研發，並且提升品質與售後服務」是屬於平衡計分卡哪個構面的內涵？ (A)內部流程構面 (B)財務績效構面 (C)顧客構面 (D)員工學習與成長構面。 【110經濟部】

( ) **4** 近年來許多公司開始利用平衡計分卡，結合策略目標與績效管理，下列何者不是推動平衡計分卡的主要精神所在？ (A)強調財務指標與非財務指標間的平衡 (B)強調研發部門與生產部門間的平衡 (C)強調內部流程與外部市場間的平衡 (D)強調過去績效與未來績效的平衡。 【103台鐵、106桃機】

( ) **5** 在平衡計分卡的顧客構面中，衡量既有客戶之業務保持或維繫關係的比率是指下列何者？ (A)顧客爭取率 (B)顧客淘汰率 (C)顧客延續率 (D)顧客滿意度。 【110經濟部】

( ) **6** 實施平衡計分卡（balanced score card）最適合的組織單位是：(A)公司集團 (B)策略事業單位 (C)功能性部門 (D)幕僚單位。 【110台鐵】

解 **1 (B)**。平衡計分卡四構面：財務構面、學習與成長（人員、創新、資產成長）、企業內部流程、顧客構面。

2 (A)。平衡計分卡應屬於「控制」工具。

3 (A)。顧客構面：顧客滿意。
內部流程構面：滿足顧客需要。

4 (B)。(A)強調財務指標與非財務指標間的平衡（財務）。
(C)強調內部流程與外部市場間的平衡（內部流程）。
(D)強調過去績效與未來績效的平衡（學習與成長）。

5 (C)。顧客延續率CRR：又可以稱為「顧客忠誠度」，衡量既有客戶之業務保持或維繫關係。
顧客滿意度：顧客對產品知覺及期望的程度。

6 (B)。每個策略事業單位有自己要提供的服務，有要生產的產品，和經營的顧客等，所以可以算是公司內的一個獨立個體。所以平衡計分卡來看，公司針對該目標市場訂定策略，調整內部流程，員工針對該目標市場所需的相關知識做學習，了解並滿足該目標市場內的客戶。
但若是用在公司集團，若該公司有a、b、c三個是事業體，每個事業體服務不同的顧戶群和目標市場，若由公司訂出平衡計分卡的控制模式，未必符合abc的個別目標市場。
其實就是不夠「客製化」或「因地制宜」。

申論題

羅伯．柯普朗（Robert S. Kaplan）與大衛．諾頓（David P. Norton）提出平衡計分卡（balanced scorecard）架構供管理者從四種觀點衡量組織績效：
(一) 請以圖形表示其架構。
(二) 簡述平衡計分卡的意義及用途。

答：

(一) 平衡計分卡圖形架構

1. 圖形：

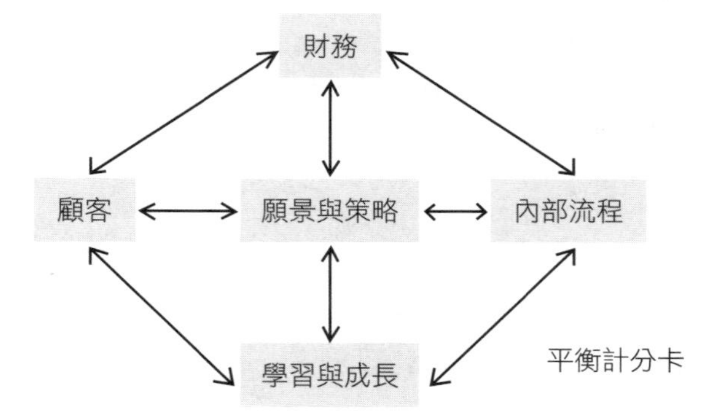

2. 說明：包含四構面

(1) 財務構面：股東與資方對企業的期望。

投資報酬率、資產報酬率、股東權益報酬率、EPS每股盈餘。

(2) 顧客構面：市場與客戶對企業的期望。

市場占有率、銷貨成長率、顧客退貨率、顧客滿意度、顧客再購率、環境。

(3) 企業內部流程構面：為達成股東與客戶對企業的期望，所應採取的業務營運方式。

生產力、研發效益、淨營業週期、流程效率、成本降低。

(4) 學習與成長：為達到上述流程，每一個員工應具備的能力與成長態度。

包含人、系統、組織程序。員工滿意度、員工平均薪資、員工留住率、員工素質、線上學習、知識管理系統。

(二) 意義

有別於傳統只重視財務績效構面，平衡計分卡從四個構面評估績效，又僅重視結果也重視過程，是一種全面性績效的評估制度。透過財務與非財務指標、過去和未來績效、短期和長期目標、領先和落後指標、內部和外部之間的平衡，可以讓管理者對他們的發展願景更明確。

時事應用小學堂 2022.09.26

PChome 新總座張瑜珊首度公開未來策略！目標提升營運效率、強化競爭力

網路家庭 PChome 新任總經理暨執行長張瑜珊，自今年 8 月 16 日上任至今剛滿一個月時間，始終保持低調，近期她於 Facebook 上分享上任一個月心得，以及未來的 4 大目標。

「這一個月來，我與網家部門主管和基層同仁會談、實地走訪每一個倉庫、也與子公司的負責人交流，」張瑜珊說。

在與內部同仁溝通之後，感受到大家迫切期待 PChome 能有所轉型、改變，而且需要快速改變。她認為改變的速度，就等於留下消費者的速度，也才能留下供應商，進而留下公司優秀人才。另外，她也引用伊隆 ‧ 馬斯克的管理名言，「公司中每個人都是一個向量，公司的進步取決於所有向量的總和。」指出 PChome 需要有清楚明確的目標，才能進而讓團隊往同一個方向前進。

因此，她分享了未來 PChome 今年底前將聚焦的 4 大目標。第一，營收獲利必需提升；第二，要成為有競爭力的電商平台；第三，要成為長久有競爭力的公司；

第四，要提升內部營運效率。整體而言，張瑜珊認為，必須積極快速的回應消費者在購物體驗、到貨速度、價格等等層面的需求，並且從底層思考、用正確的方式做事。她指出，以現代化網路公司的資訊分享方式、數據化決策經營，才能建立長久有競爭力的公司文化、工作方式、流程制度、團隊培訓，進而用健康的方式成長。

這未來 4 大目標，是張瑜珊上任之後，首度公開向外分享 PChome 未來的營運策略。在此之前，她也曾在中秋節前夕發布企業內部信，其中也有針對內部營運的改革方針。

「我在剛進公司第一週，已經收到許多同仁提到公司有 3 個 email 信箱，收信或發信與內外聯繫時，不確定需用哪個 email，也深怕漏信，這些都嚴重影響工作效率與溝通順暢。」在上任第一週，張瑜珊的第一個改革，是導入 Google 企業雲端辦公系統 Google Workspace（舊稱 G Suite）。

她認為，轉換使用 Google Workspace，除了可減少 email 帳號量，G Suite 的線上共同編輯功能更有助團隊效率方便地執行文件共享及編輯，減少多個版本文件修改不一致或誤傳問題，完整管理團隊文件及團隊知識保存，同時還能將轉換系統後省下的成本挪做其他的改善專案。

在這封內部信中，她也再次強調，「網家 22 年打下的龐大用戶基礎及信任是我們的寶貴資產。」期待與大家協力同心、以使用者為先、專注簡單、誠信、當責地做好在已經啟動的各項改善專案上，「相信我們一步步往前邁進，很快會看到正向的改變。」

（資料來源：https://www.bnext.com.tw/article/71836/pchome-new-ceo-strategy）

延伸思考

Pchome 近年來的營運績效不佳，在 2017 年的蝦皮補貼戰讓 PChome 燒了 30 億元，在 2018 年營收被 momo 購物網超車，而且差距越拉越大；到了 2021 年，momo 富邦媒合併營收（包含 momo 購物網、摩天商城、電視購物及型錄，但網路營收佔 9 成以上）達到 884 億元，幾乎是網路家庭 485.79 億元的雙倍。2022 年 7 月，當時已連虧兩個季度的網家，宣布原任執行長蔡凱文請辭；三周後，出身臉書、加入網家不到一年的技術長陳俊仰，也離開這家曾是電商龍頭、但近年深陷營運泥淖的公司。好不容易到了八月中旬，網家懸缺多時的執行長，確定由母嬰電商「媽咪愛」創辦人、曾在谷歌效力的張瑜珊接手，引進谷歌最夯目標管理法重振競爭。你覺得執行長引進目標管理法的原因為何？

解析

當組織規模越來越大，相應的管理學方法就應運而生。1954 年由管理學之父彼得・杜拉克（Peter Drucker）在其著作《彼得・杜拉克的管理聖經》（The Practice of Management）提倡的管理方法：目標管理，宗旨是將企業的整體目標透過有組織、有系統的反覆溝通，逐級變為下屬單位的目標。

常見的目標管理步驟如下：

1. 由主管設立初步目標。
2. 確立權責劃分，並建立員工目標。
3. 員工執行目標，並確保資源運用方向與目標一致。
4. 定期進行成果檢測、評估。

在企業中運作時，通常由人資部門與主管共同協商，列出各部門目標、個人目標等，並充分告知員工，分別以月度、季度、半年度、年度依據目標完成率進行考核與評鑑。

PChome 是一個組織龐大的電商公司，透過目標管理，能有效掌控員工的績效進度和執行方法，終極目的是讓所有員工一起瞄準公司的目標。

第四部分 企業功能

Leoosn 17 生產與作業管理

課前指引

生產（production）是將生產要素，如人力、物料、技術、資訊及時間等，經由生產過程轉變為產品或服務，以有形產品或無形服務的方式提供給消費者。生產與作業管理就是處理產品與服務生產過程中的資源輸入（input）、作業（operations/process），以及輸出（output）三個階段的工作，這三個階段又被稱為作業與物料流程（the operations and materials management process）。【經濟部、台水、郵政】

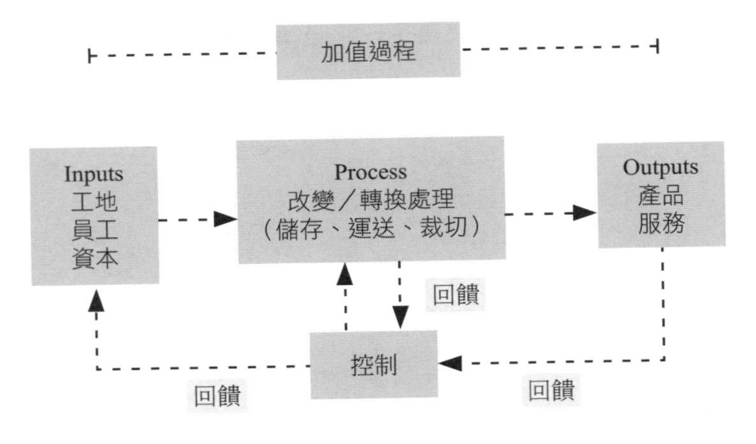

生產與作業管理的範圍遍及整個組織，內容包括系統設計、系統作業及其他。

一、系統設計（system design）

包含系統產能、產品設計、設施地理位置、廠房佈置、部門組織及設備佈置、產品與服務規劃、製程設計，以及設備採購的決策等。該決策需要組織的長期承諾，為典型的策略性（長期）決策。

二、系統作業（system operation）

包含生產規劃、人事管理、存貨規劃及控制、生產排程、專案管理，存貨管理、以及品質管理。為戰術性（中期）及作業性決策（短期）。

三、其他作業功能

(一) **採購**：負責原物料、供應品及設備的取得。

(二) **工業工程**：排程、績效標準訂定、工作方法、品質管制，以及物料處理等。

(三) **配送**：包含裝貨並送至零售點、倉庫，最後運送至顧客端。

(四) **維護**：負責設備、建築物和現場的日常維修及整理。

重點引導

焦點	範圍	準備方向
焦點一	生產系統的設計與修正	本焦點講述關於生產系統設計的五個重點，包括產品設計、製程設計、廠址規劃、廠房佈置、機器設備佈置，是生產前的前置作業。其中以製程設計最常考，不同的設計原則、設計方式、設計用途，都要一一釐清。
焦點二	生產計畫與控制	在生產系統設計完成並建置後，生產管理的重心就移到生產計畫與控制。本焦點分為採購管理、生產規劃、生產排程、物料管理、存貨管理。其中最常考的重點為生產排程與存貨管理。生產排程大部分的內容與題目都在「Lesson7 規劃」。
焦點三	品質管理的方法	焦點三是 Lesson 17 的大重點，尤其是品質管理常用的方法，無論是 ISO 品質管制、全面品質管理、六個標準差，都是非常常考的重點考題。

焦點一 生產系統的設計與修正

一、產品設計【台水、台北自來水】

(一) 產品設計開發流程的六個階段

階段0，規劃：定義產品的目標市場、限制條件等。

階段1，概念發展：識別目標市場的需要，開發選擇一個概念（產品形狀、功能和特性的描述）。

階段2，系統整體設計：此階段的產出為產品的幾何設計、最終裝配過程的基本流程圖。

階段3，細節設計：產品的零件尺寸、材料，建立產品製造、裝配的流程計畫。

階段4，測試與修正：產品的多個生產前版本的構建和評估。

階段5，試產：使用規劃生產系統製造產品。

	規劃	概念發展	系統整體設計
行銷	• 定義目標市場	• 定義潛力顧客	• 發展產品方案與擴展產品群
設計	• 考量產品基礎架構	• 建立實驗性雛形	• 修正工業設計
製造	• 設定供應鏈策略	• 評估生產成本	• 設定目標成本與外包分析

	細部設計	測試與修正	試產
行銷	• 發展行銷計畫	• 發展促銷計畫	• 依主要顧客設定初期產量
設計	• 完成工業設計控制文件	• 可靠度測試	• 評估出不生產成效
製造	• 定義生產流程	• 修正組裝流程	• 啟動生產系統作業

(二) 產品設計準則（product design specification，PDS)：從如何設計、欲完成的任務及是否滿足特定需求的一套產品設計規範，該規範是為了確保產品的後續設計發展能符合使用者（顧客）的需求。

(三) 依據現代行銷觀點以「了解消費者需求並提供產品以滿足」為目標的產品設計準則。

準則	內容
顧客導向設計	重視顧客需求，從顧客需求的角度來切入產品設計。
品質機能展開	將顧客需求轉換成產品設計規格的工具。
價值分析 / 價值工程	在較低的成本或是更高效能下，提供相同功能的產品。

二、製程設計與選擇【經濟部、台水、台北自來水、台菸酒、台電、台鐵】

(一) 製程的設計是指決定以何種方法與步驟將產品或服務製造出來，依照不同的標準分類如下

依照「產品需求來源」分類	訂貨生產	廠商接到顧客的訂單後，根據客戶訂單，再進行備料、排程進行生產，為多樣少量，所生產產品依約交給客戶。
	存貨生產	由廠商自行評估市面上對公司所提供產品的可能需求，根據市場銷售預測，自行備料生產，所生產的產品儲存於倉庫中，視市場銷售情形陸續出貨。
依照「生產數量」分類	大量生產	單一規格，少樣多量，採用標準化零件、統一製程、以專用設備來生產。
	批量生產	也稱為單位生產，將產品分為許多批量，少量多樣、客製化。每一批量所要求產品數量有限，或一批量中包含多種產品規格，可適用不同加工程序、裝配不同零件。 數量中等，種類開始可變多。 如麵包工廠，種類開始變多，同一批產量比裝配線少。
	零工生產	較小批量生產，數量更少，種類更多，大多要求設置不同的製程。 數量最少，種類變化性非常高。 如急診室，每一個人生的病不同，針對個別而少量的產出。
	彈性生產	結合大量生產與小批量生產的特性，能夠同時獲得兩者的優點，也就是能夠將成本維持與大量生產一樣低，同時又可以維持多樣少量客製化的小批量生產。
依照處理方式分類	連續性生產	生產程序一經排定，就連續不斷的操作，生產同一種產品。因此效率方面更勝於大量生產。適用於同質性非常高且產量龐大的產品，且機器都是為單一產品所設計，因此無法轉為其他用途。 如固定連續流程生產方式、裝配線的生產方式。

依照處理方式分類	固定連續流程生產方式	採用預先設計好的生產設備與製程，經由固定管線或輸送帶，全自動化方式，將原料從生產線進入，經各種加工程序後，產生所需的產品。 生產數量最大，不能中斷工作。 如石油提煉、化工產品。
	裝配線的生產方式	以輸送帶傳送產品經過每一個加工站，而每一個加工站負責裝配固定的零附件或執行特定加工過程或檢驗，完成產品的全部製造過程。 數量大，標準化產品或服務。 如家電用品裝配線、汽車裝配廠。
	間斷性生產	依照各批量產品的規格需求設計製成，在各加工中心或處理站 - 加工次序移動加工，機器使用的時間較短，且機器設備幾乎共用，生產產品主要依據顧客的偏好調整，因此間歇性生產彈性較高。 書籍印製在打字、美工、製版、裝訂等處理站間移動。 當不同批量的內容差異大時，一次生產資金投入大、生產場地每次更換、設備每次移動，就需要專門設計與生產規劃，稱為專案生產，如建築物、戰艦等。
依照服務形式分類	專業服務	服務過程必須與顧客頻繁接觸，服務人員須得到充分授權，以便及時處理顧客問題，為人力導向而非設備導向。 如律師、會計師。
	量販服務	同一時間對許多顧客提供服務，服務人員與顧客的接觸有限，權限較小，根據明確規範提供服務，為產品導向。 如賣場。
	店面服務	介於專業服務與量販服務之間，服務人員有適當的權限，與顧客接觸過程中，盡量符合顧客個別需求。 如銀行、飯店。

(二) **各種生產方式的比較**

1. **生產產量大到小做順序排列：**連續性生產>裝配線（重複性）>批量生產>零工式>多樣性生產
2. **工作變化、製程彈性、單位成本高到低排列：**多樣性生產>零工式>批量生產>裝配線（重複性）>連續性生產

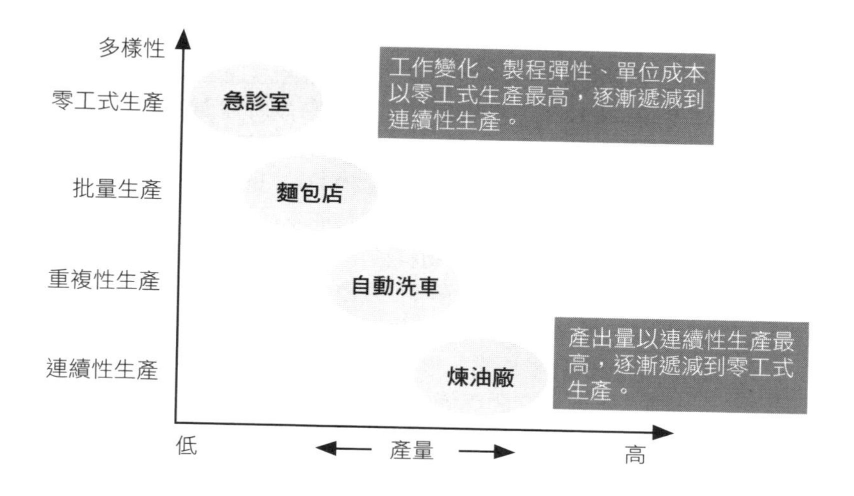

小補充、大進擊

及時生產系統（Just in Time, JIT）【經濟部、台菸酒、台鐵】

1. 又稱豐田式生產，1950年代由日本豐田汽車所創始，其背後所隱含的觀念是浪費的消除。
2. 每一階段的生產只生產下一階段所需的量，過程由一種稱為「看板（Kanban）」的表單所控制，故又稱「看板生產」。這種方法可以減少庫存，縮短工時，降低成本，提高生產效率。
3. 製造商需要原物料時，供應商能夠及時運達工廠，製造商也能即時上線生產，使存貨趨近於零。
4. 可以更有效率的回應顧客需求，是拉（pull）的生產系統。

概念	說明
管理基礎	豐田式生產系統（TPS）結合及時生產系統（JT）與看板管理系統兩者。
別稱	TPS 又可稱之為 JIT、實時生產系統、準時生產、精實生產（lean production）、精益生產等。
特徵	供應商參與產品設計、嚴格的品管、完善的製程設計、生產多樣少量的產品來滿足市場多樣化的需求。

概念	說明
JIT	JIT（just in time）指將每一個生產階段所需要的原物料，在需要的時刻放入生產流程，降低不必要的存貨及無效率的活動。 JIT 在生產程序中特別強調縮短物料需求的前置時間、注重預防性維修、注重降低設備整備的時間及成本品質之持續改善。 JIT 是一種將所有所需原物料精準及時送達其生產階段，以便能快速回應顧客訂單需求的精時生產系統。 JIT 為採用標準零件、彈性的廠房布置、拉的物流方式之制度。 JIT 希望能做到零缺點、零存貨、零整備時間、零前置時間、無零件搬運、不浪費時間等等的最佳效率狀況。

三、廠址規劃【台水、台菸酒、台鐵】

考量廠址規劃的條件：

(一) **運輸**：是否接近市場及原料、成本高低。

(二) **勞工**：勞動力是否充足。

(三) **基礎建設**：供水、供電、交通設施。

(四) **社區**：當地居民對工廠的正面或負面態度，以及對當地人民生活的影響。

(五) **環境**：污染排放、溫度、地震等。

(六) **其他**：治安、政府法規、稅賦、金融。

四、廠房佈置

(一) 廠房佈置也就是工廠佈置，目的在使機器設備、人力、原物料供應有最佳的安排，並使生產系統發揮最大的效率。

(二) 原則：最小移動距離、直線前進、利用空間、生產力均衡、保持彈性、員工滿意、廠內運輸便利等。

五、機器設備佈置【台鐵】

機器設備佈置是指對設備做具體的安排，也就是對於物料之搬運、儲存、間接人工以及所有輔助工作或勞務的空間，以及操作設備和個人活動所需空間的計畫與佈置，會依據生產方式的不同而有所變化。

機器設備佈置	生產方式	說明	優點	缺點	小例子
產品 / 生產線 / 直線佈置	連續生產	產量很高。 強調依照產品加工的過程或程序，將機器設備排成線性。	為大量生產降低產品單位成本、簡化物料搬運流程及時間、生產效率高。	工作單調無聊、較缺乏彈性。	煉銅廠、石化工業、塑膠
	大量生產				汽車業、電子工業
程序 / 功能 / 訂單 / 分類 / 流程佈置	批量生產	產量較少、產品種類很多。 將功能相似的機具設備安排在同一區域，產品再依加工程序在各加工中心移動。	可以由其他機器取代故障機器，因為相同機器都在同一區域、降低設備備品的成本。	設備排程安排較為困難。	成衣廠、醫院、銀行
固定位置佈置	專案生產	少量少樣。 把產品固定在一個定點上，將各項物料及零件移到產品位置，然後加工組裝而成。	便利，固定位置不易混淆。	物品體積過大，使得儲存困難且佔空間、成本較高。	造船、飛機、橋、道路
集體 / 群集佈置	產品＋流程	多樣少量。 將相同加工步驟的零件或產品列為同一族群，將所需要的設備與零件集合一起，形成一個群體的佈置方式。	能夠降低製成週期時間，降低再製品存貨，可提高設備使用率。	作業人員需要較高的技術層次，大量連續性生產，仍以產品佈置為宜，不適合群組佈置。	金屬加工、電腦晶片加工、裝配業
綜合 /M 型佈置		同時採用兩種以上的布置。	結合二種的優點。	結合二種的缺點。	

小補充、大進擊

生產方式名詞補充【台鐵、漢翔】

OEM 代工生產（Original Equipment Manufacturer）	委託製造，指由採購方提供設備和技術，製造方負責生產、提供人力和場地，採購方負責銷售的一種現代流行生產方式。 協助客戶「代工製造」產品，但是「產品品牌是掛客戶的」。 如富士康幫蘋果代工 Apple。
ODM 設計 + 代工製造（Original Design Manufacturer）	即原廠委託設計代工，由採購方委託製造方，由製造方從設計到生產一手包辦，而最終產品貼上採購方的商標且由採購方負責銷售的生產方式。 不只為客戶「代工製造」產品，還包括「設計」產品，包含「組裝、設計、和品牌廠商共同討論規格」。 如 Samsung 為 Apple 提供 OLED 的技術和供應。
OBM 自有品牌生產（Original Brand Manufacturer）	指生產商建立自有品牌，並以此品牌行銷市場的一種作法。 如宏達電、華碩。
IDM 整合裝置製造商（Integrated Device Manufacturer）	指從設計、製造、販售都能垂直一線包辦。 如 Intel 晶片製造即屬於高端的 IDM 廠商。

將OEM、ODM、OBM放在一起比較，即為微笑曲線，越往二端，價值越高。代工生產的價值最低。

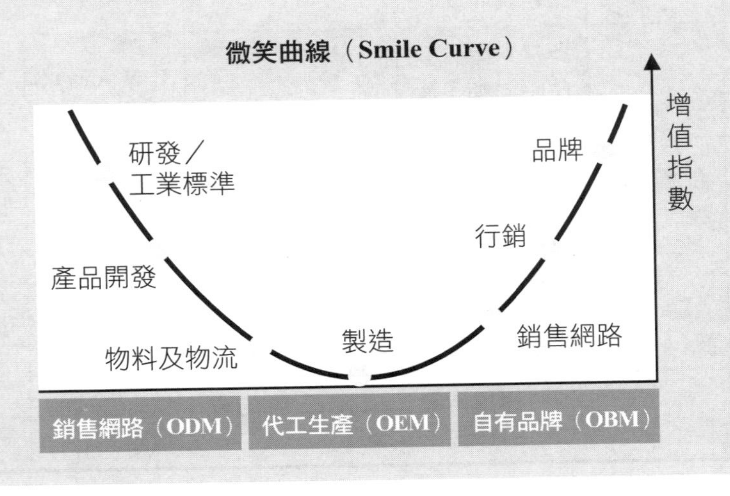

即刻戰場

選擇題

一、生產與作業管理

( ) 1 「透過協調與管理土地、勞力、資本以及企業家精神等要素以確保產品或服務得以順利產出」，稱為： (A)資源整合 (B)供應鏈管理 (C)生產管理 (D)採購管理。 【108郵政】

( ) 2 下列何者不屬於生產與作業管理之主要活動？ (A)產品價格策略擬定 (B)產能規劃 (C)製程規劃 (D)作業控制。 【109經濟部】

( ) 3 下列何者是「生產系統設計」的主要內容？ (A)產品設計、製程設計 (B)機器設備的報廢 (C)廠房的市場價值分析 (D)訂定銷售計畫。 【106經濟部、107台水】

( ) 4 有關生產作業規劃之流程，下列何者正確？ (A)經營計畫→作業排程→長期作業計畫→作業控制→提供產出給顧客 (B)經營計畫→長期作業計畫→作業排程→作業控制→提供產出給顧客 (C)經營計畫→長期作業計畫→作業控制→提供產出給顧客→作業排程 (D)長期作業計畫→經營計畫→作業控制→作業排程→提供產出給顧客。 【108經濟部】

解 **1 (C)**。生產管理：透過協調與管理土地、勞力、資本以及企業家精神等要素以確保產品或服務得以順利產出（資源形式轉換，將組織的投入轉化成產出的一切過程與活動）。

2 (A)。(A)產品價格策略擬定→行銷管理的範疇。

3 (A)。生產系統設計與修正：(1)產品設計。(2)製程設計。(3)機器設備選擇。(4)廠房佈置。(5)廠址選擇。

4 (B)。生產作業規劃之流程：經營計畫→長期作業計畫→作業排程→作業控制→提供產出給顧客（大目標→小目標→計畫出來才能排生產排程→再來控制生產流程→最後產出商品）。

先有企業整體經營使命策略，才能依營運目標展開各事業單位長期計畫，藉由長期作業計畫再定出中、短期目標及任務排程以做為控制的標準、監控是否達成績效（產出）目標。

故選(B)。

二、產品設計

( ) **1** 下列何者並非「產品設計準則」？ (A)顧客導向設計 (B)品質機能展開 (C)完全成本中心設計 (D)價值分析/價值工程。 【107北水】

( ) **2** 有關產品開發流程，下列敘述何者錯誤？ (A)以製造面來看，「概念發展」階段需要評估生產的可行性 (B)以設計面來看，「系統設計」階段必須定義零件型態 (C)以行銷面來看，「規劃」階段必須評估市場機會 (D)以製造面來看，「細部設計」階段必須定義生產流程。 【107北水】

解 **1 (C)**。產品設計準則有：(1)顧客導向設計。(2)品質機能展開。(3)價值分析/價值工程。

2 (B)。(B)應為「細部（節）設計」。

開發流程的六個階段：

階段0，計畫：定義產品的目標市場、限制條件等。

階段1，概念發展：識別目標市場的需要，開發選擇一個概念（產品形狀、功能和特性的描述）。

階段2，系統水平設計：此階段的產出為產品的幾何設計、最終裝配過程的基本流程圖。

階段3，細節設計：產品的零件尺寸、材料，建立產品製造、裝配的流程計畫。

階段4，測試和改進：產品的多個生產前版本的構建和評估。

階段5，產品推出：使用規劃生產系統製造產品。

三、製程設計與選擇

( ) **1** 企業以例行化和標準化的方式來進行生產作業，先預測市場需求來安排生產，直接以存貨來滿足銷售訂單的需求。此種作業管理系統的類型最接近下列何種生產方式？ (A)訂單生產（Make-to-Order） (B)存貨生產（Make-to-Stock） (C)訂單設計（Engineer-to-Order） (D)以上皆非。 【109經濟部】

( ) **2** 在作業管理系統中，下列何者非屬小批量生產的特性？ (A)生產多種類產品 (B)成本較低 (C)可以客製化需求 (D)調整技術配合客戶需求。 【109經濟部】

( ) **3** 企業要降低生產成本，又要符合顧客的客製化需要，最好採用？ (A)小批量生產 (B)彈性生產 (C)大量生產 (D)連續式生產。 【106台鐵】

( ) **4** 食品業近年來為了維護產品品質並降低成本，在生產方面從原物料開始到最後包裝都是一貫作業的大量生產，其採取的生產方法稱為：(A)大批量組裝 (B)連續性生產 (C)客製化生產 (D)小批量生產。 【108台菸酒】

( ) **5** 體育館建造是屬於哪一種生產型態？ (A)專案性生產 (B)訂單生產 (C)分批生產 (D)連續性生產。 【106台水】

解 **1 (B)**。訂單生產：依據總訂單量評估生產量（需求者主導）make to order。
存貨生產：根據預測值而決定生產量（供給者主導）make to stock。
訂單設計：廠商接到訂單後，再開始設計產品規格，並生產製造。

2 (B)。(B)成本高。
小批量生產：又稱單位生產，強調多樣少量的生產方式，適合客製化的產品，較有彈性。

3 (B)。(B)彈性生產：能將成本維持與大量生產一樣低廉，又能同時維持多樣少量客製化小批量生產（可同時獲得大量生產和小批量生產的優點）。

4 (B)。連續性生產：生產程序一經排定，就連續不斷的操作，生產同一種產品。因此效率方面更勝於大量生產。適用於同質性非常高且產量龐大的產品，且機器都是為單一產品所設計，因此無法轉為其他用途。

5 (A)。(A)專案性生產：根據特定目的所安排的生產方式。
(B)訂單生產：根據客戶訂單安排生產。
(C)分批生產：少量多樣生產方式。
(D)連續性生產：生產線自動化的生產方式。

四、廠址規劃

( ) 當選擇工廠的廠址時，會考慮到當地居民對於工廠的正面或負面態度，以及對於當地人民生活的影響，這是屬於下列那一種因素？ (A)社區因素 (B)基礎建設因素 (C)運輸因素 (D)教育因素。 【107台鐵】

解 **(A)**。社區因素：當地居民對工廠的正面或負面態度，以及對當地人民生活的影響。

五、機器設備佈置

( ) **1** 飛機、船舶的生產，最適合採取下列那一種工廠布置方式？ (A)程序式布置 (B)產品式布置 (C)固定式布置 (D)群組技術布置。 【106台鐵】

( ) **2** 根據產品-產量分析(P-Q Analysis),下列敘述何者正確? (A)A類產品適用批量生產方式 (B)A、B類之間的產品適用群組生產方式 (C)B類產品可採產品式佈置方法 (D)A、B類之間的產品適用大量生產方式。

解 **1 (C)**。固定式佈置:把產品固定在一個定點上,將各項物料及零件移到產品位置,然後加工組裝而成。

2 (B)。

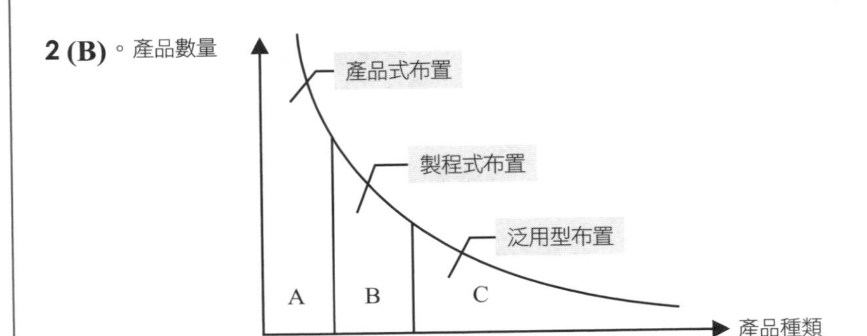

六、生產相關名詞

( ) **1** 自行設計開發新商品、新服務與新活動,而發展出自己的企業形象與商品/服務/活動之形象,進而獲取自有品牌經營的最大經濟利益,稱作? (A)OEM (B)ODM (C)OBM (D)GL。 【106台鐵】

( ) **2** 「結合供應商的產品開發技術,展開產品設計,並依買主對產品的需求、使用買主指定品牌交貨的供應方式」,是屬於下列哪一種生產方式? (A)OEM (B)ODM (C)OBM (D)IDM。 【108漢翔】

解 **1 (C)**。(C)OBM→自有品牌生產(Original Brand Manufacturer),指生產商建立自有品牌,並以此品牌行銷市場的一種作法。

2 (B)。(A)OEM→為客戶代工。
(B)ODM→為客戶代工+設計。
(C)OBM→自家品牌+自家製造+自家設計。

焦點二 生產計畫與控制

在生產系統設計並建置完成後,生產管理的重心就移到生產計畫與控制。包括:採購管理、生產規劃、生產排程、物料管理、存貨管理、品質管理等工作。

一、採購管理

採購管理是以適當價格向合適的供應商購買符合需求質、量的產品，而供應商應於約定期間內將貨品送達正確地點，並應提供合理之售前及售後服務。因此，採購管理有以下幾大重點需要特別留意。

<table>
<tr><th>項目</th><th colspan="2">內容</th></tr>
<tr><td rowspan="6">採購的五大要素</td><td colspan="2">供應商、時間、價格、數量以及品質。基本上，採購的任務在於找出適當的合格供應商（Right Vendor），在適當的時間／需要的時間（Right Time）、以合理的價格（Right Price），獲取正確的數量（Right Quantity），符合品質要求（Right Quality）的物料或服務，此即所謂的 5R。</td></tr>
<tr><td>適當的供應商（Right Vendor）</td><td>能符合適價、適時、適質要求的供應商。事實上，能夠選擇具有信譽、責任感及重視品質與技術的優良供應商，是達成適價、適質、適時、適量目標的最佳法寶。</td></tr>
<tr><td>適當的品質（Right Quality）</td><td>滿足客戶或生產線所要求的品質。採購物料品質不良，徒增品檢、倉儲及生產上種種困擾，增加成本。選擇優良供應商，確保供料品質是降低品檢、倉儲及生產成本最有效的方法。</td></tr>
<tr><td>適當的數量（Right Quantity）</td><td>可以使總成本為最低的經濟採購量。以經濟採購批量進行採購，可以保證總儲存、訂購及購價成本為最低。如何適量採購是採購人員必備的技術。</td></tr>
<tr><td>適當的時間（Right Time）</td><td>依客戶或依製程所要求的預定交貨日交貨。過早採購，增加存貨儲存成本；過晚採購，增加缺料機率；適時採購可以降低存貨儲存成本。選擇有信用供應商，是確保準時交貨最有效的方法。</td></tr>
<tr><td>適當的價格（Right Price）</td><td>滿足品質標準的前題下，最合理的採購單價。物料成本占總成本比例甚高，故應在滿足品質標準的前提下，設法以最低的價格進行採購，降低成本。</td></tr>
<tr><td rowspan="4">選擇供應商的考量面向</td><td>財務面</td><td>經濟景氣、財務穩定性。</td></tr>
<tr><td>組織文化面</td><td>信用程度、管理程度、供應商組織文化、管理配合。</td></tr>
<tr><td>技術面</td><td>目前製造能力、未來製造能力、供應商發展速度。</td></tr>
<tr><td>其他</td><td>供應商過去紀錄、關係企業、供應商客戶。</td></tr>
</table>

二、生產規劃【經濟部、中油、台鐵】

(一) 生產規劃的目標在於使組織長期的產能供給能符合預測階段的長期需求。現有產能與理想產能的差距會使得組織產能失衡，產能過剩將導致作業成本過高，產能不足則將導致資源緊絀或可能損失顧客。

(二) 產能（Capacity）是指作業單位（工廠、部門、機器、商店或是勞動者）所能掌控的最高實體產出的數量或是服務的表現。

(三) 影響產能規劃的原因包括：需求的變化、技術的改變、環境的變遷、機會或威脅的影響等。

(四) 產能規劃的主要問題如下：

1. 需要何種產能？
2. 需要多少才能符合需求？
3. 何時需要？

(五) **生產規劃**

在合理成本下，於規劃時間內生產出符合品質標準與數量的產品，生產規劃可依照時間長短分為三種，其所規劃的項目都不相同。

時間	內容
長期產能規劃	1. 企業檢視目前產能是否足以應付未來需求變動所產生的一種活動，同時也是在對資源做長期的承諾，並為生產系統修正與調整的基礎。 2. 將策略思維加入製造活動，讓重要生產決策由高階層級裁決，規劃未來最大產能水準。 3. 基於企業競爭策略與長程營運規劃為考量。
中期整體規劃	1. 如何達成產品數量需求的規劃，用以調整產能配合需求，由整體計畫、主生產排程與物料需求規劃三者構成的戰術性作業計畫。 2. 以銷售預測為基礎，以產品群為規劃標的。
短期生產規劃	1. 受限於中期規劃的決策下，所做的日程安排、機器負荷安排、工作順序安排與工作指派等，為求順利生產出貨的計畫。 2. 一個良好的排程不但可以減少資源的閒置時間，亦可增加資源的利用率。 3. 著重生產排程，在最佳化特定目標函數下，決定各個工作在各資源上的執行順序。（甘特圖、PERT、CPM）

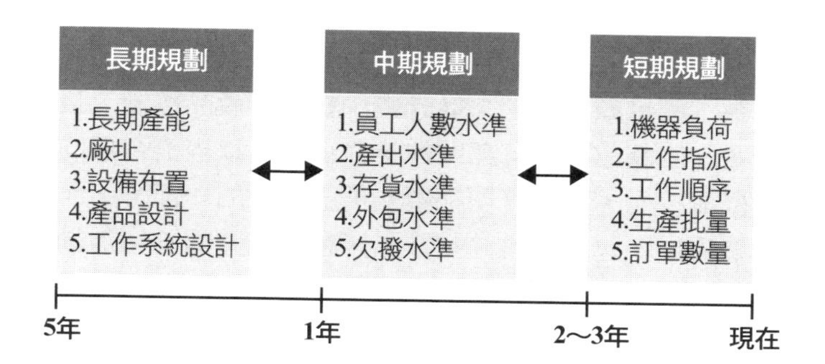

三、生產排程【台水、台北自來水、台糖、中油、台電、台鐵、郵政】

生產排程是一個決策過程，在最佳化特定目標下，決定各個工作的執行順序。常用的工具包括甘特圖、負荷圖、要徑法、計畫評核術，詳細內容請參閱「Lesson7規劃」。

小比較，大考點

要徑法 CPM(Critical Path Method)	**計畫評核術** PERT(Program Evaluation and Review Technique)
杜邦公司為了營建工程所發展的控制技術。 時間模型： 單時估計法，不使用機率變數，花費最長時間的路徑，為「要徑」。要縮短專案的總工期，只要縮短關鍵活動的時間。針對作業時間較確定，風險較低的一般案子，著重在成本控制。	美國海軍所發展。 時間模型： 三時估計法＝ (樂觀值 +4× 最可能值 + 悲觀值)/ 6 估算專案全工作期程以有效控制資源，針對不確定性高的案子，著重在時間分析。
民間企業發展	美國海軍北極星火箭系統計畫
成本控制為主	時間控制為主
各項活動或作業時間確定，適用經常執行的作業	時間不確定（最樂觀、最可能、最悲觀），針對無經驗或較難掌控的專案
以箭頭表示活動	以圓圈表示節點網絡圖
○ —裝配四天→ ○	(裝配開始) —2-5-7 / 1/6，4/6，1/6→ (裝配完成)

四、物料管理【經濟部、中油、台鐵】

(一) 物料管理是為了滿足顧客需求，從計畫、執行、產品控制、最初端到最終的消費端，計畫、協調並控制各部門的業務活動，以經濟合理的方法供應各單位物料的科學與技術。物料管理被視為供應鏈中的一部分，而物料範圍也與原物料、製造零件、包裝材料、在製品庫存等相關的一切活動，都算是物料管理。

(二) 物料管理的5R原則

為了將物料以經濟合理的方法供應各單位，以下為其管理過程中應遵循的原則。

原則	內容
適時（right time）	在需要的時候，能及時地供應物料，不發生停工待料，也不過早送貨，擠占貨倉及積壓資金。
適質（right quality）	供應商送來的物料和倉庫發到生產現場的物料，質量應是適當的，符合技術要求的。若進來的物料品質不符合標準，生產的產品同樣難以達到客戶的標準，因而會降低企業聲譽，影響企業銷售業績。
適量（right quantity）	採購物料的數量應是適當的，不會發生缺料，也不發生呆料。採購數量若不足，會引起停工待料，影響交貨期；採購數量若過量，會造成資金積壓，甚至浪費。因此應有一個經濟的訂購量。這個訂購量對買方來說是經濟的訂貨數量，對賣方而言為經濟的受訂數量。
適價（right price）	採購價格應適當，即用相對合理的成本獲取所需的物料。採購價格要求若過低，可能會降低材料的品質、延誤交貨期或損害了其他交易條件；採購的價格若過高，成本難以負擔，企業產品利潤少，競爭力減弱，容易失去市場。
適地（right place）	供應源的地點應適當。供應物料的廠商與使用的地點距離應越近越好，距離若太遠，運輸成本加大，無疑影響價格，並且距離太遠，溝通協調、處理事情很不方便，所需的時間長，容易延誤交貨期。

(三) **物料管理常用的技術**

規劃物料管理有以下三種常用技術，能夠在規劃時以更科學的方式進行管理。

技術	內容
物料需求規劃 (MRP)	1. 是用於規劃組裝產品的方法。以電腦為基礎的資訊系統，處理原料、零組件、次要裝配件等地訂購與排程。 2.MRP 物料需求計畫三部曲： (1)投入→主生產排程 MPS（master process schedule）、物料清單 BOM（bill of material）、存貨記錄。 (2)處理→以電腦處理以上三樣。 (3)輸出→產出報表或報告。
	主排程又稱為「主生產排程」（Master Production Schedule, MPS），將規劃時間幅度分成一系列時期或時距（Time Bucket）；時距通常以週為單位，但也可能以月或季表示，重點是必須涵蓋生產最終項目必要的累積前置時間（Cumulative Lead Time）。 物料清單（Bill of Materials）：包含一個階層式的列表，列出生產一單位完成品所需的裝配件、次裝配件、零件以及原物料，用產品結構樹（Product Structure Tree）進行明確的視覺描述。 存貨紀錄（Inventory Record）：每個項目在每一時期的狀態中所儲存的資訊，包括毛需求（Gross Requirements）、預定接收量（Scheduled Receipts）、預計存貨量（Projected On Hand）、淨需求（Net Requirements）、計畫訂單接收量（Planned-Order Receipts）、計畫訂單發出量（Planned-Order Releases）和每個項目的細節，如：供應商、前置時間（Lead time, LT）和批量大小策略等。 3. 在「主排程」（Master Schedule）指定組裝產品（最終產品）的數量與完成時間後，物料需求規劃（MRP）發展生產計畫，指出最終產品所需的次裝配件、零件以及原物料的數量與時間。
供應鏈管理 (SCM)	1. 從原物料的採購到最終產品的交付，與產品或服務相關的商品、資料和財務流程的管理。 2. 企業界整合、管理供應鏈各相關單位，達到競爭優勢的一種方法。
企業資源規劃 (ERP)	1. 要將企業組織內資源進行有效的規劃與整合，以擴大經營績效、降低成本。 2. ERP 系統將企業日常營運活動，如：財務會計、訂單、物料、生產、製造、配售等流程資訊，串連成一個自動化的過程，以大幅減少作業時間，並提供即時正確的資訊供決策參考。 3. ERP 涵蓋的範圍除了包含一般 MIS 企業內部管理之外，另外也可將上游供應商、協力廠商以及下游配銷通路及客戶完全整合。

小口訣，大進擊

1. 物料管理5R=適地、適價、適質、適時、適量

▲地價值十兩

2. 採購管理5R=適當供應商、適價、適質、適時、適量

▲公價值十兩

五、存貨管理

存貨管理為組織對存貨進行管理，目的在提高經濟效益。存貨過多表示資金無法流動，會影響到企業的經營，以下為二種最常使用的存貨管理工具。

經濟訂購量【經濟部、台菸酒、中油、台電、台鐵、郵政】	**定義**	經濟訂單量簡稱 EOQ（Economic Ordering Quantity），是要將存貨的儲存成本和訂單成本減至最低的訂單量。
	公式	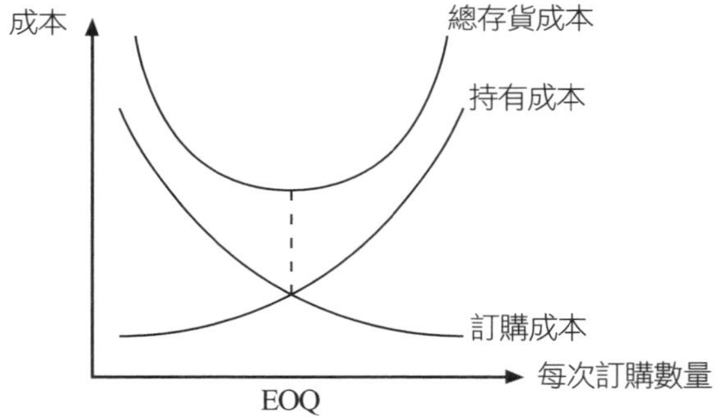 成本 總存貨成本 持有成本 訂購成本 每次訂購數量 EOQ $EOQ=\sqrt{\dfrac{2\times 年需求量\times 訂購成本}{儲存成本}}$
	目的	幫助經理人決定何時適當存貨訂購數量、訂購時間點及安全存量。
ABC 存貨分類【台菸酒、中油、台電、台鐵、農會】	**定義**	ABC 庫存分類管理法是指將庫存物品按品種和占用資金的多少，分為特別重要的庫存（A 類）、一般重要的庫存（B 類）和不重要的庫存（C 類）三個等級，然後針對不同等級分別進行管理與控制。
	特性	1. 這樣的分類管理法優點：壓縮庫存總量，釋放占壓資金，庫存合理化與節約管理投入等。 2. 又稱為存貨的 80/20 理論，是說明 80% 存貨價值來自 20% 的存貨物料品項，其分類大致依循以下準則：

<table>
<tr><td rowspan="2">ABC 存貨分類【台菸酒、中油、台電、台鐵、農會】</td><td>特性</td><td>A 類：約佔 15%~20% 的庫存量，具有 70%~80% 的價值，為關鍵、貴重或高危險性的物料，不可短缺，此類物料必須加以嚴密分析管理，保持完整且精確的存貨紀錄，必要時，甚至要區隔存放及管理，例如汽車引擎，電腦 CPU，醫院的麻醉藥品。
B 類：約佔 30% 左右的庫存量，具有 15%~25% 的價值，為主要或必要物料，取得較為容易，替代性較高，與 A 類物料的管制類似，但是管理頻率較低，例如汽車輪胎，電腦 RAM。
C 類：佔有大多數庫存量，卻只有約 5%~10% 價值的物料，可以用較為鬆散的方式管理，例如螺絲，包裝盒，一般性耗材。</td></tr>
<tr><td>小例子</td><td><table><tr><th></th><th>A 類</th><th>B 類</th><th>C 類</th></tr><tr><td>價值</td><td>高</td><td>中</td><td>低</td></tr><tr><td>數量</td><td>少</td><td>中</td><td>多</td></tr></table>A 存貨價值最高（占總價值約 80%）且存貨量最少。
B 存貨次中。
C 存貨價值最低存貨量最多。
以鑽石為例：A 是鑽戒，B 是戒台，C 是外盒。</td></tr>
</table>

即刻戰場

選擇題

一、生產規劃

(　　) **1** 小小醫院管理者正決定其急診室所需病床數目，請問為下列何種規劃？ (A)作業規劃 (B)選址規劃 (C)流程規劃 (D)產能規劃。（多選）
【109經濟部】

(　　) **2** 在一般的生產規劃中，依時間長短可以分為三個層次。當依據對產品最終需求來規劃工廠的最大產出水準，作為建廠與購置機械設備的規劃基礎，包含建廠時間與廠房建置完成後開始運作，並且考量到投資回收為止，這樣的考量是屬於何種層次的生產規劃？ (A)短期生產

日程計畫 (B)中期集體規劃 (C)長期產能規劃 (D)中長期產能規劃。 【107台鐵】

解 **1 (AD)**。所需病床數目→產能規劃→生產數量。

2 (C)。

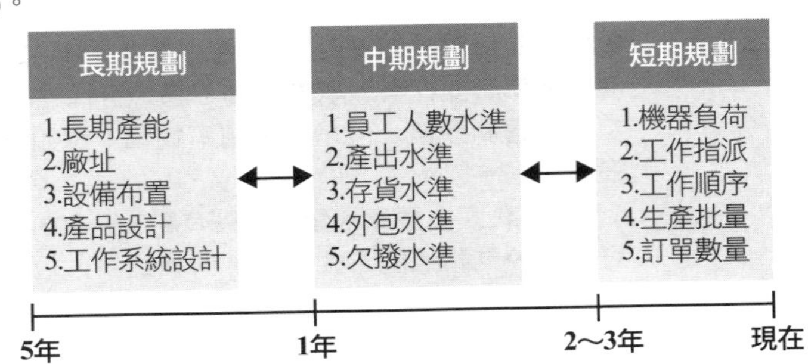

二、生產排程

( ) **1** 作業管理中，指出什麼產品被製造以及什麼時候被製造的戰術規劃工具，稱之為： (A)產能規劃(capacity planning) (B)區位規劃(location planning) (C)主排程(master schedule) (D)材料需求規劃(material requirements planning)。 【105中油】

( ) **2** 程序控制是指針對作業程序及生產進度所做的控制，下列何者不是程序控制所用的控制工具？ (A)要徑法(CPM) (B)計畫評核術(PERT) (C)經濟訂購量(EOQ) (D)甘特圖。 【105台糖】

解 **1 (C)**。(1)產能規劃，顧名思義即購買生財設備，決定多少產能。

(2)區位規劃，即規劃動線流暢。

(3)主排程，安排產品的生產流程，換句話說，就是安排什麼產品被製造，什麼時候來製造的作業流程。

(4)材料需求規劃，決定什麼時候買進什麼材料，好來生產產品，跟採購行為有關。

2 (C)。CPM：節點代表活動、單時估計法、固定時間估計。

PERT：箭頭代表活動、三時估計法、機率性時間估計。

經濟訂購量（Economic Order Quantity, EOQ）：當存貨水準達到預先決定的數量時，就要再訂一批定量的新貨。

三、物料管理

( ) 1 利用銷售預測，確保在正確的時間、地點取得所需零件與原物料之電腦作業管理系統，稱為下列何者？ (A)MRP (B)ERP (C)JIT存貨控制 (D)採購。（多選） 【108經濟部】

( ) 2 下列何者之運作係為將生產物料適時適量送達適當的生產地點？ (A)MBO (B)MRP (C)POS (D)TQM。 【109經濟部】

( ) 3 在生產規劃與控制中，描寫一個產品下層係由零組件所組成的資料為下列何者？ (A)途程(Routing) (B)工作中心(Work Center) (C)物料清單(Bill of Material) (D)物料主檔(Material Master)。 【109經濟部】

解 1 **(AC)**。企業資源規劃(ERP)：將製造、供應、採購、銷售等不同業務功能集成在一個系統中，統一管理。

物料需求規劃(MRP)：是依據市場需求預測和顧客訂單制定產品生產計畫，然後基於產品生產進度計畫，組織產品的材料結構表和庫存狀況，通過電腦計算出所需材料的需求量和需求時間，從而確定材料的加工進度和訂貨日程的一種實用技術。專用於管理製造過程，計畫生產、計算所需的原材料數量、預測和訂購原材料。

JIT生產系統：強調改善生產現場，找出製程中浪費的所在並加以消除，縮短前置時間及提昇產品品質。

2 **(B)**。(A)目標管理（MBO）：彼得杜拉克。為了達成企業的總體目標，依目標體系由各員工依其工作意願所設定之個人目標，經由員工自我管理，以達成總體目標的管理方式。

(B)物料需求規劃（Material Requirements Planning），是一種企業管理軟體，實現對企業的庫存和生產的有效管理。

(C)POS即Point of Sale銷售時點系統，是利用一套光學自動閱讀與掃描的收銀機設備，以取代過去傳統式的單一功能收銀機。

(D)全面質量管理（Total Quality Management, TQM）就是一個組織以質量為中心，以全員參與為基礎，目的在於通過讓顧客滿意和本組織所有成員及社會受益而達到長期成功的管理途徑。

3 **(C)**。(A)途程：作業的順序與方法，也可以說是一種決定製造程序的工具。

(B)工作中心：在生產規劃與控制中，一作業或一活動被執行的地方。

(C)物料清單：記錄一個物料是由哪些物件組成的表單，為BOM或產品結構表。

(D)物料主檔：庫存管理模組的商品庫存、訂單管理模組的銷售商品、採購模組的採購商品多版本表單，簡單說為存貨紀錄檔。

四、存貨管理-經濟訂購量

( ) **1** 甲工廠每年可售出電風扇10,000台，每次訂購費用為$3,000，每台單價為$1,500，每季之儲存成本為電風扇單價的4%，試問此款電風扇的經濟訂購量(EOQ)為多少？ (A)500個 (B)1,250個 (C)250個 (D)1,000個。【107台菸酒】

( ) **2** 甲公司每年需要消耗物料1,404單位，該物料單價60元，每次訂購成本為26元，單位儲存成本為物料單價20%，為使存貨成本達到極小化，利用經濟訂購量算出每次訂購量後，請問該物料的每年訂購次數為：(A)12次 (B)15次 (C)18次 (D)20次。【107中油】

解 **1 (A)**。每年儲存成本=1,500×4%×4=240

$$EOQ=\sqrt{\frac{2\times 每年可售出量\times 每次訂購費用}{每年儲存成本}}=\sqrt{\frac{2\times 10,000\times 3,000}{240}}=\sqrt{250000}=500$$

2 (C)。

$$經濟訂購量EOQ=\sqrt{\frac{2\times 年需求量\times 訂購成本}{儲存成本}}，採購次數=\frac{年需求量}{EOQ}$$

$$EOQ=\sqrt{\frac{2\times 1404\times 26}{60\times 0.2}}=78，1404\div 78=18$$

五、存貨管理-ABC存貨分類

( ) ABC存貨控制法中A級物料是： (A)少量價高 (B)少量價低 (C)多量價高 (D)多量價低。【107台菸酒】

解 **(A)**。A存貨價值最高（占總價值約80%）且存貨量最少。
B存貨次中。
C存貨價值最低存貨量最多。

填充題

1 在作業管理的工具中，______ 係源於1958年美國海軍的北極星火箭系統計畫，是網絡分析的技術，以網絡圖規劃整個專案將各項作業與主要事件排程聯結。【108台電】

2 某商品之年需求量為200個，每個單價為9元，每次訂購成本為100元，而每個商品儲存成本為4元，若按經濟訂購量（EOQ）採購，則全年採購次數為______次。【105台電】

解 **1** PERT-計畫評核術

2 $EOQ=\sqrt{\frac{2\times200\times100}{4}}$

$EOQ=100$

全年採購次數：200/100=2

申論題

一、作業管理（operation management）包括作業規劃、作業排程及作業控制三部分。請問：

(一) 作業規劃（operation planning）包括那些規劃？

(二) 請說明並繪製如何利用甘特圖（Gantt chart）作為作業排程（operation schedule）的工具？【108台鐵】

答：

(一) 作業規劃包含

1. 產能規劃：是企業必須評估未來的顧客需求，且隨著需求的增加而擴充產能，不過產能的擴充有一定的成本，因此必須權衡產能擴充所產生的成本，與因產能不足所失掉的市場占有率。
2. 廠址規劃：必須考量生產地點是否接近市場與原物料的供應地、勞工的供應是否充足、能源與運輸成本的高低、產地的稅率與法令規範及社區的生活概況。
3. 廠房佈置規劃：是指針對工廠內的機器設備與生產線的安排。廠房佈置會決定企業是否能夠有效能和有效率地生產。
4. 品質規劃：是指對於產品設定其所應達成的品質水準。
5. 方法規劃：是指仔細地檢討生產製程的每一項生產步驟，且找到最佳的執行方法，其主要目的是在減少廢料和提高效率。

(二) 甘特圖（Gantt Chart）

也稱為條狀圖（Bar Chart），橫軸為時間（time），縱軸為活動（Activity），其功用在於作為規劃和控制及專案管理的工具，可由下圖中看出各活動執行進度及完成情形。

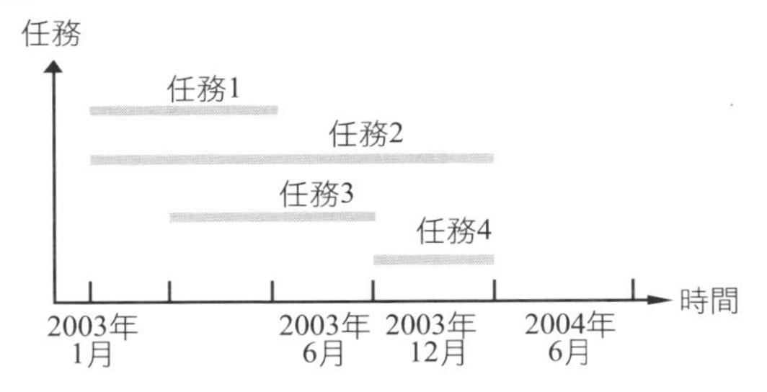

焦點三 品質管理的方法

一、品質管理的基本概念【台菸酒、台鐵、中華電信、漢翔】

(一) 品質（Quality）是指某種產品或服務符合顧客需求或超越顧客期望的能力。不同的顧客會有不同的需求，所以品質的定義是取決於顧客。

(二) 科學管理之父泰勒（Frederick Winslow Taylor）藉著將檢驗與評量納入生產管理之中，以強調品質的重要。藍福（G. S. Radford）則進一步改善泰勒的方法，其兩個最大的貢獻在於：提出產品設計階段初期，就應該將品質納入考量；以及將高品質、增加生產力與低成本做連結。

(三) 「品質管理」則是指透過組織的控制，使產品或服務各項顧客重視的特性，都可以達到表現。品質管理的概念逐漸由改善導向轉為績效導向，也就是事後檢討改善轉變為事前的目標設定與瑕疵預防。

(四) 品質管理的歷程

主要由費根堡（Feigenbaum）提出的5階段，加上1980年代的全面品質管理，2000年全面品質服務二階段而成，下表為各階段的發展。

年代	階段		觀念	備註
1900 年以前	1	操作員的品質管制 (operator quality control)	品質是檢驗出來的	
1920 年代	2	領班的品質管制 (foreman quality control)		
	3	檢驗員的品質管制 (inspection quality control)		
1940 年代	4	統計品質管制 (statistical quality control，SQC)	品質是製造出來的 品質是設計出來的	
1960 年代	5	全面品質管制 (total quality control，TQC)	品質是管理出來的	日本稱為CWQC
1980 年代	6	全面品質管理 (total quality management，TQM)	品質是習慣出來的	
2000 年	7	全面品質服務 (total quality service，TQS)	品質是服務出來的	

1. 品質是「檢驗」出來的→1920年以前由操作員/領班/檢驗員檢查。
2. 品質是「製造」出來的→SQC，1940年代通過統計分析技術做事後補救。
3. 品質是「設計」出來的→QA，品質保證（Quality Assurance, QA）制度。
4. 品質是「管理」出來的→TQC，1960年代，費根堡提出→後來又發展成為TQM企業全員參與，以經濟的方式達成客戶要的滿意的品質。
5. 品質是「習慣」出來的→TQA，品質文化的塑造，從訓練到個人態度產生改變，再到個人行為的改變，最後，引起團體行為的改變。這種變革是由員工習慣的生活方式養成的，品管學者將此時期稱為「全面品質保證」時期，品質的觀念也進展到「品質是習慣出來的」，品質管理制度則發展為「全面品質保證制度（Total Quality Assurance, TQA）」。
6. 品質是「服務」出來的→TQS，2000年以後，全面品質服務（total quality service），員工自動自發追求對品質的承諾=全員參與=全面品質管理（TQM）。

(五) 1986年朱蘭（Juran）博士提出品質經營（managing for quality）有一通用之方法，稱之為品質三部曲，為品質管理之基礎。

三部曲	內容
品質計畫 (Quality Planning)	此階段之主旨在於規劃一流程，使流程能滿足客戶之需求。
品質管制 (Quality Control)	此階段之主旨在於確保流程處於管制狀態下，對於偶發之事故 (Sporadic Spike) 有能力排除並防止再發。
品質改善 (Quality Improvement)	此階段之主旨在於改善流程，使產品能進一步滿足客戶。

二、品質成本【經濟部、台水、中油、中華電信】

(一) 與品質有關的成本可區分為以下四種：

成本	內容	例子
預防成本 (prevention cost)	指有關預防不良產品或服務發生的成本，有關企圖預防缺點發生的成本。	1. 花錢設置品管制度（買儀器、軟體）。 2. 計畫與管理系統、人員訓練、品質管制過程以及對設計和生產兩階段的強化以減少不良品發生的機率所產生的種種成本。

成本	內容	例子
鑑定成本 (appraisal cost)	試驗、檢驗及查驗以評鑑品質是否滿足要求。為直接評估品質而發生的成本，通常是為降低將不良品運交給顧客而發生之支出。	實施品管的過程需要的費用（品管人力、物力）。
內部失敗成本 (internal failure cost)	產品交貨前未能達到品質要求所造成的成本。	1. 找到不良品拿去報廢，無法銷售的損失。 2. 重做某項服務、再處理、重加工、再試驗、報廢等。指原料或產品不符合標準，而造成之成本。此類成本通常隨著瑕疵品數量之增加而增加。
外部失敗成本 (external failure cost)	為產品於交貨後，未能達到品質要求所造成的成本。	1. 客戶發現不良品退回的相關處理費用（被客訴、各種安撫處理）。 2. 產品保養與修理保證與退回、直接成本與補貼、產品回收成本、產品責任成本等，主要是指瑕疵品運交給顧客後所發生的成本。

(二) 針對預防成本的價值，有部分學者提出正面的看法：

論點	內容
克勞斯比（Philip B. Crosby）和朱蘭（Joseph M. Juran）等人	增加預防成本，會大幅地減少鑑定成本與失敗成本。
其他觀點	增加預防成本支出，可減少其他目標如產品研發時間與技術升級的經費。

三、品質管理常用的方法

在品質控制的過程中追求更有效率及更好的產品品質時，就必須用使用到品質管理（管制）的方法或手段。

(一) ISO品質管理系統【經濟部、台水、台鐵、中華電信、桃機】

品質認證的國際標準組織（International Organization for Standardization, ISO），藉由一系列的標準和指導方針來促進品質改善、生產力與製程效率的全球性標準。

ISO 9000 系列	屬於品質管理，著重在組織應該確保產品或服務能夠符合顧客需求。
ISO 14000 系列	針對企業環境管理所制定的一系列標準，著重於組織應該最小化製造所帶來的環境汙染。 包括環境管理系統（ISO 14001、ISO 14004）和相關的環境管理工具，如產品生命週期評估、企業環境報告書、綠色標章等。
上述兩種品質認證與組織的製程密切相關，而非產品與服務，並且強調持續改善。	
ISO 24700	是關於使用再生元件製成之辦公室設備的品質與性能之國際標準條款，適用於在製造及回收過程中使用再生元件的商品。
ISO 22000	針對食品安全的品質標準。
ISO 26000	社會責任標準。
ISO 45001 OHSAS 18001	現已改為 ISO 45001，職業安全衛生管理系統。
ISO 27701	隱私資訊。
ISO 27001	資安。
ISO /IEC 27037	數位證據。

(二) **全面品質管理**【經濟部、台水、台糖、台菸酒、台電、台鐵、郵政、桃機、桃捷、農會】

1. **全面品質管理（Total Quality Management, TQM）是指組織對品質的要求。是以品質為中心，以全員參與長期成功為基礎，由於客戶滿意，使組織與社會共蒙其利。**
2. **全面品質的概念由戴明（W. Deming）提出，最早應用於製造業，認為生產力的源頭來自管理者，所以高階主管需領導支持。**
   (1) T全體參與：組織中的每個人皆必須參與。
   (2) Q顧客滿意：達到顧客滿意的目標，亦即達到符合或超過顧客期望。
   (3) M持續改善：從不停止改善，亦即持續改善。
3. **全面品質管理6要素：**
   (1) 重視顧客：強調以顧客滿意為前提來進行品質的改善，尤其顧客也包含內部顧客（員工）。
   (2) 重視流程：強調流程而非結果。

(3) 持續不斷改善：

A. 追求品質越來越好，亦即再好的事物都有改善空間，強調精益求精。

B. 最主要目標為零缺點。

C. 教育訓練：可使用品質圈，是Kaoru lshikawa提出的概念。

(4) 改進組織的品質：任何組織內的事物都要想盡辦法改善其品質，不僅僅產品還包括服務人員態度、貨物運送方法等。

(5) 正確衡量：用準確的統計及數量方法衡量品質。

(6) 授權員工：讓員工有充分的自主權，但不代表主管可以完全置之不理。

4. **全面品質管理4階段**：【經濟部、台水、台菸酒、中油、台電、台鐵、郵政】

PDCA（迴圈管理）：P：規劃（Plan）、D：執行（Do）、C：檢查（Check）、A：行動（Action）稱為「戴明循環」或「PDCA循環」，是一系列不斷循環的持續改善活動。

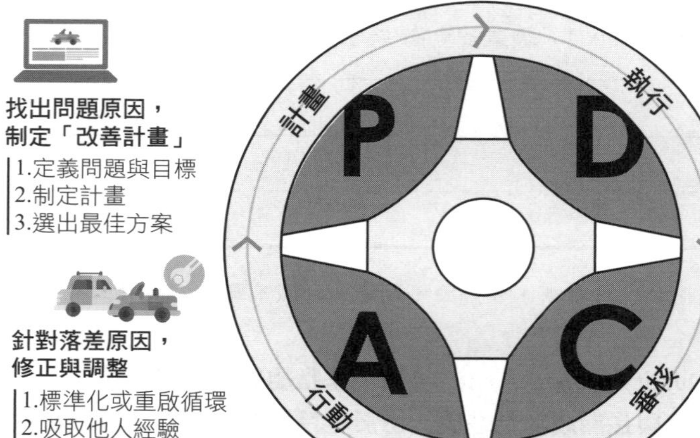

依據計畫，
馬上採取行動
1.別等問題浮現才改善
2.將進度與成果「可視化」
3.從小地方著手

檢討計畫與成果，
邊執行、邊改善
1.檢視推動PDCA的「目的」
2.順利與否，都要分析原因
3.適時「喊停」

5. **戴明14原則**：戴明提出，提升品質管理生產力的十四點原則，每一原則都跟「管理者」有關。

(1) 創造產品與服務改善的恆久目的：最高管理層必須從短期目標轉回到長遠的正確方向。

(2) 採納新的哲學。

(3) 停止依靠大批量的檢驗來達到質量標準：正確的作法，是改良生產過程。

(4) 廢除「價低者得」的作法。

(5) 不斷地及永不間斷地改進生產及服務系統。

(6) 建立現代的崗位培訓方法：培訓必須是有計畫的，且必須是建立於可接受的工作標準上。必須使用統計方法來衡量培訓工作是否奏效。

(7) 建立現代的督導方法：督導人員必須要讓高層管理知道需要改善的地方。

(8) 驅走恐懼心理：所有成員必須有膽量去發問，提出問題，或表達意見。

(9) 打破部門之間的圍牆。

(10) 取消對員工發出計量化的目標：激發員工提高生產率的指標、口號、圖像、海報都必須廢除。

(11) 取消工作標準及數量化的定額。

(12) 消除妨礙員工工作暢順的因素。

(13) 建立嚴謹的教育及培訓計畫。

(14) 創造一個每天都推動以上13項的高層管理結構。

6. **七大工具：**【經濟部、中油、台電】

(1) 特性要因圖（魚骨圖、石川圖）：結構性的研究問題可能的原因，形狀類似魚骨。魚骨追原因，尋找因果關係。

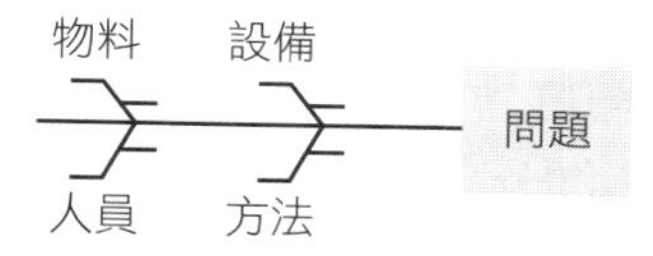

(2) 柏拉圖分析（重點分析圖）：將注意力集中在最重要問題的方法。柏拉圖的觀念是百分之八十的問題來自於百分之二十的項目。柏拉抓重點，找出重要的少數。

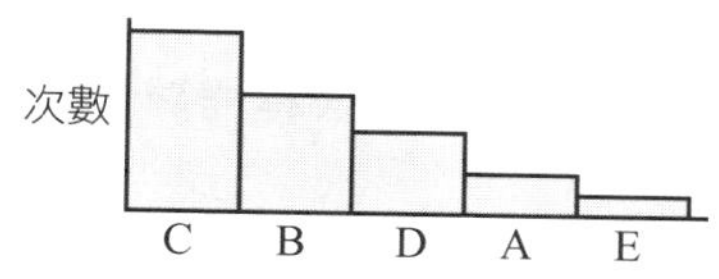

(3) 層別法：將造成品質問題的可能因素分開觀察、蒐集資料、找出差異性並比較。層別做解析，按層分類，分別做統計分析。

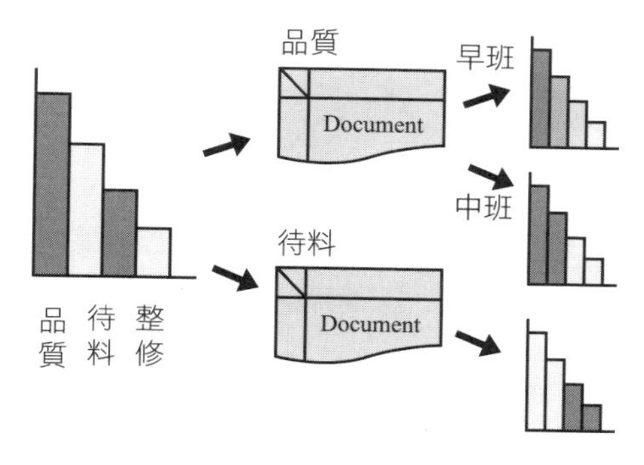

(4) 檢核表：用於確認問題的工具。檢核表提供一種格式，方便蒐集與分析資料，讓適用者能夠記錄與整理。常用於記錄不良品的類型或發生不良品的區域。查檢集數據，調查記錄數據用以分析。

	日			
缺點	1	2	3	4
A	///		////	/
B	//	/	//	///
C	/	////	//	////

(5) 散布圖：用來決定二個變數之間是否有相關聯，此種關聯性指出可能問題的原因。散布看相關，找出兩者的關係。

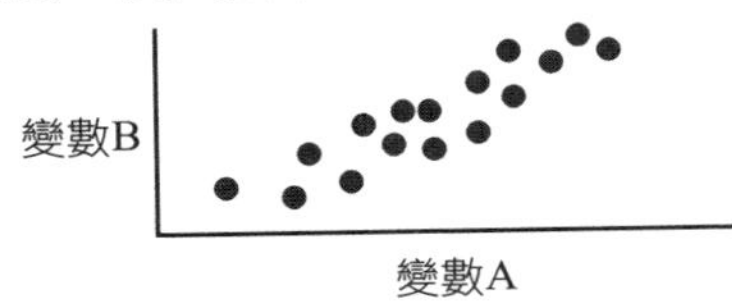

(6) 直方圖：用來知道觀測值分布的狀況，從直方圖可以看出分布是否對稱、是否有無效值等。直方顯分布，了解數據分布與製程能力。

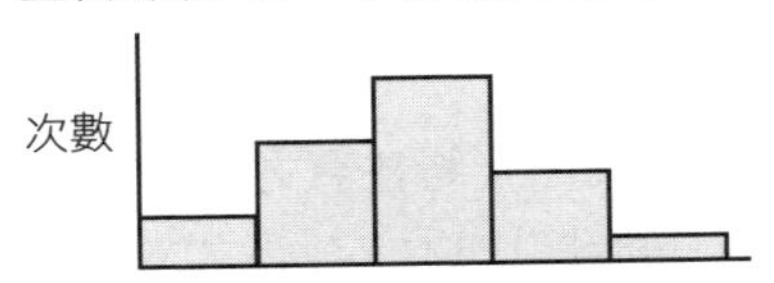

(7) 管制圖：用來追蹤製程，了解製程的產出是否為隨機，幫助檢查變異原因是否可以矯正。管制找異常，了解製程變異。

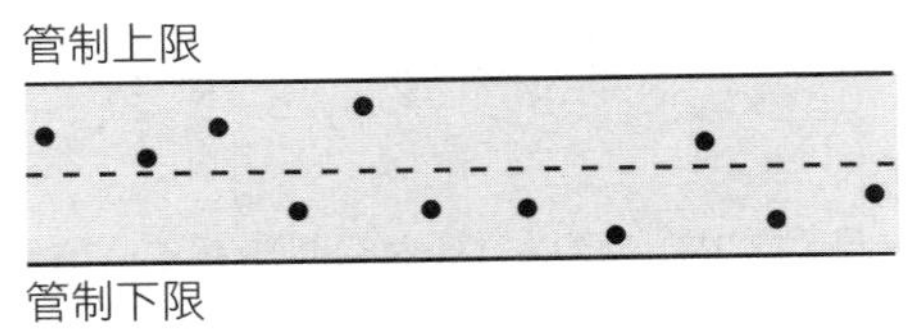

小口訣，大記憶

▲雨果（魚骨圖-因果）

伯仲（柏拉圖-重點）　直布（直方圖-分布）　檢署（檢核表-數據）

不相關（散佈圖-相關）　層析（層別法-解析）

小補充、大進擊

1. Kaizen改善法：Kaizen方法最初是一個日本管理概念，指逐漸、連續地增加改善。是日本持續改進之父今井正明在《改善─日本企業成功的關鍵》一書中提出的。Kaizen意味著改進，涉及每一個人、每一環節的連續不斷的改進：從最高的管理部門、管理人員到工人。「持續改善」的策略是日本管理部門中最重要的理念，是日本人競爭成功的關鍵。
2. 零缺點管理簡稱ZD，亦稱「缺點預防」，主張不管是生產者或工作者都要努力使自己的產品、服務沒有缺點，朝高品質標準的目標而奮鬥。人們應拋棄「缺點難免論」，樹立「零缺點」的哲學觀念，要求全體工作人員「從開始就正確地進行工作」，以完全消除工作缺點為目標。

(三) **六個標準差**【經濟部、台糖、台電、台鐵、桃機、桃捷】

1. 六個標準差是希望設計、衡量、分析與控制生產過程，來達成每百萬件低於3.4不良品的目標。在品質管制中產品合格率為99.99966%，接近零缺點的要求。
2. 最早由摩托羅拉（Motorola）在1987年提出，之後由奇異（GE）的總裁傑克威爾許（Jack Welch）倡導與推動。
3. 其主要精神為在產品製造當時就將品質考慮進去，利用統計模型，結合特定的品管工具，採取高嚴苛的水準來達成六個標準差的品管。
4. DMAIC方法是六標準差方法中的核心工具之一，不過DMAIC方法不一定只能用在六標準差方法，也可以配合其他改善方法進行。

   DMAIC的五個步驟如下：

   D：（Define）定義問題，客戶需求和項目目標等等。

   M：（Measure）測量當前流程的關鍵方面，收集相關資料。

   A：（Analyze）分析數據，尋求和檢驗原因和效果之間的關係，確定是什麼關係，然後確保考慮到所有因素。通過調查，發現因為殘疵的根本原因。

   I：（Improve）改善優化當前流程，根據分析數據，運用不同方法，例如實驗設計、防誤防錯或錯誤校對，利用標準工作創建一個新的、未來的理想流程，建立規範運作流程能力。

   C：（Control）控制改變未來流程，確保任何偏離目標的誤差都可以改正。

即刻戰場

選擇題

一、品質管理的概念

( ) **1** 全面將品質理念融入組織成員工作中，形成一種企業文化，員工自動自發追求對品質的承諾，此乃實踐品質管理的哪個階段？ (A)品質是設計出來的 (B)品質是管理出來的 (C)品質是製造出來的 (D)品質是習慣出來的。 【101中華電信、108漢翔】

( ) **2** 下列何者為一組織運用品管圈可獲之利益？ (A)拒絕高品質 (B)高工資 (C)員工發展出自我價值與品質所有權意識 (D)以較低的成本進行競爭產品分析。 【108台鐵】

( ) **3** 為了提高企業管理品質，許多企業設有SOP，所謂SOP是指： (A)彈性製造系統 (B)標準作業流程 (C)顧客服務專線 (D)企業資源規劃系統。 【108台菸酒】

解 **1 (D)**。品質是「習慣」出來的→TQA

品質文化的塑造，從訓練到個人態度產生改變，再到個人行為的改變，最後，引起團體行為的改變。這種變革是由員工習慣的生活方式養成的，品管學者將此時期稱為「全面品質保證」時期，品質的觀念也進展到「品質是習慣出來的」，品質管理制度則發展為「全面品質保證制度（Total Quality Assurance, TQA）」。

2 (C)。品管圈：石川馨提出，亦稱問題解決團隊，目的在於凝聚同一工作場合的同仁意見與看法，用來解決遭遇的各種品質相關問題

全面質量管理（TQM）：是指組織以質量為中心，全員參與為基礎，讓顧客滿意和本組織所有成員及社會受益，而達到長期成功的管理途徑。

3 (B)。標準作業程序（英語：Standard Operating Procedures，常縮寫並簡稱為SOP）是指在有限時間與資源內，為了執行複雜的事務而設計的內部程序。從管理學的角度來看，標準作業程序能夠縮短新進人員面對不熟練且複雜的學習時間，只要按照步驟指示就能避免失誤與疏忽。

二、品質成本

( ) 1 與品質有關的成本稱為品質成本，一般可分為預防成本、鑑定成本、內部失敗成本、外部失敗成本四大類。請問為防止產生不良品所需付出的成本稱為： (A)預防成本 (B)鑑定成本 (C)內部失敗成本 (D)外部失敗成本。
【106台水】

( ) 2 產品的品質管理是需要成本的，公司生產產品作業完成後，對於有些品質不合格之不良品，其棄置或重作修復等所需的成本，是指下列何者？ (A)生產檢驗成本 (B)內部失靈成本 (C)外部失靈成本 (D)預防成本。
【110經濟部】

解 **1 (A)**。預防成本（prevention cost）：指有關預防不良產品或服務發生的成本，包括計畫與管理系統、人員訓練、品質管制過程以及對設計和生產兩階段的強化以減少不良品發生的機率所產生的種種成本。

2 (B)。內部成本：產品交貨前未能達到品質要求所造成的成本，例如重做某項服務、再處理、重加工、再試驗、報廢等。指原料或產品不符合標準，而造成之成本。此類成本通常隨著瑕疵品數量之增加而增加。

三、品質管理常用的方法-ISO品質管理系統

( ) 1 ISO 9000是屬於下列哪種功能系統？ (A)人才與職能認證系統 (B)行銷品牌與形象系統 (C)國際區域與關稅系統 (D)品質管理系統與保證標準。
【105台水、106桃機】

( ) 2 ISO（International Organization for Standardization）是國際標準化組織。那個系列標準與環境管理有關？ (A)ISO 9000 (B)ISO 9001 (C)ISO 14000 (D)ISO 2000。
【107經濟部、109台鐵】

( ) 3 下列何者為企業執行職業安全衛生管理之標準？ (A)ISO 9000 (B)ISO 14000 (C)QS 400 (D)OHSAS 18001。
【108經濟部】

解 **1 (D)**。ISO 9000：品質管理。 ISO 14000：環境管理。
ISO 22000：食品安全。 ISO 26000：企業責任。

2 (C)

3 (D)。(A)ISO 9000：品質管理。
(B)ISO 14000：環境管理。
(C)QS：世界大學排名。
(D)OHSAS 18001：現已改為ISO 45001，職業安全衛生管理系統。

四、品質管理常用的方法-全面品質管理

( ) **1** 關於「品質控制(quality control)」的敘述，下列何者正確？ (A)品質控制是確保企業生產的產品或服務能符合特定品質標準的管理活動 (B)品質控制是分析企業工作項目的管理活動 (C)品質控制是建立工作規範書的管理活動 (D)品質控制是發展人力規劃的管理活動。 【105郵政、107桃捷】

( ) **2** 有關全面品質管理(Total Quality Management, TQM)之敘述，下列何者正確？ (A)管理者必須完整授權整個TQM計畫之進行，並不參與干擾其執行 (B)以顧客為焦點，建立一個有效率的TQM計畫 (C)所有的業務產品製造流程，必須依標準化作業要求，不得改變 (D)只要組織內主管級以上幹部都接受TQM相關訓練，便能執行並達成目標。 【106桃機】

( ) **3** 以下何者不是全面品質管理(TQM)的核心觀點？ (A)特別強調顧客 (B)加強對員工的控制 (C)正確的衡量 (D)持續的改進。 【109經濟部】

解 **1 (A)**

2 (B)。(A)管理者必須確實督導各部門人員按預定的時程及編列的預算經費，來推動各項已制定的行動方案，達到全員參與的運作原則。

(C)在面對高度競爭的市場環境，企業必須針對現有產品與製造流程不斷地進行設計變更及推陳出新。透過所有員工持續性品質改善。

(D)企業必須針對全體員工接受TQM相關訓練，提供員工正確的品質意識及培養員工自行發掘解決品質問題的能力，便能執行並達成目標。

3 (B)。TQM強調授權員工、給予充分自主權。

五、品質管理常用的方法- PDCA

( ) **1** 戴明博士所提出的PDCA品質管理循環中，下列何者錯誤？ (A)P是指規劃(plan) (B)D是指執行(do) (C)C是指機會(chance) (D)A是指行動(act)。 【108台菸酒】

( ) **2** 下列有關「零缺點計畫」(ZDP)的敘述，何者錯誤？ (A)零缺點計畫是以零缺點為最終目標 (B)零缺點計畫要建立「第一次就做對」的觀念 (C)零缺點計畫是一種製造技術，而非是一種製造哲學 (D)零缺點計畫把舊有「人難免會犯錯」的傳統觀念，轉變為「人可以不犯錯」的新觀念。 【107中油】

解 **1 (C)**。全面品質管理（TQM）四階段PDCA（迴圈管理）：
P：規劃（Plan）、D：執行（Do）、C：檢查（Check）、A：行動（Action）
2 (C)。(C)是一種製造過程的觀念。

六、品質管理常用的方法-全面品質管理的七大工具

(　　)　下列哪個品管工具以發生的頻率，累計排序做呈現，並以「重點管理」為中心？ (A)管制圖（Control Chart） (B)柏拉圖分析圖（Pareto Chart） (C)魚骨圖（Fishbone Diagram） (D)直方圖（Histogram）。
【107中油】

解 **(B)**。柏拉圖：又稱重點分析圖，由義大利經濟學者柏拉圖提出，為品管七大手法之一。
(1)用以重點管理的圖表。可幫助管理者抓住重點問題，對症下藥。
(2)橫軸代表品質問題，縱軸代表發生次數，且由左至右依大小排列，找出重要少數。
柏拉圖分析的結果得出百分之八十的後果是由百分之二十的主要原因造成的，因此帕累托分析法又稱80/20原則。
魚骨圖：又稱「特性要因圖」、「石川圖」。
(1)是一種發現「問題根本」的方法。
(2)中央魚骨代表品質不良現象，兩側越大的魚骨代表越重要的原因，越小的魚骨則代表更細節的原因。

七、品質管理常用的方法-六個標準差

(　　)　六標準差有多重意義，從統計上來講是指每百萬次，其缺失數不超過： (A)6.4 (B)5.2 (C)6 (D)3.4。
【102經濟部、106桃機、106桃捷、108台鐵】

解 **(D)**。六個標準差是希望設計、衡量、分析與控制生產過程，來達成每百萬件低於3.4不良品的目標。

填充題

6個標準差（Six Sigma）所代表的意義換成品質管理的觀點，即每1百萬個產出中只容許 ______ 個不良。
【106台電】

解 3.4

申論題

請論述有那些常見的全面品質管理（TQM，Total Quality Management）理念及品質改善工具，企業可以用來提昇服務品質及增進企業整體經營績效？

答：

(一) 說明

1. 全面品質管理：透過全體成員的參與，以經濟方式達成客戶要求的滿意品質，進而提高企業成長的一種重視品質的經營方法。
2. TQM的五項特質：顧客導向、團隊合作、全員參與、重視教育與訓練、高層領導者的支持。

(二) 品質改善理念

1. 戴明的PDCA循環：不斷重覆計畫、執行、檢討和行動等四項活動以持續改善的程序。
2. 六個標準差：
   (1)是一種精準追求最小差異的改善手法，藉由統計學上的常態分布與機率模式，整合企業的經營策略、產品研發、製程改善、品質提升等，達到顧客滿意、成本降低、獲利增加與企業營運的目標。
   (2)六個標準差的改進步驟（DMAIC）：定義（Define）、衡量（Measure）、分析（Analyze）、改善（Improve）、控制（Control）。
3. 標竿學習：
   (1)與產業內或技術範圍內有卓越表現的組織，從事流程上或功能上的比較，做為學習與創新改革的來源。
   (2)核心概念為：持續的學習過程、針對組織流程做改進、與標竿對象做比較的結果、是要改善及提高執行績效。
4. 價值鏈管理：
   (1)將生產相關活動都視為價值產出的過程，將這些過程連結為一循環整體即為價值鏈。
   (2)為效能導向，目的在創造顧客最高價值並為企業創造利潤。

(三) 品質管制工具

1. 特性要因圖：
   (1)即魚骨圖，辨認造成某一特定問題的所有可能成因。
   (2)常與腦力激盪工具一起使用。
2. 柏拉圖：
   (1)又稱80/20法則，用來區分造成品質問題的少數重要原因及多數不重要原因。
   (2)橫柚代表問題類別，縱軸為發生次數，橫軸項目依順序由大至小排列。

3. 散佈圖：

 (1) 調查兩特性間的相關性，判斷異常值存在與否。

 (2)兩特性值可分成三種類別：正相關、負相關、兩者無關。

時事應用小學堂 2022.09.22

AI 加值智慧製造加速推動製造業智慧化

全球產業鏈重新洗牌，導入 AI 技術，推動製造業數位轉型，智慧製造是台灣製造業升級的關鍵。在經濟部工業局指導下，工研院、台灣人工智慧協會（簡稱台灣 AI 協會，TAIA）日前舉辦「AI 加值產業應用推動分享活動」，提升製造業智慧化的能力。

數位發展部數位產業署署長呂正華表示，「產官學的努力推動台灣邁向高階製造中心，數位產業署將推動百工百業導入數位工具、數位技術、數位管理、數位資安，數位做得更強，台灣的產業就能更強。」

經濟部工業局金屬機電組組長林華宇指出，「為了將產業老師傅的寶貴經驗數位化，將大數據和 AI 運用在設備機台，可提升工廠良率、稼動率，顯著降低生產成本。製造業藉由數位轉型提升附加價值，推動台灣邁向亞洲高階製造中心。」

台灣如何發展 AI ？台灣人工智慧協會理事長林建憲建議，智慧製造首重廣布高性價比的感測器，建立自主技術；其次，結合 Edge AI，串連 ICT 上下游供應鏈；推動台灣 AI 人才能力認證在地化，台灣有足夠的能力與資源打造台灣產業生態鏈。

與會貴賓有志一同表示，疫情加上俄烏戰爭，業界已體認 AI 的重要性，工具機、機械等製造業結合 AI 轉型智慧製造，勢在必行，唯有產業升級，才有能力接軌國際訂單，讓台灣成為智慧化的國際海島國家。展望未來，台灣人工智慧協會執行長林筱玫指出，企業以機械設備結合數位技術達成虛實整合，透過戰情室做到資訊同步、模擬和預測，能高度掌握供應鏈的生產品質，邁向工業元宇宙的趨勢。

（資料來源：經濟日報 https://money.udn.com/money/story/5635/6632664）

延伸思考

近年來，智慧製造一詞非常的熱門，其與生產作業管理的關係為何？

解析

智慧製造被很多人稱作工業 4.0，是一種以科學數據為主的生產製造模式。是指利用各種數位和雲端系統軟體工具，以物聯網 IoT 和 5G 等網路技術，收集、整合並應用製造業內部在銷售、研發和生產製造等流程，及外部供應鏈的各種即時數據資訊，形成工業物聯網 IIoT，形成大數據和人工智慧 AI 模型，提高企業策略的決策速度和正確性。

製造業不變的趨勢，是越來越多的客製化、少量多樣又交期短的需求。這種挑戰下，智慧製造可以協助製造業，利用數位和雲端系統軟體及大數據模型，不斷改善生產相關流程、最佳化關鍵影響因素，讓生產製造不只能穩定生產，更能靈活應變，最終做到自動優化，讓企業能快速且彈性地，因應各種突發狀況。

階段 1：「自動化」

智慧製造的基礎，是將機台設備「自動化」打好地基，將生產的作業流程，以自動化設備取代，達到生產製程更細緻、品質更統一，全面提升製造效率。

但自動化的投資非常可觀，進行前應該要進行全面性的分析與評估，確認「自動化」的建設，能否增加營收、提升效率、降低成本等綜合性效益。可利用「營利模式校準與營運成本結構」來計算總成本與總營收，找出損益兩平點。

階段 2：「數位化」

「數位化」就是利用設備自動化，以物聯網 IoT 網路技術採集各種數據，透過數位和雲端系統軟體工具，整合製造過程中的人、機、料、法、環各面向，利用產品生命週期全流程中，所有的資料數據，找出各流程中降低效率的瓶頸，協助企業更快速的做出正確決策。

階段 3：「智慧化」

取得各種數據後，透過建立運算模型，可以做到預測、預防問題發生，優化製造過程，達到「數位優化」也就是「智慧化」。

累積的數據除了應用於組織運作與改善作業外，將數據轉化成為智慧模型 AI 架構，才能創造出新價值，也是推動智慧製造的最重要的關鍵階段。

Lesson 18 行銷概論

課前指引

(一)行銷的目的在於透過交換的過程，達成交換雙方的目標。「交換」可以說是行銷的起源。現代生活中多數交換活動被稱為交易（Transaction），即雙方或多方經過協議而同意進行的價值買賣行為；「價值的創造與交換」可說是行銷的核心觀念。

(二)「行銷管理」（marketing management）是指企業為了滿足消費者的需求，採用各種方法來研究市場環境、制定行銷策略，以達到企業目標的各種管理活動。程序如下：

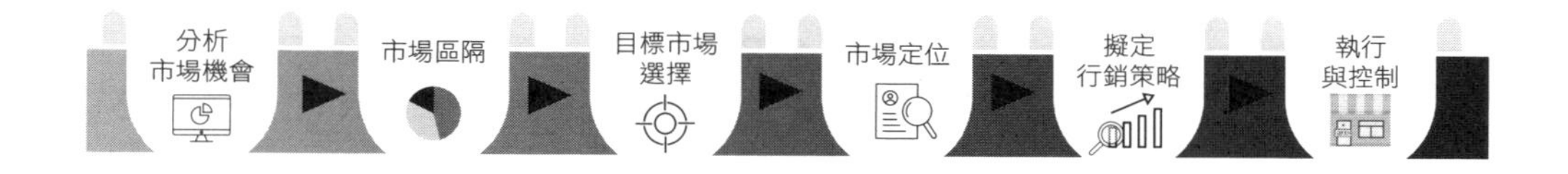

重點引導

焦點	範圍	準備方向
焦點一	行銷的意涵與演進	本焦點的重點在行銷觀念的演進，包括從古至今的生產觀念、產品觀念、銷售觀念、行銷觀念、社會行銷觀念，都是考題的重點，每個階段的內容、管理重點都需要了解與應用。另外，行銷創造的五種效用：形式、地點、時間、資訊、所有權，也需要釐清並能分辨其不同，將觀念運用在生活題型的題目中。
焦點二	消費者的購買行為	本焦點主要轉到消費者身上，消費者購買的決策程序、影響消費者購買行為的因素等，都是很常出現的考試重點。此外，我們將行銷研究放在本焦點，雖然目前出題並不多，但有越來越熱門的趨勢，值得關注。

焦點	範圍	準備方向
焦點三	目標行銷	目標行銷也就是 STP，分為三個步驟，市場區隔、目標市場的選擇、定位。其中以市場區隔的考題種類最多，尤其是區隔市場的四大變數，每一個變數都非常重要，觀念需要記憶分辨清楚，才不致混淆。
焦點四	行銷組合	本焦點是開啟 Lesson19 的重要關鍵，也就是行銷組合的 4P。考題非常的多，無論是記憶、應用、分析等類型的考題都有，需要花時間做題目，讓 4P 觀念更活用。

焦點一 行銷的意涵與演進

一、行銷管理觀念的演進【中油】

企業為了因應內外在環境變化，行銷管理觀念不斷的調整、演進。

行銷觀念演變：生產觀念→產品觀念→銷售觀念→行銷觀念→社會行銷觀念

階段	興起時間	內容	市場觀念	管理重點
生產觀念【台水】	18 世紀工業革命前	1. 在工業革命前後的時代裡，企業相信消費者只會對低價格和便利的產品感興趣，所以廠商只要將產品生產出來自然就會有市場、有消費者願意購買。 2. 顧客追求便宜的產品，因此大規模生產。	1. 產品只要有，就可以賣出去。 2. 重視價格。	1. 專注製造。 2. 大量生產。 3. 降低成本。 4. 規模經濟。
產品觀念【中華電信】	1890~1930	1. 顧客喜歡創新、效能好的產品，因此廠商致力於改善產品特性，不過容易造成「行銷短視症」的問題。 2. 行銷短視症 (Marketing Myopia)，也稱捕鼠器的陷阱。行銷廠商若抱持產品觀念 (Product Concept)，通常容易以為品質最高、	1. 產品品質與功能是消費者所關注。 2. 著重功能、式樣、品質。只著重公司產品。	1. 注重產品設計。 2. 提供高品質產品。

階段	興起時間	內容	市場觀念	管理重點
		功能最多的商品，必為市場上永遠成功之產品，以致只專注於產品品質、功能的改良，而忽略外在環境與顧客真正需求的變化。		
銷售觀念【台水、台菸酒、郵政】	1930~1950	消費者是懶惰被動的，廠商要強力促銷才有效。	以廣告、推銷等手段將產品賣出。	1. 專注銷售管理。 2. 以工廠角度出發。 3. 生產易製造產品，非顧客需求產品。 4. 製造出來就想辦法賣出。
行銷觀念【經濟部、台菸酒】	1950之後	強調探求目標市場顧客需求，再回頭設計產品與服務，其中包含顧客導向、利潤導向與服務導向三部分。	以消費者需求與利益為基礎。	1. 重視顧客需求。 2. 以顧客角度出發。 3. 生產能銷售出去的產品。 4. 透過市場調查，主動購買，顧客導向，消費者導向。
社會行銷觀念【台北自來水、台菸酒、台電】	近年	滿足消費者與企業獲利的同時，也要追求社會長期福祉。 整體社會、自然環境的利益 消費者需求　企業利潤	除滿足顧客需求外，更重視社會福祉。	將社會大眾權益納入行銷活動行銷者要同時考慮「公司（利潤）、顧客（需求）、社會」三方面的利益。

小口訣，大記憶

生**產**觀念、產**品**觀念、銷**售**觀念、行**銷**觀念、社**會**行銷觀念。

▲產品售銷會

小補充、大進擊

行銷導向通常會與顧客導向做比較【台電、台鐵、郵政】

顧客導向	1. 顧客導向是以顧客為中心的一種思維。 2. 過去企業的產生源自於一種新技術及產品，企業以一種「產品中心」的思維模式經營著，公司的目標在於開發新產品與新技術，產品中心的危機在於對市場的不敏感，製造出來的產品不符合市場需求，導致投入大量資源所開發出來的新技術卻不被消費者買單；顧客中心是指公司一切運行都圍繞著顧客需求出發，產品的開發不再是追求高技術，而在於真正符合消費者的需求。
顧客關係管理 (CRM)	管理企業與顧客的關係，以使他們達到最高的滿意度、忠誠度、維繫率及利潤貢獻度，並同時有效率、選擇性地找出與吸引好的新顧客。

二、市場需求與行銷任務【台電、郵政】

在市場不同的需求類型之下，行銷也需要扮演的不同角色，創造出進一步的需求，以下將各種需求搭配的行銷方法做一說明。

需求的類型	定義	行銷方法	目的	舉例
無需求	對商品沒有需求	刺激性行銷	創造需求	行動支付打出優惠鼓勵使用
負需求	排斥某樣商品	扭轉性行銷	矯正需求	預防針宣導
病態需求	商品對社會或個人有害	負行銷	消除需求	菸盒上的口癌照片
衰退需求	需求被滿足後降低需求程度	再行銷	恢復需求	搜尋投放廣告
飽和需求	供過於求	維持銷售	維持需求	延長保固吸引消費者購買
過度需求	供不應求	低行銷	降低需求	旺季旅遊產品價格較高

需求的類型	定義	行銷方法	目的	舉例
潛在需求	現有商品未能滿足消費者需求，但尚未被發掘	創造性行銷	開發需求	開發新商品
不規則需求	因時地人等隨機狀況，消費者對產品有不同程度之需求	調和行銷	平衡需求	春節高速公路的高乘載管制

三、行銷創造的效用【台菸酒、中油、台鐵、郵政】

企業應用行銷方法為消費者創造了以下五種效用：

效用	內容	例子
形式效用 (form utility)	企業把原料或零件組合在一起，而創造了某種形式供人使用。也就是將不同來源的原物料轉變成顧客要的產品或服務。	1. 餐廳將生牛肉轉變成牛排。 2. 農產品加工工廠，將新鮮食品，經過食品加工技術，製成罐頭。
地點效用 (place utility) 空間效用	行銷活動將產品運送到恰當的地點讓消費者方便購買或使用。因為地理位置或環境所造成。	1. 將山上蔬果拿到山下市場賣。 2. 到處都可買到飲料的自動販賣機。
時間效用 (time utility)	行銷活動讓消費者在恰當的時間 (適時) 取得產品。	1. 分期付款。 2. 夏天水果冬天賣。 3. 聯邦快遞提供全球限時送件服務。
資訊效用 (information utility)	經由產品包裝上的說明、廣告以及人員銷售等，行銷活動將產品資訊傳達給消費者。降低資訊不對稱。	房屋仲介。
所有權效用 (possession utility)	當消費者接受某樣產品的價格以及付款條件，在購買後，他們就有了該產品的擁有權，可以合法的占有及使用該產品。	手機所有權的移轉。

即刻戰場

選擇題

一、行銷管理觀念的演進

(　　) **1** 在公司所有部門中，哪個部門對公司的策略制訂具有重要性的影響？ (A)人力資源 (B)資訊 (C)行銷 (D)會計。 【106桃捷】

(　　) **2** 有關行銷管理的活動：①擬訂行銷組合 ②選擇目標市場 ③蒐集行銷資訊 ④進行產品定位 ⑤執行與控制，依先後順序排列下列何者正確？ (A)①②③④⑤ (B)②③④①⑤ (C)③②④①⑤ (D)③①②④⑤。 【109經濟部】

(　　) **3** 下列有關銷售觀念及行銷觀念之比較，何者有誤？ (A)銷售觀念重視業績的提升 (B)銷售觀念重視顧客的滿意度 (C)行銷觀念著重於滿足消費者的需求 (D)銷售觀念注重在運用各種銷售技巧將產品賣出去。 【107台菸酒】

(　　) **4** 有關企業從事行銷活動背後的管理哲學，下列敘述何者錯誤？ (A)企業致力推銷自己的產品，鼓勵消費者購買，是為銷售觀念 (B)在行銷觀念中，企業致力於產品品質的提升，以達成企業的利潤目標 (C)社會行銷觀念是企業在賺取合理的利潤之外，也兼顧消費者與社會大眾的福祉 (D)企業致力於生產效率的提高與配銷的順暢，是為生產觀念。 【110台菸酒】

(　　) **5** 行銷與銷售的意義有所不同，相較於「銷售」，「行銷」在程序上會著重於下列何者？ (A)定義顧客需求 (B)強力促銷 (C)致力於賣出所生產的產品 (D)企業重視培育人員的銷售技巧。 【108經濟部】

(　　) **6** 企業須節能減碳、克盡環境保護責任的行銷觀念是： (A)全球行銷導向 (B)社會行銷導向 (C)銷售導向 (D)生產導向。

【105台北自來水、107台菸酒】

解 **1 (C)**。行銷部門最了解市場狀況，既能執行公司政策，傳達給消費者，又能將消費者的回饋帶回公司，讓公司能夠生產出更符合市場需求的產品。是客戶與公司之間的橋樑，也是帶領團隊前進的火車頭。

幕僚：人資、研發、財務。

主要：生產、行銷。

2 (C)。先行銷策略STP再用行銷組合4P去執行。
S蒐集資訊並做市場區隔，T選定目標市場，P目標市場中進行產品定位，再用4P（產品、價格、通路、推廣）。
搭配選項步驟如下：③蒐集行銷資訊→②選擇目標市場→④進行產品定位→①擬訂行銷組合→⑤執行與控制。

3 (B)。行銷觀念重視顧客的需求及滿意度，銷售觀念則是在乎商品如何賣出。

4 (B)。

階段	內容
生產觀念	顧客追求便宜的產品，因此大規模生產。(D)
產品觀念	顧客喜歡創新、效能好的產品，因此廠商致力於改善產品特性，不過容易造成「行銷短視症」的問題。
銷售觀念	消費者是懶惰被動的，廠商要強力促銷才有效。(A)
行銷觀念	強調探求目標市場顧客需求，再回頭設計產品與服務，其中包含顧客導向、利潤導向與服務導向三部分。
顧客觀念	針對個別顧客一對一行銷，滿足其需求並獲取忠誠度。
社會行銷觀念	滿足消費者需要獲利的同時，也要追求社會長期福祉。(C)

(B)應該為產品觀念，但須注意會產生行銷短視症（不斷改良產品卻忽略消費者的核心需求）。

5 (A)。銷售跟行銷最大的差別，在於從什麼角度看交易。
行銷→重視顧客需求，創造吸引顧客認同的產品，顧客滿意。
銷售→從生產者角度思考，就是只要將商品賣出。

6 (B)。(A)全球行銷導向：將行銷專業與活動放在本國以外的市場。
(B)社會行銷導向：滿足消費者需要獲利的同時，也要追求社會長期福祉。
(C)銷售導向：商品銷售出去即可。
(D)生產導向：顧客追求便宜的產品，因此大規模生產。

二、顧客關係管理

(　　) **1** 「先了解市場上的消費者可能會想要購買哪一類的產品或服務，再透過提供可以滿足或超越消費者期望的產品或服務，以獲取消費者青睞並賺取利潤」較符合下列哪一類的行銷思維？　(A)生產導向　(B)利潤導向　(C)顧客導向　(D)成本導向。 【108郵政】

( ) **2** 顧客關係管理是企業經營中重要的一環，也與多種領域有關，例如行銷管理、資訊管理等，請問下列何者對於顧客關係管理的描述是錯誤的？ (A)企業應該與顧客維持長期的關係 (B)應該儲存所有顧客的基本資料與互動資料 (C)建立以客為尊觀念，維繫顧客忠誠度 (D)只要著重將單一次的交易利益極大化。 【107台鐵】

( ) **3** 下列何者是顧客關係管理（Customer Relationship Management）的要素？ (A)確保產品或服務的價格永遠低於競爭者 (B)想辦法獲取最大的市場佔有率 (C)讓顧客參與企業組織內部的管理決策 (D)全面性提高對顧客的了解。 【108郵政】

解 **1 (C)**。(C)顧客導向是以顧客為中心的一種思維。顧客中心是指公司一切運行都圍繞著顧客需求出發，產品的開發不再是追求高技術，而在於真正符合消費者的需求。

2 (D)。顧客關係管理（CRM）是指管理企業與顧客的關係，以使顧客達到最高的滿意度、忠誠度、維繫率及利潤貢獻度，並同時有效率、選擇性地找出與吸引好的新顧客。

客戶關係管理系統（CRM系統，或簡稱CRM），為企業從各種不同的角度來瞭解及區別顧客，以發展出適合顧客個別需要之產品/服務的一種企業程式與資訊科技的組合模式。

發現顧客的需求，不但是為了銷售及滿足顧客，更重要的是永續經營、提高業績及利潤。

(D)重視永續經營。非單一次交易。

3 (D)。目的在於管理企業與顧客之間的關係，以使他們達到最高的滿意度、忠誠度、維繫率、利潤貢獻度，並同時有效率、選擇性吸引好的新顧客。

三、市場需求與行銷任務

( ) **1** 在印度銷售牛肉不但賣不出去，還會引起消費者的反感，請問這是因為印度對牛肉有何種型態的需求？ (A)零需求 (B)病態需求 (C)負需求 (D)衰退需求。 【台電】

( ) **2** 「董氏基金會」積極推動拒吸二手菸運動是一種： (A)低行銷 (B)再行銷 (C)反行銷 (D)開發行銷。 【郵政】

解 **1 (C)**。零需求→消費者對該商品不感興趣漠不關心。
病態需求→對健康具危害性之產品，反行銷（毒品、香菸）。

負需求→消費者對某商品反感，甚至想出錢來迴避它。
衰退需求→需求逐漸衰退下滑，再行銷（手機、電腦）。

2 (C)。反行銷是指企業或組織針對一個特定產品、服務或活動，透過宣傳、宣揚相關的社會價值觀念，以達到改變消費者行為、態度或社會觀感的目的。

四、行銷創造的效用

(　　) 年底汽車公司提供36期分期付款的優惠，請問此創造何種效用？
(A)所有權效用　(B)地域效用　(C)形式效用　(D)時間效用。
【107台菸酒】

(D)。將付款分成36期→表示可以依時間慢慢支付，故為時間效用。

填充題

所謂顧客 ______ 管理係指企業運用現代化資訊科技進行蒐集、處理及分析顧客資料，以找出顧客購買模式及購買群體，並制定有效的行銷策略滿足顧客的需求。
【106台電】

解 關係

申論題

行銷學者P. Kotler將市場需求區分為8種，行銷管理者面對不同的市場需求應採取不同的行銷對策，請分別說明此8種需求及其行銷對策。　【107台電】

焦點二 消費者的購買行為

一、顧客市場的分類

依據購買者的特性及購買目的，可以將市場分為二大類。

項目	消費者市場（Consumer Market）【經濟部、台鐵、郵政】	組織市場（Organization Market）【台糖、中油、郵政、中華電信】
對象	一般消費者，由個人與家庭組成	企業，由工廠、零售商、政府單位、非營利性機構等銷售商品和服務的市場

項目	消費者市場（Consumer Market）【經濟部、台鐵、郵政】	組織市場（Organization Market）【台糖、中油、郵政、中華電信】
購買目的	主要為了個人或家庭上的需要，而不是為了營利。	購買目的是為了製造、加工、轉售或推動業務等。
買家	多	少
買量	少	多
分布	廣泛	集中
主要推廣工具	廣告	人員銷售
持續關係	短	長
分類	個人與家庭組成	1. 工業市場： 主要購買者：製造商。 購買目的：加工製造。 2. 中間商市場： 主要購買者：批發商、零售商。 購買目的：轉售以賺取差價。 3. 政府市場： 主要購買者：各級政府單位。 購買目的：服務民眾、公共建設。 4. 服務與非營利組織市場： 主要購買者：各類服務與非營利機構。 購買目的：服務顧客與民眾。
特性	人數眾多、單次購買量少、多次購買、非專家購買	1. 較稀少（企業購買者的數量較少）、較大型的購買者：企業客戶數目較少，但購買量較大。 2. 廠商與顧客關係較密切（較強調長期持續性關係的建立）：產品訂單大，單價高。 3. 買方地理分布較集中：企業購買的原物料或工業設備，都會分布於廠商附近，以節省運輸成本。

項目	消費者市場（Consumer Market） 【經濟部、台鐵、郵政】	組織市場（Organization Market） 【台糖、中油、郵政、中華電信】
特性	人數眾多、單次購買量少、多次購買、非專家購買	4. 衍生性需求（引申性需求）：企業的產品需求來自終端市場消費者的需求。 5. 無彈性需求：若是消費者根本沒需求，即使原物料價格大跌，廠商也不會多買，並非是受到原物料價格的高低所影響。 6. 變動需求：企業預測終端市場產品需求量增加，則企業對產品的需求也會倍增，甚至更多。 7. 聯合需求：生產產品需各種不同的生產因素共同配合。 8. 專業採購：企業客戶的採購人員較專業。 9. 直接採購：不透過中間商。 10. 互惠採購：廠商和廠商之間可能透過購買彼此的產品，維擊彼此關係。 11. 集體決策的影響（更多購買影響因素）：複雜的購買決策行為。 12. 多次的銷售拜訪。 13. 租賃：廠房和生產設備使用租賃的方式，可省下不少錢。
購買決策角色	1. 提議者：最先建議購買產品的人。 2. 影響者：提出意見且左右購買決策的人。 3. 決定者：對於是否購買、要買什麼品牌有最後決定權的人。 4. 購買者：採取實際行動去購買的人，也就是出錢的人。 5. 使用者：實際使用與消耗產品的人。	1. 發起者。 2. 影響者。 3. 把關者。 4. 決定者。 5. 核准者。 6. 採購者。 7. 使用者。

項目	消費者市場（Consumer Market）【經濟部、台鐵、郵政】	組織市場（Organization Market）【台糖、中油、郵政、中華電信】
購買決策程序	1. 問題認知（Problem Recognition）：受到外在刺激或內在刺激等影響，產生實際情況與理想狀況的落差，引發購買動機。 2. 資料蒐集（Information Search）：包含內部蒐集與外部蒐集。 3. 方案評估（Evaluation of Alternatives）：因產品、購買動機、預算、情境因素而異，涉及三個觀念：產品屬性、屬性的重要性，和品牌信念。 4. 購買決策（Purchase）：購買意願、不可預期的情境因素以及他人的態度，都可能影響最後的購買決策。 5. 購買後評估（Postpurchase Behavior）：因產品評價而引發的顧客滿意度，可用期望落差模式、歸因理論及公平理論來說明。	1. 確認問題。 2. 描繪需求。 3. 決定產品規格。 4. 搜尋供應商。 5. 徵求報價。 6. 選擇供應商。 7. 確認訂單內容。 8. 績效評估。 **小口訣，大記憶** 消費者購買決策程序：確認**問**題、資料**蒐**集(so)、**方**案評估(fun)、**購**買決策(go)、**購後**行為(go後) ▲問so fun go go

二、影響消費者購買行為的主要因素

(一) 卡特（Kotler）【台菸酒、台鐵、郵政、中華電信、桃捷】

卡特認為影響消費者購買行為的主要因素有：社會、文化、個人和心理因素。

因素	內容
社會因素	家庭、參考群體（對個人行為或態度產生直接或間接影響的群體）、意見領袖、社會角色與地位（角色是指社會對某一身分的個體所期望的行為模式，地位是指某種職位、聲望或階級）。
文化因素	文化、次文化、社會階層。
個人因素	年齡、家庭生命週期、人格與觀念、生活型態、經濟、職業。
心理因素	態度、學習、信念、知覺、動機。

小口訣，大記憶

1. 社會因素：家庭、參考群體、意見領袖、社會角色與地位
▲加考領地
2. 文化因素：文化、次文化、社會階級
▲蚊子社
3. 個人因素：年齡與家庭生命週期、人格與自我觀念、生活型態、經濟狀況、職業
▲0人神經質
4. 心理因素：態度、學習、信念、知覺、動機
▲督學念隻雞

三、影響消費者行為的因素【台鐵、桃捷】

美國紐約大學教授阿薩爾（Henry Assael），根據消費者購買的涉入程度、品牌間差異程度，組合成四個方格的購買決策模式矩陣：

(一) **購買的涉入程度**：消費者願意為該產品花費在蒐集、評估、決策過程中，時間多寡及投入努力程度（跟產品「單價」呈正相關）。

(二) **競品差異度**：競爭產品之間的品牌差異程度。

購買的涉入程度

競品差異度	高	低
大	複雜型決策 Complex Buying Decision	有限型決策 Limited Buying Decision
小	品牌忠誠型決策 Brand Loyalty Buying Decision	遲鈍型決策 Inertia Buying Decision

類型	內容	行銷方式	小例子
複雜型決策	1. 當涉入程度高、品牌差異大，消費者會表現出複雜購買行為。 2. 此類產品通常單價昂貴、社會外顯性大。	行銷人員必須強調所銷售品牌的重要屬性、優勢，以及透過參考群體或影響消費者，甚至透過親朋好友來影響他的想法。	車子、房子、珠寶、名牌包。

類型	內容	行銷方式	小例子
品牌忠誠型決策（降低失調購買決策）	1. 當涉入程度高、品牌差異小，消費者則表現出降低失調的購買決策。 2. 此時消費者會積極搜尋資訊，以證明自己的選擇並沒有錯，來降低失調的差異。	行銷人員必須強化消費者的購買透度及信心，持續地説服他們。	香水、精油。
有限型決策（多樣化購買決策）	1. 當涉入程度低、品牌差異大，消費者多採行多樣化購買決策。 2. 消費者對此類商品忠誠度較低，故轉換品牌的機率較大。加上品牌差異大，所以消費者願意嘗試其他品牌。 3. 此時消費者轉換品牌不是因為他討厭此品牌，而是他想要嚐鮮。	廣告、活動。	零食、飲料。
遲鈍型決策（習慣性購買決策）	1. 涉入程度低、品牌差異小，消費者會採取習慣性購買行為。 2. 購買產品主要是因為習慣而不是因為忠誠，通常不太需要考慮或評估。	促銷。	日常用品。

四、行銷研究【台菸酒、郵政、桃機、桃捷】

(一) 透過行銷研究（marketing research），可以獲取即時、實際的市場資訊，掌握可能會影響銷售與獲利的環境狀況，進而制定出最佳的行銷策略與計畫。

(二) 科特勒（Philip Kotler）將行銷研究定義為一套系統性的方法，藉由蒐集、分析與解讀資料的過程，評估購買者的欲望、行為，以及真實與潛在的市場規模。一項有效的行銷研究可劃分為6個步驟。

步驟1：定義問題與研究目標

清楚地界定「問題」，因此希望透過研究以獲得解答的「疑惑」，範圍不可太過廣泛或狹隘。

如星宇航空是否要推出泰國線，是否具備足夠的市場需求？管理階層和研究人員則可以預先設想他們可能會面臨哪些決策，再據以推導出研究目標，例如：哪一類旅客最有可能搭乘泰國線？旅客願意支付多少錢來搭乘泰國線？有多少旅客會因為這條航線而選擇搭乘星宇航空？新服務能否提升星宇航空的長期聲譽？

步驟2：發展研究計畫

<table>
<tr>
<td>決定所需資料來源</td>
<td>

1. 初級資料：初級資料（primary data）是由研究者主動自己收集的資料（第一手），例如：自己所進行的市調。舉例來說，行銷研究中常會調查消費者的態度、認知、意圖、動機與行為。在傳統的行銷研究裡，常見的初級資料蒐集方法包括：面談法、問卷法、觀察法、實驗法……等。

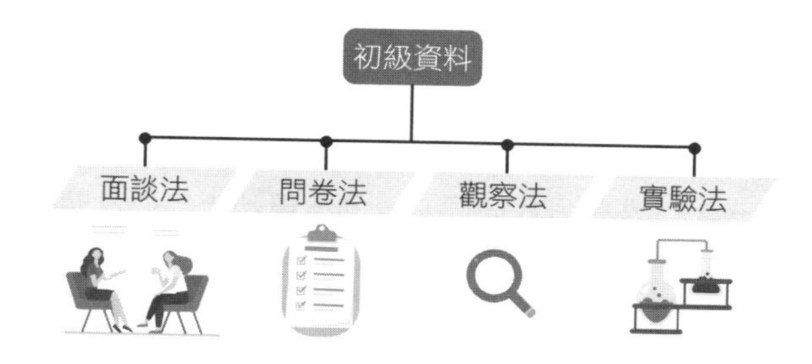

2. 次級資料：次級資料（secondary data）是指間接取得別人所整理的資料（第二手），例如：引用政府開放資料。次級資料是相對於初級資料所命名。

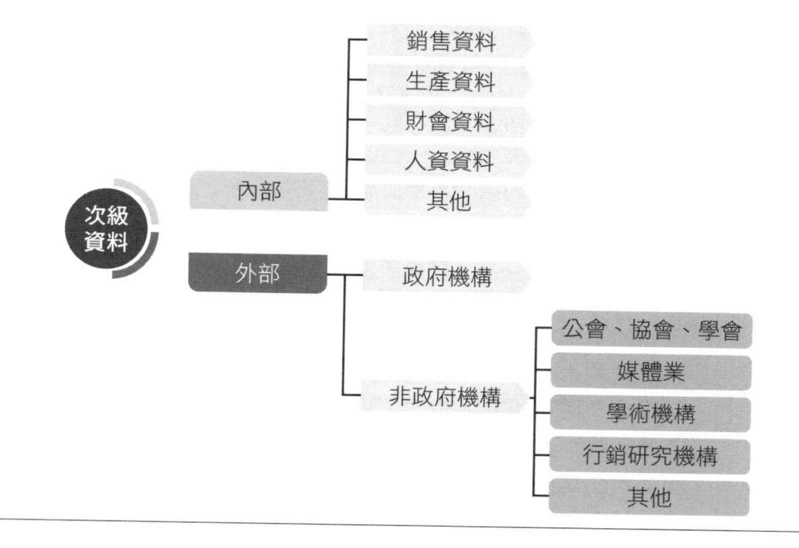

</td>
</tr>
</table>

決定研究方法	1. 觀察法：藉由觀察相關的行為者與背景，以了解消費者購物或使用產品的情形。在美國航空的例子中，行銷研究人員可以實際進入頭等艙中，聆聽顧客對不同航空公司的看法。 (1)參與觀察：研究者深入到研究對象的生活背景中，實際參與研究對象日常生活的過程所進行的觀察。 (2)非參與觀察：觀察人員為局外人，通常在不被研究對象察覺的情況下，冷眼觀察研究對象的行為和表現 2. 焦點團體訪談法：找來符合相關資格與條件的受訪者約 6 ～ 10 人，進行特定主題的討論，由一個訓練有素的主持人以一種無結構的自然形式與被調查者交談，通過傾聽一組從目標市場中選來的被調查者，從中獲取對一些有關問題的深度信息。這種方法的價值在於常常可以從自由進行的小組討論中得到一些意想不到的發現。目的在於釐清消費者的真實動機，以及言行背後的原因。 3. 調查法：進行方式如同常見的市場調查，以具體的數據將人們的知識、信念、偏好、滿意度加以量化。 4. 行為資料分析法：商店的銷售資料、採購紀錄、顧客資料庫等等，都可稱為行為資料，可實際反應消費者的偏好，比口頭提供的陳述更為可靠。 5. 實驗法：選出實驗參與者後，給予不同的對待，並控制外在變數，以檢視結果是否具有顯著的差異。例如，星宇航空可以在固定航班上裝設網路服務系統，於第一周收費 25 美元，第二周收費 15 美元，藉以觀察顧客對於不同價格的偏好效果。 6. 投射技術：將參與者置於模擬活動的情境中，希望可以透露出某些直接問問不出來的東西。可以防止受訪者從問卷的題目去推敲研究者的目的，或去揣測研究者希望與不希望的回答。
決定研究工具	1. 問卷：最常被使用的研究工具。 2. 質化方法：通常用於探索消費者對於品牌與產品認知的第一個步驟。由於樣本數少、允許多種可能的答案，因此相對來説較缺乏嚴謹架構，正確性也較容易受到質疑；不過，卻也可能從中找出不易被揭露的消費者認知。常用的質化方法包括：故事敘述法（storytelling），請消費者陳述個人的消費經驗；相機紀錄法（camera journals），請消費者以相機紀錄他們與某項產品有關的活動與印象。 3. 機械儀器：例如測量參與者在暴露於特定廣告或畫面時，在心理上或生理上所引起的興趣與情緒強度。整體而言，機械儀器目前較少使用在行銷研究上。

決定抽樣方式	1. 抽樣單位：誰應該被調查。例如，星宇航空必須決定抽樣單位的年齡是否應高於 18 歲等。 2. 樣本大小：應調查多少人。 3. 抽樣過程：如何選擇受訪者。抽樣方法可分為機率樣本（母體每一份子被抽中的機率相同）和非機率樣本（根據便利性、主觀判斷選擇樣本）。
決定接觸方式	1. 郵寄問卷：是避免受訪者意見被訪問人員誤解或扭曲的最佳方式，但回收率通常慢且低。 2. 電話訪問：快速蒐集資訊的最佳方法，回應率高，但訪問內容必須簡短、且不能涉及私人問題。 3. 人員訪問：最具彈性的方式，可詢問較多問題，也可依訪員個人觀察補充訪談內容的不足，成本最高。 4. 網路訪問：如網路問卷、網站點選流量統計等，使用日益普遍。

步驟3：蒐集資料

開始進行資料的蒐集

步驟4：分析

分析蒐集的數據資料

步驟5：陳述就發現

陳述分析資料的內容

步驟6：制定決策

根據發現，制定行銷決策

小補充、大進擊

根據OECD（聯合國經濟合作發展組織）的定義將研究發展分成3個層次：

1. 基礎研究（BASIC RESEARCH）：將發現的新知識做實驗理論工作。指探討各式科學真理的研究活動，目的在探索各種事務的真相，基礎研究活動的展開並無商業化目的，而是純理論方面的研究。
2. 應用研究（APPLIED RESEARCH）：將發現的新知識針對某一特定目標進行創造性研究活動。通常強調的是在真實的、特定的情境中為問題找出解決之道。針對「基礎研究」之成果展開實務用途。
3. 實驗性發展（EXPERIMENTAL RESEARCH）：利用既有知識及研究進行系統性工作來研發新材料、產品、設備、設置新製程、系統、服務，具體改善既有生產或裝置。

即刻戰場

選擇題

一、顧客市場的分類-組織市場

( ) 有關企業市場（business-to-business market）購買行為之敘述，下列何者錯誤？ (A)企業採購是一種引伸需求，基於客戶需求而採購 (B)企業在進行新任務購買時，決策影響者比較多 (C)企業購買者與供應商常建立持續性關係 (D)企業採購的價格彈性較大，價格上漲時購買量會大幅下降。 【105中油】

解 **(D)**。(A)衍生性需求：企業的需求衍生自最終消費者的需求。
(B)變動需求：工業品的需求比消費品的需求更容易變動，變動性較大，新任務採購（購買某大型的機器設備）。
(C)直接採購與互惠採購：不透過中間商，直接與供應商採購，也可達到優惠。
(D)無彈性需求：消費者對產品有需求，企業會找別家供應商較低價採購，不會新價格而不進行採購。

二、顧客市場的分類-消費者市場

( ) **1** 消費者在進行購買決策時，會經過幾個步驟，這種過程是理性思考的結果，可以使得其購買決策會是最為正確的，請問下列何者並非是決策過程中的一個步驟？ (A)銷售分析 (B)資訊蒐集 (C)方案評估 (D)需求認知。 【110台鐵】

( ) **2** 某連鎖超市推出集滿印花點數可以換購精美商品及兌換贈品的加值活動，這是此連鎖超市企圖影響下列消費者購買程序的哪一階段？ (A)需求確認 (B)資訊蒐集 (C)方案評估 (D)購買決策。 【110經濟部】

解 **1 (A)**。「銷售」是賣家的行為。銷售分析更多地涉及到供應商或銷售團隊的工作，用來評估銷售策略和市場表現。

2 (D)。購買決策（Purchase）：「購買意願」（Purchase Intention）、「不可預期的情境因素」以及「他人的態度」，都可能影響最後的購買決策。

三、影響消費者行為的因素-卡特Kotler

(　　) 1 社會因素是影響消費者購買行為的很多因素之一。下列何者不是影響消費者購買行為的社會因素？ (A)消費者生活型態 (B)家庭 (C)參考群體 (D)社會地位。 【108台菸酒】

(　　) 2 消費者的心理因素對其購買決策的影響很大，下列何者並不屬於心理因素？ (A)社會角色 (B)動機 (C)認知 (D)信念。 【106桃捷】

解 1 (A)。影響消費者購買的因素：
(1)社會因素：參考群體、社會地位、意見領袖、角色、家庭。
(2)文化因素：社會階層、文化、次文化。
(3)個人因素：年齡、生命週期、生活型態、職業、經濟。
(4)心理因素：知覺、學習、態度、動機、記憶。

2 (A)。社會角色通常更多地屬於社會因素，而不是心理因素。
心理因素：動機、知覺、學習、態度、記憶。

四、影響消費者行為的因素-阿薩爾Assael

(　　) 1 一般而言，消費者對下列哪一種產品的涉入程度最高？ (A)牙膏 (B)零食 (C)車子 (D)汽水。 【106桃捷】

(　　) 2 阿薩爾（Assael, 1987）認為，消費者低度介入購買品牌差異不大的產品（所謂介入是指，對消費者來說重要的程度，或是其感受強烈或認同的程度），而單純只是因為習慣而已此為下列何種決策？ (A)複雜性決策 (B)品牌忠誠性決策 (C)有限型決策 (D)遲鈍型決策。 【108台鐵】

解 1 (C)。產品涉入：指消費者對於一項產品購買決策的關心程度，或是產品對個人的重要性。
牙膏、零食、汽水通常購買都是立即性的，是單價較低的產品，所以消費者比較不會花心思去比較品牌間的差異。→便利品
汽車因為單價較高，消費者會投入更多心力來比較品牌間的差異。→選購品

2 (D)。習慣性購買決策，亦稱遲鈍型決策。涉入程度低、品牌差異小，消費者會採取習慣性購買行為。
購買產品主要是因為習慣而不是因為忠誠，通常不太需要考慮或評估。如：日常用品。

五、行銷研究

(　　) 1 有關焦點團體討論法（Focus-Group Discussions），以下敘述何者錯誤？ (A)屬於一對一的面對面訪談法 (B)主持人負責會場引導運作 (C)針對特定主題來討論互動 (D)透過腦力激盪形成共識。【106桃機】

(　　) 2 企業組織透過發放實體問卷、進行顧客訪談或實施電話調查所收集到的資料，稱為： (A)初級（或第一手）資料 (B)次級（或第二手）資料 (C)無偏差資料 (D)偏差資料。【108郵政】

解 **1 (A)**。(A)屬於「一對多」的訪談法。

2 (A)。(1)初級資料：初級資料（primary data）是由研究者主動自己收集的資料（第一手），例如：自己所進行的市調。舉例來說，行銷研究中常會調查消費者的態度、認知、意圖、動機與行為。在傳統的行銷研究裡，常見的初級資料蒐集方法包括：面談法、問卷法、觀察法、實驗法…等。

(2)次級資料：次級資料（secondary data）是指間接取得別人所整理的資料（第二手），例如：引用政府開放資料。次級資料是相對於初級資料所命名，雖然次級資料在字面上看起來像是二手數據，但所謂的「二手」，並不像現實世界中的「二手車」，是已被他人使用過的那種意思。

焦點三 目標行銷【經濟部、台水、台糖、台菸酒】

目標行銷是用來找出受眾及市場定位的行銷理論，科特勒（Philip Kolter）認為，目標行銷必須採取「STP」3個步驟：

(一) 市場區隔（Segmenting）

選擇合適的標準，將消費者區分為不同群體（matket=A+B+C）

市場區隔(S)：將汽車產業區隔為貨車市場、轎車市場

(二) 目標市場選擇（Targeting）

選擇一個或數個群體，做為企業的目標市場（選定C）

目標市場選擇(T)：選擇轎車市場

(三) 市場定位（Positioning）

發展產品或服務的特質，並配合其他行銷組合，以達到企業在該目標市場的競爭優勢（確定產品或服務在市場中的定位，捕捉消費者心中的位置。）

市場定位(P)：將自身產品定位為「省油轎車」，並以此定位來行銷。

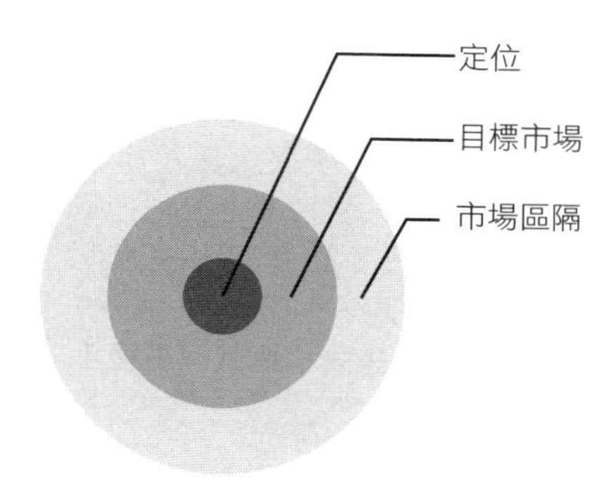

目的：行銷人員面對市場中各種各樣的消費者習性與需求，可以藉由目標行銷的三個步驟掌握目標市場，將資源做最有效率的配置，專注發展符合目標市場的產品和行銷組合。

一、市場區隔【經濟部、台北、台北自來水、台菸酒、中油、郵政】

市場區隔就是根據消費者的特性，將整個市場中的消費者分割成數個市場區塊，這些市場區塊稱為「次級市場」。通常同一次級市場內的消費者具相同的特性（同質性高），不同的次級市場其消費者特性不同。至於如何劃分成不同市場以及劃分後的評估準則，則有許多的標準可以做為依據，如下表所示。

項目	內容		
變數	將整個市場分割成數個次級市場所依據的標準。		
	地理變數	國家、城市、地理區位、城市規模、人口密度、地形、氣候【台菸酒】	ZARA 在冬季時針對東北亞國家強打保暖衣物，主要考量會下雪的緣故。
	人口統計變數	性別、年齡、種族、宗教、職業、所得（收入）、教育程度、婚姻狀況、家庭生命週期【經濟部、台水、台糖、台菸酒、郵政、漢翔】	Toyota 推出粉紅色車款，瞄準年輕女性市場。
	心理變數	人格（自信、熱情、安靜、叛逆…）、生活型態（居家型、戶外型、文青型…，可用 AIO 量表、VALS 衡量）、價值觀（節儉型、時尚型、奢華型…）、風險偏好【經濟部、台鐵、郵政、中華電信】	許多咖啡廳會布置「反核，我是人」的標語，吸引相同價值觀的消費者。

項目	內容		
變數	行為變數	使用率（輕度、中度、重度）、忠誠度（中等、強烈、絕對）、購買時點（平日、節慶）、追求利益（品質、服務、速度、CP 值…） **【經濟部、台菸酒、台鐵、桃機】**	果粉對 APPLE 產品的忠誠度很高，所有的 3C 產品皆為蘋果品牌。
評估準則 **【台菸酒、台電】**	區隔後的次級市場是否有用、可行，可由以下五個準則進行評估。		
	可區別性（異質性）	市場區隔在觀念上是可加以區別的，且可針對不同的區隔採行不同的行銷組合。	建商房子市場以人口變數的年齡為區隔依據 25~35 歲；剛進職場二房型 35~50 歲：有幼兒長輩需求的三房型 50 歲以上：追求舒適的度假房型
	可衡量性	該市場區隔之購買力、顧客多寡可否被估算、衡量？ 規模大小、購買力以及可被衡量之特徵。 形成之市場區隔其大小與購買力是可以被衡量的程度。	如上述異質市場中的消費者收入、人數都可以被調查出來。
	可接近性	該市場區隔之消費者可否接觸到公司商品？ 形成之市場區隔能夠被接觸與服務的程度。	以 35~50 歲為行銷對象時，可透過公司活動、福委會贊助，塑造公司形象。
	足量性	該市場區隔之購買力是否夠多？ 形成之市場區隔其大小與獲利性是否足夠大到值得開發的程度。	35~50 歲人數多，具一定經濟能力，為一個有潛力的市場。
	可行動性（可實踐性）	公司資源是否充足，以開發該市場區隔？ 形成之市場區隔足以擬定有效行銷方案，吸引並服務該市場區隔的程度。	公司廣告具質感，強調舒適、科技輔助、智能、安全，增加上班族雙薪家庭購買慾望。

小口訣，大記憶

1. 地理變數、心理變數、行為變數、人口統計變數

▲地心行人（區隔在地心裡走路的人）

2. 四個變數判斷方式：

(1)人口統計變數：可統計出來的
年齡、性別、家庭人數、家庭生命週期、所得、職業、教育、宗教、種族與國籍。

(2)地理變數：大魔王人口密度
地理區域、城市規模、人口密度、氣候條件。

(3)心理變數：使用前的，沒接觸到商品／產品／物品
如你的【社會地位】越高就可能買名牌，【生活節省】就相反。。

(4)行為變數：使用後的，有接觸到商品／產品／物品
如用後的回顧率代表【忠誠度】，或是具有高度cp值的【利益】。

二、目標市場選擇【台水、中油】

目標市場就是選定的銷售對象。行銷人員評估每個次級市場後，選定一個或數個次級市場作為銷售對象，稱所選定的一個或數個次級市場為目標市場。該如何選定目標市場以及選擇策略，分述如下。

<table>
<tr><th>項目</th><th colspan="2">內容</th></tr>
<tr><td rowspan="3">目標市場的選擇考慮因素：</td><td>目標市場的成長與規模</td><td>各次級市場的銷售額、獲利率或預期未來銷售成長率等，可以判斷目標市場的規模與未來成長力。</td></tr>
<tr><td>競爭者</td><td>家數、規模、競爭策略</td></tr>
<tr><td>目標市場的吸引力</td><td>目標市場必須具吸引力的利潤才值得進入。可用麥可波特的「五力分析」衡量目標市場是否具備長期吸引力。
<table>
<tr><th rowspan="2">五力</th><th colspan="2">目標市場吸引力</th><th rowspan="2">內容</th></tr>
<tr><th>大</th><th>小</th></tr>
<tr><td>消費者議價能力</td><td>低</td><td>高</td><td>消費者談判力越高，越能以低價買入高品質商品，導致業者成本上升，利潤減少，對廠商而言，目標市場吸引力小。</td></tr>
</table>
</td></tr>
</table>

<table>
<tr><th>項目</th><th colspan="3">內容</th></tr>
<tr><td rowspan="2">目標市場的選擇考慮因素：</td><td>目標市場的吸引力</td><td colspan="2">
<table>
<tr><th rowspan="2">五力</th><th colspan="2">目標市場吸引力</th><th rowspan="2">內容</th></tr>
<tr><th>大</th><th>小</th></tr>
<tr><td>供應商議價能力</td><td>低</td><td>高</td><td>供應商談判力越大，售價越高，廠商成本升高，利潤減少，對廠商而言，目標市場吸引力小。</td></tr>
<tr><td>競爭者威脅</td><td>小</td><td>大</td><td>競爭者越多、規模越大，市場競爭越激烈，廠商越難獲利。對廠商而言，目標市場吸引力小。</td></tr>
<tr><td>潛在進入者威脅</td><td>小</td><td>大</td><td>潛在進入者的威脅越大，未來就越有可能壓縮廠商的利潤。對廠商而言，目標市場吸引力小。</td></tr>
<tr><td>替代品</td><td>少</td><td>多</td><td>產品的可替代性越高，會使廠商的產品越不具吸引力，利潤越少。對廠商而言，目標市場吸引力小。</td></tr>
</table>
</td></tr>
<tr><td>企業目標與資源</td><td colspan="2">選定目標市場，需具有經營該市場的專業與足夠資源，才能永續發展。</td></tr>
<tr><td rowspan="2">目標市場選擇策略</td><td colspan="3">透過市場區隔發現市場機會後，接下來行銷人員就要決定目標市場要選擇幾個次級市場（即選擇銷售的對象），以下說明的為四種最常見的目標市場選擇策略。</td></tr>
<tr><td>無差異行銷（大眾行銷、大量行銷）【台北自來水】</td><td>以同質市場為基礎概念，設計單一的標準化產品或服務，完全不做市場區隔，滿足所有市場上的消費者，其最大好處在於可以標準化與大量生產。</td><td>1. 全部市場都賣一樣的東西。
2. 可口可樂、蘋果西打，都是生產唯一的碳酸飲料，至今仍擁有相當高的市佔率。</td></tr>
</table>

項目	內容		
目標市場選擇策略	差異化行銷（分眾行銷、選擇性專業化）【台菸酒、台鐵、桃捷】	選出幾個不同的目標市場，並針對不同目標市場設計不同行銷方案。	電信業者針對上班族與學生有不同的方案。
	集中行銷（利基行銷、單一區隔集中化）【台菸酒】	1. 集中資源針對一個或數個較小的市場區隔，針對該目標市場擬定產品及行銷策略。 2. 當廠商資源有限，無法與主要市場及其他競爭者抗衡時，可以選擇競爭者未進入或較不重視的市場，雖然其市場規模可能較小，但較無威脅，所選擇市場稱為「利基市場（nichen market）」。	1. 只做某群人的生意。 2. IBM 放棄 PC 市場，朝向企業應用方面提供高附加價值的產品。
	客製化行銷（一對一行銷）	在大規模生產的基礎上，將市場細分到「每一位顧客就是一個潛在市場」。產品以模組方式呈現，可以根據顧客的要求，單獨設計、生產產品並迅速交貨。	中華郵政的個人郵票訂製服務。

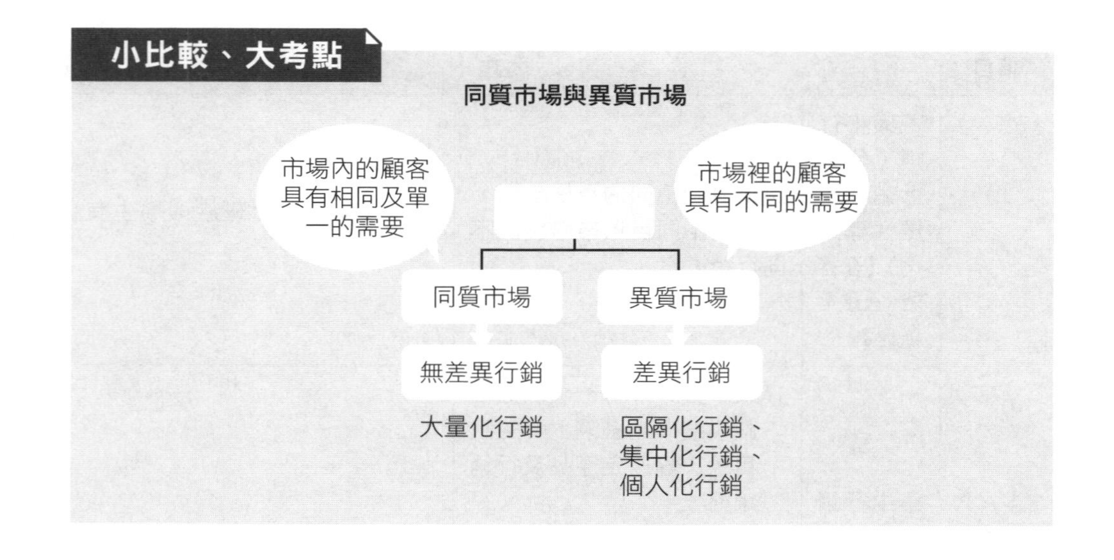

小補充、大進擊

目標市場選擇策略：

1. 產品專業化（Product Specialization）：提供一種產品給部分市場區塊，由於專注在單一產品，有機會在該產品領域塑造出專業或權威形象，但也可能受採取集中行銷的廠商專業所威脅。例：床市場區分家庭、旅館、政府、醫院等，長照智慧床墊針對醫院、社福機構等需要專業產品為銷售對象。
2. 市場專業化（Market Specialization）：指提供多種產品給單一市場區塊，為了強化對特定顧客群的經營與服務，希望能夠提高顧客的退出障礙。例：藥妝店提供生活所需醫藥、美容、健康用品，希望在這社區或商圈中能提供消費者一次購足的服務。

三、市場定位【經濟部、台鐵】

在消費者腦海中，為某個品牌建立有別於競爭者的形象的過程；而消費者所感受到相對於競爭者的形象，則稱為「定位」（Position）。消費者能直接想到這些品牌特質，其實就是定位帶來的結果。而這樣的結果，是消費者所感受到的相對於競爭者的形象。如Volvo是「安全的高級汽車」、全聯是「便宜的地方型超市」、最創新的手機品牌-iPhone。

項目	內容
定位的重點	1. 在於和競爭品牌或產品「差異化」（Differentiation）。 2. 佔據目標顧客的腦海。 3. 協助口碑流傳，擴大市場基礎。 4. 作為行銷策略規劃的基礎。
定位的基礎（根據這些基礎，而有不同於競爭者的定位）	定位的基礎：屬性與功能、利益與用途、品牌個性、使用者、競爭者 1. 屬性與功能：產品是有形或無形屬性？這些屬性帶來什麼作用？如 Perrier 氣泡礦泉水相較一般礦泉水具有口感及有益健康。 2. 利益與用途：產品可以解決什麼問題？帶來什麼好處？如 SKII 是抗老防皺，讓肌膚晶瑩剔透。 3. 品牌個性：產品有何品味、地位或氣質？如 Prada 崇尚極簡與冷靜內斂、Gucci 具都會摩登氣質。 4. 使用者：哪一類型的人最適合或最應該使用該品牌？如 gogoro 訴求「時尚簡約生活」。 5. 競爭者：有什麼地方可以與競爭者爭鋒相對？例如七喜汽水（7-Up）以「非可樂」為定位，成為可樂的替代品定位。

即刻戰場

選擇題

一、市場區隔

( ) **1** 下列何者並非企業行銷策略關注的要點？ (A)選擇目標市場 (B)執行產品促銷活動 (C)擬定產品配銷管道 (D)銷售相關會計運作。 【106台糖】

( ) **2** 目標行銷的步驟依序是： (A)市場區隔、市場選擇、市場定位 (B)市場區隔、市場定位、市場選擇 (C)市場定位、市場區隔、市場選擇 (D)市場選擇、市場區隔、市場定位。 【107台菸酒】

(　　) **3** 最近有一牙刷廠商推出早上和晚上要分開使用不同牙刷，請問其主要在進行下列何項行銷策略？ (A)市場定位 (B)市場區隔 (C)目標市場 (D)市場整合。【105經濟部】

解 **1 (D)**。行銷策略

(1)STP（Segmentation：市場區隔、Targeting：選擇目標市場、Positioning：定位）。

(2)4P（Product：產品、Price：價格、Place：通路、Promotion：推廣）。

(A)選擇目標市場→Targeting。

(B)執行產品促銷活動→Promotion。

(C)擬定產品配銷管道→Place。

2 (A)。STP行銷策略步驟：

(1)市場區隔（Segmentation）：將市場分割為多個不同區隔市場。

(2)目標市場（Targeting）：選定一個或多個想要進入的區隔市場。

(3)定位（Positioning）：確定產品或服務在市場上的某個位置，取決於想要在消費者心中塑造的形象。

3 (B)。市場區隔：將一個大市場，分割成幾個不同的小市場，並使每個小市場內的購買者，在需求、特性及偏好具有同質性，而各小市場之間則具異質性。早上和晚上分開刷就是不同的需求。

二、市場區隔-市場區隔變數

(　　) **1** 企業為了執行目標行銷，會根據消費者的人口特徵進行市場區隔。下列何者屬於消費者的人口特徵？ (A)收入 (B)態度 (C)生活型態 (D)產品利益。【108漢翔】

(　　) **2** 下列何者不屬於人口統計學變數？ (A)婚姻狀態 (B)種族 (C)生活型態 (D)教育背景。【106台糖】

(　　) **3** 企業進行市場區隔時可以用消費者的地理位置、人口特徵與心理特徵來區隔市場，下列何者屬於消費者的人口特徵？ (A)態度 (B)興趣 (C)生活型態 (D)教育程度。【107郵政】

(　　) **4** 大學附近的餐廳多半以學生為目標顧客，請問此種顧客區隔方式是以何種變數來進行市場區隔？ (A)性別 (B)職業 (C)婚姻狀況 (D)品牌忠誠度。【108台菸酒】

(　　) **5** 在制定行銷策略時，多採用STP程序，其中的S指的是區隔市場（segmentation）。行銷人員通常用四種方式來區隔市場，不包含

下列哪一選項： (A)地理因素 (B)人口統計因素 (C)行為因素 (D)政治因素。【106經濟部】

( ) **6** 某汽車在廣告中訴求低調但有格調，強調豪華與尊貴感。請問這是利用何種市場區隔方式？ (A)心理區隔 (B)地理區隔 (C)人口區隔 (D)行為區隔。【109台鐵】

( ) **7** 消費者重視「健康與永續生存的生活型態（Lifestyles of Health and Sustainability）」，簡稱「LOHAS」。下列何者符合LOHAS市場的產品？ (A)以回收紙製成的家具 (B)汽車 (C)家電用品 (D)石油。【108台鐵】

( ) **8** 手機通訊業者針對不同使用率的市場，推出不同的月租費方案，以此作為市場區隔的基礎。此種市場區隔變數，稱為？ (A)心理變數 (B)地理變數 (C)行為變數 (D)人口統計變數。【106桃機】

( ) **9** UA公司推出專業排汗衫，根據消費者使用衣服時的溫度、運動類型等進行區分，以鎖定專業運動人員。請問，UA公司係利用何種區隔變數予以區隔市場？ (A)人口統計變數 (B)地理變數 (C)心理統計變數 (D)行為變數。【108經濟部】

( ) **10** 每逢中元節，各大媒體就會頻繁出現普渡拜拜用品的飲料、食品廣告，這種產品的區隔基礎是基於下列何種區隔變數？ (A)人口統計區隔變數 (B)心理區隔變數 (C)行為區隔變數 (D)地理區隔變數。【110經濟部】

( ) **11** 下列哪一項「不是」常用的描繪區隔市場剖面的購買行為變數？(A)區隔市場成長率 (B)偏好的配銷通路 (C)購買產品的價格間 (D)購買頻次。【105台菸酒】

解 **1 (A)**。市場區隔的變數：

(1)地理：區域、人口密度、都市大小、氣候、地形等。

(2)人口統計：年齡、性別、所得、職業、教育程度、宗教、家庭生命週期、種族等。

(3)心理：生活型態、價值觀、人格。

(4)購買行為：使用產品的利益、時機、使用率、使用者狀態、忠誠度、購買準備階段（反應層級）。

2 (C) **3 (D)**

4 (B)。學生=身分=職業

(A)性別（學生有男有女）。

(C)婚姻狀況（學生多數未婚）。

(D)品牌忠誠度（題目中未提及任何的品牌字樣）。

5 (D)。(D)要改成心理因素，因為政治因素是外因素。

6 (A)。心理區隔→價值觀（定義：判斷是非對錯及做取捨時之標準。）
此汽車廣告的目標客群是訴求有格調、豪華與尊貴感的汽車，表示顧客在購買汽車時，會以前述有格調、豪華及尊貴感為標準，來做購買決策。

7 (A)。樂活市場包括永續經濟（如綠建築、再生能源等）、健康生活形態（如有機食品、健康食品等）、另類療法、個人成長（如瑜伽、健身、身心靈成長等）和生態生活（二手用品、環保家具、生態旅遊等）。LOHAS之所以會引起廣泛注意，主要是因為這群文化創造者積極入世的生活觀與行動力，逐漸影響消費市場的轉變，導致LOHAS相關產業的服務與商機。樂活產品及服務包括自然有機食品及個人衛生用品、家用。

8 (C)。影響消費者市場區隔變數有四種：

(1)心理變數（Psychographic Variables）：生活型態、人格、價值觀、動機。

(2)地理變數（Geographic Variables）：區域、城市或Metro的大小，密度與氣候。

(3)行為變數（Behavioral Variables）：使用率、使用時機、（產品）利益追求、使用者狀況、忠誠度、購買準備階段、對產品的態度。

(4)人口統計變數（Demographic Variables）：年齡、家庭人數、家庭生命週期、性別、所得、職業、教育、宗教、種族、世代、國籍、社會階級。

關鍵字：針對不同使用率→行為變數。

9 (D)　　**10 (C)**

11 (A)。購買變數是以消費者的角度去看，區隔市場的成長率則是由生產者去看的。
市場區隔剖面常用描述變數，有以下五種：

(1)市場區隔規模變數：包括顧客的數目、市場區隔成長率(A)、市場區隔的銷售金額。

(2)市場區隔顧客特性變數：包括人口統計特性、地理特性、心理特性、追求利益、行為特性。

(3)所使用的產品變數：包括喜愛的品牌、消費數量、使用時機。

(4)溝通行為變數：包括所接觸的媒體、媒體接觸頻率。

(5)購買行為變數：包括偏好的配銷通路(B)、偏好的零售點、購買頻率(D)、購買產品的價格區間(C)。

三、市場區隔-市場區隔的評估準則

(　　) 1 根據有效市場區隔的條件，以下敘述何者正確？ (A)「足量性」指區隔後的次級市場，其銷售潛量與規模大小足以讓企業有利可圖 (B)「可行動性」指廠商能透過各種媒體提供行銷訊息給區隔後的次級市場 (C)「可接近性」指市場大小能具體而準確的估算 (D)「可衡量性」指擬定的行銷方案可有效吸引該次級市場的消費者。【107台菸酒】

(　　) 2 經濟日報以報導全球財經議題、產業科技、理財資訊為主，對投資者而言，經濟日報是獲取財經資訊的重要來源。其讀者可以在便利商店、書報攤、報紙販賣機、超市、量販店等不同通路買到報紙，由上述可知經濟日報具有何種有效市場區隔的條件？ (A)足量性 (B)可行動性 (C)可接近性 (D)可衡量性。【107台菸酒】

解 1 **(A)**。(B)可接近性。(C)可衡量性。(D)可行動性。

2 **(C)**。(A)足量性→市場規模足夠讓公司獲利。
(B)可行動性→公司能發展行銷方案的能力。
(C)可接近性→能服務到目標市場中的顧客。
(D)可衡量性→市場區隔可以明確被衡量。

四、目標市場選擇

(　　) 1「廠商針對少數的特定市場區隔提供特定的產品或勞務，以單一行銷組合滿足該族群的需求」，是屬於何種策略？ (A)大量行銷 (B)無差異行銷 (C)目標行銷 (D)差異化行銷。【107台水】

(　　) 2 當行銷人員以數個市場區隔為目標市場，並分別為其設計行銷組合時，他是在執行？ (A)理念行銷 (B)無差異行銷 (C)差異化行銷 (D)集中行銷。【106桃捷】

(　　) 3 企業選擇二個以上的市場區隔，強調人們需求的差異性，針對每個市場分別設計不同產品與行銷計畫，是謂何種行銷作法？ (A)差異化行銷 (B)無差異行銷 (C)集中行銷 (D)個人行銷。【107台鐵】

(　　) 4 下列有關採用行銷策略的敘述何者錯誤？ (A)企業資源有限時宜採集中行銷 (B)同質產品應採差異行銷 (C)新產品上市宜採無差異行銷 (D)競爭者進行市場區隔成功時不宜採無差異行銷。【107台菸酒】

(　　) 5 臺灣逐漸步入高齡化社會，小王經過市場調查後，認為銀髮族旅遊的市場成長可期，因此決定投資「樂齡逍遙旅遊」事業。請問小王的決策最符合哪一種目標市場的選擇策略？ (A)差異化行銷 (B)置入性行銷 (C)無差異行銷 (D)集中化行銷。【107台菸酒】

解 1 (C)。(A)大量行銷、(B)無差異行銷：同質市場的概念，目標市場就是整個市場。即全部市場都賣一樣的東西。
(C)目標行銷：目標行銷指的就是選擇一個或數個小區隔市場，針對該目標市場擬定產品及行銷策略。→符合題意。
(D)差異化行銷：在差異行銷的策略下，廠商設計不同的產品及其對應的行銷組合，進入兩個或以上的市場。

2 (C)。面對不同的顧客群體，提供不同的產品及不同的行銷策略，稱之為差異化行銷。

3 (A)

4 (C)。因為產品處於新上市，顧客對於新產品未必熟悉，因此對於產品功能的需求處於基本功能階段，所以有進行市場區隔（差異化）的必要性。

5 (D)。(A)差異化行銷：廠商設計不同產品及其行銷組合，進入兩個或兩個以上的市場，為一種選擇性專業的策略。
(C)無差異行銷：只提供一種產品給所有的消費者，強調顧客需求的共同性而非差異性，所針對市場為大眾市場。
(D)集中化行銷：廠商資源有限，無法在主要市場與其他競爭者抗衡時，選擇一個不被重視的次要市場進入，又稱單一市場集中，而所選擇的市場稱為利基市場。

五、市場定位

( ) 1 「人的一生一定要擁有過一部偉士牌機車。」是一個精神象徵與生活品味，這應該是指下列何者？ (A)市場區隔 (B)分配通路 (C)定位 (D)目標市場選擇。【110經濟部】

( ) 2 商品市場上，有些洗髮精以「去頭皮屑」為訴求，讓消費者清楚地了解到產品的特性，讓人們在選擇洗髮精時，能有清楚的認知與記憶，這種是屬於行銷中的那一階段作法？ (A)銷售促進 (B)產品定位 (C)通路選擇 (D)公關策略。【107台鐵】

解 1 (C)。定位（Positioning）是指「在消費者腦海中，為某個品牌建立有別於競爭者的形象」的過程；而消費者所感受到相對於競爭者的形象，則稱為「定位」（Position）。

2 (B)。針對消費者或用戶對某種產品重視程度，塑造產品或企業的鮮明個性或特色，樹立產品在市場上一定的形象。

申論題

一、行銷是企業重要的工作之一，行銷STP（segmentation, target market, positioning）是常見的分析工具，請問：
(一) 何謂市場區隔？企業通常依據那些條件進行市場區隔？
(二) 何謂目標市場？目標市場的選擇必須考慮那些因素？
(三) 何謂市場定位？有那幾種市場定位的取向？【110台鐵】

二、組織在對顧客提出產品、定價、推廣及通路之前，應先進行STP程序。請說明：
(一) STP程序的內涵。
(二) 組織可採用那些變數來進行消費者的市場區隔？【108台鐵】

三、目標行銷的首要工作就是要進行市場區隔（market segmentation），即依消費者的某些特徵（如收入），將市場分割許多不同需求類型的小區塊市場（如高價位市場、中價位市場、低價位市場）。企業再從分割出來的小區塊市場中，選擇要服務的目標市場。企業在確認目標市場後即可進行行銷組合（marketing mix）規劃，以滿足目標顧客的需求。請回答下列問題：
(一) 行銷組合包含哪些基本要素？
(二) 在消費品市場中，企業可用消費者的哪些特徵來區隔市場？
【109台菸酒】

焦點四 行銷組合

一、行銷組合（Marketing Mix）：4P【台水、台北自來水、台糖、台菸酒、中油、台電、台鐵、郵政、農會、桃捷、漢翔】

是以消費者的需求為依歸，進行的產品（Product）、價格（Price）、通路（Place）、推廣（Promotion）等4P功能的一系列活動，將在Lesson19中逐一介紹。

(一) **產品**：交換的標的物，也是4P之首，沒有產品就沒有價格、促銷、通路，與其有關的是產品屬性、產品功能、產品組合管理、產品線管理等。

(二) **價格**：是產品所訂定的價格。

(三) **通路**：是指在適當的時間提供產品，並且將產品送到正確的地點，然後再銷售給顧客。適當的時間例如是季節、節慶等，地點是指零售商、中間商等通路成員，實體運配為陸海空運。

(四) **推廣**：是指產品的告知、說服、提醒和試探，告知消費者產品的功能為何、進一步說服消費者購買，並且提醒消費者的潛意識需要該商品，試探消費者對於該產品的知覺態度。

二、4P與4C【台菸酒、台電、郵政】

小口訣、大記憶

行銷4P：**產**品（Product）、**價**格（Price）、通**路**（Place）、推**廣**（Promotion）

▲產價陸廣（請產假路很廣）

行銷4C：**顧**客需求（Customer）、成**本**（Cost）、**便**利（Convenience）、溝**通**（Communication）

▲顧本便通（顧老本就很通順）

4P組合是由賣方角度出發，是為發展最合適的行銷策略。4C組合則為現今強調從消費者角度思考的行銷策略，4P與4C可以互相對應。

4P		4C
產品（product）用以滿足顧客需求	→	顧客需求（customer）
價格（price）等同於消費者的成本	→	成本（cost）
通路（place）用以提供便利	→	便利性（convenience）
促銷（promotion）就是與消費者溝通	→	溝通（communication）

三、6P【台北自來水】

1986年，科特勒提出了大行銷的6Ps組合理論（Megamarketing Mix Theory），即在原來4Ps的基礎上增加：政治權力（Policy Power）、公共關係（Public Relation）

即刻戰場

選擇題

一、4P

( ) 1 傳統上，企業「行銷組合（marketing mix）」有四個基本要素，即是定價、通路、促銷及下列何者？ (A)產品 (B)定位 (C)人員 (D)程序。【108漢翔】

( ) 2 許多網路賣家會在不同拍賣網站上架，並提供消費者要到店取貨、宅配或自取的選擇，請問這是屬於何種行銷組合因素？ (A)促銷活動 (B)產品定位 (C)通路決策 (D)定價策略。【109台鐵】

( ) 3 企業決定好產品定位策略之後，就要開始擬定行銷組合方案，行銷組合包括下列何者？ (A)規劃、組織、任用、控制 (B)生產、人資、行銷、財務、研發 (C)產品、定價、通路、推廣 (D)廣告、促銷、銷售、公關。【109台菸酒】

( ) 4 下列有關「行銷」的敘述何者正確？ (A)行銷的重點是促銷與強力推廣 (B)行銷是「生產我們所能賣的產品」 (C)行銷強調正確地界定顧客的需求 (D)行銷重視企業利潤目標甚於顧客滿意。【109台鐵】

解 1 **(A)**。行銷4P也稱為市場行銷組合（Marketing Mix），包含：Product產品、Price價格、Place通路、Promotion促銷。

2 **(C)**。關鍵字：提供消費者要到店取貨、宅配或自取→各種取貨的通路管道。

3 **(C)**。(A)為管理功能：POLC（plan, organize, leader, control)規劃、組織、領導、控制。

(B)為企業功能：生產、行銷、人資、研發、財務。

(C)為行銷組合（行銷4P）：Product、Price、Place、Promotion。

(D)為推廣組合（銷售4C）： Customer、Cost、Convience、Communication。

4 **(C)**。(A)行銷主要任務：滿足目標市場之需求與慾望。(B)為生產觀念的敘述。(D)組織利潤與顧客滿意同步達成。

二、4P與4C

(　　) 行銷組合（marketing mix）的4P所對應的4C，下列何者正確？ (A)價格（price）/解決方案（customer solution） (B)價格（price）/成本（cost） (C)價格（price）/便利性（convenience） (D)價格（price）/溝通（communication）。 【105台菸酒】

解 **(B)**。4P與4C可以互相對應。
產品（product）用以滿足顧客需求→顧客需求（customer）。
價格（price）等同於消費者的成本→成本（cost）。
促銷（promotion）就是與消費者溝通→溝通（communication）。
通路（place）用以提供便利→便利性（convenience）。

三、6P

(　　) 在行銷管理原來4Ps的基礎上增加：政治權力（Policy Power）及公共關係（Public Relation），科特勒（Kotler）將此稱為： (A)大行銷（megamarketing） (B)定價管理（pricing management） (C)績效品質（performance quality） (D)競爭優勢（competitive advantage）。 【107台北自來水】

解 **(A)**。1986年，科特勒又提出了大行銷的6Ps組合理論（Megamarketing Mix Theory），即在原來4Ps的基礎上增加：政治權力（Policy Power）、公共關係（Public Relation）。
(A)大行銷（megamarketing）：Kolter的4P（價格，地點，產品，促銷）加上2P（政治權力，公共關係）。
(B)定價管理（pricing management）：依調查分析結果選用最適合產品的定價策略。
(C)績效品質（performance quality）：是指產品或服務在實際使用或執行中的性能表現。績效品質強調了產品或服務的實際效果和達成的結果，而不僅僅是其外觀或規格。這包括產品的可靠性、效能、持久性、使用者滿意度以及它們能否滿足顧客的實際需求和期望。
(D)競爭優勢（competitive advantage）：指一個企業面對同業競爭威脅下，善用降低成本或創造差異或滿足特定顧客等優勢策略，表現得比其他同業更具競爭力，進而展現企業特色和績效。

填充題

1 行銷組合係指企業用以滿足目標市場的一組行銷工具，麥肯錫（McCarthy）提出之4Ps架構包含：______、價格、通路及推廣。

【106台電】

2 行銷組合4P是從生產者的觀點看、4C是從消費者的觀點看，4P中的「促銷」對應到4C中的 ______。

【108台電】

解 **1 產品**。行銷組合4P：產品（product）、價格（price）、通路（place）、促銷（promotion）

2 溝通

申論題

行銷組合（marketing mix）的4個基本要素及其內涵為何？請舉例說明之。

【107台電】

時事應用小學堂

行銷管理最首要的工作之一是了解消費者，消費者行為的研究理論非常的多，也是近年來很熱門的議題，焦點二只介紹了最常考的內容，但有時候考題也會神來之筆的考一些最新概念。就讓我們從 106 台鐵考題來介紹一下這個嶄新的消費者行為理論。

(　　) 某商店推出「買兩千送兩百」的促銷活動，請問這項行銷手法是符合理查．賽勒（Richard Thaler）教授所提出之心理會計（mental accounting）中的那一項消費者原則？ (A)消費者會傾向分隔獲利（segregate gains） (B)消費者會傾向結合損失（integrate losses） (C)消費者會傾向在大額的獲利中整合小額的損失（integrate small losses with large gains） (D)消費者會傾向從大額的損失中分隔出小額的獲利（segregate small gains from large losses）。 【106台鐵】

解 **(D)**

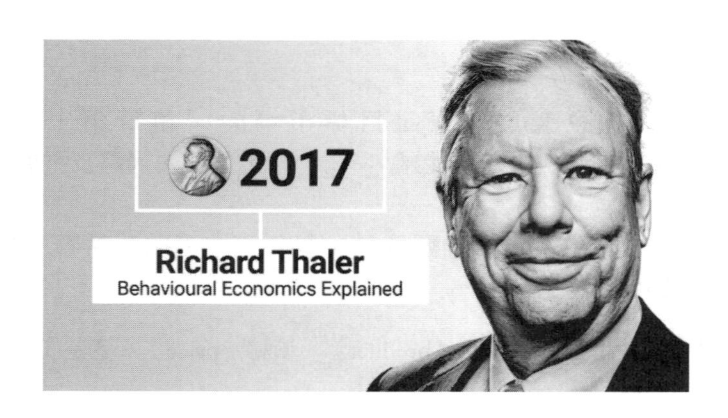

2017 年諾貝爾經濟學獎得主是美國芝加哥大學行為科學教授理查賽勒（Richard H. Thaler），最著名的研究成果就是他所提出的心理帳戶（Mental Accounting）概念。

傳統經濟學的教科書理論認為人們是理性的，總是能夠在所掌握的資訊中做出理性的決策，就算真實生活中我們發現有太多的例子顯示並非如此，但還是很多經濟學家認為人們做決策是很接近理性的。

理查賽勒（Richard H. Thaler）在 1985 年的一篇學術研究報告首度提出了知名的心理帳戶（Mental Accounting）觀念，在報告中他提出了幾個例子挑戰傳統經濟學理論中認為人們做決策總是理性的，其中一個例子是：

假設你花了 3,000 元提前買了一場期待已久的歌劇票，但是就在你要去觀賞這場期待已久的歌劇途中，你不小心將票弄丟了，到了歌劇演出的現場，當你發現你的票不見了，請問你現在會願意當場再花 3,000 元買票進場看歌劇嗎？多數人的反應會是：不會。

但換個情況來看，假如你事先並沒有買好票，而是在去觀賞歌劇的途中弄丟了 3,000 元的現金，請問到了歌劇院現場，你此時還願意再付 3,000 元買票看歌劇嗎？此時多數人的選擇會是：願意！

這其實看起來也是個很奇怪且不理性的行為，你弄丟的同樣是 3,000 元的價值，只是一個是 3,000 的歌劇票，另一個是 3,000 的現金，為何會有完全不同的反應，傳統經濟學無法解釋這個原因，但從理查賽勒教授所提出的心理帳戶概念就可以合理的解釋了。

理查賽勒教授說人們平時會將支出分成幾個心理帳戶，可能有伙食、教育、娛樂…等等，看歌劇的支出可能被（大腦）歸類成「娛樂」這個心理帳戶，因此當你將 3,000 元的歌劇票弄丟時，也代表著你將本月的「娛樂」支出帳戶用光了，此時要你再花 3,000 元買一張歌劇票就違背了你的心理意願。

但如果你弄丟的是 3,000 元的現金，你（的大腦）會將這個錢歸類到其他的心理帳戶去，你會認為「娛樂」的這項支出還沒有用到，所以你願意再付 3,000 元去買一張歌劇票。

理查賽勒教授的理論能夠更清楚解釋一些看似不合理的理財行為，也能夠解釋為何很多中彩券大獎的人最後往往都是破產的結局，因為人們會將所獲得的錢財分成幾個心理帳戶，如果是自己辛苦工作所賺到的錢，大腦會將這些錢分類到「辛勞工作所得」這個帳戶中，於是這些錢就會很謹慎的花費，不敢隨便浪費。

但如果是額外的工作獎金，就會被（大腦）歸類到「獎勵自己」的心理帳戶中，那麼這些錢就能夠拿來犒賞自己，買最新型的手機或是出國旅遊等；如果是賭博或中彩券得到的獎勵，就會被（大腦）分類成「不勞而獲」的帳戶，這些錢花起來是可以不加思考的，因為這些錢得來容易，所以也花得很容易，這也是為什麼我們經常看到國外很多這樣的例子，中彩券大獎的人，雖然一開始有很多的錢，但最後往往都很快將錢花光，甚至破產，原因就是如此。

Lesson 19 行銷活動

課前指引

當企業完成市場區隔、選定目標市場及市場定位後，為了達成該行銷目標而使用的工具就是行銷組合。

行銷組合包括：

(一)產品策略Product。 (二)定價策略Price。

(三)通路策略Place。 (四)推廣策略Promotion。

又稱為行銷 4P 或行銷策略，以下分別介紹其內容。

產品策略
Product

定價策略
Price

通路策略
Place

推廣策略
Promotion

重點引導

焦點	範圍	準備方向
焦點一	產品策略	產品策略是行銷活動的基礎，因此有大量重點考題，包括產品的分類、產品的內涵。產品策略的五個決策：產品組合決策、產品線決策、產品生命週期、品牌決策、包裝決策，每一個都是重點，每一種考試都很會從這裡出題，必須熟讀並學會應用。
焦點二	服務業行銷	服務業行銷主要介紹非實體的服務，跟上一個焦點的實體產品區隔。主要的考試重點在服務業的特性，包括無形性、不可分割性、易變性、易近性，需要熟記觀念與應用。其他部分就比較零散出題，有時會有一些新觀念的考題，有時間也可以仔細閱讀補充資料。

焦點	範圍	準備方向
焦點三	定價策略	本焦點的考題主要在一般定價策略與新產品定價策略。一般定價策略分為成本導向定價、需求導向定價、競爭導向定價。新產品定價策略分為市場吸脂定價、市場滲透定價。每一種定價的方式、內容與應用，都需要能夠記憶與分辨，才能在這個焦點上獲取高分。
焦點四	通路策略	本焦點的重點在通路的長度、密度與通路的整合方式與衝突，需要會判斷通路長度的階層，以及各式通路密度的種類，包括密集式、選擇式與獨家式。此外，通路的整合方式上，考題皆集中在加盟體系的相關問題上，需要花時間熟悉一下各種加盟體系的形式。
焦點五	推廣策略	本焦點的考題主要都是應用題型，因此需要分辨廣告推廣、人員推廣、促銷推廣、直效行銷、公共關係等差異。此外，近年來有許多新的行銷趨勢，如口碑行銷、置入行銷、整合行銷等，也需要留意，偶爾會出現一些考題。

焦點一 產品策略

一、產品的分類

產品是指對交換者而言具有價值，同時可在市場上進行交換的標的。可以依用途與形態進行分類。

產品	依用途分類			
	消費品：滿足消費者個人或家庭最終消費需求的產品，通常賣方購入後可立即轉售。依照消費者購買習慣。	便利品 convenience goods	消費者較常購買、立即購買，且不會花很多時間去比較的消費品。又細分為日常用品、衝動性購買及緊急用品。	日常用品（staples）：指平日生活所需、必須定期購買的便利品，如豆漿、吐司等。 衝動購買品（impulse goods）：指在銷售現場因視覺、聽覺等受到刺激，而臨時起意購買的產品。如雜誌、小飾品、衣服等。

產品	依用途分類			
				緊急用品（emergency goods）：指臨時應急所購買的便利品，如下雨而緊急需要的雨傘。
	【經濟部、台水、台菸酒、台電、台鐵、郵政、桃機、桃捷、漢翔】	選購品 shopping goods	消費者會在選購時在品質、價格與式樣等方面做比較後才決定購買。 有異質性及同質性選購品。 單價較高、購買頻率不高、重新購置間隔較長。	家具、車子。
		特殊品 specialty goods	具有特色或特定品牌的產品，而某些消費者對此產品具有特殊偏好，而願意發更多的時間及精力去購買的產品。 消費者對特定品牌產品高度堅持心理。如：某牌香煙、酒、汽車。（慎重品）	名牌包、古董。
		冷門品 unsought goods	非搜尋品（忽略品）：消費者目前不知道或雖知道但尚無興趣購買的產品。 未曾搜尋品（冷門品）：靈骨塔、棺材、特殊醫療。	靈骨塔。
	工業品：提供廠商生產使用的產品，依生產過程中的功能【台菸酒、漢翔】	原料與零件（material and parts）	完全進入生產過程，且成為「製造品的一部分」的工業品。	腳踏車的車鏈、輪胎、引擎。
		資本財（capital items）	可以使用多年，可以促進產品製造或企業經營的工業品。	廠房、發電機、機台、車床。

產品	依用途分類			
		耗材（supp-liesand-services）	與資本財相比，耗材的使用壽命較短，金額較低，但能間接協助生產或企業經營。	清潔用品、紙張、碳粉、文具用品、燈泡。
	依有形性及使用期限區分			
	有形產品【台鐵】	耐久財	使用年限長且可重複使用的有形產品。	汽車、冰箱、洗衣機。
		非耐久財	使用一次或數次就耗盡，且必須重複購買的有形產品。	紙、文具、燈泡。
	無形產品	服務	滿足消費者需求的無形產品。	課程、按摩。

二、產品的內涵【台水、台菸酒】

產品的內涵一詞由科特勒（Kotler）提出，產品的內涵就是產品帶給消費者的價值，了解產品的內涵才能提供符合消費者利益的產品。

產品內涵層次	內容	要點說明	小例子（美妝保養品）（汽車）
核心產品	1. 向消費者提供的產品基本效用和利益，也是消費者真正要購買的利益和服務。 2. 消費者購買某種產品並非是為了擁有該產品實體，而是為了獲得能滿足自身某種需要的效用和利益。	消費者真正想要購買到的服務或利益。	1. 消費者想要更美、更年輕。 2. 消費者想要代步與彰顯社會地位。
基本產品 一般性產品 有形產品	以實質產品滿足消費者的核心需求，包括品牌、特色、式樣、包裝。	產品包含最基本的功能。	1. 提供眼影、遮瑕膏、粉餅等各種美妝保養品。 2. 提供高品質的品牌車。

產品內涵層次	內容	要點說明	小例子（美妝保養品）（汽車）
期望產品	購買產品時，期望得到的商品狀態、屬性。期待感因人而異，且往往超過產品所提供的基本功能。	消費者所期望的產品。	1. 不傷皮膚、可以畫很漂亮、包裝有質感。 2. 座車舒適、氣派、節能。
增益產品 引申產品 延伸產品	隨實質產品另提供的額外服務或利益。主要包括運送、安裝、調試、維修、產品保證、零配件供應、技術人員培訓等。	超越消費者期望，帶來競爭優勢的產品。	1. 提供分期付款、免費諮詢。 2. 提供分期付款、保險服務、售後服務、維修服務。
潛在產品	目前尚未被開發，但有可能在將來會附加的功能或服務。	未來可增進消費者利益的產品。	1. 防曬保濕小臉兼具的美妝保養品。 2. 自動駕駛的車型。

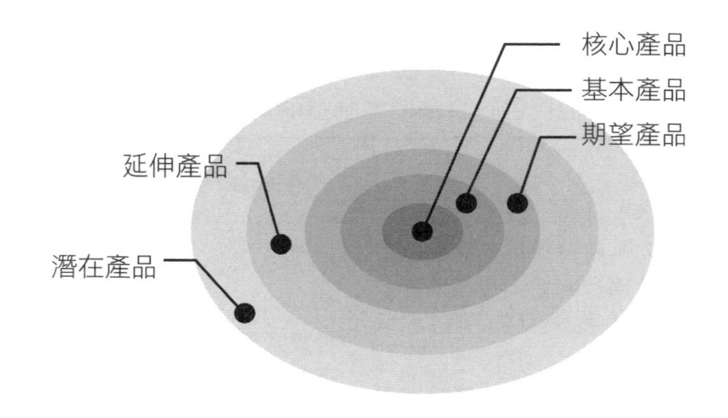

三、產品策略

產品策略涵蓋的類型包括下面五種：產品組合策略、產品線策略、產品生命週期、品牌策略、包裝策略。

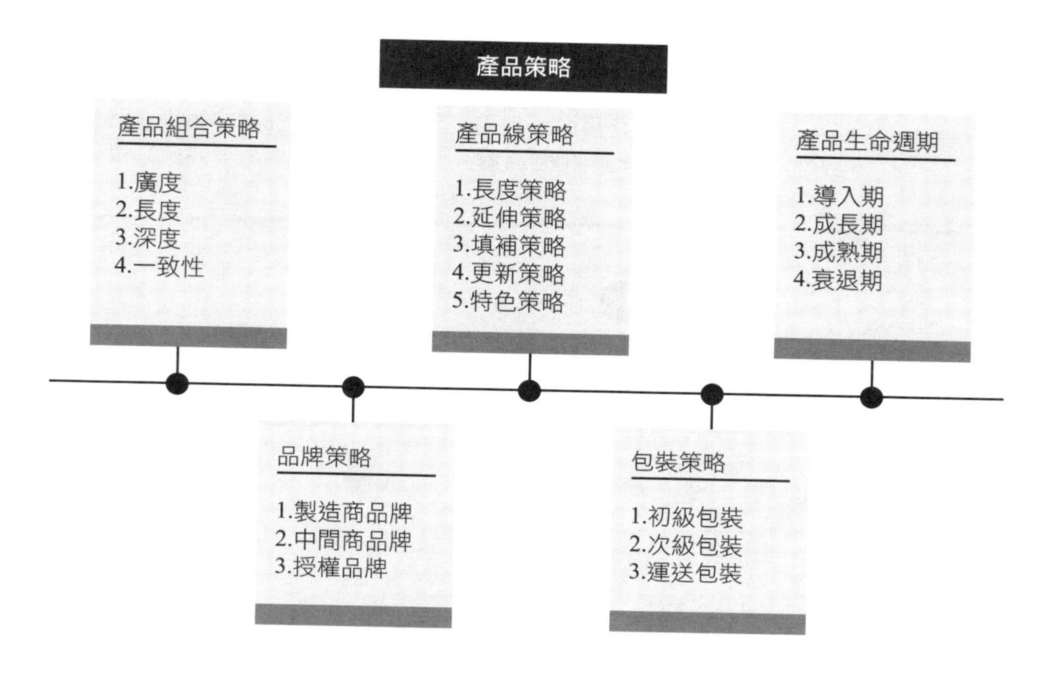

(一) **產品組合策略**【經濟部、台菸酒、中油、台電、中華電信】

通常企業經營越久，產品也會越來越多，此時企業可以運用產品組合的概念管理所有的產品。

項目	內容		
產品組合意義	一個業者能提供給消費者的所有產品，也就是一個業者全部產品線的集合。		
產品組合的構面	廣度	產品線的數目。	較廣的產品組合廣度，公司有較強的談判議價能力，控制力也較大，這是產品組合廣度較廣所帶來的經營優勢。 以下圖食品公司為例，產品組合廣度為 5。
	長度	公司生產或銷售的產品項目總數。	產品組合的總長度除以產品線的數目即得產品組合的平均長度。 產品組合長度 =10+5+4+8+2=29 冰品之產品線長度 =4
	深度	產品組合內，單一產品項目可供顧客選擇的樣式。	飲料的茶裏王分為 600CC、975CC、1250CC，深度 =3。

項目	內容	
一致性	產品線在最終用途、生產要求、配銷通路相關程度。	該食品公司產品線的銷售通路、生產要求等非常相似，因此行銷通路一致性高。

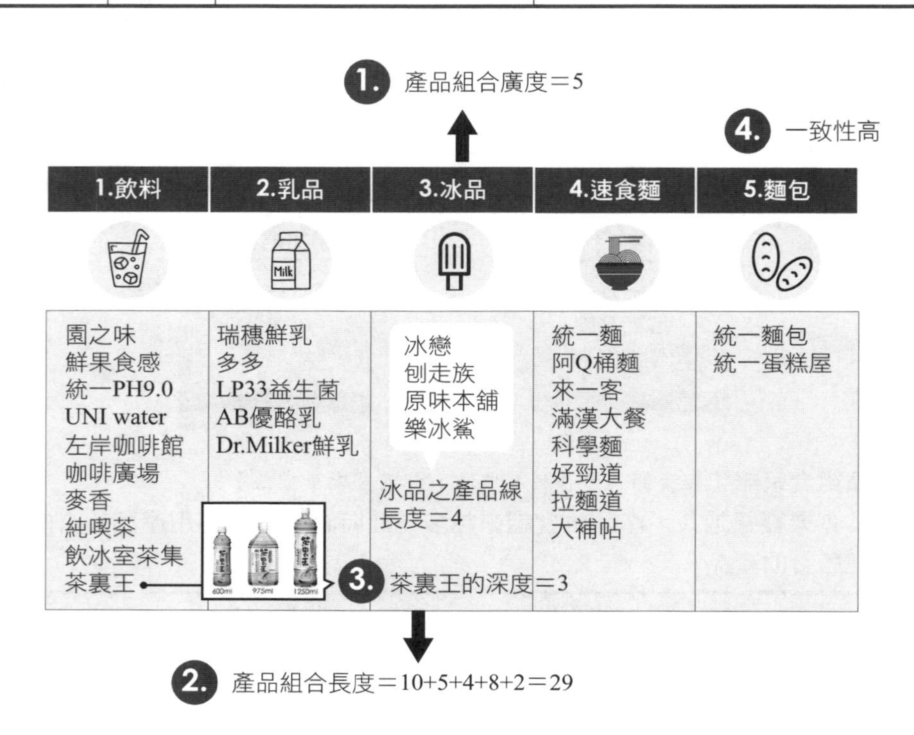

小口訣，大記憶

關鍵字

廣度：產品線數目。　　長度：項目的總數。

深度：不同的樣式。　　一致性：最終用途是否一致。

(二) 產品線策略【台菸酒】

產品線是指一群在功能、銷售對象、通路等方面相關之產品組合。產品線策略可分長度策略、更新策略、特色策略。

<table>
<tr><th colspan="3">種類</th><th>說明</th><th>小例子</th></tr>
<tr><td rowspan="6">長度策略</td><td colspan="4">每一產品線中產品項目的多寡即為產品線長度。產品線策略是指企業透過加長產品線來提高市場占有率，或是縮短產品線來降低成本並提高獲利。</td></tr>
<tr><td rowspan="3">延伸策略</td><td>向上延伸</td><td>企業先推出低價位的產品，再推出中、高價位的產品，來開拓高階市場，以獲取更高的利潤和成長率。</td><td>電腦在原有平價商務電腦的基礎下，再推出電競品牌，切入高規格、高價位的電競電腦市場。</td></tr>
<tr><td>向下延伸</td><td>企業先推出高價位的產品，建立品牌形象後，再推出中、低價位的產品，以阻止低價競爭者往上擴張地盤。</td><td>酒店集團原本主打高價位、五星級的旅館酒店，近年開始推出平價品牌商旅，搶攻年輕、低價位旅店市場。</td></tr>
<tr><td>雙向延伸</td><td>企業先推出中價位的產品，然後同時向上及向下發展，推出高、低價位的產品，以強化本身競爭地位。</td><td>汽車製造商先推出中價位為主的 Nissan 品牌，之後再陸續推出低價位的 Datsun 品牌，以及高價位的 Infiniti 品牌。</td></tr>
<tr><td colspan="2">填補策略</td><td>企業繼續增加現有產品線範圍內的產品項目，使產品線加長且更加完整。</td><td>星巴克陸續推出即飲咖啡、沖調咖啡、濾掛咖啡、咖啡豆等，以捍衛其主力產品－咖啡飲品。</td></tr>
<tr><td colspan="2">縮減策略</td><td>刪減經營績效不佳，或不具發展潛力的產品線，篩選後留下具利潤的產品，以避免企業資源浪費或獲利遭到侵蝕。</td><td>味全公司退出油品市場，並陸續刪減旗下非核心事業產品線，包括出售布列德麵包店、松青超市及埔心牧場等，而專注於經營食品本業。</td></tr>
<tr><td colspan="3">更新策略</td><td>企業調整或更換產品線內的產品項目內容， 以因應市場環境、消費者偏好、競爭者壓力等變化。</td><td>Panasonic 從過去的黑白電視機、薄型液晶電視機，到現在推出了數位液晶電視機。</td></tr>
<tr><td colspan="3">特色策略</td><td>眾多商品中，以較具知名度或低價位商品做為主打商品，吸引消費者。</td><td>台灣菸酒以台灣啤酒為主打商品。</td></tr>
</table>

(三) 產品生命週期【台糖】

產品的生命週期是指產品從進入市場到退出市場的過程。一般可以分成四個階段，即導入期、成長期、成熟期和衰退期。由於各時期會有不同的市場環境，企業會採取不同的策略。

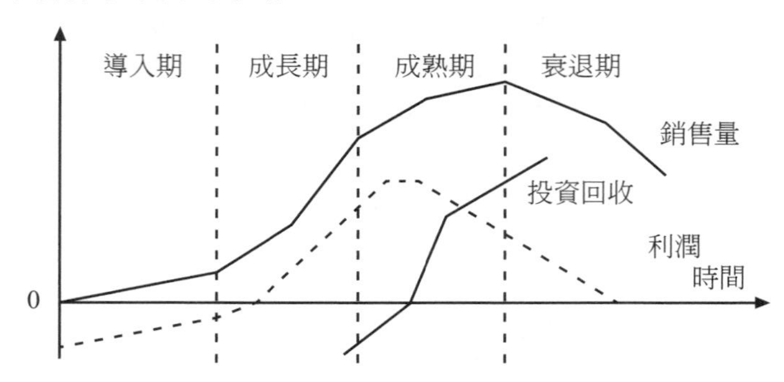

週期		導入期 【中油】	成長期 【經濟部、台糖、郵政、桃機】	成熟期【台糖、台菸酒、中油、台電、台鐵】	衰退期 【經濟部】
現象		新產品剛進入市場時，由於產品知名度不足，使得銷售量成長緩慢。此時市場上競爭者很少，有時甚至沒有競爭者。	產品已較為消費者知曉且接受，使得銷售量持續增加，企業開始獲利，因此也吸引許多競爭者加入。為因應新競爭者加入，產品有降價的空間。	產品已被大部分消費者所接受，但由於競爭者眾多及市場趨於飽和，使得銷售量成長逐漸趨緩。	產品由於消費者偏好改變與替代品取代等因素，使得銷售量大幅下降，現有廠商也逐漸退出市場。
消費／競爭狀況	消費者	很少	快速增加	最多	大量減少
	銷售量	銷售量很少／成長緩慢	銷售量大幅提升／成長率最高	銷售量最大／成長曲線趨緩	銷售量萎縮／負成長
	競爭者	無競爭者或競爭少	競爭者越來越多	最多／競爭激烈	逐漸退出市場
	利潤	低或虧損	逐漸升到最高	從最高逐漸下滑	最低或無獲利
	投資回收	剛開始，投資尚無回收	成長期，投資尚無回收或是為負值	成熟期，投資回收漸漸由負值轉為正值	投資回收最多的時期

週期		導入期【中油】	成長期【經濟部、台糖、郵政、桃機】	成熟期【台糖、台菸酒、中油、台電、台鐵】	衰退期【經濟部】
企業因應策略	策略	無差異行銷	差異行銷	差異或集中行銷	集中或無差異行銷
	重點	提升產品知名度，鞏固企業基礎	透過降價滲透市場，提升消費者的品牌偏好	透過降價或促銷，穩定市占率，維持品牌忠誠度	降低成本，維持獲利或準備退出市場
	產品	維持基本款式與功能	改良商品並增加商品種類	增加商品種類，尋求低成本的地區生產	維持獲利的商品，淘汰不獲利的商品
	價格	最高	策略性降價	最低	略提升
	推廣	告知性廣告	說服性廣告	提醒性廣告	少量促銷活動
	通路	有限通路	增加通路	通路最廣	刪除無利通路
BCG 矩陣		問題小孩	明星	金牛	狗
創新擴散		創新者	早期採用者＋早期大眾	早期大眾＋晚期大眾	落後者

(四) **品牌策略**【台糖、台電、台鐵、桃機】

品牌（brand）是一個名稱、術語、標誌、符號或設計，或是上述的結合使用，目的是為了讓消費者分辨廠商的產品或服務，並與其他競爭者有所區別。

1. **依「品牌歸屬」可分為以下三種策略：**【台菸酒】

策略	內容	例子
製造商品牌	由製造商製造，並用製造商名稱所發展出來的品牌，又稱為全國性品牌。	華碩電腦是主機板製造商，其所產的各種電腦產品以品牌 ASUS 販售。
中間商品牌	是指中間商將產品委託製造商製造，並用中間商名稱所發展出來的品牌，又稱為私人品牌。	家樂福有許多商品都是以家樂福品牌販售。
授權品牌	品牌的擁有者和使用者分別屬於不同的企業，而品牌的使用者是經由品牌擁有者的授權而來。	統一企業旗下擁有 7-11、mister donut、星巴克、酷聖石冰淇淋等國際品牌授予的台灣經營權。

2. 當製造商決定採用製造商品牌時，就必須思考命名的方式，有以下幾種策略：

策略	內容	例子
個別品牌	以不同的品牌名稱代表不同的產品。	嬌生公司有嬌生、露得清、沙威隆等。 P&G 旗下有飛柔、品客等。
單一家族品牌	企業所有商品都用相同的品牌。	康寶濃湯、康寶雞湯塊、康寶鮮雞精都用康寶品牌。 雀巢咖啡、雀巢檸檬茶都使用雀巢品牌。
產品線家族品牌	不同產品線商品採用不同品牌。	Apple 手機系列 iPhone。 平板系列 iPad。 BMW 大型車用 BMW 品牌。 小車用 MINI 品牌。
混合品牌	同一款產品名稱中有公司名稱也有個別品牌名稱。	統一阿 Q 桶面、統一麥香紅茶。 花王一匙靈、花王魔術靈。

3. **品牌運用策略：**【中油、台鐵、桃捷】

根據產品與品牌的性質，企業有四種品牌運用的策略。

(1) 產品線延伸（擴張）：在既有品牌、既有產品線裡推出新口味、顏色、款式、包裝容量，以及新配方。如：青箭口香糖改新包裝。

(2) 品牌延伸（種類延伸）：現有品牌推出新產品，可培養具品牌忠誠度的顧客，但也可能造成品牌稀釋現象。如先有寶島鐘錶、後有寶島眼鏡。

(3) 多品牌：新品牌搭配現有產品，每個產品皆有一個專屬的個別品牌。如：P&G的洗髮精包括潘婷、飛柔、沙宣等品牌。

(4) 新品牌：新的產品新的品牌。如：National新產品改為Panasonic。

品牌＼產品	既有	新推出
既有	產品線延伸 (Line Extension)	品牌延伸 (Brand Extension)
新推出	多品牌策略 (Multi-Brand Strategy)	新品牌策略 (New Brand Strategy)

共同品牌=成份品牌：兩個品牌的結合，兩個品牌彼此藉由另一個品牌的影響力，增加消費者購買動機。例如某些聯名卡、電腦品牌搭配INTEL處理器、A品牌+B品牌=中國信託中油聯名卡。

(五) **包裝策略**【台菸酒、郵政】

包裝決策是指所有設計與製造產品容器的活動。適度的包裝不僅能提高產品質感，也可增進消費者的購買意願，故有「無聲的銷售員」之稱。

三個層次	初級包裝	與產品直接接觸的內層容器。
	次級包裝	保護產品的包裝，亦兼具展示的功能。
	運送包裝	為儲存、裝運或辨認貨品所使用的包裝。
包裝的功能	1. 保護產品。 2. 傳達資訊。 3. 方便使用或攜帶。 4. 保護智慧財產權。 5. 建立形象。 6. 推廣產品。	

即刻戰場

選擇題

一、產品的分類

(　　) **1** 下列何者是指在交換的過程中，對交換的對手而言具有價值，並可在市場上進行交換的任何標的？ (A)商標 (B)產品 (C)價格 (D)有形商品。【106桃捷】

(　　) **2** 消費品依使用者的購買行為模式分類，下列何者是指消費者日常使用的物品，其產品同質性高，供應商多，消費者多依其購買時的方便而採購，並不會仔細選擇比較？ (A)選購品 (B)特殊品 (C)未追求品 (D)便利品。【105台水、109經濟部】

(　　) **3** 在購買珍珠奶茶時，小明只會到最近的茶飲店購買且從不考慮品牌差異或比較品牌，故珍珠奶茶對他而言為下列何者？ (A)便利品（Convenience goods） (B)選購品（Shopping goods） (C)特殊品（Specialty goods） (D)非渴求品（Unsought goods）。【109經濟部】

(　　) **4** 消費者在購買前通常會在多個銷售管道間進行品質、售價或是樣式比較的產品，稱為： (A)便利品（Convenience Goods） (B)選購品（Shopping Goods） (C)特殊品（Specialty Goods） (D)奢侈品（Luxury Goods）。【108郵政】

(　　) **5** 消費者產品根據購買者的行為可分為便利品、選購品、特殊品，下列何者屬於選購品？ (A)電視機 (B)速食 (C)珠寶 (D)報紙。【110郵政】

( ) **6** 依據消費品的分類，若有一群消費者願意支付更多的購買努力取得具有獨特性或高度品牌知名度的產品，例如：汽車、音響零件、照相器材……等，係為下列何者？ (A)便利品 (B)選購品 (C)特殊品 (D)非搜尋品。 【106桃機】

( ) **7** 下列敘述何者正確？ (A)工業品行銷又可稱為B2C行銷 (B)洗衣機是消費品 (C)消費品是企業用來製造其他產品的實體物件 (D)工業品是消費者為了個人使用而購買的產品。 【110台菸酒】

解

1 (B)。狹義的商品是指符合定義的有形產品，廣義的商品除了可以是有形的產品外，還可以是無形的服務。

2 (D)。消費品：

(1)便利品：經常購買、不願意花太多時間選購、價格低廉。

(2)選購品：購買次數不會太頻繁、花較多時間選購、價格昂貴。

(3)特殊品：相較於便利品與選購品，願意花更多時間購買、品牌忠誠度高、產品價格通常更為昂貴。

(4)冷門品：消費者沒有意願去購買的產品。

3 (A) **4 (B)** **5 (A)**

6 (C)。選購品：購買次數不會太頻繁、花較多時間選購、價格昂貴。

特殊品：相較於便利品與選購品，願意花更多時間購買、品牌忠誠度高、產品價格通常更為昂貴。

關鍵字：消費者願意支付更多的購買努力取得具有獨特性或高度品牌知名度的產品即該消費者對該產品有很高的品牌忠誠度。

7 (B)。(A)工業品行銷又可稱為B2B（BtoB、企業對企業）行銷。

(C)工業品是企業用來製造其他產品的實體物件。

(D)消費品是消費者為了個人使用而購買的產品。

二、產品的內涵

( ) **1** 產品帶給消費者實質的利益或服務，是一種無形的滿足，可解決顧客最關心的問題，例如買化妝品是希望增加美麗及魅力。以上是產品層次中的？ (A)基本產品 (B)期望產品 (C)核心產品 (D)潛在產品。 【101、107台菸酒】

( ) **2** 一般將產品分為三個層次，以汽車為例，下列何者是顧客想要獲得的「核心產品」？ (A)代步或身份地位的象徵 (B)品質保證與售後服務 (C)品牌或功能 (D)性能或款式。 【110台菸酒】

解 **1 (C)**。(C)核心產品消費者購買此商品真正追求的利益。

2 (A)。核心產品：消費者真正購買的服務或利益。例如買車就是拿來代步用。
(A)代步或身份地位的象徵→核心產品。
(B)品質保證與售後服務→延伸產品。
(C)品牌或功能→期望產品。
(D)性能或款式→期望產品。

三、產品策略-產品組合

(　　)　假設臺酒公司的產品只包含臺灣啤酒、葡萄酒及高粱酒等產品線，各產品線分別生產5種、3種、6種產品項目，則此產品組合的「廣度」為？　(A)5　(B)3　(C)6　(D)14。【107台菸酒】

解 **(B)**。寬度=廣度：產品線數量（本題數量為3）。
長度：品項總數（本題數量為14）。
深度：產品線中，每一品項的樣式數目（本題沒提及）。

四、產品策略-產品線

(　　)　日本汽車大廠豐田汽車（toyota）從原本的豐田系列車款如Camry、Atlis等，後來推出Lexus產品線，此一作法稱為下列何者？　(A)產品線調整　(B)產品線填補　(C)產品線縮減　(D)產品線延伸。【108台菸酒】

解 **(D)**。產品線管理的五種方式：
(1)產品線延伸：使產品超越現有的範圍（向上、向下、雙向）。
A.向上延伸：產品線延伸至高價位、高品質。
B.向下延伸：產品線延伸至低價位、低品質。
(2)產品線填補：在現有產品線範圍內增加產品項目。
(3)產品線縮減：砍掉無利可圖的產品，避免資源配置浪費。
(4)產品線調整：又稱產品線現代化，定期觀察市場動向及顧客喜好，隨時調整產品線，避免推出不符合潮流的產品。
(5)產品線特色化：選擇產品線中一種或少數產品品項作為宣傳特色。
為何不選(B)產品線填補，因為沒有提到完整性，既然是填補，就需要提到產品線的完整性。不然只能是延伸，不論是向上，或者是向下。

五、產品策略-產品生命週期

( ) **1** 下列何者不是產品生命週期的階段？ (A)介紹期 (B)成熟期 (C)創新期 (D)衰退期。 【106台糖】

( ) **2** 在產品生命週期的哪一時期，銷售量會急劇攀升，許多競爭者會先後進入市場，而這時期的顧客大多是早期採用者？ (A)導入期 (B)成長期 (C)成熟期 (D)衰退期。

【105經濟部、106桃機、107郵政、109經濟部】

( ) **3** 有關產品生命週期的敘述，下列何者正確？ (A)在導入期企業就可以取得高額的獲利 (B)競爭者在成長期開始加入市場競爭 (C)在成熟期產品的銷售量開始大幅成長 (D)企業應該在衰退期推出改良版本的產品。 【107台糖】

( ) **4** 在產品生命週期的哪一個階段，產品的銷售量達到最高點，但利潤卻開始下降？ (A)導入期 (B)成長期 (C)成熟期 (D)衰退期。

【107台菸酒】

( ) **5** 從產品生命週期的角度來分析，平板電腦目前已經進入成熟期，下列哪一種行銷推廣策略相對效果不彰？ (A)品牌廣告 (B)促銷折扣 (C)贈品 (D)抽獎。 【108台菸酒】

( ) **6** 汽車導航的銷售每年衰退15～20%，此種商品所處的生命週期階段，應使用何種策略因應？ (A)使用大量促銷以引誘消費者試用 (B)品牌與產品樣式的多樣化 (C)榨乾品牌 (D)建立密集的配銷通路。

【108經濟部】

( ) **7** 資策會公布2018年台灣地區行動支付普及率達50.3%，此為新產品生命週期中何種階段？ (A)創新採用 (B)早期大眾 (C)晚期大眾 (D)落後採用。 【108經濟部】

解

1 (C)。產品的生命週期是指產品從進入市場到退出市場的過程。一般可以分成四個階段，即導入期、成長期、成熟期和衰退期。

2 (B)。成長期：市場開始快速的接受產品，銷售額大幅增加，公司的實質利潤亦增加。

3 (B)。(A)在成熟期就可以取得高額的獲利。
(C)在成長期的銷售量開始大幅成長。
(D)企業應該在成長期、成熟期推出改良版本的產品。

4 (C)。成熟期：利潤在達到頂點後逐漸走下坡路。
成長期：銷售快速增長，利潤也顯著增加。

5 (A)。(A)品牌廣告→是在導入期要拚知名度用的，強力曝光。
(B)促銷折扣、(C)贈品、(D)抽獎，後面這三個就是促銷，因為這個市場已經是完全競爭的狀態。

6 (C)。(A)使用大量促銷以引誘消費者試用（導入期）。(B)品牌與產品樣式的多樣化（成長期）（品牌忠誠才是成熟期）。(C)榨乾品牌（衰退期）。(D)建立密集的配銷通路（成長期）。

7 (C)。(1)創新者2.5%。(2)早期採用者13.5%。(3)早期大眾34%。(4)晚期大眾34%。(5)落後者16%。
早期大眾前的使用者大約為50%（2.5+13.5+34=50），因題目為50.3%（超過50%了），所以產品生命週期為成熟期（使用者為晚期大眾）。

六、產品策略-品牌策略

( ) **1** 用來提升與市場上其他競品間差異性的文字、聲音或符號，稱為：(A)說明書 (B)標籤 (C)保固 (D)品牌。【106台糖】

( ) **2** 關於企業品牌的用途，下列何者錯誤？ (A)讓目標顧客進行產品辨認 (B)強化重購意願 (C)連結企業整體策略性規劃 (D)利用知名度促進新產品銷售。【106桃機】

( ) **3** 統一超商委託製造商代工生產日常生活物品及餅乾，再冠上自有品牌來銷售，此屬於： (A)單一家族品牌決策 (B)授權品牌決策 (C)製造商品牌決策 (D)中間商品牌決策。【107台菸酒】

( ) **4** 廠商在原有之商品下推出新的品牌名稱，如P&G推出沙宣、飛柔、潘婷、海倫仙度絲等，此為品牌策略中之何種策略？ (A)多品牌 (B)產品線延伸 (C)品牌延伸 (D)新品牌。【106桃捷】

( ) **5** 兩個或以上屬於不同廠商的知名品牌，一起出現在產品上，其中一個品牌採用另一個品牌作為配件，稱為何種品牌策略？ (A)混合品牌 (B)品牌延伸 (C)品牌聯想 (D)共同品牌。【106桃捷】

解

1 (D)。品牌（brand）是一個名稱、術語、標誌、符號或設計，或是上述的結合使用，目的是為了讓消費者分辨廠商的產品或服務，並與其他競爭者有所區別。

2 (C)。企業品牌的功能（用途）：
對於消費者而言，品牌的用途如下：(1)濃縮資訊與協助辨認。(2)提高購買效率。(3)提供心理保障。
從廠商的角度來看，品牌的用途如下：(1)有助於新產品推出與市場開拓。(2)作為有力的競爭武器。(3)成為企業的資源。

3 (D)。由統一超商委託並冠上自有品牌，為中間商品牌。
若是製造商生產後冠上自己製造商的品牌則為製造商品牌。
(A)公司旗下所有產品都使用同一品牌，如雀巢咖啡、雀巢奶粉、雀巢檸檬紅茶。
(B)企業將品牌授權給其他廠商使用，如三麗鷗公司授權台鐵Hello Kitty彩繪列車。
(C)產品品牌由製造商自己推出，如可口可樂。
(D)通路商自己設立的品牌，如家樂福自有品牌商品。

4 (A)。品牌策略：
(A)多品牌：新品牌搭配現有產品，如寶僑的洗髮精，每個產品皆有一個專屬的個別品牌。
(B)產品線延伸（擴張）：在既有品牌、既有產品線裡推出新口味。
(C)品牌延伸（種類延伸）：現有品牌推出新產品，可培養具品牌忠誠度的顧客，但也可能造成品牌稀釋現象。
(D)新品牌：新的產品新的品牌。

5 (D)。(A)混合品牌：（自己混合）自己的品牌+自己的產品。例如：味全滿漢大餐、花王一匙靈。
(B)品牌延伸：自己的品牌延伸出去。例如：大同電鍋、大同冰箱、大同冷氣、大同氣炸鍋。
(C)品牌聯想：看到該品牌聯想到什麼。例如：看到M字會想到麥當勞、會想到漢堡／看到KFC會想到炸雞。
(D)共同品牌（跟別人共同、A+B）（成分品牌）。例如：A品牌+B品牌=中國信託中油聯名卡。

七、產品策略-包裝策略

(　　) 下列何者在行銷學中又稱為「沉默的推銷員」？ (A)品牌名稱 (B)包裝 (C)產品條碼 (D)公司網頁。 【104郵政】

解 **(B)**。包裝策略是指所有設計與製造產品容器的活動。適度的包裝不僅能提高產品質感，也可增進消費者的購買意願，故有「無聲的銷售員」之稱。

填充題

1 競爭者都已進入市場，並呈現競爭白熱化的現象，由於競爭激烈，難免有削價情事發生，所以各家企業利潤逐漸下降；以上現象是說明已進入產品生命週期的 ______ 期。 【107中油】

2 企業產品生命週期分為以下4個階段期：導（引）入期、成長期、______ 期及衰退期。【108台電】

3 所謂 ______ 係指一個名稱、符號、標記、設計或是以上綜合的使用，用來確認一個（群）銷售者的產品或服務，以與競爭者有所區別。【106台電】

解 1 成熟

2 成熟

3 品牌

申論題

品牌權益（brand equity）是指品牌為商品與服務所帶來的附加價值，其越來越受到實務界與學術界的重視，請問Aaker品牌權益模式（Aaker's brand equity model）是由哪5個層面所構成？請逐一列舉並說明之。【110台電】

答：

(一) 品牌權益：為一種關於品牌的資產與負債組合，可以增加或減少某項產品／服務對顧客的價值感受。

(二) 五個構面

1. 品牌知名度：指消費者能否清楚記得或者回憶起某類產品與某個品牌的關係。
2. 品牌聯想：任何將顧客與品牌串連的事物。例如：外型、口號、商標。
3. 品牌忠誠：當其他品牌相對較好時，也堅持購買原產品，也是品牌權益的核心。
4. 知覺品質：消費者對某一品牌整體品質認知水準，也可以說是消費者對品牌主觀的滿足程度。
5. 其他專屬品牌資產：舉凡專利權、商標、所有權等有關無形資產的保護，對企業來說非常重要，可以避免於競爭者抄襲、提高市場的進入障礙。

焦點二 服務業行銷

一、服務業的特性【經濟部、台糖、台水、台菸酒、中油、台電、台鐵、郵政、農會、中華電信】

服務業（Service Industries）泛指農林漁牧礦與製造業之外的行業。是一種無法看見、無法觸摸，不具實體的效用、其生產可能與實體有關，也可能無關；因此

「服務」這樣產品是無法被儲存的，往往與消費同時發生，無法分割；相同的服務，也會因為提供的人不同而產生很大的差異性。

產品→有形→有所有權。

服務→無形→無所有權。

因此服務具有下列幾種特性：

特性	內容	小例子	如何用行銷方式克服
無形性（intangibility）【郵政、台北自來水】	和產品不同的是，產品具有實體，但是服務卻是無形的。	在學校的教育一樣，透過老師知識的傳授，提供教育這項服務給學生，學生得到的就是一種無形的服務。	服務有形化：將服務具體化、有形化建立消費者的信賴，如制服、環境整潔等。
不可分割性（inseparability）【台菸酒】	生產的瞬間即是消費，產品生產完之後可以擺在超市貨架供消費者挑選購買買回家之後在使用，這之間生產、購買以及使用流程是分開的，但是服務在產生的那一刻即是消費。	1. 法律顧問服務就是生產和消費就同時產生，並且不可分割。 2. 腳底按摩，按摩師在提供（生產）按摩的那瞬間，服務即刻產生。	同時提供服務給更多人使用、訓練更多服務提供者。 要妥善處理或協助消費者的疑難雜症，管理影響消費者反應的所有因素。如實體環境、服務人員、服務程序等。
易變性（異質性）（Heterogeneity）【台菸酒、台鐵】	服務品質難以維持一致，相同的服務的品質和價值會因個人感知經驗的差異而有所區別，也就是服務品質難以去量化和衡量。	每一位空姐的服務會因為個人感覺而有差異。	設定標準作業流程、加強教育訓練。 為了達成服務品質的一致性，對服務人員和流程的品質管制可利用標準化來改善。

特性	內容	小例子	如何用行銷方式克服
易逝性（揮發性）（perishability）【經濟部、台北自來水、台菸酒、台電、台鐵、中華電信】	服務不能被儲存、轉售或者退回的特性。	1. 一個有100個座位的航班，如果在某天只有80個乘客，它不可能將剩餘的20個座位儲存起來留待下個航班銷售。 2. 諮詢師提供的諮詢也無法退貨，無法重新諮詢或者轉讓給他人。	採用差別定價、管理需求、員工交叉訓練。 1. 採用尖峰、離峰時段來差別定價。 2. 利用預約來做服務品質的管理。 3. 淡季、旺季的時節提供不同的價格和服務。 4. 讓成員接受類似其他成員的專業訓練，這樣就可以讓員工在需求性不高時，學習其他專業訓練，往後也可做相關調度。

小口訣，大記憶

服務業的特性：不可分<u>割</u>性、易<u>逝</u>性、易<u>變</u>性、無<u>形</u>性

▲割逝變形→割四邊形

二、服務業的分類【經濟部、中油、郵政】

依據以下不同的標準，可以將服務業區分成幾種不同的形態。

(一) **作業流程接觸程度**：與顧客接觸的程度。

1. **高接觸服務**：作業過程直接接觸顧客，顧客參與服務流程比例高，且人員品質將會影響服務，產出不固定且須配合顧客需求。
   (1) 面對面諮詢。　(2) 櫃台交易。
2. **低接觸服務**：顧客與服務供應者極少實際接觸，電子或實體的配銷管道做為媒介進行遠端接觸，提供接近顧客需求的供應點（傳輸點），著重作業效率，服務時間、產出、品質較可控制且標準化。
   (1) 語音服務。　(2) 網路交易。

(二) **服務流程矩陣**：企業為提高服務效率與顧客滿意度，紛紛聚焦於服務流程改造，美國杜克大學Roger W. Schmenner提出，依提供服務所需勞力密集度、和顧客互動與客製化程度區分為4個象限：

勞力密集度 ＼ 客製化程度	低	高
高	**量販服務** **（大量提供SOP人力服務）** 零售、商業銀行、郵局	**專業服務** **（專家提供專業服務）** 醫師、律師、 建築師、會計師
低	**服務工廠** **（自動化設備）** 航空公司、貨車運輸、 旅館、遊樂中心	**服務商店** **（大量溝通，昂貴設備）** 醫院、汽車維修、 其他修理業

1. **量販服務**：勞力密集高+客製化低。
   零售、批發、學校、商業銀行。
2. **服務工廠**：勞力密集低+客製化低。
   航空公司、旅館、遊樂中心。
3. **專業服務**：勞力密集高+客製化高。
   醫師、律師、會計師、建築師。
4. **服務商店**：勞力密集低+客製化高。
   醫院、修理服務業。

(三) **服務技術區分**：Larsson, R和Bowen, D. E以「顧客的參與度」和「服務的顧客導向程度」區分為4個象限：

1. **連續式顧客導向服務**：多樣化需求、顧客參與程度低。如電器修理、乾洗衣服、貨物運輸、清潔、園藝。
2. **集中式服務**：低樣化需求、顧客參與度低。如銀行、保險、戲院、航空公司、速食店。
3. **相互式服務**：多樣化需求、高顧客參與。如心理治療、醫療、法律諮詢。
4. **連續式標準化服務**：低樣化需求、高顧客參與度。如自助洗衣店、汽車租賃。

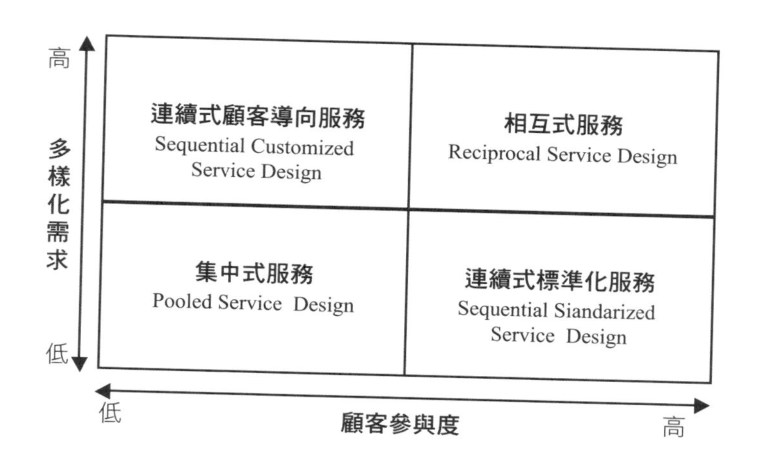

三、服務業行銷【台水、台鐵、中華電信】

根據不同的學者針對服務業提出的行銷策略，整理如下。

(一) **服務行銷金三角**：Gronroos（1984）提出，對服務業行銷活動提出整合性的歸納

他認為傳統的「外部行銷」（external marketing）並不足以應付行銷活動，尚須兼具「內部行銷」（internal marketing）與「互動行銷」（interactive marketing）的行銷力量，才能達成服務行銷目標。

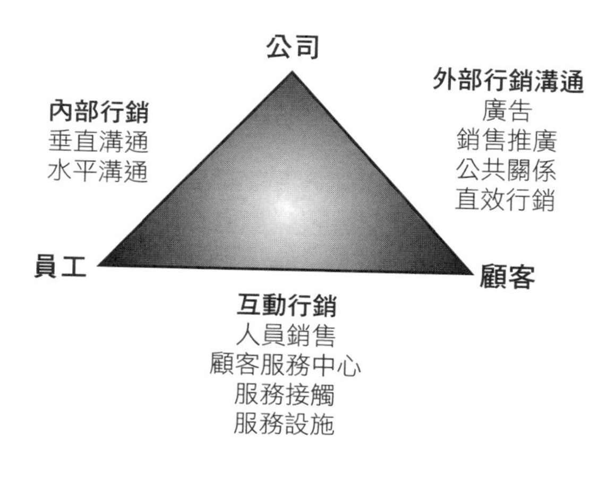

溝通與服務金三角

1. **外部行銷（公司對顧客）**：在組織與顧客之間，針對外部顧客的行銷活動，包括定位、定價、推廣……等的外部行銷。
2. **內部行銷（公司對員工）**：組織對員工灌輸行銷導向與顧客服務的觀念，並且加以員工訓練讓他們確實了解本身的形象與工作如何影響顧客滿意度與企業形象。
3. **互動行銷（員工對顧客）**：指第一線的服務人員，能夠站在顧客的觀點出發，將公司的服務提供給顧客的互動行為。服務人員與顧客產生良好、友善的互動才是真正優良的服務。

小口訣，大記憶

公司對員工→內部
公司對顧客→外部
員工對顧客→互動
內部 企業→員工（激勵、訓練）
外部 企業→顧客（溝通、行銷）
互動 員工→顧客（處理、接觸）
▲內外要互動。

(二) **服務行銷組合**7P：學者布姆斯和比特納（Booms & Bitner）（1981）

從事服務行銷，除了傳統的4P必須加以修改補強外，應再加入參與人員（Participant／People）、服務環境／有型的展示（Physical Evidence）、過程（Process）等三項元素。

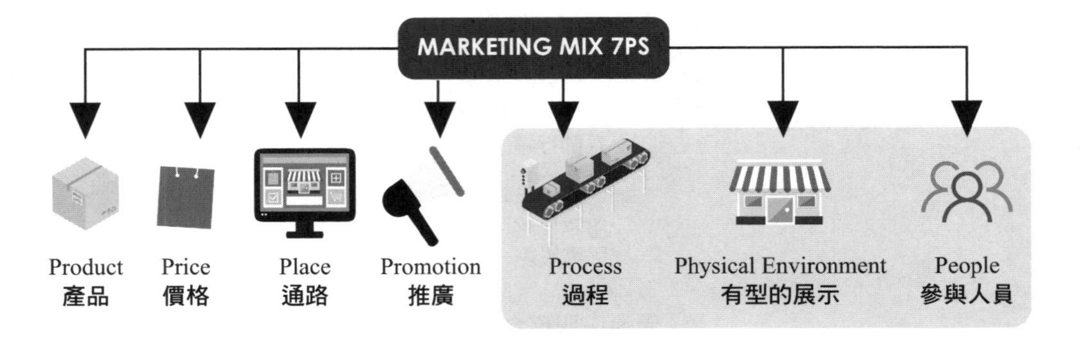

(三) **全方位行銷（holistic marketing）**：科特勒（Philip Kotler）和凱勒（Kevin Lane Keller）

1. 主張包括顧客、員工、合作夥伴、競爭對手，以及社會整體等，一切都和行銷有關，以一個更為廣泛、整合觀點，有效地發揮行銷功能。
2. 全方位行銷是行銷活動、流程和計畫的設計及執行，反映出行銷的廣度和相互依賴程度。
3. 行銷活動早已超越傳統行銷部門的界線，而行銷人員不但必須和事業夥伴及通路，建立起密切的關係，行銷活動的投資報酬率，也成為檢驗行銷成效的重要指標。在此同時，行銷活動的推展，也必須顧及企業的社會責任及社區參與。
4. 全方位行銷的4大元素，包括：
   (1) 關係行銷（relationship marketing）：注重顧客、上下游廠商及其他合作夥伴的關係。
   (2) 整合行銷（integrated marketing）：統整產品與服務、價格、通路、推廣等以產生綜效。
   (3) 內部行銷（internal marketing）：確保所有部門及全體員工都擁有正確的行銷觀念。
   (4) 績效行銷（performance marketing）：行銷人員應瞭解與溝通其行銷計畫為企業帶來那些財務與行銷利益，以及為社會與環境創造哪些利益。

小口訣，大記憶

▲有能力的人靠「**關係**」「**整合**」了公司的「**內部**」、「**績效**」。

四、服務品質【經濟部、台北自來水、台菸酒、台鐵】

(一) **服務品質構面**

Parasuram、Zeithaml以及Berry三位學者考慮服務的無形性、異質性、同時性等特性，於1985年選擇銀行、信用卡公司、證券經紀商，和維修廠四種產業進行一項探索性研究，經過與顧客的群組訪談（focus group interviews），提出服務品質的五個構面：可靠性、回應性、確實性、關懷性與有形性（依重要性排序）。顧客即使用這五個構面比較認知與期望間的差距，來衡量服務品質。

服務品質	分類
有形性 指提供服務的場所、硬體設施、實體設備及服務人員的外在呈現。	1. 服裝儀表整潔。 2. 菜單經常配合時令推出創新菜色。
反應性 服務人員幫助顧客和提供即時服務。	1. 因忙碌疏於顧客需求，未能及時提供服務。 2. 有抱怨時，主管出面道歉並給予實質的補償。
可靠性 可靠及準確提供所承諾服務的能力。	1. 餐點與菜單敘述或圖片相符。 2. 食材新鮮且擁有產地證明。
保證性 服務人員的專業知識豐富、禮貌態度，可贏得顧客信任的能力。	1. 樂於解答顧客問題。 2. 受過專業訓練足以勝任工作。
關懷性 服務人員對顧客的個別關心與照顧。	1. 態度親切友善。 2. 具備高度的愛心與耐心。

(二) **服務品質衡量模型（缺口模型，又稱PZB Model）**

1. 透過此模型衡量服務品質的好壞，確認消費者實際認知到的服務水準，是否和消費者的期望有所落差，並評估在哪個部分產生缺口，尋求改進。
2. 服務品質的好壞取決於消費者預期的服務與認知服務的差距，而缺口5會受到其他四個缺口影響。
3. 消費者服務的預期水準主要受到口碑、個人需求、過去經驗，以及顧客溝通的影響。

缺口	內容	實例
缺口 1	顧客期望與經營管理者之間的認知缺口。	旅館業者可能認為旅客需要的是典雅氣派的裝潢，以及多功能的梳妝台，但其實旅客只希望業者可以具備「熱忱、親切、誠懇」的服務態度，就形成了認知的差距。
缺口 2	經營管理者與服務規格之間的缺口。	旅館老闆知道旅客喜愛「親切，誠懇」的服務態度，但卻不知如何告訴服務生怎麼做，是要照三餐噓寒問暖旅客？還是需要照三餐打掃清潔房間？因此服務生也不知所措，就形成老闆和服務品質有缺口。

缺口	內容	實例
缺口 3	服務品質規格與服務傳達過程的缺口。	旅館業者訂出「熱忱、親切、誠懇」服務標準，就是要照三餐打電話關心顧客、隨時問候顧客是否需要房間清掃服務等，但是服務人員前天跟男友分手，沒心情工作，或者有員工離職，使得人力吃緊，沒辦法完成工作或達到標準。
缺口 4	服務傳達與外部溝通的缺口。	旅館業者廣告主打全新裝潢的客房、有按摩浴缸、蒸氣室、親子遊戲區，讓旅客因此產生高度的期待，但實際狀況可能並非如此，就形成服務傳達和顧客溝通的差距。
缺口 5	顧客期望與體驗後的服務缺口。	服務人員一直進來打掃房間，三餐都關心顧客有沒有吃飯，表現出「熱忱、親切、誠懇」的態度，但是顧客可能認為這是「擾民」，就產生顧客期望和體驗的差距。

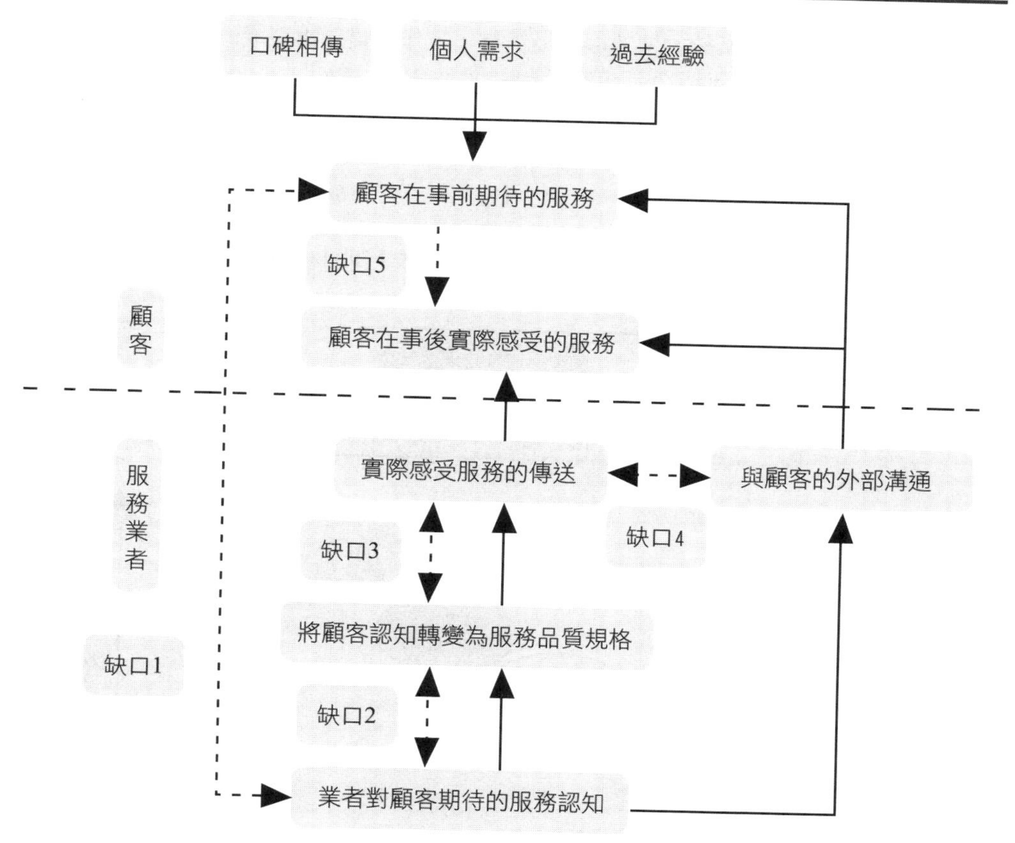

(三) 關鍵時刻（Moment of Truth）

是一個關鍵指標，是對客戶導向的具體衡量，因為對客戶而言，他只會記住那些關鍵時刻－MOT。與顧客接觸的每一個時間點即為關鍵時刻，它是從人員的A（Appearance）外表、B（Behavior）行為、C（Communication）溝通三方面來衡量服務品質。

五、服務系統設計【台北自來水】

服務是一種行動，透過「服務遞送系統」（Service Delivery System）為顧客提供某些事情。許多服務並非只是單純的服務，而是結合商品與服務提供給顧客。服務設計需要考慮「服務需求的變異程度」，以及在傳遞系統中「與顧客接觸和顧客參與的程度」。設計優良的服務系統有七項特性：

(一) 服務系統的每一個作業應與公司的作業焦點配合。
(二) 易使用的。 (三) 完備的。
(四) 結構性的。人員及系統的績效很容易維持，工作人員所需完成的任務是可行的。
(五) 前場及後場做有效連接，以使兩者之間不會產生落差。
(六) 所提供的服務品質是以顧客所珍惜的方式來顯示。
(七) 符合成本效益。

(一) 服務系統設計矩陣

是一種根據與顧客接觸的服務方式不同，而進行服務設計的方法。

服務系統設計矩陣

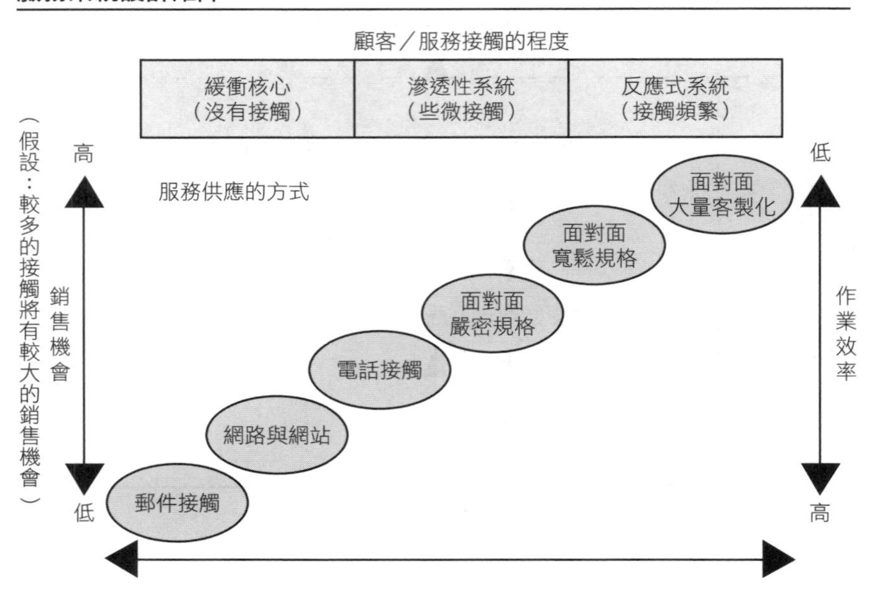

1. 矩陣最上端表示顧客與服務的接觸程度。
2. 矩陣左邊表示，與顧客接觸越多，賣出商品的機會也越多。
3. 矩陣的右邊表示，隨著顧客的運作施加影響的增加，服務效率的變化。

(二) 服務藍圖

「服務藍圖」（Service Blueprint）可以用來描述以及分析服務流程，是一張以正確描繪服務系統的圖案或地圖，猶如工廠的作業流程圖。

豪華酒店的服務藍圖 F 可能失敗點

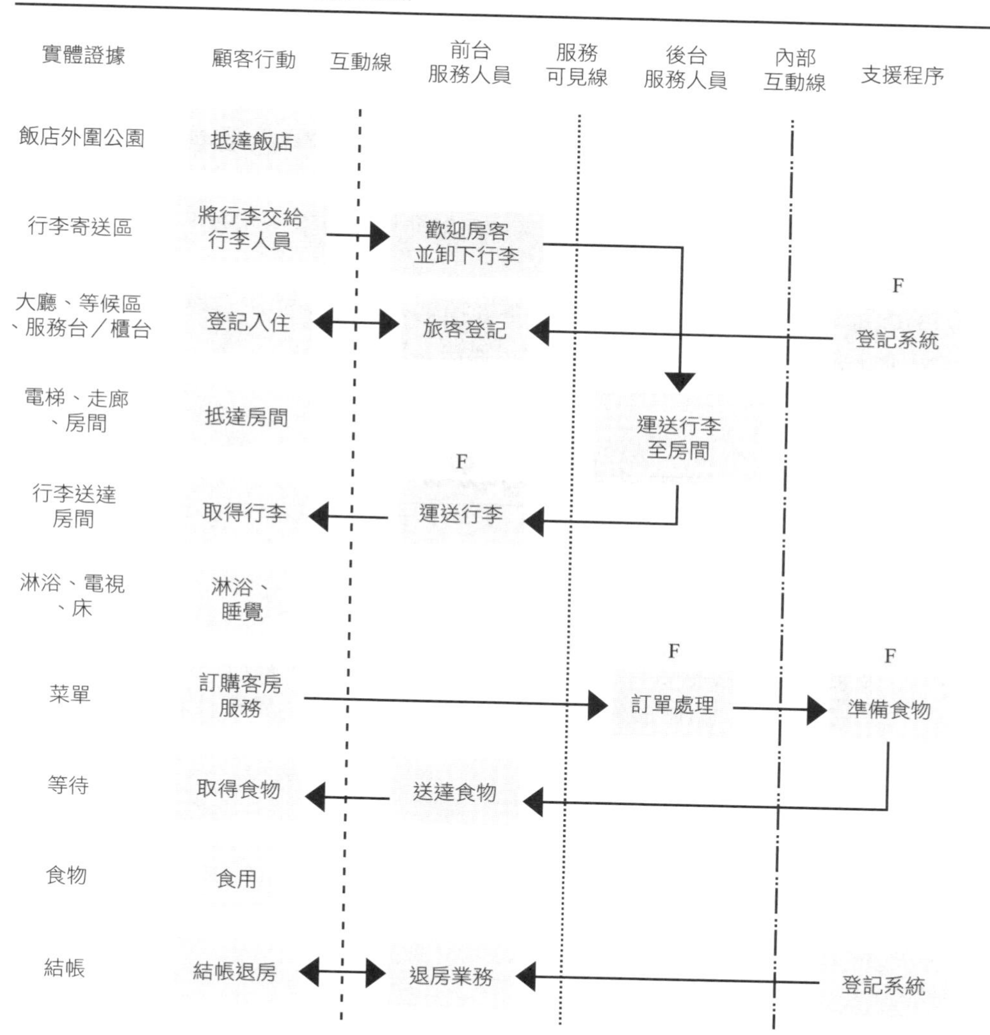

1. **意涵**：為了使服務企業瞭解服務過程的性質，將過程的每個部分按步驟地畫出流程圖，包括內部服務和其服務步驟和互動行為。有助於設計者了解顧客真正需要的是什麼。
2. **優點**：
   (1) 直觀性強、易溝通、易理解，使企業能全面、深入、準確地瞭解所提供的服務，針對性的設計服務過程，更能滿足顧客的需要。
   (2) 建立完善的服務操作模式，明確服務職責，有效地開展服務人員的培訓，同時有助於理解各部門的角色和作用，提高提供服務過程中的協調效率。
   (3) 讓企業引導顧客參與服務過程，使服務提供過程更合理，同時能識別服務提供過程中的失敗點和薄弱環節，改進服務質與量。
3. **劣勢**：
   (1) 只能在一個靜態的場景描繪服務，但對服務的全過程（動態描繪服務）進行系統的跟蹤和評估的效果有限。
   (2) 僅直觀地描繪服務中的可見要素，而對非可見要素（如顧客心理、員工心理、服務手段）等無法描繪。
   (3) 在抽象或概念的水平上，若將各細項納入藍圖，亦使其模糊不清、複雜化，進而使藍圖無法利益最大化，無法滿足各種需求。

即刻戰場

選擇題

一、服務業的特性

( ) **1** 服務與實體產品的主要差異為？ (A)無形性、易逝性、不可分割性、異質性 (B)無形性、多樣性、不可分割性、異質性 (C)無形性、多樣性、異質性、易逝性 (D)不可分割性、易逝性、多樣性、異質性。 【106經濟部】

( ) **2** 關於服務業的敘述，下列何者錯誤？ (A)服務業對已開發經濟體的重要性較低 (B)服務業通常對人力的需求較高 (C)服務業的產出往往較為無形 (D)服務的好壞通常較難以衡量。 【106台糖】

( ) **3** 企業為克服「服務產品」的特性所造成之銷售障礙，會採取一些因應措施，而下列敘述何者錯誤？ (A)以尖峰、離峰時段差別定價，或預約來管理需求，以克服服務的不可儲存性 (B)服務的生產在與消費者互動中完成，降低管理上的困難 (C)管控人員及服務流程的品質以改善服務產生異質性的影響 (D)讓無形的東西有形化來建立競爭優勢。【110台菸酒】

( ) **4** 航空服務業在管理上常遇到尖峰時座位不夠、離峰時沒客人的問題，這主要是因為服務業之下列何種特性所導致？ (A)易逝性 (B)無形性 (C)不可分割性 (D)易變性。【108台菸酒】

( ) **5** 由於服務與消費是同步的，服務無法儲存的特性稱之為： (A)易變性 (B)易消逝性 (C)無形性 (D)不可分離性。【105台北自來水、107台菸酒】

解 **1 (A)**

2 (A)。(A)錯誤，較高。已開發經濟體越偏向服務密集產業。
(B)正確，基本上是對的。如：餐飲服務業者。
(C)正確，服務是無形的產品。
(D)正確，看客人的感受。

3 (B)。(B)服務的不可分割性。要改善不可分割性，可以將服務提供給更多人使用，增加使用利益、或訓練更多服務提供者。

4 (A)。(A)易逝性→服務無法儲存作為日後使用。因此形成尖峰時座位不夠用（不能預先多做生產，導致供給不足）而離峰時卻空位一大堆的狀況（多出來的也不能保留作為下次使用）。

5 (B)。(A)易變性：會因為提供者本身或是其他情境受到影響。
(B)易消逝性：服務無法儲存。
(C)無形性：看不到，摸不到，無法像一般商品一樣呈現在眼前。
(D)不可分離性：服務的生產消費必須同時進行。

二、服務作業分類

( ) Larsson, R和Bowen, D. E以「顧客的參與度」和「服務的顧客導向程度」兩個構面，將服務技術區分為四種類型，下列何者不屬之？ (A)連續式顧客導向服務 (B)集中式服務 (C)連續式產品導向服務 (D)相互式服務。【106經濟部】

解 (C)

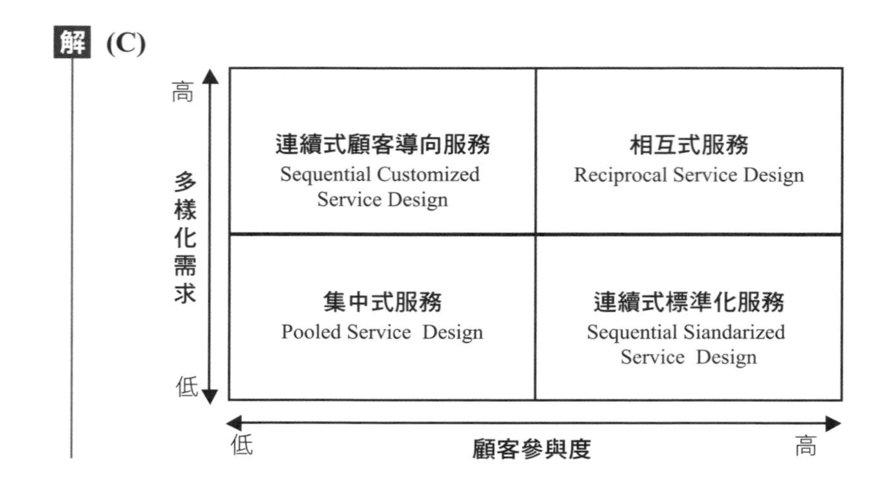

三、服務行銷

(　　)　下列何者不屬於科特勒（Kotler）等人所提的整體行銷（holistic marketing）觀念中的四個要素之一？ (A)關係行銷（relationship marketing） (B)整合行銷（integrated marketing） (C)交易行銷（transaction marketing） (D)內部行銷（internal marketing）。【106台鐵】

解 **(C)**。科特勒（Philip Kotler）和凱勒（Kevin Lane Keller）提出了「全方位行銷」（holistic marketing）的概念，全方位行銷的4大元素，包括：(1)關係行銷（relationship marketing）。(2)整合行銷（integrated marketing）。(3)內部行銷（internal marketing）。(4)績效行銷（performance marketing）。

四、服務品質

(　　) **1** 根據服務品質之PZB模式，服務品質的衡量取決於哪兩者間的差異？ (A)消費者預期的服務與管理者對消費者的認知 (B)管理者對消費者的認知與品質規格 (C)品質規格與實際傳達的服務 (D)消費者預期的服務與知覺的服務之間的差距。【104經濟部、107台菸酒】

(　　) **2** 服務的關鍵時刻（moment of truth）理論告訴我們？ (A)顧客導向的重要性 (B)作業導向的重要性 (C)產品導向的重要性 (D)銷售導向的重要性。【106台鐵】

解 **1 (D)**。PZB服務缺口模式
缺口1：顧客期望與經營管理者之間的認知缺口。
缺口2：經營管理者與服務規格之間的缺口。
缺口3：服務品質規格與服務傳達過程的缺口。
缺口4：服務傳達與外部溝通的缺口。
缺口5：顧客期望與體驗後的服務缺口。

2 (A)。關鍵時刻（Moment of Truth）是一個關鍵指標，是對客戶導向的具體衡量。

五、服務系統設計

(　　) **1** 在服務系統設計矩陣（service-system design matrix）中，一個面對面、完全客製化的服務接觸（service encounter）預期會有下列何者？ (A)低銷售機會 (B)低生產效率 (C)高生產效率 (D)低顧客／服務者接觸。【107台北自來水】

(　　) **2** 有關服務藍圖的優缺點，下列敘述何者正確？ (A)服務藍圖不只能在一個靜態的場景描繪服務，也能夠記錄動態的系統 (B)服務藍圖能客觀地描繪服務中的可見要素，而對非可見要素無法描繪 (C)能夠讓企業完全滿足所有顧客的個別要求，使服務提供過程更合理 (D)有助於企業建立完善的員工培訓。【107台北自來水】

解 **1 (B)**。

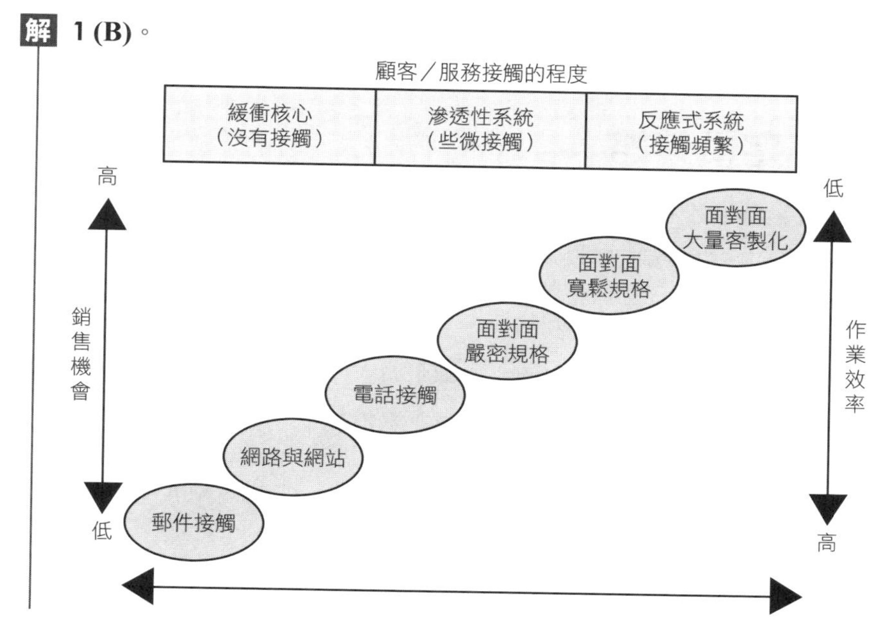

2 (D)。(A)服務藍圖只能在一個靜態的場景描繪服務，但對服務的全過程（動態描繪服務）進行系統的跟蹤和評估的效果有限。
(B)僅直觀地描繪服務中的可見要素，而對非可見要素（如顧客心理、員工心理、服務手段）等無法描繪。
(C)在抽象或概念的水平上，若將各細項納入藍圖，亦使其模糊不清、複雜化，進而使藍圖無法利益最大化→無法滿足各需求。

申論題

一、依產品型態可分為實體產品與服務2類，服務如何界定？服務具有哪4項特性，請逐一列舉並說明之。 【108台電】

二、企業利潤來自提供的產品與服務，請說明：
(一) 服務（service）的特性。
(二) 一般而言，消費性產品可以區分為那些類別？並請分別舉例說明。
【108台鐵】

三、學者Parasuraman、Zeithaml和Berry提出服務品質觀念模型—PZB模式（或稱「缺口模式」），其中可能影響顧客對服務品質的感受共有5種缺口，請逐一列舉並說明之。 【110台電】

焦點三 定價策略

價格的高低會影響消費者購買產品或服務的意願，也會影響企業的獲利。因此，企業會透過觀察市場的情況，來為產品或服務擬定價格，以尋求利潤極大化的銷售量，此為定價策略。

一、一般定價策略【台水、台鐵、郵政】

企業在定價時，需要考量的三個重點，產品的成本、消費者的需求，以及競爭者的行為。

小口訣，大記憶
影響定價的因素--定價3C：Cost、Competitor、Consumer

(一) Cost（**產品的成本**）：價格的形成必須符合成本原則，價格應該高於成本，否則變成賣一個賠一個。但若是有其他的策略考量情況又不一樣，例如：為了打開知名度過去曾有過一元機票的瑞聯航空。

(二) Consumer（**消費者的需求**）：最後還要看消費者是否接受這個價格，基本上價格是在消費者認知的價值以下，消費者才會覺得有價值或物超所值。

(三) Competitor（**競爭者的行為**）：價格符合成本的要求之後，還得視競爭者的價格來調整。若是獨佔或寡佔，成為價格領導者則又是另一種情況。

因此有以下三種基本的一般定價策略：

(一) 以成本為基礎的定價（cost-based pricing）。

(二) 以消費者需求為基礎的定價（customer-based pricing），主要是根據顧客的價值觀來決定價格。

(三) 以競爭為基礎的定價（competition-based pricing）。

說明如下：

(一) **成本為基礎的定價**【台菸酒、台鐵、中華電信】

以產品成本來基礎進行定價。

成本導向	說明	小例子
成本加成定價法	1. 以產品單位成本加上預期利潤率作為定價。 2. 售價與成本之間的差額就是利潤，稱為「加成」。 3. 計算公式為：價格＝單位成本 ×（1+ 預期利潤率）	某企業生產某種產品 10,000 件，單位變動成本為 20 元，固定成本 200,000 元，預期利潤率 15%，請算出每件產品售價金額。 ①單位固定成本＝固定成本／數量 =200,000 ／ 10,000=20 元／件 ②單位成本＝單位變動成本＋單位固定成本 =20 ＋ 20=40 元 ③產品售價＝單位成本＋（單位成本 × 預期利潤） =40×（1+15%）=46 元／件

成本導向	說明	小例子
目標利潤定價法	1. 以企業的總成本、預估總銷售量為基礎，加上依投資報酬率換算的目標利潤而形成的銷售價格。 2. 將預期的報酬率視為成本的一部分。 3. 計算公式為： $價格=\frac{總成本+投資總額\times投資報酬率}{銷售量}$	公司投資新台幣 2,000,000 元，預期投資報酬率為每年 15%，預估年產量為 100,000 件（假設全部售完）。若該企業每年固定成本消耗為 400,000 元，產品單位變動成本為 6 元，則該產品的市場價格為何？ ①變動成本＝單位變動成本 × 產量 =6×100,000=600,000 元 ②總成本＝變動成本＋固定成本 =600,000 ＋ 400,000=1,000,000 元 ③產品售價＝（1,000,000 ＋ 2,000,000 ×15%）÷100,000=13 元／件

(二) **消費者需求為基礎的定價**

以消費者為基礎的定價（customer-based pricing），主要是根據顧客的價值觀來決定價格。又稱為知覺價值定價法（perceived value pricing），或價值基礎定價法（value-based pricing）。

這兩個名詞是同義的，都是指以消費者為基礎的定價。

需求導向		說明	小例子
心理定價 【台北自來水、台鐵、郵政】	畸零定價（奇數定價）	不用整數，而是以畸零的數字來定價，主要目的是讓消費者在心理上將價格歸類在比較便宜的區隔之內。	99 元、199 元、299 元。
	名望定價	使用高價，以讓消費者覺得服務具有較高的聲望或品質。象徵身分、地位、品味的產品或服務經常使用這種方法。	鑽石、法拉利跑車、勞力士手錶等。
	習慣定價法	依據消費者對某個服務長期的、不易改變認知價格來定價。	養樂多飲品長期 8 元。 純喫茶長期 15 元。
差別定價（動態定價） 【中油、郵政、中華電信】	依顧客特性	針對不同個顧客群體（身分、年紀等），同一產品或服務收取不同價格。	車票有分敬老票、一般票。 電影票有分軍警票、一般票、團體票等。

需求導向		說明	小例子
差別定價（動態定價）【中油、郵政、中華電信】	依產品形式	針對不同的產品形式，訂定不同的價格。	車子的款式不同，價格不同。 成衣有時因顏色、款式不同價格有所差異。
	依消費地點	依據地點不同，訂定不同的價格。	演唱會的座位位置不同，價格不同。
	依消費時間	依照時間的不同，訂定不同的價格。	電影院的早鳥票、星光票，價格不同。 7月與8月份用電，不同費率。
認知價值定價法【經濟部、台北自來水、台鐵、郵政】		又稱認知定價法，依照顧客對於產品的價值認知來訂定價格，若是顧客認為該產品價值非常高則有機會定高價；若是產品價值低則價格也該下降，因此是（非常主觀）的判斷。	在遊樂園裡買罐裝可樂會比外面貴。 夏天吃火鍋會比冬天吃火鍋便宜。 觀光旺季時一些景點的旅館及民宿紛紛提高住宿的價格。
超值定價法		對品質良好的產品，訂出比預期低的價格，讓消費者感到物超所值。	餐廳牛排訂出接近夜市牛排價格。 全聯「天天都低價」，原本售價100元的果汁（原本就值這個價錢），今天促銷50元。 省下促銷活動成本，訂為低定價。 家樂福量販店不斷地強調「天天都便宜」。

(三) **競爭為基礎定價**【台水、台菸酒】

以競爭者角色或價格為考量的定價方式。

競爭導向	說明	小例子
現行水準定價	又稱模仿定價、流行水準定價。 常用於寡佔市場，與同行類似商品，訂定與同行類似的價格。	超商現煮美式咖啡，大杯45元，小杯35元。
競標定價法	猜測競爭者可能的定價，再以較低的價格為定價。	工程招標，並以最低得標。

小補充、大進擊

產品生命週期與定價【台水】

1. 導入期：「利潤導向」。
   (1)策略重心在奠立基礎，產品價格最高，如蘋果的iPhone一開始先以吸脂定價來導入市場。但因銷售量較低，加上一開始投入的研發和廣告的成本，所以剛開始常是虧損的，所以廠商要進一步想辦法讓產品能獲利，產生利潤。
   (2)行銷重點在產品知名度；策略重點在進一步擴大市場。
   (3)競爭少，配銷通路有限；通常採無差異行銷。
2. 成長期：「顧客導向」。
   (1)銷售量急速成長，獲得高度利潤。
   (2)策略重心在滲透市場，行銷重點為「建立消費者信心與品牌偏好、忠誠度」，所以是「顧客導向」。產品會進行品質改良，採密集性通路。
   (3)競爭者加入，考慮降價；採差異性行銷。
3. 成熟期：「競爭導向」或「差異化導向」，是競爭最激烈時期，產品必須和競爭者做出明顯的差異性才能在競爭中勝出。
   (1)銷售量趨緩，利潤下降，價格降低，此時購買者多，競爭者也多。
   (2)策略重心為穩定市場佔有率，維持消費者的忠誠度，產品差異化。此時通路採密集性。
   (3)此時為市場競爭最激烈，採差異或集中行銷。

二、新產品定價

前述為最基本的定價，但企業往往為了因應特定的情況，而採取以下幾種定價措施，包括新產品定價、產品組合定價、促銷定價。

企業推出新產品時，對該產品的期望目標，往往會影響定價策略。

新產品定價	內容	目的	適用範圍	小例子
市場吸脂定價【經濟部、台水、台菸酒、中油、台鐵、郵政】	1. 又稱市場榨脂定價。 2. 以高價位進入市場，再依生命週期的變化逐漸向下調整價格。	短期內能迅速回收成本並獲利。	1. 成本高，缺乏降價空間。 2. 替代品少或競爭少。 3. 原料特殊或生命週期短的商品。 4. 無法大量生產的商品。 5. 具專利或象徵身分的商品。	名牌包、高級汽車、品牌3C商品。

新產品定價	內容	目的	適用範圍	小例子
市場滲透定價【台菸酒、中油、台電、郵政、中華電信】	以低價進入市場，市佔率與知名度提升後，再推出其他高價位的商品。	短期內提升市佔率與知名度。	1. 成本低，有降價空間。 2. 替代品多或競爭多。 3. 原料充足或生命週期長的商品。 4. 當消費需求彈性大（可有可無），可用低價刺激需求。	民生用品。

小口訣，大記憶

最高價格：吸脂定價→記成「吸血」。
較低價格：滲透定價→以低價搶市占率。

三、產品組合定價【台鐵】

依據產品的組合共同訂定價格。

產品組合定價	說明	小例子
同類產品定價	同類產品可以互相替代，定價上要考慮產品間價差帶來彼此銷售量的互相影響。	推出功能相近的手機。
互補產品定價	定價會將主產品銷售壓低，以提高銷售量，並靠副產品高額加成賺取利潤。	印表機與墨水。 自動鉛筆與筆芯。
組合定價 配套式定價	將幾種產品組合起來，並訂出較低的價格出售，以較低的整體價格刺激購買，或促銷消費者本來不太可能購買的商品，可以節省人力、後勤作業與行政資源。	自助旅行組合包，將機票、旅館、機場接送、部分景點等結合。 紅標＋綠標更划算。 麥當勞的套餐。 悠遊卡搭捷運轉公車可享優惠。
選購品定價／分售	透過分售擴張市場，也可獲得更高的毛利。	汽車的皮椅套、導航系統、防盜器等可以選購。

產品組合定價	說明	小例子
副產品定價	生產某些產品時，會同時產出副產品。出售副產品，獲取更高的利潤，通常副產品定價高，主產品定價低。如肉製品、石油製品、化學製品等。	販賣豬肉製品，可以出售豬骨、豬內臟。
兩階段定價	計費方式為固定費用＋變動費用，分為基本費與使用費。	例如台電分為基本費與使用費。
整批取價（冰山型定價）	廠商對產品的售價已包含未來的售後服務、維修成本。目的：攤提日後實際服務維修費用、可建構基金因應未來風險與費用、可培育售後服務人員、建立持續的顧客服務關係網路、排除潛在競爭者的進入、若為租賃者，可保證產品可用性與價值。	家電產品。

四、促銷定價【台電、郵政】

企業為了在短期內刺激消費者購買，進行價格調整。

促銷定價	說明	小例子
犧牲打	犧牲部分產品毛利，依靠其他產品獲利，又稱為帶路貨。	本日特價品。
折扣與折讓	在定價上打折。	現金折扣、數量折扣、功能折扣、季節折扣、換購折讓、交易折讓等。
特殊事件定價	針對特殊日期或事件，降價刺激買氣。	情人節、周年慶等。
低利貸款	可提供低利率分期貸款。	汽車、機車的分期零利率促銷活動。

數量折扣	購買數量較多，給予折扣。
現金折扣	若可以迅速付款，給予一定比例的優惠。
功能性折扣	商業折扣、交易折扣。企業依據中間商所承擔的功能、責任不同，給予折扣。
季節性折扣	淡季購買產品，給予一定比例的優惠。

即刻戰場

選擇題

一、一般定價策略

(　　) 企業在進行定價時，除了定價的目標外，尚須考慮所謂定價三C的因素。請問下列項目何者不為定價三C的內容？ (A)生產能力 (B)顧客 (C)成本 (D)競爭者。【106台水】

解 **(A)**。影響定價的因素：(1)Cost（成本）。(2)Competitor（競爭者）。(3)Consumer（消費者）。

二、一般定價策略-成本為基礎定價

(　　) **1** 在行銷中，如果商家以商品的成本，再加上一定額度的管銷費用與利潤，以作為商品的定價，這種定價方式稱為： (A)競爭定價法 (B)折扣定價法 (C)知覺價值定價法 (D)成本加成定價法。【107台鐵】

(　　) **2** A公司產品材料與人工成本100元，老闆希望獲利兩成，因此將產品定價為120元，此種定價方式稱為： (A)刮脂定價法（skimming pricing） (B)滲透性定價法（penetration pricing） (C)成本加成定價法（makeup pricing） (D)認知價值定價法（perceived–value pricing）。【108台菸酒】

解 **1 (D)**。管銷費用：企業為銷售產品而產生之各項管理與推銷費用皆為管銷費用。包括薪資費用、租金費用、文具用品、旅費、運費、郵電費、修理費、廣告費、水電費、保險費、交際費、稅捐、呆帳損失、折舊、各項攤銷、職工福利、書報雜誌、在職訓練、佣金、印刷費、其他營業費用等。
成本加成定價：指以產品單位成本為基礎，加上預期利潤而形成的銷售價格。

2 (C)。(A)設定高價，獲取最大獲利空間。(B)滲透定價：薄利多銷的概念，獲取市場的規模經濟。(C)加取想獲利的百分比做為產品價格。(D)以「顧客心中」所認知的產品價值做定價。

三、一般定價策略-消費者需求為基礎定價

(　　) **1** UNIQLO為擴大童裝版圖，推出童裝599元的限定期間優惠價，請問此為何種定價策略？ (A)畸零定價法 (B)炫耀定價法 (C)成本加成定價法 (D)目標報酬定價法。【108台鐵】

(　　) **2** 企業定價時，請問認知價值定價法（perceived value pricing）為下列何類定價法？ (A)成本導向定價法 (B)競爭導向定價法 (C)顧客導向定價法 (D)以上皆非。 【109經濟部】

(　　) **3** 下列有關價值的敘述何者正確？ (A)非貨幣犧牲是指為取得產品或服務所支付的金錢代價 (B)顧客會根據價值來評估產品或服務的吸引力 (C)顧客提供給企業的價值決定了企業的競爭力 (D)價值可視為利益與犧牲之合。 【109台鐵】

(　　) **4** 許多企業在對產品進行定價時，會以「可負擔的奢華（Affordable Luxuries）」為訴求。這樣的定價方式其目標為： (A)利潤最大化 (B)市場占有率最大化 (C)市場吸脂定價法 (D)成為產品－品質領導者。 【107台北自來水】

解 **1 (A)**。畸零定價：又稱奇數定價。定價之價格通常是尾數為9的奇數。例如299吃到飽。

2 (C)。認知價值定價：又稱認知定價法，依照顧客對於產品的價值認知來訂定價格，若是顧客認為該產品價值非常高則有機會定高價；若是產品價值低則價格也該下降，因此是（非常主觀）的判斷。

3 (B)。(A)錯誤，貨幣犧牲是指為取得產品或服務所支付的金錢代價。
(B)正確，顧客會根據價值來評估產品或服務的吸引力。
(C)錯誤，企業提供給顧客的價值決定了企業的競爭力。
(D)錯誤，價值可視為利益與犧牲之差（利益−犧牲=價值）。

4 (D)。(C)市場吸脂定價法：一推出就訂高價，以便從願意付出高價的消費者中賺取高額利潤。
(D)產品品質領導者：致力成為買得起的奢華，也就是產品品質高、價格稍高但還在消費者負擔範圍內為其定價考量。

四、一般定價策略-競爭者為基礎的定價

(　　) 成熟產業的產品定價方法比較適合何種定價方法？ (A)成本導向 (B)顧客導向 (C)利潤導向 (D)競爭導向。 【105台水】

解 **(D)**。成熟期：「競爭導向」或「差異化導向」，是競爭最激烈時期，產品必須和競爭者做出明顯的差異性才能在競爭中勝出。
(1)銷售量趨緩，利潤下降，價格降低，此時購買者多，競爭者也多。
(2)策略重心為穩定市場佔有率，維持消費者的忠誠度，產品差異化。
此時通路採密集性。
(3)此時為市場競爭最激烈，採差異或集中行銷。

五、新產品定價

( ) **1** 世界知名品牌LV（Louis Vuitton）向來以高品質頂級皮包與高價位的形象聞名，常推出以知名設計師精心打造、質感精美的皮包，則該公司產品較適宜採取哪一種定價方法？ (A)吸脂定價法 (B)差別定價法 (C)滲透定價法 (D)追隨領袖定價法。 【107台菸酒】

( ) **2** 下列對於刮脂定價（Price Skimming）的敘述，何者為非？ (A)對於產品收取一個相對較低的價格，以便能快速地攫取大多數的市場 (B)定價行為是「沿著需求曲線下降」的定價 (C)訂定一個顧客可能願意支付的最高價格 (D)也稱為「市場加成」的定價方法，因為它代表相較於其他競爭產品的一個較高的價格。 【106台鐵】

( ) **3** 新產品上市時經常為了搶占市場占有率，採用低價來刺激銷售，此種定價法稱為： (A)刮脂定價法（skimming pricing） (B)滲透性定價法（penetration pricing） (C)成本加成定價法（makeup pricing） (D)認知價值定價法（perceived –value pricing）。 【108台菸酒】

解 1 **(A)**。(A)吸脂（刮脂）定價法：訂顧客所能接受的最高價，通常用在新產品剛上市時。

(B)差別定價法：(1)顧客區隔定價：如公共運輸票價分兒童、老人、學生票。

(2)消費時間定價：平常月份用電、7月與8月份用電，不同費率。

(3)消費地點定價：演唱會或球賽因座位不同而產生價格差異。

(4)產品形式定價：成衣有時因顏色、款式不同價格有所差異。

(5)形象或通路定價：將同樣商品賦予不同價格，如香水；通路不同，相同產品也會有不同售價。

(C)滲透定價法：訂立比同業相比較低的價格以快速搶攻市占率。

(D)追隨領袖定價法：以競爭者中的領頭羊的價格為定價依據。

2 **(A)**。(A)刮脂定價：定價方式一開始會訂定一個顧客可能願意支付的最高價格，再隨著產品生命週期而逐漸降低該產品的價格，以便接近更大範圍的市場。

3 **(B)**。滲透定價法：薄利多銷策略／新產品進入市場初期，把價格定得很低，藉以打開產品銷路，擴大市場占有率，謀求較長時期的市場領先地位。

六、產品組合定價

( ) 顧客持有悠遊卡，在搭乘捷運後直接轉搭公共汽車，則公車的票價會予以折扣，請問這種定價方法稱為： (A)刮脂定價法 (B)滲透定價法 (C)組合（配套）定價法 (D)副產品定價法。

解 **(C)**。(C)組合（配套）定價法：將幾個商品組合起來，定出較低價格。

填充題

於企業常選用的定價策略中，______ 式定價是假設消費者對商品價格比較敏感，較低的價格可以刺激營業額，故以較低價來鼓勵消費者嘗試購買和試用，搶佔市場佔有率。 【109台電】

解 **滲透／市場滲透**。滲透定價法：採低價格的定價手法，以取得市場市佔率的定價策略。

焦點四 通路策略

通路是指介在買方與賣方之間，將商品從生產者配送到消費者所形成的網絡。這些中介的機構或個人則稱為「通路成員」（Channel Member），如中間商、流通業者。

一、通路的長度

(一) **通路成員**【台水、台糖、台菸酒、郵政、漢翔】

通路的成員可以分為中間商、零售商與批發商三種。

1. **中間商**：

(1) 在製造商與消費者之間專門媒介商品交換的經濟組織或個人。

(2) 中間商可以按照不同的標準進行分類。

按照中間商是否擁有商品所有權，可將其劃分為經銷商和代理商。

按照銷售對象的不同，中間商分為批發商和零售商。

通路：製造商→代理商→批發商→零售商→消費者。

代理商→批發商→零售商三者都是屬於中間商。

2. **零售商**（Retailer）：

(1) 直接銷售商品給最終消費者（唯一會跟消費者接觸的通路商）的商人，以「供個人」與「非商業用途」的一切活動。

(2) 將商品直接銷售給最終消費者的中間商，處於商品流通的最終階段。簡而言之，最終面對消費者的中間商就是零售商。

3. **批發商**（Wholesalers）：

(1) 買進產品並賣給零售商、其他商人、企業，以「供商業用途」。

(2) 又稱經銷商，是商品供應鏈中在生產者（包含初級生產與工業生產）與零售者之間從事銷售的行為或行業，為貿易專業分工之下的產物。與零售最大的不同在於商品。為從事批發的業者稱為批發商，中文俗稱為「盤商」。

批發商與零售商的差異

差異點	批發商	零售商
購貨目的（進貨目的）	進貨目的是為了轉售或供生產之用	購買目的是為供個人（最終消費者）消費之用
交易數量、金額	高	低
銷售領域	範圍較廣	範圍較小
資金	雄厚	薄弱
商品價格	較低	較高
營業地點	位於交通較不便之處（租金低）	交通便利之處
經營管理方式	不重視推廣及門面裝潢	重視推廣、講究門市裝潢

(二) **階層數目**【經濟部、台水、台北自來水、台菸酒、台鐵、郵政】

通路長度是指產品從製造商到最終消費者的過程中，所經過「中間商的層級數目」，其可分為零階、一階、二階及三階。

通路長度策略則是從中選擇最佳的通路結構，其可分為中間商數目較少的短通路與中間商數目較多的長通路。

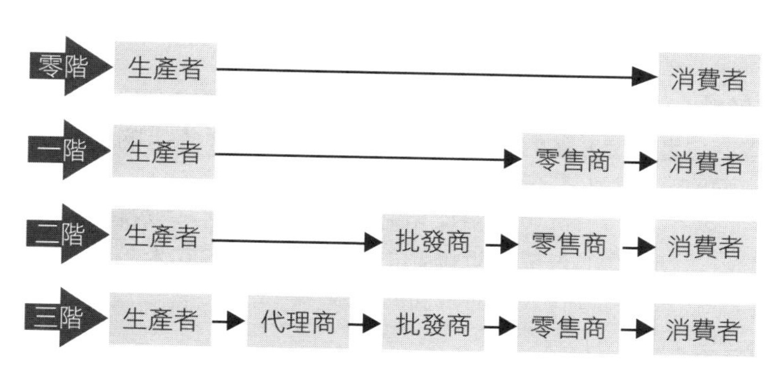

階層	內容	小例子
零階通路（Zero-level channel）	又稱直接行銷通路，是指沒有透過中間商，製造商直接將產品賣給消費者。 製造商→消費者。	直接郵件、電視、網路、型錄。
一階通路	製造商只透過有一層中間商，將商品銷售給消費者。 製造商→零售商→消費者。	零售商家樂福、大潤發。
二階通路（Two-level channel）	包含兩層的中間商，是指製造商透過批發商將產品交付給零售商，再由零售商銷售給消費者。 製造商→經銷商→零售商→消費者。	傳統雜貨店。
三階通路（Three-level channel）	銷售通路中含有三層中間商。 製造商→經銷商→中盤商→零售商→消費者。	iPhone： 蘋果→台灣經銷商→中盤商→零售商→消費者。

小口訣，大記憶

計算方式：砍掉生產者，去掉消費者，中間的就是階層。

▲掐頭去尾算中間

直接通路 VS 間接通路

直接通路 無形零售商類型 無店鋪通路 零階通路	自動販賣機、網路行銷、電視行銷、型錄行銷、電話行銷、資料庫行銷、直銷、信件。 直銷是一種兩個人面對面溝通的過程；而不在固定零售點的特性使直銷有別於一般零售店的銷售，因此直銷也是一種無店鋪的零售方式。 直效行銷採用郵寄型錄、電話／電視行銷、直接響應廣告或最近興起的網路行銷等方式來銷售產品或服務，沒有人員面對面的接觸。
間接通路 有形零售商類型 有店鋪通路 一階通路	便利商店、專賣店、百貨公司、超級市場、量販店、型錄展示店。

小補充、大進擊

現代化的商業機能-流通涵蓋的經營活動：【台菸酒、台鐵】

1. 商流（Business Flow）：泛指基本的商業行為，也就是商品所有權的轉移活動，屬於交易流通行為。廣義而言，商流泛指從生產到銷售的一連串商業交易活動，包含了生產銷售物流，以及資訊流。
2. 物流（Logistics Flow）：物品實體流通活動的行為，其內容包含了倉儲與配送，意即實體商品從供應商至顧客的供應鏈管理，甚至產品退件、棄置等相關服務亦包括在內。如統一的捷盟配送貨物至全國的7-11；UPS的快遞服務。
3. 資訊流（Information Flow）：又稱情報流，指透過商品或服務交易，使得相關資訊得以運作的情形，針對企業運作流程中資料傳遞與決策控制部分，在電子商務中是核心部分，企業應注意維繫資訊暢通，以有效控管電子商務正常運作，包括商品資訊、資訊提供、促銷、行銷等。如條碼應用、生產計畫修正、銷售資料統計、問卷統計。
4. 金流（Money Flow）：交易必牽涉到資金移轉的過程，包括付款、與金融機構連線、信用查詢等等。金流應包括資金移轉與資金移轉之相關訊息，例如付款指示明細、進帳通知明細等。交易的媒介有塑膠貨幣、信用卡等。

5.(1)商流→所有權流通
(2)物流→物品流通

二、通路的密度【經濟部、台水、台北自來水、台菸酒、台電、台鐵、郵政、中華電信】

通路的密度，又稱為市場的涵蓋面（market coverage）。

通路密度策略是指製造商鋪貨時，所選擇的「中間商數目」。依照產品的特性、消費者購買習慣等因素來看，通路密度策略包含以下三種：

配銷種類	內容	小例子	商品類型	銷售據點
密集式配銷（Intensive Distribution）	就是全面鋪貨，其目的在於讓消費者處處可以買的到，滲透消費者有可能接觸的購買場所，以便消費者需要時就能購買。	口香糖、飲料、牙刷、日常用品。	便利品	很多。 特定區域中的中間商越多越好，當消費者很重視購買地點的便利性時，配銷強度越密集越好。

配銷種類	內容	小例子	商品類型	銷售據點
選擇性配銷（Selective Distribution）	公司在所有銷售據點中，重點式選擇一些銷售能力強與銷售績效佳，配合意願高的中間商，迎合消費者的採購習慣與需要。通常一些價格稍微昂貴，購買頻率不高，產品壽命稍長且消費者就據品牌偏好與忠誠度的產品，比較會採用此種配銷方式。	電視、汽車、高級服飾等。	選購品	少許。 中間商數目介於兩者之間。 有條件的選擇合適的中間商，不但可增強生產者控制力，被選到的中間商也會更努力於產品販售上。
獨家式配銷（Exclusive Distribution）	製造商限制中間商的數目，在一個地區或區域僅使用一個的中間商，此種以特別強調高品質或高價位的產品為主，讓消費者有「物以稀為貴」的認知心態。	BMW 在台的代理商由泛德獨家代理。	特殊品	一家。 特定區域中只有一個或有限中間商數目，通常用在製造商想與經銷商之間有較強的合作關係，加強對經銷商的控制力。

三、通路的整合方式【台水、台菸酒、郵政】

通路成員之間的整合，可分成傳統行銷系統、水平行銷系統、垂直行銷系統以及多重行銷系統。

傳統行銷系統（Conventional Marketing System）	通路成員大多各自為政，沒有合作協調。
水平行銷系統（Horizontal Marketing System）	針對同層級的組織所形成的橫向合作關係。這種合作可以是同業之間，也可以是跨行業的。可以讓不同廠商結合雙方的資金、技術、人力、行銷等，達到吸引顧客或提高獲利的雙贏局面。

<table>
<tr><td rowspan="3">垂直行銷系統（Vertical Marketing System, VMS）</td><td rowspan="3">整合上、中、下游廠商，避免通路成員為了自身的獲利而產生衝突或重複投資，進而期望能提高行銷通路的靈活度和獲利能力。
包含幾種形式：</td><td>管理式垂直行銷系統（Administered VMS）</td><td>依靠通路商中某家具有相當規模與力量的廠商，以及其他通路成員服從其領導而形成的。
如家樂福。</td></tr>
<tr><td>所有權式垂直行銷系統（Corporate VMS）</td><td>由同一家公司或集團，擁有從製造商到零售商的整個通路系統。其中間商的經營，可能是由公司派人「直接經營」（直營）或是用「委託加盟」的方式。
如阿瘦皮鞋。</td></tr>
<tr><td>契約式垂直行銷系統（Contractual VMS）</td><td>上下游企業受到契約的規範，如「特許加盟組織」（Franchise Organization）中，加盟店（Franchisee）和加盟總部（Franchisor）之間的合約。
如早餐店、便利商店。</td></tr>
<tr><td>多重行銷系統</td><td colspan="3">混合行銷系統，發生在單公司建立兩個或兩個以上的行銷通路，用來接觸一個或更多的顧客區隔。
例如 3C 產品同時透過專賣店、百貨公司、量販店等通路來銷售產品。</td></tr>
</table>

在一個成功的垂直行銷系統中，通路成員之間不僅僅只有買賣的關係，還強調彼此的長期依賴與合作關係，共同創造利益。可以帶來至少四個好處：(一)「專業分工」，帶來經濟規模與經驗曲線效果，降低成本；(二)「風險分擔」；(三)「增加利潤」，彼此學習成長而形成競爭優勢；(四)「激發創造」，彼此學習成長而激發不斷改善和創新。

	直營連鎖	自願加盟	特許加盟	委託加盟
定義	由連鎖總部直接投資經營各連鎖店。	加盟主繳交加盟金由總部教導經營再開設店鋪，或經營者原有店鋪經總部指導改成連鎖總部規定的經營方式；通常每年還必須繳交固定的指導費用，總部也會派員指導，開設店鋪所需費用全由加盟主負擔；由於加盟主是自願加入，總部只收取固定費用給予指導，因此所獲盈虧與總部不相干。	由加盟者出資設立店面，並與連鎖總部簽訂契約取得加盟加盟許可的連鎖型態。 店鋪的租金裝潢由加盟主負責，生產設備由總部負責，利潤分享，總部對加盟主也擁有控制權，但因加盟主也出了相當的費用，因此利潤較高，對於店鋪的形式也有部分的建議與決定權力。	由連鎖總部將直營店面委託給加盟者經營的連鎖型態。 加盟主只負擔員工薪資及門市管銷費用，經營店面設備器材與經營技術皆由總部提供，因此店鋪所有權屬總部，加盟主只擁有經營管理的權利，利潤必須與總部分享，也必須聽從總部指示。
店面所有權	總部	加盟店	加盟店	總部
店面經營者	直接任命員工	加盟店	加盟店	加盟店
經營與決策權	總部掌握	加盟店為主 總部意見供參	總部為主 加盟店為輔	總部掌握
支付加盟金	不須支付	需支付加盟權利金	需支付加盟金、技術報酬	需支付加盟權利金
利潤	各連鎖分店與總部共享利潤	加盟主獨享	需分配給總部，約四成	需分配給總部，約六成
總部控制力	完全控制	弱	中	強

	直營連鎖	自願加盟	特許加盟	委託加盟
優點	總部 容易貫徹總部政策 容易建立連鎖形象	加盟主擁有全部利潤 有經營自主權	加盟主 利潤分配較多 充分發揮經營效率	加盟主風險小，無須負擔創業的大筆費用
缺點	總部 經營風險大 拓點速度慢 人才留任不易	加盟主經營風險大	加盟主較無經營自主權	加盟主自主性小，利潤多數要上交總部

四、通路衝突【經濟部、台北自來水、台菸酒、郵政】

(一) 通路衝突的情況可分為下列三種：

1. **垂直衝突**：「同一通路」但「不同階層（上、下游廠商之間）」成員之間的衝突。例如汽車製造商與其經銷商的衝突，或是經銷商與零售商之間的衝突、批發商與零售商之間的衝突。
2. **水平衝突**：「同一通路」且「同一階層（同一階層的才算是）」成員之間的衝突。「小林眼鏡與寶島眼鏡」、「愛買與家樂福」、「批發商與批發商」、「零售商與零售商」之間的衝突。
3. **多元通路衝突**：是指當企業使用兩條以上通路時，通路成員之間目標與角色的不一致，造成利益上的衝突。例如企業同時透過經銷商和量販店或是其他的通路銷售，由於量販店的低價促銷活動，導致其他零售商的不滿，而造成多元通路的衝突。

(二) 通路衝突發生之原因

Stern, El-Ansary, and Coughlan（1996）將通路衝突歸納為以下三種原因：

1. **目標不相容**：由於不同通路成員角色不同，有各自追求的目標。如量販店的低價促銷活動，導致其他零售商的不滿。
2. **營運活動領域定義不同**：通路成員對營運活動領域常因不同的意見而發生衝突，如服務的市場缺乏營運範圍的共識、涵蓋的責任區重疊或劃分不清楚、行銷管理重點差異等。
3. **對現況的認知差異**：通路成員對現況的認知有差異時，會導致有不同的行動與反應，衝突即發生。如庫存不一、或某一通路的成員，因大量採購而享有較低的進貨價格，或願意薄利多銷時，多重通路衝突可能會特別的激烈。

五、推式VS拉式策略【中油、台鐵、中華電信】

通路策略可依照推銷方式的流向，分成推式策略與拉式策略二種。

(一) 推式策略

1. 以直接方式，運用人員推銷手段，把產品推向銷售渠道，其作用過程為，企業的推銷員把產品或勞務推薦給批發商，再由批發商推薦給零售商，最後由零售商推薦給最終消費者。
2. 經由通路將產品「推向」消費者。是一種「以產品來決定消費者喜好」的銷售思考模式。

   企業→批發商→零售商→消費者。

(二) 拉式策略

1. 採取間接方式，通過廣告和公共宣傳等措施吸引最終消費者，使消費者對企業的產品或勞務產生興趣，從而引起需求，主動去購買商品。
2. 企業投入預算用於廣告或各種消費者行銷工具，以激起消費者的需求。
3. 其作用路線為，企業將消費者引向零售商，將零售商引向批發商，將批發商引向生產企業。

   消費者→零售商→批發商→企業。

小口訣，大記憶

把中間商推出去（推式）
把消費者拉進來（拉式）

即刻戰場

選擇題

一、通路長度

( ) **1** 行銷通路是接觸最終消費者的管道，下列何者不是中間商通路對生產廠商的功能？ (A)開發與製造 (B)產品配送與倉儲 (C)產品展示與存貨 (D)促銷與售後服務。 【110台菸酒】

(　　) **2** 下列何者不是配銷通路的中間業者？ (A)經銷商 (B)代理商 (C)製造商 (D)零售商。 【108郵政】

(　　) **3** 下列哪個業者因為需要大量服務人員，降低員工流動率的重要性較其他三者更高？ (A)批發商 (B)零售商 (C)即時供貨商 (D)食品加工商。 【106台糖】

(　　) **4** 對「批發商」與「零售商」的敘述，下列何者錯誤？ (A)百貨公司不是零售商 (B)批發商的主要活動是把產品賣給其他企業，以便轉售給消費者的中間商 (C)便利商店是零售商 (D)零售商的主要活動是把產品直接賣給最終消費者的中間商。 【108漢翔】

(　　) **5** 關於「批發商」與「零售商」的敘述，下列何者正確？ (A)「批發商」與「零售商」均為中間商 (B)零售商的主要活動是將產品賣給其他企業作為轉售之用 (C)超級市場是批發商 (D)批發商的主要活動是將產品直接賣給消費者。 【107郵政】

(　　) **6** 果農將水果賣給盤商，盤商再把水果賣給水果店，消費者最後去水果店買水果，試問這種通路型態屬於： (A)一階通路 (B)二階通路 (C)三階通路 (D)四階通路。 【107台菸酒】

(　　) **7** 個性咖啡店透過國際公平貿易組織購買認證公平貿易咖啡豆是幾階通路模式？ (A)零階通路 (B)一階通路 (C)二階通路 (D)多階通路。 【106經濟部】

(　　) **8** 傢俱製造廠商將產品生產之後，透過代理商安排至各地區的傢俱行進行販售給消費者。此通路長度為何？ (A)零階通路 (B)一階通路 (C)二階通路 (D)三階通路。 【109台菸酒】

(　　) **9** 在進行交易時，一般多將商品所有權流通的通路稱為： (A)商流 (B)物流 (C)金流 (D)資訊流。 【107台菸酒】

(　　) **10** 企業想加速從製造商至消費者間之供應流程，並且達到降低成本、客製化訂做、提升品質與可靠度、及時配送目的之高效能供應鏈體系，其核心關鍵是下列那一項？ (A)物流 (B)金流 (C)人流 (D)資訊流。 【110台鐵】

解

1 (A)。通路：在生產者與消費者之間，由個人或組織組成，執行訂購、風險承擔、協商、促銷、資訊、融通、運送和儲存、付款、所有權移轉等功能活動。故沒有選項(A)開發與製造。

2 (C)。通路：製造商→代理商→批發商→零售商→消費者。
代理商→批發商→零售商，三者都是屬於中間商。

3 (B)。題意是指：「需要大量服務人員」、「降低員工流動率」。
選項中，只有「零售商」會與「顧客」接觸，如7-11、量販店，都需要大量的服務人員，也只有他們會接觸顧客。所以答案為(B)。

4 (A)。(A)錯誤，百貨公司是零售商。

5 (A)。(B)錯誤，批發商的主要活動是將產品賣給其他企業作為轉售之用。
(C)錯誤，超級市場是零售商。
(D)錯誤，零售商的主要活動是將產品直接賣給消費者。

6 (B)。二階通路：果農→盤商→水果店→消費者。

7 (C)。二階通路：生產咖啡的人→公平貿易組織→咖啡店→消費者。

8 (C)。二階通路：製造商→代理商→傢俱行→消費者。

9 (A)。商流→所有權流通。
物流→物品流通。

10 (D)。「及時配送目的之高效能供應鏈體系」就選物流，但其實資訊流整合了通路三流包含金流、商流、物流，考量其他敘述→應選資訊流。

二、通路的密度

( ) **1** 窄通路與寬通路的主要區分依據為？ (A)流通產品的數量 (B)中間商數目的多寡 (C)進入市場的難度 (D)運輸的交通方式。 【107台菸酒】

( ) **2** 生活日用品如糖和鹽，最適合採用下列何種配銷方法？ (A)密集性配銷 (B)選擇性配銷 (C)獨家性配銷 (D)直接性配銷。 【108郵政】

( ) **3** 一般而言，行銷通路的決策之一就是決定銷售點的密度，也就是在一固定大小區域內，設立其零售點的數量。請問在臺灣，統一便利商店的銷售點密度應該是達到下列那一種配銷程度？ (A)獨家配銷 (B)密集配銷 (C)選擇性配銷 (D)多樣性配銷。 【107台鐵】

( ) **4** 茶和碳酸飲料等便利商品由於價值低、經常購買且品牌忠誠度較低，通常在通路策略上採用下列何種策略？ (A)密集性配銷 (B)選擇性配銷 (C)獨佔性配銷 (D)直銷。 【108台菸酒】

解 **1 (B)**。通路的密度，又稱為市場的涵蓋面（market coverage）通路密度策略是指製造商鋪貨時，所選擇的「中間商數目」。

2 (A)。(A)密集性配銷：通常價格低，不會花太多時間考慮的便利品，例如零食、飲料。

(B)選擇性配銷：只有幾家供應商，需要多加考慮、比較的選購品，例如STUDIO A。

(C)獨家性配銷：只有一家通路商，例如某進口品唯一一家代理商。

3 (B)。密集性配銷：密集性配銷採取的方式就是全面鋪貨，其目的在於讓消費者處處可以買的到，滲透消費者有可能接觸的購買場所，以便消費者需要時就能購買，例如：口香糖、飲料、牙刷等。

4 (A)。價值低、經常購買→便利品→用密集性配銷。
密集式配銷—便利品、日常生活用品。（盡可能安排所有產品可能的銷售通路、通路範圍很廣）。

三、通路的整合方式

(　　) **1** 在「委託加盟」體系下，企業總部不須負擔以下哪一項費用？ (A)店鋪租金 (B)裝潢費用 (C)設備費用 (D)管銷費用。 【107台菸酒】

(　　) **2** 有關加盟的敘述，下列何者錯誤？ (A)加盟品牌通常被視為吸引加盟業主的原因之一 (B)加盟是加盟業主和加盟店之間一種關於特許權的合約關係 (C)加盟一定會對加盟業主保證創業成功及產生利潤 (D)利用加盟總部的成功經驗協助降低入門門檻，容易創業。

【109台菸酒】

解 **1 (D)**。委託加盟（License Chain）：總部將自身原有的直營店「委託」加盟主經營，加盟主只負擔員工薪資及門市的管銷費用，店面所有權歸屬總部。此模式適合新手加盟主，風險也最低，但總部獲利較加盟店高。

2 (C)。(C)錯誤，加盟主要是享受品牌知名度，能夠快速上手，減輕摸索技術跟經營的方式，但是卻不保證一定獲利及成功，這都要仰賴加盟主自己日後的經營。

四、通路衝突

(　　) **1** 有關行銷之敘述，下列何者有誤？ (A)顧客導向的定價方法，其價格制定與產品取得成本無關 (B)通路的長度係指由製造廠商至顧客之間所經過的通路階層數目 (C)主要的工業設備宜採行獨佔性配銷 (D)批發商與零售商的衝突屬水平和垂直通路的衝突。【108經濟部】

(　　) **2** 企業在做銷售通路的安排時會避免發生在同一通路階層中組織之間的衝突，例如經銷商A與經銷商B間的衝突，此為下列何種類型衝突？ (A)系統衝突 (B)市場衝突 (C)垂直衝突 (D)水平衝突。【109台菸酒】

解 **1 (D)**。(D)批發商與零售商的衝突為「垂直通路」衝突。
2 (D)。水平衝突：同一通路中，同一階層成員間的衝突。

五、推式VS拉式策略

(　　) 廠商在電視與各種媒體大作廣告，吸引顧客上門購買產品，這種作法稱為：　(A)推的策略　(B)病毒行銷　(C)口碑行銷　(D)拉的策略。
【105台鐵】

解 **(D)**。拉的策略（生產者→消費者）：透過大量媒體宣傳廣告&消費者促銷活動，吸引顧客到零售店購買該品牌產品。

填充題

通路廣度決策中的 ______ 性配銷，是採用最大可能數目的零售商來配銷產品，其優點是能夠提供最大的產品涵蓋面。【109台電】

解 **密集**

焦點五 推廣策略【台鐵、郵政、桃捷】

推廣是將產品訊息透過推廣工具傳達給消費者，讓消費者對商品能從知曉，而後了解、喜愛，並產生偏好，最後採取購買行動。因此，推廣策略又稱為「行銷溝通策略」，企業透過行銷推廣工具，爭取現在或潛在的消費者，以達成其行銷目標。

推廣的流程：
(一) 決定目標（要推廣哪個產品）。
(二) 選擇適當的推廣工具（用降價方式還是買多送一或是抽獎等）。
(三) 擬定推廣方案（先訂一種方法）。
(四) 推廣方案的測試（先用少數嘗試這個方法是否成功）。
(五) 推廣方案的執行與控制。

一、推廣組合的工具【經濟部、台菸酒、台鐵】

推廣工具可分為廣告推廣、人員推廣、促銷推廣、直效行銷與公共關係。

小口訣，大記憶

促**銷**、廣**告**、**直**效行銷、**公**關、**人**員銷售

▲銷告直公人（瘋狗直攻人）台語

推廣	說明	工具	小例子
廣告（advertising）	主要是藉由媒體來溝通概念、商品，或服務。希望消費者透過廣告對商品從不知道、了解，然後購買。	平面廣告、包裝、型錄、看板、電視、網站、雜誌、電台等。	電視的告知性廣告、說服性廣告、提醒性廣告。
人員銷售（personal selling）	是指銷售人員直接與顧客面對面的溝通。	拜訪推銷、展示推銷、直銷等。	保險業、房屋銷售員。
銷售促銷（sales promotion）	是指企業提供短期額外誘因，以激勵顧客購買的一種活動，在短期內刺激顧客購買的一種方式。	打折、獎品、比賽、兌換券等。	7-11 咖啡第二件 6 折。
公共關係（public relation）	透過媒體宣傳，將企業形象、品牌傳達給社會大眾，獲得正面評價，達到宣傳的效果。	資助慈善事業、捐獻、負責人受訪、演講等。	銀行贊助國手培訓。
直效行銷（direct marketing）	以無人員面對面接觸的方式與顧客溝通，誘發購買。	郵寄型錄、電話、電視行銷、廣告或網路行銷等。	電視購物、網路購物。

小比較，大考點

1. 廣告和公共關係最大的差別是，廣告屬於直接銷售，透過金錢購買媒體宣傳，曝光率與溝通訊息完全操之在己（有錢好辦事）；而公共關係為軟性訴求，其重點在於製造吸引人的事件或話題，使媒體自動免費播放。
2. 直效行銷：非面對面，特定對象。
   直接行銷（直銷）：面對面，沒有固定點。
   二者皆為零階通路→「生產者與消費者之間沒有通路商，生產者直接跟消費者接觸，由生產者（製造商）直接銷售產品給最終顧客（產品供應商至消費者之間，無任何中間商存在，不透過中間商或零售商之層層剝削的行銷方式）」。

小補充、大進擊

推式策略	拉式策略
以人員推廣為工具，透過價格誘因，將產品從批發商、零售商推向目標客群。	透過廣告與促銷，刺激消費者需求，促使消費者主動向銷售商購買。
人員銷售。	廣告、促銷、公共關係。

二、行銷發展新趨勢【經濟部、台水、中油、台電、台鐵、郵政、桃捷】

近年來因網路與社群媒體的興起，行銷方式推陳出新，以下是各種行銷推廣的新方式。

行銷方式	內容	小例子
口碑行銷	品牌透過操作社群媒體、發布新聞稿、論壇推薦文、KOL合作等方式，為品牌製造聲量和討論度，藉此提高品牌口碑和知名度，強化消費者對品牌的信任感。	鮭魚之亂：名字是鮭魚即能享有優惠，這個活動也因特殊的條件及話題引起大眾注意，並廣為流傳。

行銷方式	內容	小例子
事件行銷（活動行銷、贊助行銷）	企業透過策劃、組織和利用具有名人效應、新聞價值以及社會影響的人物或事件，引起媒體、社會團體和消費者的興趣與關註，以求提高企業或產品的知名度、美譽度，樹立良好品牌形象，並最終促成產品或服務的銷售目的的手段和方式。 →將品牌與特定的社會事件相結合、推廣某時間或議題的公眾事件。	1. 特定公司贊助奧運活動。 2. 企業贊助路跑活動。 3. 東港黑鮪魚季請行政院長來站台義賣，把黑鮪魚的行銷推升到最高潮。這是屬於事件與公共關係策略。
置入性行銷	將想要曝光的產品或訊息放在不同的媒體媒介上，如：新聞、電影、戲劇、節目、部落格等，讓消費者在觀看這些媒體的時候，「順便無聲無息的」將產品訊息丟進消費者的腦海中，增加消費者對產品的印象或好感。	007電影中，主角開的車子。
病毒式行銷	是透過大眾將資訊複製，告訴給其他人，迅速擴大產品或品牌的影響。可以像病毒式一樣迅速蔓延，因此病毒式行銷成為一種高效的資訊傳播方式，而且，這種傳播是使用者之間自發進行的，因此幾乎是不需要費用的網路行銷手段。 即是「人傳人」方式，藉由現有用戶的分享，吸引新用戶，分享的過程中快速傳播出去。	1. 電子郵件廣告。 2. 冰桶挑戰。
體驗行銷	重視顧客的經驗體會、情緒感受、興趣等。	鳳梨酥品牌微熱山丘就是透過來訪者奉上一杯熱茶、提供一塊完整的鳳梨酥試吃。
關係行銷	企業與顧客、供應商為了建立與維持長期關係，所投入的所有相關活動。	無印良品為了與顧客進行溝通，以便從消費者的觀點推動商品開發，便於網站上架設了「商品製造社群」，維持與顧客的互動。

行銷方式	內容	小例子
整合行銷	不同的行銷工具所傳達的訊息皆不一致，而傳達給消費者的訊息也不同，這會造成消費者訊息混亂。因此，將所有行銷工具整合，所傳達的訊息也會一致，也讓消費者更明白行銷工具所傳達的訊息，以降低成本，提高效率，發揮最大的力量。	春風衛生紙以「溫柔呵護」作為品牌形象與slogan，透過簡單溫暖的故事與消費者溝通並強化品牌形象，在網友熱烈迴響之際加緊推出社群行銷與網友互動，活動期間網友可前往活動網站，於虛擬衛生紙上留言並發送給特定對象，春風更在活動後選出幾組網友，將他們的留言以手工方式印製在衛生紙上並寄給對方，將品牌、產品與消費者三方做了完美的連結，透過影音行銷與社群行銷的結合讓效果更加倍。

即刻戰場

選擇題

( ) **1** 推廣（Promotion）中說服的目標為何？ (A)建立品牌形象 (B)建立顧客忠誠度 (C)提醒消費者要去哪裡購買產品 (D)刺激消費者購買產品的意願與行動。 【106桃捷】

( ) **2** 規劃促銷活動（Promotional Campaign）的第一個步驟是以下哪一個選項？ (A)選定促銷組合（Promotional Mix）的內容 (B)確立促銷活動的預算 (C)建構促銷活動的訊息 (D)確認促銷活動的目標。 【108郵政】

( ) **3** 「倉儲管理」是作為倉庫庫存與精準供應生產進料的關鍵過程，請問下列那一選項並非屬於倉儲管理的工作項目？ (A)進貨驗收 (B)清點 (C)存貨盤點 (D)銷售促進。 【107台鐵】

解 **1 (D)**。推廣的定義是，與顧客溝通，使其對產品或服務產生興趣。所以本題中(D)選項，就是推廣的目的，要讓消費者想要去購買產品。

2 (D)。推廣的流程：(1)決定目標。(2)選擇適當的推廣工具。(3)擬定推廣方案。(4)推廣方案的測試。(5)推廣方案的執行與控制。

3 (D)。行銷組合，產品、通路、價格、推廣組合。
推廣組合，包含廣告、公共報導、人員銷售、促銷活動。
(D)銷售促進是行銷管理中的行銷組合之一。

一、推廣組合的工具

( ) 1 小新公司在推出新產品時，主要在電視、雜誌及網站等媒體提供產品資訊，故此公司使用下列何種推廣工具？ (A)廣告 (B)公共關係 (C)人員銷售 (D)促銷。【109經濟部】

( ) 2 許多企業經常辦理一些創意活動吸引媒體上門報導，此類報導更容易讓消費者採信，可以增加消費者對品牌的知名度與好感度，此種作法在行銷中稱為： (A)廣告 (B)推銷 (C)促銷 (D)公共關係。【108台菸酒】

解 1 (A)。

2 (D)。公共關係：透過媒體宣傳，將企業形象、品牌傳達給社會大眾，獲得正面評價，達到宣傳的效果。

二、行銷發展新趨勢

( ) 1 何種行銷方式是在媒體中有意或無意間夾帶某些廠牌的訊息，使觀眾不會有明顯感覺，進而降低抗拒心理？ (A)直銷 (B)傳銷 (C)置入性行銷 (D)集中行銷。【107台鐵】

( ) 2 何謂「整合行銷溝通」？ (A)行銷人員在清楚確定目標與訊息重點之下，整合所有的推廣工具，以便產生一加一大於二的綜合效果 (B)行銷團隊面對決策時，必須協調溝通的過程 (C)行銷人員在面對決策時，整合所有人的意見後，決定出行銷策略的過程 (D)行銷人員在面對決策時，主管須迴避協調相關會議。【106桃捷】

解 1 (C)。

2 (A)。整合行銷溝通（integrated marketing communication, IMC）主要是強調廣告、人員銷售、促銷、公共關係，及直效行銷等各項行銷溝通工具必須相互協調整合，以降低成本，提高效率，發揮最大的力量。

填充題

在網際網路中，消費者主動將產品優惠內容或有趣的訊息自發性轉寄給朋友，以聯繫朋友間情感。此一行銷活動方式稱為 ______ 行銷。【106台電】

解 **病毒式／口碑行銷**

時事應用小學堂 2023.02.23

ChatGPT 除了陪聊可取代哪些工作？創辦人這麼說

美國開發公司 OpenAI 打造的 AI 聊天機器人 ChatGPT 去年 11 月推出後風靡全球，成為史上成長最快的消費者應用程式，被譽為「最強 AI」，爭議也伴隨而生。除了陪你聊天，ChatGPT 能做什麼？引發什麼爭議？可能取代哪些人力工作？

ChatGPT 是什麼？

ChatGPT（全名：Chat Generative Pre-trained Transformer；ChatGPT 自稱中文全名為「對話生成預訓練模型」）是由 Open AI 打造、根據大型語言模型開發的 AI 聊天機器人，可以理解使用者輸入的內容，生成符合需求的回答及資訊。

可以應用在什麼地方？

ChatGPT 應用層面廣泛，可以日常對話、搜尋資訊、協助翻譯，還能寫小說、新聞稿。以下為應用功能：

1. 聊天機器人

   可以理解用戶語言進行生活化的對話，輸入「心情好差」「和朋友吵架怎麼辦」等問題，ChatGPT 會以人性化口吻回應，並列出可能解決辦法。

2. 蒐集資訊

   可以像搜尋引擎般提供各種問題解答，例如常識或技術問題、歷史事件等等。

3. 翻譯

   可以將一種語言資料轉換為另一種語言版本。

4. 文本生成

   可以協助編寫程式碼、撰寫文章，文章體裁不限，故事創作、新聞稿、詩歌皆可完成。

除了上述功能，還可以文本摘要、情感分析，或是串接圖庫或 LINE，協助找圖、讓使用上更為便利等。

和朋友吵架怎麼辦

和朋友吵架可能會讓人感到非常沮喪和困惑。以下是一些可能有助於解決衝突並恢復關係的建議：

1. 冷靜下來：當您感到生氣或情緒激動時，可能會做出冲動的決定或説出傷人的話。嘗試暫時離開場合，冷靜下來，讓自己恢復冷靜的狀態。
2. 听取彼此观点：當您和朋友冷靜下來後，試著聽取彼此的觀點，了解對方的想法和感受。嘗試以理解和尊重的態度聆聽對方的話，這可以有助於建立互信和解決問題。
3. 表達自己的觀點：當您聽取了對方的觀點後，也要表達自己的看法，讓對方了解您的想法和感受。避免指責或攻擊對方，以尊重和理解的態度表達自己的意見。
4. 尋找共同點：嘗試尋找您和朋友之間的共同點，以及如何解決問題和達成共識。試著將注意力放在解決問題上，而不是責備對方或挑戰彼此的觀點。
5. 適時道歉：如果您的行為或言論對朋友造成了傷害，適當地道歉可以幫助恢復關係。表達您的歉意和為自己的行為負責的態度，並試著找到解決問題的方法。

最重要的是，試著以尊重和理解的態度處理衝突，不要讓情緒影響您的判斷。如果您和朋友無法自行解決問題，也可以考慮尋求中立的第三方幫助，如諮詢師或中介人。

推出初衷

OpenAI 是由特斯拉執行長馬斯克（Elon Musk）及 37 歲創業加速器 Y Combinator 前總裁阿特曼（Sam Altman）創立，OpenAI 官網指出，公司成立的關鍵使命是確保 AI 造福全人類。

阿特曼説，許多公司也有類似語言模組，但基於各種不同理由不計畫公開，但他堅信讓人們提前感受 AI 的存在很重要，看見好處、發現缺點及其侷限，才能讓世界預先了解這個即將發生的未來。

爭議

ChatGPT 推出後，衍生道德、抄襲、假新聞等爭議，部分國家及組織相繼祭出禁令。

哥倫比亞的法官巴迪亞審判一起孩童醫療權案件，在準備判決期間參考 ChatGPT 回應，雖他堅稱向 AI 提問不會使人失去判斷及思考力，仍引發議論。

為了防止學生利用 AI 聊天機器人撰寫論文，香港大學宣布全校禁用 ChatGPT。台灣大學表示，仍在研議階段。

ChatGPT 如何營利？

ChatGPT 2 月 1 日推出付費訂閱版本 ChatGPT Plus，月收 20 美元，率先於美國推出；原來免費版仍維持不收費模式。

ChatGPT 未來走向？

ChatGPT 未來可能逐漸走向商業應用、客製化。

專家認為，ChatGPT 可以準確回答簡單問題、排憂解惑，像蘋果語音助理 Siri 進化版，現階段好玩居多，未來有機會發展成商業應用，例如全天候自動客服。

OpenAI 2 月 16 日宣布，將開發升級版 ChatGPT，開放用戶依個人需求調整，同時努力化解人們對 AI 存有偏見的擔憂。

ChatGPT 是否會取代人類？

LINE 台灣技術長陳鴻嘉表示，ChatGPT 的大型語言模型技術會改變市場生態系，比較簡單的工作例如網路小編，以前要從零開始學習，現在可以透過這項技術生成基本版的內容，再透過人力修正，但這項技術不會完全取代人類。

針對 ChatGPT 可以編寫程式碼並協助除錯，哥倫比亞商學系教授內策爾認為，ChatGPT 用途主要是加強而非完全取代，未來工程師職位可能會因此變少，但編寫程式可以更有效率。

阿特曼曾在推文中提到，現階段不適合倚賴 ChatGPT 做重大決策，它的穩定度、真實性都還有待提升。不過，他曾在去年初表示，AI 工具未來可以執行「有才華的人」才能做的事，創意領域首當其衝，最後才是體力勞動。

如果將「AI 是否會取代人類」這題問 ChatGPT，會得到什麼答覆？

ChatGPT 這麼回答：「這不是一個簡單的答案，目前，AI 還沒有達到能夠完全替代人類的程度，AI 技術可以作為人類的輔助工具，但在可見的未來內，它不太可能完全取代人類。相反，它可能會改變人類的工作方式和生活方式，並且為人類帶來更多的便利和效益。」

（資料來源：中央社 https://www.cna.com.tw/news/ait/202302225005.aspx）

延伸思考

ChatGPT 對行銷活動有何影響？

解析

ChatGPT 可以提供幫助的一些行銷重點：

1. 客戶服務：
   ChatGPT 可提供全天候客戶服務，快速高效率地回答常見問題並解決客戶問題。
2. 企業研究與策略規劃：
   相較於傳統手動建立 SWOT 分析去分析企業優劣勢，ChatGPT 可以用更佳的效率為企業找分析優劣勢，進而挖掘出機會點，並研究和分析各種來源的內容，幫助企業製定一致且有價值的內容行銷策略。
3. 尋找潛在客戶：
   ChatGPT 可以與訪問者互動並收集資訊，例如聯繫方式和興趣，用於找尋潛在客戶。
4. 個人化體驗：
   ChatGPT 可以識別客戶偏好並根據該資訊提供個人化體驗，例如：相關產品的推薦。
5. 內容建立：
   ChatGPT 可以用於了解使用者的搜尋字詞，以確定他們感興趣的主題和與之相關的關鍵字組，然後產生包含關鍵字的文案，依照搜尋引擎規則去撰寫相關的文章。有助於文章內容在搜尋引擎排名中帶來更高的排名位置。此外，隨著社群管道愈來愈多，即使同個主題，也得為不同平台客製化，像是 YouTube 可以是完整版，放到 Instagram 上則要短小精悍才吸睛。就可以利用 ChatGPT 達成這些任務，例如請它針對當前趨勢，生成符合各種平台所需的貼文、撰寫幾個影片腳本，再靠其他 AI 工具自動化製作成影片。
6. 提高參與度：
   透過建立滿足客戶需求的內容，ChatGPT 可以建立更有可能被客戶閱讀和共享的內容，有助於提高客戶參與度，因為客戶更喜歡與跟他們興趣相關的內容進行互動。

資料來源：

經理人雜誌 https://www.managertoday.com.tw/articles/view/66438

行銷人雜誌 https://www.marketersgo.com/marketing-tools/202302/chatgpt/

Lesson 20 人力資源管理

課前指引

人是企業最重要的資產，人力資源的表現會影響企業經營的績效，因此如何有效地管理和運用人力資源，是企業經營的一項重要關鍵。簡單來說，人力資源管理（Human Resource Management）是指企業進行人力資源的獲取、維護、激勵、發展及運用的全部過程與活動。【經濟部、中油、郵政、中華電信】

人力資源管理包含：

(一)人力資源規劃。 (二)招募與甄選。 (三)訓練與發展。
(四)績效評估與管理。 (五)薪酬管理與福利。 (六)員工關係。

重點引導

焦點	範圍	準備方向
焦點一	人力資源管理概論與人力資源規劃	本焦點最重要的部分是人力資源規劃，包括工作分析與工作評價。其中工作分析與工作說明書、工作規範是焦點一的出題重點。
焦點二	徵才與訓練	焦點二重點在人才招募、甄選與人才訓練，人才招募分為內部招募、外部招募。人才甄選則以面試為主要的考試重點。最後，人才訓練分為職前訓練、在職訓練與職外訓練，要清楚分辨其內容上的差異。
焦點三	績效管理與績效評估	焦點三的重點在績效評估方法與評估者的偏誤。績效評估的方法眾多，需要花時間釐清每個方法的內容與用法、優缺點。另外，評估者偏誤中以月暈效應和刻板印象為考試大重點，要分辨清楚二者的不同。
焦點四	薪資與福利	焦點四的內容較為瑣碎，主要考點在薪酬（薪資與福利）的基本概念與薪酬設計方式上。其他關於法規、最新趨勢的補充，若有時間，也可多加閱讀，增強競爭力。

焦點一 人力資源管理的基本概念與人力資源規劃

一、人力資源管理的範圍【台水、台電】

從一個員工自進入組織到離開，以及在組織內的一切活動，都為人力資源管理的範圍，包括選才、用才、育才、晉才、留才。

範圍	目的	透過以下工作完成
選才	任用適當的人來擔任適當的職位，並從事適當的工作。	員工招募、員工甄選。
用才	發掘員工的特性，使員工發揮所長，達到人盡其才的功效。	工作分析、工作評價、職位分類、工作設計。
育才	培育員工，提升員工知識與工作技能。	員工訓練。
晉才	透過考核挑選出管理人才與專業人才。	績效評估。
留才	透過管理與獎勵措施，讓員工身心愉快的工作。	員工福利、薪資管理、升遷制度、勞資關係。

二、人力資源管理的原則【台糖】

為了使人力資源管理發揮最大的效果，在執行上應考量下列原則。

原則	說明
發展原則	應考量員工的發展需求，同時配合企業未來的營運方向
科學原則	不以主觀經驗做判斷，依科學方法從事管理來提高管理的效率與品質
人性原則	制度的擬定與實施，須考慮人性層面（自尊心、企圖心、情緒），使員工樂於接受管理，並對企業組織產生向心力
人才原則	發掘合適、優秀人員，同時要能培育與留住有用人才
民主原則	採民主式管理，逐級授權，分層負責，尊重員工之間的差異
參與原則	在合理範圍內，讓員工有參與決策的機會，以提高員工的榮譽感與歸屬感
績效原則	依實際的績效論功行賞，賞罰分明，不以個人好惡來管理
彈性原則	人力資源管理的制度和標準，須隨時空環境的變遷做適度的調整

三、人力資源規劃【經濟部、台水、台菸酒、台電、台電、中華電信】

(一) 人力資源管理程序VS人力資源規劃程序

人力資源規劃是人力資源管理的首要工作，是針對企業日後的發展、人員的汰換來預估所需要的人力，關於人力資源管理與人力資源規劃步驟如下：

人力資源規劃：

（準備人才資料庫→工作分析→評估人力資源需求與供給→建立策略計畫）

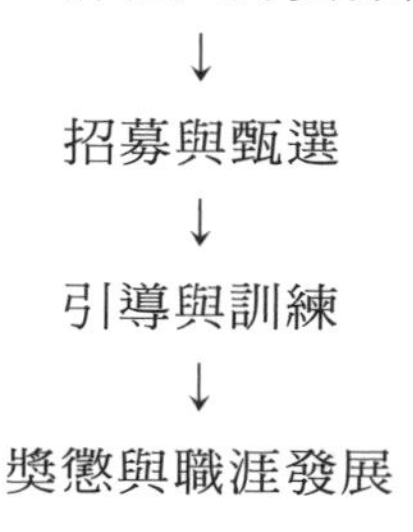

1. 由上而下是人力資源管理的程序。
2. 由左至右是人力資源規劃的過程。

(二) 準備人才資料庫

人力資源規劃的第一項工作為準備人才資料庫，包括雇用的規劃，以及人力資源盤點，透過這二項程序，才能有效規劃人力。

準備人才資料庫	內容
雇用規劃	透過這種程序，可以確保能將適量與適才的人員，適時的安排在適當的位置，有助於達成整體目標。
人力資源盤點	列出公司內員工的姓名、教育程度、訓練、經歷、語言能力等。

(三) 工作分析【經濟部、台糖、台水、台菸酒、台電、台鐵、桃機、漢翔】

又稱為職位分析，是指分析企業各項工作內容、任務、責任及擔任該職位的人員資格條件，簡言之為定義工作內容，與鑑定該工作所需的能力，並做成工作說明書及工作規範兩種書面紀錄。

1. 以下就工作分析的內容、步驟與方法做一整理。

<table>
<tr><td rowspan="6">內容</td><td colspan="2">工作內容（what）</td><td colspan="2">這職位需做哪些工作？</td></tr>
<tr><td colspan="2">工作目的（why）</td><td colspan="2">為何需要做這項工作？要達到何種目的？</td></tr>
<tr><td colspan="2">工作人員（who）</td><td colspan="2">需要多少成員？成員要具備何種學經歷？</td></tr>
<tr><td colspan="2">工作時間（when）</td><td colspan="2">何時開始？何時結束？需要多少時間？</td></tr>
<tr><td colspan="2">工作地點（where）</td><td colspan="2">要在哪裡完成工作？</td></tr>
<tr><td colspan="2">工作方法（how）</td><td colspan="2">如何完成？需要那些工具、設備？</td></tr>
<tr><td rowspan="4">步驟</td><td colspan="2">步驟一</td><td colspan="2">確定每項工作的目的與性質。</td></tr>
<tr><td colspan="2">步驟二</td><td colspan="2">蒐集各項工作的相關資料。</td></tr>
<tr><td colspan="2">步驟三</td><td colspan="2">根據步驟二的資料，決定人員的資格條件。</td></tr>
<tr><td colspan="2">步驟四</td><td colspan="2">製成工作說明書與工作規範。</td></tr>
<tr><td rowspan="6">方法</td><td rowspan="2">分析肢體動作</td><td>實地分析法</td><td>由分析工作的人員到工作現場，親自操作了解，並記錄工作程序。</td><td rowspan="2">工廠作業員、搬運工、電腦操作</td></tr>
<tr><td>觀察分析法</td><td>由分析工作人員到工作現場，觀察他人操作，並記錄工作程序。</td></tr>
<tr><td rowspan="4">分析非肢體動作</td><td>調查分析法</td><td>由工作人員設計問卷，再由員工填寫，分析人員再從問卷中了解該工作的內容，此為分析法中最普遍的方法。</td><td>適用動腦的工作，無法從肢體動作判斷內容，如律師、會計師、室內設計師等</td></tr>
<tr><td>工作日誌</td><td>工作者每天將工作記錄下來，例如工作內容、所需時間與設備。</td><td></td></tr>
<tr><td>面談分析法</td><td colspan="2">由工作分析人員直接與該職位員工面對面交談，這是最直接獲得資料的分析法。</td></tr>
<tr><td>綜合分析法</td><td colspan="2">綜合以上各種方式，運用在不同的工作中。</td></tr>
</table>

2. 透過工作分析可以了解並產生二種書面紀錄，分別為工作說明書與工作規範。

文件	內容	案例	用途
工作說明書 【經濟部、台糖、台水、台菸酒、台鐵、郵政】	記載工作的內容、程序、權責、環境、員工做什麼、如何做的書面文件： (1) 工作職稱。 (2) 工作內容。 (3) 工作地點。 (4) 工作條件。 (5) 工作責任。 (6) 應達到的標準。 (7) 所需工具與設備。 (8) 其他規定。	職稱：行銷人員 (1)負責美國區業務 (2)開發新業務／專案管理 (3)蒐集與分析市場現況 (4)溝通／接單／客戶服務	員工需要了解的工作內容 主管考核與訂定薪資的依據
工作規範 【經濟部、台北自來水、台菸酒、台電、台鐵、郵政、桃機】	一份工作所需要具備的技能、資格等員工執行工作需要具備最低條件的書面文件： (1) 應具備的學歷與經歷。 (2) 應具備的技能與證照。 (3) 該職位的職責與權限範圍。 (4) 該人員需要具備的素養與特質。	職稱：行銷人員 (1)大專行銷／國貿相關科系 (2)具備業界 3 年以上經驗 (3)國／英語流利	用於刊登在報章雜誌、徵才平台上作為招募廣告。

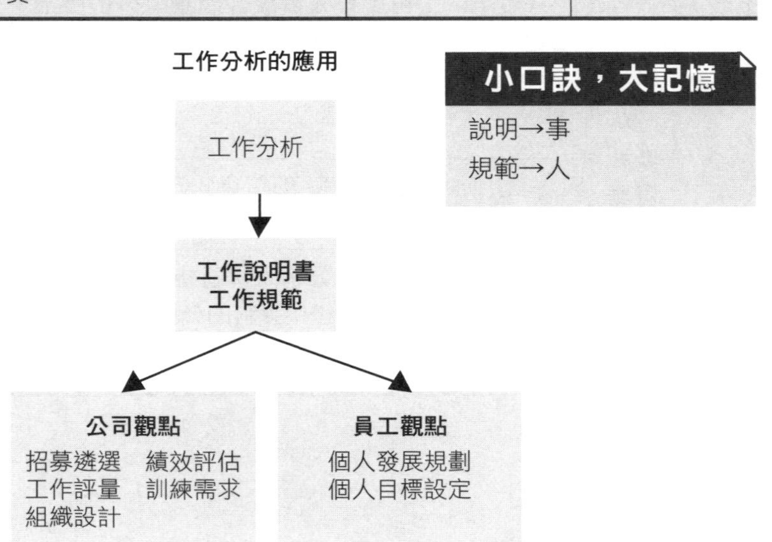

(四) **工作評價**【台菸酒、台電、台鐵】

工作評價是工作分析的後續動作，用來確定每個工作的相對價值，企業可依照不同的工作價值給予不同的薪資。工作評價的目的、方法整理如下。

1. **目的：**

(1) 決定薪資計算標準，建立公平合理的制度。

(2) 使適當的人員從事適當的工作，並獲得適當的報酬。

2. **方法：**

(1) 排列法：規模小，工作性質變化不大。

將每項工作的性質、難易度……等綜合評估訂出工作價值，再將這些工作按價值先後順序排列給予報酬。

小餐館有老闆兼主廚、會計、跑堂小妹、洗碗阿桑共四人：

職務	老闆兼主廚	會計	跑堂小妹	洗碗阿桑
工作價值	最高 → 最低			
薪資	40,000 元	30,000 元	27,000 元	24,000 元

(2) 分級法：工作明確，變化不大的組織。

先定薪資等級表，再將每項工作所需的資歷套進薪資等級表。

步驟一：制定薪資等級表

	職員	課長	經理
資深	28,000 元	42,000 元	65,000 元
中等	25,000 元	36,000 元	55,000 元
資淺	20,000 元	26,000 元	40,000 元

步驟二：將每項工作套進薪資等級表

1. 剛升任的經理（薪資 40,000 元）
2. 需有經驗的課長（薪資 36,000 元）
3. 需有經驗的職員（薪資 25,000 元）

(3) 點數法（評分法）：目前業界普遍採用的方法，適用於大企業。

A. 將工作因素，如體力、技術、能力、責任等給予評分，並配上適當的點數。

B. 將工作分別配上所需的因素，並將這些因素的點數相加，即為該工作之總點數。

C. 將總點數加以百分比，即是決定薪資的依據。

步驟一、二：工作因素配上點數並統計

工作因素	點數			工作名稱		
				繪圖	會計	搬工
技術	140	280	420	420	280	140
智力	100	200	300	200	100	100
責任	50	100	150	50	150	50
環境	50	100	150	50	50	150
總點數				720	580	440
百分比				7.2	5.8	4.4

步驟三：總點數百分比，對照下表

點數 %	薪資
11~	50,000 元
9~10.9	40,000 元
7~8.9	34,000 元
5~6.9	30,000 元
3~4.9	26,000 元
1~2.9	22,000 元

→ 搬工對照薪資為26,000元

→ 會計對照薪資為30,000元

→ 繪圖對照薪資為34,000元

(4) 因素比較法：與點數法相似。

A. 先定出工作因素，如體力、技術、能力、責任等，並將每項工作因素附上薪資。

B. 評估每項工作需要哪些因素，並將該工作所需因素的薪資相加，即為該工作的總薪資。

步驟一：訂出工作因素、附上薪資

日薪	工作因素				
	技術	責任	智力	體力	環境
400		會計		搬工	
360	繪圖				搬工
320			會計		
280	會計	繪圖			
240			繪圖		
200		搬工		繪圖	繪圖
160	搬工		搬工	會計	會計

步驟二：因素薪資相加，換算成月薪

1. 會計日薪
280+400+320+160+160=1,320 元；
月薪 =39,600
2. 繪圖日薪
360+280+240+200+200=1,280 元；
月薪 =38,400 元
3. 搬工日薪
160+200+160+400+360=1,280 元；
月薪 =38,400 元

小比較，大考點

工作分析：有系統地蒐集、分析工作相關資訊的過程。
工作規範：記載員工所需應具備的最低條件的書面紀錄。
工作說明書：說明工作的內容、任務、責任、性質的書面紀錄。
工作評價：評定工作的價值、制定工作的等級、以確定工資的計算標準。

(五) **企業推估總人力需求的方法**

評估工作分析後，會需要評估人力資源需求，以建立策略計畫，以下為幾個常用的推估方法。

1. **質性預測**：(1)管理者經驗判斷。(2)德爾菲技術。(3)情境分析。
2. **量化性預測**：(1)比率分析法。(2)趨勢推估法。(3)時間序列。(4)迴歸模型。

即刻戰場

選擇題

一、人力資源管理的範圍

( ) **1** 企業組織所擁有最重要的資源為下列何者？ (A)營運計畫書 (B)行銷組合 (C)資本預算 (D)人力資源。 【108郵政】

( ) **2** 下列有關人力資源管理的敘述，何者有誤？ (A)將員工視為組織成長的重要資源 (B)科學管理理論使企業視員工為組織資源轉變成組織成本 (C)人力資源管理的範疇包括：選才、用才、育才、留才 (D)認為有效的管理者應透過激勵員工改善其工作效率。 【107中油】

( ) **3** 「人力資源管理」的目的在為組織求才、育才、用才與留才，下列何者不是其內容？ (A)人力的獲得 (B)人力的發展與應用 (C)人員的激勵與維持 (D)企業政策規劃。 【107台水】

( ) **4** 在人力資源管理活動中，事業生涯規劃是屬於： (A)用才 (B)育才 (C)晉才 (D)留才。 【106台水】

解 **1 (D)**。人是企業最重要的資產，人力資源的表現，影響企業經營的績效，因此如何有效地管理和運用人力資源，是企業經營的一項重要關鍵。簡單來說，人力資源管理（Human Resource Management）是指企業進行人力資源的獲取、維護、激勵、發展及運用的全部過程與活動。

2 (B)。(B)科學管理學派強調藉由數據分析、權責分工、專業化、標準化的管理來提升工作效率。因其過分注重生產效率，易把人當作機器使用，忽視人性，並不尊重員工人格尊嚴與價值。因此不可能視員工為組織資源。

3 (D)。(A)人力的獲得→求才。
(B)人力的發展與應用→用才。
(C)人員的激勵與維持→留才。

4 (C)。(A)用人→選人的規劃。
(B)育才→教育訓練計畫。
(C)晉才→透過考核挑選出管理人才與專業人才。
(D)留才→透過管理與獎勵措施，讓員工身心愉快的工作。
事業生涯規劃目標逐步往上，是指員工由較低層級職位上升到較高層級職位的過程，故選(C)。

二、人力資源管理的原則

(　　)　從事人力資源管理應考慮到員工的情緒反應、自尊心、企圖心、向上心，此乃遵循人力資源的哪一項原則？ (A)發展原則 (B)民主原則 (C)彈性原則 (D)人性原則。 【105台糖】

解 **(D)**。(D)人性原則：制度的擬定與實施，需要考慮到人性層面，使員工樂於接受管理。

三、人力資源規劃

(　　)　在企業現有人力進行盤點與查核中，要瞭解組織內業務的重心所在，可以進行？ (A)人力數量分析 (B)人力素質分析 (C)組織結構分析 (D)人力類別分析。 【106台電】

解 **(D)**。人員類別的分析
它包括以下兩種方面的分析：
(1)工作功能分析。一個機構內人員的工作能力功能很多，歸納起來有四種：業務人員、技術人員、生產人員和管理人員。
(2)工作性質分析。按工作性質來分，企業內部工作人員又可分為兩類：直接人員和間接人員。

四、工作分析

( ) **1** 定義工作內容與鑑定該工作所需的能力是下列何者之定義？ (A)招募 (B)績效評估 (C)工作分析 (D)訓練。【108台菸酒】

( ) **2** 人力資源管理中，對於擔任各項工作的人員所需具備之資格或條件的訂定，係根據以下何者而來？ (A)職位分類 (B)職涯階梯 (C)工作分析 (D)工作評價。【107台菸酒】

( ) **3** 對職務與人員的內涵進行有系統的收集與觀察其工作基本的工作內容、行為標準及資格要求等資料進行分析與判斷稱為： (A)人力資源規劃 (B)工作規範 (C)工作分析 (D)工作說明。【106桃機】

( ) **4** 工作分析的內容可包含7個W，其中why的內容是指？ (A)工作方式 (B)工作地點 (C)工作程序 (D)工作目的。【107台菸酒】

( ) **5** 在工作分析當中，應該列出工作識別、工作摘要、職責，職權、績效標準、工作條件等項目。下列何者並非是屬於「績效標準」內的項目？ (A)設定員工的研發目標 (B)設定員工的每月產出 (C)辦公環境與地點 (D)設定員工營收成長。【107台鐵】

解

1 (C)。工作分析（Job analysis）：定義工作內容，與鑑定該工作所需的能力。

2 (C)

3 (C)。工作分析：指對某項工作的特性與內容進行觀察與了解，之後才會產生工作說明書及工作規範。

4 (D)。工作分析的內容（7W）

What（做什麼工作）：記載工作性質及其內容。

Who（由誰做）：記載此項工作需具備何種知識技能、年資、經驗等。

When（何時工作）：記載工作的起迄時間。

Where（何處工作）：記載工作的地點、場所。

How（如何做）：記載工作程序及方法。

Why（為何做）：記載工作欲達成的目標。

Whom（為誰做）：記載該項工作所服務的對象。

5 (C)。(A)設定員工的研發目標→績效設定項目。

(B)設定員工的每月產出→績效設定項目。

(C)辦公環境與地點→非績效設定項目。

(D)設定員工營收成長（百分比）→績效設定項目。

五、工作說明書

( ) 記載工作者做什麼、如何做，以及為什麼要做的一份書面文件。稱為： (A)工作分析表 (B)作業流程圖 (C)工作規範 (D)工作說明書。 【106台水】

解 (D)。工作說明書（職位說明書）：記載工作之性質。記載工作的「目標、內容、性質、執行（處理）方法、程序、職位、權責（責任）、環境、員工做什麼（如何做）」的書面文件。

六、工作規範

( ) **1** 下列哪一份文件是描述企業組織對於負責執行某特定工作員工所需要具備的最低資格要求？ (A)工作說明書（Job Description） (B)績效評估表（Performance Review） (C)人力資源盤點（Human Resource Inventory） (D)工作規格書（Job Specification）。 【108郵政】

( ) **2** 能陳述員工完成工作所必須具備之資格條件的書面文件是： (A)工作說明書 (B)工作規範 (C)工作手冊 (D)組織圖。 【107台菸酒】

( ) **3** 說明一個員工若要順利執行某一特定工作，必須具備的最低資格，有效執行該工作所要具備的知識、技術與能力的書面說明。上述描述內容，為以下何者？ (A)工作說明書 (B)工作規範書 (C)作業計畫書 (D)工作日誌。 【105經濟部、106桃機、106台鐵、107台北自來水】

( ) **4** 下列何者可以讓主管瞭解選擇新人時應具備的最低資格與條件，幫助主管選對適合的人才？ (A)工作（職務）特性 (B)工作（職務）規範 (C)工作（職務）說明書 (D)工作（職務）流程。 【109台菸酒】

( ) **5** 慢極物流公司的文件寫有「物流專員，須大專畢業、具英語說寫能力」為下列何者之內容？ (A)工作說明書 (B)工作規範書 (C)工作分析報告 (D)人力資源盤點。 【109經濟部】

解 **1 (D)**。工作規範（job specification）：列出為成功完成某項工作，員工需具備的最低資格。也列出有效完成該工作所需的知識、技術與態度。
(B)評估人力資源現況→人力資源盤點。

2 (B) **3 (B)**

4 (B)。工作說明書為事情、工作規範書為人的資格。

5 (B)。工作規範書：這份工作要什麼樣的人，例如：年齡、學歷、資歷等等→物流專員，須大專畢業、具英語說寫能力。
工作說明書：這份工作要做什麼，例如：收發文件、資料整理等等。

七、工作評價

( ) **1** 下列有關工作評價的敘述，錯誤的是： (A)評定各種工作之間的相對價值 (B)是計算員工薪資高低的標準 (C)是工作分析的基礎 (D)可達成同工同酬、異工異酬的目的。 【107台菸酒】

( ) **2** 若人力資源部門將總務的日薪定為：「技能200元、責任400元、經驗200元、環境200元，總額為1000元」，則其可能採用的工作評價方式為下述哪一種？ (A)因素比較法（Factor comparison method） (B)圖表測量法（Graphic rating scales） (C)分類法（Classification method） (D)排列法（Ranking method）。 【108台鐵】

解 **1 (C)**。人力盤點→工作分析（工作規範、工作說明書）→工作評價。

2 (A)。(A)因素比較法，是一種比較計量性的工作評價方法，與工作排序法相似。因素比較法與工作排序法的第一個重要區別，是排列法只從一個綜合的角度比較各種工作，而因素比較法是選擇多種報酬因素，再按照每種因素分別排列一次。第二個區別是因素比較法根據每種報酬因素得到的評估結果設置一個具體的報酬金額，然後計算出每種工作在各種報酬因素上的報酬總額，並作為此種工作的薪酬水平。

(C)分類法，也稱分級法或等級描述法，是事先建立一連串的勞動等級，給出等級定義；根據勞動等級類別比較工作類別，把工作確定到各等級中，直到安排在最後邏輯之處。

根據等級定義表明的特徵，在每個等級中先選擇一個代表性職位，這樣評價委員們便有了評價其餘工作職位的參照。隨著評價的進行，對單個職位的劃等就變得容易了，因為前面劃了等的職位會使後面未劃等的職位都已歸入等級，就可以確定每個等級的工資標準了。

(D)排列法，也稱簡單排列法、序列法、部門重要次序法，是由工作評價人員對各個崗位工作的重要性做出判斷，並根據職位工作相對價值的大小按升值或降值順序排列，來確定職位等級的工作評價方法。

八、企業推估總人力需求的方法

( ) 下列哪些方法可以協助企業推估總人力需求？ (A)比率分析法 (B)趨勢推估法 (C)因素分析法 (D)管理者經驗判斷。（多選） 【106台水】

解 **(ABD)**。預測未來人力需求：質性預測。管理估計（managerial estimates）、德爾菲技術（delphi technique）與情境分析（scenario analysis）。
數學性預測：各種統計法與模型法，較常用的統計模型有下列四種：時間序列分析、比率分析、趨勢分析、迴歸分析。
(A)比率分析法→主管&員工的比率、退休人員&新進人員的比率。
(B)趨勢推估法→以員工做多久會退休來推估人力循環週期。
(D)管理者經驗判斷→質性分析。

填充題

1 在企業或組織中人力資源管理的5個作業範疇，包含：選才、用才、育才、晉才及 ______ 。【106台電】

2 有關企業功能中， ______ 管理的主要職能包括：人員招募、培訓開發、薪酬福利、績效考核及員工關係等。【108台電】

3 工作分析之後，用以決定工作人員所應具備最低資格條件之書面說明是 ______ 。【109台電】

解 **1 留才**

2 人力資源。人力資源的主要職能包含人員招募、培訓開發、薪酬福利、績效考核、員工關係。

3 工作規範書

焦點二 徵才與訓練

確認需求職位與人數後，將需求條件、工作規範等訊息公告在人力銀行、網站、報章雜誌等，進行人員的徵選與訓練，使企業隨時保持充足且優質的人力。

一、人員招募【經濟部、台水、台糖、台菸酒、台鐵、郵政、農會、桃捷】

當企業出現職位空缺時，會透過各種管道傳遞職缺訊息，以招募有興趣且符合條件的求職者來應徵。招募來源分為以下兩種。

	內部招募	外部招募
定義	企業的職缺由內部人員進行晉升、調派或遞補。	企業透過媒體廣告、徵才活動、仲介公司、職業介紹所介紹、校園徵才、推薦介紹等方式對外招募人才。
優點	1. 提升員工士氣。 2. 清楚的人事資料。 3. 縮短職前訓練的時間。 4. 正確的技能評估。 5. 帶動升遷連鎖反應。 6. 快速而且招募成本低。	1. 應徵者來源廣泛。 2. 多元的勞動力。 3. 注入新點子帶動新關係。 4. 減少內部競爭衝突。 5. 減少彼得原理效應：其指出績優員工終會晉升到無法勝任的職位，產生不適任的情況。
缺點	1. 新點子進不來。 2. 助長內部派系。 3. 可供挑選的人才庫太小。 4. 阻礙人力多元化。	1. 員工對空降幹部的反彈。 2. 需要時間建立人脈。 3. 需要較長的職前訓練。 4. 費時費力。

二、人員甄選

甄選是指篩選應徵者，以雇用最適合的人選。

(一) 影響人員甄選品質的因素【台水、台菸酒、郵政、桃機】

甄選過程是一種預測的活動，要預測哪一位應徵者在獲得應聘後，最適任工作，因此甄選過程有二個指標，來確保甄選的品質。

指標	內容	例子
信度	甄選工具的「可信度」。 甄選工具是否能夠一致且無誤的衡量相同的事物、是否對相同的事物具有一致性的衡量。	A 站上體重計，量了三次體重，結果為 70.3、70.5、69.9，我們稱體重計信度高。 A 站上體重計，量了三次體重，結果為 60.5、79.3、85.2，我們稱體重計信度低。
效度	甄選工具的「有效性」。 甄選工具和甄選目的及準則間必須有確實的關係存在、具有攸關工作標準的確實關係。	以測驗作為甄選工具時，若測驗成績與員工表現確實存在關聯性，則測驗的效度高。

信度與效度的比較情況

情況一

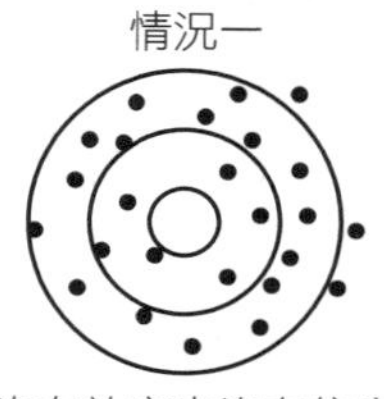

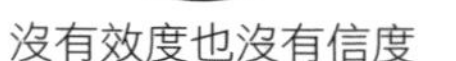

沒有效度也沒有信度

情況二

有高度信度卻沒效度

情況三

有高度效度及信度

小口訣，大記憶

效度：關聯性

信度：一致性

▲效聯信致→效連ㄟ（年輕人的台語）興致不錯喔

(二) 甄選方式【台水、台菸酒、中油、台鐵】

無論採內部或外部招募，管理者常用的甄選工具包括申請資料、測驗、面談等。

<table>
<tr><th>甄選方式</th><th colspan="3">內容</th></tr>
<tr><td>書面申請資料</td><td colspan="3">文件資料記錄著求職者的個人資料、個人學經歷、技能、成就等。</td></tr>
<tr><td>考試</td><td colspan="3">政府機關或較具規模的企業大多採用此方法，優點是客觀、公平，能測出應徵者的真才實學，缺點是無法測驗出品格、個性、抗壓力等。</td></tr>
<tr><td>實作測試</td><td colspan="3">或稱為工作抽樣，根據工作內容，測試應徵者的工作能力，例如業務經理進行推銷。</td></tr>
<tr><td>背景調查</td><td colspan="3">查證求職者的工作紀錄與過去的工作績效。</td></tr>
<tr><td>評鑑中心</td><td colspan="3">一個獨立的場所，有各種專家，也有各種儀器設備，可以觀察應徵者的行為表現。</td></tr>
<tr><td>體檢</td><td colspan="3">某些要求體能的工作，體檢是必要的項目。</td></tr>
<tr><td rowspan="2">測驗</td><td rowspan="2">測驗包括智力測驗、性向測驗、成就測驗、人格測驗等方面的測驗。</td><td>智力測驗</td><td>測量受試者智慧的高度以智商（IQ）表示</td></tr>
<tr><td>性向測驗</td><td>預測受試者未來的表現潛在能力（教學前測量）。</td></tr>
</table>

<table>
<tr><th>甄選方式</th><th colspan="3">內容</th></tr>
<tr><td rowspan="2">測驗</td><td rowspan="2">測驗包括智力測驗、性向測驗、成就測驗、人格測驗等方面的測驗。</td><td>成就測驗</td><td>是指我們通常所說的考試。成就測驗主要是針對特定領域為檢測應試者對有關知識和技能的掌握程度而設計的。也就是個人經由學習或訓練後的成績（教育測驗、學力測驗、學科測驗）。</td></tr>
<tr><td>人格測驗</td><td>測量一個人各方面的行為特性（態度、興趣、道德、情緒等各方面的特性）。</td></tr>
<tr><td rowspan="6">面談</td><td rowspan="6">企業透過與應徵者面對面交流意見，評估對方是否適任。然而面談具有某種程度的主觀性，因此常被人質疑公平性。</td><td>結構化面談
引導式面談</td><td>事先擬妥綱要、問題，進行面談。</td></tr>
<tr><td>半結構化面談</td><td>預先擬好主要的問題，但仍有彈性詢問應徵者，以評量其優勢與劣勢。</td></tr>
<tr><td>非結構化面談
非引導式面談</td><td>不事先擬妥問題或綱要，採開放式的問題。</td></tr>
<tr><td>情境式面談</td><td>設定特定的工作情境，使用投射技巧，並請應徵者發表看法，而該事件可能尚未發生。</td></tr>
<tr><td>壓力面談</td><td>故意採用較為無理或沒有邏輯的方式測試應徵者的反應。</td></tr>
<tr><td>集體面談</td><td>多位應徵者同時面談，可能為一位面試者的「一對多」，或多為面試者的「多對多」。</td></tr>
<tr><td>實際工作預覽（Realistic Job Preview, RJP）</td><td colspan="3">企業在招聘過程中，有時會給求職者真實的、準確的、完整的有關企業、職位、工作內容的資訊，包括正面和負面。這些真實的信息可以透過資料、影片、照片、面談、上司和其他員工的介紹等多種方式來提供。使應徵者對實際工作有較務實的想像，提高員工滿意度，並減少離職率。</td></tr>
</table>

小補充、大進擊

招募員工時的二個錯誤（出自Robbins的管理學）：【台鐵、郵政】
1. 選取錯誤（go-error）指用了不適合的新進人員。
2. 摒棄錯誤（drop-error）指丟棄了適合的新進人員。

(三) 裁員

通常企業的市場佔有率降低、業績衰退、擴張太多或管理不當時，企業會考量計畫性的刪減職位而減少僱用人力，有以下幾種方式：

減少僱用方式	內容
解僱或資遣	永久性且非自願性的終止某些職位。
留職停薪	暫時性的終止某些職位。
人事凍結	對於自願辭職或正常退休產生的空缺，不再遞補。
轉調職務	平行或向下調動員工，調整組織內部職位的狀況。
降低工時	減少員工每週工作時數，或是強迫員工無薪休假，或是由專任改為兼任。
提早退休	提供誘因給資深員工，使其提早辦理退休。

三、人員任用與訓練【中油】

人員分配到一個出缺或是新設的職位上，為了讓新進員工了解企業概況與工作內容，企業會進行導覽與訓練。

(一) 導覽【台水、台糖、台菸酒】

又稱為職前引導或新人講習，主要分為兩部分：

導覽項目	內容
工作單位導覽	使員工熟悉工作單位的目標，該工作的重要性，工作環境，以及工作的同事。
企業概況導覽	使員工了解企業的經營概況，未來發展方向、目標、歷史、規定與相關福利等。

(二) 訓練【中華電信】

員工訓練是指企業透過計畫性的教育與訓練，讓員工學習到與工作相關的知識與技能，以達到提高員工生產力、增進企業效能、儲備未來人才等目的。員工訓練依照時機不同，分為下面幾個類別。

訓練種類	內容	小例子
職前訓練（before-the-job training, BJT）	又稱為養成教育，新進員工在正式工作前所做的訓練。包括熟悉工作環境、了解企業發展方向、學習相關技能等。	職訓中心、現場實習、建教合作、開班講授。
在職訓練（on-the-job training, OJT）【經濟部、台水、中油、郵政】	又稱為職內訓練、補充教育，在工作現場內，上司和技能嫻熟的員工對下屬、普通員工和新員工們透過日常的工作，對必要的知識、技能、工作方法等進行教育的一種培訓方法。它的特點是在具體工作中，雙方一邊示範講解、一邊實踐學習。可以當場詢問、補充、糾正，還可以在互動中發現以往工作操作中的不足、不合理之處，共同改善。是現職員工為加強工作技能，以提升生產力的訓練。 →有在工作。	短期講習、專家演講、集會討論、考察觀摩、助理制度（學徒制、教練制）、工作授權、工作輪調、複式管理。
職外訓練（off-the-job training,OFF-JT）【中油、台鐵、郵政】	以留職停薪或新的方式讓員工離開工作崗位接受訓練。→並沒有在工作。	角色扮演（敏感度訓練）、個案研究、課堂講授、學校進修、參加研討會、模擬演練、演講、教室教學、影片教學。

小比較，大考點

1. 複式管理：讓中低階層的管理者，可以參與高階管理者的規劃與決策。
2. 角色扮演：在假設的情境中，由「受訓者扮演」情境中的角色，並且從事該角色的行為態度與動機。

即刻戰場

選擇題

一、人員招募

( ) **1** 「招募」是吸引合格的候選人前來應徵組織所提供職缺的各種方式，下列何者不是招募的方式？ (A)報紙廣告 (B)董事長指派 (C)人力銀行網站 (D)校園徵才。 【107台水】

( ) **2** 企業人才招募來源包括內部招募與外部招募，下列何者屬於內部招募？ (A)校園徵才 (B)向人才仲介機構徵募 (C)晉升 (D)廣告徵才。 【107郵政】

( ) **3** 內部招募人才可能的缺點是： (A)成本較高 (B)增加訓練成本 (C)員工不熟悉組織 (D)員工缺乏新創意。 【108台菸酒】

( ) **4** (1)組織人力易老化 (2)降低工作士氣 (3)人員訓練成本高 (4)組織運作易僵化，以上哪些為員工招募採用內部人才（內陞）的缺點： (A)(2)(3) (B)(1)(4) (C)(1)(3) (D)(2)(4)。 【107台菸酒】

( ) **5** 當企業的人力資源規劃顯示員工人數不足時，企業往往需要進行人員招募。請問企業常用的低成本人員招募管道包括何者？ (A)網路徵才 (B)師長推薦 (C)就業服務機構 (D)人力仲介公司媒合。（多選） 【106台水】

( ) **6** 下列各招募方法的比較，何者正確？ (A)員工推薦的招募方法雖然成本較低，但是所招募的員工滿意度也較低 (B)校園徵才所招募的員工流動率較低 (C)報紙廣告所招募的人才績效較員工推薦的為低 (D)不管職位高低，都應該要找獵人頭公司招募。 【106桃捷】

( ) **7** 關於內部招募與外部招募的敘述，下列何者正確？ (A)內部招募有助於刺激現有員工產生創意概念 (B)外部招募而來的員工對企業組織文化的熟悉程度較高 (C)外部招募會提高現有員工展現工作成效的動機 (D)內部招募可以減少企業組織針對應徵者進行背景調查所需耗費的資源。 【107郵政】

( ) **8** 相對於「內升主管」，企業透過「外聘」的方式補足高階或中階主管的缺額將預期可以獲得下列哪個好處？ (A)外聘主管對於內部員工較為熟悉 (B)外聘主管對企業所賦予的任務可以較快達成 (C)外聘主管較可能帶來新的觀點與想法 (D)外聘主管更能鼓舞內部員工的士氣。 【109台菸酒】

解 **1 (B)**。指派並非推薦，故選(B)。

2 (C)。內部招募：(1)調任或升任。(2)臨時工升正職。(3)遣退人員復職。
外部招募：(1)公開招考。(2)校園徵才。(3)人才仲介機構。(4)人際關係介紹。

3 (D)。(A)成本較低。(B)減少訓練成本。(C)員工已熟悉組織。

4 (B)。採用內部招募：
缺點：人力老化、運作型態僵化、供給有限。
優點：提升士氣、訓練成本低、較了解公司運作。

5 (ABC)。(A)網路徵才：企業在自己官網上貼出公告，免費。
(B)師長推薦：免費。
(C)就業服務機構：為政府所有，免費或低費用。

6 (C)。只要是透過報章雜誌知道職缺消息的人，都可以來應徵，所以所招募的人才程度參差不齊，需要透過層層篩選才能選出。
由員工推薦的人選，較為知道公司所需要的人才，所推薦的人選會有一定的水準之上。故選(C)。

7 (D)。(A)外部。(B)內部。(C)內部。

8 (C)。(A)錯誤，外聘主管才剛來，不會對內部員工熟悉。
(B)錯誤，較不熟悉任務。
(C)正確，因為外聘主管畢竟不是舊有公司內部的，比較不會有僵化思維或是保守派想法。
(D)錯誤，通常是內部員工如果提拔為新任主管比較能夠鼓舞內部員工士氣。

二、信度&效度

( ) **1** 甄選工具和某些甄選準則間，必須存有經證實的關係，屬於： (A)信度 (B)效度 (C)適度 (D)廣度。 【106桃機】

( ) **2** 甄選的工具很多，但必須是要挑選讓受測者的甄選工具之得分與日後表現的得分具有關聯性，故甄選工具必須具有下列何者？ (A)信度 (B)效度 (C)效率 (D)未來性。 【109台菸酒】

( ) **3** 管理者所用的甄選工具之敘述，下列何者錯誤？ (A)效度是指甄選工具衡量同樣事物時，是否有一致性的結果 (B)效度強調必須證明所用的甄選工具和應徵者日後的工作績效是有關聯的 (C)甄選工具中的面談對管理職位而言相當有效 (D)具有效度是指甄選工具和某些準則間，必須存在經證實的關係。 【108郵政】

解 1 (B)。信度：甄選工具是否能夠一致且無誤的衡量相同的事物、是否對相同的事物具有一致性的衡量。
效度：甄選工具和甄選目的及準則間必須有確實的關係存在、具有攸關工作標準的確實關係。

2 (B)

3 (A)。(A)錯誤，應該改成信度是指甄選工具衡量同樣事物時，是否有一致性的結果。

三、甄選方式

( ) 1 下列對於「甄選」的敘述，哪些是正確的？ (A)甄選就是針對應徵者進行智力測驗 (B)對應徵者的學歷和專業認證通常會要求檢附證書 (C)也會以性向測驗作為錄取人員的參考 (D)面談是常用的甄選方式之一。（多選） 【107台水】

( ) 2 臺灣鐵路管理局108年營運人員甄試簡章中，營運員之機械類科測驗有筆試：1.機械原理2.基本電學概要及術科測驗：零組件量測及組裝，試問，針對應試人員進行之筆試及術科測驗，為下述哪一種測驗方法？ (A)成就測驗 (B)人格測驗 (C)性向測驗 (D)智力測驗。 【108台鐵】

( ) 3 欣儀應徵A公司未入選，後來被同業B公司聘用去從事相同的工作，表現得非常優異。此表示A公司在甄選時可能犯下列何種錯誤？ (A)選取錯誤（go-error） (B)摒棄錯誤（drop-error） (C)月暈錯誤（halo-error） (D)近因錯誤（recency-error）。 【109台鐵】

解 1 (BCD)。智力測驗只是甄選工具之一，所以甄選的定義只是「包含」智力測驗，「不等於」智力測驗。

2 (A)。成就測驗就是我們通常所說的考試。成就測驗主要是針對特定領域為檢測應試者對有關知識和技能的掌握程度而設計的。

3 (B)。選取錯誤（go-error）指用了不適合的新進人員。
摒棄錯誤（drop-error）指丟棄了適合的新進人員。

四、人員任用與訓練

( ) 1 依據每位員工所具有的技能，在適當的時機，安排其適當的職位，並使其完成策略性目標的一項管理活動，稱之為： (A)職位管理 (B)行政管理 (C)技能訓練策略 (D)人力資源管理。（多選） 【107中油】

( ) 2 新進員工訓練主要針對新進者，導引其了解組織與工作概況，以求其能迅速融入公司工作，請問下列何者並非是新進人員訓練的項目？ (A)基本薪資與福利 (B)董事會的運作模式 (C)公司的文化與價值觀 (D)對於公司的簡介與發展沿革。 【107台鐵】

( ) 3 許多公司會辦理「新進人員訓練」，下列何者通常不是新進人員訓練的內容？ (A)工作的技能、知識 (B)公司的文化、行為規範 (C)基本的薪資與福利內容 (D)工作相關責任。 【110台菸酒】

解 1 **(AD)**。人力資源管理工作包括工作分析、制定人力需求計畫以及人員招募、培訓、薪酬及福利管理、績效評估、勞動關係管理等。最重要是培訓及發展，人力資源發展必須投資在培訓方面，以發揮各階層的人力資源。

2 **(B)**。(B)董事會的運作模式：董事會的運作模式對大部分的員工來說，不太會影響工作上的表現。

3 **(A)**。這裡所說新進人員訓練其實是指導覽（Orientation）或新進人員講習。
人力資源管理之職前引導：
(1)工作單位職前引導：A.讓員工熟悉工作單位的目標。B.說明其工作對單位目標的貢獻為何。C.介紹新工作夥伴。
(2)企業職前引導：A.告訴新進員工有關企業的目標、歷史、哲學、程序和規定。B.應包含相關的人力資源政策和福利。C.參觀企業的實體設施。

五、在職訓練

( ) 有關人力資源管理之敘述，下列何者正確？ (A)員工推薦可增加企業內員工多樣性，促進企業創新性 (B)情境式面談比較無法顯示求職者的才能 (C)在職訓練比較適合學習技術性的技能 (D)技術類的工作，筆試是較為有效的甄選工具。 【108經濟部】

解 **(C)**。(A)錯誤，外部徵選比較會有新點子。
(B)錯誤，情境式比較有多樣變化，可以增加求職才能。
(D)錯誤，技術類工作要用實作方式。

六、職外訓練

(　　) **1** 在員工訓練的各種方法中，若是讓員工暫時離開工作崗位接受訓練，這種訓練方式稱為：　(A)職前訓練　(B)職外訓練　(C)新進訓練　(D)全方位訓練。【107台鐵】

(　　) **2** 很多企業為了增進員工的技能或專業能力，資助員工於工作之餘到學術機構深造。依據以上說明，屬於哪一種類的教育訓練？　(A)職前訓練　(B)在職訓練　(C)職外訓練　(D)委外訓練。【106中油】

(　　) **3** 在進行人員訓練的時候，如果透過員工本身來呈現真實或假想的情境，讓員工能夠體會該情境，並做出適當的反應，過程結束後便可以透過相互討論以了解彼此的感受。這種訓練方法稱為？　(A)個案研究　(B)課堂講授　(C)角色扮演　(D)田野調查。【110台鐵】

解 **1 (B)**。職外訓練：指員工暫時離開工作崗位（不在你自己的工作位置上）接受短期訓練，以提升員工的工作能力或充實專業知識的訓練方法。例如職前訓練、影片教學、教室教學、敏感度訓練、研討會、演講→並沒有在工作。

2 (B)。本題有爭議，資助員工在「工作之餘」，表示並不在工作崗位上，應選(C)。
職前訓練：新職員新職位。
在職訓練：一邊工作一邊訓練。
職外訓練：離開工作崗位訓練。

3 (C)。(A)個案研究：研究單一家公司。
(B)課堂講授：老師在上面講課，學生在下面。
(C)角色扮演：用演戲或表演方式來體會別人工作內容。
(D)田野調查：運用任務進行田野調查。

填充題

員工訓練是針對員工現在所擔任的工作或短期內可能將接任的工作，提供有關專業知識、技能等方面的學習。針對現職員工給予技術性及非技術性再教育的訓練，稱為 ______ 訓練。【107中油】

解 在職。

申論題

一、當一個組織（公司）面臨人力（員工）過剩時，可用那些具體的對策或作法來加以因應？請舉出五種來詳加說明，並分別指出它們的優缺點。
【109台鐵】

二、從組織內部人力市場和從外部人力市場招募人力各有何利弊？請分別說明之。
【108台糖】

焦點三 績效管理與績效評估

組織績效評估完整觀念在Lesson16控制的焦點三。

一、基本概念

(一) 績效管理與績效評估

1. **績效管理與績效評估的比較：**【台菸酒、中油、台電、台鐵、郵政、農會、漢翔】
工作績效（job performance）是指個人身為一個組織成員，需完成組織所期待、規定、或角色需求的行為。績效就是組織希望員工達到的目標。

項目	績效管理（performance management）	績效評估（performance appraisal）
內容	不僅重視員工是否有達到目標，同時也看重員工達成目標所採用的方法與過程。	由組織選定人選（主管、同事、或顧客）來評定員工的表現。
重點	強調訊息溝通與績效提高，強調事先溝通與承諾。	強調判斷和評估，強調事後評價。

2. **員工績效評估：**以下就績效評估的目的、原則、步驟等做一整理說明。

項目	內容
目的	(1) 作為升遷與薪資報酬調整的參考。 (2) 個人生涯發展管理的依據。 (3) 誘導並改進部屬的行為及努力的方向。 (4) 提升組織整體的績效。

項目	內容
原則	(1) 評估標準明確，能真實代表員工實際的工作表現。 (2) 考核者應客觀公正，並接受專門訓練，避免受偏見等因素的影響。 (3) 將評估結果回饋給員工，員工有機會檢視其評估結果。 (4) 應對評估的職務先做工作分析，再做績效評估。 (5) 績效評估應針對工作本身做評核。 (6) 平時考核重於定期考核。 (7) 評估結果應有高低區別。 (8) 須依據評估結果獎懲或升遷。
步驟	(1) 定義工作並決定績效標準與評估的方式。 (2) 建立績效標準與傳達此標準。 (3) 進行實際評估。 (4) 績效回饋並採取導正行動。 (5) 根據評估結果作為相關人力資源規劃的依據。
評估的資訊來源	個人觀察、統計報告、口頭報告、書面報告。
影響績效的因素	由 Robbins 教授提出，又稱績效分析五星圖，主張績效受到能力、激勵和機會三因素共同影響，其他學者則將行為和環境因素也納入績效影響範疇。
衡量指標	組織適應力、生產力、工作滿足、獲利率、資源獲取率、壓力排除、對環境掌握、發展性、效率、員工留職率、成長性、整合力、開放溝通幅度、生存力。

3. **組織績效評估**：過去企業常用的績效評估，通常是部門績效評估（局部最適化），只針對部門或個人的績效評估，並將焦點放在財務上，忽略了發揮組織動能、落實策略的評估。

   新的績效衡量系統將重點放在顧客導向上，先了解顧客，並以整體取代局部。針對每一策略目標設定績效衡量指標。這樣可避免偏重財務指標，並擴大到非財務指標。經由多構面的績效指標，可平衡績效管理系統（系統最適化）。所採用的工具為「平衡計分卡」（分為財務、顧客、內部流程、學習與成長，四大策略目標）。

傳統的衡量方式	策略性衡量方式
財務焦點： (1) 財務導向，專注過去表現。 (2) 局部化。 (3) 未和作業策略相連。 (4) 調整財務標準。	策略焦點： (1) 顧客導向，專注於未來。 (2) 有彈性、以作業上的控制來管理系統。 (3) 追蹤當前的策略。 (4) 刺激流程的改善。
局部（降低成本、垂直報告）。	系統（提升績效、水平報告）。
零散（不清楚抵換關係）。 成本、產出及品質之間的關係被視為無關。	整合（強調抵換關係）。 同時進行品質、遞送、時間及成本的衡量。
個人激勵。	團隊激勵。

二、績效評估的方法【經濟部、台水、台菸酒、台電、台鐵、郵政、桃捷、漢翔】

績效評估的方法有許多種，會依據考核的時間、考核的內容等而有不同的方式。以下將對績效評估方法做一整理比較。

(一) **績效考核時間**：定期、不定期。

(二) **考核內容**：Robbins提出，分為特徵導向、行為導向、結果導向。

1. **特徵導向**：以個人特質作為評估績效的標準，溝通能力、領導技巧等。
2. **行為導向**：重點在員工如何執行工作，作為考核的依據。如對待顧客是否友善。
3. **結果導向**：以員工的工作成果作為考核依據，如生產率。

(三) **主客觀**：主觀（考評者主觀評價）、客觀（量化指標考核）。

(四) **評估方法**

分類	方法	內容	優點	缺點
多人比較法（典範參考法）	分等法 排列法 排序法	將同一部門員工，依工作責任、難易、工作成果為依據，予以依序排列。	簡單易行。	1. 缺乏客觀的考核標準。 2. 不同部門、不同職務難以比較。

分類	方法	內容	優點	缺點
多人比較法（典範參考法）	配對比較法 兩兩比較法	對每個評估項目（工作數量、工作品質等），將每位員工與其他員工進行相互對比，以加號註記相互比較的兩位員工中表現較佳者，接著將註記加號的次數加總，即可排出在該項目上各員工的評等。適合員工人數較少的組織。	提高排序法的準確性。	耗時、費力。
	人與人比較	將評估因素（如領導能力、品格、貢獻）區分五個等級（優、良、中、次、劣）；考核人員為每個因素挑選出一位具有代表性的員工，再將其他受考評人員與代表性員工逐一比較，評定各因素的等級，最後加總分數。適合小企業。 **人與人比較法：** 將各項目選出最優的員工（例如A職務貢獻最優），再將其他員工依序與A比較排列，最後算出總成績。 A B C D	客觀，較為精確。	耗時費力，須對員工深入了解才易考評。
	交替排序法	稱為選擇排列法。找出工作績效最佳者與最差者，列為第一名與最後一名。再找出次佳者與次差者，列為第二名與倒數第二名。以此類推，直到所有的員工排序完成。	容易辨別員工的差異性。	員工表現非常接近時，不易考評。
	強迫分配法	預先確定評價等級以及各等級在總數中所占的百分比，然後按照被考核者績效的優劣程度將其列入其中某一等級。	刺激性強、操作簡便、等級畫分清晰。	硬性分配易引起員工不滿；分類有限，無法有效區分員工。

分類	方法	內容	優點	缺點
行為評估法	工作標準法	事先訂出每項工作的標準，再依員工實際表現進行比較差異，做為考核依據。	公平、客觀，分數較精確。	工作標準不易訂定。
	座標示評等法	由評估者就一系列描述工作或個人特質的語句，在適當的績效向度中勾選或評分。	設計簡單可量化。	易產生評估偏差。
	重要事件法	要求評分者對受評員工好與不好的績效表現行為事件，做成日誌記錄。	根據員工行為衡量比較具體。	耗時、缺乏量化。
	評等量表法	列出各種因素（工作表現、忠誠、努力、效率、品質等）進行評分。	以分數評估較中立，量化資料、省時。	無法深入，且只能針對量化資料做評估。
	評等尺度法	又稱為圖表評等尺度法，依工作性質設計考核項目，分別以「優、良、中、次、劣」排列在考核表上，考核人員根據員工的實際表現在每個考核項目上進行評核與記錄，最後加總各項評分。	量化資料、省時。	無法深入，且只能針對量化資料做評估。
	行為定向評估尺度法 BARS	結合重要事件法與評等尺度法的主要成分，評估者依據某些工作項目，在一個數量尺度上衡量員工。	可針對特定與可量化的行為做分析。	耗時，且發展困難
結果評估法	目標管理法	彼得杜拉克（P. F. Drucker）於 1954 年提出，由主管與部屬共同訂定可量化的合理目標，並以員工實際工作成果與工作目標的差異，做為考核依據。它使組織中的上級和下級一起協商，根據組織的使命確定一定時期內組織的總目標，由此決定上、下級的責任和分目標，並把這些目標作為組織經營、評估和獎勵每個單位和個人貢獻的標準。強調透過自我管理、自我設定、自我評估的方式達成目標，強調目標的重要。	員工參與訂定目標，增加對組織的認同感。 定期召開檢討會議，提供回饋，協助員工改善。	耗時。 合宜的工作目標不易訂定。

分類	方法	內容	優點	缺點
結果評估法	直接指標評估法	採用指標構成考評要素，作為對下屬的工作表現進行評估的主要依據。該方法屬於結果導向型的績效考評方法。 1. 對於非管理人員，可衡量其生產率、工作數量、工作質量等。 (1)工作數量指標有：工時利用率、月度營業額、銷售量等。 (2)工作質量指標有：顧客不滿意率、廢品率、產品包裝缺損率、顧客投訴率、不合格品返修率等。 2. 對管理人員的工作評估可以通過對其員工的缺勤率、流動率的統計來評核。	量化指標。	不同部門／職位難以比較。
	成就表現	工作成果無法以適當的工作行為或工作產出來評核，以其創新或貢獻度來評估。	根據結果衡量較具體。	員工表現非常接近時，不易考評。
評估參與者	主管評估	通常是由直屬主管來評估。	直接觀察員工。	主觀意見會影響評估結果。
	自我評估	由員工自己來做自我評估，適用自我發展為主要的評估制度。	最清楚自己，可做為自我發展的參考。	評估結果過於寬容或誇大。
	全方位360度評估	1. 是指透過全面而多元的資料蒐集與分析過程，用來協助個人成長、發展或作為評鑑個人績效的一種方法。 2. 是一種希望做到更公平、公正的評鑑方式，資料來源包括自己、上級、部屬、同事以及外部相關人員全方位的各個角度來瞭解個人的績效：溝通技巧、人際關係、領導能力、行政能力……。	非常全面。	耗費時間及成本。

分類	方法	內容	優點	缺點
評估參與者	全方位360度評估	3. 這種理想的績效評估，被評估者不僅可以從自己、上司、部屬、同事甚至顧客處獲得多種角度的反饋，也可從這些不同的反饋清楚地知道自己的不足、長處與發展需求。 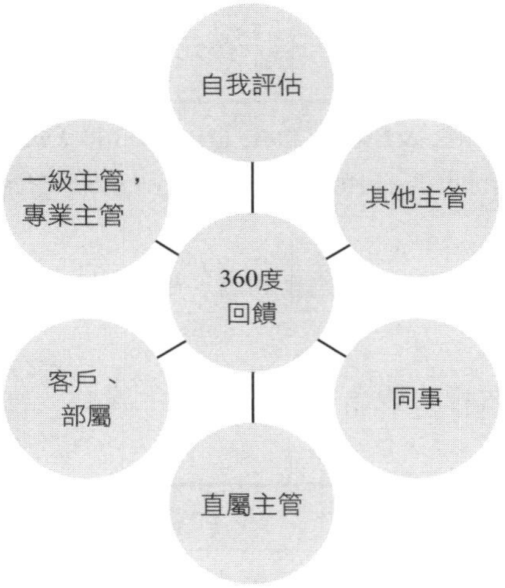 自我評估 一級主管，專業主管 其他主管 360度回饋 客戶、部屬 同事 直屬主管	非常全面。	耗費時間及成本。

小比較、大進擊

傳統績效評量與360度回饋評量之差異表

差異面向	傳統績效評量	360度回饋評量
資料來源	單一角度：直屬主管由上對下進行評估	多角度：直屬主管、同儕、部屬、顧客、自我評估
結果運用	行政性目的之結果導向：與績效評估相結合	發展性目的之行為導向：進而與訓練發展相互結合
資料有效性	1. 各效標之間的區辨性小 2. 單一來源易產生偏誤使效度較低	1. 各效標之間的區辨性大 2. 多來源使效度較高
考評焦點	結果及過去導向	過程及未來導向

差異面向	傳統績效評量	360 度回饋評量
制度認知	目的性行為	工具性行為
回饋資訊	年度績效結果的判定	傳達能力發展的認知
組織型態	強調層級權威	通常為扁平式組織
角色行為 評估者 受評者 主管	法官 被動的 監督者	回饋資訊的提供者 自我檢視的考評者 多元資訊的彙總者與教練

資料來源：修改自Edwards, R. M., &Ewen, J. A. (1996). 360 Feedback: The powerful new model for employee assessment & performance improvement. New York: AMACOM.

三、評估者的偏誤【經濟部、台水、台菸酒、中油、台電、台鐵、郵政、農會、中華電信】

績效評估的過程，會因為評估者的觀念、想法而產生誤會，常出現的偏誤整理如下。

偏誤	內容
月暈效果（光暈、暈輪、光輪）	根據單一表徵判斷員工整體表現，僅以員工部分或某一項特徵（個人部分特徵、最突出的因素）來做評價，就認定該員工的整體特徵為何→「用單一來判斷整體、以偏概全」。
尖角效應	「壞的以偏概全」，員工某一個負面特徵，導致評估者對員工其他特徵的判斷產生負面偏差。
刻板印象	評估者將員工認為屬於某一特定族群，並以此來判斷其行為方式。→以全概偏
寬鬆效果	評估者無論在何種情況下，有評高分的傾向。
中央傾向 趨中效應	評估者怕得罪人從而不敢按照實際績效水平給予客觀評價，將員工評定為接近平均或中等水平。
嚴苛偏誤	評估者在評量過程中所給的分數往往低於員工的真正能力。
近期效果 時近效應	評估者根據最近時段的記憶做考評，忽略員工的整體表現。

偏誤	內容
對比效應 感覺對比	評估者對員工評分時，會受到他人（前一位員工）的表現影響。
順序偏誤	資訊呈現順序不同導致的差異。
社會偏誤	評估者受社會影響所造成的偏誤。

補充說明：

1. 有些參考書將「以偏概全」分為兩類：
   好的特質→指月暈效果。
   壞的特質→指尖角效應。
2. 刻板印象：對團體的印象好（哈佛是好大學）→該團體的成員每個都很好（讀哈佛的每個學生都超棒）。
3. 月暈效應：某人的單一特徵是優秀的（讀哈佛）→整體表現都很優秀（做什麼事都優秀，所以是好的管理者）。

即刻戰場

選擇題

一、基本概念

( ) 1 下列有關績效評估原則的敘述何者是錯誤的？ (A)評估過程要客觀公正 (B)評估標準要明確 (C)績效評估除針對工作做評核外，還包含工作績效以外的事項 (D)應對評估的職務先做工作分析，了解每項工作的內容、任務、性質、責任、績效標準，再做績效評估。【107台菸酒】

( ) 2 下列哪些活動屬於在績效管理中「評估前的準備工作」？ (A)工作分析 (B)評量方法的選擇 (C)績效問題檢討 (D)評量者的訓練。（多選） 【107台鐵】

( ) 3 企業若能有效的評估團隊績效，將能為企業帶來什麼優點？ (A)增加人事成本 (B)強化組織的創造力 (C)提升組織解決複雜能力的問題 (D)縮短達成任務所需的時間。（多選） 【107台鐵】

( ) 4 下列何者不適合納入企業研究績效衡量項目？ (A)專利申請數量與取得數量 (B)新產品銷售量與市占率 (C)研發人力數量 (D)近五年新產品營業額佔總營業額比率。 【108台菸酒】

( ) **5** 組織績效是指組織全部活動所累積的最終結果。請問以下何者「不是」常用的組織績效衡量指標？ (A)組織生產力 (B)組織效能 (C)企業排名 (D)員工遲到率。 【108漢翔】

解

1 (C)。(C)績效評估是針對工作做評核，並不包含工作績效以外的事項，故(C)是錯誤的。

2 (ABD)。評估前，必須了解(A)工作內容（工作分析）、(B)評估的方法、項目（評量方法選擇）、(D)以及評估人員的認知（評估者的訓練）。

3 (BCD)。為了達成團隊績效，會激發員工的創意，進而提升了解決問題的能力，員工積極認真努力工作，所以完成工作的時間縮短。
(A)錯誤，減少人事成本。

4 (C)。(A)的專利取得，(B)的新產品銷售量與市占率，(D)新產品營業額都與績效有關。而(C)的人力數量與績效衡量較無關聯，人力算是投入。
績效是成績與成效的綜合，是一定時期內的工作行為、方式、結果及其產生的客觀影響。
所以企業研究績效衡量項目不包含人力。

5 (D)。衡量組織績效的常用指標：
(A)組織生產力—產品及服務的產出除以所需投入。
(B)組織效能—指組織目標的合適性，以及組織成功達成目標的程度。
(C)企業排名—以不同的績效衡量指標，對組織做排名。

二、績效評估的方法

( ) **1** 以量化指標做為主要績效考核依據時，可以稱為： (A)特質考核 (B)客觀考核 (C)主觀考核 (D)行為考核。 【108台鐵】

( ) **2** 下列有關人力資源管理的敘述何者錯誤？ (A)是指吸引、甄選、發展與維持有效工作人力的一套活動 (B)人力資源規劃涉及工作分析與預測勞力的供需 (C)人力資本反映出組織在人才培育等方面的投入 (D)人資部門負責制定績效考核政策及實際評估與指導員工。 【109台鐵】

( ) **3** 有關績效獎勵制度之敘述，下列何者有誤？ (A)應根據員工個別績效給予適當報酬，以作為員工行為的強化方式 (B)企業內部應強調努力、績效和報酬的關聯 (C)根據直屬主管的績效考核結果來進行獎勵的分配是最正確與最公平的方式 (D)績效獎勵制度可能會受到組織文化的影響而有不同的設計內容。 【109經濟部】

( ) **4** 何種績效評估方式最常被使用？ (A)書面評語（Written Essay） (B)重要事件評估法（Critical Incident Method） (C)評等量表法（Graphic Rating Scales） (D)行為定向評估尺度法（Behaviorally Anchored Rating Scales）。 【107台鐵】

( ) **5** 由主管與員工共同討論之後，做成決定，是屬於下列哪一種績效評估方法？ (A)直接指標評估法 (B)座標式評等法 (C)目標管理法 (D)排列法。 【108漢翔】

( ) **6** 下列績效評估方法，何者是利用管理者、員工和同事的意見，作為衡量的依據？ (A)重要事件 (B)360度回饋 (C)評等尺度 (D)目標管理。 【107台鐵】

( ) **7** 由員工自己、上司、直接部屬及同事的意見做績效評估的方法為下列何者？ (A)判斷評量法 (B)關鍵事件法 (C)360度評估 (D)目標管理法。 【109經濟部】

解 **1 (B)**。績效考核分三類：(1)時間：定期、不定期。(2)考核內容：特徵導向、行為導向、結果導向。(3)主客觀：主觀（考評者主觀評價）、客觀（量化指標考核）。

量化指標：指依據客觀的數據分析來預測未來發展。

2 (D)。(D)人資部門負責招募／培訓／制訂績效標準，但實際評估應該會由各部門直屬主管協同評估績效。

3 (C)。(C)根據直屬主管的績效考核結果來進行獎勵的分配是最正確與最公平的方式→不管哪種考核方式都各有其優缺點，根據直屬主管的績效考核進行獎勵的分配也有可能根據主管主觀意識、對下屬的好惡而有不公平的現象。

4 (C)。(A)書面評語：用文字敘述說明員工的優缺點及工作表現→質化。

(B)重要事件評估法：擷取重要且有效的工作表現事件進行評估→質化。

(C)評等量表法：列出各種因素（工作表現、忠誠、努力、效率、品質等）進行評分→量化。

(D)行為定向評估尺度法：結合重要事件評估法和評等量表法＝(B)＋(C)。

5 (C)。(A)直接指標法：採用可監測、可核算的指標構成若干考評要素，作為對下屬的工作表現進行評估的主要依據。該方法屬於結果導向型的績效考評方法。

(B)座標式平等法：由評估者就一系列描述工作或個人品質的語句，在適當的績效向度中勾選或評分。

(C)目標管理：組織中的上級和下級一起協商，根據組織的使命確定一定時期內組織的總目標，由此決定上、下級的責任和分目標，並把這些目標作為組織經營、評估和獎勵每個單位和個人貢獻的標準。

(D)排列法：將同一部門員工，依工作責任、難易、工作成果為依據，予以依序排列。

6 (B)。(A)重要事件法：由上級主管者記錄員工平時工作中的關鍵事件：一種是做的特別好的，一種是做的不好的。

(B)360度回饋（360-degree feedback）：是指透過全面而多元的資料蒐集與分析過程，用來協助個人成長、發展或作為評鑑個人績效的一種方法，是一種希望做到更公平、公正的評鑑方式，資料來源包括自己、上級、部屬、同事以及外部相關人員。

(C)評等尺度法：列出一系列的績效因素和增量量尺，然後評估者針對各項因素，分別在一個尺度上予以評等。

(D)目標管理：由經理人和員工一起訂定明確目標（雙向溝通），視目標進度並根據進度給予獎懲。

7 (C)。360度績效評估是指由員工自己、上司、直接部屬、同仁同事甚至顧客等全方位的各個角度來瞭解個人的績效。

三、評估者的偏誤

(　　) **1** 何者是績效評估常犯的錯誤？ (A)比馬龍效應 (B)缺乏彈性 (C)幼獅效果 (D)趨中偏誤。【106中油】

(　　) **2** 根據最新近發生、印象最深刻的事件作為決策依據係指為下列何者？ (A)近期效應偏差 (B)過度自信偏差 (C)立即滿足偏差 (D)自我中心偏差。【108台菸酒】

(　　) **3** 當上司在考核員工時，只根據某些工作表現來推論該員工全面的表現，並以此為考評的依據，稱之為： (A)刻板印象 (B)月暈效應 (C)比馬龍效應 (D)漣漪效應。【107台菸酒】

(　　) **4** 我們通常會將某個群體的特質套到其他成員的身上，例如多數上班族認為主管應還是由男性擔任較適宜，女性適合文書處理、細心的工作，請問這是哪種現象？ (A)月暈效果 (B)刻板印象 (C)投射作用 (D)對比效果。【107台菸酒】

(　　) **5** 「男主外、女主內」，請問這句話犯了什麼決策的偏誤： (A)群體盲思（groupthink） (B)刻板印象（stereotypes） (C)對比效果（contrast effects） (D)投射效果（projection effects）。【108台鐵】

解 **1 (D)**。趨中傾向：評估者難以區分受評人間的績效差距，使分數都集中在中間區段，多半是不了解或不願得罪人。

2 (A)。(A)近期效應偏差：以最近發生的事做為決策依據。
(B)過度自信偏差：成功都是因為我很厲害。
(C)立即滿足偏差：短視近利，決策都只看眼前的利益。
(D)自我中心偏差：失敗都是外在因素或他人造成。

3 (B)。月暈效應（光暈、暈輪、光輪）：根據單一表徵判斷員工整體表現，僅以某人部分或某一項特徵（個人部分特徵、最突出的因素）來做評價，就認定該人的整體特徵為何→用單一來判斷整體、以偏概全。

4 (B)。月暈現象：以偏概全，如小美長得很漂亮，工作能力一定也很好。
刻板印象：以全概偏，如題目：女性較適合文書工作。

5 (B)。(A)群體盲思（groupthink）為了團體凝聚力或一致性，因而放棄提出不同意見的機會。
(B)刻板印象（stereotypes）依個人所屬的群體特徵來判斷。
(C)對比效果（contrast effects）會以同樣特質的人互相比較、判斷。
(D)投射效果（projection effects）認為所有人的想法與自己相似。

填充題

在評估員工績效時，利用管理者、員工和同事等回饋作為衡量依據的一種績效評估方法稱之為 ______ 評估法。 【107台電】

解 360度／360度回饋

焦點四 薪資與福利

員工進入職場工作是為了獲取薪資與福利，企業若能提供員工合理的薪資與福利將能激勵員工，提高士氣，進而達到提升業績的目標。

一、基本概念【台水、台菸酒、台鐵、郵政、中華電信、桃捷】

以下將關於薪資的基本概念做一整理。

<table>
<tr><th rowspan="3">薪酬內容</th><td colspan="2">薪酬是組織對員工提供服務的報酬。薪酬包括薪給、獎金、福利等。</td></tr>
<tr><td>直接薪酬</td><td>基本薪資、紅利、認股權、獎金、津貼等。→直接給員工，員工可以馬上拿來花用。</td></tr>
<tr><td>間接薪酬（福利）</td><td>公司旅遊、勞健保、身體檢查、企業優惠、退休金、娛樂活動等。→沒辦法立即拿來花用。</td></tr>
<tr><th>影響薪酬高低的因素</th><td colspan="2">1. 專業知識。
2. 技能。
3. 責任。</td></tr>
<tr><th rowspan="3">薪酬決策的內容</th><td>個別薪酬決策</td><td>薪酬的構成，即員工的工作報酬由哪幾部分構成。一般而言：員工的薪酬包括以下幾大主要部分：基本薪酬（即本薪）、獎金、津貼、福利、保險五大部分。</td></tr>
<tr><td>薪酬水準決策</td><td>薪酬水準是指企業內部各類職位和人員平均薪酬的高低狀況，它反映了企業薪酬相對於當地市場薪酬行情和競爭對手薪酬絕對值的高低，也就是外部的競爭力。它對員工的吸引力和企業的薪酬競爭力有著直接的影響。</td></tr>
<tr><td>薪酬結構決策</td><td>薪酬結構是指組織中各種工作或崗位之間薪酬水平的比例關係，包括不同層次工作之間報酬差異的相對比值和不同層次工作之間報酬差異的絕對水平。
確定薪酬結構通常需要進行工作價值的程度比較，即對各職務相對於其他職務來評估其價值。</td></tr>
<tr><th rowspan="4">薪酬制度擬定原則</th><td>公平原則</td><td>依照工作性質、難易度、責任建立給付標準，達到同工同酬的原則。</td></tr>
<tr><td>合理原則</td><td>應考慮同行薪資水準，又稱為競爭原則。</td></tr>
<tr><td>激勵原則</td><td>需要能夠激發士氣，使員工發揮潛能。</td></tr>
<tr><td>安定原則</td><td>能夠滿足員工基本開銷，使員工安心工作。</td></tr>
<tr><th rowspan="4">薪酬制度擬定原則</th><td>簡單原則</td><td>薪資制度與結構要簡單易懂，避免發生誤解。</td></tr>
<tr><td>控制原則</td><td>透過薪資制度引導員工努力的方向。</td></tr>
<tr><td>彈性原則</td><td>要考量經濟變遷、員工表現等彈性調整。</td></tr>
<tr><td>經濟原則</td><td>薪資制度同時要考慮企業營運成本、獲利狀況、員工收入等。</td></tr>
</table>

小補充、大進擊

薪酬內容		說明	性質
薪資	本薪	又稱為底薪，是依據員工的工作性質與職位所支領的薪資，是經過工作評價與職位分類所訂定。	應得報酬
	津貼	本薪之外的另一種補償性給付，例如職務高低、技術難易、危險程度、額外消耗體力和費用所支付的薪資。 如技術加給、職務加給、交通津貼、房屋津貼、生活津貼、誤餐費等。	補償報酬
	獎金	員工努力工作的激勵性報償。 如績效獎金、考勤獎金、提案獎金等。	能力證明
福利	保險與年金	各種保險、年金與財務補助。 如勞工保險、意外保險、退休年金、婚喪補助等。	經濟性福利
	假期	休假、事假、病假、生理假、育嬰假、產假、陪產假。	
	其他服務	休閒娛樂活動，如旅遊、運動會等。	娛樂性福利
		方便日常生活的服務，如交通車、員工餐廳、托育服務等。	設施性福利
		鼓勵員工進修、提升職能。如閱覽室、諮詢、補助進修。	教育性福利

二、薪酬設計【經濟部、台水、台菸酒、台鐵、桃機】

薪酬的設計可分為以下幾種，固定薪酬制是固定的薪資，薪水只會隨職位變動。技能薪酬則是以員工的技術水準和能力來敘薪，主要用在製造業。另一種越來越被普遍使用的是變動薪酬制，即員工的薪水會隨著工作績效而變動。雖然有很多因素會影響薪酬系統的設計，但「靈活」已逐漸成為關鍵的考量。

薪酬設計	內容
固定薪酬制	員工領的薪資是固定性的，若沒有升遷，則幾乎同一職位上的薪水每個月都相同。例如：行政人員。

<table>
<tr><th>薪酬設計</th><th colspan="2">內容</th></tr>
<tr><td>技能薪酬制</td><td colspan="2">也稱能力計酬制、知識技酬制，主要依個人能力或可勝任工作項目的多寡做為計酬的考量，不是僅憑工作職銜給薪。</td></tr>
<tr><td rowspan="4">變動薪酬制</td><td colspan="2">案件計酬、薪資誘因、利潤分享、淨額紅利、利益共享等。屏除過去依年資計算的傳統方式，以員工個人或組織整體表現來計酬，酬勞代表的是個人的工作貢獻而非職位、年資。</td></tr>
<tr><td>案件計酬制</td><td>即員工每完成一單位數量的工作，即可享有固定額度的報償。如：設計師、建築師。</td></tr>
<tr><td>利潤分享制</td><td>為適用於全公司的制度，根據公司獲利狀況所設計的公式來分配報酬。如分紅配股</td></tr>
<tr><td>利益共享制</td><td>薪資誘因計畫之一，為公司分配的酬賞額度是團體產能的改善制度而定。
例如：股票選擇權。是一種獎勵員工的辦法，讓員工用一個約定好的價格，購買公司一定股數的股票，所以如果公司股價漲得越高，執行認股選擇權可以賺到的價差就越多。這個方法可以激勵員工更積極地提高公司的價值（價格）。</td></tr>
<tr><td rowspan="4">彈性福利制
自助餐式福利</td><td colspan="2">公司事先規畫出許多種類的福利，例如：分紅獎勵、出國旅遊、高級健檢等，員工由福利方案中，挑選最適合自身的方案，讓員工可依照自己的需求來選擇福利方案。</td></tr>
<tr><td>組合式計畫</td><td>根據特定族群員工的需求，從公司事先規劃好的一套福利方案中予以選擇再組合的福利制度。</td></tr>
<tr><td>核心外加選擇</td><td>除了核心福利外，可再從公司的福利方案選單中挑選自己最需要的福利。</td></tr>
<tr><td>彈性支付計畫</td><td>允許員工提撥該計畫能接受的最高額度到福利帳戶中，由帳戶支付他所需要的福利項目。</td></tr>
</table>

三、生涯發展【經濟部、台菸酒、桃機】

生涯發展為企業為了協助員工在企業內長遠且穩定的發展而設計，有助於吸引和留住優秀人才。生涯發展為結合個人與組織目標，包括員工的生涯規劃與組織的生涯規劃。

項目	內容
個人生涯規劃	配合個人的能力、條件、性向與價值觀，找出理想的事業目標，以及如何達成這個理想。
組織生涯管理	配合組織長期發展目標與人力需求，提供員工個人在組織中發展的機會，以整合個人的目標與組織的目標。

四、勞資關係與勞動權益【台菸酒、台鐵、郵政】

(一) 全體或個別員工法律上具有以下的基本權益

項目	內容	
勞動三權	團結權	組織勞工團體（工會）的權利。
	集體協商權	選任勞工代表，與雇主進行有關勞動條件訂立勞動協約。
	爭議權	依法進行爭議行為，如罷工，對雇主施壓的權利。
工會的任務	1. 團體協約的締結、廢止或修改。 2. 會員就業輔導。 3. 勞資間糾紛的協調處理。 團體協約：指雇主或有法人資格之雇主團體，與依工會法成立之工會，以約定勞動關係及相關事項為目的所簽訂之書面契約。	
勞資爭議處理方式	權利事項	勞資雙方當事人基於法令、團體協約、勞動契約規定的權利義務之爭議。例如最低薪資、基本工時等。 程序：協調→調解→訴訟。
	調整事項	勞資雙方當事人，對於勞動條件主張繼續維持或變更的爭議，並基於事實狀況對於勞動條件未來的主張。如長榮航空的空服員主張排班制度的計算與調整。 程序：協調→調解→仲裁→強制執行。

說明：

1.協調：居間調解，沒有強制力。

2.調解：調停各方意見，平息紛爭。法律上指法院就有爭執的事件，勸諭雙方庭外和解，避免訴訟行為。雙方合意下有強制力。

3.仲裁：雙方發生爭執時，將爭執事項交與第三者或法院進行評斷裁決。如：「國際仲裁」、「法院仲裁」。具有法律約束力及強制力。

(二) 現行勞動基準法之工時／工資

以下為勞基法的規定，為企業必須遵守的規範。

項目		規定
工時	正常工時	每日不得超過 8 小時，每周不得超過 40 小時。
	加班	與正常工時合併計算，一日不得超過 12 小時。 一個月的總加班時數不得超過 46 小時。
	休息	勞工每七日中應有 2 日休息，其中一日為例假，一日為休息日。
工資	基本工資	由勞資雙方共同協議，但不得低於政府所規定的基本工資。
	加班工資	不論平日或休息日加班，應按照政府所規定的工資計算。
	工資給付	不論何種薪資制度，應定期支付並全額給付。
	不得預扣	不得預扣勞工工資作為違約金或賠償費用。
	其他規定	1. 雇主不得有性別差別待遇。 2. 企業受景氣影響需安排員工放無薪假時，需勞雇雙方透過勞資會議共同議定。 3. 企業在無薪假期間，仍需提供薪資，金額不得低於政府所規定的基本工資。 4. 企業實施無薪假最長不可超過三個月，如有延長必要，應重新與勞方共同議定。
現行勞退制度	適用對象	本國籍勞工、依法在台工作的港、澳、陸與外國人。
	雇主提撥	每月提繳薪資 6% 以上退休金。
	退休金保管單位	勞工保險局。
	請領條件	年滿 60 歲。
	服務單位	不須服務於同一企業。
	給付方式	月退或一次給付。

五、人力資源管理新趨勢【台糖、郵政】

人力資源管理會隨著時間、環境而有變化，因此會有許多新觀念與時俱進，以下補充幾個近年的新趨勢。

趨勢	內容
職場精神（Workplace Spirituality）	又稱職場靈性，是一種文化，指藉由從事對社會有意義的工作來達到員工心中對自我生命的認同。 靈性的組織傾向擁有五項文化特性： 1. 強烈的目標意識。 2. 注重個別員工發展。 3. 信任與開放。 4. 員工授權。 5. 對員工意見的寬容。
職場多樣性（workforce diversity）	組織內各個成員間的差異及相似的程度。若能明確地定義職場多樣化，將可以協助企業聚焦企業成功所需的多樣化及其內容。 1. 表層多樣化：年齡、種族、性別等外在的多樣化，很容易受刻板印象影響。 2. 深層多樣化：價值觀、個性、工作偏好等，這種多樣化影響了組織內成員對於工作獎賞、溝通、對領導者的反應以及工作舉止。
彈性工時（Flextime、Flexible working hours）	彈性利用正常工作時間的概念，為一種可變動性工作時間表，有別於需要員工朝九晚五的制式化傳統工作時間。在彈性工時下，一天中有一個核心時段（大約是總工時／工作日中的百分之五十）要求員工一定要在其工作崗位上，在雇主或主管所期望的每日總工時不變之基礎下，員工可以選擇何時上下班，依其需求彈性調整（提早或延後）其工作時間，但須完成必要之工作。

即刻戰場

選擇題

一、基本概念

(　　) **1** 關於人力資源管理的程序，以下那些程序是為了留住稱職且一直維持高績效的員工？　(A)人力資源規劃、招募、甄選　(B)引導、訓練　(C)績效管理、薪酬與福利、生涯發展　(D)工作分析、招募、甄選。

【106台鐵】

( ) **2** 企業期待員工對企業有所貢獻，相對而言，員工期待企業提供應有的報酬，二者間形成一種心理契約。下列何者不屬於企業提供員工的報酬？ (A)薪資 (B)努力 (C)福利 (D)晉升機會。

【105郵政、107桃捷】

( ) **3** 組織給予員工的報償可分為兩個部分：直接性給付和非直接性給付。下列何者不是直接性給付？ (A)基本薪資 (B)意外保險、退休年金 (C)交通津貼、加班費 (D)年終獎金、績效獎金。 【107台水】

( ) **4** 下列對於員工福利之敘述，何者正確？ (A)員工福利包含薪資與獎金等直接報酬 (B)員工福利越好，人員流動率越高 (C)企業不得提供超過政府法令限制之福利內容 (D)一般而言，公司所提供福利與個人績效並無直接關係。 【106桃捷】

( ) **5** 薪資制度的設計是人力資源管理職能的一部分，薪資設計必須要考慮到公平合理以及產業狀況，請問薪資制度設計的基礎不包含以下那一個項目？ (A)以職務為基礎，反映出工作的相對價值 (B)以績效為基礎，反映出員工的績效 (C)以技能為基礎，反映出其所擁有技能的難易度和稀有性 (D)以客戶為基礎，反映出公司客戶的期待。

【110台鐵】

( ) **6** 有關薪資訂定的原則，下列敘述何者錯誤？ (A)安定原則：滿足員工生活所需，以穩定員工情緒與工作意願 (B)公平原則：依工作之難易程度與責任大小，給付不同工資，使同工同酬 (C)競爭原則：薪資的高低需考量公司內部員工彼此比較之心理感受 (D)經濟原則：薪資的高低需考量企業營運狀況、成本與支付能力。 【107台菸酒】

解 **1 (C)**。人力資源管理過程：(1)人力資源規劃。(2)裁員／招募：選才。(3)甄選。(4)導覽。(5)訓練：訓才。(6)績效管理與評估。(7)薪資福利：用才／留才。(8)生涯發展。

2 (B)。薪酬是組織對員工提供服務的報酬。薪酬包括薪給、獎金、福利，努力是員工該有的態度。

3 (B)。薪酬福利：

(1)直接薪酬：員工收到的貨幣性薪資，例如基本薪資、紅利、認股權、獎金、津貼等。

(2)間接薪酬：或稱福利，指非貨幣性的報酬，例如公司旅遊、勞健保、身體檢查、公司優惠餐廳、退休金、消費合作社、娛樂活動等。

4 (D)。福利是員工的間接報酬。一般包括健康保險、帶薪假期或退休金等形式。這些獎勵作為企業成員福利的一部分，獎勵職工個人或者員工小組。

5 (D)。(D)以客戶為基礎，反映出公司客戶的期待—顧客關係管理。

6 (C)。外部競爭性原則：強調企業在設計薪酬時必須考慮到同行業薪酬市場的薪酬水平和競爭對手的薪酬水平，保證企業的薪酬水平在市場上具有一定的競爭力，能充分地吸引和留住企業發展所需的戰略、關鍵性人才，非考量公司內部員工彼此比較之心理感受。

二、薪酬設計

( ) 1 以設定的價格讓員工購買股票使員工成為公司的所有者，將促使他們努力為公司盡力，係為下列何者： (A)股票選擇權 (B)績效薪酬制 (C)按件計酬制 (D)公開帳目管理。 【106桃機】

( ) 2 組織和員工對於「員工對組織的貢獻」以及「組織提供的報酬」所抱持的整體期待，是為： (A)心理預期 (B)心理調適 (C)心理認同 (D)心理契約。 【109台鐵】

( ) 3 個人貢獻與企業提供的誘因在若干程度上得以匹配，此術語為何？ (A)個人工作適配度 (B)動作時間研究 (C)心理契約 (D)團隊文化。 【107經濟部】

解 1 (A)。(A)股票選擇權：是一種獎勵員工的辦法，讓員工用一個約定好的價格，購買公司一定股數的股票，所以如果公司股價漲得越高，執行認股選擇權可以賺到的價差就越多。這個方法可以激勵員工更積極地提高公司的價值（價格）。

(B)績效薪酬制：以工作績效做為支付薪資的標準。

(C)按件計酬制：用工作量來計算薪資。

(D)公開帳目管理：帳目公開、資訊透明、正確揭露。

2 (D)。「心理契約」可以被視為是主管與員工之間的互惠義務，它會影響當前及未來主管與員工之間的交換關係，通常是透過主管與員工之間的溝通所形成，當主管透過溝通給予員工承諾，並進一步使員工產生期待，使其相信自己的貢獻將會在未來有所回饋，此時主管與員工之間便產生了心理契約。

3 (A)。「個人工作適配度」強調「個人」和「工作」之間雙向的「匹配」、「相稱」，而「心理契約」著重於企業單向提供的「承諾」能否滿足員工的心理狀態。

個人-工作適配（person-job fit）指員工與其工作的適合程度，包含能力、工作特性、興趣、或人格上的適合，面向：
(1)要求—能力適配（demand-ability fit）：即個人能力符合工作要求的程度。
(2)需求—供給適配（need-supply fit）：即工作所能提供的報酬能符合員工需求的程度。
「心理契約」可以被視為是主管與員工之間的互惠義務，它會影響當前及未來主管與員工之間的交換關係，通常是透過主管與員工之間的溝通所形成，當主管透過溝通給予員工承諾，並進一步使員工產生期待，使其相信自己的貢獻將會在未來有所回饋，此時主管與員工之間便產生了心理契約。

三、生涯發展

( ) **1** 人力資源管理活動中，員工發展主要著重於下列何者？ (A)壓力管理 (B)個人成長 (C)道德提升 (D)目前工作所需技能。 【103經濟部、106桃機】

( ) **2** 有關雙軌式管理的敘述，下列何者錯誤？ (A)讓研發／技術人員有技術和管理兩種升遷管道 (B)有助於研發／技術人才有效留任 (C)可以讓內部研發／技術人員適才適所 (D)不利於技術人員升遷。 【108台菸酒】

解 **1 (B)**。員工發展：著重在未來職涯發展所需要的才能，較偏向於拓展員工的技能範疇。較重於員工的個人成長。

2 (D)。人力資源管理有雙軌制（Two tier System），一條是管理體系，一條是專業體系，兩個體系在職稱與薪資是完全一樣的。

四、勞資關係與勞動權益

( ) **1** 依勞退新制規定，雇主每月至少應提撥工資之多少比例至員工的退休金專戶中？ (A)5% (B)6% (C)7% (D)8%。 【108台鐵】

( ) **2** 關於我國工會組織的敘述，下列何者錯誤？ (1)團體協約是工會對制定工時的主要影響力 (2)現今已建立相當完善的制度化協商機制 (3)目前已充分為勞工提供完善服務 (4)若未能發揮團體協商的功能，則難以為勞工爭取權益 (A)(1)(2)(3) (B)(2)(3) (C)(1)(4) (D)(1)(2)(3)(4)。 【107台菸酒】

解 **1 (B)**。退休：受僱於適用勞動基準法事業單位之勞工，於94年7月1日前已在職並選擇適用勞工退休金條例（新制）之退休金規定者，或於94年7月1日後始到職者，雇主應按月為勞工提繳退休金至勞保局之個人退休金專戶，雇主所負擔的退休金提繳率，不得低於勞工每月工資的6%；除了雇主提繳的部分外，勞工也可以在每月工資6%的範圍內自願提繳。

2 (A)。(1)錯誤，勞資會議是工會對制定工時的主要影響力。

(2)錯誤，現今尚未建立相當完善的制度化協商機制，目前國內勞方依舊偏弱勢。

(3)錯誤，目前尚未充分為勞工提供完善服務。能夠為勞工提供完善服務的公司內部單位是工會，但國內勞工加入工會的比例偏低，工會組織難以有實質性的成長，故難以充分提供完善服務給勞工。

五、人力資管理新趨勢

(　　)　某公司日前宣布「所有員工將可以在一定的範圍內自行選擇上下班時間」，請問這樣的方式一般被稱為下列何者？ (A)通勤補貼 (B)彈性工時 (C)作業外包 (D)自主排程。 【107郵政】

解 **(B)**。彈性工時（Flextime、Flexible working hours）：彈性利用正常工作時間的概念，為一種可變動性工作時間表，有別於需要員工朝九晚五的制式化傳統工作時間。在彈性工時下，「一天中有一個核心時段（大約是總工時／工作日中的百分之五十）要求員工一定要在其工作崗位上，在雇主或主管所期望的每日總工時不變之基礎下，員工可以選擇何時上下班，依其需求彈性調整（提早或延後）其工作時間，但須完成必要之工作」。

時事應用小學堂 2023.01.12

你拿到了嗎？ 88% 企業大方發年終、獎金創下 5 年新高！資訊業獨佔鰲頭發最多

2022 年航運業繳出漂亮成績單，豪發 52 個月的年終，員工再度在睡夢中被錢砸醒，連續兩年年終獎金傲視全台，員工荷包滿滿，但於此同時外銷為主的製造業卻傳出砍單危機，國發會景氣燈號分數暴跌，亮出代表低迷的藍燈，2023 年的景氣出現變數，會不會影響企業主發放年終的意願呢？

根據 1111 人力銀行針對企業進行調查顯示，今年願意發放年終獎金的企業高達 87.6%，不但發放比例衝上 16 年新高，願意發給的年終獎金也提高了，平均發

出 1.34 個月，是近 5 年最高，相較去年對疫情的不樂觀，在共存的方向確立後，利空出盡，儘管來年景氣不確定性高，但回顧過去一整年，無論是挺過本土疫情大爆發的艱困時期成功轉型，或是受惠於產業利多業績爆量，展開新氣象，靠的都是勞資雙方協力，因此企業願意發放年終的意願比起去年足足多出了 11.3%，回到近幾年的高點。

9 成 5 科技業大方給年終！民生服務業墊底僅 7 成有發

不過，依然有 12.4% 的企業，已經確定不發放年終，主要原因包括公司一向沒年終 65.3%、採取獎金制度發放 19.2%、預估來年景氣不好減少支出 15.3%、營運不佳沒賺錢 15.1%。

近一步從產業別交叉分析，資訊科技業發放年終獎金的比例最高超過 9 成 5，而在疫情期間受創最嚴重的民生服務業，發放年終獎金的意願最低，只有 7 成企業選擇發放年終。

貴企業發放年終獎金的計算方式是？【單選】

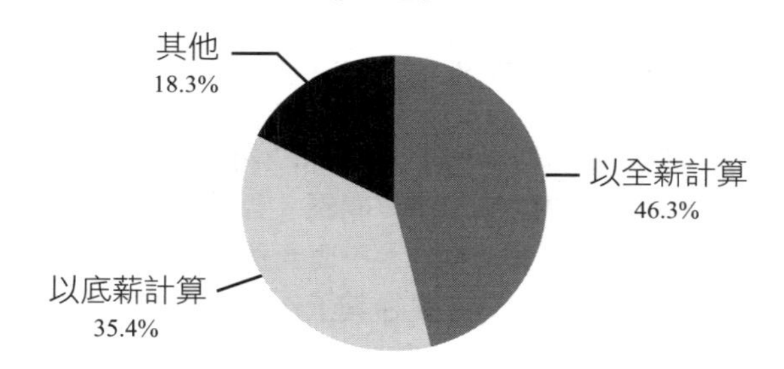

1111 人力銀行公關總監陳尹柔分析，歷時近 3 年的疫情在 2022 年底終於走向解封，熬過低迷的防疫氛圍，面對第一個農曆新年，苦盡甘來的氣氛濃厚，促使企業以發放年終來激勵員工，再加上過去一年本土疫情爆發，許多實體大型活動都停辦，員工福利像是部門聚餐、慶功宴都因為疫情取消，撙節下來的費用就轉而加碼在整年度的年終獎金當中，因此會發出比前幾年略高的年終。

陳尹柔表示，資訊科技業的薪資結構大多是以年薪來計算，在入職後會保障 13 至 14 個月的薪資，也就是會有 1 至 2 個月固定的年終，因此對多數的資訊科技業來說，年終獎金多涵蓋在固定的人事成本當中，因此發放年終的比例最高。

反觀民生服務業，過去一年歷經本土疫情大爆發，嚴重影響消費者出門接觸人群的意願，包括餐飲、旅宿在內的民生服務業業績遭受重創，大量基層人力流失，直到解封後業績反彈，產業端卻面臨無人可用的困境，還在摸索未來走向的民生服務業，因為疫後不確定性以及人力窘迫，元氣大傷還沒完全復原，造成將近 3 成的民生服務業選擇不發放年終獎金，從業人員只能以短期的業績獎金來墊高收入。

9 成 3 企業人人有獎！科技業 1.84 個月稱霸

整體而言，在願意發放年終的企業當中，高達 9 成 3 的企業是人人有獎，所有員工都領的到年終獎金，其中 72.9% 的企業發出的金額會比照去年的水準，還有 17.3% 的企業會發放比去年更高的年終，而發放的依據包括個人績效 45.8%、員工年資 33.8%、固定年終 33.3%、照企業營收比例 14.0%。

從產業來看，年終發放最大方的產業是資訊科技業，平均發出 1.84 個月的年終，其次是金融業 1.83 個月、貿易流通業 1.5 個月。

（資料來源：數位時代 https://www.bnext.com.tw/article/73741/shipping-bonus-20230112）

延伸思考

年終獎金、績效分紅是台灣企業激勵員工與留才使用的主要方式之一。早年，科技業喜愛用股票分紅作為獎金，曾造成一股旋風，後來因為分紅費用化而有所變化。關於使用股票獎勵員工的策略，還有哪些方式？

解析

關於股票獎勵，有以下幾種方式

獎酬員工制度	優點	缺點
員工分紅（入股）	員工無償取得股份，對員工獎勵效果較大	無盈餘不能發放、費用須一次認列（對公司獲利衝擊相對大）、無法限制員工轉讓、無法與員工未來績效連結（員工拿到分紅股票後就離職，無法真正留才）
現金增資保留員工認購	企業訂定的認購價格低於市價時，能達到獎勵員工的目的	員工須付出成本取得股票，可能減少員工認購的意願；費用須一次認列

獎酬員工制度	優點	缺點
買回庫藏股轉讓給員工	企業可選擇轉讓的時間點	企業須先買回庫藏股，須先準備資金；企業要認列費用，但可分年認列
員工認股權憑證	企業能設計認股條件，使獎勵方式與員工績效連結	須認列費用，但可分年認列；員工須付出成本取得股票，且須二年後始得執行認股
限制員工權利新股（限制型股票）	員工能無償取得股份，獎勵效果較大；企業可設計既得條件，獎勵手段與員工績效連結	須認列費用，但可分年認列

早年，員工分紅配股是高科技產業喜愛的獎酬工具，藉此留住人才，也創造出不少的科技新貴。不過，2008 年實行員工分紅費用化，規定公司若進行員工分紅，依法必須認列薪資費用，造成企業盈餘下降，而員工必須課徵所得稅，也增加了員工的稅務負擔。因此，對於員工分紅費用化的未來走向，各界逐漸產生不一樣的聲音。

目前除發放獎金和績效分紅等現金，台灣企業多採用限制型股票來留才，在台灣，台積電、鴻海、和碩等都祭出過限制型股票。這些企業通常將限制型股票作為一種獎勵和激勵手段，以吸引和留住優秀人才，提高員工績效和企業業績。2012 年，蘋果發給執行長提姆庫克（Tim Cook）價值 3.76 億美元的限制型股票，規定庫克直到 2016 年才能拿一半，另一半得至 2021 年才能獲得。

（資料來源：經理人雜誌 https://www.managertoday.com.tw/articles/view/66453）

Lesson 21 研發創新與資訊管理

課前指引

研發管理已經是現今企業追求利潤的核心手段之一，良好的研發管理制度可整合商品化前後的總體規劃，並將所蒐集的資訊整理成為企業知識庫，有利於企業掌握內部及外部資源，對於創新研發活動整體發展有相當的助益。而在技術研發的過程中，除了技術本身的品質，對內、外部資源及環境統籌整合的資訊能力，已成為決定技術商品化成功與否的重要關鍵。因此將研發創新與資訊管理放在Lesson21 同一章節中。

重點引導

焦點	範圍	準備方向
焦點一	研發管理	本焦點除了台灣自來水之外，出題頻率較低，但是其為企業功能中重要的一環，可將其概念瀏覽過一遍。
焦點二	創新管理	本焦點是近期的熱門，其為科技管理的基礎，因此有許多新興理論都會在焦點二中考出。包括創新的分類、技術創新生命週期，以及近期關於智慧財產權的知識，都是常考的內容。
焦點三	資訊管理	本焦點的重點在：企業最常使用的資訊系統，包括 TPS、MIS、DSS、IES，其內容與運作方式，都是很常見的考試內容。此外，企業資訊應用的新趨勢，包括企業資源規劃、顧客關係管理、知識管理系統也是出題重點，要清楚其用途與內容。
焦點四	電子商務	電子商務是近期的一個出題重點，包括基本電商知識，例如 B2B、B2C、C2C 等的理論與應用。此外，電子商務相關的理論和其他理論的比較，也要特別注意，如長尾理論、長鞭理論。

焦點一 研發管理

研究發展（research and development，簡稱R&D）。

(一) **研究**：對某一特定學科，有系統的、密集的鑽研，以求得較完整的知識。

(二) **發展**：將科學知識有系統地使用於產品的設計、生產方法上，也就是包括產品雛型與製程的設計與開發等。

在企業界，研發是一種通用的詞彙，意指新的科學或利用既有的知識來生產新的產品。而研發管理是對研發進行規劃、組織、領導、控制的管理功能。

一、研究發展的層次【台水、郵政、中華電信】

根據OECD（聯合國經濟合作發展組織）的定義將研究發展分成以下3個層次：

三個層次	內容	小例子	特性
基礎研究 BASIC RESEARCH	1. 沒有特定商業目的，以創新探索知識為目標的研究，稱為基礎研究。 2. 有一定的目標（非商業目標），運用基礎研究的方法，進行的基礎研究，稱為定向基礎研究，或稱目標基礎研究。此類研究多在企業進行。	1. 法拉第發現電磁感應原理（發電原理）。 2. 麥克斯韋提出電磁波理論。	1. 沒有實際要求。 2. 沒有時間限制。 3. 不急於評價。 4. 多數情況，費用沒有固定要求。 5. 一般沒有保密性。
應用研究 APPLIED RESEARCH	基礎研究所發現新知識的實際應用，其研究結果是一種新方法或新用途的發明。	1. 西門子利用電磁感應原理，製成第一台發電機。 2. 赫茲發現電磁波，製成電磁波發生裝置。	1. 有目標、計畫。 2. 有時間限制，有彈性。 3. 適當時候做評價。 4. 費用較多，控制較鬆。 5. 有一定保密性。

三個層次	內容	小例子	特性
發展 DEVELOP-MENT	利用基礎研究、應用研究成果和現有知識為創造新產品、新方法、新技術、新材料，以生產產品或完成工程任務而進行的技術研究活動。	1. 愛迪生製成發電機，建成電廠，建立電力技術體系。 2. 波波夫與馬可尼進行無線電通信獲得成功，實現跨越大洋的無線電通信。	1. 有具體明確目標、計畫。 2. 有嚴格時間控制。 3. 完成後立即評價。 4. 須各方面協調配合，更須注重組織的作用。 5. 費用投入一般較大，控制較嚴。 6. 具嚴格保密性。

小比較，大考點

基礎研究→新研究
應用研究→解決問題

二、研究發展的特質【台水】

企業進行研發過程，通常都會經歷高風險、回收期間長、高度依賴人力以及高報酬等特性，不一定都會發生，但極高比例會有這些現象。

特質	內容
高風險	目前不存在的產品或技術進行開發，或者修改一項產品技術，能否成功充滿不確定性。
高報酬	技術的發展可以改變產業結構，若有新產品被成功研發出來，在早期無競爭的狀況下，廠商可享有獨占地位，享受極大利潤。
回收期間長	通常需要長期投入，才能看到結果，所以回收期間較長，尤其是越接近基礎研究，回收期越長。
高度依賴人力	企業是否擁有研發的能力，取決於企業能否擁有研究發展人才，研發人力的質與量決定企業研究發展的實力。

三、技術來源與取得方式【台水、中華電信】

技術是將科學有系統的應用到新產品、製程或服務之中。在許多產業中，新技術的主要來源可能是來自公司內部，也有可能是向外購買。

技術來源	內容
內部發展	在公司內部發展新技術，具備保有技術所有權的優勢。
購買技術專利	在開放市場中可買到大部分發展完備的產品與技術，是最簡單、最快、最容易、最具成本效益的方式。
簽訂發展契約	如果技術不容易取得，公司也缺乏資源或時間自行研發該技術時，可考慮和其他公司、獨立研究實驗、大學、政府機構訂立發展契約。
取得授權	某些無法像產品的零件一樣可以輕易買到的技術，可以用付費方式取得授權。
技術交換	交換有時會用在敵對的公司之間，但並非所有的產業都有分享技術的意願。
共同研發與合資	共同研發是指共同追求特定新技術發展，合資與共同研究相似，但合資的結果會成為一家全新的公司。
併購技術的擁有者	如果公司缺乏所需的技術，但又希望獲得所有權，可以考慮併購擁有這項技術的公司。

四、技術策略選擇【台水、台菸酒】

企業發展研發時，都有其不同的策略。學者邁爾斯與史努（Miles & Smow）由策略積極度觀點將企業技術策略選擇分為四類：前瞻者、分析者、防禦者和反應者。

策略	內容
前瞻者（Prospector）	以發現、開發新產品、新市場之機會為主，通常彈性為其成功的關鍵因素，屬「創新生存」。
分析者（Analyzer）	追隨已成功的競爭者之新策略，追求低風險的獲利機會，屬「模仿生存」。
防禦者（Defender）	選定某一區隔市場，僅產製有限組合的產品，故以產品標準化獲至經濟優勢利基、防止競爭者進入，屬「利基生存」。
反應者（Reactor）	不清楚自己應採何種策略，故沒有明確策略。只有在面對重大壓力時才會反應。

即刻戰場

選擇題

一、研究發展的層次

(　　) 實驗或理論的創見性工作，研究結果是一種知識的發現，並未預期任何特定應用目的性質的研究，稱為： (A)基礎研究 (B)應用研究 (C)技術發展 (D)商業化應用。

解 **(A)**。(A)基礎研究：將發現的新知識，做研究發展成一個理論，無商業目的。研究目的：增加人類新知識。
(B)應用研究：將研究出的理論，研究成實際能用於改善人類生活的產品。(C)技術發展：將研究出來的理論變成一種技術。(D)商業應用：運用技術量產出產品銷售。

二、研究發展的特性

(　　) 研究發展可以維持與強化市場的競爭地位、持續企業的成長與生存。下列哪一個不屬於研究發展的特性？ (A)具高度的風險性 (B)是屬於高報酬的事業 (C)短期的投入通常就會有結果 (D)高度依賴專業人才。 【105台水】

解 **(C)**。(C)研發需要回收的期間較長。

三、技術來源與取得方式

(　　) 取得技術的各種來源中，最快的方式為： (A)自主研究 (B)委託研究 (C)合作研究 (D)購買技術專利。

解 **(D)**。購買技術專利：在開放市場中可買到大部分發展完備的產品與技術，是最簡單、最快、最容易、最具成本效益的方式。

四、技術策略選擇

(　　) 在技術策略的競爭時機中，前瞻者會： (A)在一定的產品範圍內努力、防止他人進入 (B)追求在技術、產品、市場領先 (C)採老二主義，模仿修改他人的成功技術 (D)只有在面臨重大壓力時才會反應。

解 **(B)**。(A)防禦者。(C)分析者。(D)反應者。
前瞻者（Prospector）：以發現、開發新產品、新市場之機會為主，通常彈性為其成功的關鍵因素，屬「創新生存」。

焦點二 創新管理

熊彼得（Joseph A. Schumpeter）首先從經濟學角度系統性地提出了創新理論，他認為，所謂創新是把一種從來沒有過的，關於「生產要素的新組合」引入到生產體系，以獲取潛在利潤。

創新可說是從新思想（創意）的產生、研究、開發、試製、製造，到首次商業化的完整過程，也是一種將遠見、知識和冒險精神轉化為財富的能力。創新不一定是技術上的變化，也不一定是實際的物品，它甚至可以是虛擬的，如網際網路的廣泛應用，Yahoo!、Google、阿里巴巴所提供的網路商業模式。

一、創新的內容【經濟部、台水、台菸酒、台電、台鐵、中華電信、漢翔】

(一) 分類

創新依據對象、動力、層面的不同，有許多種創新類型。

類型		內容	小例子
依對象	產品創新	提升現有產品或服務的特性或功能，或開發出一種全新的產品。	研發出一種新的藥物。
	製程創新	對產品或服務的製造、行銷、配送等方式進行改變。	水果罐頭製造流程改變。
依動力	技術驅動創新	針對現有產品、設備或服務的外表、功能或生產製程進行改變。	電話、手機、黑白手機、智慧型手機的發展過程。
	市場驅動創新	來自市場與消費者的需求。	消費者腳踏車配備的需要，而造成對腳踏車的改善。

類型		內容	小例子
依層面	技術面創新	針對現有產品、設備或服務的外表、功能或生產製程進行改變。	電腦功能或速度不斷提升。
	管理面創新	針對產品或服務如何產生構思與送達消費者的管理過程所做的改變，包括系統、政策、方案、服務等，不直接影響產品或服務的外型或功能。	顧客關係管理的改革。
	營運模式創新	帶給企業各相關利害關係人新的價值。	採用 Uber 送餐，沒有店內用餐的餐廳。

(二) 創新能否成功的關鍵因素

1. 企業本身。
2. 產品／市場。
3. 策略。

(三) 創新的來源

根據彼得杜拉克（Peter Drucker）在《創新與創業精神》一書中所述，創新的來源有以下七種：

1. **意料之外的事件**：意外的成功或失敗事件，都是一個獨特的機會。例如3M公司發明黏貼便條紙。
2. **不一致的狀況（矛盾–即現實與理應如此之間的出入）**：「實際狀況」與「預期狀況」之間的不一致，也是創新的主要來源。例如，Apple推出使用者付費的網路音樂賣場iTune，下載一首歌要支付99美分，結果在網路上大賣。
3. **基於程序需要（流程需求）的創新**：產銷作業過程中，比較薄弱、不便之處，就是創新的機會。例如Apple打破傳統的音樂銷售方式，把手機與音樂視為一體，跳脫了傳統音樂銷售程序的框架。
4. **產業結構或市場結構上的改變**：當產業或市場結構改變時，在產品、服務及企業營運方面，必有創新的機會。例如因應全球化通路管理的興起，聯強成功由PC製造轉型為3C物流。
5. **人口統計特性（人口結構的變動）**：人口數量、年齡結構、人口組成、就業人數、教育程度及所得等之改變，均為創新的機會。例如單身主義的興起。
6. **認知、情緒以及意義上的改變**：當社會上一般人的認知、情緒、生活態度等改變時，就會產生創新的機會。例如近來健康主義抬頭，市場上逐漸出現標榜有機、油切、低（零）熱量、無負擔等訴求的產品。

7. **新知識（包括科學的與非科學的）**：創新乃是指使用新的知識，提供顧客所需新的服務及產品。科學與非科學上的進步，會創造新的產品及服務。例如ChatGPT的興起，可能會創造出許多新商機。

(四) 創新與其他名詞

以下就創新與其他類似的名詞做一統整比較。

名詞	解釋
創意	用特殊的方法將不同的想法聯結在一起。
發明	創造尚未存在的事物。
創新	1. 將創意付諸於有用的商品、服務的程序並透過此程序使組織獲得經濟上的意義。 2. 創新的前提是創意。 3. 創新強調的是新發明、新產品或新技術的首次商業化，創新 = 發明 + 開發 + 商業化。
創業	指的則是創新技術或產品的進一步商業化拓展和持續發展。

小補充、大進擊

1. 創業相關的名詞：
   (1) 育成中心（Business incubators）：是一種為初創型小企業提供所需的基礎設施和一系列支持性綜合服務，使其成長為成熟企業的一種新型經濟組織。育成中心以協助企業成長，降低創業企業的風險和成本，將創造出成功的企業，實現財務資助和獨立經營為最主要的目的。
   (2) 內部創業（intrapreneurs）：是由一些有創業意向的企業員工發起，在企業的支持下承擔企業內部某些業務內容或工作項目，進行創業並與企業分享成果的創業模式。這種激勵方式不僅可以滿足員工的創業欲望，同時也能激發企業內部活力，改善內部分配機制，是一種員工和企業雙贏的管理制度。
   特性包括：A.內部創業的風險由母公司承擔。B.必須受到母公司所定的規則、政策與其他限制所規範。C.有些內部創業還必須向母公司內的高階主管報告。（不如外部創業的高度自主性）D.內部創業的報酬可能來自於職位上的晉升或薪資的調升。（不如外部創業的報酬多）
   (3) 產學合作：指學校與政府機關、事業機構、民間團體及學術研究機構合作辦理：
   A. 各類研發及其應用事項：包括專題研究、物質交換、檢測檢驗、技術服務、諮詢顧問、專利申請、技術移轉、創新育成等。

B. 各類人才培育事項：包括學生及合作機構人員各類教育、培訓、研習、研討、實習或訓練等。

C. 其他有關學校智慧財產權益之運用事項。

2. 與創新相關的智慧財產權：主管機關為經濟部，根據標準法第3條，本法用詞定義如下：

(1) 標準：經由共識程序，並經公認機關（構）審定，提供一般且重覆使用之產品、過程或服務有關之規則、指導綱要或特性之文件。

(2) 驗證：由中立之第三者出具書面證明特定產品、過程或服務能符合規定要求之程序。

(3) 認證：主管機關對特定人或特定機關（構）給予正式認可，證明其有能力執行特定工作之程序。

(4) 團體標準：由相關協會、公會等專業團體制定或採用之標準。

(5) 國家標準：由標準專責機關依本法規定之程序制定或轉訂，可供公眾使用之標準。

(6) 國際標準：由國際標準化組織或國際標準組織所採用，可供公眾使用之標準。

有固定型態的物品
以及沒有固定型態

發明 台灣年限 **20年**

有固定型態的物品

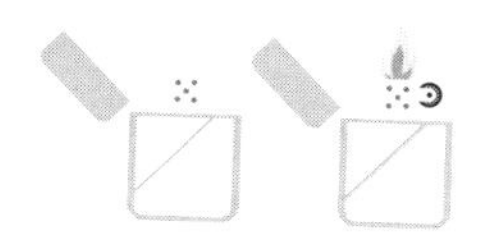

新型 台灣年限 **10年**

把物品變漂亮

設計 台灣年限 **12年**

發明專利	新型專利	設計專利
(1)保護利用自然法則之技術思想的創作，著重於功能、技術、製造及使用方便性等方面之改進。 (2)保護標的較廣，包括物質（無一定空間型態）、物品（有一定空間型態）、方法、生物材料及其用途。 (3)須經過實體審查才能取得專利權。	(1)保護利用自然法則之技術思想的創作，著重於功能、技術、製造及使用方便性等方面之改進。 (2)保護標的僅及於物品之形狀、構造或組合的創作。 (3)採形式審查，故本質上會有不安定性與不確定性。	(1)保護對物品全部或部分之形狀、花紋、色彩或其結合，透過視覺訴求的創作，著重於物品質感、親和性、高價值感之視覺效果表達，以增進商品競爭力及使用上視覺之舒適性，與技術性無關。 (2)須經過實體審查才能取得專利權。

來源：（圖）亞太國際專利商標事務所、（文）經濟部智慧財產局

小比較，大考點

	定義	差異點	實例
創意	以獨特方式組合不同想法或進行想法間特殊連結的能力	只是特殊想法的提出	讓每個人都成為發電機
創新	將創意具體落實為有用的或具獲利潛能的產品、服務或工作方法的流程	將想法付諸實行且被市場接受	研發出一裝置戴在身上，只要一移動就能產生電能

二、創新的種類【經濟部、台水、台菸酒、中油、郵政】

創新的種類有很多種，慢慢地改變、緩慢的創新或是突然重大的改變，都是創新可能的種類，以下將創新可能的種類整理如下。

創新的種類	內容
漸進式創新（Incremental Innovation）	讓產品不斷改善及更新。即在現有的市場基礎與技術發展路徑上，對於產品技術做出局部的創新。
激進式（重大性）創新（Radical Innovation）	發展出不同的技術。即在現有的市場基礎與技術發展路徑上，對於產品技術做出全面性的創新。
以上兩項「漸進式創新」與「重大性創新」是在現有的市場基礎與技術發展路徑上，對於產品技術做出局部或全面性的創新，基本上是屬於持續性的創新（Sustaining Innovation）。	
破壞性創新（Disruptive Innovation）	1. 1997 年，哈佛大學教授克里斯汀生（Christensen）在《創新的兩難》一書中提出此概念。指一種與主流市場發展趨勢背道而馳的創新，該創新若成功，將對主流市場帶來極大的破壞威力，即使是主流市場的領導廠商也難以招架。 2. 被稱為「破壞式創新」與「破壞式技術」，早期也被翻譯為「顛覆式創新」或「顛覆式技術」，指將產品或服務透過科技性的創新，並以低價、低品質的方式，針對特殊目標消費族群，突破現有市場所能預期的消費改變。破壞式創新是擴大和開發新市場，

創新的種類	內容
破壞性創新（Disruptive Innovation）	提供新的功能的有力方法，反之也有可能會破壞與現有市場之間的聯繫，該理論在管理實務上產生重大影響，並引起學術界大量討論。 3. 例如 1980 年代，5.25 吋硬碟機市場的領導廠商希捷（Seagate），其於產品持續性創新上不遺餘力，但由於當時 3.5 吋硬碟機非市場主流，投入資源發展不符合領導廠商之現有利益（甚至還威脅主流市場上的既有利益），且不確定性的風險難以估算，最後 Seagate 選擇放棄此市場。3.5 吋硬碟機的創新之路就由其他小廠走下去，其後容量等各項技術純熟，配合筆記型電腦、小型桌機市場大放異彩，3.5 吋硬碟機大幅侵蝕 5.25 吋硬碟機市場，Seagate 再想努力也為時已晚都是破壞性創新的教材。

小補充、大進擊

開放式創新（Open innovation）：

1. 最早是由美國柏克萊大學的教授亨利．伽斯柏（Henry Chesbrough）提出的概念，透過有目的知識流入和流出加速內部創新，並利用外部創新擴展市場的一種創新模式。
2. 「開放式創新」的商業模式，即是企業開始與第三方分享他們的內部資源，以創造價值；或者，企業開始在自己的商業模式中融入外部資源。
3. 培養員工特別是管理層開放的心態，讓員工自覺地關注與公司相關的外部環境信息，而不是僅僅關注公司內部的情況。員工需要不斷地利用顧客、競爭對手、供應商的知識，企業要建立平臺促進知識共用以及深度交流。
4. 例如：小米會將米粉的意見及建議納入考慮。

也就是說，在「開放式創新」架構下，企業不再排斥非內部發明（not invented here）、或強調獨自創新，反而是建立一個共創平台，讓多方利益相關者形成緊密連結的創新網絡；藉由合作夥伴間的資源交流，達成企業加快創新、降低成本的目標。開放式創新平台允許某種程度的外部創新流入平台，例如：由第三方開發應用程式App，為顧客帶來更大利益。

三、技術採用生命週期【經濟部、台菸酒、中華電信】

技術採用生命週期（Technology Adoption Life Cycle）最先來自於1943年莫爾（Geoffrey Moore）和麥克肯納（Regis McKenna）的研究，而後羅傑斯

（Everett M. Rogers）提出了擴散曲線，將採用者分成五種類型。在1962年羅傑斯出版《創新的擴散》一書後，技術採用生命週期漸漸受到學術研究界的重視，並成為整個高科技產業在推廣新產品或行銷上的一種基本理念。

技術採用生命週期的形狀是一個鐘形曲線（Bell Curve），這個曲線將新科技產品吸引各種類型消費者的過程分成五個階段，分別包括創新者、早期採用者、早期大眾、晚期大眾與落伍者。

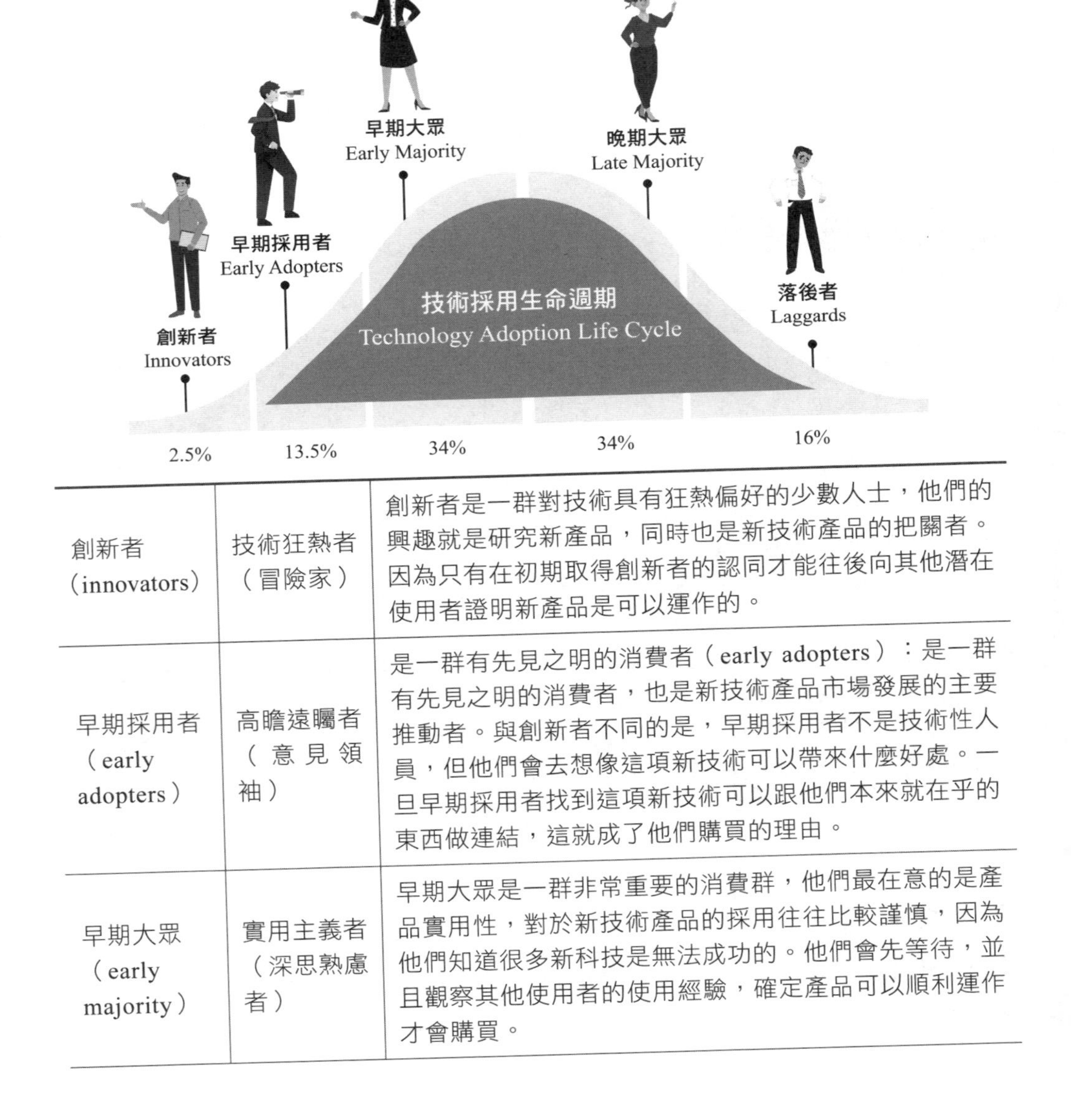

創新者（innovators）	技術狂熱者（冒險家）	創新者是一群對技術具有狂熱偏好的少數人士，他們的興趣就是研究新產品，同時也是新技術產品的把關者。因為只有在初期取得創新者的認同才能往後向其他潛在使用者證明新產品是可以運作的。
早期採用者（early adopters）	高瞻遠矚者（意見領袖）	是一群有先見之明的消費者（early adopters）：是一群有先見之明的消費者，也是新技術產品市場發展的主要推動者。與創新者不同的是，早期採用者不是技術性人員，但他們會去想像這項新技術可以帶來什麼好處。一旦早期採用者找到這項新技術可以跟他們本來就在乎的東西做連結，這就成了他們購買的理由。
早期大眾（early majority）	實用主義者（深思熟慮者）	早期大眾是一群非常重要的消費群，他們最在意的是產品實用性，對於新技術產品的採用往往比較謹慎，因為他們知道很多新科技是無法成功的。他們會先等待，並且觀察其他使用者的使用經驗，確定產品可以順利運作才會購買。

晚期大眾（late majority）	保守派（傳統百姓）	晚期大眾和早期大眾在乎的東西大致相同。但晚期大眾缺乏判斷產品是否可順利運作的能力，因此他們會等到規格完全確立，輔助系統建置完備才會從荷包掏出錢來。雖然這一群體的消費者不容易接納新產品，但是在市場上與早期大眾一樣多，佔整個市場三分之一。
落後者（laggards）	吹毛求疵者（落伍者）	落伍者不喜歡新科技，如果他們有買到新技術產品，那可能是在其他產品裡的某一零件，可能他們根本不知道自己使用了新技術產品。

四、激發創新的環境因素【台菸酒、台電、郵政、農會、漢翔】

羅賓斯（Robbins）認為，以下三種因素將有利於組織的管理創新，分別是組織文化、組織的結構和人力資源。

變數	定義	特點
文化變數	激發與培育創意組織的文化	1. 接受模糊。 2. 容忍不切實際。 3. 外控程度低。 4. 容忍風險。 5. 容忍衝突。 6. 注意結果。 7. 強調開放系統。 8. 正面的回饋。
結構變數	設計與建立可激發創意組織的結構	1. 建立有機式組織。 2. 提供充分資源。 3. 高度部門溝通。 4. 時間壓力小。 5. 透過制度充分支持與鼓勵組織內創意。
人力資源變數	實行可培育創意的人力資源管理	1. 致力於員工的訓練發展。 2. 給予員工高度的工作保障。 3. 選用具創造力的員工。

即刻戰場

選擇題

一、創新的內容

(　　) 1 下列何者是藉由某種方法，將不同想法或概念結合的能力？ (A)創新 (B)創業 (C)創意 (D)情緒勞動。 【108漢翔】

(　　) 2 由一些具有創意的員工發起，在企業的支持之下，承擔企業裡某些業務內容或新科技或新市場，進行創業並與企業分享成果的模式為？ (A)加盟 (B)產學合作 (C)育成中心 (D)內部創業。 【106經濟部】

(　　) 3 近年來非常流行群眾募資網站如flying V，下列何者不是創業者在這類網站上進行募資可以達到的效益？ (A)募集資金 (B)消費者意見回饋 (C)產品行銷 (D)產品生產。 【108台菸酒】

(　　) 4 YouTube一開始是因為創辦者找不到可以分享他們聚會的影片，才搭設的網路影音分享網站。請問，YouTube的創立，是源於哪一種創新來源？ (A)意料之外的事件 (B)程序創新 (C)不協調的狀況 (D)新知識。 【106經濟部】

(　　) 5 智慧財產權的主管機關為何者？ (A)商業司智慧財產局 (B)財政部智慧財產局 (C)勞工處智慧財產局 (D)經濟部智慧財產局。 【108台鐵】

解 1 **(C)**。創意：用特殊的方法將不同的想法聯結在一起。
創新：將創意付諸於有用的商品、服務的程序，並透過此程序使組織獲得經濟上的意義。
創新的前提是創意。

2 **(D)**。(1)育成中心（Business incubators）是一種為初創型小企業提供所需的基礎設施和一系列支持性綜合服務，使其成長為成熟企業的一種新型經濟組織。育成中心以協助企業成長，降低創業企業的風險和成本，將創造出成功的企業，實現財務資助和獨立經營為最主要的目的。
(2)內部創業是由一些有創業意向的企業員工發起，在企業的支持下承擔企業內部某些業務內容或工作項目，進行創業並與企業分享成果的創業模式。這種激勵方式不僅可以滿足員工的創業欲望，同時也能激發企業內部活力，是一種員工和企業雙贏的管理制度。
(3)產學合作：指學校為達成前條所定目標及功能，與政府機關、事業機構、民間團體及學術研究機構（以下簡稱合作機構）合作辦理各類研發及其應用、各類人才培育事項、其他有關學校智慧財產權益之運用。

3 (D)。以下歸納出五點群眾集資的好處：

(1)集資程序簡便：不需花時間一一說服銀行、創投和親朋好友，只需要線上E化，於平台提供詳細企劃案。

(2)低風險：集資成功後再執行計畫，不用先承擔失敗後的風險，集資失敗也不須額外付費。

(3)免費市調：市場是最準確的市場調查，可先試試市場水溫，先行了解市場接受度，不需先擔心銷售狀況等。

(4)宣傳行銷：有平台可利用，可先提出完整企劃，預先介紹給大眾。

(5)取得群眾意見和建議：可於專案上市或執行計畫前，獲得大眾免費的建議，對於之後專案結束執行有一定幫助。

4 (A)。創新來源：(1)意外事件。(2)現象不一致。(3)流程所需。(4)產業和市場改變。(5)人口結構改變。(6)觀念改變。(7)新知識。

(A)意料之外的事件：這網站原本是大學生的作業，後來意外變紅。

5 (D)。經濟部智慧財產局（簡稱智慧局或智財局）是中華民國「經濟部所屬機關」，前身為成立於1927年的「全國註冊局」，負責商標、著作、專利等智慧財產權和營業秘密事項，也是《商標法》、《著作權法》、《專利法》和《營業秘密法》的業務最高主管機關。

二、創新的種類

(　　) **1** 有關創新的敘述，下列何者錯誤？　(A)漸進性創新屬於現有產品/技術的改良　(B)激進性創新是指以重大發明的方式開發出全新類型的產品或技術服務　(C)激進性創新通常會對現有科技與市場產生重大衝擊　(D)任何創新都包含技術上的突破。　【108台菸酒】

(　　) **2** 產品以低價或簡單的基本功能為特色，但訴諸不同於以往的新客群，因而突破原來的市場疆界，這是指下列何種創新？　(A)急遽式創新（radical innovation）　(B)顛覆式創新（disruptive innovation）　(C)漸近式創新（incremental innovation）　(D)基架創新（architectural innovation）。　【106經濟部】

(　　) **3** 組織為產生新的創意、產品及服務，而積極尋求大學、供應商及消費者等外部關係人參與創新活動，係指下列何者？　(A)破壞式創新（Disruptive Innovation）　(B)重大式創新（Radical Innovation）　(C)開放式創新（Open Innovation）　(D)漸進式創新（Incremental Innovation）。　【105經濟部】

(　　) **4** 下列何者不是開放式創新（open innovation）的特點？ (A)幫助組織回應複雜的問題 (B)提供顧客發聲的管道 (C)幫助解決產品開發的不確定性 (D)知識的管理與分享不需做很大的改變。

【108郵政】

解 **1 (D)**。(D)錯誤，漸進性應該沒有技術上的突破，只是現有產品或技術的改良而已。

2 (B)。(A)急遽式創新（radical innovation）：在核心概念或技術上有重大突破。
(B)顛覆式創新（disruptive innovation）：透過科技性的創新，並以低價特色針對特殊目標消費族群，突破現有市場所能預期的消費改變。
(C)漸近式創新（incremental innovation）：將現有的產品設計功能加以擴充。
(D)基架創新（architectural innovation）：產品組成的基本元件不變，但是整體結構布局改變。

3 (C)。(C)開放式創新，培養員工特別是管理層開放的心態，讓員工自覺地關注與公司相關的外部環境，而不是僅僅關注公司內部的情況。員工需要不斷地利用顧客、競爭對手、供應商的知識，企業要建立平臺促進知識共用以及深度交流。

4 (D)。(D)錯誤，需要做改變。

三、技術採用生命週期

(　　) 在技術創新採用生命週期中，容易接受新觀念與事務且願意嘗試者為？ (A)早期大眾 (B)早期採用者 (C)創新者 (D)晚期大眾。（多選）

【106經濟部】

解 **(BC)**。(1)創新者（innovators）：創新者是一群對技術具有狂熱偏好的少數人士，他們的興趣就是研究新產品，同時也是新技術產品的把關者。因為只有在初期取得創新者的認同才能往後向其他潛在使用者證明新產品是可以運作的。
(2)早期採用者（early adopters）：是一群有先見之明的消費者，也是新技術產品市場發展的主要推動者。與創新者不同的是，早期採用者不是技術性人員，但他們會去想像這項新技術可以帶來什麼好處。一旦早期採用者找到這項新技術可以跟他們本來就在乎的東西做連結，這就成了他們購買的理由。

四、激發創新的因素

(　　) **1** 下列何者對激發創新有正面影響？ (A)高度時間壓力 (B)有機式的組織結構 (C)強調封閉式系統 (D)高度外部控制。 【108漢翔】

(　　) **2** 下列何者不是創新文化的特徵？ (A)高度的外部控制 (B)注重結果，而非手段 (C)授權的領導 (D)對不切實際的容忍度。 【108郵政】

(　　) **3** 一個具創新的組織文化，通常具備下列哪一個特徵？ (A)有高度的外部控制 (B)風險容忍度低 (C)封閉系統 (D)衝突容忍度高。【108漢翔】

(　　) **4** 下列何者不是激發創新的組織因素？ (A)高度的工作保障 (B)注重方法、手段而非結果的文化 (C)對模糊與不確定的高度接受 (D)對衝突的高度容忍。 【106台電】

解 **1 (B)**。Robbins創新三變數：
(1)組織結構：A.建立有機式組織、B.充裕的資源、C.部門間充分溝通。
(2)人力資源：A.培育有創意的員工、B.員工訓練與發展、C.高度工作保障。
(3)組織文化：A.接受模糊性、B.對不合實際的容忍、C.低度外部控制、D.對風險的容忍、E.對衝突的容忍、F.著重目的而非方法、G.強調開放式系統。

2 (A)。創新的文化特質：
(1)接受模糊性。
(2)對不合實際的容忍→(D)。
(3)低度外部控制→修正(A)。
(4)對風險的容忍。
(5)對衝突的容忍。
(6)著重目的而非方法→(B)。
(7)強調開發式系統。

3 (D)。(A)錯誤，有高度的內部控制。
內控：個人能夠控制的能力。
外控：受環境或他人控制。
(B)錯誤，風險容忍度高。
(C)錯誤，開放系統。

4 (B)。(B)注重方法、手段而非結果的文化→重視結果而非手段。

填充題

1 企業常以專利作為保護創新的方式，依我國「專利法」規定，專利種類可分為以下3種：______專利、新型專利及設計專利。【108台電】

2 依我國「標準法」規定，由標準專責機關依該法規定之程序制定或轉訂，可供公眾使用之標準，稱之為______標準。【108台電】

解 **1 發明**

2 國家。國家標準：由標準專責機關依本法規定之程序制定或轉訂，可供公眾使用之標準。

國際標準：由國際標準化組織或國際標準組織所採用，可供公眾使用之標準。

焦點三　資訊管理

資訊管理是一重要的管理科學，必須要有系統的統整知識與訊息，才能讓資訊更流通，並能使資訊科技廣泛的被應用。資訊管理更是企業成功的關鍵因素之一，其中電子商務是資訊管理的一個重要發展方向。

一、資訊科技的應用與形成過程【經濟部、中油、台鐵、郵政、農會】

(一) 比較

資訊管理與資訊科技是二個很常使用的名詞，以下就其特性做一比較。

資訊管理	利用資訊科技協助企業提升競爭優勢。建置組織的資訊系統、提供組織各階層所需的資訊，以支援內部作業、輔助決策制定，或以網路連結上下游的供應商、通路與顧客。
資訊科技（Information Technology，簡稱 IT）	也稱為資訊和通訊技術（Information and Communications technology，ICT），涵蓋蒐集、使用、傳輸和儲存數位資訊的各種技術。也就是用電腦科學和通訊技術來設計、開發、安裝、和實施資訊系統及應用軟體。簡單說，就是企業用於管理及處理資訊的設備與技術。

(二) 資訊科技的演進

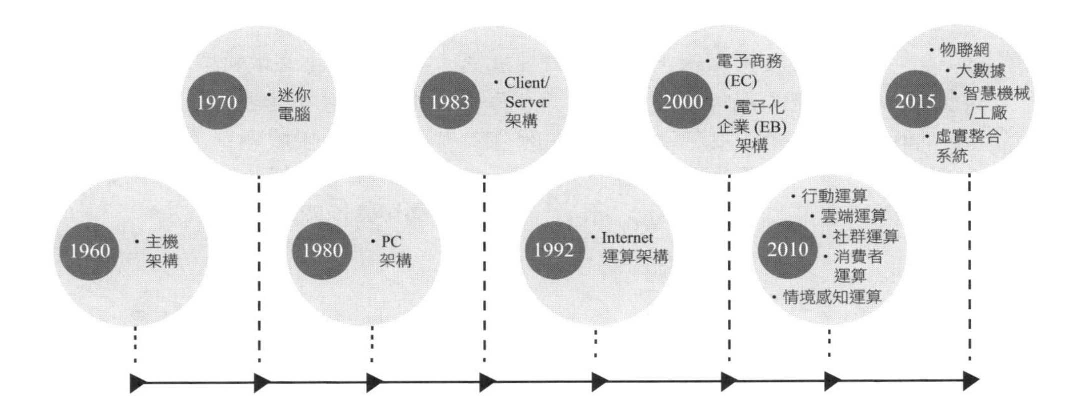

(三) 資訊科技的特性

資訊科技有以下幾個特點，可以協助企業能更有效率地達成目標。

1. 改善營運生產力。
2. 提供彈性。
3. 進行顧客服務。
4. 提高市場競爭力。

(四) 資訊形成過程

層次由低至高，由基礎的「資料」，成為「資訊」、「知識」，最後形成「智慧」或是經驗，是一種逐漸演變的過程。

小口訣，大記憶

資料、資訊、知識、智慧

▲資訊知會（資訊被告知了）

資料 —加工→ 資訊 —專精→ 知識 - - 結合「經驗」- -> 智慧（經驗）

項目	內容	呈現方式
資料、數據（Data）	是指未經過處理（例如分類或計算）的原始紀錄。任何事實都是資料。 是以原始型態存在於所有組織中，它是創造資訊的重要原料。	例如人員名冊、物料清單、檢驗紀錄等它也可經由分類、計算、更正、彙整與文字化等方式，可轉變為有用的資訊。

項目	內容	呈現方式
資訊（Information）	就是將各種「資料」經過有系統的記錄、整理、統計、分析之後，從中獲得可以用來作為判斷或行動的依據。	資訊可採用文字、數字、語音、圖形、影像等不同的型態呈現，也可透過文件或視訊系統來傳送，提供接收者或使用資訊的人調整他對事情的看法，更進而影響他的判斷與行為。
知識（Knowledge）	是資訊、文化脈絡以及經驗的整合。 知識是源於資訊比較、歸納、分析、整合成為對特定領域專業化的認知，它是人的心智活動的結果，具有強大的力量以產生巨大的企業價值。	是以法規、政策、程序書、作業規定等形態呈現。資訊轉變成知識的過程中，需要人們親自參與。
智慧（Wisdom）	是組織及個人運用知識，以創造新知識的效果及價值。	是一種分析、判斷、創造、思考的能力，或聰明才智，決策良否靠智慧。

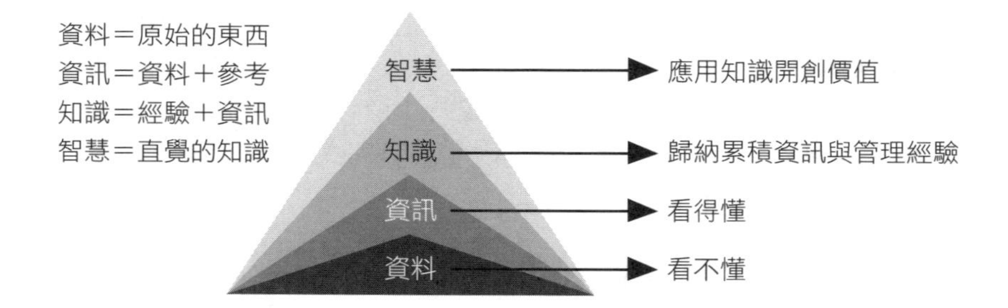

(五) **有用資訊的特性**

一個企業能獲取的資訊眾多，其中有重要的，也有不重要的。企業該如何判斷選擇重要的資訊呢？有用的資訊通常會具備下列幾種特性。

1. **完整性**（Complete）：有用的資訊必須能夠提供決策者對於整個情境的完整圖像。
2. **準確性**（Accurate）：有用的資訊必須是準確的資訊，必須是可以信賴的。
3. **攸關性**（Relevant）：有用的資訊必須是攸關的資訊。
4. **即時性**（Timely）：即時的資訊才能幫助決策者掌握時效，否則和錯誤的資訊是一樣的。

二、資訊系統開發生命週期【台水】

(一) 資訊系統是指由人員、資料、科技以及組織程序所構成，目的在於抽取、處理、儲存以及傳布資訊，以支持決策和控制的系統。包括日常營運資訊系統、管理者資源系統、知識管理系統、人工智慧和專家系統、企業資源規劃系統（整合內部部門）等。

(二) 資訊系統開發生命週期（System Development Life Cycle，簡稱SDLC）。又可以稱為「軟體生命週期」、「軟體生存週期」。

資訊系統開發生命週期		
流程：系統規劃→系統分析→系統設計→程式建置→系統維護。		
系統規劃	計畫階段	為什麼要建立一個系統？界定系統目標與範圍。
系統分析	分析階段	仔細了解使用者需求以做為系統開發人員開發系統的依據。
系統設計	設計階段	系統的需求如何被達成、軟硬體如何搭配等。依據使用者的需求來設計各項資訊處理之作業流程、程式檔案、各項輸出入系統功能等。
系統建置	實作階段	實際建置設計好的新系統，程式編碼與測試、效益評估、教育訓練及製作文件等。
系統維護	維護階段	維持系統的正常運作。

三、資料庫管理【經濟部、台水、中油】

企業會將有用的資料存在資料庫中進行管理，以方便存取使用，以下為幾種資料庫的管理方式。

項目	內容
資料探勘 Data Mining	利用電子技術，從事搜尋、篩檢與重組資料，以發掘有用資訊的過程。→大量資訊中找尋有用資訊。
資料倉儲 Data warehousing	運用新資訊技術提供大量資料儲存，提供快速分析的能力。將過去龐大無法整理分析的營運資料，建立成一個容量大具關連性、整合性的資料庫。→匯集資料轉化分析成有用決策資訊的資料庫。
資料超市 Data Mart	一部分子集合的資料組合，支援某些特定的部門。

項目	內容
線上分析處理 OnLine Analysis Processing	架設在資料倉儲資料庫上，能及時、快速提供整合性的決策資訊。

四、企業常用的資訊系統【經濟部、台水、台菸酒、台鐵、郵政、農會】

企業根據組織的特性與需求，而使用不同的資訊系統，以下為常見的企業常用資訊系統。

分類	資訊系統	內容
日常營運資訊系統（日常、例行性、重複性）	交易處理系統（TPS） Transaction Processing System	蒐集、儲存、處理、傳播企業的基本交易紀錄。
	辦公室資訊系統（OAS）	促進各層員工溝通。
管理者支援系統	管理資訊系統（MIS） Management Information System	1. 藉由定期提供標準化與匯總的報告，來支援管理者的決策。此系統針對長期目的，且大多必須自日常營運系統資訊中取得相關資訊。 2. 是一種提供資訊處理企業日常作業、管理（控制）與決策的活動，透過資料庫系統來支援中階管理者進行管理控制，並輸出定期性的報表。 3. 決策時需要多個方案選擇其一，資訊系統可以幫助決策者從中快速獲得資訊。 4. 控制時可協助管理者，取得控制的基準。
	決策支援系統（DSS） Decision Support System	1. 從內外部獲取相關資訊，協助主管解決非結構性問題。 2. 支援互動式決策。 3. 所面對的問題比較非結構化，且不同於管理資訊系統只依賴內部資訊，尚須向外部取得相關資訊。

分類	資訊系統	內容
管理者支援系統	高階主管資訊系統（EIS）（ESS）Executive Information System Executive Support System	利用資訊科技來快速蒐集、分析企業內外的資訊；並為高階主管的資訊需求特別設計，方便高階決策者獲得與組織策略性目標相關之內部或外部資訊並進行策略性決策。
	群體支援系統（GSS）	同時進行個人和群體工作的軟體。
	策略資訊系統（SIS）Strategic Information System	1. 策略資訊系統是支援或改變企業競爭策略的資訊系統。 2. 支援或改變企業競爭策略可由內、外二方面著手。對外，如向顧客或供應商提供新產品或服務；對內，則以提高員工生產力，整合內部作業流程。

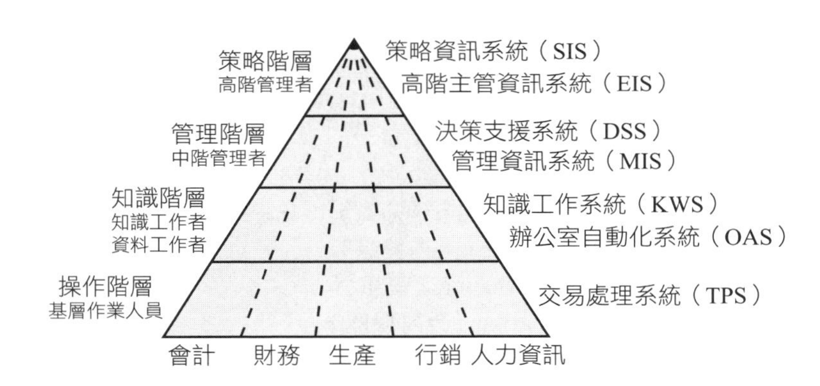

五、企業資訊應用新趨勢

隨著科技網路時代的推進，企業資訊系統也一直推陳出新，目前的應用新趨勢如下表。

新趨勢	內容
企業資源規劃 Enterprise Resource Planning，ERP【經濟部、台水、台菸酒、台電、郵政、中華電信】	1. 將企業內部電子化，能快速因應市場競爭之需求，以電腦系統整合所有功能部門的作業流程（會計、財務、生產、行銷等部門）、將企業內部價值鏈上主要功能資訊整合及對資源做最佳化配置的企業經營管理資訊系統。提供最即時、正確、有用的資訊，支援管理決策的作業系統。 2. 目的：縮短生產時程、流程效率提升、成本下降。

新趨勢	內容
顧客關係管理 Customer Relationship Management，CRM 【台電、郵政、機捷】	1. 建立系統以迅速回應顧客，與顧客維持關係提高顧客滿意度和忠誠度。 2. CRM 會透過多個管道全方面收集客戶的相關資訊，包括公司官網、電話、郵件、線上聊天、市場行銷活動、銷售人員及社群網路等。另外，透過 CRM 企業還可以更加了解目標潛在客戶以及如何滿足客戶的需求。
供應鏈管理 Supply Chain Management，SCM 【郵政】	廠商透過和供應商的密切關係，提升製造與運送的效率、速度和正確度。
知識管理 Knowledge Management，KM 【經濟部、台水、台電、台鐵】	1. 在組織中建構一個人文與技術兼備的知識系統，讓組織中的訊息與知識，透過獲得、創造、分享、整合、記錄、存取、更新等過程，達到知識不斷創新的最終目的，並回饋到知識系統內，個人與組織的知識得以永不間斷的累積，從系統的角度進行思考這將成為組織的智慧資本，有助於企業做出正確的決策，以因應市場的變遷。 2. 公式 K=（P+I）S K = Knowledge（知識） P = People（人力資源） I = lnformation（資訊） S = Sharing（分享擴散） 3. 知識的分類： (1)隱性知識（Tacit Knowledge）：隱性知識是高度個性化而且難於格式化的知識，主觀的理解、直覺和預感都屬於這一類。比如企業員工的經驗。 (2)顯性知識（Explicit Knowledge）：顯性知識是能用文字和數字表達出來，容易以硬數據的形式交流和共用，比如編輯整理的程式或者普遍原則。 4. 知識轉換（知識螺旋）（knowledge conversion）的四種模式： (1)社會化、共同化（socialization）：由內隱知識轉換到內隱知識，人與人間的知識分享，內隱知識和內隱知識的交流。

新趨勢	內容
知識管理 Knowledge Management，KM【經濟部、台水、台電、台鐵】	(2)外部化（externalization）：由內隱知識轉換到外顯知識。透過有意義的交談，具體表達內隱知識，將內隱知識轉變成外顯知識。 (3)組合化（combination）：由外顯知識轉換到外顯知識。將具體化的外顯知識和現有知識結合，擴大知識的基礎。 (4)內部化（Internalization）：由外顯轉換到內隱知識。學習新知識，將外顯知識變成員工自己的內隱知識。
商業智慧 Business Intelligence，BI	1. 將企業運作的系統資料，例如 ERP、SCM、CRM 或非結構化的資料像是 PDF、Excel 等資料，提取出有用的部分進行整理，然後經過資料的擷取（Extraction）、轉換（Transformation）、匯入（Load）的程序，將資料合併到資料倉儲或是資料超市中。之後透過 OLAP（Online Analytical Processing）技術將資料匯整成多維度結構（cube），以提高查詢速度。 2. 簡言之，商業智慧是幫助企業從既有的資料中，即時解讀出企業自身體質優劣的情況，讓決策者採取因應的措施或規畫新的營運方針，來提升企業競爭力。
競爭智慧 Competitive Intelligence，CI	企業利用網路上的搜尋引擎、智慧代理人等工具，快速蒐集和分析市場資訊、競爭對手、產品等。
專家系統 Expert System，ES	可以視為人工智慧的一種，利用電腦系統模擬專家進行決策。一個專家系統必須具備三要素：領域專家級知識、模擬專家思維、達到專家級水平。

六、企業與網路應用【經濟部、台水】

網路時代的來臨，企業也需要跟著進步，目前企業在網路上的應用可分為以下幾種。

網路應用	內容
網際網路 Internet	電腦網路與電腦網路之間所串連成的龐大網路系統。這些網路以一些標準的網路協定相連。它是由從地方到全球範圍內幾百萬個私人、學術界、企業和政府的網路所構成，透過電子、無線和光纖網路技術等等一系列廣泛的技術聯繫在一起。

網路應用	內容
企業網路 Intranet	企業內部網路。是指採用網際網路技術的電腦網路，它以 TCP/IP 協定作為基礎，以 Web 為核心應用構成統一和便利的資訊交換平台，例如檔案傳輸、檔案管理、電子郵件、網路管理、廣域互連等多種服務。
商際網路 Extranet	企業跟外部（如其他企業、消費者、供應商、政府機構等外界的單位或個人）聯絡的網路商際網路。 簡單來說，即為一個企業對企業的 Intranet。透過存取權限的控制下，允許合法的使用者存取遠端公司的內部網路資源，達到企業與企業間資源分享的目的。 舉例：公司內部工程師可以直接將原料規格傳送給供應商，或將各原料的規格公佈在公司內部網路上，由供應商自行擷取相關採購資訊，而供應商也可直接將任何的採購問題直接反應給工程師，加速原料的採買程序。
虛擬網路 VPN	利用公眾網路的骨幹，進行私人資料的傳輸，也就是在公共的網際網路上使用密道及加密方法來建立起一種私人且安全的網路。

即刻戰場

選擇題

一、資訊科技的應用與形成過程

(　　) **1** 企業用於管理及處理資訊的設備與技術，通稱為：　(A)資訊科技　(B)資訊管理　(C)資訊作業　(D)資訊取得。【108郵政】

(　　) **2** 利用某種設備與方法加以分類整理，成為具有意義的情報稱之為？　(A)資料　(B)資訊　(C)知識　(D)智慧。【107農會】

(　　) **3** 下列何者「非」屬於有用資訊的特性？　(A)完整性　(B)即時性　(C)準確性　(D)零星性。【106台鐵】

(　　) **4** 在應用大數據的時代，企業蒐集、組織、儲存及分析巨量資料，找出有用模式幫助進行決策。請問企業可用資料的「品質」意指？　(A)準確且可靠　(B)量越大越好　(C)快速地取得　(D)種類的多樣化。【108經濟部】

解 **1 (A)**。資訊管理：利用資訊科技協助企業提升競爭優勢。建置組織的資訊系統、提供組織各階層所需的資訊，以支援內部作業、輔助決策制定，或以網路連結上下游的供應商、通路與顧客。

資訊科技：企業用於管理及處理資訊的設備與技術。

企業用於管理及處理資訊的設備與技術，通稱為：

(A)資訊科技——關鍵字，資訊設備與技術，大家可能選(B)資訊管理，但那是偏向組織經營。

2 (B)。(A)「資料」（Data）是指未經過處理（例如分類或計算）的原始紀錄。

(B)「資訊」，就是將各種「資料」經過有系統的記錄、整理、統計、分析之後，從中獲得可以用來作為判斷或行動的依據。

(C)「知識」是資訊、文化脈絡以及經驗的整合。

(D)「智慧」，是組織及個人運用知識，以創造新知識的效果及價值。

3 (D)。有用資訊的特性：

完整性（Complete）：有用的資訊必須能夠提供決策者對於整個情境的完整圖像。

準確性（Accurate）：有用的資訊必須是準確的資訊，必須是可以信賴的。

攸關性（Relevant）：有用的資訊必須是攸關的資訊。

即時性（Timely）：即時的資訊才能幫助決策者掌握時效，否則和錯誤的資訊是一樣的。

4 (A)。資料品質：指資料的使用滿足了適時、適質、準確、完整、切合需求及易用等條件。

二、資訊系統開發生命週期

(　　) 在資訊系統開發生命週期各階段中，將使用者需求轉換為系統開發文件，以供系統開發人員作為開發系統的依據。其可以說是使用者與資訊專業人員之間的橋樑，也是影響資訊系統開發最關鍵的因素，是指下列何者？ (A)系統規劃 (B)系統分析 (C)系統建置 (D)系統設計。 【105台水】

解 **(B)**。

資訊系統開發生命週期		
系統規劃→系統分析→系統設計→程式撰寫。		
系統規劃	計畫階段	為什麼要建立一個系統？界定系統目標與範圍。

系統分析	分析階段	仔細了解使用者需求以做為系統開發人員開發系統的依據。
系統設計	設計階段	系統的需求如何被達成、軟硬體如何搭配等。
程式撰寫	實作階段	建立系統。

三、資料庫管理

( ) 何謂資料倉儲？ (A)制定銷售協議以規範產品交運 (B)在海量文件中收集、儲存與檢索數據的相關技術 (C)將市場進行若干區隔之過程 (D)研究消費者的需求及探索賣家最能滿足這些需求的方式。【107經濟部】

解 **(B)**。資料倉儲（data warehousing）→匯集資料轉化分析成有用決策資訊的資料庫。
運用新資訊技術提供大量資料儲存，提供快速分析的能力。將過去龐大無法整理分析的營運資料，建立成一個容量大具關連性、整合性的資料庫。

四、企業常用的資訊系統

( ) **1** 在現今蓬勃的商業活動中，資訊流常運用於蒐集及傳遞商業情報等資訊，但下列何者並非資訊流的工具？ (A)銷售時點管理系統（POS） (B)電子訂貨系統（EOS） (C)無線射頻辨識系統（RFID） (D)企業識別系統（CIS）。【107台菸酒】

( ) **2** 根據作業資訊系統的資料，產生各種報表，提供給決策者進行例行性決策的系統，此種系統是下列的那一種？ (A)資訊報告系統 (B)決策支援系統 (C)流程控制系統 (D)交易處理系統。【110台鐵】

( ) **3** 假設一家旅館的資訊系統，當顧客要求訂房間時，程式會自動尋找此顧客的相關資料及相關規則評估這位顧客的重要性，如果是重要顧客，則給予優惠待遇，如屬不太重要的客人，就不給予優惠待遇，此種功能的系統一般稱為下列何者？ (A)決策支援系統（DSS） (B)專家系統（ES） (C)交易處理系統（TPS） (D)高階主管資訊系統（EIS）。【110經濟部】

解 **1 (D)**。企業識別系統（Corporate Identity System，CIS）通常有特定的指引，用以指導和管理相關的設計的使用，如標準色、字體、頁面布局等一系列品牌識別設計，以保持品牌形象的視覺連續性與穩定性。故非資訊流之工具。

(A)銷售時點管理系統（POS）：為一種廣泛應用在零售業的電子系統，主要功能在於統計商品的銷售、庫存與顧客購買行為，是資訊流的一種。

(B)電子訂貨系統（EOS）：是指將批發、零售商場所發生的訂貨數據輸入電腦，通過電腦網路連接方式將資料傳送至總公司、批發商或商品供應商，是資訊流的一種。

(C)無線射頻辨識系統（RFID）：是一種無線通訊技術，可以通過無線電訊號識別特定目標並讀寫相關數據，是資訊流的一種。

2 (A)。(A)的資訊報告系統協助處理結構化策略。
(B)的決策支援系統協助處理非結構化策略。

3 (B)。(A)決策支援系統（Decision Support System，DSS）：從內外部獲取相關資訊，支援管理者進行結構化和非結構化決策。

(B)專家系統（Expert System，ES）：可以視為人工智慧的一種，利用電腦系統模擬專家進行決策。一個專家系統必須具備三要素：領域專家級知識、模擬專家思維、達到專家級水平。

(C)交易處理系統（Transaction Processing System，TPS）：蒐集、儲存、處理、傳播企業的基本交易紀錄。

(D)高階主管資訊系統（Executive Information System，EIS）：也可以稱ESS（Executive Support System），常被視為特化的決策支援系統，方便高階決策者獲得與組織策略性目標相關之內部或外部資訊並進行策略性決策。

五、企業資源規劃

(　　) **1** 假設某公司的業務部門接到客戶一大筆訂單，員工必須加班趕工生產才能如期出貨，這時，業務主管要通知人事部門加班的事宜，聯繫採購部門採購原料，知會財務部門以便員工可以領到加班費。如漏掉其中的環節，或表格發生錯誤，整個生產流程極可能出錯。為防止發生可能的失誤，公司可以使用下列哪個系統較容易解決？ (A)CRM系統 (B)VMI系統 (C)SCM系統 (D)ERP系統。 【110經濟部】

(　　) **2** 組織中的決策支援系統，不包含下列何者？ (A)企業資源規劃系統（enterprise resource planning，ERP） (B)專家系統（expert system） (C)人工智慧系統（artificial intelligence，AI） (D)企業對客戶系統（business to customer，B2C）。 【108經濟部】

解 **1 (D)**。企業資源規劃（Enterprise Resource Planning，ERP）：整合企業各部門所有資源（如：會計、財務、生產、行銷等）及對資源做最佳化配置的企業經營管理資訊系統。以整合企業內部各作業流程，達到縮短生產時程、增加效率及降低成本的主要目的。

2 (D)。(D)企業對客戶系統（business to customer，B2C）一種電子商務，利用網路進行交易的銷售模式。
(A)(B)(C)都會使用到資料分析、來幫助決策及規劃。

六、供應鏈管理

(　　) 供應鏈管理（Supply Chain Management）主要概念為下列何者？ (A)將供應廠商利潤最大化 (B)將物料管理成本最低化 (C)將企業策略性目標與利潤強化 (D)將供應商、中間商以及顧客連結，以強化效率與效能。 【105郵政】

解 **(D)**。供應鏈管理（Supply Chain Management，簡稱SCM）：就是指在滿足一定的客戶服務水準的條件下，為了使整個供應鏈系統成本達到最小而把供應商、製造商、倉庫、配送中心和通路商等有效地組織在一起來進行的產品製造、轉運、分銷及銷售的管理方法。供應鏈管理包括計畫、採購、製造、配送、退貨五大基本內容。

七、顧客關係系統

(　　) **1** 下列何者是顧客關係管理（Customer Relationship Management）的要素？ (A)確保產品或服務的價格永遠低於競爭者 (B)想辦法獲取最大的市場佔有率 (C)讓顧客參與企業組織內部的管理決策 (D)全面性提高對顧客的了解。 【108郵政】

(　　) **2** 在顧客關係管理中，下列何者是發展與建立顧客關係的主要關鍵？ (A)顧客選擇及產品的提供 (B)顧客價值及顧客滿意度 (C)產品性能及顧客價值 (D)顧客期望及顧客滿意。 【106桃捷】

解 **1 (D)**。顧客關係管理（CRM）：目的在於管理企業與老顧客之間的關係，以使他們達到最高的滿意度、忠誠度、維繫率、利潤貢獻度，並同時有效率、選擇性吸引好的新顧客。

2 (B)。顧客關係管理（CRM）目的在於管理企業與客戶間的關係，讓他們達到最高的「滿意度」。而要顧客滿意必須要讓顧客知覺到的價值大於期望的價值，也就是「顧客價值」。

八、知識管理

( ) **1** 有關知識管理（knowledge management）之敘述，下列何者有誤？ (A)是將管理知識、技術、工具、方法綜合運用到任何一個專案行為上，使其能符合或超越利害關係者需求的一種專門科學 (B)隱性知識是較為抽象而且難於格式化的知識 (C)顯性知識能用文字和數字表達出來，較容易交流和共用 (D)知識能為企業創造競爭優勢和持續競爭優勢。【108經濟部】

( ) **2** 對於身處知識經濟時代的企業，下列敘述何者有誤？ (A)知識為企業生存的基礎 (B)企業經營者須運用管理的相關知識，來瞭解企業本身的需要，甚至是顧客與競爭者的情報 (C)靠命令的態度去管理部屬是最有效的管理方式 (D)一個企業必須不斷的創新。【109經濟部】

( ) **3** 知識管理中所謂的內隱知識，是指下列那一種？ (A)公司內部的操作手冊 (B)公司內部的規章 (C)員工多年服務客戶的經驗 (D)公司新進員工訓練手冊。【107台鐵】

( ) **4** 根據知識螺旋理論，所謂社會化是指下列何種知識之間的轉換？ (A)內隱至內隱 (B)內隱至外顯 (C)外顯至外顯 (D)外顯至內隱。【108台水】

解 **1 (A)**。(A)錯誤，是將管理知識、技術、工具、方法綜合運用到任何一個專案管理上，使其能符合或超越利害關係者需求的一種專門科學。

2 (C)。(C)錯誤，管理者若要在工作上有效地與下屬溝通，也要有為下屬設想的認知。

3 (C)。知識分為兩類：
內隱知識：沒有被表現出來的個人知識。
外顯知識：將隱性知識呈現於外的知識。

4 (A)。知識螺旋的運作，在於四種知識轉換模式的持續性的進行，得以有效的交互移轉與創造。
社會化（Socialization）人與人間的知識分享，內隱知識和內隱知識的交流。
外部化（Externalization）透過有意義的交談，具體表達內隱知識，將內隱知識轉變成外顯知識。
結合（Combination）將具體化的外顯知識和現有知識結合，擴大知識的基礎。
內部化（Internalization）學習新知識，將外顯知識變成自己的內隱知識。
經由以上的運作，將可有效地移轉個人的知識到組織之中，並擴大個人與組織的知識基礎，進而創造出更多的知識。

社會化：內隱至內隱。
外部化：內隱至外顯。
內部化：外顯至內隱。
結合：外顯至外顯。

九、企業與網路應用

( ) 下列何者非屬「社群網路媒體」？ (A)推特（Twitter） (B)戶外廣告 (C)YouTube (D)臉書（Facebook）。 【108台水】

解 **(B)**。社群媒體和傳統媒體的差別：
傳統的社會大眾媒體，包含新聞報紙、廣播、電視、電影等，內容由業主全權編輯，追求大量生產與銷售。
新興的社群媒體，多出現在網路上，內容可由用戶選擇或編輯，生產分眾化或小眾化，重視同好朋友的集結，可自行形成某種社群，例如vlog、維基百科、Facebook、Twitter、網路論壇等。

填充題

1 所謂顧客 ______ 管理係指企業運用現代化資訊科技進行蒐集、處理及分析顧客資料，以找出顧客購買模式及購買群體，並制定有效的行銷策略滿足顧客的需求。 【106台電】

2 有關知識管理中，企業員工與團隊能為企業帶來競爭優勢的所有知識與能力的總和，稱之為 ______ 資本，包含如：人員作業經驗、生產技術、團隊溝通機制、顧客關係及品牌地位等。 【108台電】

解 **1 關係**。所謂顧客關係管理（CRM）是指企業運用現代化資訊科技進行蒐集、處理及分析顧客資料，以找出顧客購買模式及購買群體，並制定有效的行銷策略滿足顧客的需求。

2 智慧。智慧資本會帶來「競爭優勢」。
人力資本會帶來「經濟價值」。
智慧資本：指公司員工與團隊能為企業帶來競爭優勢的知識與能力的總合。
人力資本：指存在人體之中具有經濟價值之知識，技能與體力等質量因素之總合。

焦點四 電子商務

一、電子商務（E-Commerce）模式【經濟部、台水、台菸酒、郵政】

電子商務就是透過網際網路（Internet）使用各種商業服務與資訊交換，以及進行各種銷售與採購的商業交易活動。簡單來說，電子商務就是利用網際網路來進行商務活動。以下就電子商務的經營型態分類與電子商務交易過程的分類做一說明。

分類	內容		
電子商務的經營型態	企業對企業（Business-to-Business，B2B）	企業對企業的商務活動，主要以電子資料交換（Electronic Data Interchange，EDI）為主，透過電腦與網路整合上下游資訊，提高整體效率，增強競爭力。	• 家樂福等量販業者，利用 EDI 系統，將訂單、採購單、生產進度表等，與配合廠商進行資料即時傳遞。 • 阿里巴巴就是典型的 B2B 批發貿易平台，即使是小買家、小供應商也可透過阿里巴巴進行採購或銷售。
	企業對消費者（Business-to-Consumer，B2C）	企業對消費者的商業活動，企業與消費者藉由網際網路達成行銷、購物、資訊交換等商業行為。	• 購物中心：向上游廠商進貨，然後透過網站將商品販售給消費者，如亞馬遜、博客來及中國的京東商城這類的平台。 • 自行架站：生產者、品牌廠商透過網路自行架設購物網站，為自己開拓虛擬通路。如 UNIQLO、醫美品牌 Dr. Wu 等品牌廠除了實體通路外，自行架設官方網站。
	消費者對消費者（Consumer-to-Consumer，C2C）	消費者對消費者的商業活動，消費者藉由網路直接將商品銷售給另一位消費者。	• eBay • Yahoo 拍賣 • 淘寶網 • 露天拍賣
	消費者對企業（Consumer-to-Business，C2B）	消費者集結網路上其他消費者，針對特定商品共同向企業下訂單，以大量訂購的方式向企業爭取商品在價格或服務上的各項優惠。	• GOMAJI 團購網。 • 在社群平台上揪團的行為。

<table>
<tr><th>分類</th><th colspan="3">內容</th></tr>
<tr><td>電子商務的經營型態</td><td>虛實通路模式（Online to Offline，O2O）</td><td>又稱為離線商務模式。藉由線上行銷、交易等行為，將消費者導入的一種商業模式，也就是透過促銷、折扣、訊息等方式，將線下實體商店的行銷資訊送給線上用戶，進而將線上用戶轉換為線下用戶，這種網路與實體結合的商業型態，特別適合必須到店裡消費的商品與服務。</td><td>• 消費者在網上購買服務，在線下取得服務。憑簡訊或電子優惠券（eDM）到店裡消費，就是線上到線下。
• Uber
• Airbnb</td></tr>
<tr><td rowspan="4">電子商務四流</td><td>商流</td><td colspan="2">商品或服務所有權的轉移，也就是商品由製造商、零售商到消費者的所有權轉移的過程。</td></tr>
<tr><td>物流</td><td colspan="2">指實體物品流動或運送傳遞過程。也就是由製造商到消費者手中，實體物品移動的過程。</td></tr>
<tr><td>金流</td><td colspan="2">電子商務中資金的流動過程，也就是因為所有權的移動而造成金錢或帳務的移動。</td></tr>
<tr><td>資訊流</td><td colspan="2">資訊的交換，為達成上面三項流動而造成的資訊交換。</td></tr>
</table>

二、電子商務的特色【台水、桃捷】

電子商務具有和一般實體交易不同的優點與風險，分述如下。

(一) 優點

1. **降低成本**：減少固定成本、流動成本、節省開發廣告費用。
2. **增加效率**：縮短交易流程、搜集情報容易、24小時開放，資訊與交易無時間或區域的限制。
3. **拓展市場**：全球行銷、直接開發目標市場、增加產品通路。
4. **以小博大**：成本低廉、商機無限、網路之上人人平等。
5. **免費資源**：免費查詢全球貿易相關資訊、晉身資訊前線。
6. **直接互動**：直接聯繫客戶、線上售後服務、掌握客戶資訊。

7. **買賣雙方資訊對稱性增加**：各項產品的相關資訊都放置於網路上，資訊完全是公開的，買賣雙方在訊息上的不確定性會降低，提高交易的效率。

(二) **缺點**

1. 交易風險大。
2. 個資外洩疑慮。
3. 無法實際看到商品。
4. 安全性與隱私權。
5. 交貨速度需要時間。
6. 低消費者轉換成本：電子商務的消費者可以迅速轉換廠商，因此忠誠度建立較困難。

三、電子商務相關名詞【經濟部、台鐵、郵政】

電子商務是近幾年很熱門的交易方式，也因此產生了很多相關的理論，分別介紹如下。

名詞	內容
長尾理論（The long tail theory）	1. 由安德森（Chris Anderson）提出，強調由於網際網路的發達，促使過去銷量小、不受重視的冷門產品也有機會賣得比暢銷產品還要好，打破 80/20 法則。 2. 長尾的三股力量： (1)生產工具大眾化：因生產工具大眾化，大家都可以生產，產品數量變多，可使尾巴變長。 (2)配銷大眾化：利用網路配銷，使消費者更能接觸利基商品，提高銷量，可使尾巴變粗。 (3)連結供給與需求：利用網路、部落格、評比，可以降低搜尋成本，有助於搜尋所需商品，把生意從熱門商品轉移到利基商品，可使長尾更平坦，重心更右移。 (4)1+2+3= 降低接觸利基市場成本。 補充→ 80/20 法則／帕累托法則：英國經濟學家和社會學家帕累托（Vilfredo Pareto）提出，指重要的事物數量通常只占全部的 20%，但其價值卻占全部的 80%。

名詞	內容
摩爾定律（Moore's law）	1. 美國半導體大廠 Intel 的創辦人之一戈登．摩爾（Gordon Moore）在 1965 年所提出。電晶體（Transistor）左右了晶片的效能，而摩爾發現，每個晶片上可容納的電晶體數目，會按照幾何級數的法則增長，每一年約會增加一倍，運算性能提升 40%。他在 1975 年更改說法，調成每兩年成長一倍。後來執行長大衛．豪斯（David House）又提出每 18 個月增長一倍的理論，成為後世普遍的說法。 2. 也就等同運算能力，在價格不變的情況下，18 個月會呈現加倍的情況。
貝爾定律（Bell's law）	1. 迪吉多電腦公司的知名系統設計師貝爾（Gordon Bell）在 1972 年時預測：「每 10 年，資訊科技平台，都會有一個典範轉移的大突破，且新一代的電腦平台所使用的科技，亦將有突破性、更好的效能，因此其儲存設備、網路、介面都不一樣，其效能、價格都勝過上一代 10 倍以上。」 2. 六〇年代的大型主機，七〇年代的迷你電腦，八〇年代的 PC 與工作站，九〇年代的 Web、Palm，21 世紀初的行動計算平台（Mobile Computing）與雲端運算平台，都一一予以證實。
網路外部性（Network externality）網路效應	1. 在經濟學或商業中，消費者選用某項商品或服務，其所獲得的效用與「使用該商品或服務的其他用戶人數」具有相關性時，此商品或服務即被稱為具有網路外部性。也就是對個別消費者而言，一項產品價值取決於市場整體的使用人數；因此該產品的使用者或用戶人數越多，對新的加入者的價值或效益就越高，因此越具吸引力。 2. 當傳真機推出市場時，使用者很少，因此購買傳真機能接收或傳送的對象便很少，然而當用戶數日益增多，表示使用傳真機可接收或傳送的對象更多時，購買傳真機就越有用，便逐漸吸引更多人採購和使用傳真機。 3. 社群網路服務：採用某一種社交媒體的用戶人數越多，每一位用戶獲得越高的使用價值。
梅特卡夫定律（Metcalfe's law）	1. 網路外部性的效用擴大效果：梅特卡夫定律。 2. 由 3Com 公司的創始人，也是乙太網路（Ethernet）共同發明人羅伯特．梅特卡夫（Roberter Metclf）所提出。他認為，網路價值與用戶數的平方成正比，也就是網路使用者越多，價值就越大。

小補充、大進擊

名詞補充

漣漪效應（Ripple Effect）	供應鏈上某一活動延誤，將造成整個供應鏈效率的延誤，如同丟一顆石頭泛起一圈圈的漣漪並擴散到整個湖面。
比馬龍效應	亦稱自我實現效應，亦即即使是平凡人，只要被寄予厚望，也會有亮眼的成就。 如：老師將部分學生視為資優學生，並給予表揚，縱使一開始少數學生不是資優生，但久而久之仍有亮眼成就。
蝴蝶效應	也稱混沌效應，代表一個微不足道的小變動，長期可能會造成劇烈且連鎖性的影響。
墨菲定理	凡事只要有可能會出錯，那就一定會出錯。一定會在最壞的時機發生。
帕金生定律	指冗員漸增的原理，主管若要找尋人才，較願意找尋聽話且能力較差的成員，而不願意找尋跟自己地位相同且有競爭力的成員，以避免和自己競爭，當組織規模逐漸龐大之時，使得組織運作沒有效率且成本大量增加。
彼得原理	一位管理者在現有職位上表現良好，獲得不斷升遷，最終將晉升到一個超出自己能力所及的職位上。
鯰魚效應	在一個組織中若是可以導入一個與團隊成分不同的人，將會刺激團隊的競爭，進而提升組織成員的績效。
木桶定律	組織或團隊績效的好壞取決於績效最差的成員。
破窗理論	當錯誤行為產生時，必須要立即改正以免釀成大禍。
煮蛙效應	亦稱溫水煮青蛙效應，當企業環境持續改變，管理者和員工必須具有危機意識，密切的觀察環境變化，否則最終會很容易被淘汰。
螃蟹效應	引申為在企業中，總是會有見不得別人好的人存在，也會企圖打壓和破壞，久而久之也會使整個組織的生產力和績效降低。

即刻戰場

選擇題

一、電子商務模式

( ) **1** 企業利用網路科技來分享商業資訊、維持與其他企業間的關係，並執行企業間的交易，可稱為： (A)供應鏈管理 (B)顧客關係管理 (C)電子商務 (D)知識管理。 【107台菸酒】

( ) **2** B2B的客戶類別，通常不包含哪一類？ (A)政府部門 (B)一般家庭用戶 (C)中間商/轉售業者 (D)工業產品客戶。（多選） 【106經濟部】

( ) **3** 關於電子商務的敘述，何者正確？ (A)團購網以集合網友團購力量，與各地商店議價，進行商品購買，此屬於B2C模式 (B)小亮上網去金石堂網路書店買書，此屬於C2C模式 (C)企業利用網路與上下游廠商進行交易的傳輸，此屬於B2B模式 (D)透過Yahoo!奇摩拍賣網以競標方式，由出價高的買家買到商品，買賣雙方自行進行交貨與付款，此屬於C2B模式。 【107台菸酒】

( ) **4** 在進行交易時，一般多將商品所有權流通的通路稱為： (A)物流 (B)金流 (C)商流 (D)資訊流。 【107台菸酒】

( ) **5** 藉由未經授權的個資而取得金錢或其他利益的行為，屬於何種資訊科技的風險？ (A)木馬程式 (B)身分盜用 (C)病毒 (D)詐騙。 【106經濟部】

解 **1 (C)**。(A)供應鏈管理：利用一連串有效率的方法來整合供應商、製造商、倉庫和商店之間的作業流程。
(B)客戶關係管理：一種企業與現有客戶及潛在客戶之間關係互動的管理系統。
(C)電子商務：透過網際網路（Internet）使用各種商業服務與資訊交換，以及進行各種銷售與採購的商業交易活動。簡單來說，電子商務就是利用網際網路來進行商務活動。
(D)知識管理：在組織中建構一個人文與技術兼備的知識系統，讓組織中的信息與知識，透過獲得、創造、分享、整合、記錄、存取、更新等過程，達到知識不斷創新的最終目的，並回饋到知識系統內。

2 (AB)。企業對企業（B2B）：企業跟特定的廠商採購原物料或零組件。

3 (C)。B=企業、商家；C=消費者。
(A)錯誤，團購是消費者對商店商家議價→C2B。
(B)錯誤，B2C。
(D)錯誤，C2C。

4 (C)。商品「所有權流通」：商流。
商品「實體的流通」：物流。

5 (B)。關鍵詞：未經授權的「個資」而取得金錢或其他利益的行為。所以答案為(B)。

二、電子商務的特色

(　　) 在電子商務及網路行銷盛行的情況下，下列何者是業者及消費者最關心的事情？ (A)使用者隱私權 (B)隨時收到新產品訊息 (C)網路色情 (D)資訊泛濫。 【106桃捷】

解 **(A)**。目前各國上網人數已經大約占八成以上，網際網路購物也大幅增加，消費者平均每天上網時間很長，但進行網路金融交易卻不到一成，其原因不外乎為雙方的信任（TRUST）關係，也就是網路電子交易安全基本要素：隱私權的信任機制。

三、電子商務相關名詞

(　　) **1** 何謂長尾效應（The Long Tail Effect）？ (A)強調企業只需要單一強項的產品就足夠 (B)強調大利潤、大市場 (C)強調小利潤、大市場 (D)強調資源應該集中在重點產品。 【108台鐵】

(　　) **2** 在Amazon網頁上搜尋到你要找的熱門商品時，也會同時在下方出現其他相關產品供你選購，以提高這些相關或冷門產品賣出的機會。請問這是哪一種理論的應用？ (A)長鞭效應 (B)長尾理論 (C)漣漪效應 (D)80/20法則。 【106經濟部】

(　　) **3** 網路書店集合一年只賣數十本的書，這類成千上萬商品的銷售量，卻比前十名的暢銷書銷量要大得多，這是何種概念？ (A)長尾理論 (B)邊際效應 (C)月暈效應 (D)系統理論。 【108台鐵】

(　　) **4** 在傳統商業通路中愈往通路上游走，訂單變異性愈增大的現象，就是： (A)長鞭效應 (B)變異原理 (C)通路法則 (D)需求變化。 【108郵政】

(　　) **5** 當企業產品／服務的使用者人數愈多，會產生報酬遞增，企業收益劇增的現象，這是： (A)首動者優勢 (B)邊際利益遞增 (C)規模經濟 (D)網路外部性。 【110台鐵】

解 **1 (C)**。長尾理論：強調由於網際網路的發達，促使過去銷量小、不受重視的冷門產品也有機會賣得比暢銷產品還要好。

2 (B)　**3 (A)**　**4 (A)**

5 (D)。規模經濟：生產愈多，會產生成本下降，收益增加現象。
網路外部性：使用者人數愈多，會產生報酬遞增，收益增加現象。

時事應用小學堂 2023.03.06

「能源界 Uber」泓德創新板上市！助攻下小企業買綠電，拆解背後的一條龍模式

泓德能源以「能源界 Uber」為定位，致力於讓企業買到更便宜的綠電，這個商業模式如何運作，他們目標又是什麼？

長期以來，台電一間電力公司滿足民生、工業的用電需求，自《電業法》2017 年修法開放民間企業參與發電與售電後，「純賣綠電」的電力公司全台多達 22 家，如雨後春筍般增加，特別是近年國際追求淨零排放趨勢，國內因應國際供應鏈、RE100 要求讓使用綠電的企業大增，促進台灣綠電交易市場活絡。

不只是台積電、台達電等大企業，以出口為主的中小企業，因應供應鏈要求也有綠電的使用需求。瞄準中小企業購電需求，以「能源界 Uber」為定位的智慧綠電公司泓德能源將推多對多的交易模式，泓德能源總經理周仕昌表示：「讓企業能夠方便買到便宜的綠電。」

需求孔急！企業綠電購買價格年增 5%

要銷售綠電，前提是擁有穩定的綠電來源。因此泓德能源攜手壽險業合資蓋電廠，提供綠能案場開發、20 年維運到售電的一站式服務，就像水果商自產自銷的概念，「發電、售電一條龍，更能掌握發電成本並保證電力充足、穩定供電。」

此外，泓德推出的 TITAN 智慧綠電系統（TITAN Energy Management System），整合電力資源建立能源調度平台，協助企業用電的可視化分析，做更精準的預測與用電匹配。

舉例來說，TITAN 平台利用 AI 演算法分析發電端的發電曲線與用電端的負載曲線，並進行排程優化媒合，在滿足各時段綠電需求的同時，也兼顧用戶透過時間電價（用電高峰電價貴，離峰電價便宜）的方式，以最低成本獲得綠電。

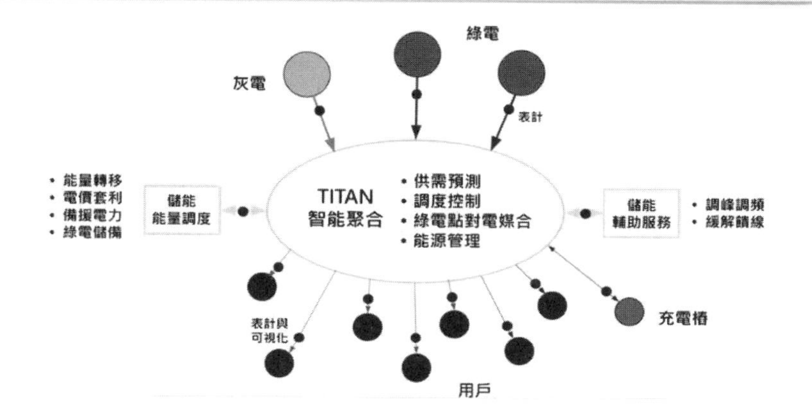

泓德推出的 TITAN 智慧綠電系統圖 / 泓德能源

因此，未來包含發電、儲電、充電、用電都會整合在 TITAN 平台，泓德透過 TITAN 整合電力資源進行能源調度，進而利用 TITAN 收平台費用來獲利，「歡迎大家把電賣給我們！」周仕昌拉高音量說。

為此泓德內部還成立「AI 部門」，目的是找出供電、用電最佳化使用。羅天賜指出，AI 主要應用在預測，第一做供給與需求端的媒合，目前規劃的用電端超過 100 個電號，發電站案場也上看 100 個據點，透過 AI 可以找出最佳化管理。第二案場的監控與運轉，給予客戶即時的資料或能源管理措施。第三調度與交易，從事點對點的電力交易時，掌握媒合量與定價的方式。

以「能源界 Uber」為期許的泓德，對於未來的能源使用想像是，車主可以快速知道哪裡有充電設施，到銷售綠電給企業或家庭使用，把能源變成觸手可及的商品。

（資料來源：數位時代 https：//www.bnext.com.tw/article/69927/hdre-cppa-strategy）

延伸思考

泓德能源算是一種商業模式的創新，所謂商業模式的創新是指什麼？

解析

美國創新大師基利（Larry Keeley）在《創新的 10 個原點》一書中曾提出：「企業若要顛覆產業規則、提出創新思維，就要從發生在組織的 10 個不同環節來改善經營模式，進而打造競爭對手難以模仿的產品或服務。」

商業模式的創新模式：

1. 獲利模式的創新：構思與其他業者不同的營利方式。
2. 運營模式的創新：改變產業的營運方法，以優於業界常態的方式經營企業。
3. 產業鏈模式創新：調整產業鏈的模式，給予客戶新的服務體驗。
4. 價值創新：創造全新的體驗，同時賦予用戶不可替代的新價值，價值創新可以擴大市場。

Lesson 22 財務管理

課前指引

財務管理是企業在整體目標下對於資產的購置（投資）、資本的融通（資金籌措）、經營中的現金流量（營運資金）以及利潤分配的管理。【台水、台電、桃機】

重點引導

焦點	範圍	準備方向
焦點一	財務管理概論	焦點一主要是介紹財務管理的內容，財務管理是一門三學分課程，內容眾多，因此這個焦點的考題會比較發散，但主要還是集中在金融市場的試題，與焦點二、焦點三的關聯性較大。其他的部分，有時間仍可多補充財管知識。
焦點二	財務會計	本焦點最重要的就是會計恆等式，以及四大財務報表，包括報表的用途、使用時機、特性，以及報表內的科目，有時有些題目會考到比較細的會計科目，並不常見，但有時間仍可作為補充知識。
焦點三	財務報表分析與經營分析	焦點三是考題的重點，各種分析比率、比較都是出題的重點。更要注意該比率可用來衡量公司的成長、效率、負債、結構或獲利，學會活動各種分析指標。

焦點一 財務管理概論

財務管理的目標就是要使公司價值極大化。由於公司價值=股東權益價值+公司負債價值，因此在負債不變之下，唯有先使股東權益價值（即股東財富）極大，才能使公司價值極大化。在有效率的資本市場中，公司的價值是透過股價來反映，因此財務管理的目標，就是使股東價值（財富）極大化。

一、財務管理的介紹

(一) 財務管理的領域

財務管理可分為三大領域，分別是公司理財、投資學與金融市場，也是公司財務人員需要了解與操作的領域。

領域	內容
公司理財	可藉由財務報表來揭露各種資訊類別及其相互間的關係。主要探討營運資金管理、資本投資決策、資本結構政策、股利政策及財務預測、投資方案之資金成本、國際性投資／融資決策、合併、收購與公司控制權及公司治理等問題。 涉及公司實際的管理運作所會遇到的財務問題。
投資學	以實質面和金融面的投資行為及程序為主。主要有企業有形資產投資與金融商品的投資。 研究如何將有限資源分配到資產上以獲得合理利益與報酬的學說。
金融市場	由資金需求者及提供者組成，透過金融工具進行交易活動的市場。 層面更為廣泛，包括金融中介機構及總體金融體系。

(二) 財務管理的功能【經濟部、台菸酒、中油、台鐵】

財務管理主要是為了企業籌措資金、運用資金、財務規劃與控制、流動資金管理，也就是為了使公司透過資金的運用，使公司價值極大化。

功能	內容	種類	意義
籌措資金	籌措資金的時候須考慮資本結構、風險與成本等因素，在不同資金來源選擇最有利的財務組合。	籌措短期資金來源	指使用期限在一年以內的資金。 1. 交易信用。 2. 銷售商業本票。 3. 出售應收帳款。 4. 應付帳款延期。 5. 短期融資。 6. 票據貼現。 7. 押匯銀行承兑匯票。 8. 可轉讓定期存單。 9. 存貨。

功能	內容	種類	意義
籌措資金	籌措資金的時候須考慮資本結構、風險與成本等因素，在不同資金來源選擇最有利的財務組合。	籌措長期資金來源	使用期限在一年以上的資金。 1. 發行股票（普通股、特別股）。 2. 發行債券（政府公債、公司債）。 3. 基金。 4. 融資。 5. 保留盈餘。
運用資金	企業獲得資金後，須加以妥善利用，資金可投資在流動資產或固定資產上。		
財務規劃與控制	主要是編製預測性報表及現金預測表，預測性報表可以了解各種投資計畫是否適當；現金預測表可以做為現金管理的工具。		
流動資金管理	管理流動資金。		

小口訣，大記憶

長期資金：**股**票、**債**券、**基**金、**融**資、保留**盈**餘。

▲長期股債基融盈（長期一屁股債的雞，躲到基隆就贏了！）

小補充、大進擊

1. 資金來源取得成本之高低：
   由高至低依序為：普通股>特別股>短期負債>長期負債。
   由於普通股需負擔公司一切風險，故股東會要求較高之風險報酬率，因此企業要付出較高成本。
2. 會計
   (1) 短期負債（short-term liability）也稱流動負債：
   定義：一年內要償還（本金）的債務。
   應付帳款、利息、商業本票、快到期的長期負債等。
   A.短期借款：償還期限在一年以內之借款。
   B.應付票據：一年以內到期之應付票據。
   C.應付款項：應付未付之一切款項。
   D.代收款項：代收之一切款項。
   E.預收款項：預收之一切款項。

(2)長期負債（long-term liability）：
定義：償還期限超過一年的債務。
包含長期借款、公司債等。
企業所有資金來源成本最低：短期負債。
企業長期資金來源成本最低：公司債；成本最高：普通股。

二、財務經理人的職責【台鐵、桃捷】

財務經理人所需管理的是「現金流量」的來源與去處，除了盡可能以較低的成本取得資金，並應將資金做最有利的運用，已達成讓股東價值極大化（即股價極大化）的財務管理目標。資金是企業財務管理的核心，財務經理的職責是有效獲得與運用企業的資金。

(一) 經營預算

經營預算又稱日常業務預算，是指與企業日常經營活動直接相關的經營業務的各種預算，具體包括銷售預算、生產預算、直接材料消耗及採購預算、直接工資及其他直接支出預算、製造費用預算、產品生產成本預算、經營及管理費用預算等，這些預算前後銜接，既有實物量指標，又有價值量和時間量指標。

(二) 資本預算

資本預算又稱特種決策預算，最能直接體現決策的結果，它實際是中選方案的進一步規劃。如資本投資預算是長期投資計畫的反映，它是為規劃投資所需資金並控制其支出而編製的預算，主要包括與投資相關的現金支付進度與數量計畫，綜合表現為各投資年度的現金收支預計表。常使用的資本預算的評估法有：回收期間法；折現回收期間法；會計報酬率法；淨現值法；內部報酬率法；獲利指數法。

(三) 財務預算

財務預算作為預算體系中的最後環節，可以從價值方面總括地反映經營期資本預算與業務預算的結果，亦稱為總預算，其餘預算則相應稱為輔助預算或分預算。財務預算在預算管理體系中占有舉足輕重的地位，它主要包括現金預算、預計利潤表、預計資產負債表。

三、金融市場【台糖、台菸酒、中油、台電、台鐵、郵政】

金融市場是投資客與融資客完成資金移轉的地方。資金有不同的移轉方式，而市場中的金融工具更是不斷更新。市場利率的高低攸關企業的融資成本，而總體經濟指標則反映景氣狀況及金融活動的消長。以下將介紹各種不同的金融市場的型態。

區分標準	金融市場類型	內容
依金融程序區分	直接金融	1. 資金需求者（企業）不透過中間機構，而直接與資金提供者（一般個人）籌資，常見的方式有發行有價證券（股票），一般個人購買了證券後，企業收到了錢，並將之後賺的錢分紅給一般個人。 2. 由於企業很難直接找到個人販售證券，這時就會透過證券承銷、證交所等平台，將其股票能有管道讓有錢想購買的民眾購買。與剛剛銀行不同的是，證券承銷商賺取手續費或平台費，但不介入資金供需雙方之間。
	間接金融	1. 由銀行接受一般大眾的存款（或是其他類型的存款），再貸放給資金需求者（企業），銀行以賺取存款、放款的利率差為獲利的主要來源。（存款利率是 1%，貸放出去 10%，銀行就賺取中間的 9%） 2. 銀行在資金的供需中扮演仲介的角色，存款者和借款者並沒有直接關係，故為「間接」金融。
依到期期限區分	貨幣市場	1. 主要交易商品為一年之內會到期的短期債券。 2. 商業本票、票據貼現、銀行承兌匯票、國庫券、可轉讓定期存單。
	資本市場	交易商品到期日一年以上長期債券及公司股票、公債、公司債、股票。 債券：可以分為公債（政府債）、公司債（公司長期資金發行）、金融債（金融機構發行）。
依發行時間點區分	初級市場（Primary Market）	1. 資金需求者（包括政府單位、金融機構及公民營企業）為籌集資金，出售有價證券給最初購買者之發行市場。 2. 交易商品是政府或公司之前從未發行過的有價證券，屬於首次公開市場發行（Initial Public Offering，IPO）。
	次級市場（Secondary Market）	1. 初級市場發行後之有價證券買賣的交易市場。 2. 初級市場的功能，在於讓發行機構籌措資金；次級市場的功能，在於讓最初的投資者，可以賣出持有的有價證券以變現，改做其他用途。

小補充、大進擊

1. 名詞補充：
   (1)證券市場：股票、公司債等有價證券發行流通之市場。
   (2)集中市場：證券交易所買賣的市場，提供集中交易的場所（本身不做買賣，更不決定價格）。
   (3)店頭市場（OTC）：集中市場外各種交易方式與組織，彌補證券、集中市場之不足（買賣雙方直接議價）。
2. 各種工具的比較：
   (1)投資風險由大到小：普通股（風險最高）→特別股（優先股）→公司債→國庫券（風險最低）。
   (2)公司清算時的求償順序：公司債（對投資人最有保障）→特別股（優先股）→普通股（對投資人最沒保障）。

	普通股	**特別股**
意義	是企業基本股份，市面上大部分股票均屬之。	又稱優先股，在某些方面較普通股優先且享有特別權利的股票稱之。
盈餘分配權	有	優先
剩餘財產請求權	有	優先
決策表決權	有	不一定
新股優先認股權	有	有

四、投資學

任何投資標的選取必須同時考量「風險」與「報酬」。風險與報酬率有主觀及客觀兩種衡量方式，前者利用機率分配，後者利用歷史資料。投資之標的包含實質資產與金融資產；實質資產包含有形資產及無形資產。金融資產如股票、債券、選擇權、共同基金、期貨等金融商品。以下就投資學之範圍做一介紹。

範圍	**內容**
投資規劃	評估投資人之資金與風險接受程度，投資計畫之規劃與選擇，決定最適投資組合。
投資分析	運用各種分析方法，慎選投資標的。
投資管理	針對目前之投資組合進行定期評估。

五、公司理財

公司是以營利為目的，也就是會想要極大化公司的利潤。理想的公司經營目標應該是：「普通股股票價格極大化」，或是「股票價格極大化」。股票目前的價格是反映公司未來的獲利能力；未來獲利持續看好的公司其股價會上漲，未來獲利有隱憂的公司其股價會下跌。以下就公司理財之範圍做一介紹。

範圍	內容
資本結構	即融資決策之評估，融資來源包含舉債及增資，需分析二者比例之允當性，因不同資本結構將創造不同之公司價值。
資本預算	即投資決策之評估，分析長期資本投資決策之優劣，並做相關風險評估。
股利政策	分析公司盈餘分配之策略是否合理。
營運資金管理	分析流動資產之融資及投資決策，及其相關風險與報酬。

小比較，大考點

會計學與公司理財之相異點：

會計學	公司理財
處理「事後資料」之彙總歸納解釋	著重「事前規劃」之預測工作
以帳面價值評價	著重市場價值
一般不計算機會成本	做決策時多會考量機會成本
未考慮貨幣的時間價值	強調貨幣之時間價值
較重視以貨幣衡量之資訊	加上數字以外訊息之分析

六、代理問題與效率市場【台菸酒】

(一)資訊不對稱

資訊不對稱是指交易雙方對於交易資訊的掌握不同，而可能出現欺騙之狀況，如：

1. **逆選擇（adverse selection）**：在資訊不對稱或不足下，而做出不當之決策。例如經營不善的經理人刻意放出不符實況的消息，若存在資訊不對稱，投資人便可能因此誤買該公司股票，稱為逆選擇。
2. **道德危險（moral hazard）**：在資訊不對稱或不足下，經理人運用權益資金而做出不利於股東利益的行為，例如補貼性消費，過度投資等行為，此謂道德危險。

(二) 代理理論

公司由數個利害關係人所組成，包括股東、債權人、管理當局、員工、客戶、供應商、金融機構、政府等，彼此之間以各種契約對其行為加以約束。

1. **代理理論之假設如下：**
   (1) 主理人與代理人皆追求本身效用最大及風險極小化。
   (2) 主理人與代理人所追求之目標往往不一致。
   (3) 主理人與代理人間存在資訊不對稱。
2. **代理問題：**
   (1) 股東與管理當局的權益代理問題：公司的管理團隊既然受聘來經營公司，應當為掌有公司所有權的全體股東謀取最大的利益。然而大多數的股東（小股東）並無法實質參與公司的經營，以致股東與管理團隊之間出現了經營權（Management）與所有權（Ownership）分離的情況，進而引發「代理問題」（Agency Problem）。管理團隊取得代理人身分後，本應以「股東財富極大化」為經營目標，但因本身握有的股權極少，且與大多數的小股東之間有資訊不對稱（Information Asymmetry）的問題，故會在行使決策權時，傾向於謀求個人利益而忽視股東權益。
   (2) 無工作賣力之誘因：若無適當之激勵政策，因經營成果多由股東享受，會導致經理人喪失賣力工作之誘因。
   (3) 補貼性消費（perquisites）：經理人追求其本身效用最大，可能會挪用公司資源以滿足個人所需。
   (4) 管理買下（management buyout；MBO）：指經理人若為取得公司控制權，能會刻意壓低股價以利其以低價買入股份。
   (5) 過度投資（over-investment）：若經理人為追求其個人利益最大化，而過度投資。

(三) 效率市場

效率市場指的是如果在一個證券市場中，價格完全反映了所有可以獲得的訊息，那麼就稱這樣的市場為有效市場，又可分為下列幾種不同類型。

效率市場	內容
弱式效率市場	1. 資訊類型已充分反應過去（歷史）資訊。 2. 投資人無法靠過去（歷史）資訊賺取利潤。 3. 技術分析無效。
半強式效率市場	1. 資訊類型已充分反應過去（歷史）+ 現在（已公開）資訊。 2. 投資人無法靠過去（歷史）資訊、現在（已公開）資訊賺取利潤。 3. 技術分析 + 基本分析，都無效。
強式效率市場	1. 資訊類型已充分反應過去（歷史）+ 現在（已公開）+ 內線（未公開）資訊。 2. 投資人無法靠過去（歷史）、現在（已公開）、內線（未公開）資訊賺取利潤。 3. 技術分析 + 基本分析 + 內線分析，都無效。

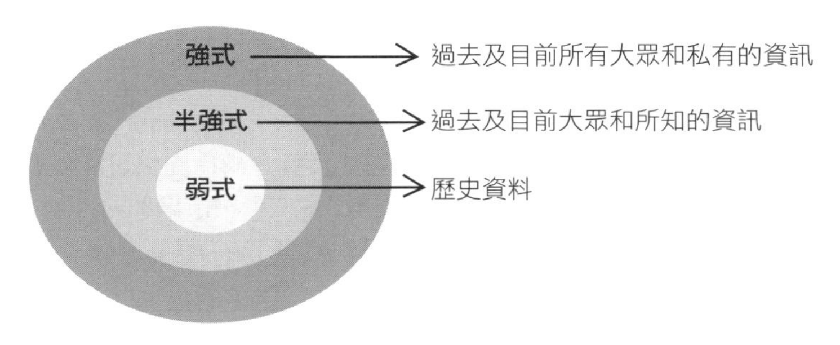

不同型態效率市場假說的資訊

即刻戰場

選擇題

一、財務管理的介紹

(　　) **1** 下列何者不是「企業財務管理」的工作？ (A)資金的募集與應用 (B)人事規劃 (C)進貨管理 (D)存貨管理。（多選） 【107台水】

(　　) **2** 財務管理所定義之公司目標為：　(A)追求公司管理者財富的最大　(B)追求員工利潤的最大　(C)追求公司股東財富的最大　(D)追求公司總營業收入的最大。【106桃機】

(　　) **3** 以下何者是企業短期融資的工具（方式）？　(A)發行普通股　(B)發行公司債　(C)向金融機構進行票據貼現　(D)向銀行抵押貸款。【107台菸酒】

(　　) **4** 下列何者非企業取得短期資金之來源？　(A)銷售商業本票　(B)出售應收帳款　(C)應付帳款延期　(D)創投基金。【108經濟部】

(　　) **5** 下列何者屬於短期資金的來源？　(A)發行公司債　(B)現金增資　(C)發行商業本票　(D)盈餘轉增資。【106台鐵】

(　　) **6** 下列何者是企業在資本市場籌募資金的方式？　(A)商業本票　(B)公司債　(C)承兌匯票　(D)可轉讓定存單。【109台菸酒】

(　　) **7** 下列何者並非企業選擇長期資金籌措方式的影響因素？　(A)損益平衡點　(B)財務槓桿　(C)資本結構　(D)相對成本的高低。【109台鐵】

(　　) **8** 企業資金的主要來源有股東權益（包含普通股、特別股、資本公積、保留盈餘等）與長期負債、短期負債等，在正常情況下，下列哪一類資金的成本最低？　(A)短期負債　(B)特別股　(C)普通股　(D)長期負債。【110經濟部】

解 **1 (BCD)**。財務管理：對組織內的資金需要及資金籌措提供可能性的調整活動。
(A)資金的募集與應用：財務管理（財務比率、金融市場）。
(B)人事規劃：人力資源篇（招募、裁員、甄選）。
(C)進貨管理：生產管理。
(D)存貨管理：生產管理。

2 (C)。財務管理目標：對財務資源的規劃、分配、應用及控制，有效發揮財務管理的功能，以最有效的方式達成組織目標→公司價值最大化（概念類似於股東權益最大化／股價最大化）。

3 (C)。短期融資：1年以內。交易信用、商業本票、銀行短期融資、票據貼現、押匯。

4 (B)

5 (C)。所謂現金增資、盈餘轉增資都需發行普通股，所以是「長期資金」。
現金增資：主要是以發行新股票增加公司股本與營運所需要的現金。
盈餘轉增資：將過去年度所剩餘的盈餘轉換發行股票，依比例配發給公司持股的股東，由於股東獲取新股無須另繳股款，因此亦稱之為無償配股。

6 (B)。貨幣市場（一年以內的市場）：(1)金融業拆款。(2)國庫券。(3)可轉讓定存單。(4)商業本票。(5)銀行承兌匯票。(6)附買（賣）回協定。
資本市場（一年以上的市場）：(1)股票（普通股&特別股）。(2)債券（公債&公司債&金融債）。(3)證券化商品（資產證券化）。

7 (A)。(A)損益平衡點是在算銷量多少才能打平成本。
(B)長期的資金因為不用馬上還，公司還能拿去做其他運用，比如投資。
(C)長短期的資金籌措應各占多少比例為適當。
(D)長期和短期的資金籌措成本不同。

8 (A)。資金成本高低順序（由低至高）
保留盈餘→銀行借款→浮動利率債券→抵押債券→無擔保固定利率債券→可轉換公司債→特別股→普通股→認股權證→員工股票選擇權。

二、財務經理人的職責

(　　) 有關公司股東的敘述，下列何者正確？ (A)持有公司股票的人 (B)擁有公司債務的人 (C)提供公司勞務的人 (D)提供公司原料的人。【107桃捷】

解 (A)

三、金融市場

(　　) **1** 假設你／妳年初以30元買進X股票一張，到了年中獲得配發2元現金股利與2元股票股利，隨後年底以40元賣出該張股票和所配發的200股零股，請問報酬率為何？ (A)33.33% (B)40.00% (C)46.67% (D)66.67%。【106台鐵】

(　　) **2** 在不考慮手續費、不使用融資等情況下，在臺灣股票市場上一支股票的股價為97元，表示要用多少錢才能買進一張現股？ (A)$97,000 (B)$970,000 (C)$97 (D)$9,700。【108台鐵】

(　　) **3** 公司透過金融機構發行憑證，使公司借入款項而獲得現金，並且承諾於固定時間支付利息並於到期日償還本金的一種憑證，這種憑證稱為什麼？ (A)公司債 (B)連環債 (C)長期債 (D)資本債。【107台鐵】

(　　) **4** 有關企業剩餘財產分配的順序，依序應為何？ (1)公司債；(2)普通股；(3)特別股 (A)(1)(2)(3) (B)(1)(3)(2) (C)(3)(2)(1) (D)(2)(3)(1)。【107中油】

(　　) **5** 因美國執行貨幣寬鬆政策，使熱錢在全球流竄，以致於許多國家都面臨貨幣升值的壓力，各國際企業不得不執行各種避險措施。上述是指企業面臨何種風險？ (A)運輸風險 (B)溝通風險 (C)匯率變動風險 (D)災害風險。【108台鐵】

解 **1 (D)**。股票一張為1000股，因此本金為30×1000=30000元。
年中獲得2元現金股利+2元股票股利=2×1000元+200股。（股票面額為10元，配2元股票股利等於配2/10再乘1000為200股）
年底以40元出清=40×1000+40×200=48000元。
獲利=2000（現金股利）+48000（股票出清）−30000（本金）=20000元。
報酬率=20000/30000≒66.67%。

2 (A)。股票的買賣是以張為單位（1張等於1,000股），所以97×1,000= 97,000。

3 (A)。公司債：有一定償還期限（到期後償還本金），發行費用在3者之中最低（和特別股、普通股相比），領取固定利息（利息固定、按期支付利息）、不能分紅、不能享受盈餘分配、利息費用可節稅、可保住經營權（公司控制權不會外流）。

4 (B)。投資風險由大到小：普通股（風險最高）→特別股（優先股）→公司債>國庫券（風險最低）。
公司清算時的求償順序：公司債（對投資人最有保障）→特別股（優先股）→普通股（對投資人最沒保障）。

5 (C)。匯率風險是指匯率波幅所造成的風險。匯率波幅會影響海外貿易和投資盈虧、亦有不少人視匯率的波幅為投機獲利的機會。各國的中央銀行均負責控制匯率的波幅、確保金融體系的穩定。

四、代理問題與效率市場

(　　) 企業在進行設備投資決策時，會計算出資本的未來現金流入及流出並折算至基期，以衡量設備的淨收益。此種方法稱為： (A)還本期間法 (B)會計報酬率 (C)淨現值 (D)內部報酬率。【106台水】

解 **(C)**。(A)還本期間法：又稱回收期間法，顧名思義就是用來評估初始投入資金，多久可以還本（回收）多久回本，用於衡量資金被套牢的時間長短。
(B)會計報酬率：投資計畫的平均年度預期淨利／平均投資額，若算出的值大於目標值，才適合投資，投資計畫的平均年度預期淨收入除以平均淨投資額，平均稅後會計盈餘／投資案的平均，用於決策以衡量報酬率。

(C)淨現值：將各期現金流折現加總並與投入成本比較，若淨現值>0才適合投資，考量所有現金流量之金錢時間價值，計算出資本的未來現金流入及流出並折算至基期，以衡量設備的淨收益。

(D)內部報酬率：將投資計畫產生的現金流量折現值總和等於期初投入成本，求出之報酬率若大於市場利率，則適合投資。指投資案在專案期間內，平均每年的投資報酬率。

填充題

1 依照一般學理而言，廣義的財務管理可分為 3大領域：金融市場、投資學及 ______ ，其中最後一項主要涉及公司實際的管理運作所會遇到的財務問題。 【108台電】

2 企業將未到期的票據，以預扣利息方式出售給銀行，稱為 ______ 。 【109台電】

3 預算的類型依作業執行分為3類，當企業在訂定未來發展目標時，編制計畫對固定資產進行購置、擴充、改造或更新所需預算，稱之為 ______ 預算。 【106台電】

4 預算編列中總結不同單位的收入與支出預算，以計算各單位的利潤貢獻稱為 ______ 預算。 【107台電】

解

1 公司理財。廣義的財務管理可以分為「公司理財」、「投資學」及「金融市場」等三大領域。

2 貼現。貼現：指銀行承兌匯票的持票人在匯票到期日前，為了取得資金，貼付一定利息將票據權利轉讓給銀行的票據行為，是銀行向持票人融通資金的一種方式。

3 資本／資本支出

4 利潤

申論題

Roberts Fama將效率市場分成3種型態，請逐一列舉並說明之。 【109台電】

焦點二 財務會計

財務會計指平時詳實記錄企業各項交易事項，依照固定期間結算企業損益，並按照一般公認會計原則編列財務報表，用來反映企業的財務狀況與營運績效的會計程序。

一、會計方程式【經濟部、台水、郵政】

會計方程式（Accounting Equation）也稱為會計恆等式。是記錄企業交易活動的會計方法中最基礎的工具。公式如下：資產=負債+股東權益

項目	內容
資產（Assets）	企業所控制的資源，該資源是由過去交易事項所產生，且預期未來可能產生經濟效益的流入。
負債（Liabilities）	企業現有的義務，該義務是由過去交易事項所產生，且預期未來清償時將產生經濟資源的流出。
股東權益（Owner's Equity）	企業之資產扣除其所有負債後之剩餘權益。 股東為企業的老闆，是企業經營風險的最後承受者，因此其對企業資產的享有權利當然要在清償所有負債之後，故股東權益又稱為「剩餘權益」（Residual Equity）。由於股東權益為資產減負債，因此也叫做「淨資產」。

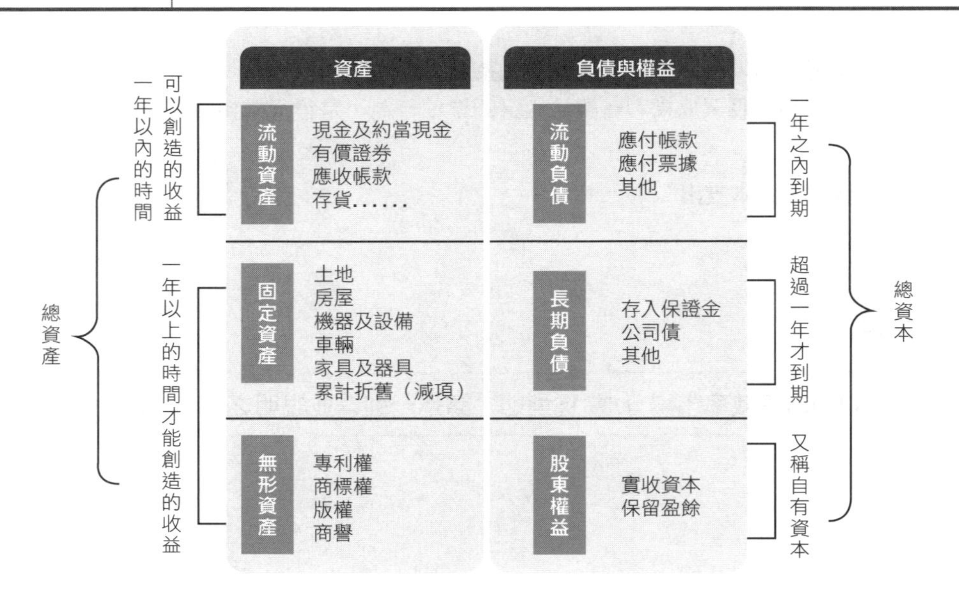

(一) 資產科目【中油、郵政、漢翔】

以下就資產的會計科目做一介紹。

會計科目	定義	子科目
流動資產	是指可以在 1 年或者超過 1 年的一個營業周期內變現或被耗用的資產。	各種現金、約當現金、銀行存款、有價證券、短期投資、應收及預付款項、應收票據、待攤費用、存貨等。
固定資產	企業持有專供長期營業使用，不以出售為目的，預計使用年限超過一年的具有實物形態的資產。	土地、建築物、運輸設備、生財設備、機器設備等。
無形資產	無一定型態，不具實體，但可構成競爭優勢或對生產經營發揮作用的非貨幣性資產。	專利權、開辦權、非專利技術、商標權、著作權、土地使用權、特許權等。
長期投資	因融資、作業上需要所從事的長期性投資。	長期債券投資、準備金。
其他資產	凡不屬於以上的其他資產。	閒置資產、委託處分資產、其他非業務用資產。

小補充、大進擊

會計科目補充：

1. 存貨：是指企業在日常活動中持有的以備出售的產成品或商品、處在生產過程中的在產品、在生產過程或提供勞務過程中耗用的材料和物料等。
2. 在途現金：也稱託收未達款，是指在本行通過對方銀行向外地付款單位或個人收取的票據。在途資金在收妥之前，是一筆占用的資金，又由於通常在途時間較短，收妥後即成為存放同業存款，所以將其視同現金資產。
3. 約當現金：指短期且具高度流動性之短期投資，因其變現容易且交易成本低，因此可視為現金。因此約當現金具有隨時可轉換為定額現金、即將到期、利息變動對其價值影響少等特性。通常投資日起三個月到期或清償之國庫券、商業本票、貨幣市場基金、可轉讓定期存單、商業本票及銀行承兑匯票等皆可列為約當現金。
4. 備抵呆帳：備抵呆帳就是預計有些應收帳款收不回來（某公司可能有跑路的機會）。只是先預估而已並沒有發生! 讓股東們提前心裡有數。所以備抵呆帳為應收帳款的減項。

(二) **負債科目**【台水、漢翔】

是公司債權人對債務的求償權，主要可分為流動負債與長期負債，依照求償時序先後由上至下排列。

會計科目	定義	子科目
流動負債	企業到期應償還之債務，到期日在一年以下。	短期借款、銀行透支、應付帳款、應付票據、應付所得稅、應付商業本票、預收款項。
長期負債	到期日在一年以上的債務。	長期借款、應付公司債、存入保證金、應付土地增值稅、退休金負債。

小口訣，大記憶

欠錢要還。當持有一項物品，這物品會自動使現金從你的口袋流出去到別人的口袋，就是負債。

小比較，大考點

1. 應付帳款：通常所稱應付帳款是指賒購商品、原料、物料或服務而發生之付款義務。
2. 應收帳款：因出售商品或勞務，進而對顧客所發生的債權，且該債權尚未接受任何形式的書面承諾，屬於資產項目。

(三) **股東權益**

股東權益或業主權益（equity、shareholders’ equity、owners’ equity），股東權益指股東對資產清償所有負債後剩餘價值的所有權。同樣依照請求權優先順序由上而下排列。主要科目包括股本、資本公積、保留盈餘等。

會計科目	定義	子科目
股本 資本	1. 股東繳足並向主管機關辦理登記的股本額（資本額），又稱為法定資本。包括普通股與特別股兩類。 2. 特別股是一種求償權優於普通股，但股息固定的股權。由於許多公司並未發行特別股，因此一般財務上提到股東權益時，若未特別聲明，通常便是指普通股權益。	普通股、特別股。

會計科目	定義	子科目
資本公積	非經由營業所取得的盈餘，也就是公司資本交易產生的盈餘。	股票溢價、資產重估、捐贈盈餘、庫藏股盈餘、收領贈與的所得等。
保留盈餘	1. 公司營業所得的盈餘，並且依據公司法規定，稅後盈餘的 10% 需先提出作為法定盈餘公積，除非已達資本總額。公司負責人違反第一項規定，不提法定盈餘公積時，各科新臺幣六萬元以下罰金。 2. 公司也可經由公司章程的訂定或股東會決議，另提部分作為特別盈餘公積。因此公司盈餘在先扣除法定盈餘公積與特別盈餘公積後，才開始分派股利，而分配完畢後剩餘的部分則列為未分配盈餘，為累計數值。	法定盈餘公積、特別盈餘公積、未提撥保留盈餘。

二、財務報表【台電、台鐵、郵政】

「財務三表」指的是資產負債表、損益表和現金流量表。最簡單的為損益表，它表達的是一段經營期間（可以是每年或每月）的營運狀況，顯示出此期間內，企業的收入多少；為了賺取這些收入，企業所花費的資源又有多少。透過閱讀分析損益表，管理者能了解該如何評估績效、控管成本與擬定未來的目標（預算）。當熟悉損益表之後，便能進一步搭配另外兩張表：「資產負債表」與「現金流量表」，相較於透過損益表了解企業某一段期間的經營狀況，資產負債表則可協助管理者釐清企業的財產與借貸，現金流量表則可掌握企業資金的增減。以下圖形表示企業從募集資金到最後生產產品，賺取利益的過程中，需要編製的報表。

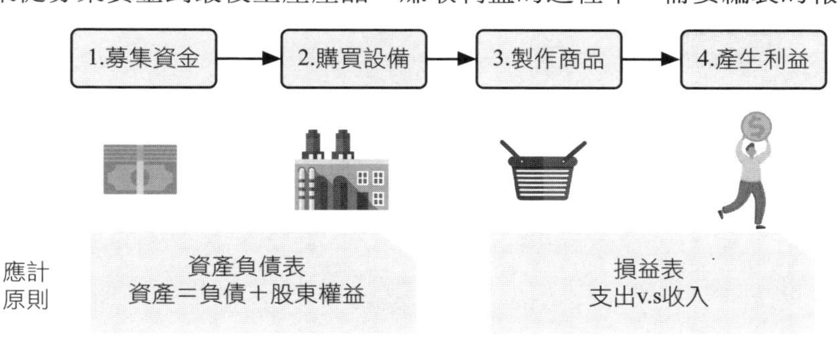

另有人說財務四大報表則是加上股東權益變動表，（代表股東權益在特定期間內的變動狀況，因此是一個動態報表。）股東權益組成，主要為股東投資的資金加上保留盈餘，任何會影響這兩項變動因素，都會影響到股東權益變動。就四財務報表的比較如下表所示。

企業最重要的4大財務報表

1. 資產負債表	2. 損益表	3. 現金流量表	4. 股東權益變動表
表達一企業在某特定日期的財務狀況，為靜態報表。	表達一企業在特定期間的經營結果，其所表示者為某一段時間，為動態報表。	表達一企業在特定期間現金流入與流出情形，為動態報表。	表達一企業在特定期間股東權益之變動情形，為動態報表。
企業的財力證明	企業的薪資證明	企業的存摺	企業的財產分配
當時的資產有多少，負債和股東權益各是多少，來證明公司實力是否堅強、有無穩固強大的後盾支持	不僅本業賺多少，連企業的副業、兼差，還有意外之財都一次表達給你看	一眼看出企業本期主要從哪裡賺到錢，從哪裡付錢	籌資：從股東哪裡獲得了多少錢 分配：公司將獲利發放多少給員工、股東
資產：流動資產、固定資產 負債：流動負債、長期負債、股東權益	業內：銷貨毛利、營業費用 業外：投資策略、意外之財、額外收支	營業活動 投資活動 融資活動	投入資本 保留盈餘 其他權益 庫藏股
投資活動	營業活動		融資活動

小口訣，大記憶

1. **損**益表：一段時間的財務報表。
2. **資**產負債表：特定時間的財務報表。
3. **現**金流量表：現金流入－流出。
4. **股東（主人）**權益變動表：發放的股利、股東增資減資多少。

▲筍子現煮

(一) **資產負債表**(balance sheet)【經濟部、台菸酒、台電、郵政、中華電信、桃捷、漢翔】

1. **定義**:一企業在某特定時間點的財務狀況。
2. **公式**:資產=負債+業主權益(業主權益,又稱股東權益)
3. **內容**:
   (1) 資產負債表的基本公式使用的是會計恆等式,並分為左右兩方。
   (2) 資產在左方(借方),代表了資金的應用,資金可以用各種形式的資產擁有,例如現金、存貨、應收款、土地等。
   (3) 負債及股東權益在右方(貸方),代表了資金的來源,也是對公司資產的求償權。
4. **圖示**:

資產負債表的恆等式,資產=負債+股東權益
－資產負債表結構

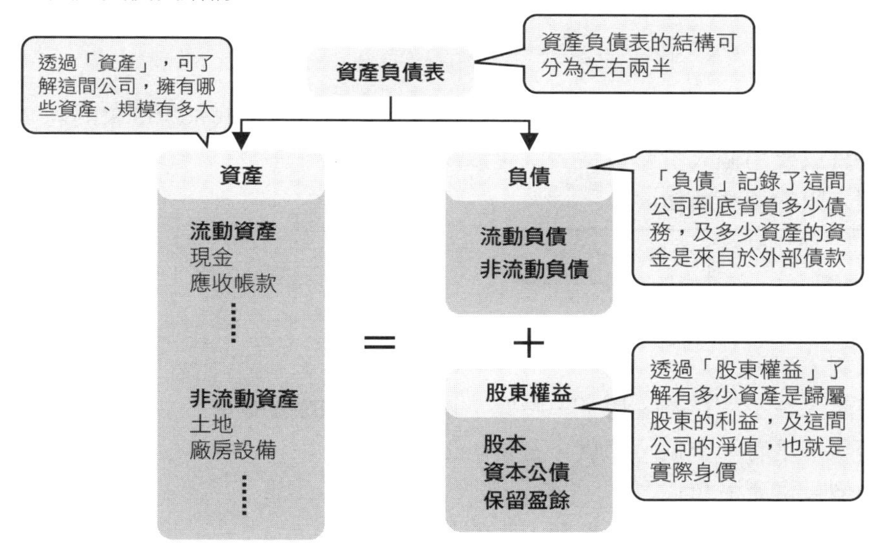

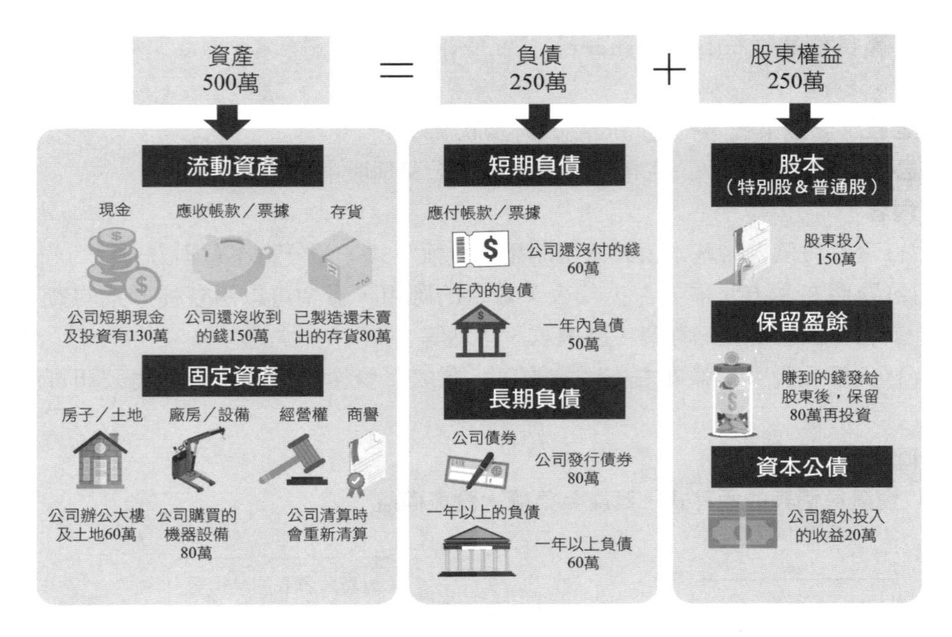

小例子：我們常說某人擁有百億身價，那這個百億到底是怎麼來的呢？其實只要用個人資產負債表就可以統計出來的。

個人版的資產負債表：

<table>
<tr><td rowspan="2">資產</td><td>負債</td></tr>
<tr><td>身價</td></tr>
</table>

對個人而言，

資產包含了：存款、房子、股票、車子、7-11的抵用券……

負債則是有：卡債、學貸、房貸……

身價＝資產－負債

公司的資產負債表，就是個人版的延伸。

只是身價的部分，改為比較專業的名詞「股東權益」。

<table>
<tr><td rowspan="2">資產</td><td>負債</td></tr>
<tr><td>股東權益
（淨值）</td></tr>
</table>

為什麼身價會變成權益呢？

某人的資產有1000萬，但他負債有500萬，所以他不能把1000萬全花光，因為有500萬是要還別人的，他只能隨心所欲地運用剩下來的500萬，因此這500萬就是他的個人權益。

因此，

身價＝個人權益

當今天資產負債表的對象改為公司時，
資產可能有：土地、工廠、現金……
負債可能有：欠其他公司的帳款、要繳交的稅……
最重要的是，公司往往不是一個人的，是所有股東的，所以「個人權益」對應到公司的資產負債表後，就是「股東權益」。

公司的身價＝股東權益

小比較，大考點

1. 資產→資金運用。
2. 負債+股東權益→資金來源。

(二) **損益表**（Income Statement）【經濟部、台水、台菸酒、台電、台鐵、郵政、桃機、漢翔】

1. **定義**：一企業在過去一年內的收入、支出、淨利、淨損等經營過程與結果。
2. **公式**：損益＝收入－成本費用
3. **內容**：
   (1) 收入：公司在一段時間內，從販賣商品或提供服務所賺取的收入。
   (2) 成本與費用：包括營業成本和營業費用。營業成本是企業用於生產商品的原料成本。企業在銷售或提供服務的過程中產生的費用，則叫做營業費用。
   (3) 損益：收入減去成本的剩餘。

4. **圖示：**

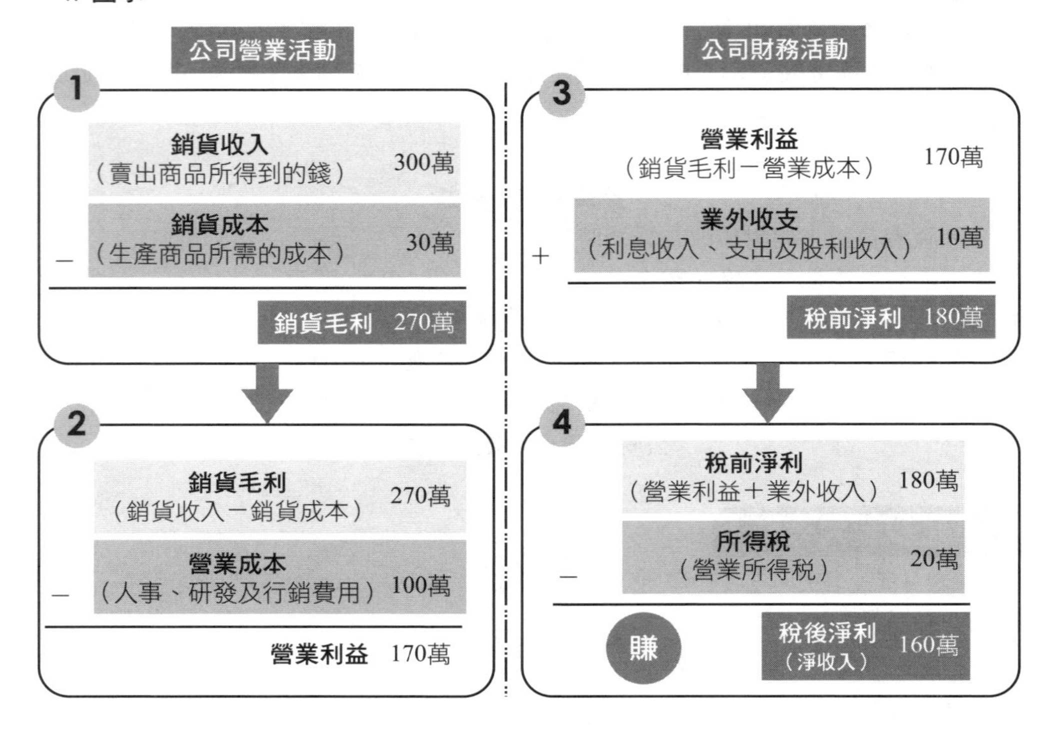

(1) 銷貨收入－銷貨退回－銷貨折讓=銷貨淨額

(2) 銷貨淨額－銷貨成本=銷貨毛利

(3) 銷貨毛利－營業費用=營業淨利

(4) 營業淨利－營業外支出=稅前淨利

(5) 稅前淨利－所得稅=稅後淨利

小補充、大進擊

風險溢酬（Risk Premium）：又稱風險貼水，指的是一個人在面對不同風險的高低、且清楚高風險高報酬、低風險低報酬的情況下，會因個人對風險的承受度影響其是否要冒風險獲得較高的報酬、或是只接受已經確定的收入，放棄冒風險可能得到的較高報酬，其確定的收入與較高的報酬之間的差。

例如：將錢存在銀行活存利率0.3%、定存利息1%

想在股市獲利10%

報酬率10%=無風險利率1%+風險溢酬

風險溢酬=9%

(三) **現金流量表**（Cash Flow Statement）【台電、郵政】

1. **定義**：一企業在一定期間內現金流入和流出狀況的報表，又區分為營業活動（賺錢）、投資活動（花錢）、融資活動（花錢）。
2. **圖示**：

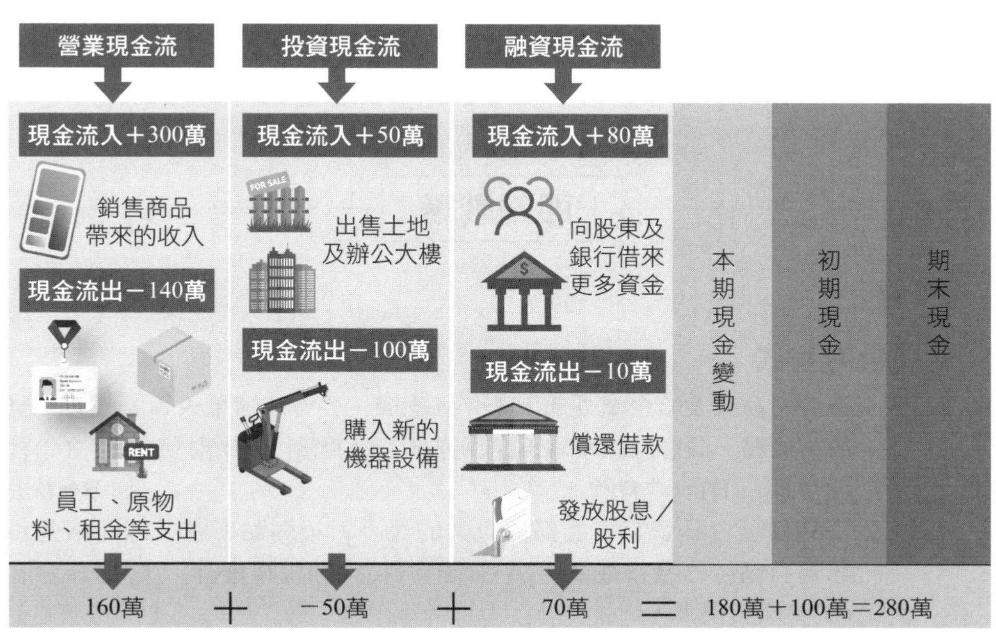

小補充、大進擊

折舊攤提會使現金流入增加的原因：機器廠房會提列折舊，折舊是在損益表中列為費用，但是折舊這個費用並沒有付出現金，花一百萬買台機器分五年折舊，每年折舊費用是20萬，這部機器早已在當初買入就付現了，所以當列折舊時其實沒有現金流出，所以在計算現金流量時，必須從稅後淨利中加回這一項數目。

(四) **股東權益變動表**

描述某一期間股東權益的變動狀況，主要為盈餘與股利的變化。

如下表所示，股東權益為盈餘與股利變化的總和。

		股本	未分配盈餘	股東權益總計
期初餘額	A	10,000		10,000
本期淨利	B1		10,000	10,000
其他綜合損益	B2		2,000	2,000
綜合損益總額	B		12,000	12,000
期末餘額	C	10,000	12,000	22,000

即刻戰場

選擇題

一、會計方程式

(　　)　**1** 準備財務報表給企業外部人士（供應商、公會或債權人等）觀看，屬於下列哪一個會計領域的工作目標？　(A)審計　(B)財務會計　(C)管理會計　(D)成本會計。【108郵政】

(　　)　**2** 下列何項會計資訊可能揭露企業的競爭力或弱點所在，因而某些資訊具有高度的機密性？　(A)管理會計　(B)稅務會計　(C)財務會計　(D)資產負債表。【110經濟部】

解　**1 (B)**。財務會計：是依照一般公認會計原則（GAAP）處理，著重財務報表之編製，彙總表達企業在某特定期間之經營成果、財務狀況之變動，以應企業外部使用者之需要。

2 (A)。(A)管理會計：是對企業內部的經濟活動進行預測、決策、控制、分析、評價，為企業管理者提供相關資訊，使企業經濟效益最大化、企業價值最大化。

二、資產科目

( ) **1** 企業擁有的現金，屬於下列哪項資產？ (A)固定資產 (B)變現資產 (C)發展資產 (D)流動資產。 【108郵政】

( ) **2** 下列何者屬於「無形資產」？ (A)商標 (B)銀行貸款 (C)未開發土地 (D)股票。 【108漢翔】

解 **1 (D)**。流動資產：通常指一年或一個營業周期內，可望變現之各項財產。例如：現金、銀行存款、短期投資、應收票據、應收帳款、備抵呆帳、應收收入、存貨、預付費用等。

2 (A)。無形資產是指企業擁有或者控制的沒有實物形態的可辨認非貨幣性資產。包括專利權、非專利技術、商標權、著作權、土地使用權、特許權等。

三、負債科目

( ) 企業的「應付帳款」屬於下列何者？ (A)企業的負債 (B)企業的業主權益 (C)企業的長期資產 (D)企業的資產。 【108漢翔】

解 **(A)**。應付帳款：通常所稱應付帳款係指賒購商品、原料、物料或服務而發生之付款義務。

(A)企業的負債：先享受（或者事先買材料的貨款），但還沒付錢。通常會放在會計法則中的「貸方」。

四、財務報表

( ) 目前企業編製對外公開的主要財務報表是哪些？ (A)管銷費用表、淨利表、負債比率表 (B)成本預算表、投資報酬表、融資計畫表 (C)資產負債表、損益表、現金流量表 (D)現金收入表、資金規劃表、營運支出表。 【104台電、105台鐵】

解 **(C)**。企業編製對外公開的主要財務報表包含：現金流量表、損益表、資產負債表。

五、資產負債表

( ) **1** 關於「資產負債表」，下列敘述何者正確？ (A)資產=業主權益 (B)資產=負債+業主權益 (C)存貨=營業成本 (D)營業收入=資產。 【108漢翔】

( ) **2** 資產負債表的基本會計公式為何？ (A)資產=營收+股東權益 (B)資產=營收－成本 (C)資產=股東權益－負債 (D)資產=股東權益+負債。 【109台菸酒】

( ) **3** 下列何者是資產負債表的項目？ (A)銷管費用 (B)業主權益 (C)營業成本 (D)營業收入。 【110台菸酒】

( ) **4** (1)現金流量表 (2)損益表 (3)資產負債表 (4)股東權益變動表，以上四個財務報表，屬於「存量」概念的是 (A)(2)(3)(4) (B)(3) (C)(1)(2)(4) (D)(4)。 【107台菸酒】

( ) **5** 在財務報表中，企業的專利權、商譽等為下列何種資產？ (A)無形資產 (B)固定資產 (C)流動資產 (D)以上皆非。 【109經濟部】

( ) **6** 下列何者不是「資產負債表」內的項目？ (A)業主權益 (B)負債 (C)資產 (D)銷貨收入。 【107郵政】

( ) **7** 百分之十（10%）是我國依公司法規定： (A)公司於完納一切稅捐前，分派盈餘時需先提撥的法定盈餘公積 (B)公司於完納一切稅捐後，分派盈餘時需現場提撥的法定盈餘公積 (C)公司於完納一切稅捐前，分派盈餘時需現場提撥的法定盈餘公積 (D)公司於完納一切稅捐後，分派盈餘時需先提撥的法定盈餘公積。 【106桃捷】

解

1 (B)。資產負債表（balance sheet）：資產負債表是由資產、負債、及股東權益等三部分所組成，並分為左右兩方，資產在左方（借方），代表了資金的應用；負債及股東權益在右方（貸方），代表了資金的來源，也是對公司資產的求償權。

2 (D) **3 (B)**

4 (B)。存量→靜態報表。「某一特定時間點（某一時日）」。

5 (A)。無形資產：看不到摸不著的財產，例如專利權等無體財產。

6 (D)

7 (D)。公司法第237條（法定與特別盈餘公積之提出）：公司於完納一切稅捐後，分派盈餘時，應先提出百分之十為法定盈餘公積。但法定盈餘公積，已達資本總額時，不在此限。

除前項法定盈餘公積外，公司得以章程訂定或股東會議決，另提特別盈餘公積。

公司負責人違反第一項規定，不提法定盈餘公積時，各科新臺幣六萬元以下罰金。

六、損益表

( ) **1** 能夠詳列企業的收入與費用，並可反映公司年度盈餘或虧損數字的報表，是指下列何者？ (A)現金流量表 (B)損益表 (C)資產負債表 (D)股權變動表。 【108漢翔】

( ) **2** 記錄企業全年收支狀況及獲利情形的財務報表，稱為： (A)損益表 (B)現金流量表 (C)帳目表 (D)獲利表。 【108郵政】

( ) **3** 揭露企業在特定期間的收入、成本、費用及獲利狀況的經營成果報表，稱為： (A)損益表 (B)資產負債表 (C)現金流量表 (D)經營預算表。 【108台菸酒】

( ) **4** 下列何者是用來呈現企業在一定期間（如一年）內的收入、費用、獲利或虧損數字的報表？ (A)成本差異分析表 (B)資產負債表 (C)損益表 (D)現金流量表。 【106桃機】

( ) **5** 企業組織透過銷售產品或服務向顧客所收取而來的金錢，稱為： (A)利潤 (B)營收 (C)損失 (D)保留盈餘。 【108郵政】

( ) **6** 「銷貨成本」屬於下列哪一類財務報表的項目？ (A)資產負債表 (B)損益表 (C)現金流量表 (D)權益變動表。 【108漢翔】

( ) **7** 下列何者屬於「損益表」內的項目？ (A)銷管費用 (B)短期負債 (C)存貨 (D)商標。 【107郵政】

( ) **8** 當投資標的物的市場價值增加時所實現之利潤，在會計領域應如何稱呼？ (A)資產配置 (B)暴利 (C)資本利得 (D)增值。 【107經濟部】

( ) **9** 為了承擔一項投資所增加的風險，因而要求該投資必須增加額外的報酬，此稱之為： (A)風險轉移 (B)風險波動 (C)風險溢酬 (D)風險推遲。 【109台鐵】

解 **1 (B)**。損益表就是在表達一家企業在過去一年內的收入、支出、淨利、淨損等經營過程與結果。

2 (A)。(A)損益表：又稱動態報表，記載特定期間企業的財務狀況。損益表是公司重要的主要財務報表之一，目的是報告公司在一年、一季或某個時段內發生的收入、支出、收益、損失，以及由此產生的淨收益。

3 (A)。損益表：探討企業營運狀況，報導企業特定期間內之收入、費用、損失、利益，反映企業在一定會計期間經營成果的報表，因為是連續的一段時間之經營績效，故又稱為動態報表。

4 (C)。損益表：呈現企業在一定期間（如一年）內的收入、費用、獲利或虧損數字的報表。→關鍵字：期間。

5 (B)。(A)利潤：利潤包括收入–費用後的淨額、直接計入當期利潤的利得和損失等。

(B)營業收入：企業因銷售產品或提供勞務而取得的各項收入。

(C)損失：虧損。

(D)保留盈餘=留用利潤、留存收益、留存盈餘、資本公積。

定義：是指公司歷年累積之純益，未以現金或其他資產方式分配給股東、轉為資本或資本公積者；或歷年累積虧損未經以資本公積彌補者。

6 (B)。損益表：探討企業營運狀況，報導企業在特定期間內之收入、費用、損失、利益，反映企業在一定會計期間經營成果的報表，因為是連續的一段時間之經營績效，故又稱為動態報表。

7 (A)。(A)銷管費用→管銷費用就是指管理、銷售時所發生的費用。和營業成本、營業費用、營業稅金有關。

8 (C)。本題重點在於低買高賣後的實現利潤，也就是投資標的已經處分掉了，而增值純粹是價值或價格的漲幅（投資標的尚未處分）。

已實現：資本利得。

未實現：增值。

9 (C)。風險溢酬：指投資者在投資風險較高的標的物時，會要求較高的報酬率，以彌補所承受的高風險，這類額外增加的報酬率，稱之為風險溢酬。

七、現金流量表

(　　) **1** 說明企業一年內現金收入與現金支出情形的報表，是指下列何者？ (A)損益表 (B)資產負債表 (C)股權變動表 (D)現金流量表。【107郵政】

(　　) **2** 下列何者屬於現金流量表的現金流入？ (A)存貨增加 (B)折舊攤提 (C)固定資產增加 (D)長期負債降低。【108郵政】

解 **1 (D)**。現金流量表：反映上市公司在一定期間內現金流入和流出狀況的報表，又區分為營業活動（賺錢）、投資活動（花錢）、融資活動（花錢）。

2 (B)。庫存、固定資產增加代表拿現金出去買進貨物，所以是現金流出。
長期負債減少代表拿現金出去還負債，所以亦是現金流出。
折舊攤提會使現金流入增加的原因：機器廠房會提列折舊，折舊是在損益表中列為費用，但是折舊這個費用並沒有付出現金，花一百萬買台機器分五年折舊，每年折舊費用是20萬，這部機器早已在當初買入就付現了，所以當列折舊時其實沒有現金流出，所以在計算現金流量時，必須從稅後淨利中加回這一項數目。

填充題

1 公司最重要的主要財務報表可分為：資產負債表、綜合損益表、 ______ 表及股東權益變動表，作為經營決策及管理的依據。 【108台電】

2 現金流量表顯示企業營運活動、投資活動及 ______ 活動三方面對現金收支流量的影響。 【107台電】

3 企業的4大財務報表中，呈現企業在某個時間點財務狀況的報表為 ______ 。 【107台電】

4 所謂 ______ 表係揭露企業在某特定期間的收入、成本、費用及獲利狀況的經營成果報表，可看出該企業的獲利能力及經營績效。 【106台電】

解 **1 現金流量**。主要財務報表：
(1)資產負債表（某個時間點的財務狀況，為靜態報表）。
(2)損益表（某特定期間的經營成果包含收入、費用、損失、利益，為動態報表）。
(3)現金流量表（一定期間內現金流入與流出狀況的報表，為動態報表）。
(4)股東權益變動表（代表股東權益在特定期間內的變動狀況）。

2 籌資／融資。反映上市公司在一定時期內現金流入和流出狀況的報表，區分為營業活動、投資活動、融資／籌資／理財活動，跟損益表一樣強調連續的期間，因此也為動態報表。

3 資產負債表。

四大財務報表	內容
資產負債表 （財務狀況表）	企業特定時日的資產、負債、業主權益彙整在報表中，顯示在該時間企業的財務狀況。 （靜態）（一年做一次，有特定日期）
損益表	在特定時間內的收入與支出做整理，流量的概念。

四大財務報表	內容
現金流量表	在特定時間內，現金流入與流出的方式。（流動資金可隨時提領）
股東權益變動表（保留盈餘表）	在特定時間內，業主權益變動的情形，了解資本形成經過、公司股息紅利配發、歷年累積盈虧情況。（算出可分配餘額）

4 損益。損益表：是反映企業在一定會計期間經營成果的報表，因為是連續的一段時間中之經營績效，故又稱為動態報表。

焦點三 財務報表分析與經營分析

在企業經營數據分析中，財務數據是不可或缺的部分。一般提到公司報表，其實就是在說財務報表。一套完整的財務報表包括資產負債表、損益表、現金流量表、權益變動表（或股東權益變動表）。而財務數據分析通常以資產負債表、損益表、現金流量表三張表為主，稱為三大財務報表。如何從財務報表中擷取有用的資訊、如何分析各項數據、如何運用各項分析方法、工具來預測金融市場的變化，更是分析人員所需具備的專業能力。

一、財務報表分析-短期償債能力（變現能力）【經濟部、台水、台鐵、郵政、桃機、桃捷】

負債對企業來說是雙面刃。景氣好，且企業賺得錢多，執行的方向對時，能夠幫助企業成長；但如果遇上經濟不景氣的情況，利息費用加諸在企業身上的壓力可能會加劇，借款變成一種壓力。投資時應該要謹慎評估企業在未來的償債能力夠不夠強。公司借了那麼多錢，究竟還不還得起？因此，可以用「流動比」、「速動比」、「利息保障倍數」來評估企業的短期償債能力。

項目	公式	特性
流動比率【台水、台鐵、郵政】	流動資產／流動負債	1. 衡量公司短期償債能力強弱。 2. 流動比率 >2，表示財務狀況良好。

項目	公式	特性
速動比率 酸性測驗比率 【台水、台菸酒、台電、台鐵、郵政】	（流動資產－存貨－預付費用）/流動負債 或〔現金+銀行存款+應收帳款+交易性金融資產（短期投資）〕/流動負債	1. 衡量一家公司是否擁有足夠的短期資產（即在無需出售庫存的情況下解決其短期負債）的嚴謹的測試。 2. 速動比率＞1，表示財務狀況良好。速動比率＜1，則表示該公司可能會出現周轉不靈的情況。
營運資金 淨營運資金 【台菸酒、中油、台電、台鐵】	流動資產－流動負債	1. 短期內企業可供營運周轉的資金。 2. 資金種類依使用性質分： (1)流動資金： A. 變動性流動資金：應付臨時需要，分為季節性流動資金與特殊性流動資金。 a. 季節性流動資金：因應旺季的短期額外資金。 b. 特殊性流動資金：因應特殊狀況的短期額外資金。 B. 固定性流動資金：周轉金，分為經常性流動資金與創業流動資金。 (2)固定資金：編入預算且指定用途的資金，如：擴充設備基金。

流動性愈高的資產擺上面，愈低的擺下面

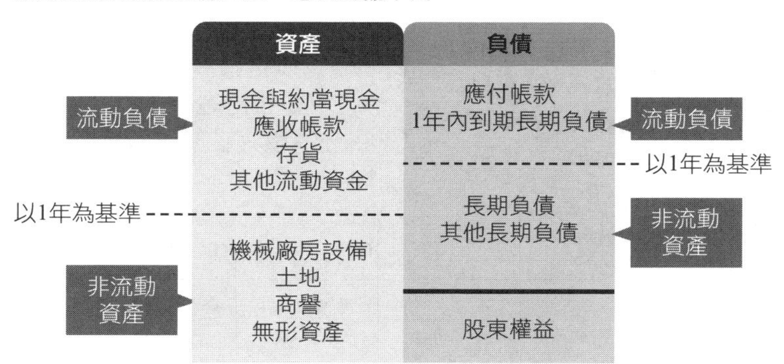

流動資產：是指在一年內很容易變現的資產，例如現金、有價證券、應收帳款、存貨等。

流動負債：代表一年內要償還的負債，例如短期借款、應付票據等。

小補充、大進擊

1. 短期償債能力：
   流動比率（=流動資產／流動負債）
   速動比率（=速動資產／流動負債）
   營運資金（=流動資金−流動負債）
2. 可作為短期償債的輔助指標：
   應收帳款週轉率（=銷貨淨額／平均應收帳款）
   存貨週轉率（=銷售成本／平均存貨）
   營業週期（應收帳款周期+存貨周轉期）

二、財務報表分析-長期償債能力（負債管理能力）【台水、台鐵、郵政、中華電信】

又稱槓桿比率，是指企業償還長期債務的能力。衡量企業長期償債能力主要就看企業資金結構是否合理、穩定，以及企業長期盈利的能力。

項目	公式	特性
負債比率 資產負債率 【台菸酒、中油、台電、台鐵】	負債總額 / 資產總額	1. 衡量一家公司資本結構的重要指標。 2. 衡量公司長期償債能力強弱。
利息保障倍數 已獲利息倍數 【台電】	稅前息前盈餘 EBIT（稅前息前淨利、營業淨利）/ 利息費用（本期利息支出）	衡量償付借款利息的能力，它是衡量企業支付負債利息能力的指標。其數值愈高代表企業之償債能力愈佳。 1.<5 倍：償還借款能力弱（公司賺完的錢付完利息後所剩不多） 2.>=5 倍：償還借款能力合格。 3.>20 倍：償還借款能力良好 4. 負數：沒有償還借款能力（公司賺完的錢不足以支付利息）
股東權益比率	股東權益 / 總資產 =1− 負債比率	1. 比率愈小（資產總額大），表示企業過度負債，容易削弱公司抵禦外部衝擊的能力；是指企業總資產中，由業主所提供之自有資金比率，權益比率越高對於債權人的保障越大。

項目	公式	特性
股東權益比率	股東權益 / 總資產 =1－負債比率	2. 比率愈大（股東權益總額大），表示過度保守，獲利力低，對債權人有利；也意味著企業沒有積極地利用財務槓桿作用來擴大經營規模。
股東權益對負債比率	股東權益 / 負債總額	表示公司的每百元負債中，有多少自有資本抵債，即自有資本占負債的比例。

三、財務報表分析-經營能力（資產管理能力）【台菸酒】

企業的經營能力，可以從企業在各個經營流程裡面看出企業的速度與效率，包括賣出商品、收錢和付錢。效率好的企業，能比別人更快把貨賣出去，更快拿到現金可以運用，以及有無本資金可以使用。

項目	公式	特性
存貨週轉率【經濟部、台水、台菸酒、台電、台鐵、郵政】	存貨週轉率＝銷貨成本 / 平均存貨 存貨週轉率＝銷貨成本 / 平均存貨 平均存貨＝（期初存貨＋期末存貨）/2 銷貨成本＝與商品製造直接相關的成本，如：原料、零組件等。 ※ 存貨週轉天數：365/ 存貨週轉率	1. 用以衡量一企業存貨周轉速度，暗示著企業推銷商品的能力與經營績效。 2. 存貨週轉率越高，表示存貨越低，資本運用效率也越高，但比率過高時，也有可能表示公司存貨不足，導致銷貨機會喪失。 相反的，若此存貨週轉率越低，則表示企業營運不振，存貨過多。 附註：不同產業別無法互相比較存貨週轉率。 例如：食品業週轉率絕對高於電腦設備。 金屬原物料業庫存為常態，且不會壞，因此參考價值不高。
應收帳款週轉率【台糖、台電】	銷貨收入營業收入 / 平均應收帳款＝（期初應收帳款餘額＋期末應收帳款餘額）/2 ※ 應收帳款週轉天數：365/ 應收帳款週轉率	1. 可以看出一家公司回收帳款的能力，避免長期無法回收成為呆帳。 2. 應收帳款週轉率高，表明收帳迅速，帳齡較短；資產流動性強，短期償債能力強；可以減少壞帳損失等。

項目	公式	特性
資產週轉率【台菸酒、台電】	總資產週轉率＝銷貨收入銷貨額 / 總資產	1. 用以衡量公司所有資產的使用效率，也就是投資1元資產，所產生多大的銷貨收入。 2. 週轉率越高表示資產使用的效能越高，週轉率越低表示公司的資產被浪費了。

小比較，大考點

週轉率：

1. 存貨週轉率可以了解公司的銷售能力。
2. 應收帳款週轉率則可以了解公司的收款能力。
3. 固定資產週轉率、總資產週轉率可以幫助觀察公司的生產效率。

※週轉率的比率應該和同產業比較，並不是越高越好。

四、財務報表分析-獲利能力【經濟部、台糖、中油】

盈利比率（獲利能力比率）是指評估企業獲取利潤的能力

項目	公式	特性
普通股權益報酬率 股東權益報酬率 Return of Common Equity，ROE 【台電、郵政】	稅後純益 / 平均普通股權益	1. 為股東最關心的比率，用以衡量公司為股東創造稅後純益的能力。每一元股東權益，可創造多少稅後純益。 2. 股東權益報酬率越高，代表公司越能為股東創造財富。
資產報酬率 Return of Assets，ROA【中油】	稅後純益 / 平均資產總額 ROE=ROA× 股權乘數	1. 衡量公司總資產創造稅後純益的能力。 2. 報酬率越高，代表公司的獲利能力越佳，經營績效越好。
銷貨毛利率	（營業收入－營業成本）/ 營業收入	毛利與毛利率是衡量產品成本與收入之間的關係，可以用來檢視公司的獲利能力，也代表著公司產品的價值高低。
營業淨利率	（營收－營業成本－營業費用）/ 營收	1. 公司本業獲利能力。 2. 若產品成本和營業費用增加，就會發生營業利益率下滑狀況。

項目	公式	特性
純益率 淨利率 稅後淨利率 本期淨利率 銷貨利潤邊際 Profit Margin on Sales【機捷】	(毛利－營業費用－稅額)/營收	1. 公司賺錢的能力。 2. 衡量公司每一元的銷貨中，可賺取多少稅後純益。 3. 若純益率過低，代表公司對於銷貨成本、營業費用等與銷貨收入相關支出項目，有檢討之必要，抑或是定價策略失當所造成。

五、財務報表分析-市場價值比率【台鐵】

分析該公司是否具有投資價值

項目	公式	特性
本益比 P/E 【台鐵】	每股市價/每股盈餘	1. 衡量企業未來成長潛力。 2. 本益比高低可用來判斷股價是否便宜，本益比越高代表回本時間久、股價越貴。 當本益比越低時，回本時間較短，股價也就越便宜，所以本益比意義，白話來說就是投資的錢多久可以完全回本(進而評斷股價是貴還是便宜)。
每股盈餘 EPS 【台水、中油、台鐵、郵政】	(稅後純益－特別股股利)/流動在外普通股股數	1. 企業為一張股票賺到多少錢，可評估公司的獲利能力及評估股東投資風險。 2. 但對於投資人來說，僅以EPS的高低來說並沒有太大意義，因為這沒考慮到你付出多大的成本來取得此收益，將EPS與股票價格進行比較(如本益比)，才能獲得對投資人來說更相關的收益成長訊號。 3. 在其他一切條件相似時： 兩家公司股價若相同→EPS越高越好。 兩家公司EPS若相同→股價越低越好。 兩家公司股價和EPS都不同→本益比越低越好。

項目	公式	特性
股利收益率 殖利率	每股股利 / 每股市價	1. 其意義是計算報酬率，就像存款有利息一樣，把股票當成存款，把每年配發的現金股利當作利息，計算報酬率。 2. 買進的股價越低，殖利率就越高。若算出的殖利率低於銀行定存利率（1.4%）那報酬率就太低了，通常這樣的股價，就暫不考慮長期投資。殖利率最好是能大於 5。 3. 長線投資人應該關注股票殖利率，選擇股利發放穩定，且高殖利率股票的公司。
股利支付率 股利分配率 股利發放率	每股股利 / 每股盈餘	1. 企業由每年盈餘中提撥現金股利的比例。 2. 當企業處於成熟期，或是沒有太多投資擴張機會時，現金股利發放率越高；當企業處於成長期，或是有投資擴張機會時，現金股利發放率越低。

小口訣、大記憶

關鍵字判斷：
1.槓桿比率：長期償還債務能力。
2.速動、流動：短期償債能力。
3.變現力分析（變現性）（市場性）（流動性）：流動比率、速動比率。
4.活動比率：資產利用效率。
5.週轉率、效益：公司資產使用狀況、經營能力。
6.報酬率：獲利能力。

總整理：

(一) 財務結構

1. 負債占資產比率=（負債總額/資產總額）×100%
2. 長期資金佔固定資產比率=[（股東權益＋長期負債）/固定資產]×100%

(二) 償債能力

1. 流動比率=（流動資產/流動負債）×100%
2. 速動比率=[（流動資產−存貨−預付款項）/流動負債]×100%
3. 利息保障倍數=所得稅及利息費用前純益/本期利息支出

(三) **經營能力**

1. 應收款項週轉率=銷貨淨額/平均應收帳款餘額
2. 平均收現日數=365/應收款項週轉率
3. 存貨週轉率=銷貨成本/平均存貨額
4. 平均銷貨日數=365/存貨週轉率
5. 固定資產週轉率=銷貨淨額/平均固定資產淨額
6. 總資產週轉率=銷貨淨額/平均資產總額

(四) **獲利能力**

1. ROA總資產報酬率={[稅後損益+利息費用（1−稅率）]/平均資產總額]}×100%
2. ROE股東權益報酬率=（稅後損益/平均股東權益淨額）×100%
3. 營業利益占實收資本比率=（營業利益/實收資本）×100%
4. 稅前純益占實收資本比率=（稅前純益/實收資本）×100%
5. 純益率=（稅後損益/營業收入）×100%

(五) **短期償債**：流動比率／速動比率／存貨週轉率／應收帳款週轉率

1. 長期償債：負債比率／權益比率／利息保障倍數／權益負債比
2. 獲利能力（經營績效）：ROA資產報酬率／ROE股東權益報酬率／ROI投資報酬率／EPS每股盈餘／PE Ratio本益比
3. 生產能力（管理績效）：總資產週轉率／固定資產週轉率
4. 經營能力：銷貨毛利率／營業淨利率／營業費用率／純益率
5. 風險管理：DOL營業槓桿／DFL財務槓桿

六、企業經營分析-財務五力分析【台水、台電】

企業經營五力分析（財務五力分析）為衡量企業經營成績的五項指標。

項目	說明	
收益力（績效）	=獲利能力，是公司存在、發展的要件，影響股東獲利、差價利潤，分析包括：	
	股東獲利能力指標	每股盈餘、本益比、普通股權益報酬率、現金收益率。
	企業獲利能力指標	毛利率、總資產報酬率。
安定力（償債）	=償債能力，衡量企業的經營基礎、財務結構是否穩固、合理，包括：	
	短期償債能力指標	流動比率、速動比率、現金比率、營運資金。
	長期償債能力指標	負債比率、權益比率（=自有資金比率）、利息保障倍數。

活動力（資源）	=經營能力，即企業經營效率，衡量企業能否有效率的運用其現有資產。 分析指標：總資產、應收帳款……的週轉率。
成長力（成長）	用來衡量企業成長性之優劣，其中又以生產要素與經營成果的增減率做參考。 考察企業各項指標的增長狀況，考察企業的發展前景。 分析指標：股東權益增長率、每股淨值增長率、固定資產增長率、銷售收入增長率、稅後利潤增長率。
生產力（效率）	生產要素投入與產出之比值，用來評估企業是否充分利用資產，閒置資產狀況如何？ 診斷企業為維持其永續生存，從事生產活動所創造的附加價值。 生產力分析就是對企業為維持其永續生存，從事生產活動所創造的附加價值（企業本身新創出的價值）的大小進行分析。 分析指標：附加價值率、經營資本投資效率、使用人力生產力。

經營五力分析

收益力	安定力	活動力	成長力	生產力
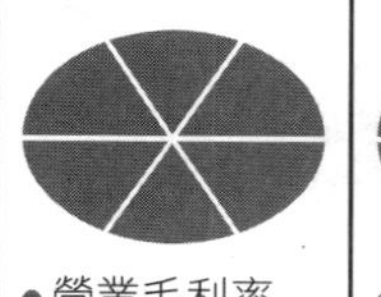 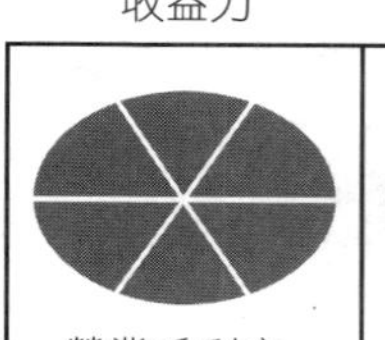				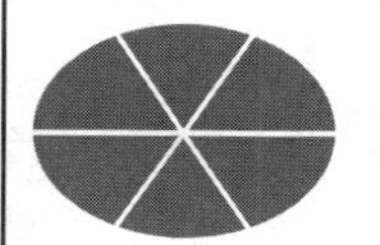
●營業毛利率 ●營業利益率 ●純益率 ●總資產收益率 ●投資報酬率 ●資本報酬率	●流動比率 ●速動比率 ●負債比率 ●自有資本率 ●固定比率 ●固定長期適合率	●存貨週轉率 ●應收款項週轉率 ●總資產週轉率 ●自有資本週轉率 ●固定資產週轉率	●銷貨成長率 ●每人營收成長率 ●營業成長率 ●淨值成長率 ●總資產值成長率	●每人產值 ●人工小時生產力 ●每一員工營業額 ●總資本投資效率 ●資產投資效率 ●每一員工附加價值

小口訣、大記憶

財管五力
未來要成長，安定是基礎
收益很重要，生產是核心
週轉有活力

即刻戰場

選擇題

一、短期償債能力

( ) 1 速動比率與流動比率是財務分析中衡量企業的： (A)經營能力 (B)短期償債能力 (C)短期財務結構 (D)長期償債能力。【106桃機】

( ) 2 企業財務報表中的流動比率與速動比率，最主要是用以檢視企業的哪種能力？ (A)償債能力 (B)獲利能力 (C)經營能力 (D)財務結構。【107經濟部】

( ) 3 下列何者不是用來衡量公司短期償還債務的能力？ (A)現金比率 (B)速動比率 (C)流動比率 (D)存貨週轉率。【106桃捷】

解 1 (B)。對企業短期償債能力的指標分析，包括營運資金、流動比率、速動比率等。

2 (A)。流動比率=流動資產/流動負債。
流動比率衡量：流動資產是否能償還流動負債。
速動比率=速動資產/流動負債。
為了更嚴格衡量企業償債能力。

3 (D)。對企業短期償債能力的指標分析，包括營運資金、流動比率、速動比率等。存貨週轉率偏向顯示營業經營效能，代表存貨轉換資金的效率，輔助衡量。

二、流動比率

( ) 1 流動比率的計算公式為： (A)流動資產/營運資金 (B)流動資產/流動負債 (C)營運資產/流動負債 (D)營運資產/營運資金。【108郵政】

( ) 2 企業流動資產與流動負債的比率，稱之為： (A)投資報酬率 (B)流動比率 (C)速動比率 (D)負債比率。【108台鐵】

( ) 3 下列何者能衡量企業的清償能力？ (A)流動比率 (B)存貨週轉率 (C)獲利率 (D)投資報酬率。【106台鐵】

( ) 4 下列何者是衡量企業以流動資產，償付流動負債的能力？ (A)流動比率 (B)槓桿比率 (C)活動比率 (D)每股盈餘。【107郵政】

解 1 (B)。流動比率=流動資產/流動負債。

2 (B)

3 (A)。(A)短期償債能力。(B)經營能力。(D)獲利能力。

4 (A)。流動比率=流動資產/流動負債。
流動資產為現金、應收票據及款項、存貨、預付費用，流動比率越高代表流動資產多於流動負債，因此短期償債能力沒有問題。

三、速動比率

( ) **1** 下列何項目是財務分析中衡量企業的短期償債能力？ (A)存貨週轉率 (B)毛利率 (C)股東權益報酬率 (D)速動比率。 【109台菸酒】

( ) **2** 在財務管理理論中，將流動資產減去存貨後，再除以流動負債所得出的比率為： (A)速動比率 (B)流動比率 (C)存貨週轉率 (D)總資產週轉率。 【107台鐵】

( ) **3** 關於償債能力指標的敘述，下列何者錯誤？ (A)速動比率又稱酸性測驗比率 (B)流動比率以2較為恰當 (C)速動比率可用於衡量企業迅速償債能力 (D)速動比率小於1，表示企業迅速償債能力良好。 【107台菸酒】

( ) **4** 新竹公司在106年12月31日相關的財務數字如下：流動負債50萬，速動資產80萬，存貨20萬。全年度銷貨淨額200萬，銷貨成本120萬，營業費用30萬。則該公司的速動比率是： (A)4倍 (B)2.4倍 (C)2倍 (D)1.6倍。 【107台菸酒】

解 **1 (D)**。衡量公司短期償債能力強弱：流動比率、速動比率。

2 (A)。(A)速動比率→速動資產/流動負債。速動資產=流動資產−存貨−應收帳款。
(B)流動比率→流動資產/流動負債。
(C)存貨週轉率→銷貨成本/平均存貨。
(D)總資產週轉率→銷貨金額/總資產。

3 (D)。速動比率小於1，意指公司目前無法償還流動負債。

4 (D)。速動資產/流動負債=80/50=1.6。
速動比率=速動資產/流動負債。
速動資產=(流動資產−存貨−預付費用)=(現金+短期投資+應受帳款淨額)。

四、營運資金

( ) **1** 若以資金的用途分類，企業為維持在業務旺季時可正常營運，所需調度的流動資金，稱為： (A)創業性流動資金 (B)季節性流動資金 (C)固定性流動資金 (D)特殊性流動資金。 【107台菸酒】

( ) **2** 下列有關營運資金的敘述何者正確？ (A)營運週期從支付購買存貨現金起算 (B)營運週期越短，營運資金被呆滯的時間越久 (C)營運資金等於流動負債減流動資產 (D)若能取得供應商更好的授信條件，則可降低所需的營運資金。 【109台鐵】

( ) **3** 關於現金管理方式如下，請問何者正確？ (1)儘量使現金流入量與流出量所發生的時間一致 (2)設專人不定期對各部門的現金管理工作進行稽核 (3)減少現金管理人員的輪調 (4)現金帳冊儘量由現金保管員同時管理 (A)(1)(2)(4) (B)(1)(2)(3) (C)(1)(2) (D)(3)(4)。 【107台菸酒】

解 **1 (B)**。資金種類依使用性質分：

(1)流動資金：

A.變動性流動資金：應付臨時需要，分為季節性流動資金與特殊性流動資金。

a.季節性流動資金：因應旺季的短期額外資金。

b.特殊性流動資金：因應特殊狀況的短期額外資金。

B.固定性流動資金：周轉金，分為經常性流動資金與創業流動資金。

(2)固定資金：編入預算且指定用途的資金，如：擴充設備基金。

2 (D)。(A)錯誤，營業週期=售貨天數+收款天數。

(B)錯誤，營運週期越短，通常表示該公司資產的運用越有效率。

(C)錯誤，營運資金＝流動資產－流動負債。

(D)授信條件：利率、擔保品、估價、保證人之有無等。比如可以低價向供應商進料，自然可降低營運資金。

3 (C)。(3)管錢管太久會有私吞的可能性，人員要盡量流動。

(4)集權易發生貪腐，要分權來分散風險。

五、長期償債能力

( ) 當資金所創造的利潤大於其成本時企業即可透過舉債方式來增加企業的業主權益報酬率此種方法稱為： (A)營運槓桿 (B)投資槓桿 (C)財務槓桿 (D)水平槓桿。

解 **(C)**。財務槓桿：

(1)基本概念：債務對投資者效益的影響。

(2)效益：利用負債籌資給投資人帶來的額外收益。

財務槓桿，簡單說就是舉債投資，也就是利用別人的錢來賺錢。

六、負債比率

(　　)　下列那一項財務比率指標數值太低，會降低財務槓桿作用？　(A)股東權益報酬率　(B)純益率　(C)流動比率　(D)負債比率。【107台菸酒】

解 **(D)**。財務槓桿低表示財務風險低，所以負債比率低→較沒有財務風險。
(A)股東權益報酬率（屬盈利比率）ROE=稅後盈餘/股東權益。
(B)純益率（屬盈利比率）=稅後純益/銷貨淨額。
(C)流動比率=流動負債／流動負債。
(D)負債比率（屬槓桿比率）=總負債/總資產。

七、經營能力（資產管理能力）

(　　)　財務比率分析中，主要衡量企業轉換過程中是否能有效率的運用企業資產的分析，為下列何種分析？　(A)財務結構分析　(B)償債能力分析　(C)經營能力分析　(D)獲利能力分析。【109台菸酒】

解 **(C)**。效益比率（經營效率比率或活動比率）：衡量公司資產使用狀況或企業經營效益。

八、存貨週轉率

(　　) **1** 公司經營效能常會以「存貨週轉率」來衡量，該指標如何計算？　(A)銷貨成本除以平均存貨　(B)銷貨成本除以總資產　(C)銷貨成本除以銷貨折讓　(D)銷貨成本除以總負債。【107台鐵】

(　　) **2** 「存貨週轉率」是指公司某產品賣出與補貨的週轉次數，而下列敘述何者錯誤？　(A)存貨週轉率是公司營運能力的指標之一　(B)存貨週轉率低表示公司有資金積壓的情形　(C)存貨週轉率高表示產品的銷售情況良好　(D)存貨週轉率可用以評估應收帳款管理的好壞。【110台菸酒】

(　　) **3** 某鬆餅店門口總是大排長龍，店家因此限定客人在店用餐時間為一小時。請問店家這樣做的目的是：　(A)降低在製品數目　(B)提高存貨週轉率　(C)達到生產線平衡　(D)降低生產成本。【107台北自來水】

(　　) **4** 某公司去年期初存貨$80,000元，期末存貨為100,000元，已知去年存貨週轉率為4次，試求去年銷貨成本為何？　(A)360,000元　(B)400,000元　(C)430,000元　(D)全部皆非。【107台菸酒】

解 **1 (A)**。存貨週轉率=銷貨成本/平均存貨。
平均存貨=（期初存貨+期末存貨）/2。

2 (D)。存貨週轉率公式：銷貨成本/平均存貨。和應收帳款無關。

3 (B)。翻桌率=存貨週轉率，只是在不同產業不同名詞而已，亦即周轉的次數越高，企業就越賺錢。

4 (A)。平均存貨=（期初存貨$80,000+期末存貨100,000）/2=90,000。
存貨週轉率=銷貨成本/平均存貨。
4=銷貨成本/90,000。
銷貨成本=360,000。

九、應收帳款週轉率

(　　)　有關財務分析比率的敘述，下列何者錯誤？ (A)權益比率過高，表示過度保守，獲利力低，對債權人有利 (B)存貨週轉率衡量銷售能力與庫存量，比率愈高表示週轉快、存貨積壓或陳舊過時之風險低 (C)應收帳款週轉率衡量收款能力，比率愈高，呆帳發生可能性愈大 (D)速動比率衡量極短期償債能力，比率愈高償債能力愈強。

【105台糖】

解 **(C)**。(C)應收帳款週轉率越高越好，應收帳款週轉率高，表明收帳迅速，帳齡較短；資產流動性強，短期償債能力強；可以減少壞帳損失等。

十、總資產週轉率

(　　)　財務比率分析中的「總資產週轉率」，是指下列何者？ (A)銷貨金額除以固定資產 (B)銷貨金額除以總資產 (C)銷貨成本除以固定資產 (D)流動資產除以固定資產。　【107台鐵】

解 **(B)**。總資產週轉率=銷貨金額/資產。

十一、獲利能力

(　　)　**1** 在財務報表中，下列何種財務比率非衡量企業的獲利率？ (A)邊際利潤率 (B)每股盈餘 (C)業主權益報酬率 (D)流動比率。　【109經濟部】

(　　)　**2** 企業主要目標之一即為獲利，管理者需能仔細分析當季營收報告，並能計算幾種不同的財務比率，才能做好財務控制。而獲利能力比率是指哪兩種比率項目？ (A)銷售毛利率與投資報酬率 (B)存貨週轉率與總資產週轉率 (C)負債資產比與利息保障倍數 (D)流動比率與速動比率。 【106台糖】

解 **1 (D)**。獲利能力分析：含純益率、基本獲利率、總資產報酬率、普通股權益報酬率、股利支付率，以及經濟附加價值等。
(D)錯誤，短期償還債務能力。

2 (A)。(A)銷售毛利率與投資報酬率→獲利能力比率。
(B)存貨週轉率與總資產週轉率→經營效率比率或活動比率。
(C)負債資產比與利息保障倍數→負債管理比率（衡量長期償債能力強弱）。
(D)流動比率與速動比率→衡量短期償債能力強弱。

十二、股東權益報酬率

( ) 下列何者為常見的獲利能力財務指標？ (A)應收帳款週轉率（turnover rate of AR） (B)速動比率（quick ratio） (C)股東權益報酬率（ROE） (D)負債比率（debt ratio）。

解 **(C)**。(A)應收帳款週轉率（turnover rate of AR）－經營能力。
(B)速動比率（quick ratio）－又稱酸性測驗比率，短期償債能力。
(C)股東權益報酬率（ROE）－獲利能力。
(D)負債比率（debt ratio）－長期償債能力。
關鍵字：
獲利能力：「報酬率」。
經營能力：「週轉率」。

十三、資產報酬率

( ) 下列財務比率指標，何者可用來檢測資產創造利潤的效率？ (A)流動比率 (B)負債資產比 (C)投資報酬率 (D)總資產週轉率。

解 **(C)**。(A)流動比率=流動資產/流動負債，用來衡量短期償債能力的。
(B)負債資產比（率）=總負債/總資產，用來衡量長期償債能力的。
(C)投資報酬率=獲利/投入的本金，說明其為檢測資產創造利潤的效率。
(D)總資產週轉率=銷貨淨額/平均總資產，說明其為企業總資產使用效率，用來衡量企業經營能力。

十四、純益率

(　　) 下列何者是用以衡量企業獲利能力的指標？ (A)財務槓桿比率 (B)每股盈餘 (C)速動比率 (D)流動比率。 【107桃捷】

解 **(B)**。(A)錯誤，財務槓桿比率又稱負債比率。

(B)每股盈餘=稅後淨利/在外流通股數，代表每股股票所得到的獲利。

(C)錯誤，速動比率（又稱酸性測試）=（流動資產−存貨−預付費用）/流動負債。以不包括變現性較差的存貨、預付費用跟流動負債做比較，最適合拿來當作企業短期償債能力的指標。

(D)錯誤，流動比率=流動資產/流動負債，短期償債能力比率。

十五、市場價值比率

(　　) 下列有關每股盈餘（EPS）、本益比（P/E）的敘述，何者正確？ (A)透過EPS、P/E之比率分析，可衡量企業之市場價值及獲利能力 (B)EPS愈高，P/E亦愈高 (C)EPS、P/E愈高，愈值得投資 (D)計算普通股EPS時，需先扣除特別股歷年度股利。 【108台鐵】

解 **(A)**。(B)若每股盈餘越大，則本益比越小（兩者呈反向關係）。

(C)若每股盈餘越高，本益比則會越低。

(D)只須扣除當年度特別股股利。

十六、本益比

(　　) 美味食品公司財報資料如下：每股市價為$40、每股營收為$60、每股盈餘為$4、每股股利為$2，請問美味食品公司之本益比為何？ (A)8 (B)10 (C)15 (D)20。 【108台鐵】

解 **(B)**。本益比＝每股市價（40）/每股盈餘（4）＝10

十七、每股盈餘

(　　) **1** 在許多的財務報告中常會看到EPS，請問EPS係指： (A)權益報酬率 (B)每股盈餘 (C)本益比 (D)投資報酬率。 【106台水】

(　　) **2** 下列何者是衡量企業獲利能力的指標？ (A)槓桿比率 (B)流動比率 (C)每股盈餘 (D)活動比率。 【107郵政】

( ) **3** 下列那一項財務分析指標會隨著公司每天股價的變動而變動？ (A)每股帳面價值 (B)營業利益率 (C)本益比 (D)每股盈餘。 【106台鐵】

解 **1 (B)**。(A)權益報酬率（Return on Equity，ROE）。
(B)每股盈餘（Earnings Per Share，EPS）。
(C)本益比（Price-to-Earning Ratio，P/E或PER）。
(D)投資報酬率（Return on investment，ROI）。

2 (C)。獲利能力（獲利能力比率）指標=銷貨毛利率、銷貨成本率、營業利益率、淨利率、資產報酬率、股東權益報酬率、每股盈餘、本益比。

3 (C)。(A)（普通股）每股帳面價值=普通股股東權益/普通股流通在外股數。
(B)營業利益率=（營業收入−銷貨成本−營業費用）/營業收入。
(C)本益比=每股市價/每股盈餘。
(D)每股盈餘=稅後淨利/流通在外的普通股加權股數。

十八、企業經營分析（財務五力）

( ) 下列何者不是透過財務分析衡量「企業獲利能力」的重要指標？ (A)稅後淨利率 (B)總資產報酬率 (C)流動比率 (D)普通股權益報酬率。 【105台水】

解 **(C)**。(C)流動比率為「企業償債能力」。
收益力分析（獲利率）：每股盈餘、毛利率、本益比、股東權益報酬率。
安定力分析（償債力）：流動比率、速動比率、負債比率。
活動力分析（週轉率）：總資產週轉率、存貨週轉率、固定資產週轉率。
成長力分析（成長性）：營業收入成長率、總資產成長率。

填充題

1 某公司有流動資產1,300萬元，流動負債400萬元，存貨100萬元，則該公司之速動比率為 ______。 【106台電】

2 某公司流動比率為3，速動比率為2。若速動資產為$20,000，則流動資產為$ ______。 【107台電】

3 甲公司有流動資產$100,000，淨固定資產$500,000，流動負債$70,000，長期借款$200,000，其淨營運資金為$ ______。 【107台電】

4 某公司106年之利息保障倍數為3，利息費用為$10,000，若所得稅率為25%，稅後淨利為$ ______。 【107台電】

5 某公司之期初存貨為4萬元、期末存貨為2萬元、銷貨成本為60萬元，則該公司存貨週轉率為 ______ 。【108台電】

6 A公司106年平均資產總額為1,350萬元，平均股東權益為810萬元，總資產報酬率為30%，A公司該年度之股東權益報酬率為 ______ %。【109台電】

解

1 3。速動資產=流動資產－存貨。1,300－100=1,200。
速動比率=速動資產/流動負債。1,200/400=3。

2 30,000。(1)先找出流動負債：速動比率=速動資產/流動負債
2=20,000/流動負債
流動負債=10,000
(2)再推導出流動資產：流動比率=流動資產/流動負債
3=流動資產/10,000
流動資產=10,000×3=30,000

3 30,000。營運資金=流動資產－流動負債。
淨營運資金＝流動資產（100,000）－流動負債（70,000）＝30,000。

4 15,000。利息保障倍數=EBIT稅前息前盈餘÷利息費用
3=EBIT/10,000，EBIT=30,000
30,000－10,000=20,000
20,000－（20,000×25%）=15,000

5 20。存貨週轉率=銷貨成本/平均存貨=60萬/[（4萬+2萬）×0.5]=20

6 50。總資產報酬率=稅後純益/平均資產報酬總額→稅後純益=總資產報酬率×平均資產報酬總額=30%×1,350=405（萬元）。
（普通股）股東權益報酬率=稅後純益/平均普通股權益=405/810=50%。

時事應用小學堂 2022.09.06

櫃買修正永續報告書作業辦法強化永續資訊揭露

櫃買中心 26 日表示，配合全球市場對企業永續發展之資訊揭露需求日增，並依據金融監督管理委員會「公司治理 3.0- 永續發展藍圖」目標與具體推動措施，修正「上櫃公司編製與申報永續報告書作業辦法」，以強化永續資訊之揭露。

本次修正重點如下：

一、參考全球永續性報告協會（GRI）2021 年更新版本，修正企業編製報告書適用準則，未來應參考 GRI 發布之通用準則、行業準則及重大主題準則編製永續報告書。

二、參酌永續會計委員會（Sustainable Accounting Standards Board，SASB）準則，考量產業特性，訂定產業重大性且投資人關注之永續相關指標，包含食品及餐飲收入占其全部營業收入之比率達百分之五十以上者、化工、金融、水泥、塑膠、鋼鐵、油電燃氣、半導體、電腦及週邊設備、光電、通信網路、電子零組件、電子通路及其他電子等產業，需依作業辦法附表一之一至一之十四，加強揭露產業永續指標，惟考量實收資本額 20 億元以上未滿 50 億元者為首年度編製永續報告書，除食品、化工及金融保險業外，得自 113 年起適用。

三、參酌氣候相關財務揭露建議（Task Force on Climate-Related Financial Disclosure，TCFD）準則，規範應編製永續報告書企業應揭露氣候相關資訊揭露事項共九項。

四、為進一步強化永續報告書品質，加強規範辦理永續報告書強制確信之機構與人員，於作業辦法加入「上市上櫃公司永續報告書確信機構管理要點」相關規定，並自 113 年起適用，該要點將於今年度第四季發布。

櫃買中心表示，此次作業辦法之修正，除參考國際永續揭露相關準則外，亦考量國內產業特性，訂定適合國內業者適用之規範，並配合各項新訂定之指標，編製問答集，提供更具體之說明，期能減少企業適用之疑慮，並提供氣候相關財務資訊揭露之參考範例。（資料來源：工商時報 https://www.chinatimes.com/realtimenews/20220926004899-260410?chdtv）

延伸思考

請問何謂永續報告書？

解析

永續報告書：金融監督管理委員會（金管會）要求從 2023 年起，實收資本額達 20 億元的上市櫃公司，需編製和申報永續報告書。換言之，編寫永續報告書已是企業投入 ESG 的必要工作。過去投資人從財務報表數據，例如毛利率、每股盈餘、資產報酬等來評估企業價值，因此就有國際財務報導準則（IFRSs），確保企業真實揭露財務資訊，不同時間、不同公司的財務狀況也能互相對照比較，利於投資決策。因此，企業排放的碳、水資源污染、供應鏈勞動條件等 ESG 相關非財務資訊，也相同的有依循的報導準則。

一試就中，升任各大
國民營企業機構
高分必備，推薦用書

共同科目

2B811121	國文	高朋・尚榜	590元
2B821131	英文	劉似蓉	650元
2B331131	國文(論文寫作)	黃淑真・陳麗玲	470元

專業科目

2B031131	經濟學	王志成	620元
2B041121	大眾捷運概論（含捷運系統概論、大眾運輸規劃及管理、大眾捷運法 榮登博客來、金石堂暢銷榜	陳金城	560元
2B061131	機械力學(含應用力學及材料力學)重點統整＋高分題庫	林柏超	430元
2B071111	國際貿易實務重點整理+試題演練二合一奪分寶典 榮登金石堂暢銷榜	吳怡萱	560元
2B081141	絕對高分! 企業管理(含企業概論、管理學)	高芬	690元
2B111082	台電新進雇員配電線路類超強4合1	千華名師群	750元
2B121081	財務管理	周良、卓凡	390元
2B131121	機械常識	林柏超	630元
2B141141	企業管理(含企業概論、管理學)22堂觀念課	夏威	780元
2B161132	計算機概論(含網路概論) 榮登博客來、金石堂暢銷榜	蔡穎、茆政吉	近期出版
2B171121	主題式電工原理精選題庫	陸冠奇	530元
2B181131	電腦常識(含概論) 榮登金石堂暢銷榜	蔡穎	590元
2B191131	電子學	陳震	660元
2B201121	數理邏輯(邏輯推理)	千華編委會	530元

2B251121	捷運法規及常識(含捷運系統概述) 榮登博客來暢銷榜	白崑成	560元
2B321131	人力資源管理(含概要)	陳月娥、周毓敏	690元
2B351131	行銷學(適用行銷管理、行銷管理學) 榮登金石堂暢銷榜	陳金城	590元
2B421121	流體力學（機械）・工程力學（材料）精要解析	邱寬厚	650元
2B491121	基本電學致勝攻略 榮登金石堂暢銷榜	陳新	690元
2B501131	工程力學(含應用力學、材料力學) 榮登金石堂暢銷榜	祝裕	630元
2B581112	機械設計(含概要) 榮登金石堂暢銷榜	祝裕	580元
2B661121	機械原理(含概要與大意)奪分寶典	祝裕	630元
2B671101	機械製造學(含概要、大意)	張千易、陳正棋	570元
2B691131	電工機械(電機機械)致勝攻略	鄭祥瑞	590元
2B701111	一書搞定機械力學概要	祝裕	630元
2B741091	機械原理(含概要、大意)實力養成	周家輔	570元
2B751131	會計學(包含國際會計準則IFRS) 榮登金石堂暢銷榜	歐欣亞、陳智音	590元
2B831081	企業管理(適用管理概論)	陳金城	610元
2B841131	政府採購法10日速成 榮登博客來、金石堂暢銷榜	王俊英	630元
2B851141	8堂政府採購法必修課：法規+實務一本go！ 榮登博客來、金石堂暢銷榜	李昀	530元
2B871091	企業概論與管理學	陳金城	610元
2B881131	法學緒論大全(包括法律常識)	成宜	690元
2B911131	普通物理實力養成 榮登金石堂暢銷榜	曾禹童	650元
2B921141	普通化學實力養成	陳名	550元
2B951131	企業管理(適用管理概論)滿分必殺絕技 榮登金石堂暢銷榜	楊均	630元

以上定價，以正式出版書籍封底之標價為準

2B541131	主題式土木施工學概要高分題庫 ♛榮登金石堂暢銷榜	林志憲	630元
2B551081	主題式結構學(含概要)高分題庫	劉非凡	360元
2B591121	主題式機械原理(含概論、常識)高分題庫 ♛榮登金石堂暢銷榜	何曜辰	590元
2B611131	主題式測量學(含概要)高分題庫 ♛榮登金石堂暢銷榜	林志憲	450元
2B681131	主題式電路學高分題庫	甄家灝	550元
2B731101	工程力學焦點速成＋高分題庫 ♛榮登金石堂暢銷榜	良運	560元
2B791121	主題式電工機械(電機機械)高分題庫	鄭祥瑞	560元
2B801081	主題式行銷學(含行銷管理學)高分題庫	張恆	450元
2B891131	法學緒論(法律常識)高分題庫	羅格思 章庠	570元
2B901131	企業管理頂尖高分題庫(適用管理學、管理概論)	陳金城	410元
2B941131	熱力學重點統整＋高分題庫 ♛榮登金石堂暢銷榜	林柏超	470元
2B951131	企業管理(適用管理概論)滿分必殺絕技	楊均	630元
2B961121	流體力學與流體機械重點統整＋高分題庫	林柏超	470元
2B971141	自動控制重點統整＋高分題庫	翔霖	560元
2B991141	電力系統重點統整＋高分題庫	廖翔霖	650元

以上定價，以正式出版書籍封底之標價為準

國家圖書館出版品預行編目(CIP)資料

企業管理(含企業概論、管理學)22 堂觀念課 : 焦點統整、圖表解析、時事應用/夏威編著. -- 第一版. -- 新北市 : 千華數位文化股份有限公司, 2024.08

面 ; 公分

國民營事業

ISBN 978-626-380-607-8 (平裝)

1.CST: 企業管理

494 113011115

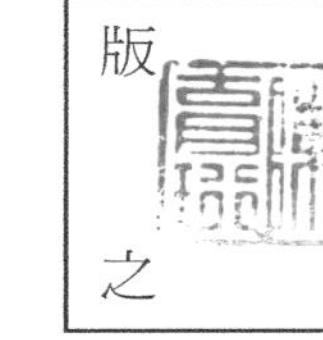

50th 千華五十 築夢踏實

[國民營事業]

企業管理(含企業概論、管理學)22堂觀念課：焦點統整、圖表解析、時事應用

編 著 者：夏 威

發 行 人：廖 雪 鳳
登 記 證：行政院新聞局局版台業字第3388號
出 版 者：千華數位文化股份有限公司
地址：新北市中和區中山路三段136巷10弄17號
電話：(02)2228-9070 傳真：(02)2228-9076
客服信箱：chienhua@chienhua.com.tw

法律顧問：永然聯合法律事務所
編輯經理：甯開遠
主 編：甯開遠
執行編輯：廖信凱
校 對：千華資深編輯群
設計主任：陳春花
編排設計：林婕瀅

千華官網／購書

千華蝦皮

出版日期：2024年8月20日 第一版／第一刷

本書如有勘誤或其他補充資料，
將刊於千華官網，歡迎前往下載。